BRIGHT EARTH
브라이트 어스

BRIGHT

The Physics and Chemistry of Colors

EARTH

브라이트 어스

수천 년간 지구를 빛낸 색의 과학사

필립 볼 지음 · 서동춘 옮김

살림

:: 들어가는 말

나는 2년째 새로운 언어로 말하는 법을 배우고 있다. 아니, 말하는 법이라기보다는 생각하는 법을 배우고 있다고 하는 게 옳을 것 같다. 화가는 색을 통해 생각이나 감정을 전달하려고 하지 않던가? 여기, 밀레의 〈이삭 줍는 여인들(The Gleaners, 1857)〉에 대한, 미술 비평가 로렌츠 디트먼Lorenz Dittmann의 설명을 들어보자.

> 잘 절제된 색들이 치밀한 순서에 따라 배치되어 있다. 가운데 여인은 적 동색의 갈색 빛을 띤 밝은 암적색을 배경으로 붉은 색조를 띠고 있다. 오른쪽에 서 있는 여인에게선 짙은 회색의 섬세한 색조 변화가 보인다. 은빛의 청회색, 비둘기빛 회색, 청록빛 회색…… 밝은 갈색의 들판은 어른거리는 희미한 빛으로 배경인물의 회색에 대비하여 연한 핑크-보라 색조를 띠고 이것이 약간 어두워진 전경에 다시 반영되고 있다.

그 이미지가 보이는가? 물론 보이지 않는다. 여러 단어들이 나름대로 그림을 그리고 있지만 우리에겐 그 이미지가 떠오르지 않는다. 음악처럼 색도 우리의 감각과 정서에 직접 호소한다. 중세시대의 교회는 이런 사실을 잘 이해하고 있었다. 그리고 이런 그림의 속성 때문에 우리는 위대한 종교인, 광고인, 디자이너뿐만 아니라 위대한 화가를 갖게 되었다. 철학자나 언어학자가 색에 대한 토론을 그토록 좋아하는 것도 다 그만한 이유가 있다. 색은 경이와 깊은 비밀을 속 깊이 감춘 채 그들을 유혹하고 괴롭히며 속살을 쉽게 드러내지 않기 때문이다.

그렇다면 그 언어를 어디서부터 배워야 할까? 정답은 없다. 나의 경우 색의 '물질substance'을 통해 그 언어에 다가간다. 나는 화학자가 받아야 할 교육을 모두 이수했고 무엇보다 페인트paint와 안료pigment를 좋아하기 때문이다. 그 외형, 냄새, 질감, 명칭에 나는 매료돼 흥분한다. 벌써 해독한 색의 이름도 하나 있다. 프탈로시아닌(phthalocyanine, 청록색) 계통의 물감은 엽록소와 피에 대해 말해주며, 버밀리언(vermilion, 주홍색 안료)은 연금술사의 황과 수은을 상기시킨다. 그러나 화가가 사용하는 색은 그 색의 화학적 성질뿐만 아니라 역사적 전통, 심리학, 편견, 광신적 믿음, 신비주의를 내포하고 있다.

내가 그 새로운 언어에 능통했다면 그 나라에 들어선 순간 느낀 감정을 이 책에 고스란히 서술했을 것이다. 나는 몇 달 전 영국 내셔널갤러리 National Gallery를 다시 방문했을 때 그와 비슷한 느낌을 받았다. 색이라는 중개인을 통해 이제 나는 주변 벽들이 들려주는 말을 조금이나마 이해하기 시작했다. 전에 금박의 틀 안에 갇혀 있던 평면이미지가 이제 살아 움직이는 세계로 보이기 시작했다. 그림 하나하나가 화실에서 방금 온 듯 신선하게 보였고, 팔레트에서 화판이나 캔버스로 옮겨간 붓 자국이 선명하게 보이기 시작했다. 물론 세월의 흔적도 눈에 보였다. 그림은 그 예술가가 의도했던 것 이상으로 해독할 필요도 있다. 초록색이 검은색으로 어두워지고, 붉은색은 핑크색으로 변색되기 때문이다. 결국 색의 언어란 보는 눈을 키우는 것이다.

이런 학습과정에서 나는 많은 사람의 조언을 얻는 행운을 누릴 수 있었다. 테이트 미술관Tate Gallery의 톰 러너Tom Learner, 영국 내셔널갤러리의 조 커비Jo Kirby, 케임브리지대학교의 존 게이지John Gage, 옥스퍼드대학교의 마틴 켐프Martin Kemp, 리즈대학교의 헬렌 스켈턴Helen Skelton과 데이비드 루이스David Lewis, 특히 다양한 소재와 정보를 제공해주었을 뿐만 아니라 초고를 처음부터 끝까지 꼼꼼히 읽어준 테이트 미술관의 조이스 타운센드Joyce Townsend에게 감사한다. 더없이 훌륭한『색 참고 도서관(Colour Reference Library)』의 사용을 허용해준 영국왕립예술대학Royal College of Art에, 그리고 이 책의 발간에 도움을 준 편집장 앤드루 키드Andrew Kidd와 존 글루스먼John Glusman에게 빚을 졌다. 물론 많은 친구들과 동료들의 지속적인 관심과

열정은 모든 작가가 필요로 하는 영양분이지만 미쳐 다 헤아리지 못하고
있다.

런던, 필립 볼

※ 나는 20세기 전의 화가는 삼인칭 남성 명사를 사용했다. 이것은 단순히 역사적 기
록에 따르려는 시도다. 여성 화가들은 보통 너무 예외적이어서 '그의 혹은 그녀의his or
her'라는 말이 문맥과 조화되지 않는다. 우리는 그런 사실을 안타까워하며 과거의 불평
등을 개탄한다. 그러나 〈삽화 4-2〉에서 볼 수 있듯 성차별이 유난했던 시대에서도 일부
여성들은 화가의 꽃을 피웠다.

차례

일러두기

1. 옮긴이의 주석은 각주로 달았다.
2. 원서의 주석은 미주로 표기해 본문 끝에 실었다.

제1장

보는 사람의 눈

.
.
.

화실에 들어선 과학자

출발점은 바로 색, 그리고 색이 사람에게 미치는 영향을 연구하는 것이다.

_ 바실리 칸딘스키Wassily Kandinsky, 『예술의 정신적 측면에 관하여(Concerning the Spiritual in Art, 1912)』

그때 파란 양복을 입은 신사가 주머니에서 커다란 종이 한 장을 꺼내 조심스럽게 펼쳐 건네주었다. 종이엔 피카소의 필적이 가득했다. 평소와 달리 격정적이지 않고 차분하게 정리된 글이었다. 얼핏 보면 시처럼 보이는 20여 줄의 글이 넓은 흰색 테두리선 안에 들어 있었다. 각 행마다 줄이 있었고, 간혹 눈에 띄게 긴 줄도 보였다. 그러나 그 글은 시가 아니라 피카소가 최근에 작성한 물감 주문서였다.

그래서 피카소의 팔레트에서 무명으로 활약했던 영웅들이 퍼머넌트 화이트를 선두로 음지에서 양지로 힘차게 걸어 나오게 되었다. 그들은 피카소의 위대한 전투, 즉 청색 시대, 분홍 시대(장미 시대), 입체파 시대, 〈게르니카(Guernica)〉에서 각기 뛰어난 활약을 펼친 바 있었다. 그들 모두 이렇게 큰소리칠 만했다. "나 말인가, 내가 어느 전투에 참전했는가 하면 말일세." 그리고 피카소는 옛 전우들을 열병하면서 그들의 우정에 경의를 표하는 거수경례와 같은 긴 줄을 한 획씩 부여했다.

"반갑네, 페르시안 레드! 얼마만인가, 에메랄드 그린! 세룰리언 블루, 아이보리 블랙, 코발트 바이올렛이여! 깊고 밝은 색감으로 눈부신 활약을 펼친 옛 전우들이여! 반갑네, 정말 반가워!"

_ 브라사이Brassai, 『피카소와의 대화(Conversation with Picasso, 1964)』

"미래엔 화가들이 한 가지 색으로, 그것도 오로지 색으로만 그림을 그리게 될 것입니다."

프랑스 화가 이브 클라인^{Yves Klein}은 1954년 이 말을 한 후 '단색 시대 ^{monochrome perio}'를 열었다. 여기서 그는 눈부시게 아름다운 단일 색상으로 작품을 완성했으며, 이러한 그의 모험은 파리의 미술재료상인 에두아르 아당^{Edouard Adam}과 만나며 정점을 이뤘다. 풍부한 색감을 지닌 새로운 청색 그림이 만개하게 된 것이다. 1957년 클라인은 '클라인의 새로운 청색'으로 그린 11개의 새로운 작품을 포함하여 '청색 시대, 단색 시대의 선언 ^{Proposition Monochrome: Blue Epoch}'이란 전시회를 열면서 새로운 시대의 도래를 선언했다.

이브 클라인의 단색조 미술^{monochrome art}이 화학기술의 후손이란 점에서 그의 물감은 단순한 화학제품이 아니었다. 그 물감은 클라인의 미술개념에 기술적인 영감을 불어넣어준 동기부여자였다. 클라인은 우리에게 순수한 색과 더불어 자신의 예술작품에 새롭게 선보인 생동하는 색감을 보여주고 싶었던 것이다. 그가 보여준 현란한 오렌지색과 노란색은 인공적으로 만든 것으로, 20세기 발명품이었다. 이브 클라인의 청색은 울트라마린(군청색)이었지만 중세시대에 천연광물에서 얻었던 울트라마린은 아니었다. 그 청색은 화학산업이 만들어낸 색으로 클라인과 아당이 1년 동안 실험을 거듭한 끝에 예술가들이 원하던 매혹적인 색감을 마침내 찾아낸 것이다. 클라인은 이 새로운 색을 특허 내 그 창조적인 아이디어와 상업적 이익을 확보하고 보호했다.* 특허가 이브 클라인의 예술로 꽃 피우게 된 것이다.

이브 클라인이 그런 색을 사용할 수 있었던 것은 화학기술이 어느 정도 무르익었기에 가능했다. 그러나 이러한 새로운 시도가 정말 새로운 현상이었을까? 화가들이 이 땅에 존재한 이래 그들은 꿈과 심상을 이미지로 형상화하면서 그림 재료의 기술적 지식과 숙련도에 의존해왔다. 19세기 초에 화학이 꽃피울 때도 예외가 아니었다. 특히 팔레트 위에 화학을 짜서 올려놓게 되었을 때 화가들의 기쁨은 대단한 것이었다. 1913년 칸딘스키는 이렇게 환호했다.

"우리는 그림이 주는 기쁨에 대한 공을 팔레트에게 주어야 한다. 팔레트 자체가 '작품'이다. 웬만한 작품으론 팔레트의 아름다움을 쫓아올 수 없다**."

인상주의 화가 카미유 피사로Camille Pissarro는 〈풍경이 있는 팔레트(Palette with a Landscape, 1878)〉에서 그 점을 극명하게 보여주었다. 그는 팔레트 가장자리에 밝은색 물감을 동글동글 칠해 팔레트 자체를 목가적인 풍경화로 승화시켰다.

---

* 1954년 청색을 사용하기 시작해 1958년 청색 모노크롬 회화를 처음 완성한 그는, 1960년 5월 특수 제작한 울트라마린 블루에 '인터내셔널 클라인 블루(IKB · International Klein Blue)'라는 이름을 붙였다. 아당의 도움을 받아 제작된 IKB는 로도파스 M60A(Rhodopas M60A)라는 푸른색 안료에 고착액인 에탄올과 아센트산에틸을 섞은 것으로, 프랑스 특허기록소에 등재된 일련번호는 '#63471'이다.

** 이 책에서 팔레트는 물감과 팔레트를 동시에 의미한다.

인상주의 화가들과 그들의 후손 빈센트 반 고흐Vincent van Gogh, 앙리 마티스Henri Matisse, 폴 고갱Paul Gauguin, 바실리 칸딘스키는 이 새로운 단색을 심층적으로 탐구했다. 이는 화학의 발전으로, 과거에 찾아볼 수 없었던 활기찬 색감이 활짝 개화된 결과였다. 그들의 그림을 본 관객들은 '자연' 채색에서 일탈한 '관습의 파괴'와 캔버스에서 처음 본 이질적인 색감에 놀라지 않을 수 없었다. 작열하는 오렌지색, 벨벳 보라색, 새로운 밝은 녹색들이 현란한 자태를 뽐내고 있었다. 고흐는 동생 테오에게 가장 밝고 현란한 물감을 구해오게 해서 아주 혼란스런 구도의 그림을 그렸는데, 그 색조가 얼마나 날카롭던지 보는 사람의 눈이 아릴 정도였다. 많은 사람들이 이런 새로운 시각 언어에 크게 놀라거나 격분했다. 프랑스의 보수적인 화가 장 조르주 비베르Jean-Georges Vibert는 '오로지 강력한 색조로만' 그림을 그린다며 인상주의 화가들을 강력히 비난했다.

그러한 비난은 어느 시대에나 존재했다. 화학의 발전이나 무역을 통해 재료의 선택폭이 늘어나 화가들이 새롭고 더 좋은 색을 사용할 때마다 비난이 일었다. 미국의 소설가이자 평론가 헨리 제임스Henry James가 '색채 화가의 왕자'라고도 했던 베첼리오 티치아노Vecellio Tiziano는 무역 교역지로 번성하던 베니스 항구에 들어온 물감을 제일 먼저 수용해 화려한 색깔의 적색, 청색, 핑크색, 바이올렛색으로 캔버스를 채워나갔다. 이를 두고 미켈란젤로는 베니스 화가들이 그림 그리는 법을 제대로 배우지 못했다며 조롱했고, 플리니우스Plinius는 동방에서 새로 온 밝은 물감 때문에 로마가 그리스 고전기부터 물려받은 엄격한 채색 규칙이 허물어지고 있다며 이렇게 탄식했다.

"요즘에는 인도의 강바닥에서 건져 올린 진흙 그리고 용과 코끼리의 피가 유통되고 있다."

새로운 화학물감의 발명과 유용성은 그림의 색채에 뚜렷한 영향을 미쳤다. 미술사학자 에른스트 곰브리치Ernst Gombrich가 말했던 것처럼 "화가는 자신이 본 것을 문자가 아니라 매개체를 통해서만 예술로 승화시킬 수 있다. 그리고 그 그림은 매개체(물감)가 드러낼 색상의 영역에 엄격히 얽매여 있다."[1] 화가들이 그 색을 어떻게 이용했는지에 대해서는 반응이 뜨거웠지만 정작 그 색을 어떻게 얻었는지에 대해 주목하는 사람은 거의 없었다. 화가의 회화적 재능에서 재료 측면을 무시하는 것은 아마도 서양에서 정신과 물질을 분리하려는 문화적 전통의 결과일 것이다. 미술사학자 존 게이지John Gage는 이렇게 고백하고 있다.

"미술사에서 가장 홀대받은 분야 중 하나는 미술 도구이다."

인상주의 화가들의 화법에 정통했던 미술사학자 앤시아 캘런Anthea Callen은 이를 더욱 신랄하게 비판했다.

아이러니하게도 일부 예술 작가들은 화가의 재능 중에서 실용적인 측면은 간과하고 양식, 문학성, 형식적 특징에만 집중한다. 그로 인해 예술사에서 불필요한 실수와 오해가 싹트게 되었고 그런 오류는 후세대 작가에게도 고스란히 전해졌다. 모든 예술작품은 유용한 재료와 그 재료를 조작할 수 있는 예술가의 능력에 따라 최우선적으로 결정된다. 그래서 예술가가 처한 사회적 조건과 그가 사용할 수 있는 재료에 부과된 한계를 충분히 고려했을 때만 미학적 선입관과 역사에서 차지하는 예술의 위치를 정당하게 이해할 수 있다.[2]

물감을 사용하는 문제가 거론될 때 흔히들 예술의 '기술' 측면은 덜 무시당할 것이라고 생각한다. 재료의 성질이 자연스럽게 중요한 역할을 하기 때문에 그런 것일까? 그러나 늘 그렇지는 않다. 미국의 색채학자 파버 비렌Faber Birren이 색채학의 고전이 된 그의 저서, 『물감의 역사(History of

Color in Painting)』에서 인정한 바와 같이, 그림물감의 선택은 물감의 화학적 성질이나 영구성, 투명성, 불투명성 등과 같은 물질적 측면과는 절대 무관하게 이루어진다. 색의 물질적 차원에 대한 이런 유별난 무시는 어리석음의 소치임에 분명하다. 이는 비렌이 200년 후에나 등장하는 코발트 블루의 기원을 페테르 파울 루벤스Peter Paul Rubens와 그 시대 화가들에게 두고 있는 것과 같은 것이다.[3] 비렌이 '균형 잡힌 팔레트balanced palette'를 그렇게 역설하면서도 정작 각 시대를 풍미했던 화가들이 그 색상에 어떻게 접근했는지에 별다른 관심이 없었다는 점은 그저 기이할 따름이다.

:: 물감과 화가

화가라면 누구나 맞닥뜨리는 질문이 있다.

"색은 무엇 때문에 존재하는가?"

색 친밀도colour relationship에 관심이 높은 현대 예술가 브리짓 라일리Bridget Riley는 그의 딜레마를 다음과 같이 속 시원히 드러낸다.

화가에게 색이란 우리가 보는 만물이며 특히 팔레트 위에 펼쳐진 안료이다. 팔레트 위의 안료는 다른 무엇도 아닌 그냥 색이 된다. 이것이 화가가 예술을 이해하기 위해 필요한 첫 번째 중요한 사실이다. 이제 그 밝게 빛나는 안료는 고유의 원색대로 팔레트 위에 그냥 눌러앉는 게 아니라 화가의 붓과 만나 캔버스로 이동하게 될 것이다. 그래서 그림 그리기라는 기능으로 색의 사용은 조긴화되어야 한다. 화가는 아주 독특한 2가지 색의 체계를 다뤄야 한다. 하나는 속성에 따른 체계이고 다른 하나는 예술이 요구하는 체계이다. 즉 고유의 색과 그림으로 표현되는 색이다. 이 2가지 색은 상존하게 되는데,

화가의 작품은 먼저 물감 고유의 색에 의존하고 그다음엔 그림으로 표현되
는 색에 의지한다.[4]

이것은 동시대의 난제가 아니라 모든 시대의 예술가들이 직면해온 난제
였다. 그리고 라일리가 설정한 예술가의 상황에서 빠진 것이 또 하나 있다.
안료는 그냥 색깔이 아니라 구체적인 특성과 속성을 지닌, 특히 비용이 드
는 물질이다. 같은 무게인데 금보다 더 비싸게 구입한 청색이 있다면 청색
에 대한 당신의 기대는 무엇일까? 눈부시게 아름답지만 손가락 끝에 묻은
그 노란색 흔적이 저녁 식탁에서 당신을 중독시킨다면? 정제된 햇살처럼
유혹적인 주황색이 내년쯤엔 더러운 갈색으로 바랜다면? 이 모든 현상은
재료에 관한 것이다. 그렇다면 그 재료와 당신의 관계는 무엇인가?
　원색은 화가가 이미지를 구성하는 물리적 매개체 이상의 의미를 지닌다.
　"재료는 형식 구성에 영향을 미친다."
　미국의 화가 모리스 루이스Morris Louis가 1950년대에 한 말이다. 그러나
다음과 같은 작품에서 살아 움직이는 듯한 생동감을 마주하게 되면 '영향'
이란 표현은 너무나 허약하다. 티치아노의 〈바쿠스와 아리아드네(Bacchus
and Ariadne, 1520~1523)〉, 장 오귀스트 도미니크 앵그르Jean Auguste Dominique
Ingres의 〈오달리스크와 노예(Odalisque and Slave, 1842)〉, 혹은 마티스의 〈붉은
화실(Red Studio, 1911)〉을 보라. 이것은 발군의 화학기술이 선사한 색의 충격
에서 탄생한 예술이다.
　그러나 이브 클라인은 화학 기술 덕분에 최초로 단색조 미술을 제안할
수 있었고, 루벤스는 당시 그런 색을 입수할 수 없었으니 그런 그림을 그리
지 않은 것이라고 주장하는 말은 참 무의미하다. 마찬가지로 해부학과 원
근법에 대한 지식, 그리고 안료의 범위를 확장시킨 화학적 역량이 없었더
라면 고대 이집트인들이 티치아노의 양식으로 그림을 그렸을 것이라는 주

장도 어리석다. 그림에서 색의 사용은 입수할 수 있는 재료만큼이나 화가 개인의 취향과 문화적 맥락에 따라 결정되기 때문이다.

따라서 예술에서 색의 역사는 안료의 축적에 비례한 가능성의 축적이 아니다. 예술가의 모든 선택은 수용만큼이나 배척의 행위이다. 어느 시점에 기술적 고려가 그 결정에 개입하는지를 정확히 이해하기 전에 우리는 예술가의 태도에 어떤 사회적·문화적 요소들이 작용하는지를 먼저 이해해야 한다. 결국 모든 예술가는 그 시대의 색과 직접 계약을 맺게 된다.

:: 레오나르도의 탐구

곰브리치는 "예술은 과학과는 별개이다."라고 주장했지만 그가 내세운 논리는 과학자에겐 쓴웃음만 자아낼 뿐이다.

"예술 자체가 과학의 진보와 같다고 말할 수는 없다. 어떤 분야에서 일어난 발견은 다른 분야에서 새로운 난제를 낳는다."

곰브리치의 과학적 무지는 누구나 훤히 보일 정도이다.

그림과 과학을 잇는 고리를 탐구하는 것이 다시 유행하고 있지만 그 논쟁은 유사한 아이디어의 추정과 영감의 원천에 대한 것이 지배적이다. 그림과 과학의 관계는 유전으로 물려받은 결속이 단단한 유산이지만 오늘날 온갖 신조를 가진 각종 화단은 그 결속의 이음매에서 헤매고 있다. 이는 상대성 이론과 입체파 사이 또는 양자역학과 버지니아 울프^{Virginia Woolf}의 소설 사이에서 유사성을 도출하려는 행위와 같다.

이 말은 어설프기도 하고 흔히 왜곡되기도 하지만 과학과 문화의 동화^{assimilation} 작용을 말하는 것이라면 그나마 인정이 된다. 그러나 인간은 유형 자산보다는 지적 영역에서 더 행복해하는 것 같다.

그런데 이런 데카르트적인 정신과 물질의 이분법이 화가들의 태도를 항상 정확히 반영하는 것은 아니다. 무지개를 세분해서 얻은 수많은 색을 우리가 시중에서 튜브물감으로 구할 수 있게 된 지는 겨우 50년 남짓하다. 18세기까지 많은 예술가는 화실에서 도제를 시키거나 혹은 직접 안료를 갈아서 혼합했다. 이탈리아의 첸니노 첸니니^{Cennino Cennini} * 같은 중세 장인이 색의 재료 구성에서 보여준 관능적인 즐거움은 당대의 예술가들이 물감과 아주 친했으며 숙련된 화학자로서 상당한 기술을 소유하고 있었다는 것을 의미한다.

더욱이 '이성의 시대^{the Age of Reason}' 전에 '예술과 과학'의 구별은 직관과 이성의 구별과 동의어도 아니었다. 중세시대의 과학자는 고미술품(골동품)의 이론과 지식을 기록하는 역할을 맡았지만 탐구정신이 없어도 되는 관행이었다. 한편 '예술'엔 기술과 손재주가 포함되었고 화가가 예술가였던 만큼 화학자도 예술가였다. 예술가는 그의 상상력, 열정 혹은 창의성 때문이 아니라 장인적인 일을 할 수 있었기에 그 가치를 인정받았다.

여기는 바로 레오나르도 다빈치가 활약하던 시대였다. 소설가이자 시인이자 번역가였던 블라디미르 나보코프^{Vladimir Nabokov}는 언젠가 이렇게 말했다.

"예술과 과학의 관계가 도랑이 아니라 심연이었다면 나는 스노^{C. P. Snow}의 그 유명한 『두 문화(Two Cultures)』** 에 더 많은 관심을 가졌을 것이다."

그러나 레오나르도에게겐 도랑조차 없는 것처럼 보였다. 예술가, 기술자, 자연철학자의 경계를 넘나드는 그의 다재다능한 모습은 그러한 구별이 오

---

* 이탈리아의 화가. 화가로서의 작품은 거의 알려져 있지 않다. 그러나 그가 쓴, 미술에 관한 이탈리아 최초의 논문 「예술의 서(書) : Il Libro dell' Arte」는 미술기법과 색채 사용법 등 14세기 회화기술에 대해 자세히 소개하고 있어 귀중한 자료가 되고 있다.
** 스노의 『두 문화』는 과학문화와 인문문화의 단절을 이야기하는 책이다. 그는 두 문화 사이의 소통부재가 단절을 야기한다고 주장한다.

늘날처럼 엄격하지 않은 르네상스 시대에서조차 주목받았다.

레오나르도가 활약했던 15세기 플로렌스의 학계에선 예술에서 이성, 기하학, 수학이 수행하는 역할에 대한 토론이 활발했다. 레오나르도는 예술가가 자연을 최대한 정확하게 모방해야 한다고 강력히 주장했는데, 이런 주장에 따르려면 자연을 지배하는 수학적 규칙을 배워야 했다.

"과학 없이 (예술) 행위에 헌신하려는 사람은 방향타나 나침반 없이 항해에 나서는 선원과 같다."[5]

그러나 레오나르도는 얼마나 쉽게 다방면의 학문을 섭렵했는가? 예술에서 과학의 중요성을 역설함으로써 레오나르도는 그 시대의 산물인 숙제를 하나 안게 되었다. 수학의 역할을 강조함으로써 그는 그림의 지위를 기하학, 음악, 수사학, 천문학과 같은 인문학liberal art 수준으로 끌어올리려 했다. 인문학 과목들은 대학에서 진지한 지적 학문으로 대우를 받고 있었지만 그림은 중세 이래로 손재주, 즉 천한 손기술로 여겨졌다. 과거 고전시대에서 그런 활동은 흔히 노예들이 수행했고, 레오나르도 시대의 화가들은 그런 오명을 씻기 위해 필사적이었다. 그 한 방법으로 그림을 인문학으로 수용시켜 자신들의 사회적 지위를 높이려 했다.

화가들은 과거의 많은 위인은 화가라는 신분을 따로 갖고 있었으며 예전 왕과 교황이 호의를 베풀어주었다는 점을 지적하며 자신의 동기를 변론했다. 플로렌스의 건축가이자 예술가였던 레오네 바티스타 알베르티Leone Battista Alberti는 『회화론(Della Pittura, 1436)』에서 독자들에게 다음과 같은 말을 상기시켰다.

그 시대엔 화가와 조각가가 넘쳐나서 왕자와 평민, 식자와 무식자가 모두 그림을 즐겼다. 마침내 파울루스 에밀리우스Paulus Aemilius를 비롯한 많은 로마 시민은 자녀들이 착하고 행복한 삶을 추구할 수 있기를 바라며 인문학

과목 중에서 그림을 가르쳤다. 이런 훌륭한 관습은 특히 자유 시민으로 태어나 자유롭게 교육받은 젊은이들이 문학, 기하학, 음악과 함께 그림을 배운 그리스에서 관측되었다.[6]

레오나르도와 알베르티 그리고 동료 화가들은 시가 어떻게 인문학에 속하게 될 수 있었는지에 의문을 제기했다. 그들은 아름다운 이미지는 단어가 아니라 그림에서 창조된다고 생각했다.

"한쪽에서 신의 이름을 찬양하고, 맞은편에서 신의 형상을 그려보자. 과연 어느 쪽이 더 경외의 대상이 될 것인가?"[7]

레오나르도의 항변이다.

화가들은 자신과 장인을 차별화하며 그들의 기술을 수학이나 추상적인 사고와 가깝게 연결시키기 위해 노력했다. 알베르티는 "다른 예술가들은 모두 장인으로 불렸지만 화가만은 조상들로부터 달리 대우를 받았다."라고 했다.[8] 이런 특별한 우대 때문에 화가들은 안료를 분쇄하고 제작하는 것과 같은 그림의 재료적 측면을 대단찮게 생각했을 것이다. 반대로 생각하면 이것은 플로렌스 화가들에게 색채보다 선과 소묘를 강조하게 만들었다. 그리고 이것은 수백 년 동안 이어지게 될 논쟁의 불씨가 되었다. 그리고 거기엔 16세기에 활동한 르네상스의 인문주의자 마리오 에퀴콜라Mario Equicola의 비판도 가세했다.

"그림은 몇 가지 적절한 색으로 자연을 모방하는 것 외엔 관심이 없다."

15세기 말에 레오나르도를 선봉장으로 한 화가 군단은 그 전투에서 대부분 승리를 거두었다. 하지만 반대급부로 고전시대부터 물려받은 편협한 사고방식을 더욱 공고히 하는 희생을 감수해야 했다. '지성이 손재주보다 더 가치 있다.'는 기본적인 사고방식에 레오나르도는 그 어디에서도 도전장을 내밀지 않았다. 그 대신 중세 화가들의 솜씨를 추상적인 평면으로 대체하려고 했다. 그래서 예술은 '순수'와 '응용'으로 분열하기 시작했으며, 이런 구별은 19세기까지 별다른 도전 없이 이어졌다. 『양 갈래 길(The Two Paths, 1859)』에서 존 러스킨^{John Ruskin}은 예술 자체의 '두 문화'를 개탄하며, 장식 예술과 기능을 '타락' 혹은 '곁가지 예술'로 간주해서는 안 된다고 주장했다. 윌리엄 모리스 등과 같은 화가들과 더불어, 러스킨은 미술공예운동^{Arts and Crafts movement}에서 장인과 화가의 재결합을 추진하려 했다. 그들이 기대했던 성공을 거두었는지는 명확하지 않다. 아무튼 아르누보가 반짝 위세를 떨치고 사라졌지만 예술적 엘리트주의는 여전히 존재하고 있다.

:: 화학과 예술

레오나르도 시대에 인문학과 그림의 관계는 오늘날 과학이라 부르는 자연철학과 화학의 관계와 흡사했다. 연기가 자욱한 연구실에 틀어박힌 채, 화학기술을 추구하며 실용적인 연구에 몰두하던 사람들은 아카데미 과학이란 고귀한 전당에서 배제되었다. 과학사가 로렌스 프린시페^{Lawrence Principe}는 이런 과학 이전의 화학^{pre-scientific chemistry}, 즉 키미스트리^{chymistry}를 이렇게 말했다.

18세기 이전에 키미스트리의 '문제점' 중 하나는 자연철학 분야가 아니라 실용 혹은 기술 분야로 취급되는 낮은 위상이었다. 이는 예전부터 거론되던 문제이다. 천민 기술자들이 사용하면서 그 지위가 격하된 키미스트리는 많은 자연철학자들이 수용하길 거부했다.[9]

그래서 영국계 아일랜드인 화학자 로버트 보일^{Robert Boyle}은 그의 논쟁적인 저서 『회의적 화학자(The Sceptical Chymist, 1665)』에서 가짜 연금술 변화로 이득을 챙기려는 야비한 사기꾼과 더불어 이론적 지식이 부족했던 염색가, 증류주 양조업자, 약제사와 같은 '실험자'를 포함한 통속적인 화학자들의 무지를 싸잡아 비난했다. 레오나르도는 그 동기가 이런 부류들과 달랐고 그들과 입씨름해서 얻을 게 없었기에 그가 그림의 화학적 측면을 외면했던 것은 당연했다.

그러나 과학이 예술에 개념과 더불어 재료까지 제공해준다는 점을 생각해보면 그런 외면이 잘못된 인식에 대한 지속적인 변명이 될 수는 없다. 바우하우스 건축가 르코르뷔지에Le Corbusier와 그의 동료 아메데 오장팡 Amédée Ozenfant이 1920년에 쓴 글에서 나타난 속물근성과 무지는 숨 막힐 정도이다.

제일 먼저 양식이 와야 하고, 그 밖의 다른 모든 것은 양식에 종속되어야 한다. 세잔의 모방자들이 세잔의 실수를 이해했다는 점은 매우 고무적이다. 거장 세잔은 색채 화학이 일시적으로 바람을 탔던 시대에 물감 상인의 입에 발린 유혹에 아무런 생각 없이 넘어갔던 것이다. 색채 화학은 위대한 걸작에 어떤 영향도 미칠 수 없는 과학이다. 튜브물감의 감각적 환희는 의류염색가에게나 양보하자.[10]

인상주의화가나 야수파도 아닌 폴 세잔Paul Cézanne, 그가 원색을 분별없이 쓰는 칠장이라니! 그런 어이없는 주장에는 귀 기울이지 않아도 된다. 더욱 재미있는 사실은 '양식'과 추상적인 공간을 좋아했던 르코르뷔지에가 손재주와 재료에서 느끼는 기쁨을 묘사한 대목이다. 이 단락은 꼴로레(colore, 색)보다 디세뇨(disegno, 소묘)를 칭송했던 16세기 말의 쇠심줄처럼 고집 세고 편협한 이탈리아 학자들이 썼을 법한 단락이다. 색채 화학이 '위대한 걸작'에 아무런 영향도 미칠 수 없다는 생각은 위대한 걸작이 머릿속에 꽉 들어찼지만 단순한 재료로 그것을 재구성해야 하는 슬픈 필요성에 의해 그 걸작이 졸작으로 전락한다는 주장과 다를 바 없다.

화학과 회화의 연관은 그래도 19세기에는 덜 고약했다. 당시 화학자들은 최고의 주가를 올리고 있었다. 심지어 괴테조차 화가들의 메타포(은유)를 사용할 정도였다. 1810년 회화의 기법을 서술한 한 익명의 저자가 조심스럽게 입을 열었다.

"화학과 그림과의 관계는 해부학과 소묘의 관계와 같다. 화가는 이들과 친숙해져야 하지만 그 각각에 너무 많은 시간을 할애해선 안 된다."

그러나 이 정도도 화가가 상당한 화학자가 되어야 했던 시대의 종말을 노래하는 '백조의 노래swan-song'*였을 것이다. 이 당시 회화교육은 미학과 지성만큼이나 역학과 실용적 측면을 강조했다. 19세기 말에 이르면 화가들은 과학적으로 숙달된 전문가의 도움에 전적으로 의존하게 되었다. 그림의 화학적 측면에서 안료 상인의 도움이 절대적으로 필요했던 것이다. 이러한 분업으로 나온 한 가지 나쁜 결과는 그 당시의 몇몇 작품의 색이 15세기 르네상스 미술의 선구자 얀 반 에이크Jan van Eyck의 보석 같은 작품보다 색이 더 퇴색되었다는 것이다.

화학은 많은 사람의 가슴을 두려움으로 오그라들게 만드는 주제로, 그런 사실을 피하려 해야 별 소득이 없는 것 같다. 특히 예술가들 중에서도 재료과학을 전공한 학생들은 겉핥기에 불과할지라도 전반적인 화학을 두루 섭렵해야 한다. 예컨대 엄정한 방정식, 주기율표, 원자의 무게 등등 말이다. 그런데 내 경험상 그들은 이런 공부를 썩 내켜하지는 않았다. 물질이 화학원소의 혼합으로 구성되는 그 현기증 나는 변화를 무서워한 것이

---

* 백조가 죽기 직전에 아름다운 노래를 부른다는 전설로, 마지막 작품이란 뜻.

다. 오늘날 그러한 혼합이 이뤄지는 회색 금속 파이프로 구성된 산업단지의 라인과 첨탑을 보면 묘한 불안과 초조감을 느껴지는 게 사실이다. 이렇게 보기 흉한 공장 그리고 카드뮴, 비소, 안티몬 같은 낯설고 이질적인 원소 이름을, 숨 막힐 정도로 아름다운 걸작을 만드는 그림 재료와 연관시키는 것은 분명 상상력에 대한 도전이다. 화학산업의 범죄 행위는 절대 허구가 아닌데 아무튼 그와 같은 악당이 이러한 아름다움에 기여할 수 있을까?

불편한 진실을 말하자면 화가들을 위한 새로운 색은 아주 큰 시장을 갖고 있는 산업적 화학공정의 부산물이 된 지 오래되었다. 이런 화학산업이 없었다면 새로운 안료의 제조도 없었을 것이다. 인공 청동색copper blues 혹은 '녹청 그림 물감verditer'은 15세기에서 18세기까지 값비싼 청색 안료를 대체하는 싸구려 안료였으며 은광silver mining의 부산물이었다. 이후에 이 싸구려 안료는 대규모 직물 염색산업을 위해 생산된 페르시안 블루(남색)로 거의 대체되었다. 마스 색(Mars colours, 인공 산화철)은 주로 직물 표백제로 제조된 값싼 황산이 등장했기에 만들어질 수 있었다. 페이턴트 옐로patent yellow로 알려진 안료는 소다 산업의 파생물이었고, 크롬 옐로(chrome yellow, 개나리색)는 면제품을 날염할 때 사용하게 되면서 활성화되었다. 직물 염색으로 금속 매염(fixing of dyes, 간접착색 혹은 착색보조)에 대한 이해를 높였으며, 이것은 다시 19세기 초에 착색안료lake pigments의 출현을 촉발했다. 20세기에 너무나 흔하게 볼 수 있게 된 흰색 안료인 이산화티타늄titanium dioxide은 거의 전적으로 상업용 페인트로만 생산되고 극히 일부만 그림 재료로 사용되고 있다.

이런 연관성을 반영하는 작품과 예술사는 흥미롭지 않은가? 물감 제조업의 상업적 측면은 일단의 20세기 화가들에게 영향을 미쳤다. 그러나 날것의 안료 그 자체가 예술작품 아니던가? 그것은 빛나는 우아함과 장엄함을 갖춘 물질로 기술과 창조성의 제품이다. 인도 태생의 영국 조각가인 아니쉬 카푸어Anish Kapoor(〈삽화 1-1〉)도, 이브 클라인도 그렇게 생각했다.

흔히 미술과 과학의 상호작용은 일방향이라고 말하지만 화학과 미술의 관계는 언제나 쌍방향이었다. 현대 화학산업은 주로 색에 대한 수요 때문에 탄생하여 성장했다. 19세기에 합성화학의 발전에 색의 탐구가 크게 기여했다. 세계적 화학회사인 바스프BASF, 바이엘Bayer AG, 훼히스트Hoechst AG, 시바-가이기Ciba-Geigy AG는 합성 염색 제조업체로 사업을 시작했다. 그리고 사진과 인쇄에서 그림과 색의 재생산을 위해 제록스Xerox나 코닥Kodak과 같은 기술회사를 창립했다.

한편 클라인과 아담이 보여주었던 것처럼 그림과 화학이 공조한 사례는 풍부하다. 마이클 패러데이Michael Faraday는 19세기 낭만주의 화가 조지프 말로드 윌리엄 터너J. M. W. Turner에게 안료에 대한 조언을 주었다. 독일의 노벨화학상 수상자인 빌헬름 오스트발트Wilhelm Ostwald는 1920년대에 독일 페인트 회사와 협력했고, 그의 색 이론은 파울 클레Paul Klee와 칸딘스키가 교편을 잡았던 바우하우스에서 뜨겁게 토론되었다. 조금 더 과거로 돌아가면 화가들은 물감을 조달받기 위해 연금술사들과 협력했다. 과학, 기술, 문화, 사회를 다루는 이 이야기에서 '달걀이 먼저냐, 닭이 먼저냐'와 같은 논쟁은 없었다. 화학, 기술, 그림에서 색의 사용은 역사를 통해 공생 관계를 유지하며 각자의 진로를 형성해갔다. 우리는 그런 유기적 진화의 흔적을 추적함으로써 담장을 세운 채 양편을 따로 이해하는 것보다 과학과 예술이 서로 저만큼 앞서거니 뒤서거니 하는 장면을 눈으로 목격하게 될 것이다.[11]

색에 대한 두려움과 증오

이브 클라인은 우리를 원색의 아름다운 정원으로 초대한다. 이것은 우리가 받은 교육과는 어긋난다. 밝은색이란 무엇인가? 아이들의 장난감. 오즈의 나라. 그래서 색은 퇴화, 유치증으로 우리를 위협한다. 문명이론가 줄리아 크리스테바Julia Kristeva는 "색채의 경험은 '자아'에 위협으로 작용한다. 색은 통합의 적이다."라고 주장한다.[12] 그렇지 않다면 색이란 다른 무엇인가? 상스러운 것과 천박한 사람. 색은 언어학적으로도 고조된 감정을 말하며 또한 에로티시즘을 가리킨다. 강렬한 색조를 보고 일종의 퇴폐적인 오리엔탈리즘 탓이라고 한 사람은 플리니우스만이 아니었다. 르코르뷔지에는 "색은 단순한 인종, 농부, 야만인에게나 적합한 것"이라고 주장했다. 말할 필요도 없이 그는 '동방기행'을 통해 그러한 문화를 충분히 목격했으며 혐오감까지 느꼈다.*

"하늘거리는 비단은 무엇이고, 환상적으로 화려한 대리석은 또한 무엇이며, 호화로운 청동과 황금은 도대체 무엇이란 말인가? 그 따위 것들은 이제 접자. 회반죽과 디오게네스로 돌아가야 하지 않겠는가?"[13]

냉철한 이성으로 이런 볼썽사나운 열정을 치워버리자는 것이다.

이름이야 뭐 그리 중요하겠는가마는 아무튼 19세기 예술 이론가 샤를 블랑Charles Blanc은 "디자인이 색보다 우선해야 한다. 그렇지 않으면 그림은 빠른 속도로 파멸하게 될 것이다. 인류가 이브 때문에 파멸했던 것처럼 그림은 색을 통해 그렇게 몰락할 것이다."라고 주장했다.[14] 그런 이유라면 색을 불신하는 또 다른 이유가 있다. 그것은 바로 색의 여성성이다. 동시대의 예술가 데이비드 배철러David Batchelor는 색에 대한 두려움인 '색 공포증chromophobia'이 서구 문화에 만연되어 있다고 주장한다.[15] 이브 클라인은 이렇게 말했다.

"남자는 그의 채색된 영혼으로부터 멀리 추방당해 있다."[16]

---

* 1911년, 르코르뷔지에는 친구와 함께 독일의 드레스덴을 출발하여 보헤미아, 세르비아, 루마니아, 불가리아를 거쳐 터키와 그리스를 횡단하는 6개월간의 긴 여행을 떠났다. 자신을 변화시킬 만큼 강렬한 문화적 충격을 담은 이 기행문은 『동방기행(Le Voyage d'Orient)』라는 제목으로 1914년에 출간될 예정이었으나 제1차세계대전으로 출판이 무산되고 그가 여행을 떠난 지 54년이 지난 1965년에 비로소 출간되었다.

그러나 색의 물질성에 친숙한 화학자들은 순수한 색에 익숙해지면서 그 색을 감상해왔다. 그들은 다양한 산화상태를 통해 망간이 장엄한 무지개 색깔로 변해가는 모습과 암모니아 황산동의 흐릿하고 푸른 불투명 알칼리 침전물에서 맑고 투명한 푸른색이 나타나는 걸 지켜보지 않았던가? 올리버 색스[Oliver Sacks]는 어린 시절에 본 화학 액체의 아름다운 색에 매혹되었던 기억을 떠올렸다. [17]

우리 아버지는 외과 수술실을 집 안에 설치했다. 그래서 온갖 종류의 약, 세정제, 엘릭시르제(elixirs, 향기와 단맛이 나는 내복약)를 조제실에 두었는데 그것은 마치 작고 낡은 약방처럼 보였다. 그리고 오줌 속에 당이 들어 있으면 노란색으로 변하는 밝은 청색의 펠링 용액 같은 시약과 알코올램프, 시험관 등을 갖춘 실험실이 있었다. 또한 선홍색이나 황금 색깔의 물약이나 강심제와 겐티아나 바이올렛(gentian violet, 살균제나 화상 치료용 약제)이나 말라카이트 그린(malachite green, 살균제나 염색제로 쓰이는 산업용 염료)과 같은 화려한 색깔의 연고류가 있었다.

화학자에게 색이란 분자구성을 밝힐 수 있는 풍요로운 실마리로, 아주 신중히 측정하면 까다로운 분자구조의 진실을 밝힐 수 있다. 이런 염료분자의 극명하고 체계적인 묘사 속에 들어 있는 풍요로운 색상을 감지하는, 즉 알리자린(alizarin, 황갈색인 매염 염료)과 인디고(indigo, 어두운 푸른색의 고운 염료)의 분자구조에 숨어 있는 색의 미를 보려면 극적인 마음의 전환이 필요하다. 이탈리아의 화학자이자 작가인 프리모 레비[Primo Levi]는 색과 분자구조의 이런 관계로 인해 화학자가 색에 대한 감수성을 얼마나 넓혔는지를 말해준다.

나는 다른 작가들보다 색에 있어서 한결 더 풍요롭다. 내겐 '밝은', '어두운', '짙은', '엷은', '푸른'이란 단어의 의미가 더 광범위하고 확실하게 다가오기 때문이다. 나에게 '푸른색' 하면 하늘색과 더불어 5~6개 정도의 푸른색이 더 연상된다.[18]

:: 색 이름 붙이기

화가에게 색이 무엇을 의미하는지를 살펴보기에 앞서, 색, 그 자체가 무엇을 의미하는지를 먼저 물어야 한다. '붉은색'에 대한 나와 당신의 경험이 같은지는 절대 알 수 없다는 오래된 유아론(唯我論)에도 불구하고, 우리는 그 '붉은색'이란 용어가 언제 적절하고 언제 적절하지 않은지에 대해서는 동의한다. 그러나 현대 용어에는 색에 대한 수많은 '하위 차원'의 용어가 존재하며, 이 때문에 논쟁의 여지는 무한해진다. 즉 언제 담갈색puce이 적갈색(russet, 팥죽색), 버건디색(burgundy, 청색기미가 도는 빨강) 혹은 녹빛이 도는 붉은색rust-red이 되는가? 이것은 주로 지각심리학의 문제이다. 하지만 색의 언어는 우리가 세상을 개념화하는 방식에 관해 많은 것을 말해준다. 미술사에서 색의 사용에 대한 해석에서 색이란 언어적 고려가 핵심 위치를 차지할 때가 있다.

플리니우스는 고대 그리스의 화가들은 오로지 검은색, 하얀색, 붉은색, 노란색, 이 4가지 색만 사용했다고 주장한다. 그는 이 고귀하고 제한된 색은 지각 있는 모든 화가들을 위한 최적의 선택이라고 말했다. 그 말에 무게라도 실어주려는 듯, 그 황금 시기에 가장 유명했던 화가인 아펠레스Apelles도 그런 엄정한 범위 안에 자신을 가두었다.

우리가 이 주장의 진위를 가릴 수는 없다. 그가 살던 문화가 생산했던 대부분의 그림처럼 아펠레스의 작품은 한 점도 남아 있지 않기 때문이다. 그러나 그리스는 이 4가지 색이 아니라 아주 많은 안료를 갖고 있었다. 로마의 매몰 도시 폼페이에서 29가지 이상의 안료가 확인된 것이다. 플리니우스가 아펠레스의 물감이 부족했던 사실을 일부러 과장했던 것일까? 만약 그렇다면 그 이유는 뭘까? 그 이유의 일부는 형이상학적이다. 즉 4가지 '주요' 색은 아리스토텔레스의 흙, 공기, 물, 불이라는 4원소론과 딱 맞아떨어진다. 그러나 고전 그림에서 색 사용의 범위는 언어로 인해 더욱 헷갈리게 되었다. 예컨대 그림에서 색을 사용한 흔적을 찾기 위해 고문서를 들추다 보면 청색과 녹색을 뒤섞어 사용하는 경우가 허다하다. 중세의 용어 시노플^{sinople} — 이 단어는 플리니우스의 시노피스(sinopis)에서 유래했으며, 시노피스(sinopis)는 흑해(Black Sea)에 있는 시노프(Sinope)*에서 나는 붉은 토성안료(earth pigment)의 원산지에서 유래되었다 — 은 적어도 15세기까지는 적색이나 녹색을 의미했다. 라틴어 카에룰리움^{caeruleum}은 노란색과 푸른색에 다 사용되었다 [어근은 그리스의 'kuanos'로 이것은 일부 맥락에서 바다의 어두운 녹색(dark-green)을 명칭할 수도 있다]. 갈색과 회색을 뜻하는 로마 단어는 없다. 하지만 이것은 로마 화가들이 갈색의 토성안료를 몰랐거나 사용하지 않았다는 의미는 아니다.

어떻게 적색과 녹색을 같은 색으로 볼 수 있단 말인가? 현대적인 견해에서 보면, 이것은 어리석어 보인다. 우리의 마음속에는 아이작 뉴턴^{Isaac} ^{Newton}의 무지개색 스펙트럼이 있어 7개의 색 띠에 부여된 색의 이름이 자리 잡고 있기 때문이다. 그러나 그리스인들은 이와 다른 스펙트럼을 보았으며, 한쪽 끝에 흰색을 다른 한쪽 끝에는 검은색을 놓았다. 혹은 좀 더 적절한 것으로 색을 밝음과 어둠으로 구별했다. 그리고 다른 모든 색들은 이

---

* 현재의 터키.

양 극단 사이에 다양한 정도의 밝음과 어둠의 혼합정도에 따라 놓여졌다. 황색은 밝은 쪽에 바짝 붙었고(그것은 생리적인 이유 때문에 가장 밝은색으로 보인다). 적색과 녹색은 둘 다 중간색intermediate으로 분류되어, 밝음과 어둠의 중간, 혹은 균등한 것으로 생각했다. 중세 학자들이 고대 그리스어 책자에 의존했기 때문에 이런 색의 척도는 아테네의 사원들이 폐허로 서 있게 되는 몇 백 년 후에도 계속되었다. 10세기에 수도사 헤라클리우스Heraclius는 여전히 색을 검은색, 흰색 그리고 '중간색'으로 분류했다.

청색과 황색의 혼동은 순전히 언어적이거나 아니면 안료 재료의 이름은 본 딴 데서 그 기원을 찾을 수도 있다(제10장 참조). 이유는 분명치 않지만 청색과 황색은 많은 언어와 문화에서 동일한 범주로 처리되었다. 그 예를 일부 슬라브어에서, 일본 북부의 아이누Ainu* 언어에서, 동 나이지리아의 다자 언어에서, 북 캘리포니아의 메초프도Mechopdo 원주민 언어에서 찾아볼 수 있다. 노란색을 의미하는 라틴어 'flavus'는 blue, bleu, blau의 어원이다. 척도의 어두운 쪽 끝에 청색이 위치해 있는데, 이 색은 플리니우스의 명단에는 빠져 있다. 그 이유는 청색을 검은색의 변형으로 보았기 때문이었고, 그 두 색에 대한 그리스어는 중첩된다.

그래서 화가들이 그 두 색상을 다른 색으로 봐야 할지 아니면 같은 색의 변형으로 봐야 할지는 주로 언어적인 문제이다. 켈트어 'glas'는 산 호수의 색을 언급하며 갈색을 띤 초록색에서 푸른색까지의 범위를 말했다. 일본어 'awo'는 문맥에 따라 '푸른색' 혹은 '검은색'을 의미한다. 베트남어와 한국어도 초록색과 푸른색을 구별하길 거부한다. 일부 언어는 단지 서너 가지의 색 용어만 갖고 있었다.

문화적으로 독립된 기본 색에 대한 개념은 없다. 그래서 색을 사용하

---

* 일본 홋가이도 원주민.

는 문제를 다룰 때, 보편적인 기준을 세우는 것은 불가능해 보인다. 하지만 1969년 인류학자 브렌트 벌린Brent Berlin과 폴 케이Paul Kay는 한 가지 발상을 떠올렸다. 어떤 문화에서 색에 대한 용어가 복잡해지면 그 순서에 따라 색상이 출현한 것이다. 그렇다면 색의 위계질서를 세워 혼란스런 색의 용어에 어떤 순서를 부여할 수 있지 않을까? 그들에 따르면, 우선 밝음과 어둠 혹은 흰색과 검은색 사이의 구별이 있다. 호주 원주민과 뉴기니의 두게름 다니Dugerm Dani 어를 말하는 사람들은 겨우 2가지 용어로 그런 색을 나타낸다. 이 두 색 다음으로 특징적인 색은 적색이었고, 그다음으로 녹색, 황색이 더해졌는데, 이 두 색의 위계질서는 엎치락뒤치락했다. 그다음으로 청색이 왔고 그다음엔 더욱 복잡해지는 2차색*과 3차색이 이어졌다. 우선 갈색을 선두로 보라색, 오렌지색, 핑크색, 회색이 그 대열에 순서대로 합류했다. 그래서 베를린과 케이에 따르면, 그냥 검은색, 흰색, 녹색 혹은 그냥 황색과 청색이란 고유한 색 용어를 가진 언어는 있을 수 없었다. 색의 어휘는 엄정한 순서에 따라 배당되는 것이었다.

당시 비기술적인 문화에 대한 인류학적·언어학적 연구를 바탕으로 이뤄진 베를린과 케이의 주장은 그리 신빙성이 높지는 않다. 예를 들어 필리핀에서 말레이 폴리네시아 사람들이 말하는 하누누Hanunoo 어는 4가지 색 용어를 가지고 있었다. 우리가 검은색과 흰색으로 생각할 수 있는 '어둠'과 '밝음'이 있고 거기에 '신선한fresh'과 '마른dry'— 이 영어 단어가 적합한지는 확실치 않지만 가장 근접한 단어이다—이란 어휘가 있었다. 일부 학자는 이 2가지 색을 녹색과 적색으로 생각하지만 그것들은 색상만큼이나 질감을 언급하는 것 같다. '색colour'을 의미하는 하누누 어는 존재하지 않는다.

그렇지만 베를린과 케이의 이런 객관화 계획은 시내를 통해 '색'이 무엇

---

* 원색을 섞었을 때 나오는 색.

을 의미해왔는지를 토론하기 위한 기초를 마련해주었으며, 그들의 계획은 이런 부분에서 성공을 거뒀다고 보면 된다. 다만 그 이론을 적용할 때 따르는 약간 곤란한 문제는 상황에 무관한 '기본적인' 색의 용어가 존재한다고 가정하는 것이다. 이것은 복잡한 현대 언어에서조차 혼동될 때가 있다. 예를 들어 프랑스어 'brun'은 영어의 'brown'와 딱 들어맞지는 않아, 상황에 따라 'marron(적갈색)' 혹은 'beige(베이지색)'가 될 수도 있다. 또한 상황에 따라서는 구체적인 색상이 아니라 그저 명암을 나타내는 '어둠'을 뜻하기도 한다.

벌린과 케이의 관점에서 보면 고대 그리스에서 기본적인 색 용어를 확인한다는 것은 불가능하다. 그런 이유로 일부 학자들은 그리스 사람들의 색 인식이 형편없었다고 생각하게 만들었다. 1921년, 모리스 플래트나우어Maurice Platnauer는 이렇게 주장했다.

"그들의 색 감각은 무척 무뎠다. 혹은 그들은 분해되어 부분적으로 흡수된 빛의 질적 차이에 별 관심이 없었다."[19]

색 과학 기술자 해럴드 오스본Harold Osborne도 1968년 그 점을 재차 강조했다.

"그리스 사람들은 색상 구별이 세심하지 못했다."

그러나 색 구별의 능력이 반드시 색 어휘의 구조로 제한된다는 법이 있는가? 이름은 모르지만 색상은 구별할 수 있다. 구별이 가능하다고 해서 그 수많은 색상이 일일이 다 이름을 가지고 있던가? 그래서 그리스인들에게 '색'은 다소 다른 의미를 가졌다는 결론이 도출된다(하지만 그들은 흔히 이렇게 번역되는 'chroma' 혹은 'chroia'라는 색을 뜻하는 한 가지 단어는 갖고 있었다). 그들이 색을 밝음과 어둠 사이의 척도에 따라 늘어놓은 이래, 색상뿐만 아니라 명도나 광택도 유효한 색 판별 수단이었다. 플래트나우어는 "그리스인들에게 강한 인상을 주었던 것은 우리가 색 혹은 색조라고 부르는 것이 아니라 바로 광택과 피상적인 효과였다."라고 주장했다. 지나치게 단순화한 느낌이지만 본질적으로는 옳은 말이다. 그의 지적에 따르면 그리스 문학에서 거무스름해진 피와 구름의 색깔을, 그리고 금속의 섬광과 나무의 반짝임을 묘사하기 위해 같은 단어를 썼다는 것이다. 이것이 아마도 호메로스의 『오디세이』에 나오는 '포도주빛 어둠'의 바다oinopos라는 잘 알려진 정체를 알 수 없는 색을 설명할 것이다. 루트비히 비트겐슈타인Ludwig Wittgenstein도 『색채논평(Remarks on Colour)』에서 같은 의문을 제기했다. '샤이니 블랙shiny black과 매트 블랙matt black은 서로 다른 색의 이름은 아닐까[1960년대 자신의 블랙 단색화 연작에서 미국의 미니멀리스트 화가 애드 라인하르트(Ad Reinhardt)는 이 두 색을 전혀 다른 색처럼 사용했다]?

그리스는 확실히 색의 이름은 갖고 있었지만 '기본적인' 색의 이름이 없었던 것도 확실하다. '붉은색'은 일반적으로 'eruthos'(이것은 붉은색에 어원적으로 연결되어 있다)와 동격이다. 하지만 이 용어가 'phoinikous'나 'porphurous'보다 더 우수하다는 말은 아니다. 그것은 마치 붉은색이 주홍색scarlet이나 심홍색crimson보다 더 탁월할 이유가 없는 것과 같다. 이와 유사하게 녹색은 문맥에 따라 'chloros', 'prasinos' 혹은 'poodes'로 쓰였다.

언어학자 존 라이언스John Lyons는 '색은 문화의 영향을 받는 언어의 산물이다.'라는 말이 지당하다고 주장했다. 색상 용어의 기원을 추적하다 보면, 색 용어의 가변성은 색조의 추상적 개념보다는 그 재료를 보게 만든다. 플리니우스의 고전적인 4가지 색은 '검은색', '흰색'뿐만 아니라, '밀로스의 흰색white from Milos'과 '흑해의 시노프에서 온 붉은색red from Sinope on the Black Sea'도 있었다. 그런 용어는 특정한 안료에 적용되었다. 분류에 대한 확실한 이론적 기초가 없을 때엔 색을 제공한 물질적 존재로 눈길을 돌릴 필요가 있다. 그러나 이것마저도 모호함을 더할 뿐이다. 그 물질이 색의 용어로 변할 수 있기 때문이다. 예를 들어 주홍색을 뜻하는 'Scarlet'은 한때 중세의 염색된 천을 일컫는 말이었다. 하지만 지금 염색된 천이 어디 주홍색뿐인가!

:: 진실한 색

현대 화가와 추상 화가들은 '눈에 보이는 그대로'의 그림을 의식적으로 회피한 최초의 화가로 생각하고 싶을 것이다. 그러나 르네상스나 바로크 시대에 그린 그림을 얼핏 보아도 자연을 충직하게 묘사하려는 시도보다는 어떤 관습과 더불어 화가의 상상과 해석이 작품을 정의하려 한다는 것을 알 수 있다. 시대를 통해 많은 화가들이 '자연에 진실한' 그림을 말해왔다. 그런데 사진의 출현으로 우리는 자연의 한순간을 포착할 수 있게 되었지만 사실 자연은 그보다 더 많은 것을 포함하고 있다.

예를 들어 19세기 말까지 자연을 모방하기 위해 색을 사용했다는 말은 적어도 이런 점에선 필연적으로 거짓이었다. 거의 모든 그림이 적절한 구성과 대비에 관한 화가의 판단에 따라 화실에서 그려졌기 때문이다. 프랑스 사실주의 화가들이 실외에서 밑그림이 아니라 완성된 작품을 개척했을 때에서야 그리고 나중에 인상주의 화가들이 그 화풍을 채택했을 때에서야 화가들은 빛과 음영에 관한 학문적 개념으로부터 해방되었다. 그래서 그들은 그늘 속에서 보라색과 푸른색을, '하얀' 햇살 속에서 노란색과 오렌지색을 볼 수 있게 되었다.

이런 사실에도 불구하고 고대에서 추상화가 출현하는 현대까지 서구미술이 기본적으로 자연을 재현할 것을 요구했다는 개념을 받아들여보자. 그렇다면 화가들이 시각적으로 받은 인상을 정확하게 묘사할 수 있는 충분한 안료를 찾았을까? 과연? 하지만 그 문제가 그리 간단했다면 오죽이나 좋았을까! 고대인들이 믿었던 것처럼, 세상은 훌륭한 소묘만으로도 충분히 묘사될 수 있었기에 색은 단순한 과잉장식에 지나지 않았을까? 아리스토텔레스는 이렇게 말했다.

"그토록 아름다운 색을 여기저기 함부로 뿌려대는 화가는 흰색 배경에 단순한 형상을 그리는 화가만큼 눈을 즐겁게 해줄 수 없다."

더욱이 클래식 미술Classical art은 비굴하게 흉내만 낸 것이 아니라 주로 의미를 함축한 상징이었다. 플리니우스의 4색 구조는 자연에 존재하는 색상보다는 형이상학과 더욱 밀접하게 관련되어 있었다. 화창한 날 그리스 언덕에 올라가보면 그 4색 구조가 빼먹은 녹색과 청색으로 짙게 물들어 있을 것이다.

더욱이 그리스인들이 추구했던 이상화와 추상적 지성에 대한 선호 때문에 혼합 색은 '순수한' 자연의 안료와 자연의 '진실한' 색에 비해 열등한 취급을 받았다. 그래서 화가들이 색을 혼합하여 자연의 색에 조화시키려던 시도는 아무런 소용이 없었다. 여기엔 그리스 학자들도 한몫 거들었다. 1세기에 플루타르크Plutarch는 이렇게 말했다.

"혼합은 갈등을 일으킨다."

안료의 혼합은 꽃을 꺾는 행위에 비유되었다. 처녀성을 잃었다는 의미였다. 심지어 아리스토텔레스는 색의 혼합을 '죽음'이라 불렀다.

그러나 색의 혼합엔 기술적인 한계도 있었다. 유용한 안료가 순수한 원색은 아니었기에 혼합된 색은 회색이나 갈색이 되면서 칙칙해졌는데 그것은 참으로 색을 욕보이는 과정이었다. 안료 혼합에 대한 이러한 거부감은 고전 문학에서 말하는 일부 엉뚱한 주장을 설명해준다. 예를 들어, 적색과 녹색에서 황색이 나올 수 있다거나 아리스토텔레스의 주장처럼 어떤 안료의 혼합도 바이올렛색이나 녹색을 만들지 못한다는 것이었다. 하지만 이런 엉터리 주장은 실험을 해보면 금세 탄로 나기 마련이다. 그리스 화가들은 반투명한 색을 불투명한 색 위에 덧칠할 각오는 되어 있었지만 '팔레트 위에서'의 혼합은 보통 밝음이나 음영을 위한 흑백으로 제한되었다.

고대와 중세의 예술이 불완전한 기법과 제한된 팔레트로 세상을 자연 그대로 표현하려는 시도는 잘못될 수밖에 없었다. 하지만 이렇게 스스로 감옥에 갇힌 색의 유용성은 그런 잘못된 이유 중의 하나에 불과했다. 에른스트 곰브리치가 말했던 것처럼 "중세의 화가들은 자연의 실제 모습은 물론 사물의 진짜 색에 아무런 걱정을 하지 않았다." 중세 초기의 화가들은 비례의 개념으로 고민하지 않았다. 그들은 그 개념을 전혀 개의치 않았던 것이다. 중세의 화가는 보통 익명의 수도사로 신앙심과 경건함을 전달하기 위해 복음서의 이야기들을 그림으로 표현하는 것이 임무였다. 그런 그림은 도식적이고 심지어는 틀에 박혀 있었다. 일종의 그림으로 표현한 글이었다. 중세 말기에 신성 로마 제국을 휩쓸었던 미와 부의 과시는 종교 그림에서도 예외가 아니었다. 하지만 그것이 자연주의*에 대한 어떤 필요성을 환기시키지 않았다. 사실 그 정반대였다. 주홍색, 군청색, 황금색의 최고급 안료를 평평하게 펼쳐진 색의 들판에 화려하게 펼치는 게 바람직했다. 이러한 색들은 보는 사람에게 찬탄과 경외심을 자아내도록 화폭에 그냥 펼쳐지지만 하면 되었다.

그래서 중세의 색 사용은 그리 복잡하지 않았다. 그 기술은 색의 미묘한 변화를 창조하는 데 있지 않고 날 raw 안료를 화폭에 조화롭게 배열하는 데에 있었기 때문이다. 이런 이유로 첸니노 첸니니와 같은 중세 말의 장인은 그의 저술 『예술의 서(Il Libro dell' Arte)』에서 화가에게 안료와 화판 준비 혹은 유화 프레스코alla fresco와 세코a secco 화법**에 대한 실용적인 충고뿐 아니라 주름, 살, 물을 묘사하기 위한 기법까지 서술하고 있다. 이는 마치 그림

---

* 사실을 있는 그대로 묘사하는 주의.
** 밑칠이 다 마른 다음 안료에 고착제를 가하여 그리는 기법.

그리기가 역학적 기술과 다를 바 없다는 투였다. 알베르티는 색을 병치하는 방법을 말하고 있는데 이는 마치 유색 나무벽돌을 배열하는 방식과 같다. 물론 여기서 나무벽돌은 아름다운 소녀들의 의상을 말한다.

붉은색이 푸른색과 초록색 사이에 있으면 서로가 조금 더 아름다워진다. 흰색은 회색과 노란색 사이에 있을 때만이 아니라 거의 어떤 색깔 사이에서도 화사함이 더해진다. 그러나 어두운 색은 밝은색 사이에 있을 때 어떤 위엄을 얻으며, 밝은색은 어두운 색 사이에서 비슷한 좋은 효과를 얻는다.[20]

이런 충고에서 르네상스에서 20세기까지 예술 이론을 통해 반복될 색의 조화에 관한 개념의 단초를 발견할 수 있다. 그러나 그것은 알베르티에게는 하나의 색면colour-field을 다른 색면 옆에 놓는 문제로, 이런 색면 대비는 베네치아 거장들의 색조의 혼합과 대조보다는 근대 미술 화가인 피에트 몬드리안Piet Mondrian을 연상시킨다. 더욱이 알베르티는 순수한 안료의 고귀함에 대한 불변의 관심을 드러내고 있다. 원색을 보존하고, 원색을 우중충하게 하거나 혹은 그 광채를 파괴하는 관행을 피하자는 것이었다. 그래서 조명과 음영은 흰색과 검은색을 첨가해 이뤄져야 하지만 색의 순결을 파괴하지 않도록 지극히 자제해 사용해야 했다.

흰색을 과도하게 사용하고 검은색을 부주의하게 사용하는 그런 화가들은 강력히 비난받아 마땅하다. 흰색과 검은색이 클레오파트라가 식초에서 녹인 그런 보석으로 만들어졌다면 그것은 좋은 현상일 것이다. 그래야 화가들이 그 색을 최대한 아껴 쓸 터이고, 그제야 그들의 작품이 사람의 눈길을 사로잡으며 진실에 가까워질 게 아닌가?[21]

여기서 '진실'이란 눈에 들어온 자연을 포착하는 것이 아니라 재료의 영광을 말한다. 그렇지만 알베르티의 색에 대한 논평은 중세시대의 상징적인 물질주의가 아니라 르네상스의 인도주의를 반영하고 있다. 첸니노 첸니니는 교회를 건축하는 데 벽돌을 어떻게 쌓을 것인지를 서술하는 장인처럼 종교적인 작품을 크게 언급한 반면, 알베르티의 책은 세속적인 그림에 대해서만 관심을 표명하고 있다. 알베르티가 가장 화려한 색을 사용한 이유는 신을 기쁘게 하기 위한 것이 아니라 그 작품을 의뢰하면서, 십중팔구 사용할 안료를 계약에 명시했을 후원자를 기쁘게 하기 위한 것이었다.

추상으로의 도약

알베르티가 주장하는 색 이론의 중심에는 중세의 규범적인 방법이 폐기되는 순간 모든 화가들이 해결해야 했던 문제가 있었다. 즉 색을 조직화하는 방법이었다. 20세기 예술가들도 그 규칙이 극심히 변하긴 했지만 같은 문제에 봉착했다. 르네상스 화가들은 그림 그리는 방법엔 이견이 있었지만, 그림의 대상에 대해서는 거의 논쟁이 없었다. 그러나 20세기 초에 화가들은 먼저 '자연주의' 채색을 포기하더니 다시 자연주의 양식마저 포기하기 시작했다.

그 결과적인 문제는 동시대의 무조* 작곡가들이 직면했던 문제와 닮았다. 만약 나무가 파랗게 될 수 있고, 하늘이 핑크빛이 될 수 있고, 얼굴이 노란색이 될 수 있다면, 도대체 색을 어떻게 선택할 수 있단 말인가? 음악적 화음의 수학적 규칙이나 자연의 색상과 같은 '자연'이란 준거가 없다면 그와 같은 다양한 선택에 의해 위협받을 부조화를 어떻게 피할 것인가? 색을 '진실 되게' 배분하는 올바른 조직적 체계는 무엇인가?

---

* 뚜렷한 조성(調性)이 없어 장단조의 조에 따르지 않는 곡조.

아르놀트 쇤베르크Arnold Schönberg는 음렬주의에서 12음절 작곡법으로 음악적 해답을 구했다. 하지만 그토록 보편적인 해답이 현대 색채 화가들에겐 나타나지 않았다. 바실리 칸딘스키는 추상화의 길잡이가 될 원칙을 발견하라는 의무를 공포에 가까운 심정으로 인식했다.

"무서울 정도로 깊은 심연의 온갖 의문, 내 앞에 펼쳐진 과중한 책임감. 그리고 특히 그 빠트린 대상을 무엇으로 대체할 것인가?"[22]

그의 해답은 매우 개인적이며 주관적인 것이었다. 그는 색이란 상징적이며 정신적인 함축을 가지고 있다는 점을 감지했다. 이러한 믿음은 칸딘스키가 하나의 자극에 2가지 감각을 동시에 느끼는 공감각을 경험했기에 가능했을 것이다. 공감각의 대표적인 현상은 소리를 색으로 보는 '색청 colour-hearing'으로, 특정한 색을 음계로 듣는 것을 말한다. 공감각자였던 작곡가 알렉산드르 스크리아빈Alexandr Nikolayevich Skryabin은 C장조를 붉은색으로 D장조는 노란색으로 들었으며, '빛의 건반 clavier à lumiére'을 위해 색으로 작곡했다.

칸딘스키는 신지학(theosophy, 神智學)의 영향을 크게 받았다. 신지학은 볼프강 괴테Johann Wolfgang von Goethe가 세상을 극단적인 대조로 구분한 것에서 유래한 심리 철학이다. 신지학은 몬드리안에게도 영향을 미쳐, 원색의 직사각형을 무거운 검은 격자 위에 정렬하려던 그의 노력은 수학적 고민을 불러일으켰다. 몬드리안은 삼원색을 제외한 모든 색은 잉여라고 주장한 쇤마커스Matthieu H. J. Schoenmaekers의 옹호자였는데 이 사람은 몬드리안에게 색 문제에 대해 그만의 독특한 해답을 주었다.

신지학의 독선적인 범주화는 색은 영혼의 보편적인 언어로 작용한다는 칸딘스키의 확신에서 찾아볼 수 있다. 물론 색은 우리의 정서에 말을 하지만 문화적 조건화와 무관하게 만인이 동의하는 방식은 아니다. 그러나 칸딘스키는 확고하며 객관적인 색의 연관성이 있다고 믿었으며, 그래서 계산된 색의 사용이란 추상적인 구성으로 매우 특정한 정서적 반응을 유발할 수 있다고 믿었다. 그것은 단순히 암호를 해독하는, 혹은 칸딘스키의 은유를 사용한다면 정서의 현을 뜯기 위해 색을 기계적으로 사용하는 문제였다.

일반적으로 색은 영혼에 직접 영향을 미친다. 색은 건반이고, 눈은 해머이며, 영혼은 많은 현을 가진 피아노이다. 연주자는 이 건반 저 건반을 의도적으로 건드려 영혼에 담긴 음향의 진동을 일깨운다.[23]

칸딘스키는 그의 색 언어를 『예술의 정신적 측면에 관하여』에서 설명했는데, 우리는 다음과 같은 주장을 엿볼 수 있다.

노란색은 전형적인 세속적인 색이다. 그것은 절대 심원한 의미를 지닐 수 없다. 푸른색과 혼합하면 생기가 빠진 색으로 변한다. 버밀리언은 날카로운 느낌이 드는 붉은색으로 마치 물로 식힐 수 있는 달궈진 쇠와 같다. 오렌지색은 자신의 힘을 확신하는 남자와 같으며 바이올렛 색은 다소 슬프고 연약하다.[24]

그는 독일 바우하우스 예술디자인학교에서 과학적 실험을 통해 이런 색의 '의미'를 설립하려 했다. 그는 1,000장의 테스트 카드를 '그 학교의 다양한 집단'에게 배포한 후, 응답자에게 삼각형, 사각형, 원의 3가지 기하학 형태와 삼원색을 짝지어볼 것을 요구했다. 삼각형과 노랑의 짝은 어느 정도 이뤄졌지만 파랑이 사각형이나 원과 연관되는지는 불확실했다.

색과 음악과의 연결은 공감각에서만 가능한 것이 아니라 고대 그리스부터 인식되던 문제였다. 바이올린과 첼로 연주자이기도 했던 칸딘스키는 쇤베르크와 협력하여 색을 조직하기 위한 기존의 '조화로운' 계획에 '불협화음'을 포함시키는 방법을 찾길 희망했다. 그는 예술작품이 교향곡 구조를 가져야 한다고 느꼈고, 그의 '색의 음악colour-music' 구성작품들은 인식할 대상의 기준이 없는, 최초의 진실한 추상화로 간주되고 있다(〈삽화 1-2〉).

색 언어가 실패한 것처럼, 칸딘스키의 색의 정서적 언어에 대한 헛된 탐색은 색에 대해 도식적인 접근은 무의미하다는 사실을 상기시킨다. 색이 무엇을 '의미하는'지에 관해선 합의가 있을 수 없으며 색을 '진실 되게' 사용하는 방법도 마찬가지이다. 나중에 몇 차례 더 보게 되겠지만 색 이론은 그림의 구성엔 큰 도움을 줄 수 있지만 그것을 정의하지는 않는다. 결론적으로 현대 화가들이 색에 대한 형태를 찾으려는 투쟁은 개인적인 탐구일 뿐이다. 브리짓 라일리에게, 색을 강력한 예술 표현의 매개체로 만든 것은 정확히 이것이다.

추상화법의 믿을 만한 토대가 되어줄 기본 원칙도 없고, 확실한 개념적 기초도 없기 때문에, 화가 개인의 예술적 감수성이 독특한 표현 수단을 모색할 수밖에 없었다.[25]

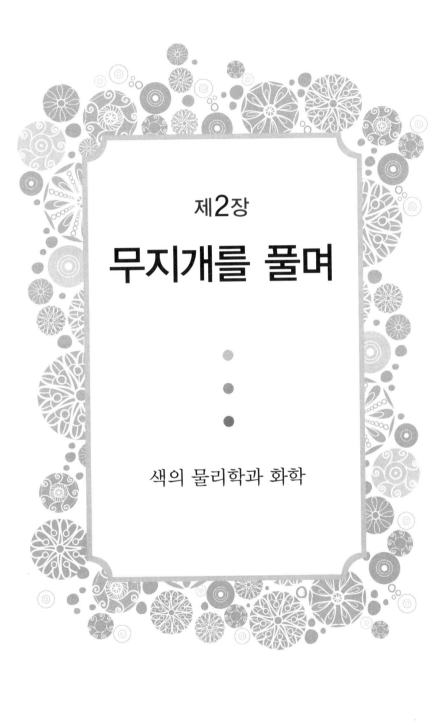

제2장

무지개를 풀며

색의 물리학과 화학

색이란 사물은 없다. 다만 색이 있는 물질이 있을 뿐이다.

_ **장 뒤뷔페**(Jean Dubuffet, 1973)

무생물계는 오로지 색의 언어만 가지고 있다. 어떤 돌이 사파이어인지 에메랄드
인지는 색을 통해서만 알 수 있다.

_ **샤를 블랑, 『조형 예술의 문법**(Grammaire des arts du dessin, 1867)』

물감이란 결국 무엇인가? 색이 있는 흙이다.

_ **필립 거스턴**(Philip Guston)

과학과 예술의 오랜 주도권 다툼의 역사를 들여다보면 아이작 뉴턴의 '무지개를 풀며unweaving the rainbow'가 자주 등장한다. 낭만주의 시인 존 키츠John Keats의 '라미아(Lamia, 1819)'라는 시에도 그 일면이 드러난다. 이 시에서 그는 과학이 세상의 경이와 신비에 미치는 부정적인 영향을 한탄하고 있다.* 그러나 그 영롱한 둥근 색다발은 뉴턴이 무지개의 스펙트럼 순서를 밝힌 오랜 후에도 그 영롱한 부채꼴의 색 다발은 여전히 실타래처럼 엉켜 있었다. 괴테 같은 반反 뉴턴자들이 무지개 색을 엉뚱하게 재배열한 해프닝은 놀랍지도 않지만 존 컨스터블John Constable과 같은 예리한 자연관측자도 두 번째 활꼴에서 순서를 잘못 배열했다는 사실이 드러났다. 라파엘 전파Pre-Raphaelite의 화가 존 에버렛 밀레이John Everett Millais도 〈눈먼 소녀(The Blind Girl, 1856)〉에서 무지개의 순서가 잘못됐다는 지적을 받은 후 서둘러 그 실수를 정정해야 했다.

---

* 존 키츠는 장편시 '라미아'에서 '과학은 차갑고, 모든 매력을 달아나게 하며, 천사의 날개를 묶어버리고, 규칙과 정렬로 모든 신비를 정복한다.'라고 했다. '뉴턴이 분광학을 통해 무지개를 풀어헤친 후 무지개에 관한 시는 모두 파괴되어버렸다.'라며 비난하기도 했다.

어쨌든 뉴턴의 업적은 햇빛이 무지개의 많은 색상으로 이뤄졌다는 사실을 보여준 데 있지 않다. 그 정도의 사실은 햇살이 유리를 통과하면서 분광된 스펙트럼으로 오래전부터 잘 알려져 있었다. 햇빛을 집중하면 습기 찬 공기에서 물방울에 굴절되어 어떻게 원형의 띠를 형성하는지를 보여준 사람도 뉴턴은 아니었다. 그것은 이미 르네 데카르트Rene Descartes가 1637년, 무지개 형성의 기초과학을 설명하면서 다뤘던 문제였다. 그러나 뉴턴은 무지개 색이 불변하며, 그 색들이 서로 약간 다른 각도에서 굴절된다는 사실을 보여줌으로써 데카르트의 백색 원호에 색을 가져왔다. 1665년이나 1666년에 시행된 뉴턴의 '결정적 실험experimentum crucis'에서, 그는 "빛은 다르게 굴절되는 여러 광선들의 혼합이다."라고 밝히며, 암실에서 프리즘을 통과해서 분리되는 이 광선들은 2차 프리즘으로 더 이상 분리될 수 없는 '합성되지 않는 색'이라는 사실을 증명했다. 반대로 렌즈를 통해 다시 합쳐진 그 광선들은 한 줄기 백색광선으로 돌아간다.

과학자들은 뉴턴의 환원주의*에 열광하느라, 예술가들은 그것을 헐뜯느라 정신이 없어, 그의 저술에서 기묘한 한 가지 문맥을 간과하고 있다. 수백 년의 렌즈를 통해 우리가 과학과 마법을 분리할 수 있는 오늘날에도 그것은 아주 이례적인 착상이다. 뉴턴은 프리즘을 통과한 빛을 일곱 가지 스펙트럼으로 임의적으로 세분화했는데 이것은 순전히 음악의 하모니에 대한 관념과 조화시키기 위한 의도로 그 당시 시대정신에 충실히 따른 것이었다.

하나의 광선이 다양한 크기의 진동을 일으키는데, 이것은 공기의 진동이 여러 크기에 따라 다양한 소리 감각을 자극하는 것과 매우 흡사하다고 볼

---

* 만물은 쪼개고 분해하면 모두 이해할 수 있다는 이론.

수 있다. 광선은 그 밝기에 따라 다양한 색의 감각을 자극한다.[1]

그렇게 뉴턴의 무지개는 인디고(indigo, 남색)와 바이올렛을 얻었는데, 나는 그 색에서 사람들에게 청색과 보라색을 보라고 말한다.

이 무지개를 분리하면 색이 나오며, 뉴턴이 그 색을 음계에 맞춘 것은 현실에선 다소 엉뚱한 발상이지만 상징으로써는 유용하다. 물질은 반음계의 많은 음조와 화음에 장단을 맞추어 노래를 부른다. 그런 공명음이 햇빛이라는 백색 '소리'에서 들릴 때, 다양한 음높이의 자극이 그 음조들을 흡수하고, 그 흡수된 곳에선 침묵으로 반향한다. 우리가 보는 색은 그 물질이 자신만의 독특한 선율을 흡수한 후의 나머지 소리의 잔여물이다. 레드 베리red berry는 녹색과 청색의 색조에 노래를 부른 것이고 노란 꽃은 청색과 적색의 선율에 노래를 부른 것이다.

화가들은 색의 과학적 이론에 다양한 의견을 보이고 있다. 색을 과학적으로 이해할 필요성을 별로 느끼지 못하는 일부 화가도 있는데, 프랑스의 화가이자 학술원 회원인 장 조르주 비베르가 쓴 『그림의 과학(Science de la peinture)』은 그 제목에도 불구하고, 색의 진실을 밝히려는 19세기 과학자들을 신랄하게 풍자하고 있다. 그의 풍자 한 토막을 살펴보자. "파올로 베로네세Paolo Veronese, 루벤스, 페르디낭 들라크루아Ferdinand Victor Eugène Delacroix와 같은 화가들이 색을 가르치는 데 있어 더 훌륭한 자격을 갖췄다, 화가들은 색을 가지고 인생과 감성을 영혼에게 말하는 언어를 창조하기 때문이다."

나도 비베르의 말에 전적으로 동의한다. 아무튼 들라크루아는 당시의 색 이론에 약간 흥미를 보였지만, 옛 거장들은 뉴턴의 발견이 감히 어쩌지 못한 색에 대한 본능적인 감각으로 기적을 창출하지 않았던가? 아무튼 후기 인상주의 화가Neo-Impressionists인 조르주 쇠라Georges Seurat와 폴 시냑

Paul Signac은 그림에서 색을 철저하게 과학적으로 사용하길 갈망했다. 하지만 그 결과는 시냥 자신이 인정했듯, '회색과 무색'으로 판정났다. 화가들은 색 사용의 지침으로 혜택을 보기도 했지만 그것은 색 물리학이란 든든한 이론적 무장이 결여된 경험의 법칙에 따른 것이었다. 인상주의 화가들이 충분한 숙고 끝에 채택한 기교들이 같은 결론을 실험적으로 도출해낸 르네상스 화가들의 작품에서도 찾을 수 있다. 파울 클레에 따르면, "색의 과학적 규칙에 따라 그림을 그리려는 시도는 영혼의 풍요로움을 포기하는 것을 의미한다."

하지만 색의 과학에 관한 이 장이 다음과 같은 내용 때문에 필연적인 이유는 많다. 이 책은 그림에 나타난 과학의 난해한 이론적 역할보단 재료에 주안점을 둘 것이기에, 구리에서 청색과 녹색이 나오고, 납 화합물에서 흰색과 적색이 나올 수 있다는 사실은 색 제조방법과 더불어 수수께끼로 남겨둘 수 있다. 그러나 그 '이유'를 이해해야만 그런 색들을 팔레트에 오게 된 사회적 기술적 요인들을 제대로 이해할 수는 있을 것이다. 더욱이 색 혼합에 대한 기초적인 상식은 화가들이 사용하는 그 순수하고 빛나는 안료와 밀접하게 관련되어 있다. 이 소리가 로고스(이성)가 에로스(정념)에게 하는 사과처럼 들리지 않도록 나는 양자의 차이는 오로지 상대적인 현대의 관념이라는 내 주장을 되풀이 할 수밖에 없다. 레오나르도라면 이런 설명도 없이 감히 색을 논하는 책에는 저주를 퍼부었을 것이다.

:: 색이 색이 되는 많은 원인들

"색은 빛으로 구성된 어떤 종류의 광선에도 반드시 응답한다. 나는 색에 관한 그 어떤 현상에서도 그런 변치 않는 사실을 목격해왔다."[2]

뉴턴에게 빛은 아리스토텔레스가 믿었던 색의 활성화도, 중세의 사상가들이 인식했던 색의 운반자가 아니었다. 그에게 빛은 색 자체의 매개체였다. 그는 빛의 존재를 그렇게 설정한 후 빛의 탐구에 들어갔다. 그렇다면 빛은 무엇인가?

다시 200년이 흘러 스코틀랜드의 물리학자 제임스 클러크 맥스웰James Clerk Maxwell이 그 해답을 찾아냈다. 1870년대에 맥스웰은 빛이란 진동하는 전자기장이라고 주장했다. 여기서 자력이 있는 전자기장이 조화에 맞춰 진동하지만, 장대에 두 줄이 수평과 수직으로 흔들리듯이 서로 수직 방향으로 진동한다. 진동의 주파수가 빛의 색을 결정하고, 주파수가 점차 높아지면서 가시 스펙트럼 영역에서 적색에서 시작해 청색 끝으로 옮겨간다. 그리고 빨강보다 낮은 주파수를 갖는 전자기장 복사는 낮아지는 순서대로 적외선 극초단파microwave나 전파radio wave가 된다. 청색과 보라색 이상의 고주파는 높아지는 순서대로 자외선이나 X-선, 감마선이 된다.

진동의 파장은 주파수에 반비례해서 주파수가 증가하면 파장은 줄어든다. 주파수와 파장은 뉴턴의 '여러 크기의 진동들'에 대한 현대적인 대응물로, 이제 무지개 색은 주파수와 진동으로 이해되고 있다.

이런 그림은 양자역학의 악명 높은 변태성과 더불어 빛은 파장이자 동시에 입자라는 깨우침으로 20세기 초에 더욱더 정교해졌다. 빛은 다발packets 혹은 '양자들quanta'로 오며, 각각의 다발 혹은 양자는 그 주파수에 비례한 에너지양을 담고 있다. 이런 빛의 양자를 광자photon라 부른다. 1905년, 알베르트 아인슈타인Albert Einstein이 이런 이단적인 개념을 제안했고 이것은 후에 노벨상 수상으로 이어졌다.

물질의 색은 빛의 흡수로 일어나며 이런 현상은 물질의 공명 주파수에 지배된다. 곡조에 맞추어 윙윙거리는 팽팽한 피아노 줄을 생각해보아라. 이와 마찬가지로 물질은 햇살의 가락에 맞추어 색의 노래를 부른다. 그런 짝짓기 공명진동은 그 주파수에 있는 빛의 에너지를 흡수해서 그 빛의 스펙트럼에서 특정한 색을 분리해낸다. 만약 공명 주파수가 없어 모든 주파수(빛)를 통과시키면 그 물질은 투명하거나 불투명하게 되고, 반대로 모두 반사시키면 불투명하게 된다. 결국 '거부된' 광선만이 우리 눈에 도달하고, 역설적이지만 그 주파수가 위치한 스펙트럼에 의해 그 물질은 색을 갖게 된다.

가시광선의 흡수를 위해선 그 공명에 작고 밀집한 원자핵을 둘러싸고 있는 전자구름이 포함되어야 한다. 피아노 줄이 음파에 의해 자극을 받아 공명진동을 일으킬 때 피아노 줄의 에너지가 증가하는 것처럼 전자들을 어떤 에너지 준위에서 다른 에너지 준위로 올라갈 때 빛을 흡수할 수 있다. 전자의 에너지는 양자역학에 지배되고 차량의 기어 변속처럼 불연속적으로 증가하기 때문에 특정한 주파수의 광선만이 이렇게 색을 유도하는 '전자전이'를 자극하는 에너지를 갖는다.

하지만 모든 색이 이렇게 출현하는 것은 아니다. 예를 들어 형형색색의 동그란 무지개 색은 빗방울이 빛을 흡수해서가 아니라 굴절시켜 일어난 결과로, 다양한 파장의 빛이 다른 각도 굽어 발생한 현상이다(〈그림 2-1〉 참조). 이것은 빛의 산란현상으로 산란은 색을 생성시키는 주요한 물리적 현상이다. 반면 빛의 흡수는 그 물질의 화학적 구성에 따른다.

빛이 빗방울을 통과하게 되면 그 빛은 휘어진다. 휘어지는 각도는 빛의 파장에 따르는데, 짧은 파장일수록 더 날카롭게 굴절된다. 그래서 청색빛은 적색빛보다 더 심하게 굴절되고, 이런 식으로 햇빛에 들어 있는 색들이 다양한 굴절을 통해 풀려나온다. 각각의 색은 둥그런 무지개의 각기 다른 장소에서 나와 눈에 이르게 된다. 때문에 빛의 산란은 그 파장에 따라 색을 분리한다. 하늘이 푸른색인 이유는 푸른빛이 대기 중의 분자와 먼지에 의해 적색빛보다 더 강하게 산란되어 사방에서 오는 것처럼 보이기 때문이

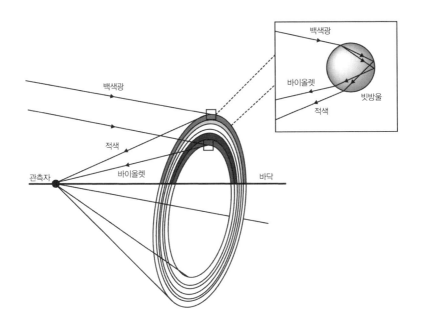

〈그림 2–1〉 무지개 형성 원리. 다양한 파장의 빛이 다양한 각도를 통해 빗방울에 의해 굴절되고, 그래서 백색광의 빛줄기들이 분리되어 스펙트럼의 성분들로 바뀐다.

다. 멀리 있는 언덕이 푸르게 보이는 이유도 마찬가지이다. 그 반사광이 눈에 도착하기 전에 청색으로 증대된다[예술에서 레오나르도가 묘사한 원경의 블루잉(blueing)은 공기원근법(aerial perspective)이라고 한다]. 해질 무렵이면 햇살은 관측자에게 도착하기 전에 훨씬 더 두터운 대기층을 뚫고 여행하며, 이때 빛의 청색 성분이 심하게 산란되어 절대 눈에 이르지 못한다. 괴테는 이런 현상을 막연히 암시만 했다.

"마침내 태양이 지면서 두터운 증기로 크게 약화된 빛줄기가 황홀한 붉은색을 모든 풍경에 흩뿌리기 시작했다."[3]

천연염료*는 빛을 흡수하여 색을 얻는다. 그러나 자연에 있는 일부 색은

---

* 염료는 물에 녹는 채색료로 물에 녹지 않는 안료와 구분된다. 염료는 반응성이 있어 결합도 잘하지만 변화성도 있다. 안료는 반응성이 적은 고체 입자로 퇴색과 변색이 적어 예술작품에 많이 사용된다.

물리적인 산란으로 얻는다. 특히 푸른색 안료를 갖고 있는 척추동물은 없다. 척추동물에서 보이는 푸른 반점은 빛의 산란으로 발생한 색이다. 나비 날개의 푸른색은 그 날개 위에 있는 비늘의 미세한 골 구조로 나온 것이다(〈그림 2-2〉 참조). 이 비늘의 능선에 공간이 있어 푸른빛을 먼저 산란시키지만 그 산란과 그 결과로 나온 색상은 반사각이나 보는 각도에 따라 살짝 변한다. 그래서 날개가 움직이면 색이 아롱거리며 무지개 색을 띠게 된다. 이런 현상은 곤충의 푸른 각피나 공작 꼬리의 변화무쌍한 색의 변화에도 그대로 적용된다. 공작 깃털은 나비 날개의 비늘에 있는 골들처럼 빛을 산란하는 색소성 검은 막대로 구성된 작은 격자로 장식되어 있다. 이런 깃털의 무지갯빛 색변화는 오래전부터 예술가들을 매혹시켰다.[7] 세기의 한 비잔틴 작가는 이렇게 반문했다.

> 공작을 본 사람이라면 사파이어로 짠 그 황금빛에, 보랏빛과 에메랄드 그린의 그 깃털에, 모두 뒤섞였지만 전혀 혼란스럽지 않은 그 다양한 문양의 색 구성에, 어찌 놀라지 않을 수 있겠는가?[4]

알렉산더 포프Alexander Pope의 시 '머리카락을 훔친 자(The Rape of the Lock)'에 나오는 '공기의 요정'도 빛의 산란으로 생긴 무지개 빛깔을 나비와 공유하고 있다.

> 한 줄기, 한 줄기 빛에 한 가지 색만 덧없이 던져주기만 하더니,
> 그 요정들의 날갯짓으로 한꺼번에 쏟아지는 색의 변화라니.

빛은 산란하는 물체가 그 복사 파장과 비슷한 크기일 때 가장 강력하게 산란된다. 구름 속의 물방울은 모든 가시광선을 산란하기에 적절한 크기

〈그림 2-2〉 나비 날개의 무지개 빛깔의 푸른색과 녹색은 날개 비늘에 있는 미세한 골 구조로 인한 빛의 산란으로 만들어진다.

이기 때문에 하늘에 흰색 소용돌이(구름)를 만들어낸다. 유리창과 같은 섬유로 만들어진 유리솜glass wool과 가루 유리ground glass도 같은 이유로 하얗고 불투명하게 보인다. 곱게 간 스테인드글라스는 장시간 연마로 색이 옅어진 것이다. 즉 더 작은 입자는 산란 표면적을 넓혀, (가시 영역에 걸쳐 있는 파장에 대해서는 어떤 차별도 없이 일어나는) 산란이 (특정 파장을 골라내는) 흡수보다 지배적이 된다. 이런 이유로 안료를 연마하면 그 색상에 영향을 미친다. 중세 화가들은 이런 현상을 이용해 안료의 음영을 연마로 통제했다.

흙에서 얻은 색

19세기에 현대적인 합성안료가 출현하기 전까지 많은 예술가들은 광물을 곱게 갈아 색을 얻었다. 그 색은 흙에서 뽑아낸 금속을 함유한 합성물질이라고 할 수 있다. 보통 흙에 포함된 금속원자에 따라 색이 결정되었는데, 이는 많은 새로운 합성 색에서도 마찬가지이다. 그중에서도 크롬, 코발트, 카드뮴이 절대적인 우위를 차지하고 있으며, 강력한 색의 광물질은 주기율표에서 중심을 차지하고 있는 전이금속을 포함하는 경우가 많다.

고대와 중세의 학자들은 특정한 색을 아리스토텔레스의 '4원소'와 연관시키려는 헛된 게임을 시도했었다. 사실 원소의 색은 상황에 따라 결정된다. 그럼에도 어떤 원소는 어떤 색으로 여전히 연상된다. 화학자들에게 가장 흔한 전이금속에 색을 배정하라고 요구하면 그는 그 게임을 즉시 알아차린다. 철은 붉은색으로 피와 녹^{rust} 그리고 석기시대부터 화가들이 칠했던 붉은 오커(ochre, 페인트나 그림물감의 원료로 쓰이는 황토)에서 그 자태를 자랑했다. 자체적으로 터키옥색의 음영을 드러내는 구리는 고풍스런 구리제품의 푸르스름한 윤기에서 여전히 그 빛을 뿜어내고 있으며, 코발트는 짙고 깊은 푸른색을 니켈은 바다의 초록색을 상징한다. 한편 크롬은 다소 당혹스러운데 그에 대한 이름만큼이나 원소적 카멜레온이기 때문이다.

하지만 이것은 정해진 정체성이 아니다. 예를 들어, 구리는 녹슨 붉은색의 염$^{rust-red salts}$을 형성할 수 있고, 철은 녹색과 노란색을 만들며, 심지어 페르시안 블루의 어두운 광택을 제공할 수도 있다. 그렇지만 이 금속들은 절대 제멋대로 색을 결정하는 것은 아니다. 그 이유는 무엇인가? 결정구조의 광물질과 염과 같은 무기화합물에서 금속원자들은 이온이다. 이런 금속이온은 전자를 잃고 양전하로 대전되어 있으며 이런 부족은 산소, 염소, 황 등과 같은 비금속 원소의 이온들이 띠고 있는 음전하에 의해 보충된다. 이 이온들은 식료품점 진열창에 쌓인 사과와 오렌지처럼 규칙적으로 그 결정 속에 쌓여 있지만 기계적이 아니라 창조적으로 쌓여 있다. 이런 반대 전하에 끌려 이뤄진 전기 결합은 전체를 하나로 결합시키는 강력한 접착력을 만든다. 이온결정들은 전체적으로 매우 강한 물질이어서 화실에서 그것들을 갈려면 구슬땀깨나 흘려야했다.

전이금속이 색을 발생시키는 이유는 그들의 공명주파수가 가시광선 영역에 떨어지는 전자전이를 갖고 있기 때문이다. 하지만 그와 같은 전이를 자극하기 위해 필요한 정확한 파장은 그 금속이온이 위치하는 원자 단위의 환경에 의존한다. 주변 이온들의 총 전자장인 이른바 결정장crystal field은 그 금속이온 위에 있는 전자의 에너지를 변경한다. 금속이온 주변의 화학적 구성뿐만 아니라 심지어 그들의 기하학적 배열도 중요하다. 금속이온이 색을 주는 것이 아니라 그 결정에서 함께 합성하는 다른 화학 성분과의 배열방식에 의해 색이 발생한다.

결정장에서 물질이 바뀌면 금속이온이 빛을 흡수하는 주파수에서 미미한 변화가 일어날 수 있다. 예를 들어 구리염은 구리이온이 스펙트럼의 붉은 부분을 흡수해 청록색bluish-green을 띤다. 하지만 정확히 얼마만큼의 청색인가, 녹색인가는 두 이온의 화학적 성질에 따른다. 결정장에서의 그런 놀라운 색 변화를 일으키는 또 다른 사례도 있다. 크롬 불순물은 다양한 보석에 색을 물들여주는데 루비에선 깊은 적색이 되고 에메랄드에선 바다색(sea-green, 연한 청록색)이 된다. 그것은 결정장이 루비보다는 에메랄드에서 상당히 더 강하기 때문이다. 루비와 에메랄드의 주매질인 산화알루미늄aluminium oxide과 강옥corundum은 철과 티타늄과 섞이면 푸른색 사파이어가 된다.

열은 광물질의 화학적 구성이나 구조를 변경시킬 수 있어 색의 변화를 야기할 수 있다. 푸른 황산동의 결정격자에서 물 분자를 없애기 위해 가열하면 그 물질은 거의 흰색으로 변한다. 연백white lead으로 알려진 안료는 열을 가하면 붉은색으로 변했다가 다시 노란색으로 변색된다. 연백은 '염기성' 탄산납lead carbonate으로 그 결정구조 내에 물(좀 더 정확하게 말하면 수산화이온들)을 갖고 있다. 연백을 가열하면 물과 이산화탄소(탄산 이온에서 형성)가 가스로 변해 그 결정에서 추방되고, 뒤에 적납(lead tetroxide, 광명단)이 남는다. 이 '적납'은 고대부터 사용되던 안료이다. 이제 납 이온은 모두 산화이온으로 둘러싸이게 됐고, 이렇게 환경이 바뀌면서 이제 스펙트럼의 녹색과 청색 부분에서 광자를 흡수하고 붉은색은 굴절시킨다. 그러나 연백을 조금 약하게 가열하면 다른 화합물 —일산화납 혹은 밀티승—이 형성된다. 이 물질은 여전히 납과 산화이온만 포함하고 있지만 비율과 배열이 달라지면서 납이 다른 주파수에서 빛을 흡수하여 과거부터 마시콧(massicot, 일산화연으로 된 광물. 안료 · 건조제용도로 쓰인다.)으로 불리던 노란색 안료가 된다.

많은 금속 화합물에서 빛의 흡수로 인한 전자의 재배열은 그 금속이온 자체로 크게 제한된다. 그러나 그런 전자들이 매우 극적으로 이동하는 경우가 있다. 철의 붉은 특징은 한 전자가 산소이온에서 그 철의 이온으로 이동하여 발생한다. 이른바 전하이동charge-transfer 과정인데 이 경우 철의 양전하가 줄어든다. 같은 현상이 페르시안 블루 안료에선 좀 더 정교하게 펼쳐진다. 여기서 결정격자는 시안화물 이온들로 각기 다르게 대전된 두 준위에 철 이온들의 혼합물을 갖는다. 붉은 빛을 흡수하면 전자 하나를 다르게 대전된 두 금속 이온을 잇는 시안화물 '다리'를 건너 상대방에게 보낼 수 있다.

일부 중요한 광물안료의 색은 광범위한 전자의 재배열을 통해 발생한다. 즉 빛의 흡수로 전자가 특정 이온 주위를 도는 그 궤도에서 완전히 해방되어 그 고체를 마음대로 휘젓고 다니게 된다. 이런 일이 발생하면 그 물질은 전기적으로 더 크게 대전된다. 반도체란 약간의 잉여 에너지로 전자를 그런 운동 상태로 만들 수 있는 물질이다. 아무튼 그중에는 19세기에 안료로 도입된 황화카드뮴cadmium sulphide이 있다. 그것은 바이올렛 빛과 청색 빛을 흡수해 노란색에서 오렌지색이 될 수 있다. 더 깊은 색조인 '카드뮴 레드cadmium red'를 얻으려면 황의 일부를 셀레늄selenium으로 대체하면 된다. 자연에선 '진사'라는 광물에서 얻을 수 있는 황화수은도 또한 적색을 띤 반도체이다. 이것을 인공으로 만들면 그 유명한 안료 버밀리언이된다. 버밀리언의 한 가지 위험성은 그 성분이온들이 정상 위치에서 '흑진사'라 불리는 새로운 화합물의 위치로 이동할 수 있다는 것이다. 이것은청색과 녹색은 물론 붉은색도 흡수하는데, 그렇게 되면 검은색으로 변한다. 이러한 현상이 캔버스에서 일어난다면 당연히 치명적일 수밖에 없다.

철, 구리, 은, 금과 같은 순수금속에서, 일부 전자들은 본질적으로 운동성을 가지고 있다. 이런 이유로 금속이 훌륭한 전도체가 된다. 이런 금속전자들이 빛과 상호작용하면 금속성 반사광택을 만들어낸다. 이 빛은 흡수되지 않고 별다른 산란 없이 반사되는데 그 결과 거울 같은 표면이 나타난다. 그러나 구리와 금과 같은 금속들은 단파장의 푸르스름한 빛을 만나 그일부를 흡수하게 되면 붉은색을 띤다. 중세 화가들에게 이것은 붉은 안료와 순수한 금박의 만남이었다.

유기물 색

장미석영rose quartz의 장미색은 티타늄이나 망간 불순물에서 나오며, 그금속 자체는 전혀 장미색이 아니다. 살아 있는 유기물에 있는 착색제는 유기화합물이다. 즉 불연속 분자들이 연결된 탄소원자들의 골격backbone과 더불어 각각 수십 개의 원자들을 포함하고 있다. 19세기까지 거의 모든 염료는 '천연제품'이었고, 이것은 동물이나 식물로부터 추출한 유기물질이라는 뜻이다. 직물을 채색하는 데뿐만 아니라 그것들은 잉크를 물들이고 무색의 무기물 파우더의 입자에 고정되어 이른바 착색안료lake pigments의 착색제로 쓰였다.

로마 제국주의의 색인 티리언 퍼플tyrian purple은 고둥의 분비액에서 뽑아낸 것이고, 블루 인디고^{blue indigo}는 잡초에서 뽑아낸 것이다. 염료 연지색 madder red은 꼭두서니 나무뿌리에서 추출했고, 코치닐^{cochineal}은 암컷 연지벌레로 만든 붉은 염료이다. 오늘날 사실상 거의 모든 염료는 합성 유기분자들로, 그들의 탄소 골격^{carbon skeletons}은 산업 화학자들이 만든 것이다. 몇 개의 천연염료가 안정된 상태여서 고대와 중세시대에 유용한 안료로 입증된 반면, 오늘날은 4,000개 이상의 합성염료가 색을 제공하고 있다.

자연이 푸르른 것은 자연계에 가장 많이 존재하는 안료 덕택이다. 바로 클로로필이다. 클로로필은 태양 광선의 청색과 붉은색을 흡수하여 그 에너지를 세포의 생화학 과정에 전달한다. 클로로필 분자의 한가운데에는 마그네슘 이온이 앉아 있고, 이 이온은 태양의 섬광 하에서 전자전이를 겪는다. 혈액 속 헤모글로빈 분자의 산소결합은 클로로필의 광합성과 비슷한 분자구조를 갖는다. 틀린 점은 마그네슘 대신 철이 있어 붉을 뿐이다. 그리고 그와 아주 유사한 구조가, 예전 펠리컨 북스[*]의 표지에서 사용되어 낯이 익은 모나스트럴 블루^{monastral blue}로 알려진 합성 블루 염료에서 구리 이온으로 결합되어 나타난다. 이제 존 던^{John Donne}의 말은 더 이상 우리의 무지를 반영하지 못한다.

풀은 어이해 초록색이고 우리의 피는 어이해 붉은색인가?
오, 아무도 들여다보지 못한 신비들이어!

왜 장미가 붉고 수선화가 노란지는 같은 종류의 질문이지만 그에 대한 답은 다른 종류의 안료에서 나온다. 당근, 토마토, 단옥수수의 색이나 수많은 꽃의 노란색, 오렌지색, 붉은색은 카로티노이드^{carotenoid}라는 분자로 만

---

* 1937년부터 발행하기 시작한 영국의 저가 문고본. 펭귄 북스가 성공하자 인문과학, 사회과학 등 수준 높은 학술 교양서를 내고 있으며 많은 독자들에게 사랑받고 있다.

들어진다. 플라보노이드^{flavonoid}라는 식물성 안료는 청색, 보라색, 붉은색을 만들어낸다. 카로티노이드는 일부 동물에서도 발견되는데, 바닷가재의 경우, 이 안료는 거의 검은색이고 삶으면 붉은색으로 변한다. 여기서 새뮤얼 버틀러^{Samuel Butler}의 풍자시 '휴디브래스^{Hudibras}'를 감상해보자.

> 그리고 삶은 바닷가재처럼,
> 아침은 검은색에서 붉은색으로 변하기 시작했다.

유기 안료의 빛 흡수는 무기 광물질의 빛 흡수와 근본적으론 동일해 전자의 재배열을 포함한다. 종종 이것은 탄소골격 너머로 방출된^{smeared out} 산만한 전자구름 내에서 발생한다. 이것은 19세기 중반에 합성된 아닐린^{aniline} 염료가 그런 경우이다. 여기에서 전자들은 6개의 탄소원자로 이루어진 '벤젠 고리^{benzene rings}' 주위에 도넛 모양의 구름으로 분포된다.

중요한 것은 전색제

색이 실망감을 안겨줄 수 있다는 사실은 이미 어린 시절에 한 번쯤 경험해봤을 것이다. 해안가 웅덩이에서 건졌을 때, 그토록 풍요롭게 반짝이던 자갈이 집에 와서 배낭에서 꺼내어 말리면 볼품없는 회색 돌멩이로 변하는 것이다.

이러한 변화는 빛이 전도 물질, 즉 공기에서 물이라는 또 다른 전도물질을 통과하면서 영향을 받았기 때문이다. 빛은 공기보다 물에서 더 느려지는데, 이 때문에 빛줄기가 맑은 돌 웅덩이를 통과하면서 굴절되어 그 깊이를 속이게 된다.[5] 이런 속도 변화는 물질의 굴절률^{refractive index}이라고 불리는 양에 따라 달라지며 빛 산란의 강도를 결정한다. 굴절률에서 변화가 클수록 산란도 커진다. 그래서 빛은 마른 자갈 표면을 지날 때 젖은 자갈보다 더 큰 굴절률을 겪게 되고 그에 따라 빛이 굴절되어 우리 눈에 들어온다. 그것이 마른 자갈이 젖은 자갈보다 더 색이 옅고 회백색으로 보이는 이유이다.

슬프게도 같은 현상이 안료의 미래를 어둡게 하기도 한다. 마른 분말이었을 때엔 눈부시게 빛나던 안료들이 아마유와 같은 전색제와 혼합하면 어두워지거나 반투명하게 된다. 안료가 액체 전색제를 만나면 광채가 흐려지는 이런 현상은 이브 클라인을 당혹하게 만들었고, 그는 날 안료의 밝은 생동감을 살릴 수 있는 새로운 전색제를 찾기 위해 화학적인 탐구에 들어갔다. 15세기 전의 주요 전색제는 프레스코에선 물, 원고 채색manuscript illumination에선 계란 흰자나 아교, 화판 템페라에선 계란 노른자였다. 예술가들이 굴절률이 더 큰 기름을 사용한 후 보물 같은 안료 중 일부가 더 이상 그리 아름답지 않다는 사실을 발견했다. 울트라마린은 더 어두워졌고, 버밀리언은 덜 불투명했으며, 회백색은 거의 투명하다시피 했다. 더 좋아진 변화도 있었다. 기름에서 레드 레이크red lakes의 투명한 색깔은 더 투명해지고 따뜻해졌으며, 다른 색깔 위에 몇 번 더 엷게 칠하면 더욱 풍부해졌다.

그래서 물감의 색은 안료의 색뿐만 아니라 액체 전색제에 의존한다. 물감이 적용되는 표면의 반사적 성질이나 흡수성, 마무리의 질감, 입자 자체의 모양과 크기, 그리고 세월의 효과(이 부분은 제11장에서 다룬다)는 말할 것도 없다. 비록 내가 땅에서 파내어, 합성하고, 분쇄하여, 정제한 다음 물감이 되어 그림을 그리는 재료에 주로 관심을 기울이고는 있지만, 이런 이유로 나는 그림을 위한 물감 제조의 주제를 전달할 때마다 전색제를 포함해 물감의 기술을 가끔 고려하지 않을 수 없다.

색상환

"빛에서 (색은) 이런저런 운동을 감각중추에 전하는 성질에 다름 아니며, 이런 감각 중추에서 색이란 그런 운동들을 색의 형태에서 느끼는 감각인 것이다."[6] 우리가 색을 어떻게 볼 것인가 하는 문제에서 뉴턴의 모호했던 점에서 그를 용서해줄 수 있다. 색이 어떻게 발생될 수 있는지를 설명하는 데에 커다란 발자취를 남겼기 때문이다. 그러나 그의 험담자 괴테가 "색이란 빛만이 아니다."라고 강조한 점은 옳았다. 거기엔 색에 대한 인식의 문제가 있으며, 이 문제는 가장 까다로운 문제이기도 하다.

예컨대, 색이란 우리가 그것을 바라보는 환경에 따른다. 잎사귀는 잠재적으로 녹색을 소유하고 있다고 생각할 수 있다. 잎사귀는 백색광에서 붉은색과 푸른색을 흡수하는 화합물(클로로필)을 포함하고 있기 때문이다. 그러나 녹색 잎은 모든 상황에서 '녹색'은 아니다. 별빛이나 붉은 필터를 통해서 보면 그 잎사귀는 녹색이 아니다. 여기서 색이란 조명의 기능이다.

이것은 매우 분명해보인다. 하지만 고대 그리스인들처럼 색을 내재적 성질로 본다면 이것은 혼란 그 자체가 된다. 그것은 전기가 전구를 밝히는 것처럼 빛만이 색을 활성화시키는 것처럼 보인다. 이런 혼란은 빛과 색의 관련성을 설명한 아리스토텔레스의 견해에서도 뚜렷하다.

사물은 그것을 그늘에서 보느냐, 햇살 아래에서 보느냐에 따라, 혹은 강력한 빛에서 보느냐, 부드러운 빛에서 보느냐에 따라서, 그리고 보는 각도에 따라 달라 보인다. 불빛이나 달빛 혹은 램프 불빛에 비친 사람은 빛 때문에 그때마다 달라 보인다. 그리고 서로 합한 색의 혼합에 의해서도 달라 보인다. 이런 이유는 빛이 서로 마주치면 색으로 변하기 때문이며, 빛이 다른 색에 더해지면 또 다른 혼합이 이뤄지고, 이런 색의 혼합은 또 다시 이뤄진다.[7]

이런 그의 주장에 따르면 색이란 빛에 무언가를 하는 성질을 갖고 있다. 데카르트나 뉴턴에게 색이란 빛 자체와 동일한 것으로 조명받는 대상이 아니었다. 뉴턴의 프리즘 실험은 무색의 백광이 그 안에 색을 포함하고 있다는 사실을 확인했다.

19세기에 그 물결이 또 다시 바뀌었다. 엄격히 말해 색깔 있는 빛이란 없다. 다만 파장이 다른 전자기 복사만 있을 뿐이다. 색이란 인식의 문제로 눈과 뇌에 미치는 빛의 효과이다. 뉴턴도 이것을 어렴풋이 짐작했다. 그는 "빛이란 색이 아니다."라고 말했다. 작은 파장의 변화를 우리가 전혀 다른 색으로 인식한다는 것은 정말 놀라운 일이다. 그것은 바람이 자면서 파도가 길어지기 때문에 바다가 녹색에서 붉은색으로 변한다는 비유로 말할 수 있다.

빛의 흡수와 같이 측정 가능한 특징과는 반대로 색 자체가 어느 정도는 우발적인 현상이라는 것을 제대로 이해하기 시작한 지는 겨우 200년밖에 되지 않았다. 우리의 시각 체계는 수많은 방법을 동원해 색을 다르게 보는데 그런 우발적 현상에 대한 증거가 되고 있다.

어린 시절에 본능과 경험에 이끌려 물감을 혼합하는 데 몰입했던 사람이라면, 붉은빛과 초록빛을 혼합하면 물감처럼 갈색빛이 아니라 노란빛이 되는 걸 보고 크게 놀라게 된다. 더 많은 지식과 생각이 더해지면 그 퍼즐을 더욱 심원하게 만든다. 노란빛은 약 580나노미터(1나노미터는 1mm의 100만분의 1이다)의 파장을 갖고 있지만, 붉은색과 녹색의 파장은 각기 약 620나노미터와 520나노미터이다. 그렇다면 붉은색과 녹색이 어쨌든 합치기만 하면 다른 파장을 갖는 전자기장 복사를 만들어내는 것일까? 결코 아니다. '노란색'은 빛 신호에 내재적인 것이 아니라 그에 대한 인식에서 발생한다. 뉴턴이 확실히 옳았다. 그 빛줄기들은 우리가 노란색을 경험할 수 있는 '유색'의 노란색이 될 필요는 없다.

그러나 우리는 노란색이 원색이라고 배웠다. 그리고 원색은 다른 색을 혼합하여 얻을 수 없다. 그렇다면 우리가 잘못 배웠단 말인가? 다른 모든 색을 혼합하는 데 그렇다면 얼마나 많은 근본적인 색깔들이 있어야 하며 그것들은 무슨 색이란 말인가? '변형할 수 없는' 원색의 문제는 오랫동안 예술과 과학에서 색 이론가들을 사로잡았던 문제이며, 그것은 색에 대한 완전한 개념적 · 의미론적 지평을 떠받치고 있다. 뉴턴의 빛에 대한 실험은 명쾌하기보다는 오히려 혼란을 부추긴 편이라 할 수 있다.

색 공간 지도

화학물질처럼 색도 색을 이루는 기본 구성요소가 있다는 개념은 고대로 거슬러 올라간다. 그리스 사람들에게 색 공간에는 거대한 두 원색의 왕국만 있을 뿐이었고, 그것들은 '색'보다는 빛과 어둠에 대응되는 것이었다. 푸른색은 빛이 살짝 가미된 어둠이었고, 붉은색은 빛과 어둠이 동일하게 측정되는 것 등이었다.

17세기에 들어서서야 근대적인 삼원색, 빨강, 노랑, 파랑이 설립되었다. 1601년, 귀도 안토니오 스카미글리오니Guido Antonio Scarmiglioni라는 이탈리아의 약학 교수가 다른 모든 색을 구성하는 다섯 가지 '단순한' 색이 있다고 제안했다. 그것은 흰색, 노란색, 푸른색, 붉은색, 검은색이었다. 화학요소에 대한 현대적인 개념을 설립한 것으로 명예를 얻고 있는 화학자 로버트 보일도 이런 5색 개념을 1664년에 훨씬 더 높은 권위로 재주창했다. 이 다섯 가지 색으로 "솜씨 있는 화가라면 그가 좋아하는 어떤 색도 만들 수 있으며 우리가 지금까지 이름을 갖고 있는 것보다 비할 바 없이 더 많은 색을 얻을 수 있다."라고 그는 주장했다.

하지만 이것들이 어떻게 뉴턴이 주장한 무지개의 '변하지 않는' 색들과 연관될까? 백색광은 분명 3가지 원색으로 구성되어 있을 뿐만 아니라 또한 녹색, 오렌지색 그리고 (만약 우리가 뉴턴의 마지막 두 세분화의 임의성을 인식한다면) 보라색 빛을 포함하고 있다. 그러나 이 3가지는 2차색으로, 그 각각은 화가가 2가지 원색을 혼합하여 얻을 수 있다. 무지개에서, 녹색은 노란색과 푸른색 사이에 곱게 앉아 있으며, 오렌지색은 노란색과 붉은색 사이에 있다. 그러나 붉은색과 푸른색의 혼합인 보라색은 (바이올렛색을 띤 채) 반대쪽 붉은색과 반대로 푸른색 너머에 있다. 여기서 명백히 보이는 매력은 그 스펙트럼을 고리로 결합하여 색상환colour wheel(⟨삽화 2-1⟩)으로 만든 것이다. 바로 뉴턴이 『광학(Opticks, 1704)』에서 해낸 일이다. 프리즘에 따른 색이 아니라 보라색을 매개로 붉은색과 바이올렛을 짝짓기 해준 것이다.

물리학 관점에서 그 색상환은 완전히 인위적인 장치이다. 색을 명칭하는 빛은 주파수에서 불연속을 뛰어넘어 붉은색으로 도약하기 전에 붉은색에서 바이올렛으로 증가하기 때문이다. 그러나 색상환은 색 공간을 즐겁고 체계적 양식으로 조직했으며, 여기서 원색과 2차색은 혼합관계가 명확히 정의되어 배치되어 있다. 그러나 이것은 뉴턴의 눈이 정확했기 때문이 아니었다. 그는 우리가 원색으로 간주하는 색상에 특별한 중요성을 부여하지 않았으며, 색상환을 일정하지 않은 크기로 7조각으로 나눈 후 명칭을 부여했을 뿐이다(⟨그림 2-3⟩ 참조). 후속 색 이론가들은 그 체계를 강조하려 했다(⟨그림 2-4⟩ 참조).

비록 얼마만큼 세분화할 것인가에 대한 완전한 합의는 없었지만 그 색상환은 19세기와 20세기 초의 색 이론가들에게 우상이 되었으며, 그들이 협상한 그 영토의 상징적인 표현에 익숙하지 않은 예술가는 없었다. 가장 인상적인 색상환 중 하나는 프랑스 이론가이자 화학자인 미셸 외젠 슈브뢸Michel-Eugene Chevreul이 그의 책『예술 산업에서의 색 응용(Des couleurs et de leurs applications aux arts industriels, 1864)』에서 보인 색상환이었다. 여기서 한 색에서 다른 색으로의 완만한 변화(⟨삽화 2-1⟩)는 그 시대의 컬러인쇄 기술

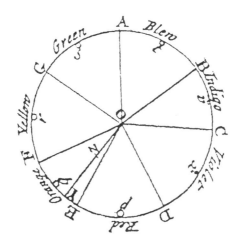

〈그림 2-3〉 아이작 뉴턴은 색상환에서 무지개에서 보이는 비율에 따라 스펙트럼 색을 분할했다.

을 극한까지 끌어올렸으며, 인쇄업자 디종M. Digeon은 그 작업 때문에 프랑스산업장려협회로부터 상까지 받았다. 그럴 만한 자격이 충분했다. 그 원작 색상환은 오늘날에도 굉장히 놀라울 정도이다.

그 색상환은 화가들에게 체계적인 원칙을 제공하지만, 그것이 안료 혼합과 빛의 혼합에서 발생하는 불일치를 해결하는 데는 도움이 되지 않았다. 안료 혼합에서 노란색은 원색이고 초록은 2차색이지만, 빛의 혼합에서는 그와 정반대이다. 게다가 붉은색, 노란색, 푸른색을 혼합하면 검은색이 된다(혹은 거의 그렇게 된다). 반면 뉴턴은 무지개 색 전체를 혼합하면 흰색이 된다고 주장했다. 괴테와 그의 신봉자들은 뉴턴 이론에서 발생한 그 오류를 금세 알아챘다. 어떤 바보라도 안료의 혼합은 순수한 흰색은커녕 그 먼 사촌뻘도 나타내지 못한다는 것을 알지 않은가?

제임스 클러크 맥스웰이 이 혼란에 종시부를 찍었다. 적어도 과학자들 사이에서는 말이다. 그는 1855년, 세 종류의 유색광은 거의 모든 색을 만들기에 충분하다는 것을 보여주었다. 그 3가지 색은, 주홍색orange-red,

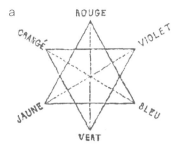

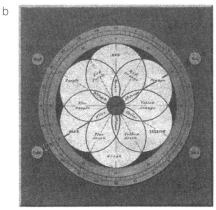

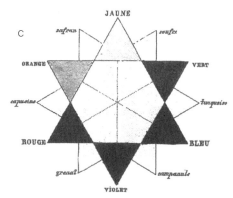

〈그림 2-4〉 오귀스트 로젤(Auguste Laugel)의 『예술에서의 광학(L'Optique et les arts, 1869)』에 나오는 색별표(a)
와 같이 19세기에 나온 많은 색 조직 체계들은 원색과 2차색의 관계 그리고 보색의 병치를 강조하기
위해 체계적인 배열을 선호했다. 조지 필드의 『크로마토그래피』에 나오는 색상환(b)과 샤를 블랑의 『조
형 예술의 문법』에 나오는 색별표(c)는 또한 3차색을 위한 공간을 마련하고 있다.

남보라색blue-violet, 녹색이다(이 3가지 색은 보통 단순히 빨강, 파랑 그리고 초록이라 부른다).

맥스웰에 따르면, 빛의 혼합은 안료의 혼합과 같지 않다. 다른 파장의 빛을 혼합하는 것은 여러 가지 요소들을 더해 색을 합성하는 것이고, 이것이 눈의 망막을 자극해 특별한 색 감각을 일으키는 것이다. 이것을 가산혼합additive mixing이라 한다. 빛줄기를 사용하는 대신, 시야visual field에서 별도의 색들을 빠르게 교체하여 가산혼합을 얻을 수 있다. 스코틀랜드의 색이론가이자 실내 장식가인 헤이D.R.Hay의 도움을 받으며 실험을 실시한 맥스웰은 3가지 가산 원색으로 칠해진 회전 원반들을 사용했다. 원반들은 서로 맞물려 중첩된 구역으로 만들어졌고, 맥스웰은 그 비율을 바꿀 수 있게 되었으며, 마침내 최종적으로 혼합해서 무채색의 은회색을 만들었다. 1860년, 맥스웰은 '빨강', '파랑', '초록'의 3가지 각기 다른 파장의 빛을 다양한 비율로 혼합하여 빛으로부터 직접 폭넓은 색을 합성할 수 있게 해주는 장치를 고안했다.

한편 안료의 혼합은 백색광으로부터 파장을 빼내는 것이다. 즉 안료 자체는 색감각을 자극하는 광원光源이 아니라 분리된 조명에 반응하는 매개체이다. 붉은 안료는 파랑과 초록 빛을 그리고 노랑 빛의 대부분을 빼내고 빨간색 빛만 반사시킨다. 노란색 안료는 빨강과 파랑, 그리고 초록의 대부분을 빼버린다. 그래서 빨강과 노랑의 혼합은 두 재료의 흡수가 그리 강하지 않은, 그 스펙트럼의 오렌지 부분이란 작은 범위에 있는 빛줄기들만 반사한다. 안료가 더해질 때마다, 또 다른 빛 덩어리가 반사빛에서 공제된다. 그 결과 색은 점점 더 어둡고 탁해진다. 한편, 빛줄기가 혼합에 더해질수록 더 많은 광자가 그 결과적인 빛에 주입되고 합쳐진 빛줄기는 더 밝아진다.[8] 그래서 안료를 혼합해 색을 만드는 것을 감산혼합subtractive mixing이라 부른다.

감산혼합은 필연적으로 안료의 광택을 탁하게 만든다. 더 많은 조명이 그 혼합에 의해 흡수되기 때문이다. 예를 들어 대부분의 빨간색과 노란색 안료들은 필연적으로 약간의 오렌지색 빛을 흡수한다. 그래서 그 2가지 색의 혼합으로 만들어진 오렌지색은 그리 밝지 않다. 그 오렌지 빛의 일부가 그 이미지를 밝게 하는 백색광으로부터 상실된다. 대조적으로, 진짜 오렌지색 안료는 사실상 그 스펙트럼의 '오렌지색' 부분에 있는 어떤 빛도 흡수하지 않아, 그러한 결핍을 겪지 않는다. 이런 이유로 진짜 오렌지 색 안료는 빨간색과 노란색의 혼합으로 얻어진 색보다 더 선명하다. 19세기 색 기술자 조지 필드George Field는 『색층분석법Chromatography』에서 이것을 설명하며, 동시에 혼합의 화학적 위험을 언급했다(그 안료들이 서로 반응할 수 있는 가능성이다. 제11장 참조).

안료를 많이 혼합할수록, 그 색이 더 탁해지고 묽어지며 화학적으로도 변하게 된다. 혼합이 안 된 날 안료는 색상이 더 순수하고, 일반적으로 혼합된 색보다 덜 바랜다. 예를 들어 빨간색과 노란색의 혼합이 아닌 자연에서 얻는 오렌지색 안료인 카드뮴 오렌지는 화학적인 면에서 대부분의 혼합 색보다 더 우수하며, 예술적인 면에서도 어떤 혼합 색보다 더 우수하다.[9]

그래서 혼합에 대한 고대의 터부는 19세기에도 여전히 수그러들 줄 몰랐다. 이때까지 화가들이 쓸 수 있는 훌륭하고 순수한 오렌지색 안료는 단 한 가지도 없었다. 바이올렛도 마찬가지였다.

어울림 색

6개 구역으로 나뉜 색상환은 화가들에게 정말 중요한 또 하나의 색 연관성을 갖고 있다. 각 원색은 나머지 두 다른 원색으로 구성된 2차색 반대

편에 있다. 적색은 녹색 맞은편에, 청색은 주황 맞은편에, 노란색은 바이올렛 맞은편에 있다. 이 각각의 쌍은 색과 관련하여 상대색이 갖지 못한 모든 것을 포함하고 있다. 말하자면, 그들은 사진에서 음화와 양화처럼 서로 보색이다. 여기서 이런 유추는 매우 정확하다.

괴테는 강력한 색조는 대비되는 주변 장에서 보색의 인상을 발생시킨다는 점을 인식했다. 그것은 마치 후광과 같은 것이었다. 어떤 색을 한참 바라보다가 시선을 돌렸을 때 생기는 '잔상'에서도 동일한 효과가 일어난다. 괴테는 저녁놀이 비치는 여관에서 붉은 옷을 입은 살결이 고운 소녀가 '아름다운 바다색'의 옷을 입은 검은 얼굴의 소녀처럼 본 잔상을 이와 연관시키고 있다. 그리고 그런 반대색을 '어울림called-for' 색이라고 불렀다. 서로 그 짝을 원하는 것처럼 보였기 때문이었다.

이런 관측이 완전히 독창적인 것은 아니었다. 앞서 18세기에 잔상현상을 말한 사람들 중에는, 프랑스 박물학자 콩트 뒤 뷔퐁Comte de Buffon, 색 이론가 모세스 해리스Moses Harris, 과학자 조지프 프리스틸리Joseph Priestley와 럼퍼드 백작이라고 불리던 벤저민 톰프슨Benjamin Thompson이 있었다. 하지만 괴테는 이런 보색감각이 시각체계의 산물로써, 그 순간 눈에 도착한 빛과는 무관하다는 것을 이해했다.

"선명한 모든 색은 눈에 어떤 폭행을 가하고, 반대쪽에서 위안을 찾게 한다."

상당히 옳은 말이다. 어떤 색이 그 보색과 나란히 위치할 때 더욱 선명해 보이는 것은 같은 생리학적 이유 때문이다. 두 색은 호혜적으로 서로 돋보이게 하며 그 접촉면에서는 일종의 활기가 발생한다. 이런 개념은 인상주의 화가들을 위시해 19세기에 색채를 선호한 모든 화가들의 사고에 중심을 이뤘다.

어떤 색의 조합이 잘 이뤄진다는 것은 또한 절대 괴테의 발견이 아니다.

그와 같은 생각은 적어도 15세기엔 이미 보편적으로 통용되고 있었고, 레오나르도 다빈치의 날카로운 눈은 괴테가 보색 쌍을 찾도록 바탕을 마련해두고 있었다.

각기 다른 서로 완벽한 색 중에서 어떤 색이 반대되는 색 가까이 있을 때 가장 훌륭하게 보일 것이다. 청색이 노란색 가까이 있을 때, 녹색이 붉은색 가까이 있을 때 더욱 선명하게 보인다. 각각의 색은 비슷한 색보다 반대되는 색이 가까이 있을 때 더욱 뚜렷하게 보이기 때문이다. [10]

:: 마음이란 렌즈

적색광과 녹색광을 혼합해 노란색을 만드는 것과 적색과 녹색 안료가 인접해서 얻는 선명함은 색감각이 눈에 일으키는 현상과 연관되어 있다. 괴테가 올바로 지적했듯이 색에 대한 완전한 과학적 이해엔 물리적 차원만이 아니라 생리학적 차원도 있다. 맥스웰은 이런 제안에 지지를 보냈다.

"색의 과학은 본질적으로 정신과학이어야만 한다."

뉴턴은 '광학'에서 빛은 소립자 성질을 가지고 있다고 줄곧 추측했다. 이것은 우주를 자신의 운동법칙에 종속되는 충돌하는 물질계로 보는 그의 견해와 일치했다. 그러나 1678년 네덜란드 물리학자이자 천문학자인 크리스티안 하위헌스Christiaan Huygens는 빛이란 입자가 아니라 파동으로, 세상을 채우고 있는 에테르ether를 통해 전파된다고 주장했다. 19세기 초, 영국 과학자 토머스 영Thomas Young은 하위헌스의 이론에 중요한 증거를 제출했다(결국 뉴턴과 하위헌스 둘 다 옳았다. 양자물리학에 의하면 이 2가지 해석이 모두 가능하다).

영은 물리학을 넘어 의학에도 관심이 있어서, 1801년, 물리학과 의학을 통합한 '색채지각론theory of colour vision'을 발표했다. 그는 눈의 망막엔 공명에 진동하여 빛에 반응하는 빛 감각기가 있다고 가정했다. 이런 진동들은 하나의 신호를 만들어내고, 이 신호는 망막에서 시신경을 따라 뇌로 전달된다. 그러나 영은 가시 스펙트럼의 무한히 많은 색들이 망막 위에 있는 모든 점에서 그에 상응하는 무한한 수의 공명체를 갖는다는 것은 불가능하다고 생각했다. 당시 원색으로 고려됐던 적색, 노란색, 청색의 3가지 색이 혼합하면 거의 어떤 색이라도 만들 수 있다는 점을 주목한 그는 3가지 수용기만으로도 눈이 색의 모든 영역을 인식하기에 충분하다고 제안했다.

"(시)신경의 모든 감각 필라멘트는 세 부분으로 이루어져 있을 것이며, 각각은 주요색에 해당할 것이다."

그는 색맹은 눈에 있는 3가지 색 수용기 중 하나의 부재로 일어난다고 상상했다.

영의 이론은 독일의 물리학자이자 생리학자인 헤르만 폰 헬름홀츠Hermann von Helmholtz에 의해 정교하게 다듬어졌고, 그는 3가지 색 수용기의 존재에 대한 간접적인 증거를 제시했다. 1860년대 빛의 가산혼합에 대한 맥스웰의 연구는 망막이 바로 그 3가지 원색에만 대응하는 수용기로 완전한 색채지각을 개발할 수 있다는 그 제안에 강력한 원군이 되었다(비록 그 가산 원색이 적색, 청색, 녹색이었지만 말이다). 하지만 그런 개념을 직접 실험으로 확증되려면 다시 100년의 세월이 흘러야 했다.

영이 주장한 공명체에 해당하는 눈의 빛-감지 실체는 2가지로 나타나며, 서로 모양이 다르기 때문에 현미경으로 구별할 수 있다. 그것들은 망막 내의 시신경으로부터 나온 수백만 개의 필라멘트 끝에 막대모양(rod-shaped, 간상세포)과 원추모양(cone-shaped, 원추세포)으로 존재한다(〈그림 2-5〉 참조). 인간의 망막에는 1억 2,000만 개의 간상세포와 500만 개의 원추세포

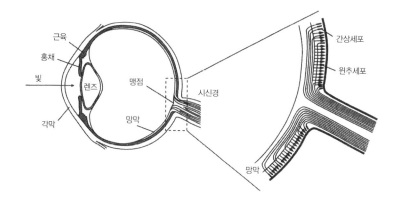

〈**그림 2-5**〉 인간 눈의 시각 체계. 감광성의 간상세포와 원추세포가 망막에 배열되어 있다.

가 있다. 원추세포는 수정체의 초점 부위에 위치한 중심와 fovea centralis라고 불리는 망막의 오목한 곳에 대부분 위치해 있다. 이 작은 구멍에는 간상세 포는 없으며, 이 부분을 제외하면 간상세포는 망막의 다른 모든 부위에서 원추세포보다 숫자가 많다.

간상세포와 원추세포는 빛을 받으면 신경신호를 자극한다. 간상세포는 가시 스펙트럼 전 영역에서 빛을 흡수하지만, 청록색에 가장 강력하게 반 응한다. 즉 그 빛을 흡수할 가능성이 제일 높다는 것이다. 간상세포의 빛 흡수는 파장에 관계없이 동일한 신경반응을 일으킨다. 그래서 간상세포는 색을 구별하는 것이 아니라 명암을 구별한다. 간상세포는 극도로 민감하 며, 우리가 별빛 하늘 같은 매우 희미한 조명에서 활동하는 주요 빛 수용 기와 같다. 이런 이유로, 그런 조건에서는 색을 확인하기가 어렵다. 그리고 이 세포는 청록색 빛에 가장 강하게 반응하기 때문에 밤에 그 파장을 반사 하는 잎사귀 같은 물체는 붉은 물체보다 더 밝게 보이는 것이다.

밝은 햇살에선, 색을 감지하는 원추세포가 시각신호 visual signal를 두뇌에 제공한다. 이런 조건에서 간상세포는 하얗게 '표백'된다. 빛으로 넘쳐나 광자를 흡수할 수 없게 된다. 밝은 빛이 차단되었을 때에만 간상세포는 다시 이완되면서 원래 상태로 돌아가 광자를 흡수해 신경자극^{nerve impulse}을 가한다. 이런 이완은 몇 초나 걸리며, 그런 이유로 밝은 조명에서 어두운 곳으로 나가게 되면 점진적으로만 밤눈이 밝아진다. 저녁 어스름에 밖에 나가면, 태양의 마지막 빛이 저물면서 야간시야가 부드럽게 들어와 차지하게 될 것이다. 간상세포와 원추세포의 각기 다른 색 감각은 황혼이 짙어지면서 붉은색과 관련된 청색 및 녹색 물체에 대한 인식 강도에서 변화를 초래한다. 이런 현상은 1825년 보헤미안 생리학자 푸르키네^{J. E. Purkinje}가 제일 먼저 확증했다.* 비록 예술가들은 진작부터 그것을 주목해왔지만 말이다. [11]

영의 색채지각 가설은 1960년대에 실험으로 증명되었다. 원추세포의 흡수성을 측정한 결과, 그것들이 각기 다른 세 부류의 색 감각으로 떨어졌다. 청색 빛 원추들이 가장 둔감했으며, 그래서 완전히 짙은 청색은 상대적으로 검게 보인다. 검은색 종류와는 반대로 청색이 진짜 색으로 역사적으로 뒤늦게 당도한 것은 결과적으로 생물학적 이유였던 것이다.

스펙트럼 색을 인식하는 눈의 전체적인 감각은 원추신경의 3가지 반응의 합이고, 그 합은 붉은색에서 노란색으로는 지속적으로 떨어지고 다시 노란색에서 바이올렛으로는 지속적으로 높아진다. 그래서 노란색이 가장 밝은색으로 인식된다. 무지개에서 노란색 띠가 두드러진 이유는 그 색이 더 강렬해서, 즉 다른 색들보다 노란색 광자가 더 많기 때문이 아니라 노란색 광자가 눈에서 가장 큰 광학적 반응을 일으키기 때문이다. 기묘하게도, 노란색은 많은 문화에서 가장 매력 없는 색으로 간주되고 있으며, 형이

---

* '푸르키네 현상'을 말한다. 밝은 곳에서는 같은 밝기로 보이는 적색과 청색이, 침침한 곳에서는 적색은 어둡게, 청색은 밝게 보인다. 이것은 시감도(視感度)가 변하기 때문에, 즉 명순응안(明順應眼)에서는 시감도의 극대가 555mμ에 있지만 암순응안에서는 507mμ으로 옮겨지기 때문이다.

상학이나 상징적인 연관성도 종종 떨어진다. 노란색은 전통적으로 배신과 겁쟁이의 색상이었으며, 의류 디자이너들도 팔기가 매우 까다로운 색이라고 인정한다. 중국에서는 노란색이 황제의 색, 황huang으로 통했지만 서양에선 그런 의미라면 노란색을 골드gold라고 부르는 게 좋다.

'보이는' 각각의 색은 시각체계에서 원추신경의 그 3가지 자극의 총합으로 이뤄진다. 붉은 빛은 주로 '붉은' 원추세포를 자극한다. 하지만 적색과 녹색 빛의 혼합은 순수한 노란색이 그런 것처럼, 같은 비율로 적색과 녹색 원추신경을 자극한다. 그래서 그 색 감각은 동일하다. 만약 청색 빛이 더해지면 우리는 흰색을 보게 된다(3가지 형태의 원추신경이 맥스웰의 적색, 녹색, 청색과 연결되기도 하지만 이것은 유치한 편법에 지나지 않는다. 누가 뭐래도 가장 뛰어난 색 감각은 각각 노란색, 녹색, 바이올렛이다).

간상세포와 원추세포는 광색소photopigment라고 불리는 수천 개의 개별 광수용기로 무장되어 있다. 각각의 광색소는 하나의 단백질 분자이며 세포막의 겹친 구조에 끼워져 있다. 모든 광색소는 레티날retinal이라는 빛 흡수 분자 성분을 포함하고 있다. 레티날은 식물의 카르티노이드 안료처럼 지그재그로 스며든 전자구름을 가지고 있어, 일종의 스위치처럼 작용한다. 그래서 이브 클라인의 푸른색 조각상 앞에 서 있으면, 그 조각상은 우리를 푸른색 반사광으로 휘감는다. 청색에 민감한 광색소는 청색 빛의 광자를 흡수하고, 그에 대한 반응으로 레티날은 꼬인 모양에서 직선 형태로 바꾼다. 이로 인해, 그 광색소가 일련의 분자 활동을 순서대로 정리해 원추세포가 매달려 있는 신경에 있는 전기신호의 변화를 이끈다. 그래서 두뇌의 시각 대뇌피질의 일부가 활기를 띠게 되고 우리는 뇌에 '청색'을 등록한다. 그다음부턴 우리가 알아서 할 일이다.

:: 색의 측정

색상환은 뉴턴 이래로 많은 발전을 해왔다. 가장 인기 있는 현대판은 눈을 그리 즐겁게 하지는 않지만 매우 유익하다. 그것은 '국제조명위원회(Commission international de l'Eclairage, CIE)'(〈삽화 2-2〉)에서 작성한 색도표로 용어도 딱딱하게 'CIE 색도 곡선CIE chromaticity curve'이라 한다. 뉴턴 스펙트럼의 '순수한' 파장들이 혀 모양의 주변에 위치하고, 그 내부의 색들은 이런 빛의 여러 가지 가산혼합으로 나온 결과이다. 가장자리에서 두 점을 연결하는 선을 따라 위치한 색은 그런 스펙트럼 색으로 혼합된 것으로, 만약 그 선이 중심에 있는 흰색 영역을 통과하면, 두 개의 주변 색은 혼합되어 백색이 될 것이다. 그래서 청색과 노란색만 혼합해도 흑백텔레비전 스크린에서처럼 백색광을 만들 수 있지만 적색과 녹색으로는 불가능하다.

색상환에서 적색과 바이올렛의 결합이라는 그 인위적 조색은 그 혀의 편평한 바닥에서 강조되고 있다. 뉴턴이 고백했듯이, 이 바닥에선 무지개의 띠를 제아무리 세밀하게 풀어도 어떤 색도 발견되지 않는다.

그러나 그런 명성에도 불구하고, CIE의 색도표는 우리에게 모든 색을 다 보여주지는 않는다. 갈색은 어디에 있고, 핑크색은 어디에 있는가? 색상환의 범위가 미처 다 수용하지 못하는 더 큰 색공간이 있다.

유색 재료의 규정적 특징은 그 색상이 청색 왕국보다 적색 왕국에 더 가깝게 위치하고 있는지의 여부가 아니라, 전체적인 스펙트럼의 구성이 무엇인가 하는 것이다. 즉 그것이 가시 스펙트럼의 연속을 따라 어떻게 빛을 흡수하고 반사하는가이다. 따라서 어떤 색의 가장 차별화된 특징은 파장이 변함에 따라 반사광의 강도 변화를 더듬어 가는 구불구불한 선이다.[12] 설령 햇살이 아닐지라도 '순수한' 흰색의 표상은 직선이다. 즉 모든 파장이 완전히 반사된다. 검은색도 같은 특징을 갖지만 완전한 강도가 아니라 영의 강도로 모든 파장이 무효화된다. 그렇다면 회색은 무엇인가? 검은색과 흰색 그리고 회색은 종종 모순어법적으로 '무채색achromatic colour'으로 분류 된다. 회색은 그 자체로는 '색'이 없고 어둠과 빛의 중간에 더 가깝다고 말 할 수 있다. 회색은 백색광에서 모든 파장을 조금씩 고르게 흡수할 때 우리 가 인식하는 색이다. 말하자면 회색은 양이 줄어든 백색광이다.

갈색은 또 다른 어려운 색으로, 진짜 색과 무색 사이의 경계선이 놓여 있다. 회색과 유사한 '더러운' 색이다. 갈색은 사실상 노란색이나 오렌지색 으로 기울어진 일종의 회색이다. 갈색 표면은 모든 파장을 약간씩 흡수하 지만 오렌지색과 노란색 파장은 다소 덜 흡수한다. 갈색은 또한 밝기가 낮 은 노란색이나 오렌지색이라고 말할 수 있는데, 이런 색들의 파장이 약한 빛으로 눈에 들어오면 발생하는 감각이다. 낮은 강도의 청색, 녹색, 적색은 그래도 계속해서 청색, 녹색, 적색이라고 부른다. 하지만 낮은 강도의 노란 색에 대해선 새로운 기초적인 색 용어—베를린과 케이의 관점에서—가 필요하다 고 생각하는 것은 생리학적 · 언어학적인 호기심의 발로이다.

갈색과 회색은 CIE 색도표에는 등록되어 있지 않다. 밝기 변화로 만들 어진 색은 보여주지 않기 때문이다. 갈색과 회색을 등록하려면 흰 중심이 점진적으로 회색이 되어가는 CIE 색도표의 전체적이고 순차적인 자료가 있어야 하며, 그렇게 되었을 경우 색도표의 오렌지색 · 노란색 부분은 점 진적으로 갈색으로 변하게 된다.

이것은 우리가 상업용 물감 목록에서 보는 색공간은 사실상 3차원이라 는 사실을 예시한다. CIE 색도표는 3가지 색의 매개변수 중 단 2가지만 보 여준다. 즉 평면에서 펼쳐지는 두 개의 '차원'이다. 이 중 하나는 색상으로 흔히 '색'이라고 말할 때의 의미이다. 엄격하게 말해 색상이란 색에 들어 있는 지배적인 파장이며, 그런 파장이 적색, 녹색 등의 색을 정하는 것이 다. 이런 점에서, 갈색 색상은 노란색이나 오렌지색이며, 반면 회색은 색상이 없다. 지배적인 파장이 없다는 뜻이니 무색으로 간주될 수 있다. CIE 색도표에서 색상은 혀의 주변부에서 변한다. 보라색은 낮은 왼쪽 편 구석의 바이올렛과 낮은 오른쪽 편에 있는 적색 사이의 경사진 바닥 측면을 따라 위치하고 있다. 이 색도표는 영어와 많은 유럽 쪽 언어에서 노란색과 녹색 그리고 녹색과 청색 사이에 위치한 색상에 대한 보편적인 색 용어가 없다는 괴이함을 느끼게 한다. 보면 알겠지만 그 사이에 있는 색들이 그 주변부의 상당한 부분을 차지하고 있는데 말이다.

CIE 색도표에서 색의 두 번째 매개변수는 종종 순수성 혹은 오해를 불러일으키기 딱 좋은, 강도라 불리는 '침투'이다. 이것은 흰색(혹은 검은색이나 회색)이 어느 정도로 순수한 색상과 혼합되는가를 말한다. 간략하게 말하면 어떤 색의 침투는 그 색도표 주변에 있는 '순수한' 색조와 중심에 있는 순수한 흰 반점 사이에 있는 선을 따라 변한다. 말이 난 김에 그 백색 영역이 얼마나 넓은지에 주목해보자. 아주 넓은 백색 영역이 있다. 진짜 흰색은 CIE 체계에서 '동일한 에너지' 흰색으로 정의되어 있다. 즉 그 극단에 위치한 3가지 원색의 동일한 혼합에 의해 얻어진 흰색으로 하단 오른쪽 구석에 있는 770나노미터의 적색광, 하단 왼쪽에 위치한 380나노미터의 바이올렛광, 그리고 상단 곡선의 맨 위 점에 위치한 520나노미터의 녹색광의 혼합이다.

CIE 색도표에서 빠진 것은 색의 세 번째 매개변수이다. 즉 명도(밝기)이다. 이것은 그 색이 흑백사진에서 나타났을 때 회색의 음영이라 볼 수 있다. 19세기 초에 색 이론가들은 이미 평면 색상환이 색공간의 부분적인 그림이라는 사실을 이해했다. 그것은 풍경화의 일부였다. 일부 이론가들은 그들의 색상환에 3가지 원색을 다른 비율로 혼합하여 만들어진 3차색을 포함시켜 풍경화를 완성하려 했다(〈그림 2-4b〉 참조). 독일의 낭만주의 화가이자 색 이론가인 필리프 오토 룽게Philipp Otto Runge는 한 발 더 나아가, 그의 저서『색차계(Farben-Kuge, 1810)』에서 색의 구colour sphere를 나타냈다. 이것은 뉴턴 스펙트럼 색에서 명도변화를 고려한 것이었다. 순수 원색과 2차색은 지구 모양의 구에서 적도 둘레에 위치해 있다. 북극으로 갈수록, 그 색은 점진적으로 밝아지고, 그 반대로 남극으로 갈수록 어두워진다. 그래서 한쪽 극은 순수한 흰색이고 반대쪽 극은 완전히 검은색이다.

그러나 이것도 충분치 않았다. 채도와 명도에서 일어나는 독립적인 변화를 적절히 수용하지 않았기 때문이다. 회색은 그 구 어디에서도 나타나지 않는다. 그 표면은 여전히 2차원이지만, 실제 색의 구(색차계)는 3차원이다. 1900년대 초, 미국의 예술가이자 미술 선생님인 앨버트 먼셀Albert Munsell이 그 구의 모든 것을 집대성하려는 최초의 시도를 했다. 먼셀은 그 계획으로 자연에서 인식되는 색을 분류해서 캔버스 위에서 정확하게 재생되기를 바랐다. 그의 첫 번째 '수색표준color scale'은 1905년에 공개되었으며, 후에 〈먼셀 색채체계 도해(Atlas of the Munsell Color System, 1915)〉(〈삽화 2-3〉)에서 증보되었다. 완전한 먼셀 체계는 다소 3차원 CIE 차트와 흡사하다. 다만 그 면모가 혀보다는 화려한 색상의 거미처럼 보인다는 점만 달랐다. CIE 차트처럼 색상은 주변에서 변하고, 채도는 중심에 있는 흰색을 향해 있는 방사선들을 따라 변한다. 명도는 CIE 차트에서 우리가 가설했던 날가리에서처럼 수직 방향에서 변한다. 그래서 중심점은 순수한 검은색에서 회색을 거쳐 순수한 흰색으로 옮겨간다.

먼셀은 그의 색 표기법 계획을 1929년에 다시 개선해서, 색공간을 불연속적인 블록으로 나누어, 동일한 개념적 계단을 통해 어느 방향으로든 진척시키려 했다. '미국광학협회Optical Society of America'는 신중한 심리실험으로 먼셀의 색공간이 최대한 '균등'한지를 확인하려 했다.

유색 플라스틱 산가지* 혹은 칩의 형태인 먼셀의 수색표준은 색 인식을 연구하는 심리학자와 인류학자들이 많이 사용하고 있다. 하지만 이 원형경기장에서 그 가치는 색 인식을 과학적으로 정량화하려는 시도로 제한되고 있다. 색 인식이란 필연적으로 많은 문화적 특정 사고방식을 지닐 수밖에 없기 때문이다. 존 게이지는 1971년 폴리네시아 섬에 도착한 덴마크 인류학자들이 먼셀 칩을 원주민에게 시험하려다 얼마나 김빠지는 반응만 받았는지를 아주 고소한 표정으로 상세히 설명했다. 그들이 이렇게 말했던 것이다. "여기선 색을 별로 말하지 않습니다." 사회학자 마셜 살린스 M. Sahlins는 그 점을 1976년에 명쾌하게 설명했다.

"색 보편성의 기호론은 인간사회에서 색이 정확히 무엇을 의미하는지를 중요하게 생각해야 한다. 그 색은 먼셀 칩이 아니다."[13]

마찬가지로 색은 뉴턴의 무지개를 의미하지도 않으며, 옥스퍼드 영어사전이 제시하는 것처럼 물질의 빛 흡수에 대한 기호성도 아니며, 시신경 자극으로 발생하는 감각도 아니다. 그것은 그 모든 것의 합이지만, 화가에게 색이란 그저 추상적인 관념일 뿐이다. 화가에게 색은 재료에서 구현되어 구매한 후 캔버스를 따라 칠할 수 있는 것이어야 한다. 그것이 중요한 것이다. 그리고 나는 그 점이 다색상의 색상환과 구 그리고 차트에서 모호해지는 걸 보고 싶지 않다. 그래서 가끔은 아쉽기도 하다. 화가에겐 물감이 필요하다. 색은 그들의 표현과 대화를 위한 매개체이다. 하지만 그들의 꿈이 보이게 하려면 물질이 필요하다. 자, 이제 그것을 어떻게 얻는지 살펴보자.

---

* 득점의 계산에 쓰는 금속, 상아, 나무 등으로 만든 작은 패.

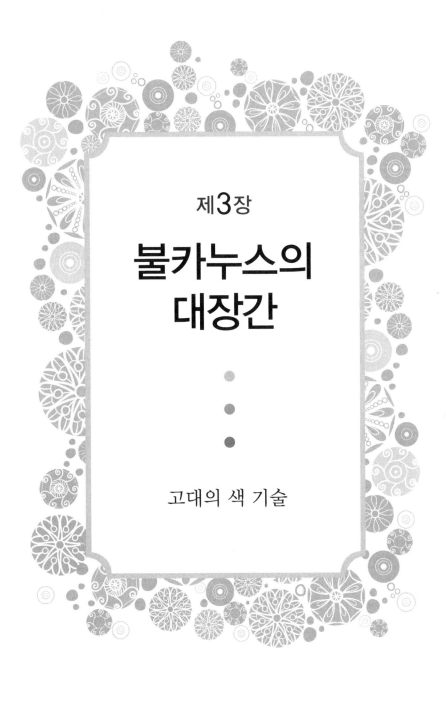

제3장

불카누스의
대장간

고대의 색 기술

벽도 보라색으로 칠하는 이때, 걸작이 나오지 않고 있다. 화가에게 장비가 별로 없었을 때 결과물은 모든 면에서 더 훌륭했다.

_ 플리니우스, 『자연의 역사(Natural History, BC1세기)』

그림에 그토록 많은 화학과 비법이 들어 있으리라곤 절대 생각지 못하리라.

_ 로버트슨 데이비스(Robertson Davies), 『유골 속에서 일어난 일(What's Bred in the Bone, 1986)』

고대의 주요 4가지 색으로 티치아노나 루벤스의 작품에서 볼 수 있는 그토록 놀라운 완벽함을 완성했다는 게 나에게는 믿기지 않는다. 그리고 지난 세기에 살았던 화가들의 채색방법을 전혀 모르는데 2,000년 전 화가들의 채색방법은 과연 어떻게 이해할 수 있을까?

_ 토머스 바드웰(Thomas Bardwell), 『회화 연습(The Practice of Painting, 1756)』

1851년의 런던 만국박람회$^{Great\ Exhibition}$에서 가장 기억에 남는 전시물은 훌륭한 그림이나 상업제품이 아니라 박람회장으로 쓰인 대건축물이었다. 하이드 공원에 우뚝 서 있던 그 찬란한 건축물은 전체가 유리인 크리스털 궁전(수정궁)이었다. 조지프 팩스턴$^{Joseph\ Paxton}$이 백합에서 영감을 얻어 설계했다고 전해지는 이 경이로운 유리 궁전은 런던의 동남쪽에 있는 시드넘의 경치 좋은 언덕에 재건된 후 1936년에 화재로 소실되었다.

만국박람회 개최 건물을 장식하는 벅찬 임무가 웨일스 출신 실내 장식가 오언 존스$^{Owen\ Jones}$에게 할당되었다. 그는 그러한 장엄한 건축물은 고대에 호소해야만 조화될 수 있다고 느꼈다.

"고대 건축 유산을 조사하면, 그 시대의 장식에 압도적으로 사용된 원색이 청색, 적색, 노란색이었음을 도처에서 발견할 것이다."[1]

그의 말은 대체적으로 옳았다. 폼페이의 벽은 화려한 버밀리언으로 장식되고 광택으로 윤기를 내어, 눈이 어지러울 정도였다. 고대 그리스 사람들은 기둥에서부터 도로, 교량 등의 공공시설 그리고 동상에 이르기까지 거의 모든 석조물에 색을 칠했다. 형상은 적색, 노란색, 청색 그리고 검은

색의 짙은 바탕색 위에 묘사되었다. 이런 사실이 19세기 초의 고고학자들에 의해 명백해짐에 따라, 서양의 건축가들은 전성기 시절 사원의—현재는 그 표면이 창백한 돌이 벌거벗겨진 채 있다— 본 모습을 재현하고 있다. 존스는 강한 원색으로 칠해진 고전 시대의 특징들을 자신의 디자인에 통합하기 시작한 사람 중 하나였다.

그러나 존스의 크리스털 궁전 계획은 고대인들이 지지했던 색 조직의 원칙에 따르기보다는 그와 동시대인이었던 물감 제조업자인 조지 필드가 제안한 원색의 체계를 더 따랐다. 그는 필드가 조화로운 조색의 이상이라고 제안한 그 3가지 원색이 '노란색 3, 적색 5, 청색 8'의 구체적인 비율로 분배되어야 한다는 주장을 받아들였다. 이러한 생각에 다른 건축가들은 주저했는데, 그런 비율이 차분한 빅토리아 시대의 취향에는 다소 어긋났기 때문이었다. 어쨌든 존스의 계획대로 일은 추진되었지만 재료의 한계 때문에 부분적으로만 적용되었다. 그가 사용해야만 했던 산업물감은 당대 화가들의 안료만큼 밝지가 않아, 결국 그 궁전은 지저분한 노란색, 창백한 청색, 우중충한 적갈색으로 장식되었다.[2]

고대 예술에서 색은 이상한 혼합이었다. 초기 이집트인들은 수천 년 동안 나일 강 서쪽에 위치한 그 어떤 다른 문명보다도 화가의 색을 만드는 데 더 많은 노력을 기울이고 기술에 헌신했다. 그리스인과 로마인은 오늘날 시각으로 보기에도 확실히 과감하고 현대적으로 보이는 실내 장식에 대한 취향을 보여주었지만, 남아 있는 단편적인 그림에서 보이는 색의 범위는 대부분 동굴 벽화에서나 볼 수준이다. 고대 그리스 화가 아펠레스는 르네상스의 최고의 색채화가인 티치아노에게 존경을 받았지만, 우리가 제1장에서 보았던 것처럼, 그는 단 4가지 색만 사용한 것으로 보인다. 그렇지만 그리스인들은 값비싼 금을 안료로 사용하는 데에는 주저함이 없었다. 이집트의 편평한 그림문자(상형문자)와 비교하여, 얼마 안 되는 그리스의 예술 유물은 종종 절정기 르네상스High Renaissance를 연상시키는 기술과 섬세함으로 그린 이미지들을 보여주고 있지만, 그들이 사용한 예술 기법들은 14세기 초에 재발견되어야 했다. 르네상스의 거장들에게, 고대 그리스는 예술의 황금시대를 대표했지만 우리에게 그것은 공백에 지나지 않아 아무것도 아니다. 우리가 그 시대의 그림 방법과 재료에 대해 알고 있는 지식도 주로 로마 작가들의 기록에서 나오고 있다. 이것들은 현재 고대 예술과 그 화학적 요소들을 재배치하는 고대인들의 능력을 보여주는 주요 창이다.

:: 최초의 화학자들

화학은 과학 중에서도 특별하다. 화학은 이론만큼이나 실용적인 학문으로 정의되며, 무엇을 말하느냐만큼 무엇을 하느냐에 관한 과학이다. 화학은 물질을 변형시키는 과학으로, 군이 말하자면, 비법서에 맹목적으로 매달리면 성과를 거둘 수 있는 학문이다. 그러나 이 두 장대 사이에 '진정한 과학'과 기술로 양분하는 선을 긋는 행위는 단순한 수정주의에 불과하다. 그것은 과거의 역사에 현대적 잣대를 들이대는 짓이다.[3] 고대 이집트인들은 적어도 4,000년 후의 유럽 화학자 못지않게 세련된 화학실험을 행할 수 있었다. 이런 사실은 분명 선택해야만 하는 이유의 문제가 기술이 아니라 진정한 과학을 양적이며 복사할 수 있는 과학으로 간주하게 강요한다.

기원전 2500년경의 인공유물에서 보이는 이집트 프리트Egyptian frit 혹은 이집트 블루로 알려진 청색 안료는 천연재료들을 마구잡이로 융합해서 얻어진 우연의 산물이 아니다. 매우 정밀하고 깊은 연구 끝에 이루어진 것으로 석회(산화칼슘) 1, 산화구리 1, 석영(실리카) 4의 비율로 혼합한 것이다. 원재료는 광물질들이다. 백악chalk 혹은 석회석, 공작석과 같은 구리 광물질

그리고 모래이다. 그것들을 가마에 넣고 800도에서 900도의 온도에서 제련한다. 온도가 결정적인데, 당시 이집트인들은 상당히 정밀하게 화로의 조건을 통제할 수 있었던 것 같다. 아무튼 제련 과정을 거치면 불투명하고 부서지기 쉬운 물질이 나오는데, 그것을 분말로 갈아 안료로 만든다. 그것이 가장 오래된 합성 안료인, 청동시대의 블루이다.

고대 이집트에서 원재료를 화가의 재료로 변형시키는 작업은 특별한 지식과 실용적인 솜씨를 요구했다. 그렇지 않았더라면 화가들이 어떻게 합성 안료인 안티몬산납을 공급받을 수 있었겠는가? 이 옅은 노란색 물질은 이름에서 곡절이 많았다. 중세에선 지알롤리노giallolino나 지알로리노giallorino로 불렸다. 그 물질은 많은 다른 납 성분의 노란색 안료와 뚜렷이 구별된 적이 없으며, 17세기에 상표로도 사용되었던 '네이플스 옐로Naples yellow'는 오늘날엔 화학성분보다는 색상을 의미한다.[4] 이집트인들이 그것을 무엇이라 불렀는지는 모르겠지만 그 자체가 합성인 시약들을 이용해 그것들을 만드는 방법은 알고 있었다. 탄산염인 산화납과 산화안티몬은 광물질의 화학적 변형으로 얻은 물질이다.

이런 천연재료에 대한 조작은, 이집트가 화학을 정말 잘 다뤘던 문명임을 알려준다.[5] 우리는 그와 같은 조직적 기술—합리적으로 산업이라 부를 수도 있다—을 문명으로 정의해볼 수도 있다. 구석기 예술가는 마지막 빙하기 한참 전인 최소 3만 년 전에 동굴 벽을 장식했고, 거친 흙 안료만 가지고도 능숙함에선 뒤떨어지지 않았다. 라스코, 알타미라, 피레네 동굴벽화는 수천 년 후 이집트 벽화에 못지않게 선 하나하나에서 세련된 우아함을 드러내고 있다. 그러나 인류학자들이 이 그림에 어떤 해석을 내놓던 간에, 그 동굴벽화는 이집트 벽화에서 볼 수 있는 사회적 질서와 계층화된 노동 분업을 보이진 않는다. 그 그림들은 사회구성원이 거래를 하는 문화의 산물은 아니었다.

뉴턴, 라부아지에, 다윈에 필적하는 고대의 과학 혁신가들은 후세에 이름을 남길 어떤 수단도 갖지 못했다. 이것은 물론 역사의 부당한 처사이다. 우리는 BC 3500년경에 광석에서 구리를 뽑아내 인공유물의 물리적 제조에서 화학적 제조로 비약적 도약을 이룬 발명가에게 현재 기념비도 세워줄 수 있는 입장이 아니다. 주석과 구리 광석을 함께 제련하여 청동을 뽑아낸 발명가는 그에 걸맞은 명성을 얻지 못했으며 BC 1000년 호메로스의 시대 직전에 산화철에서 철을 가져온 발명가도 마찬가지였다. 과학사가 우리에게 가르쳐주는 것이 있다면, 그것은 이런 발견들이 우연이 아니라는 것이다. 행운이 모험적인 기회를 줄 수는 있다. 하지만 루이스 파스퇴르가 논평했듯이, 인식하고 수용할 수 있는 마음만이 그것을 발견으로 전환시킨다. 이러한 혁신을 초기 과학으로 볼지 여부는 논의의 대상은 아니다. 초기 화가에게는 색을 만드는 일 자체가 예술의 일부였다.

물감의 원재료 흙

화학 그 자체의 탄생은 중동에서 싹이 트길 기다려야 했지만, 그림을 그리는 데 필요한 천연재료의 신중한 조작은 훨씬 앞서부터 존재했다. 동굴벽화 화가들은 그들의 팔레트(그림물감)를 주변 환경에서 취했다. 붉고 노란 '흙'이 결정화된 산화철인 적철석haematite에서 나왔고, 녹색은 알루미노규산 점토광물aluminosilicate clays인 셀라돈나이트celadonite과 해록석glauconite에서 얻었으며, 검은색은 목탄에서 얻었다. 갈색은 산화망간에서, 흰색은 백악(석회석)과 뼈를 갈아 구했다. 알타미라와 라스코벽화엔 망간 광물로 만든 바이올렛 안료조차 있었다. 녹색과 바이올렛을 제외하고 이런 물질들의 색은 아주 다양하다. 그래서 프랑스와 스페인의 동굴에서 검은색, 흰색, 붉은색, 노란색의 흙으로 이루어진 '고전' 스펙트럼을 볼 수 있는 것이다(《삽화 3-1》). 베를린과 케이의 원초적인 색상은 흙이 만들어낸 색이었다.

그러나 무명의 수렵채집인들이 자연의 색상을 이용해 만든 창의성은 절대 평가절하할 수 없다. 목탄 선을 동굴 벽에 칠하는 것과, 적철석을 체계적으로 갈아 막자사발과 막자로 미세한 분말로 만든 다음, 그것을 식물 기름과 같은 유기 고착제와 혼합하여 동굴 벽에 칠하는 것은 전혀 별개의 문제이다. 이것은 다름 아닌 석기시대의 유화인 것이다. 그리고 그 안료를 관을 통해 호흡으로 뿌릴 생각을 감히 누가 했겠는가?

이것이 전부가 아니다. 예를 들어, BC 1만 2000년경, 피레네의 니오 동굴에 이미지를 창출한 후기 구석기 시대(이른바 중기 마들렌 기, 유럽의 후기 구석기 시대의 최종기) 화가들은 자연의 풍요로움에서 새로운 방법을 고안했다. 화학적 변형이라고 말하기엔 이르지만, '체질안료^{entender}'를 가지고 안료를 물리적으로 혼합한 것이다. 체질안료란 증량제라고도 하는데, 증량, 희석, 특성 강화 등을 위해 첨가하는 물질을 일컫는다. 포타슘^{potassium} 장석과 혼합된 적철석은 약간 더 어두워지지만, 바위 표면에 더 잘 붙고 쉽게 갈라지지도 않는다. 후기 마들렌 기(BC 1만 500년경)의 비법은 훨씬 더 훌륭했다. 이 비법에서, 장석 체질안료는 흑운모를 약간 포함하고 있다. 이것은 화강암을 갈아 쉽게 얻을 수 있는 혼합물이다. 구석기 동굴 예술을 양식의 이유를 들어 동일한 예술로 보고 싶은 유혹은 고생물학적으로도 분명히 매우 빠른 1,000년의 시간 척도를 넘어선 기술적 혁신이란 증거에 의해 도전을 받는다.

색의 기술

고대 화학자에게 변형을 위한 도구는 사실상 하나였다. 바로 '불'이다. 열은 반응을 자극할 것이며, 노란 안티몬납 혹은 블루 프리트를 추출하기 위해 필요한 것 전부이다. 불로 가스가 방출되고, 이산화탄소를 몰아냄으로써 석회석이나 공작석과 같은 탄산염 광물질을 산화물로 변형시킨다.

하지만 열을 변형장치로 다루는 일은 힘들었다. 그러나 나일 문명은 존경할 정도로 열을 숙련된 솜씨로 다루었다. 바빌로니아와 아시리아의 용광로는 디자인이 다양한데, 이것은 수많은 화력 실험을 했다는 증거이다.

이집트, 그리스, 로마의 기술자들도 일부 화학에 세밀했다. 그들은 산과 알칼리를 초보적인 수준에서 사용했다. 황산과 질산과 같은 강력한 '광물질' 산성물은 중세 초 아랍 연금술사들이 발견했지만, 그 전까지 식초만큼 강한 산은 없었다. 그러나 식초만으로도 납과 구리 금속을 부식시켜 연백과 녹색 안료 녹청verdigris을 만들기에 충분했다. 발효(효모를 이용해 설탕에서 알코올을 만드는 것), 승화(고체에 열을 가해 기체 상태로 만드는 것), 석출(침전으로 액체에서 고체를 추출하는 것) 그리고 여과(현탁액에서 미세한 고체 입자를 걸러내는 것)의 화학공정은 고대세계에서 표준기술이었다.

하지만 고대에 색 제조를 위한 화학기술은 사실 그 목적이 달랐다. 색에 필요한 재료와 기술들은 유리 제조, 도기 유약 칠하기, 비누 제조와 같은 일상적인 기술에 의해 발전되었다. 고대의 안료제조는 원재료를 생활물자로 바꿨던 포괄적이며 널리 번성했던 화학산업의 파생물이었다. 다음 장에서 이 문제를 자세히 다룰 것이다. 아무튼 안료제조는 실용과학의 지평에서 태어났기에 경제적으로 도움을 얻어 기술적으로 가능하게 되었다. 예술은 영혼에 말을 거는 직업이지만 세속에서 먹고 살아야 한다.

유리와 비누의 제조엔 알칼리가 필요하다. 고대세계에서, 알칼리는 주로 소다(탄산나트륨)와 칼륨(주로 탄산칼륨)에서 얻었다. 탄산나트륨은 아랍어 'natrun'의 이름을 본 따 17세기 유럽에서 나트론natron이라고 불렸던 광물질로써 천연으로 구할 수 있다. 하지만 쉽게 구할 수 있는 자원은 아니었으므로, 고대와 중세의 장인들은 소다와 칼륨의 대부분을 나무나 식물의 재에서 얻었다. 그것은 여과를 통해 추출된다. 그 재를 통해 물을 거르면 물이 알칼리를 용해하게 된다. 대부분의 재에 칼륨이 포함되어 있는데 해안가 식물로 만든 재에는 더 많은 소다가 포함되어 있다.

모래와 소다를 녹는점까지 열을 가하면 유리가 된다. 그런데 누가 제일 먼저 이런 사실을 깨달았을까? 플리니우스는 그 이야기를 자세히 전하고 있다. 카르멜 산 북쪽에 위치한 지중해 연안의 벨루스 강 근처에 거주하는 페니키아인들이 그 제조법을 알게 되었다고 한다.

언젠가 나트론 무역선 한 척이 거기에 정박했다. 그들은 해안가에 흩어져 식사를 준비하려 했지만, 가마솥들을 걸치기에 적당한 돌이 없어 화물칸에서 소다 덩어리를 가져다 그 위에 걸쳤다. 소다 덩어리가 열을 받아 해변의 모래와 완전히 뒤섞이면서 이상한 투명액체가 개울처럼 흘러나오는 것이었다. 그것이 유리의 기원이 되었다.[6]

아주 훌륭한 시나리오지만 진위는 상당히 의심스런 이야기이다. 모닥불로는 모래와 소다를 약 2,500도의 온도까지 높이지 못한다. 게다가 유리는 플리니우스의 기록보다 2,000년 이상 앞서 만들어지고 있었다. 그것도 페니키아가 아니라 현재 이라크와 시리아 땅인 메소포타미아에서였다.

최초의 유리는 BC 2500년경 메소포타미아에서 발견되었다. 유리의 발견은 분명 우연이었겠지만, 플리니우스의 이야기처럼 그렇게 평범한 것은 아니다. 다른 실용적 기술을 실험하다 파생물을 발견했을 것이고 아마도 유색의 도기 유약 제조 실험이었을 것이다.

BC 4500년경에 중동에서 값비싼 청금석lapis lazuli을 모방하기 위해 파랑 유약을 칠한 활석 장신구들이 만들어졌다. 활석 표면에 분말을 뿌리고 아주라이트(azurite, 남동석)나 공작석과 같은 구리 광물질과 함께 열을 가하면 되었다. 이 청색의 유리질 물질은 이집트 파이앙스Egyptian faience라고 알려지게 되었다(〈삽화 3-2〉). 그러나 그것은 이집트에서 산업으로 발전하기 오래전에 이미 메소포타미아에서 생산되고 있었다. 티그리스와 유프라테스 계곡에서 최초로 나타났던 파이앙스가 BC 3000년엔 나일 저지대에서 만들어지고 있었고, 1,500년 후엔 무역을 통해 유럽 전역에 퍼지고 있었다.

파이앙스를 제조하기 위해 광물질들을 녹이는 데 필요한 고온을 만들려면 풍로에 불을 부쳐야 했을 것이다. 그 인공물들은 뚜껑이 달린 그릇이나 소성실kiln chamber에 넣어 연기와 재가 닿지 않도록 보호했다. 메소포타미아의 도자기 가마는 BC 4000년으로 거슬러 올라간다. 청색 유약을 제조하던 초기 기술에 의해 발전했을 가마 기술의 개발로 원석에서 구리를 제련하는 발견이 탄생했을 가능성이 농후하다. 색에 대한 사랑이 청동기 시대를 예고했다.

파이앙스을 가열하는 동안 모래가 재와 규칙적으로 섞이고 융합되었을 것이고, 식은 용광로(노)에서 도기공들이 단단하고 투명한 거친 유리 덩어리들을 발견하고 놀라고 기뻐하는 모습이 상상이 되지 않는가?

메소포타미아인들은 소량의 석회석을 첨가하면 유리의 질이 향상된다는 것을 발견했다. 고대 설형문자로 쓴 비법서에 따르면, "모래, 해초에서 얻은 재 180, 석회석 5의 비율로 섞어 열을 가하면 유리를 얻게 된다."[7] 파이앙스 제조에서 나온 철광석으로 그것이 오염되면, 그 유리는 파랑으로 변할 것이다. 틀림없이 이집트 블루 프리트도 그와 같은 실험에서 얻는 또 다른 행운의 파생물이었을 것이다. 서로 똑같은 성분을 공유하고 있기 때문이다.

BC 3000년 중반 고대 이집트에서 유리는 중요한 기술적 제품이 되었다. 색 때문에 유리는 파라오와 여왕들의 연고를 담아두는 데 적합한 물질로 변모했다. 코발트 광물질은 구리보다 더 깊은 청색을 낳았다. 녹색은 산화철이나 산화구리에서, 노란색과 호박색은 산화철에서, 그리고 보라색은 이산화망간에서 나왔다. 일부 금속 화합물은 불투명한 색을 만들어냈다.

노란색은 산화산티몬에서, 흰색은 산화주석에서 나왔다. 이런 비법은 별다른 변화없이 중세의 화려한 성당 창문을 만드는 데 사용되었다. [8]

　사실 무채색 유리를 만드는 것은 생각 이상으로 대단히 힘든 일이다. 천연 성분에 들어 있는 산화철의 불순물이 녹색과 갈색조의 색을 내기 때문이다(유리의 라틴어 'vitrium'은 청초록에 대한 단어에서 유래한 것이다. 켈트어의 'glas'는 또한 이런 색상을 명칭한다). 중세 장인들은 이산화망간을 약간 첨가하면 그런 색이 제거된다는 사실을 발견했고, 그런 연유로 이산화망간은 '유리 제조업자의 비누glass-maker's soap'라고 알려졌다.

　모래와 소다, 재 혹은 나트론으로 만들어진 유리가 나중에 이집트에서 파이앙스 유약 기법을 위해 전색제로 활석을 대신하게 되었다. 점토 물체도 이렇게 색을 입혔다. 가장 초기의 이집트 유약 일부가 소다와 구리광물의 혼합을 유약과 섞어 구워 만든 점토 구슬(염주)에서 발견되고 있다.

　그러나 파이앙스에서 구리광물을 혼합해 직물 속으로 들어가 직물에 색을 입힌 반면 진짜 유약은 완성된 인공물의 표면에 적용된다. 그 결과, 유약의 두께와 색을 더욱 통제할 수 있게 되었다. 최초의 도기 유약들은 기본적으로 색유리의 얇은 칠로, 접착력을 얻기 위해 약간의 점토를 섞은 소다와 모래의 혼합물이었다. 이집트 도기에 입힌 유약은 대부분 유리의 색을 만드는 데 사용된 광물로 색을 얻었다. 그래서 도공과 유리 제조공 중에서 어느 쪽이 먼저 그런 광물을 이용했는지는 상상에 맡길 수밖에 없다.

　소다 성분이 들어 있어 이런 '알칼리 유약들'은 적용하기도 힘들었지만 식으면 수축하는 성질도 있었다. 그래서 갈라지거나 칠이 벗겨지는 현상이 발생했다. 대략 BC 1500년부터 중동 전역에서 그런 수축을 줄이기 위해 납을 자주 사용했다. 납이 들어간 유약으로 칠한 벽돌과 타일이 BC 1000년경부터 메소포타미아에서 널리 사용되었다. 바빌로니아인들은 방연석을 미세한 먼지만큼이나 곱게 간 후 그것을 도자기 점토에 칠해서 단순하게 납 유약을 만들었다. 열이 가해지면, 납 화합물은 녹아서 부드럽고 윤기 나는 칠이 된다. 여기에 구리, 철 혹은 망간 산화물을 더하면 색을 얻을 수 있었다.

그리스와 로마 문명의 특징적인 붉고 검은 검은색의 도자기는 붉은 점토와 유기물 혹은 산화철을 포함한 이장clay slip*으로 색깔이 입혀졌다. 이 유약 칠하는 기술은 동양 도자기를 모방하고 싶은 욕구에서 비롯된 것이었다. 이 기술은 분명 BC 1500년경에 미케네Mycenae에서 고안되어, BC 6세기에 고대 그리스에서 크게 발전했다. 붉고 검은 자기의 비밀은 4세기경 로마의 몰락 후 서구에서는 사라졌다.

대략 700년 후, 유럽인들은 무어 양식의 '러스터(lustre-ware)**'에 대한 취향을 발전시켰다. 이 양식은 순수한 금속 혹은 황화물을 포함하고 있는 무지개 빛깔의 유약으로 반짝인다. 이 도자기들은 구리나 은 황화물, 오커(ochre, 산화철 가루) 그리고 식초를 포함한 복잡한 과정에서 만들어졌는데, 아랍 화학자들의 가공할 솜씨를 증언해준다. 그 하얀 도자기는 마욜리카majolica라 불렸으며, 불투명한 주석을 포함한 유약으로 도장되어 있는데 이 또한 동양의 혁신이었다. 그 도자기는 마요르카Majorca를 통해 이탈리아로 아마 12세기에 벌써 도입되었으며 그 후 400년 동안 이탈리아 중앙에서 주요한 산업으로 부상했다.

고대에 색 혁명을 이루는 또 다른 주요한 동력은 직물 무역이었다. 유색 의류는 사회의 위계질서를 나타내는 중요한 기능으로 이바지했다. 그것은 오늘날도 마찬가지일 것이다.

전통적으로, 염색은 매염제***에 의해 천에 스며들었다. 매염제란 색소를

---

* 흙물 혹은 슬립 등의 용어로 사용하며 점토를 물에 푼 현탁액.

** 유약을 바른 금속성 광택이 있는 도자기.

*** 섬유와 친화력이 없는 염료와 섬유를 결합시키는 역할을 하는 화학제.

직물의 섬유에 붙이는 데 도움을 주는 물질이다(보통 천연 유기 화합물이다). 플리니우스는 이집트의 매염 기술에 경탄해 마지않았다.

또한 이집트는 직물의 색을 입히는 데 탁월한 공정을 채택하고 있다. 처음에 하얀 그 직물을 누른 후, 색이 아니라 색을 흡수하도록 만들어진 매염제로 그것을 흠뻑 적신다. 그렇게 한 후, 아직 색이 변하지 않은 직물을 염료가 끓고 있는 가마솥에 넣은 후 다시 꺼내자 색이 완전히 입혀져 있었다. 더욱이 그 솥에 들어 있는 염료는 한 가지 색인데, 그 직물에 사용된 매염제의 성질에 따라 다른 색으로 물든 직물이 나오는 것도 이례적이었다. 또한 그 색은 절대 물이 빠지지도 않는다.[9]

플리니우스는 그 매염제를 상술하지는 않았지만, 보통 칼륨명반(aluminium sulphite, 황산알루미늄)을 사용했다.[10] 그가 어디에선가 말하길, 명반이 아르메니아나 스페인 등 많은 지역에서 발견된다고 했다. 칼륨명반은 BC 3000년 초부터 채굴되었다. 그리고 염료를 고정시키기 위한 매염제로의 사용은 적어도 BC 2000년으로 거슬러 올라간다. 칼륨명반의 수렴적인 성질은 약으로도 귀중하게 사용되었다.

칼륨명반의 생산은 중세의 대형 산업이었다. 13세기와 14세기에, 그리스의 섬 인근에서 대부분 채굴되었다. 하지만 투르크가 1453년에 콘스탄티노플을 점령하면서 무역이 단절되었고 칼륨명반이 부족해졌다. 이 문제는 나중에 이탈리아의 로마 교황 영토에서 명반석(칼륨명반의 광물 형태) 광상을 발견하면서 해소되었다. 칼륨명반의 광물 형태들은 보통 철염 같은 염색에 해를 끼치는 불순물을 포함하고 있어 매염제로 사용하기 전에 정화되해야 한다. 아랍의 연금술사들은 이런 사실을 13세기부터 이미 알고 있었으며, 당시 그들은 암모니아가 들어 있는 말 오줌을 정화과정에서 썼다.

염색업자들은 가성소다(caustic soda/ sodium hydroxide, 수산화나트륨)의 발견으로 많은 혜택을 입었다. 이 물질은 플리니우스의 『자연의 역사』에서 최초로 언급되었고, 중세시대에 잿물(lye, 가성 알칼리 용액)로 알려졌는데, 소다와 생석회(quicklime/ calcium hydroxide, 수산화칼슘)로 만든다. 생석회는 석회석을 가열하여 석회(산화칼슘)를 만든 다음 물을 부어 식히면 만들어진다. 소다 혹은 탄산칼륨보다 더 강한 알칼리인 잿물은 천연 원료에서 염료를 추출하는 데 쓰이며, 비누를 만드는 데도 이용된다. 비누는 아마 '문명화된' 로마가 아니라 '야만적인' 갈리아 사람들의 발명품일 것이다. 지방이나 식물성 기름을 가성소다에 넣고 끓여 만든 단단한 비누는 800년쯤에는 유럽 전역에서 널리 사용한 것으로 보인다.

그리고 이제 색이 있다. 고대에서 가장 섬세한 염료엔 제9장에서 토론할 푸른 인디고(blue indigo, 청남색)와 벌레에서 얻은 붉은색 염료가 있었다. 유다 왕국에 대한 분노에 찬 신의 우레와 같은 경고에서, 예언가 이사야Isaiah는 우리에게 BC 8세기에 성지Holy Land의 붉은색 염료 기술을 전해 준다.

> 너희 죄가 주홍빛 같을지라도
> 눈처럼 희여 질 것이고
> 너희 죄가 심홍색처럼 붉어도
> 양털처럼 희여 질 것이다.[11]

여기서 주홍빛과 심홍색이 나온 이유는 핏빛색을 연상시키기 위한 의도이고, 2,000년 후, 첸니노 첸니니는 그 염료의 '핏빛 색'을 인식했다. 중세에, 그것은 '벌레에서 유래한'이란 뜻의 산스크리트어 'kirmidja'를 본 따 케르메스kermes라고 불렸다. 그에 대한 히브리어는 '벌레 주홍색worm scarlet'

이란 뜻의 'tola' at shani'였다. 그 붉은 화합물은 날개가 없는 깍지벌레류의 연지벌레Kermes vermilio에서 추출한 것이다. 이 벌레는 근동, 스페인, 프랑스 남부, 이탈리아 북부에 분포한 적참나무Quercus coccifera에서 서식한다. 그 염료는 원래 화학자들이 케르메식 산kermesic acid이라 부르는 유기 화합물인데, 송진으로 뒤덮여 있는 케르메스 벌레를 으깨어 잿물에서 끓여 추출한다.

케르메스는 영어의 'crimson'과 'carmine', 프랑스어의 'cramoise'의 어원이다. 그러나 가지에 외피로 덮여 있는 연지벌레들의 모습이, 베리(장과)들이 뭉쳐있는 모습과 흡사하기 때문에, 아리스토텔레스의 제자인 테오프라스토스Theophrastus와 같은 그리스 작가들은 그것을 '베리'를 뜻하는 'kokkos'로 언급했다. 라틴어에서, 이것은 'coccus'가 되었고, 이 단어는 연지벌레(케르메스) 염료에 대한 플리니우스의 저술에서 보이고 있다.[12] 그러나 플리니우스 또한 그 용어를 'granum(grain, 곡물)'으로 사용했는데, 아마도 언뜻 보기에 식물처럼 생긴 그 벌레들의 외관을 다시 한 번 암시하고 있다. 그래서 'Grain'은 복잡한 단어 중의 하나가 되었는데, 중세 유럽에선 이 심홍색 염료로 통했던 것이다. 초서Geoffrey Chaucer는 '그레인에서 염색된 dyed in grain'이라 언급했는데, 염색된 심홍색을 의미한다. 이 색의 강력하고 지속적인 특성 때문에, 그 문구는 단순히 색이 강하게 혹은 탈색이 안 되게 염색된 것을 의미하게 되었다. 여기에서 영어 단어 'ingrained*'가 나왔다. 「십이야(Twelfth Night)」에서 올리비아는 자신의 성격을 토로한다.

"그것은 천성이어요, 선생님! 천성은 어떤 비바람에도 꺾이지 않아요 ('Tis ingrain sir! 'twill endure wind and weather)."

이 말은 셰익스피어 시대의 염료에 대한 그 어떤 말보다 더 많은 말을

---

* 실속까지 배어든, 깊이 배어든, 천성의

해주고 있다.

이 용어는 중세 유럽 초기에 더욱더 혼란스러워졌다. 4세기에, 제롬 St Jerome은 그 케르메스 염료를 'granum'뿐만 아니라 'baca(berry)'라고 불렀다. 그러나 그는 그 원재료가 베리가 아니라 동물이라는 사실을 알고 있었으므로 '작은 벌레'라는 의미를 가진 'vermiculum'을 동의어로 사용했다. 이로부터 황과 수은으로 만든 붉은 합성안료인 '버밀리언'이란 단어가 탄생했다. 벌레에서 추출한 유기염료의 용어가 어떻게 연금술로 만든 무기안료에 적용되었는지는 중세의 채색 관점이란 맥락에서만 이해되는 퍼즐이다. 색상은 성분과 밀접하게 연결될 운명이다. 그래서 기원이 서로 다른 유사한 색의 물질들이 이름으로 융합될 수도 있는 것이다.

:: 색의 비법서

실용적으로(혹은 심지어 혹자는 국내적으로라고 말할 수 있을 것이다) 동기화된 이런 불안정하고 위험한 화학의 가마솥(상황)에서, 고대 화가들이 사용했던 안료를 재현할 수 있는 처방전이 나타났다. 19세기 초, 알렉산드리아에 근무하던 스웨덴 부영사인 요한 드'아나스타시Johann d'Anastasy는 그리스어로 쓰인 아마 도굴당했을 고대 파피루스 한 다발을 구입했다. 이것은 고대의 절대 비밀을 드러내줄 두 개의 창문 중 하나였다. 드'아나스타시는 원고의 일부를 스톡홀름에 있는 스웨덴고미술학회에 기증했고, 일부는 네덜란드 정부에 팔았다. 네덜란드 정부는 그것을 라이덴 대학교에 맡겼다. 그 파피루스는 오랜 시간 동안 번역되었고, 1885년에서야 '파피루스 XPapyrus X'라고 명명된 라이덴 원고 중 하나에 안료를 만드는 많은 화학 비법이 들어 있는 것이 밝혀졌다. 1913년, 같은 필적의 비슷한 원고가 스톡홀름 소장품

[이것은 그 이래로 웁살라(Uppsala)에 소장되어 있다]에서 나타났다. 그것은 3세기 한 이집트 장인의 저술로 믿어지지만, 앞선 시대부터 전해오던 정보를 편찬한 것으로 보인다.

라이덴과 스톡홀름 파피루스는 분명 '공방 지침서workshop instruction manual'에서 발췌한 내용일 것이다. 그건 누가 썼건 동료 장인들이 이해하길 바랐다. 본문에 애매한 부분도 보이는데, 이것은 숨기려는 고의적인 시도(그 시대 연금술 문헌의 특징이다)가 아니라 어떤 지식은 당연한 것으로 여겼기 때문이다. 스톡홀름 파피루스는 염색, 매염, 인공 보석을 만드는 비법을 담고 있다. 반면 라이덴 파피루스Leiden Papyrus는 야금술에 집중하고 있어 그 101가지 비법은 금도금, 은도금, 금속의 채색 방법을 밝히고 있는데, '구리 물체에 금의 외관을 입히는' 기술을 포함하고 있다.

그 문서들은 수백 년 이상 축적된 지식의 정수인, 상당한 분량의 화학 기술을 보이고 있다. 19세기 프랑스의 화학자 마르셀랭 베르틀로Marcellin Berthelot는 라이덴 파피루스에서 고대 화학에 관한 지식의 광맥을 인식했고, 자세한 분석을 곁들여 그것을 프랑스어로 번역해 출간했다.

그러나 그 비법서들이 화학의 원칙을 어느 정도나 제대로 밝히고 있을까? 그것들은 석기 도구만큼이나 과학과는 무관하다. 결국, 아시리아 인들은 손재주의 화학이 마술이나 천문학에 쉽게 영향받는다고 믿었던 것일까?

이 고대 문헌에서 현대의 화학 개념과 유사한 점을 군이 찾고 싶을까? 그렇다면 한 마디로, 이 원문의 내용들은 정말 엉터리일 가능성이 높다. 그러나 새로운 색을 만들기 위해 그 최초의 화학자들이 흘린 땀은 화학이론의 개발에 몇 가지 중요한 개념을 설립했다. 변형에 대한 개념은 참으로 중요하다. 지구의 물질은 구성이 정해진 것이 아니라 인간의 영향으로 변할 수 있다는 사실은 굉장한 깨달음이다. 물질의 근본적인 구성요소인 원소란 개념은 원소가 상호 교환될 수 있다는 믿음이 없었다면 매우 허약하고 빈곤했을 것이다. 비금속들이 금으로 변할 수 있다는 신념이 없었다면, 실용화학은 존재조차 하지 않았을 것이다. 서양의 자연철학은 본질의 불변성을 오랫동안 강조해왔다. 예컨대 기하학, 수학, 물리학, 천문학의 절대적이며 변하지 않는 원칙들이 그러했다. 오늘날조차, 이런 편견은 계속해서 우리의 과학적 모험심이란 인식을 가로막고 있다. 일부 학자들은 과학의 기원을 생물학자 루이스 월퍼트Lewis Wolpert가 한 말처럼 '자연에서 근본적인 통합을 발견하려던' BC 600년경의 밀레토스의 탈레스Thales of Miletos의 시도에서 확인하자고 주장한다. 그러나 탈레스는 그런 통합은 변화와 변형을 통해서만 얻을 수 있다는 것을 깨달았다. 탈레스가 설립한 이오니아학파에게 '만물은 변화의 상태에 있는 것이었다.' 탈레스의 통합 원칙 —물—은 당시엔 특별했을 고체, 액체, 증기로 변할 수 있는 물질의 능력에 의해 역할을 수행했다.

라이덴 파피루스와 스톡홀름 파피루스가 우리에게 보내는 과학적 메시지가 있다면, 그건 바로 '우리는 창조할 수 있다'는 것이다. 우리는 물질의 모양, 형태, 외관을 변경할 수 있다. 그리고 그렇게 함으로써, 세상에 아름다움을 더할 수 있다.

신들의 색

이 파피루스의 저자는 후대에게도 말하고 있지만, 앞 세대에 대해서도 말하고 있다. 그가 살던 이집트는 제1왕조(First Dynasty, BC 3100년)의 이집트와 같지는 않지만, 비교할 수 있는 색의 기술이 있었다. 이집트 시민들은 초기 이집트 문명을 위대한 창조주인 멤피스의 수호신 프타the god Ptah of Memphis의 작품으로 생각했다. 프타가 고대 물의 세계에 존재하던 자연에 질서를 가져온 것처럼, 이집트인의 사제 왕들priest-kings은 예술과 공예

를 일상생활의 합리성으로 간주했다. 프타의 대사제는 가장 위대한 장인the
Greatest of Craftsmen이라 명명되었으며 장인들의 기술은 크게 존경받았다.

이집트 그림의 가장 놀라운 측면 중의 하나는 말 그대로 세속성이다. 인류학자에겐 커다란 행운으로 이집트 그림은 기록화이다. 여기서 사람들은 일상의 의무를 위해 돌아다닌다. 낚시하러, 빨래하러, 집을 지으러, 사냥하러, 파라오에게 공물을 바치러 간다(〈삽화 3-3〉). 전체적인 인상은 조용하고 질서 잡힌 사회이다. 그러나 이집트 사회가 그런 조화로운 이미지에 반드시 어울리지 않았다. 사실은 화가들은 혼란이 질서와 이성에 양보하는 이상을 묘사하고 있다. 그리고 그림은 이런 목적에 유익한 수단이었다. 그림은 세상을 바꿀 수 있는 마법의 힘을 부여받았기 때문이다. 미술 작품의 완성은 의식에 의해 수행되었다. 이를 통해 그림은 신적인 영향력을 얻게 되었다.

이집트 예술의 사회적 중요성은 문화에서 이루어진 밝은 안료의 체계적 누적에서 반영되고 있다. 대부분은 단순히 천연광물을 갈아서 만든 것이다. 구리광석 공작석(녹색), 아주라이트(남동석/청색), 황화비소 웅황(황색), 계관석(오렌지색), 오커(산화철), 검댕 검은색, 석회석 흰색과 같은 탁한 토성안료(흙)의 색들이 있었다. 이집트인들은 종종 청색과 노란색 안료를 섞어 녹색을 만들기 위해 블루 프리트와 노란색 오커를 섞었다. 천연 구리 규산염silicate은 또 다른 다양한 녹색을 제공했다. 그리스 사람들은 이 광물을 크리소콜라chrysocolla 즉 '황금 아교gold glue'라고 불렀으며, 금박을 붙이는 접착제로 사용했다.

파피루스에 그림을 그리려면, 보통 이 안료들을 물에 녹는 수용성 아교와 섞어야 했다. 이것은 수채화 그림물감의 원시판이라 볼 수 있었다. 동물 가죽을 끓여 만든 일종의 아교인 사이즈size와 계란 흰자도 접착제로 사용되었다. 그래서 이집트 그림 기법은 기본적으로 우리가 템페라* 기법이라 부를 수 있는 것이었다.

그러나 이집트 사람들은 자연의 물감이 화학 '기술'로 더 생생해진다는 사실을 알았다. 블루 프리트와 안티몬 납 외에, 몇 가지 발견은 반드시 짚고 넘어갈 필요가 있다. 연백과 적납의 제조와 그리고 유기염료에서 착색 안료를 만든 것은 획기적이었다.

불후의 흰색

납은 BC 3000년경에 원광석에서 해방되었을 것이다. BC 2300년경에 아나톨리아에서 납을 제련했다는 광범위한 증거가 있다. 납에서 연백을 제조하는 것은 제조법과 제조시간뿐만 아니라 수명 때문에 놀라운 것이다. 테오프라토스, 플리니우스, 그리고 마르쿠스 비트루비우스 폴리오 Marcus Vitruvius Pollio가 서술했고, 아마 이집트에서 몇 백 년 앞서 채택했을 비슷한 공정이 19세기까지 여전히 사용되고 있었다. 이 방법은 BC 300년경부터 중국에서도 사용되었을 것이다.

연백은 염기성 탄산납이다. 그것은 아세트산(초산)이 납과 반응할 때 형성되는 초산납염salt lead acetate이라는 중간생성물을 통해 만들어진다. 초산은 식초의 중요 성분이고, 포도 재배 사회인 이집트에서 공급이 달릴 일은 없었다.

납의 변화는 다음과 같다. 점토 항아리들에 납 띠를 놓는데, 이 항아리엔 별도의 식초 칸이 들어 있다. 이 항아리들을 동물 똥과 함께 헛간에 쌓아둔다. 그러면 식초 가스가 납을 초산으로 변질시키고, 똥의 발효로 발생한 이산화탄소 가스가 물과 결합하면서 탄산을 발생시킨다. 이 산이 초산

---

* 아교 또는 달걀의 노른자 따위로 안료를 녹인 불투명한 그림물감.

납을 탄산납으로의 변형을 촉진시킨다. 그것은 사실 산으로 납을 부식시키는 것이었다. 그러나 납은 불활성 금속으로 반응이 느리기 때문에, 그 흰색 안료는 제대로 숙성하는 데 한 달 이상 소요될 수 있다.

청록색 안료인 버디그리스(녹청)도 이와 비슷하게 식초 가스로 구리 금속을 부식시켜 만든다. 테오프라토스는 이 방법에 대한 초창기 기록을 제공하고 있다. 그가 프사이미시온^{psimythion}이라 부른 연백의 제조를 이렇게 서술했다. "또한 이와 비슷한 방법으로, 버디그리스가 만들어진다. 구리가 포도주 찌꺼기 위로 놓이고, 이렇게 얻은 녹을 떼어내 사용하기 때문이다."[13]

플리니우스는 그 안료를 '구리 녹'이란 뜻의 아에구로^{aerugo}라고 부르며 이 서술을 반복하며, 아에구로는 또한 천연 구리 광석에서 긁어낼 수 있다고 했다. 그래서 그가 진짜 버디그리스와 비슷한 외관을 가진 천연 탄산구리를 전혀 구별하지 못했다는 사실을 알려준다.

연백으로, 중세 책에서 미니엄^{minium}이라 부른 적납을 만들 수 있었다. 로마의 색 제조 기술을 묘사한 10세기의 한 저술에서, 수도사 헤라클리우스는 열에 의해 어떻게 변형되는지를 서술하고 있다. 비트루비우스는 연백을 불에 우연히 노출시켜 그 과정이 발견되었다고 주장한다. 사실 그럴 가능성이 거의 100%이다. 플리니우스는 적납을 '짝퉁 계관석^{false sandarach}'이라고 불렀다. 진짜 계관석은 희귀한 주황적색^{orange-red}의 계관석^{realgar}이다. 중세 서적의 채식^{manuscript illumination}을 위한 작고 정교한 장면들에서 미니엄(적납)을 풍부하게 사용한 결과, 그것은 우리에게 '미니엄으로 색을 칠하는'의 뜻을 가진 라틴어 'miniare'에서 유래한 'miniature'를 주었다. 오늘날 작은 작품이란 뜻의 미니어처는 '가장 작은'이란 뜻의 라틴어 'minimus'와는 전혀 무관하다.

적납은 동양화에선 아낌없이 사용되고 있다. BC 5세기부터 중국 저술에서 제조 과정이 묘사되고 있으며, '연단$^{lead cinnabar, ch'ien tan}$'이란 이름으로 한 왕조(BC 2세기부터 2세기까지)에 알려져 있었다. 그리고 진사(cinnabar, 황화수소)는 전혀 다른 진홍빛의 광물질이다. 적납은 15세기부터 19세기까지 인도와 페르시아의 '미니어처'에서 특히 유별난 특징을 이루고 있다. 그 세밀화는 세밀하게 묘사는 했지만 절대 작지는 않다.

연백이 결여된 그림의 역사는 상상하기 힘들다. 석회석이나 뼈와 같은 초기의 대체물은 화가가 원하는 불투명 상아빛을 줄 수 없었고 19세기나 되어서야, 연백이 새로운 합성물감으로 대체되었다. 그 전까진 연백이 이젤에서 유화를 그리던 유럽의 물감 중 유일한 백색 안료였다. 이렇게 화학적으로 제조된 연백이 없었더라면 달리 무엇으로 르네상스 명암법(chiaroscuro, 키아로스쿠로)의 밝은 하이라이트를 구현해낼 수 있었겠는가? 달리 어디에서 바로크 시대의 네덜란드 거장들이 짙은 검은색에 당당히 맞설 흰색을 발견할 수 있었겠는가? 하나 덧붙이자면, 이 안료가 너무 흔한 나머지, 옛 거장들이 꼼수를 쓰기도 했다. 납은 X-선을 강력하게 흡수하는데, 그들의 작품에 X-선을 투과한 결과, 작품을 계획하는 단계에서 연백을 사용해 흰 바탕칠을 한 것을 볼 수 있다.

착색안료

진사와 적납은 오렌지 색조가 들어 있고 붉은 오커는 탁하다. 고대 이집트의 염색업자들은 더 풍요롭고 짙은 케르메스 색상을 좋아했다. 그러나 인디고와 같은 몇몇 예외는 있지만, 염료들은 대체로 너무 투명해서 나무, 돌, 회반죽 위에 칠을 하는 물감으로는 적합하지 못했다. 누가 발명했는지를 모르지만, 이집트인들은 이런 단점을 극복할 수 있는 해결책을 알고 있었다. 수용성 심홍색 염료(케르메스)는 무기질의 무색 '운반' 분말에 부착된다. 이 분말은 착색안료$^{lake pigment}$로 불리는 상대적으로 불투명한 고체 물질을 발생시킨다.

'착색'은 현재 어떤 염료에 기반한 안료를 일컫는 보통명사가 되었지만, 한때는 붉은색에만 붙여졌다. 중세에, 붉은 착색안료는 연지벌레의 찐득찐득한 분비물만이 아니라(이것은 카민 착색안료로 알려지게 되었다), 라크^{lac}, 락^{lak} 혹은 랙^{lack}이라고 불리던 그 벌레의 진액으로 만들어졌다. 이 진액은 인도와 동남아시아 토종 나무의 잔가지를 덮고 있으며, 깍지벌레 류의 연지벌레가 분비한다. 현대의 유기 피복제 래커 셸락$^{lacquer\ shellac}$은 라크 진액의 가공된 형태이다. 라크는 13세기 초부터 유럽으로 대규모로 수입되었고 그 결과 그것은 카민(carmine, 양홍색)처럼 이미 유통되고 있던 것들과 더불어 붉은 염료의 안료를 통칭하는 보통명사가 되었다.

케르메스 염료에서 카민 착색안료를 제조하는 것은 초기 화학의 쾌거를 포함하고 있다. 중세의 비법서는 대단히 상세했고, 고대 이집트의 제조법과 사실상 같았다. 일반적인 방법은 우선 천이나 비단을 벌레를 으깨어 추출한 날 염료에서 염색한다. 그런 다음 벌레에서 나머지 염료를 추출하기 위해 벌레 찌꺼기를 잿물에서 다시 끓여 그 염료를 융해시키는 간접적인 방법을 사용한다. 그 염료는 그런 다음 칼륨명반을 첨가하여 뜨거운 알칼리 용액으로부터 추출되는데, 이것은 그 용액이 식었을 때 미립자의 알루미나(산화알루미늄 수화물, hydrated aluminium oxide)를 침전시킨다. 그 염료는 마르면 짙은 붉은색 가루가 되는 알루미나 입자의 표면으로 흡수된다.

그래서 착색안료는 종종 잘라내고 깎아낸 것으로 제조되기 때문에 염색업자의 부산물이었다. 그러나 첸니노는 이런 종류의 이차 염료에 경고했다.

"그것은 절대 오래 가지 않는다. 색이 금세 바래진다."

이집트 사람들 또한 꼭두서니 풀뿌리에서 짙은 붉은색 염료를 만들었으며, 그에 대해선 9장에서 자세히 다룬다. 10세기 헤라클리우스의 기록으로 판단컨대, 꼭두서니 착색안료를 만드는 기술은 로마인들에게 잘 알려져 있었다.

:: 그리스의 4가지 색

이집트의 화학기술은 굉장히 실용적이고 다양했다. 그러나 고대 그리스 철학자들은 실험보다는 이론에 더 관심을 보였다. 바로 이런 이유로, 고대 그리스의 화학이 상대적으로 빈약한데, 말과는 달라 모순어법에 해당한다. 그리스 실용 지식의 대부분은 동방에서 수입되었고, 천한 신분의 장인들의 몫이었다. 그리고 바로 이 점에서, 르네상스 예술 사상에 영향을 미쳤으며 '순수'와 '응용', 과학과 기술의 편 가름을 고집하는 오늘날까지 이어지고 있는 손재주에 갖는 편견의 기원을 발견하게 된다.

실험에 대한 이런 혐오감을 이해하지 못했다면, 우리가 어디서 플라톤과 아리스토텔레스의 저술에서 전개되는 색의 혼합에 관한 괴상한 생각들을 설명할 수 있겠는가? 그들의 이론은 장인이라면 그 자리에서 콧방귀도 안 뀌었을 엉터리 이론이었다. '원자의 아버지' 데모크리토스는 옅은 초록(pale green, chloron)은 붉은색과 흰색으로 혼합될 수 있다고 단호히 주장했다. 플라톤도 푸른빛을 띤 연한 초록색(leek green, prasinon)은 '불꽃 색깔(flame colour, purron, 아마도 주황색)'과 검은색(black, melas)으로 만들 수 있다며 데모크리토스의 주장을 옹호했다. 그러면서 다음과 같은 숭고한 거부의 한 마디 말을 잊지 않았다.

"이 모든 것을 증명하려는 사람은 인간과 신의 영역을 구별하는 걸 잊었을 것이다."

아리스토텔레스도 실험을 완전히 혐오하지는 않았지만, 그는 사변가였고 그래서 『색채론(On Colours)』은 화가들의 교본이 되지 못하고 있다.[14] 그는 색을 제대로 연구하려면 화가들처럼 색의 혼합이 아니라 반사광을 비교해야 한다고 주장했다. 나중에 뉴턴이 그토록 멋지게 일궈낸 색의 물리적 실체는 도외시하라는 것이었다.

색의 혼합에 대한 학자들의 기묘한 믿음이 어디서 유래 되었을까? 색 사용에 관한 문화적 선입관을 이해하려면 그 문화의 색 이론과 용어를 조사해야 한다. 제1장에서 다뤘던 그리스의 명암체계는 플라톤이 빨강은 약간의 빛(흰색)를 더하면 초록이 된다고 믿은 이유를 설명해준다.

그리스인들이 안료의 혼합을 기피한 것은 이론적 편견에 따른 것인지 아니면 명도의 상실과 같은 실용적인 실험에 따른 것인지는 말하기 어렵다. 어느 쪽이든, 그것은 화가의 물질에 대한 의존성을 강조한 것이다. 자연에는 수많은 색상이 있지만, 화가들은 그 색에 맞는 순수한 안료를 구할 수 없었으며 특히 인물 묘사에 적합한 살색은 전혀 없었다. 테로프라스토스의 말에 따르면, 밀토스Miltos[밀레토스(Miletos)에서 유래]라고 불리는 일종의 붉은 오커가 많은 색조를 띠고 있고 그중 일부는 살의 건강한 살색에 근접했다. 그러나 고대 그림에서 다른 누진적인 색조와 마찬가지로 대부분의 살색 색조도 안료를 혼합이 아니라 색조의 평행선 무늬(cross-hatching of tone, 사면법)로 얻어졌다.

현존하는 그리스 미술작품이 거의 없기 때문에, 고대문헌에서 그리스인들의 색 사용을 추론할 수밖에 없다. 그리고 그런 자료는 주로 플루타르크, 비트루비우스, 플리니우스와 같은 로마 제국의 작가들로부터 왔다. 이들은 고대 그리스의 저술가들과는 달리 자신의 글을 썼다. 빅토리아 시대 중반까지 그리스 동상들은 색 칠이 안 된 회백색의 흰색이었다는 믿음이 유행했다. 그것은 아마도 잘못 알려진 미학적 편견으로 발생한 그리스 고전예술에 대한 가장 유명한 현대적 오해일 것이다. 그런 오해는 흰색의 '순수성' 때문이었을 것이다. 그리스인들에게 생기 넘치는 붓칠로 망가질 평범한 돌에 관해 신성함은 없었다. 그들은 그에 대해 세심하지도 않았다. 수염은 짙은 청색(일종의 검은색이었다. 기억나는가?)이었고, 로마의 동상이나 부조 작품을 근거로 판단한다면 신들은 종종 환한 붉은색 얼굴이었다.

이집트인들의 안료가 모두는 아니지만 대부분은 그리스 화가들에게도 유용했다. 그러나 플리니우스와 키케로는 4가지 색으로 그린 그림이 BC 4세기경에 고대 그리스 그림이 전성기를 누릴 동안 지배적인 전통이었다고 주장한다. 현존하는 그리스와 로마 그림에서 많은 안료들이 세월에 의해 탈색되면서 틀림없이 그런 색상의 물감을 선호하게 만들어왔다. 그러나 그 점에 대해선 할 말이 좀 있다. 플리니우스는 그 시기로부터 유명했던 사색 화가들의 이름을 들먹이고 있다. 그 이름도 거룩한 아펠레스와 아이티온Aetion, 멜란티오스Melanthios, 그리고 니코마코스가 그들이었다. 키케로의 명단은 조금 더 길어, 4세기 초의 제욱시스Zeuxis와 티만티스Timanthes뿐만 아니라 4세기 초의 화가 폴리그노토스Polygnotos를 포함하고 있다. 물감을 제한하는 전통은 엠페도클레스가 4원소 개념을 가다듬고, 데모크리토스가 원자를 가설로 삼았던 5세기 중반에 시작된 것으로 보인다.

니체는 다소 격한 어투로, 그리스 화가들이 다른 색보다 청색과 녹색이 자연의 개성을 상실시키기 때문에 그 색을 피했다고 주장했다. 그러나 속사정은 형이상학이 아니라 실용적이었을 것이다. BC 5세기 동안, 그리스 화가들은 3차원으로 그림을 그리기 시작했다. 이때 심도depth를 표현하기 위해 키아로스쿠로라는 명암법을 사용했다. 이러한 발전은 화가들이 빛과 어둠을 다루면서 색을 통제할 수단으로써 4가지 색 기법에 동기를 부여했을 것이다. 르네상스 화가들이 후에 발견한 것처럼, 팔레트가 넓어질수록 색상과 색조의 조화를 성취하기가 더 어려워지고, 한 가지 색이 나머지 색들로부터 확연히 두드러지지 않는다. 색상의 범위를 한정하고, 한 발 더 나아가 밝은색보다는 어두운 토성안료로 그 색상을 표현함으로써, 빛과 어둠의 3차원 세계를 그리는 것이 더 쉬워졌다.

일단 이런 체계가 자리를 잡자, 그것은 기술적 필요성에서 미학적 원칙으로 환골탈태했을 것이다. 플리니우스는 '화려한' 색채보다 '간결한' 색채가 더 좋다고 터놓고 말했다. 로마가 그런 전통을 물려받았다는 사실은 폼페이에 있는 '파우누스 저택House of the Faun'에 있는 4가지 색으로 이루어진 '알렉산더' 모자이크에서 볼 수 있다[이것은 사실 니코마코스의 제자인, 에리트레아(Eritrea)의 필로크세노스(Philoxenos)의 그림의 모조본이다](〈삽화 3-4〉).

그러나 순수하고 밝은색들이 장식미술에서도 외면받은 것은 아니다. BC 5세기에서 BC 4세기까지 거슬러 올라가 올린서스Olynthus*에서 사용된 붉은색과 노란색에서 분명한 것처럼, 그런 색들은 건물을 장식하기 위해 그리스에서 사용되었다. 이집트 블루 프리트는 BC 2100년 이전으로 거슬러 올라가 크레테Crete의 크노소스Knossos의 벽화에서, 고대 그리스(BC 1400년경) 마케도니아 시대부터의 건물에서, 그리고 그리스 문명의 흥망성쇠를 통해 각종 인공유물에서 발견되고 있다. 테오프라스토스는 인공 청색 안료를 이집트에서 수입했다고 말했는데, 그리스가 그 제조방법을 몰랐거나 신경 쓰지 않았음을 시사한다. 제조법을 계승한 로마인들처럼 고대 에트루리아 사람들도 BC 6세기에 이집트 블루를 사용했다. 그것은 로마 화가의 무덤에서뿐만 아니라 폼페이 벽화와 그 도시의 물감 상점에서 사용되지 않은 채 발견되고 있다. 청색은 플리니우스의 색 명단에는 빠져 있지만, 오언 존스에게는 청색을 선택했다는 많은 증거가 있다.

서양이 동양과 헬레니즘의 알렉산드리아에서 만났을 때 화학이 점화되기 시작했다. 이러한 만남으로 고대 그리스의 논리적 세계관이 실용적 실

---

* 그리스 북부의 고대 도시.

험을 선호하던 동양적 선호와 접촉하게 되었다. 게다가, 서양 미술에서 색의 사용은 알렉산더 제국이 동양에서 새로운 미학과 새로운 재료를 발견했을 때 더욱 창조적이고 화려해졌다.

예컨대 밝은 적색 물질 진사는 서양에 출현하기 오래전부터 중국에서 안료로 사용되었다. 이집트인들도 그것을 무시했던 것으로 보이는데, 테오프라스토스 시대 전의 그리스 예술에서 진사를 사용한 흔적이 희박하다. 인디고는 인도에서 수입되었다. 그리스인들은 그것을 인디콘indikon이라 불렀고, 비트루비우스는 BC 1세기에 로마인들이 그것을 안료로 사용한 방법을 말하고 있다.

플리니우스가 헐뜯었던 인도의 '용과 코끼리의 피'는 아시아 식물에서 추출한 붉은 수지이다. 한 기록에 따르면, 그것은 라탄 야자수(Calamus draco, 용혈수)의 열매에서 나왔다고 했지만, 미술사학자 대니얼 톰슨Daniel Thompson은 자단목Pterocarpus draco이라는 관목의 수액에서 나왔다고 주장했다. 전설의 소재인 용들은 그들의 흔적을 각각의 경우에 남기고 있다. 중세 시대에, 착색제는 용혈dragonblood로 알려졌으며 여전히 문자 그대로 용의 피라고 믿어졌다. 플리니우스는 최초로 그 신화를 언급했는데 후에 그 내용이 화려하게 윤색되었다. 장 코르비숑Jean Corbichon이 바설러뮤 앵그리쿠스Bartholomew Anglicus의 13세기『사물의 성질에 관하여(De propeietatibus rerum)』을 번역한 책에서 그것을 엿볼 수 있다.

이븐시나(Avicanna, 아라비아 연금술사이자 철학자)에 따르면 용이 꼬리로 코끼리 다리를 휘감으면 코끼리는 용의 몸 위로 쓰러진다. 그러면 용의 피가 땅을 적시게 되고, 피가 닿은 모든 땅은 진사가 되며, 이븐시나는 이것을 용의 피라 부른다.[15]

그러나 새로운 '화려한' 안료의 유입보다 더 중요한 것은 그리스의 엄격함과 대조를 이루는 페르시아와 인도의 밝은색의 예술적 미학이었다. 비잔틴 예술의 화려한 색채를 이끈 것도 바로 이런 영향이었다. 그리고 그것이 나중에 십자군을 통해 서양으로 오게 되었을 때 유럽인들이 더 과감한 색을 사용할 수 있게 만든 영감의 원천이 되기도 했다.

헬레니즘 문화는 잘못 인식된 믿음보다는 실험주의에 기초하여, 색의 혼합에 더 느긋한 태도를 취했다. 3세기에 아프로디시아스(Aphrodisias, 터키)의 알렉산더는 아리스토텔레스의 믿음과는 반대로 어떻게 녹색이 노란색과 청색으로부터 만들어지고, 바이올렛이 청색과 적색에서 만들어질 수 있는지를 설명했다. 그러나 이런 '인공(혼합)' 색은 자연에서 보이는 순수한 색상에는 필적하지 못한다고 설명했다. 참으로 틀림없는 말이다. 혼합으로 광택의 손실을 피하려면 훌륭한 원색이 있어야 한다. 재료의 한계가 예술가의 능력을 한정짓고 있었다.

밀랍 작품들

고대 화가들은 이젤도 넓은 팔레트도 없었으며, 그리고 단순하게 화면에 붓을 대어 작품을 창조하지도 않았다. 목재 화판에 그림을 그리기 위해, 그리스와 로마의 예술가들은 납화법(wax encaustic, '색을 구워 넣는다'는 그리스어 'enkaustikos'에서 따온 말)을 사용했다. 밀납을 석탄으로 열을 가한 후 안료와 섞은(때론 수지와 함께) 다음 녹은 화합물을 뜨거운 주걱으로 화판에 바른다. 그러면 뜨거운 쇠가 화판과 밀착하면서 색을 태워 화판에 새겨진다.

이 방법은 놀랄 정도로 튼튼하고, 후대에 그것을 되살리려는 시도가 이루어졌다. 특히, 18세기, 뮌츠J. H. Muntz의 저서 『납화법 : 케일러스 백작의 고대 방법으로 재현한 회화법(Encaustic: Or Count Caylus's Method of Painting in the Manner of the Ancients, 1760)』은 주목할 만하다. 독일의 미술교수 막스 되너Max

Doerner는 헤르 페른바흐Herr Fernbach가 1845년 '왁스, 테레빈유, 베니스 테레빈유, 호박색 니스, 그리고 인도 고무'를 함유한 '폼페이식' 납화법에 대한 정교하게 만든 가짜 '비법서'를 어떻게 강매했는지를 상술하고 있다.

되너가 이어서, 그래도 납화법으로 그린 그림들이 '예외 없이 견고'하다고 주장한다. 왁스는 탈색을 막고 단단하고 강력한 유색 마무리를 준다. 그러나 그것은 뜨겁고 건조한 지중해 기후에선 충분히 안정적이지만, 북유럽의 습기 찬 기후에선 그리 잘 적용되지 않는다. 플리니우스에 따르면, 아펠레스는 그림을 보호하는 검은색 니스를 발명해서 그의 그림 색조가 더욱 부드럽고 자연스러워졌다고 한다.

그러나 납화법은 벽화에는 잘 들어맞지 않는다. 플리니우스는 '벽화에는 전혀 맞지 않는다'라고 했으며, 그렇게 사용된 어떤 예도 폼페이의 실내외 벽에서 발견되지 않고 있다(그렇지만 로마의 트라야누스 기념탑과 같은 석조물에서 왁스 색을 볼 수 있으며, 칠을 벽을 보호하기 위해 왁스를 입히기도 했다).벽화는 보통 약간의 물과 아교와 섞은 안료를 젖은 혹은 '갓fresh' 칠한 벽에 적용해 만들어졌다. 이 기술은 이탈리아어 프레스코(fresco, 방금 회를 칠한 위에)로 알려지게 되었다. 벽화를 칠한 회는 일반적으로 모래와 석회로 만들어졌다. 석회는 마르면서 모래 알갱이들을 결합시키고, 그 후 천천히 공기와 접촉하면서 회백색의 탄산칼슘으로 변한다. 그 안료는 두 번째 층의 젖은 회 위에 도료로 적용되고, 마지막으로 얇은 회 층이 위에 덧칠된다. 안료가 퍼지고 마르면서 그 회에 고정된다. 이 방법은 약간 회백색의 외관을 보인다.

비트루비우스의 묘사에 따르면, 폼페이에 사용된 프레스코 기법은 매우 정교하다. 여섯 층(덧칠)의 회가 적용되었다. 앞의 세 번은 점차로 세밀한 모래 가루를, 뒤의 세 번은 갈은 대리석을 적용해 단단하고 윤기가 자르르 흐르는 마무리를 주었다. 그리고 그 마른 벽을 닦으면 유리처럼 반질거리게 되었다. 이런 수고스러운 과정은 기대했던 성과를 주었다. 폼페이의 벽화는 대부분 정말 잘 보존되어 있다(〈삽화 3-5〉). 그러나 싸구려로 빠르게 그려지는 벽화들도 있었다. 주로 아교를 섞은 안료를 이용하는데^{distemper,}* 마른 회벽에 적용되었다[이탈리아 인들이 말하는 세코(secco)]. 이런 식으로 적용된 색은 젖은 손가락으로 그냥 문지르면 색이 떨어져나갈 수 있고 햇빛이나 공기에 노출되면 오래 지속되지도 않는다. 20세기에 스위스 예술가 아르놀트 뵈클린^{Arnold Böcklin}은 한때 로마의 포럼에서 프레스코 발굴에 참여했었다. 그 벽화의 일부가 최초로 발굴되었을 때에 색이 방금 칠한 것처럼 생생했는데 공기에 노출되는 순간 그 즉시 바래기 시작했다. 때로 과거란 우리의 시선을 견디기에는 너무 허약하기만 하다.

---

* 디스템퍼 특수 그림 물감을 사용한 무대 배경화 등의 화법.

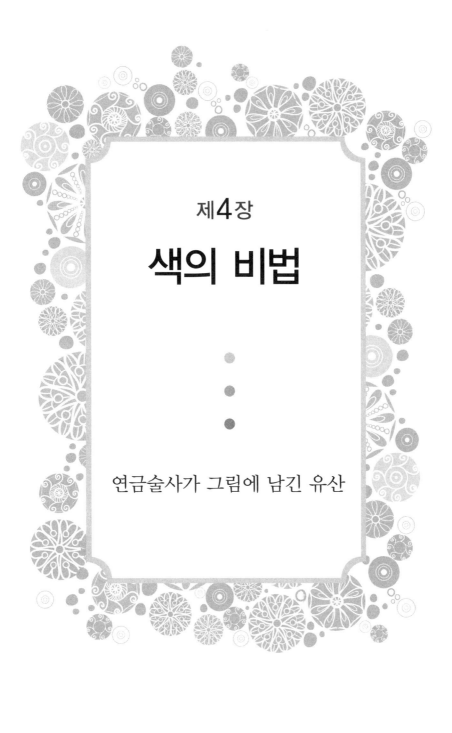

제4장

색의 비법

연금술사가 그림에 남긴 유산

사람이 가장 많은 땀을 흘려 가장 비싼 대가를 치르고 얻은 귀중품에 가장 높은 가치를 매겨 각별한 관심으로 보호하는 게 당연한 일이지만, 이따금 비슷하거나 더 훌륭한 어떤 물건이 나타나거나 혹은 그 귀중품이 하찮은 물건으로 판명나더라도, 그 물건을 예전과 비슷하거나 심지어 더 큰 경계로 보호받는다.

_ 테오필루스(Theophilus), 『예술의 다양성(De diversis artibus, 1122)』

평범한 물질들, 야채, 광물질, 점액질. 솜씨 좋은 장인의 도가니에서 서서히 끓어 오르게 하면서 잘 저어주며 불꽃을 높여라.

_ 조르주 디튀(Georges Duthuit), 『야수파 화가들(The Fauvist Painters, 1950)』

만약 우리가 1610년 런던의 글로브 극장에서 초연된 벤 존슨^{Ben Johnson}의 희곡 「연금술사(The Alchemist)」로 미뤄 판단하건대 연금술은 셰익스피어의 시대엔 그리 존경을 받은 것 같지는 않다. 주인공 서틀^{Subtle}은 뻔뻔한 '무직의 사기꾼'으로 귀가 엷은 사람들을 상대로 엉터리 비법을 떠들어대며 돈을 우려먹는 사기꾼이다. 존슨은 진짜 연금술사라고 떠드는 사람에게도 이런 비방을 하고 싶었던 것으로 보인다. 존슨이 가공의 인물을 만드는 데 있어 연금술에 박식했기에 그 조롱은 더욱 신랄하다. 연금술에 대한 그의 지식은 초서나 존 던을 제외하면 영국문학의 어떤 인물보다 뛰어났을 것으로 평가되고 있다. 서틀이 알아들을 수 없는 연금술 용어를 말할 때면, 대체로 실제 연금술사들이 사용하는 똑같은 용어를 사용해 동일한 정서를 자극하고 있다. 아마 그는 사이먼 포먼^{Simon Forman}을 모델로 삼은 듯 보인다. 사이먼은 동시대의 가짜 연금술사로 사기로 수차례 구속되었지만, 세상물정 어두운 런던 상류층 여성들을 상대로 사랑의 묘약, 부적, '가지가지 신기하고 기괴한 물건들'을 팔아서 그럭저럭 유복한 생계를 꾸려가고 있었다.

초서도 존슨처럼 연금술을 그다지 고운 시선으로 보지는 않았다. 『캔터베리 이야기』에 나오는 캐넌은 헛바람이 잔뜩 들어간 전형적인 '몽상가'였다. 그는 일반 금속을 금으로 바꾸는 '현자의 돌Philosopher's Stone'을 만들기 위해 연기 자욱한 실험실에서 허송세월한다. 그처럼, 그는 추레하고 칠칠치 못한 모습이다.

"그의 외부는 한 푼어치의 가치도 없어요. …… 그 옷은 얼룩투성이에 여기저기 찢겼어요."

그의 조수가 『고위 성직자의 하인 이야기(Canon's Yeoman's Tale)』에서 말하는 것처럼, 다른 연금술사도 서틀과 처지가 다를 바 없어 보인다. 하인의 전 고용주 중에는 평범한 금속을 은으로 바꾸는 사기술로 탐욕스런 성직자를 사기 치는 주인도 있다.

이렇게 연금술사를 사기꾼과 협잡꾼으로 보는 대중의 인식 때문에, 화학은 선조들과의 연관성을 극구 부인하게 되었다. 그러나 최근 들어 연금술은 오명을 벗어던지고 있다. 학문적 연구로 연금술의 목표, 연금술사, 그들이 남긴 유산에 더욱 믿을 만한 그림이 구체화되고 있기 때문이다. 사실, 연금술의 비법을 사칭한 많은 악당과 마술가가 있었고, 또한 호기심보다는 탐욕이 주요한 동기였던 무지한 허풍선이들도 있었다. 그러나 이 비전의 기술에 박식하고 진실되었던 '숙련자들'은 부가 그 목적이 아니었다. 그들의 목표는 자연의 세계를 탐구하는 것이었다. 그 세계에서 물질의 성질과 변형은 인간의 속성과 인간의 영적 삶과 불가분의 관계를 맺고 있다.

17세기 지식인들이라면 어느 정도의 연금술 지식을 갖추게 되었다. 13세기의 대학자 알베르투스 마그누스Albertus Magnus와 로저 베이컨Roger Bacon은 연금술 전통과 문헌은 물론 그 실용적인 방법에도 익숙해 있었다. 베이컨은 실험적 기술로 화약 제조법을 향상시켰다. 마르틴 루터도 한 마디 거들었다.

"연금술의 기술은 매우 아름다운 상징과 비밀스런 의미 때문에 나에게 매우 흥미로웠다."

루터와 동시대의 인물로 화학요법의 아버지로 불리는 스위스 의사 파라 클레수스Paracelsus는 가장 영향력 있는 16세기 연금술사 중 한 명이었다. 뉴 턴은 아마도 18세기 과학을 변형시킨 물리학 이론보다는 연금술 실험에 더 많은 시간을 보냈을 것이다. 하지만 그 당시 그런 관심은 다소 우세스러 운 것으로 비춰졌고, 그는 그 사실을 숨기기 위해 꽤나 애를 썼다.

많은 화가도 연금술에 명석했다. 알브레히트 뒤러Albrecht Durer*와 루카스 크라나흐Lucas Cranach**와 동시대의 인물인 목판화 삽화가인 아우크스부르크 대학의 한스 바이디츠Hans Weiditz는 1520년에 그린 한 그림(〈그림 4-1〉참조)

〈그림 4-1〉 1520년 한스 베이디츠의 동판화에서 보이는 실험실에서 일하고 있는 연금술사. 용광로의 온도를 높 이기 위해 사용되었던 풀무는 연금술사들이 종종 '허풍선이'로 멸시받던 이유를 떠올리게 한다.

---

* 뉘른베르크에서 출생한 독일 르네상스 최고의 화가.

** 독일을 대표하는 종교화가.

에서 일하고 있는 연금술사를 그린 아주 이채로운 그림 한 점을 남겼다. 뒤러 자신도 동판화 〈멜랑콜리아(Melancolia, 1514)〉를 연금술의 상징으로 채웠다. 이것은 또한 크라나흐, 그뤼네발트Grunewald, 그리고 얀 반 에이크도 마찬가지이다. 연금술의 영향은 북 유럽으로 한정되지 않았다. 이탈리아 예술가들, 조르조네Giorgione, 캄파놀라Campagnola, 파르미자니노Parmigianino 또한 연금술 상성들을 그들의 그림에 짜 넣은 것으로 보인다.

그러나 연금술이 그림에 미친 주요한 영향은 수수께끼 같은 상징주의의 원천이 아니었다. 연금술의 기원은 형이상학이 아니라 고대의 실용적 기술에 있었기 때문이다. 연금술은 뿌리에서부터 변형의 기술이다. 그것은 실험자들이 불, 물, 공기, 증기, 시간이란 작용자들이 물질에 가하는 변화를 이해하게 만드는 이론적 틀을 제공했다. 우리가 지금까지 보아왔던 것처럼 이런 변화들은 종종 색의 변화를 동반했기 때문에, 실용 연금술이 화가들에게 인공 색을 제공하는 수단이 되었다는 사실은 전혀 놀랍지 않다. 실용적인 첸니노 첸니니는 연금술에 의한 안료의 제조를 『장인 안내서(Il Libro dell' Arte)』에서 반복해 언급하고 있는데, 독자들에게 장인들의 재료는 산업적으로 제조될 수 있다고 역설하는 것 아니겠는가!

하지만, 오늘날 영국에서 '케미스트chemist'가 학문적 과학자인 화학자를 지칭하기도 하고 변화가 약국의 약제사를 지칭하는 말인 것처럼, '연금술사'도 많은 의미를 지녔다. 중세의 화가들은 재료를 약사나 약재 상인에게 구입했다. 이들은 사적으로 안료를 제조했을 상인들이었다. 그들은 납을 황금으로 변화시킬 수 있는 비전을 추구하는, 혹은 예술의 철학적·종교적 측면과 씨름하던 사람들인 '황금시인의 스승들chrysopoeian adepti'에서 독특한 부류를 이뤘다. 그의 명저 『회의적 화학자(The Sceptical Chymist, 1665)』에서, 화학자 보일은 실용적인 '실험실 연구원' 사이에도 선이 있음을 분명히 했다. 용광로에서 나온 연기로 뇌가 잘못된 초서의 '허풍선이들'과 이론

지향적인 '스승들adepti'이 있어, 돌팔이 의사와 바보들이 전자를 구성하고 후자는 진지한 마음의 동료들이라는 것이다.

적어도 보일은 그렇게 믿어주길 바랐다. 그 자신이 스승이 되길 열망했기 때문이다.[1] 그러나 그의 구별은 오늘날, 그래픽 예술과 회화, 기술과 과학을 편 가름하려는 것과 흡사하다. 연구실 실험자들은 스승의 지위를 얻고자 열망했을 것이다. 그 스승들은 실험실 연구자들을 저속한 비법 추종자로 간주한다. 그 둘은 같은 동기를 공유하진 않았지만 같은 지적 우물에서 물을 길어 올리고 있었다. 연금술에서, 색은 이론과 실용을 연결하는 중요한 고리이다. 그것은 황금시인의 핵심이었고, 그러한 노력에서 만들어진 발견들이 걸러져 실용적인 안료 제조라는 현실로 정착하리란 것은 누구라도 상상할 수 있다. 화가와 연금술사가 동일한 재료를 사용하고 있었던 것은 우연의 일치가 아니었다.

우리가 명심해야할 사항은, 마법이 연금술사에게만큼이나 중세의 평민들에게도 현실이었다는 것이다. 마법은 서구 문화라는 직물에 올올이 짜여 들어갔고 그런 마법이 없었더라면 수백 년이 지나는 동안 그 직물은 다 풀어졌을 것이다. 마법은 종교적 믿음과 동화되기도 때론 교회의 심기를 건드리기도 했다. 그림도 주로 종교적 업무였다. 동시에, 고대 이집트 그림처럼, 영적 힘을 부여받을 수 있는 헌신적인 활동이자 세속의 솜씨였다. 그때, 화가의 색은 그 물질성을 벗어나 신적인 중요성을 띨 수 있다. 경이롭지 않은가. 16세기의 베네치아 작가 파올로 피노Paolo Pino는 캔버스 위에서 색을 구성하는 행위야말로 '그림의 진정한 연금술'이라 불렀다. 우리가 명심할 것은, 그는 '연금술'이라는 단어를 오늘날 유행하는 천박한 어투로 쓰지 않았다는 것이다. 미술사학자 마틴 켐프가 그 물질들은 '신비스럽게 그들 각자 성분의 본성을 초월한다'라고 썼을 때 바로 그런 의미로 단어를 말한 것이다.

:: 위대한 작업

비니스의 황산을 꺼내어 거기에 물과 공기를 더해라. 성분을 바꾸기 위해 지침에 따라 한 달 동안 부패시켜라. 분리하면, 곧 흰색과 붉은색의 2가지 색을 보게 될 것이다. 붉은색은 흰색 위에 있다. 황산의 붉은 빛깔은 너무 강력해서 그것은 모든 흰색 물체를 붉게 만들고, 흰색도 마찬가지여서 모든 붉은 물체를 희게 만드는데, 정말 굉장하다. 이 빛깔에 통렬한 앙갚음을 가하면, 검은색이 나오는 것을 보게 될 것이다. 다시 통렬한 앙갚음으로 처리해라. 그 공정을 반복하면 희끄름한 색이 나온다. 계속하면 마침내 진짜 깨끗한 녹색 사자를 발견하게 된다. [2]

중세 전후로 색이 화학의 중심을 이룬 적은 한 번도 없었다. 연금술사들이 비밀스런 용어를 사용해 내용이 모호하기는 하지만, 최초의 화학자들은 정교한 증류기와 펠리컨병*에서 시행한 사물의 변형을 색 변화를 통해 인지할 수 있었다. 그 신비스런 어감에도 불구하고, '비너스의 황산'이란 학교 실험실에서 보아왔던 황산동을 말한다.

색은 연금술의 변화에 대한 믿음을 뒷받침한다. 물질의 색은 그 물질의 내부성질이 외적으로 표현된 것으로 생각되었다. 이런 피상적인 특징 외에 그다지 정보가 많지 않던 연금술사들은 노란 금속은 금으로 생각하는 것도 당연했다. 그래서 우리는 자칫 진정한 확신을 부정직한 사기로 오해할 위험이 있다. 과학자이자 역사가인 조지프 니담Joseph Needham이 지적하길, 금의 위조와 금의 변환 사이에 존재하는 차이점은 문화적인 것이라고 했다. 그것은 그 일을 어떻게 생각하느냐에 달려 있다. 고대의 화학교본을

---

* 펠리컨을 닮은 실험실 병.

보면, 사기가 있었다는 사실이 명백하다. 라이덴 파피루스의 비법서는 구리로 만든 금을 감별하기가 어렵다는 점을 몇 번이고 반복했으며, 은의 위조에 대해서는 은세공사들이 그 차이를 감지할 가능성이 있다고 경고하고 있다.

염색dyeing과 채색colouring이란 말은 연금술 문헌에 넘쳐난다. 돌과 금속은 직물만큼 쉽게 '염색dyed'될 수 있다. 현자의 돌 자체는 흔히 '팅크처Tincture'로 불린다.

'붉은 왕Red King'이라고도 불렸던 이 경이로운 붉은 물질은 다름 아닌 버밀리언이었을 것이다. 이것은 중세화가들의 가장 화려한 붉은색 안료였다. 버밀리언은 합성 황화수은이다. 우리가 앞서 살펴보았듯이, 천연형태(진사)는 고대부터 안료로 사용되었다. 그 유명한 8세기의 아라비아 연금술사 자비르 이븐 하이얀Jabir ibn Hayyan*의 전통에 따르면, 황과 수은[중세의 작가들은 그것(mercury)을 'quicksilver(수은)'라고 불렀다]은 모든 금속을 형성하는 기본 '원소'였다. 자비르의 체계에서 납과 같은 기초 금속들은 이 2가지 원소의 상대적 비율에서만 금과 다르기에, 그 원소의 혼합비만 바꿔도 그 기초 금속을 금으로 격상시킬 수 있다. 알베르투스 매그너스는 이렇게 쓰고 있다.

"우리는 금속의 구성에서 황은 남자의 정액이고 수은은 응고되어 태아로 변하는 월경액과 같다."[3]

이 두 원소는 금에서 완벽한 균형을 이룬다. 이 금의 노란색은 황의 존재 때문이다. 그래서 버밀리언은 분명 모든 금속의 변형에 영향을 주는 2가지 성분을 모두 함유하고 있다.

그러나 우리는 조심해야만 한다. 버밀리언의 '황과 수은'은 자비르의

---

* 아라비아 화학의 아버지로 불리며 최초로 알코올을 발명한 사람.

'황과 수은'과는 전혀 다르다. 이 원소들은 '미묘하고' 만질 수 없는 물질들이고, 세속적인 황과 수은은 그것의 부패한 그림자에 불과한 것이다. 그래서 버밀리언이 정말로 팅크처로 간주되었는지는 지극히 의심스럽다. 특히나 버밀리언은 제조가 상대적으로 쉽다. 사실 현자의 돌에 대한 일부 비술은 단순한 출발 물질로써 진사를 사용하고 있다.

기본 물질들의 짝짓기로 만들어지는 버밀리언은 연금술사에겐 당연히 관심거리였고, 그 합성 지식은 그들의 저술에서 유래되었다. 그 합성은 중국에서 발명되었을 것이고, 약 300년경 헬레니즘의 연금술사 파노폴리스의 조지무스Zosimus of Panopolis도 그 방법을 알고 있다는 암시는 하고 있지만, 최초의 뚜렷한 기술은 8세기 혹은 9세기 초의 저술『색채의 구성(compositions ad tingenda)』에서 나타난다. 자비르에게 공적을 돌린 그 저술은 또한 수은과 황이 결합하여 어떻게 붉은 물질을 형성하는지를 언급하고 있다. 9세기 라틴어 저술『그림의 열쇠(Mappae clavicula)』도 버밀리언을 제조하는 2가지 비법을 포함하고 있다.

이 모든 것은 합성 황화수은이 진사보다 우수하다고 생각했던 화가들에게 유리하게 작용했다. 첸니노는 "그 안료는 연금술로 레트르트(폐쇄된 용기)에서 제조되었다."라고 했다. 그러나 그는 그 공정의 상징적 반향은 신경쓰지 않았으며, 그런 논평을 '너무 지루할 수 있는' 기술적인 세부사항과 연결시키지 않았다. 다만 비양심적인 약제사가 덩어리로 만든 기성품은 그 귀중한 물질을 적납이나 벽돌 가루로 희석시켰을 수 있다고만 충고하고 있다.

베네딕트회 수도사 테오필루스(Theophilus/ Roger of Helmarchausen, 헬마르카우센의 로저)는 그의 기술 교본『예술의 다양성』에서 그 문제를 더욱 풍부히 다루고 있다. 그래서 황과 수은을 봉인된 단지에 넣고 '타오르는 석탄'에 넣어 만드는 극적인 연금술 합성을 서술하고 있다.

"그 안에서 부서지는 소리가 들린다. 수은이 불타오르는 황과 결합하는 소리이다."

테오필루스는 그 신비에 더욱 매료된 것으로 보인다. 버밀리언의 제조는 여전히 12세기의 유럽에선 신기한 것이었지만 첸니노의 생애에서는 일상이었다.

대니얼 톰슨은 버밀리언의 합성을 중세 그림의 핵심적인 기술혁신으로 간주하고 있다.

> 어떤 과학발명도 이 색의 발명만큼 그림에 그토록 위대하고 지속적인 영향을 미치진 않았다. 중세에 이런 눈부신 적색이 없었더라면, 중세를 떠받친 채색표준은 개발되지 못했을 것이다. 그리고 12세기를 전후로 그림에 등장하는 다른 화려한 색들을 발명할 필요성도 줄어들었을 것이다.[4]

버밀리언은 분명 중세 붉은색의 왕자였다. 그것은 중세 초기의 책들에는 아껴 사용되었다. 적어도 11세기까지는 버밀리언으로 책을 장식하는 것은 금으로 장식하는 비용만큼 들었다. 그러나 15세기 초에 이르면, 비용이 큰 부담이 되진 않았고(〈삽화 4-1〉), 르네상스 동안엔 흔하디흔한 재료가 되었다.

이런 그림들에서 안료들은 성분들을 직접 합성해서 만들어졌다. 테오필루스가 말했던 것처럼 이른바 '건식' 과정이다. 이것은 보통 한 덩어리의 붉은 버밀리언 고체를 만든다. "만약 고체를 매일같이 20년 동안 간다면, 그 색은 계속해서 더 곱고 아름다워질 것이다."라고 첸니노는 말한다.

건식 합성은 나중에 홀란드(네덜란드)에서 개선되고, 홀란드는 17세기에 유럽에서 버밀리언 제조의 중심이 된다. 네덜란드 방식에서, 수은과 황이 결합하여 검은색의 황화수은을 형성했는데, 종종 검은 물질Aethiops mineralis

이라 불렸으며, 붉은 형태와는 결정구조가 달랐다. 그 검은 물질을 다시 가루로 만들어 강한 열로 승화시키면 붉은 버밀리언으로 변한다.

1687년, 고트프리트 슐츠Gottfried Schulz라는 독일의 화학자가 그 검은 물질ethiops mineral을 암모니아나 칼륨(포타슘) 용액에서 가열하면 붉은 버밀리언으로 바뀐다는 것을 발견했다. 이런 '습식(wet)' 과정은 네덜란드 방식보다 노동력과 비용이 훨씬 절감되었고 또한 건식으로 만들어진 푸른 기가 들어 있는 붉은 제품과 비교했을 때 입자 크기가 일정했고 오렌지색의 붉은색을 가진 더 고운 분말을 만들어냈다. 오늘날 서양 버밀리언의 대부분은 습식으로 만들어진다.

팅크처 제조

적색은 중세 화학과 그림에서 가장 중요한 색상이었으며, 연금술은 그 색에 특별한 중요성을 부여했다. 그것은 금의 '색'으로(붉을수록 더 아름답다), '위대한 작업'의 정점을 의미한다. 현자의 돌을 만드는 걸 의미했다.

"붉은색은 연금술 작업의 최종판이다."

15세기 브리스틀 연금술사 노턴Norton의 말이다.

이런 전설적인 물질의 제조법은 현존하는 여러 중세 문헌에서 발견된다. 보통 이 비법서들은 특정한 순서의 색 변화가 그 작업의 성공적인 과정을 나타낸다고 말하고 있다. 붉은색으로 마무리되기 전에, 그 변화는 보통 고대의 주요 3가지 색을 발현하는 것으로 추정되었다. 그 순서는 검은색, 흰색, 노란색이었다.

1934년, 미국 화학자 아서 홉킨스Arthur Hopkins는 연금술사들의 화학적 변화를 풀기 위해 동일한 실험을 했다. 그 결과 그 색의 순서는 검은색-흰색-노란색-보라색이었고, 그것은 조지무스가 말했던 순서와 같았다. 홉킨스에 따르면, 연금술사들은 그들의 작업을 납, 주석, 구리, 철의 검은색

합금으로 시작했다. 그것을 사원소체four-membered body 혹은 테트라소마 tetrasoma라고 한다. 여기에 비소나 수은을 더하면 흰색의 표면 코팅이 형성된다. 노란색은 금이나 '황화물(sulphur water, 황화수소액)을 더하면서 얻어졌다. 아이오시스iosis의 마지막 단계에서 홉킨스가 청동 혼합물의 바이올렛 violet-bronze gold-containing alloy으로 간주한 보라색이 발생했다.

일부 현대 연금술 학자들은 아이오시스가 보라색이 아니라 적색 물질의 형성을 말하는 명칭이라고 주장하고 있다. 하지만 중세 학자들에게, 그것은 의미 없는 구별이었을 것이다. 당시 보라색은 보통 적색으로 생각했다. 예를 들어, 중세의 붉은 안료 시노퍼sinoper*는 보라색을 말하는 그리스 단어 포피리porphyry와 동일하게 사용되었다. 그리고 중세의 연금술사는 황금시인의 순서와 고대의 그 4가지 색과의 연관성에서 상징적 중요성을 인식했을 것이다. 그래서 레토르트에서 밝은 적색이나 깊은 보라색이 나타나면 성공의 상징으로 기뻐했을 것이다. 어떤 연금술사가 다른 연금술사와 서로 전혀 다른 혼합물로 실험했을 것은 당연하다.

비소와 납은 적색, 노란색, 흰색, 검은색 물질로 변환할 수 있는 단순한 화합물을 형성한다. 그리고 그중 일부는 화가들이 사용했다. 연금술 대가에게 당시 독립된 원소로 인식되지 않았던 비소가 매력적이었던 이유는 그것이 흔히 황산과 혼동되었기 때문이었다. 노란색 황화비소(yellow arsenic sulphide, 웅황)는 종종 순수 황산의 변형물로 간주되었다. 그것은 광물 형태로 자연에서도 발견되지만, 예술가들은 합성 형태를 더 선호했다. 첸니노는 이런 합성물을 연금술사에게 가장 적합한 임무로 생각했다. 웅황은 '극독물'이기 때문이었다. 그리고 화가들은 혹시라도 마시지 않도록 주의해야 했다. 오렌지색 황화비소 광물인 계관석에 대해 '그것과 절대 친하게 지

---

* 적철광의 일종으로 고대인의 안료.

내지 마라. 스스로 잘 챙겨야 한다.'라고 했다.

연금술사들은 납에도 비슷한 관심을 쏟았을 것으로 추측할 수 있지만, 단점으로는 납의 화합물은 열만 사용해서는 정화시키지 못할 정도로 너무 단단하다는 것이다. 그것은 또한 열에 의한 화학변화로 검은색(금속 납과 이산화납), 흰색(연백), 노란색(금밀타 혹은 마시코트, 일산화납), 그리고 붉은색(적납, 사산화납) 형태로 변색될 수 있었다. 적색 납은 버밀리언과 진사의 오렌지색을 띠고 있다. 그리고 그 둘은 혼동하기 쉬웠다. 게오르기우스 아그리콜라 Gerogius Agricola*는 그의 책 『광물에 관하여(De re metallica, 1556)』에서 적납을 미니엄(광명단)이라 불렀다. 그러나 플리니우스에게 미니엄은 진사를 일컫는 것이었으며, 적납은 단순히 2차 미니엄minium secondarium이었다. 분쇄한 버밀리언을 싸구려 납 안료와 섞어 그 품질을 떨어트리는 일반적인 관행에 의해 둘을 구별하기가 더욱 힘들게 됐을 것이다.

적납은 또한 계관석[realgar, 플리니우스의 sandarach(계관석 혹은 제1수지)]과 융합되었다. 그리고 첸니노가 시나브레스cinabrese라 부른 붉은 안료를 말해 그 혼란을 더욱 가중시켰다. 그것은 분명 진사가 아니라 플리니우스가 선호했던 붉은색 오커인 시노퍼와 관련 있다. 대니얼 톰슨은 말한다.

"중세의 적색 용어에 대한 혼란은 엄청나다. 'minium', 'miltos', 'cinabrum', 'sinopis', 'sandaracc'가 한 뭉텅이로 뒤엉켜 있었다."

이 혼란에 앞서 언급했던 'vermilion'과 'vermiculum'의 문제를 덧붙여 보자. 황금시인의 연금술사들은 화가들에게 색을 만들어 공급하던 약사, 약재상 혹은 그에 관한 글을 썼던 학자들보다 확실하게 구별했을 것이다.

안료제조를 다룬 그 비법서를 자세히 검토하면, 연금술의 실용성뿐만 아니라 이론적인 측면도 드러낸다. 테오필루스와 알베르투스 매그너스의

---

* 광물학의 아버지로 불리는 독일의 광물학자이자 의사

저술을 포함한 여러 출처에서 버밀리언의 합성을 위해 추천하는 황과 수은의 비율은 화합물에 들어 있는 그들의 실제 비율과 일치하지 않는다. 이물질은 무게로 수은이 황보다 6배 이상 더 많지만, 중세의 비법서는 전형적으로 2:1의 비율을 말하고 있다. 실용적인 연금술사라면 이런 정도의 실수를 몰랐을까? 그리고 그런 실수는 플라스크에 반응하지 않고 남은 황의 잔여물로 분명해진다. 그들은 '잘못된' 양을 고집하고 있다. 그러나 이것을 합리화할 수 있는 방법이 있다. 황금시인의 견지에서 완벽한 '균형'을 주기 위해 동일한 양의 황과 수은이 필요하다고 가정하면 된다. 이것은 중세 연금술을 통째로 떠받치고 있는 아리스토텔레스의 원소 체계가 제시하는 상대적인 무게에 따르면 2:1에 상응한다. 테오필루스와 기타 교본 저자들이 이런 고려를 했는지, 아니면 단순히 연금술 출처의 실수를 계속 영속화시킨 것인지는 분명하지 않다.

문화재 관리위원 스파이크 버클로Spike Bucklow는 테오필루스와 첸니노가 기록한 기타 안료 비법서의 일부도 연금술 이론으로 해석될 수 있다고 제안한다. 테오필루스는 스페인 골드(Spanish gold, 이 이름은 무어의 어원을 그래서 연금술 어원을 직접 말한다)라 불리는 색 제조법을 서술하고 있다. 주로 건전한 실용적 충고를 하던 테오필루스의 이 대목에선 순수한 마법적 사고를 폭발시키고 있다.

"스페인 골드라는 금이 있는데, 이 금은 붉은 구리, 바실리스크*의 분말, 인간의 피, 식초를 합성해 만들어진다. 이 분야에서 탁월한 지식을 가진 이교도들은 어떤 식으로 직접 바실리스크를 만들어내는가 하면……"[5]

계속해서 그는 빵을 먹고 자란 두꺼비가 어떻게 암탉의 알을 부화시켰는지도 설명한다.

---

* 노려보거나 입김으로 사람을 죽였다는 전설적 동물.

"그 알이 부화되었을 때 수탉이 암탉에서 태어난 닭처럼 나타나고, 7일 후 독사의 꼬리가 자라기 시작한다."

그럼, 그 피는 붉은 머리카락의 남자에게서 구해 말린 후 갈았을까? 물론 20세기의 바실리스크에 대한 믿음에도 특별히 색다른 것은 없지만, 버클로는 이것을 붉은 '황산'(피)과 흰 '수은'(바실리스크 재)으로 연금술의 비약을 만드는 비유로 볼 수 있다고 암시한다. 안료를 '금'으로 언급한 것은 저자가 안료와 금 자체를 구별할 이유가 없었다는 것을 말해준다.

버클로는 또한 모자이크 금과 레드틴 엘로lead-tin yellow와 같은 노란색 안료는 비법서에 나온 연금술의 영향이라고 단정하고 있다. 그 성분들은 제3의 '원소'인 염과 결합된 비유적인 황과 수은으로 해석될 수 있다. 이 3인조는 파라셀수스에 의해 대중화되었지만, 그 기원은 아마도 더 오래되었을 것이다.

연금술 이론과 안료 제조는 로버트 보일의 저술에서조차 만나고 있다. 『질료와 형상에 관한 기원(Origine of Formes and Qualities)』에서 보일은 구리 금속에서 청색을 추출하는 방법을 기술하면서, 하얀 금속이 '은에 정확하게 비례하여' 잔여물을 남긴다고 말하고 있다. 금속을 착색(이 경우에는 표백)한다는 아이디어는 분명 17세기에 건재했다.[6]

자연의 비밀을 읽다

연금술사들의 저술과 테오필루스나 첸니노의 저술에는 아주 재미있는 비교가 있다. 연금술사들의 저술은 초보자는 배제할 의도로 신비로운 용어와 상징주의로 화려하게 장식되었고, 테오필루스나 첸니노의 꾸밈없는 저술은 동일한 화학적 변화를 평범한 언어로 그리고 판화 도구, 교회 오르간, 디스템퍼 벽화 그리고 인체 색조를 만드는 방법을 서술할 때처럼 그런 호흡으로 말한다. 그럼에도 라이덴 파피루스나 스톡홀름 파피루스처럼 고대 및 중세의 안료 제조 기술을 후대에 전한 장인들의 많은 저술은 연금술 전통에서 직접 유래한 것이다.

'비밀의 서Books of Secrets'라고 모호하게 불리던 기술서적들이 중세 초기에 널리 퍼졌다. 이 저술들은 기이한 선집으로, 처방 조치와 요리법, 도금과 스테인드글라스 제조법과 같은 실용적 기술에 관한 조언, 그리고 실용적인 농담을 종합한 짜깁기 책이었다. 그것은 아시리아 문명이나 거슬러 올라가 플리니우스의『자연의 역사』의 요약본을 포함하는 오랜 전통의 백과사전식 편찬에서 유래한 것이다. 이것들은 당시에 광대한 고대 지식을 배울 수 있는 지름길로 여겨졌다.

헬레니즘의 이집트에서, 연금술에서 유래한 이런 편찬은 더욱더 신비로운 형태로 변화되었다. 플리니우스의『자연의 역사』는 단순히 자연을 묘사하고 있지만, 이집트의 연금술 혹은 '신비학(Hermetic)' 편찬물들은 자연 세계에 다른 태도를 취하고 있다. 그들은 고대인들에게 알려진 과학적 진실은 합리적 탐구나 문자적 내용으로 평가될 수 없으며 오로지 신성한 힘에 의해서만 누설된다고 주장했다. 이것은 라이덴이나 스톡홀름 파피루스에 결정적으로 모호한 향취를 부여하게 된다. 액면으로, 그것들은 평범한 비법 목록이다. 그러나 그것들은 멘데스의 볼로스Bolos of Mendes가 쓴「자연의 신비(Physica et mystica)」라 불린 1세기의 연금술 논문으로부터 내려온 것으로 보인다. 파피루스의 저자는 연금술사로 보이지만, 파피루스는 '자연의 신비'에서 각 비법마다 첨부된 다음과 같은 신비적 선언은 사라지고 있다.

"하나의 성질은 다른 성질을 기쁘게 하고, 하나의 성질은 다른 성질을 이겨내고, 하나의 성질은 다른 성질을 지배한다."

중세 초기의 장인 매뉴얼에서 이런 연금술이나 신비적인 이론적 구성은 쇠퇴하고 남은 것은 참으로 이상한 혼합이다. 고대의 저술을 들쭉날쭉한 정확도로 필사한 그 비법서는 지속되었지만 장인 안내서로서의 유용성은 심히 의심스럽다. 엔지니어이자 역사가인 시릴 스탠리 스미스[Cyril Stanley Smith]가 말했듯, '힘들지만 영감이 없이' 부실하게 필경된 그것들은 혼란스럽고 '비법' 지침서로서는 거의 쓸모가 없었다. 재료가 영속한다는 오판으로 미뤄볼 때 그 저자들은 그림에 실질적인 경험이 없었음이 분명하다. 그들은 수도사로 필경사로 일했으며, 아마도 그 재료에 전혀 관심이 없었을 것이다. 판에 박힌 그 비법에 관한 이런 책들은 고대의 학식과 기술에 대한 왜곡된 거울을 보여주며, 그들은 공방에서 일하지 않았음을 시사한다.

그렇다면 그 책들은 어떤 목적에 이바지했는가? 아마도 신비한 목적에 이바지했을 것이다. 더 이상 마법을 부리지 못했던 그 책들은 그럼에도 분명 고전 세계의 잃어버린 지혜를 열 수 있는 '열쇠'로 간주되었다. 아리스토텔레스의 말(혹은 중세인들의 눈에 어떻게든 들어간 판본들)은 곧 신성한 권위였고, 그에 반대되는 견해는 이단으로 취급받았다. 이러한 지식이 섞여 들어온 저서 중 하나가 9세기 남부 이탈리아에서 기원한 『그림의 열쇠』이다. 이 저술은 일부 단편만이 남아 있으며 그중 일부가 나중에 필사되었다. 그 저술은 안료, 색 유리 등에 제조 비법으로 꽉 채워져 있다. 하지만 여기서 이해되는 '열쇠'는 단계적 지침이란 의미보단 고대의 통찰력을 여는 것이다. 혹은 적어도 서재에 그 저술을 보관하고 존경심으로 그 책을 언급했던 수도사들의 희망사항이었다.

"잠긴 집에 열쇠가 없으면 들어갈 수 없듯이 또한 이러한 주해서가 없으면, 그 신성한 저술에 보이는 모든 내용은 독자들에게 거리감과 암울함을 느끼게 할 것이다."[7]

이런 저술들은 다소 반복적이며 원본보다는 파생적이었다. 『그림의 열쇠』에 나오는 비법은 나중에 나온 수십 종의 저술에서 발견되며 그 비법은 이 책보다 약간 먼저 나온 8세기나 9세기 초의 『색의 구성[Compositiones ad tingenda, 색 제조의 비법서(Recipes for Colouring)]』에서 확인된다. 그리고 이 책 또한 알렉산드리아의 연금술 저술과 연결되어 있다. 이러한 저술에서 나타나는 '열쇠'라는 함축성은 특히 『로마의 색과 예술에 관하여(De coloribus et artibus Romanorum)』에서 명백해진다. 이 책은 10세기 이탈리아 수도사 헤라클리우스의 저술로, 이렇게 말하고 있다.

광대한 지식을 갖춘 이 발명가들의 발견을 우리에게 전해줄 사람은 누구인가? 강력한 미덕으로 마음의 열쇠를 쥐고 있는 이 발명가들은 여러 가지 기술 중에서 인간의 경건한 마음을 따로 분리해낸다.[8]

이 저술들은 분명 비밀스런 전통으로 전해졌고, 이 신비로운 지식이 악당의 손에 떨어지지 않도록 단단한 경고가 붙어 있었다. 『그림의 열쇠』의 저자는 '우선 그의 성격을 판단하고 그가 이런 지식에 경건하고 올바른 감정을 가지고 그것들을 안전하게 지킬 수 있는지 여부를 판단했을 때,' 결국 그의 지식을 아들을 제외한 어느 누구에게도 전하지 않을 것을 맹세한다.

그러나 노력만 들어 있고 영감이 부족하긴 하지만, 그 편찬서들은 중세 시대의 화학을 들여다볼 수 있는 귀중한 통찰력을 제공한다. 예를 들어, 『구성법(Compositiones)』은 황산제1철을 뜻하는 그리고 후에 산과도 연관되는 'vitriol(황산염)'이란 용어를 소개한다. 『그림의 열쇠』의 12세기 판은 불타는 '물'인 알코올의 증류 비법을 포함하고 있다.

예술과 공예가 중세 시대에 점차 세속화되고 그림이란 직업이 수도사에서 일반 상인에게 옮겨가면서, '자연의 비밀'을 전달하는 데 있어 비밀에 립서비스가 더해졌다. 그래서 '비밀의 서'는 숨겨진 지식을 전해준다는 문구가 곧 마케팅 전략으로 통하는 장르가 되었다. 저술가들은 이런 소문으로만 떠돌던 신비를 대중적으로 유통시켜 돈벌이를 했다. 발터 헤르만 리프Walther Hermann Ryff의 가짜 알베르투스의 저술 『여성의 비밀(Secreta mulierum)』을 독일어로 번역해서 30쇄까지 찍은 16세기 독일의 베스트셀러였다. 인쇄술의 출현으로 그런 노력들은 그 시대의 대중과학으로 탈바꿈했으며, 16세기와 17세기에 독일에서『쿤스트뷔흐레인(Kunstbuchlein, 기술서)』열풍을 낳았다.

『쿤스트뷔흐레인』의 일부는, 이탈리아 작가 지롤라모 루셀리Girolamo Ruscelli가 창조한 가공의 인물로 보이는 알레시오 피에몬테제Alessio Piemontese의『비밀(Secreti, 1555)』에 크게 의존하고 있다. 이 책은 자신의 작품에 색을 입히기 위한 기이한 개인사로 마무리된다. 이 '비밀들'은 세속적인 것들이었다. 화상, 물린데, 염증, 열과 사마귀에 대한 의학적 치료와 향수, 화장품과 같은 바디 파우더, 비누와 같은 가정용품을 제조하는 비법이었다. [16세기에 의사인 코르넬리우스 아그리파(Cornelius Agrippa)는 명언을 남겼다. "모든 연금술사는 의사 아니면 비누 제조업자이다."] 그러나『비밀』이란 책의 여기저기 흩어져 있는 내용은 울트라마린에 대한 비법과 이탈리아 화가들을 포함한 장인들의 기술적 공정이다.『비밀』의 번역물은 북유럽 화가와 장인들에게 그런 문제에 대한 최고의 정보원이었을 것이다.

:: 수도사에서 길드 조합원까지

그림과 공예에서 기술적 비법을 전하는 이런 짜깁기 식 역사에 반해, 테오필루스의 책은 그 독특한 방향성과 명확성을 특징으로 하고 있다. 그것은 고대의 저술에서 자투리들을 모아 편찬한 마구잡이 저서가 아니다. 실제 화가들의 기술을 체계적으로 정리한 것이다. 그리고 비법을 수집해 편찬한 대다수의 저자들과는 달리 테오필루스는 실제 예술가였다. 그의 체계적 서술은 경험의 흔적을 고스란히 반영하고 있다. 그리고 비밀이 아니라 마음을 활짝 열라고 요구한다.

"(예술가들이) 그 재능을 질투란 지갑에 숨기게 하지 말고, 이기적인 마음이란 창고에 그 재능을 숨기게도 하지 말며 예술가라면 그저 기꺼운 마음으로 그것을 찾는 사람들에게 나누어주어라."[9]

테오필루스에게 예술은 헌신적인 활동이었으며, 그 예술의 목적은 신의 영광을 찬미하는 것이었다. 그래서 그는 12세기의 화가들을 모범으로 삼았다. 수도사였던 그들의 작품은 모두 종교적이었으며, 수도사는 원고 채식(삽화)과 금속 공예를 포함한 다양한 예술과 공예 활동에 참여했다. 그림을 포함한 이 모든 것은 익명의 활동으로 시행되었다. 자아의 개발이 아니라 종교적 명상을 위한 기회였다. 중세 초기의 세속적인 작품에도 대개 낙관이 들어가지 않았다. 이 시대부터 종교 미술의 가장 큰 몸통은 채식된 원고로 구성된다. 이것은 수많은 무명 수도사들의 수고로 만들어진 화려한 작품이다.

테오필루스의 책에서 디자인과 구성은 거의 다루지 않는다. 온통 기술과 재료에만 강조를 두고 있어, 당시 많은 모자이크 그림은 서술이 필요 없을 만큼 틀에 박혀 있었다는 점을 강하게 시사한다. 수도사는 장면을 구성하는 방법을 다루는 지침서는 필요 없었다. 그저 다른 장면을 모방하면 되었다. 더욱이, 양식과 재료의 선택은 어떤 세계관을 반영하고 있었다. 이 세계에서 성상과 이미지들은 헌신의 상징이며 또한 일상생활에 개입할 권한을 부여받았다. 여러 삽화는 화가들이 성모 마리아를 그리다가 불행으로부터 구원받는 장면을 묘사하고 있다. 한 예로, 13세기의 카스티야 Castile*의 현자인 알폰소 왕King Alphonso의 〈성모 마리아 송가집(Cantigas de Santa Maria)〉을 보면, 악마가 화가가 일하던 발판을 넘어뜨리지만, 화가는 자신이

---

* 스페인 옛 왕국.

〈그림 4-2〉 악마가 성모 마리아의 이미지를 그리고 있던 화가의 발판을 무너트려 그를 떨어트리려 했지만 화가는
구원을 받는다. 이미지 자체의 힘이 보호를 한 것이다.

작업하던 성모의 그림에 매달려 떨어지지 않는다(〈그림 4-2〉 참조). 재미있는
연속만화와 비슷한 점에 현혹되지 마라. 이와 같은 장면들은 잘 만들어진
우상이나 그림은 진정한 종교적 효능이 있음을 보여주려는 의도를 지니고

있다. 금이나 울트라마린과 같은 값비싼 재료는 통큰 씀씀이로 신앙심을 보여주려는 소망과 더불어 그 작품의 초자연적인 효력이 증가되길 바라는 욕망을 드러내고 있다.

11세기에서 14세기 사이에, 그림 그리기는 사원에서 도시로 이전되었고, 도시에서 그림은 스스로 재주를 파는 환쟁이로 생각한 평민들이 그렸다. 필연적으로, 이것은 작업의 관행과 생산되는 예술에 상당히 다른 결과를 낳았다. 수도원 화가와 평민 화가의 구별이 종종 과장되기도 하지만(세속 화가들이 종종 수도원에 채용되었다가 그곳에 머물며 수도사가 되는 경우도 있었다), 화가들은 점차 전문 직업인이 되었고, 영국에서는 '페인터스Peynturs'로 알려졌다. 그들도 다른 직업처럼 거래를 했다. 목공, 도자기공, 제빵사, 직물공처럼, 화가도 보수를 받고 전문 기술을 제공했다. 검은 안료로 사용되는 목탄을 만들기 위해서는 제빵사의 오븐이 필요했는데 제빵사에게 요청하는 방법 외에는 다른 수단이 없었다. 그 화가는 자신과 많은 기술을 공유하는 그 요리사를 절대 조롱하지 않았을 것이다. 첸니노는, 화가는 반죽을 준비하는 것처럼 회를 준비해야 한다는 지침이 무엇을 의미하는지 알았을 것이라 생각했다.

이처럼 수도사에서 장인으로 옮겨간 결과 중의 하나는 전문성의 발전이었다. 화가들은 그냥 화가였고, 채식자, 염료업자, 혹은 나무 세공사 금속 세공사와 혼동되지 않았다. 그와 같은 구별은 경쟁과 경제적 혼란으로부터 장인들의 고용 안정을 확보하려던 길드에 의해 엄격하게 강요되었으며, 책을 채식하려면 화가를 불러야 한다는 터무니없는 조항도 있었다. 화가들도 더욱 세밀하게 구분되었다. 15세기 스페인엔 제단 장식 그림, 직물 그림, 실내장식의 전문가들이 있었다. 이런 분화에 따른 부수물은 직분에서의 위계질서였으며, 이런 위계질서에서 신분은 그 재료의 가치를 반영했다. 대장장이가 가장 특권 있고 강력한 장인이었고, 그다음이 화가, 그다음이 목공이었다. 길드는 카드, 마차, 혹은 '앵무새 횃대'에 색칠하는 천한 목적에는 울트라마린과 같은 고귀한 안료의 사용을 제한했다. 그래서 이런 귀중한 안료들은 화가들의 사회적 지위를 설립하는 데 중요한 역할을 수행했다. 좋은 재료를 사용하는 것이 당연히 유리했다.

그러나 그림의 기술은 여전히 기계적인 과정으로 생각했다. 분명 좋고 나쁜 그림은 있었지만, 화가의 임무는 계약에 따른 사양을 충족시키는 것으로, 예술적 영감을 자유롭게 풀어놓지는 못했다. 지시자는 고용주 혹은 후원자였다. 처음에 평민 화가들에게 일감을 주는 후원자는 교회 아니면 왕족이나 귀족이었고, 그래서 화가들은 자신도 모르게 궁정에 속하게 되었다. 그러나 번성한 중산층이 중세 말에 등장하면서, 후원자 층이 넓어졌고, 화가들은 궁정을 벗어나 상인 계층에서 일감을 찾을 수 있었다.

후원자들은 독특한 취향으로 악명이 높지는 않았다. 그들은 기호에 맞는 그림(어떤 대상을 모방한 그림을)을 모사해줄 것을 요청하기도 했다. 예술가들은 지정된 대상을 그리면서 개인적 실력을 발휘할 공간을 찾을 수 있었다. 하지만 그런 제도하에선 보수적인 성향이 지배하기 마련이다. 이미지의 주제 문제를 결정하는 데 후원자의 결정권이 어느 정도였는가 하면 중세 용어에서 후원자patron는 '디자인design'과 동의어인 수준이었다.

더욱이 사용할 재료를 구체적으로 지정하는 사람도 후원자였으며, 대개 그들은 가장 값비싸고 호화로운 재료를 고집했다. 물론 화가에겐 가장 합리적인 보수를 유지하길 원했다. 후원자는 재료 공급업자까지 결정했다. 흔히, 그런 계약은 서면으로 이뤄졌고 최고급 안료에 대한 가격을 지정했다. 이것은 예술가가 싸구려 공급업자로부터 낮은 가격에 안료를 구하지 못하게 하려는 방안이었다. 후원자는 화가가 계약 조건에 충실했는지 확인하기 위해 감정사를 부르기도 했다.

그러나 많은 후원자들은 경제적으로 궁핍하지 않았고, 화가 길드는 종종 일을 싸구려로 시키려는 의도에 맞서 회원들이 좋고 순수한 안료를 스스로 구할 권리를 주장하기도 했다. 길드의 회원권은 도제살이로 얻어졌다. 청운의 꿈을 안은 화가들은 작업장에서 보통 4년에서 8년의 훈련기간을 받들어야 했다. 모든 도제 일은 안료를 갈거나 아교를 만드는 등의 가장 단조롭고 지루한 것부터 시작됐다. 안료를 가는 일은 특히 몹시 힘들고 시간이 많이 걸리는 일로 맡은 일을 계획할 때 안료 가는 일에만 며칠을 별도로 할애했다(⟨삽화 4-2⟩). 계약을 수주할 수 있는 '화공master painter'의 자격을 갖추기 위해 도제는 '심사작master piece'을 길드에 제출해야 한다. 그 후 엉뚱하게 이 용어는 승인을 얻기 위한 도제의 최초 작품이 아니라 한 화가의 가장 뛰어난 작품을 언급하게 되었다.

공방은 집단으로 일을 맡았다. 건축업자나 지붕업자가 단체로 일을 수행하곤 했던 것(지금도 여전하다)과 흡사했다. 마스터(master 혹은 magister)에게 전반적인 책임이 있었지만, 표면에 색을 입히는 일은 그 이상은 아닐지라도 같은 정도로 도제들에게도 책임이 있었다. 그래서 중세 후기에 나타나는 서명은 마스터의 이름을 나타내는 단순한 거래 인장이었다. 이런 전통적인 교육은 개인적인 재능이나 영감에는 전혀 가치가 없었다. 개인은 그저 고된 작업, 헌신, 마스터의 요구에 충실히 따르면 화가가 될 수 있었다. '기술' 혹은 테오필루스가 말한 'ingenium(타고난 창의력)'은 근면함의 산물이었다.

첸니노의 『장인 안내서』는 이런 후기의 사회적 맥락에서 쓰인 것이다. 그는, 신의 위대한 영광을 위해서가 아니라 '그 직업에 입문하려는 사람들을 위한' 목적으로 이 책을 썼다고 했다. 첸니노는 '아버지이고 아들이며 성령이신, 전지전능한 신'을 위해 기도는 했지만 그가 생각하기에 누군가를 화가가 되도록 입김을 불어넣는 영감은 신적인 것이 아니었다. 경제적 동기도 조롱하지는 않았지만, 그것은 그저 예술의 창조에서 얻는 기쁨이었다.

　가난과 집안 형편 때문에 또한 그 직업에 대한 수익과 열정 때문에 그 직
업을 추구하는 사람도 있다. 하지만 무엇보다도 열정과 기쁨을 통해 화가의
길에 들어선 사람들이 칭찬받아야 마땅하다.[10]

　이런 인도적인 정신은 르네상스를 예견하는 것이다. 그러나 첸니노의
책이 14세기 말의 저작이긴 하지만, 그의 생각은 여전히 중세에 뿌리를 두
고 있었으며, 그의 방법과 태도는 거의 300년 전 테오필루스가 묘사한 중
세적인 관행의 연속성을 보여주고 있다.

발전하는 작품

　그림에 대한 직능적인 접근이 중세 화가들의 작품에도 반영되고 있다.
그림은 전형적으로 기능적이며 장식적인 것이었다. 전시회에 걸리게 될
작품이 아니라 제단 장식화, 벽화, 책에 들어갈 그림이었다. 그것은 위대
한 예술이 '직무에서'도 가능하다는 인간의 창조적 본능을 말해주는 증거
이다.

　중세 그림의 주요 화폭은 양피지parchment로, 송아지, 염소, 양, 사슴의 가
죽을 말리고 늘리고 문질러서 고운 표면으로 만든 것이다. 그리고 화학적
처리도 빠지지 않았다. 염기성 물질(알칼리)을 기름에 적용하면, 기름이 수
용성 비누와 같은 염으로 바뀌어 그 기름을 빼낼 수 있었다. 그리고 칼륨명
반을 적용하면 가죽이 단단해진다. 양피지는 사용 전에 염색될 것이다. 고
가의 작품들을 보면, 전체 페이지가 '쇠고둥 적색whelk red'을 사용하여 화
려한 보라색으로 채색되어 있다. 이 색은 티레Tyre의 유명한 보라색의 변형
으로 노란색 금박과 대조되면 더욱 잘 어울렸다.

하지만 현존하는 중세 시대의 대규모 작품의 대부분은 나무에 그려진 것이다. 화판에 그림을 새기고 장식한 것으로 두 개 이상의 패널을 붙여 폴립티크polyptych로 만든 것도 있다. 나무는 우선 사이즈(풀)를 칠한 다음 여러 차례 석고를 칠한다. 이런 석고칠gesso은 일종의 회벽과 같은 밑칠로 표면을 매끄럽게 만든다. 석고바탕은 백악(석회암), 석고(gypsum, 황화칼슘), 혹은 설화석고로 구성되며 그 풀이 단단히 정착하도록 첨가된 아교나 젤라틴과 결합한다. 얇은 석고바탕gesso sottile은 흐려져서는 안 되는 섬세하게 새긴 부분에 사용되고, 두꺼운 석고바탕gesso grosso은 평평한 부분에 사용되었다.

석고바탕의 준비와 적용은 지루한 일이기에 도제의 몫이었다. 그러나 그것은 작품의 과정에서 본질적이고 중요한 부분이었으며, 첸니노는 그것을 시행하는 방법을 자세히 다뤘다. 화학도 절대 소홀히 취급할 수 없었다. 일반 소석고는 석고나 설화석고를 가열해 그 광물에 들어 있던 물을 제거해 만든다. 그 광물을 분말로 만든 후 다시 물을 부으면 재결정화되면서 굳는다. 그러나 재결정화가 젤라틴이나 아교와 같은 사이즈와 함께 발생하면, 속도가 느려지면서 결정이 더 강력하게 결합되어, 고체는 더욱 단단해진다.

회벽에 칠하는 벽화는 또한 중세 교회, 거실, 궁전에서 널리 그려졌다. 젖은 회에 그리는 프레스코 벽화는 그 벽이 습기에 노출되지 않는 한 튼튼한 결과를 낳았다. 그러나 회가 축축해 있는 동안 그림을 빨리 그려야 했다. 이상하게도, 일부 화가들은 오로지 천연광물 안료만이 프레스코에 사용되기에 안정적이라고 주장했다. 이것은 이탈리아의 아르메니니G. B. Armenini가 1587년에 잘못된 조언한 탓이었지만, 그 조언에 충실히 따른 프레스코 화가들은 물감을 크게 제한했다.

인공안료는 프레스코에는 전혀 어울리지 않는다. 또한 어떤 그림도 그런 안료를 변화 없이 오랫동안 유지시킬 수 없다. 그런 비밀은 어리석은 화가들에게 맡겨라. 아무도 버밀리언과 훌륭해보이는 착색안료를 사용하는 그들을 시기하지 않을 것이다. 결국 그들의 그림은 흉하게 변질될 것이다.[11]

첸니노 자신은 그의 프레스코 기원을 자랑스럽게 플로렌스의 화가 지오토 디 본도네Giotto di Bondone에 두었다. 그리고 그 매개자는 지오토Giotto의 대자(代子, godson) 타데오 가디Taddeo Gaddi와 타데오의 아들이며 첸니노의 스승인 아그놀로Agnolo였다. 파두아의 아레나 성당에 있는 지오토의 프레스코 (1305년)(〈삽화 4-3〉)에서 보이는 그 푸르른 창공은 그 방문객들이 연옥에서 1년 50일의 감축을 약속받았을 때만큼이나 지금도 화려하게 선명하다.

지오토는 또한 세코 벽화(건식 프레스코 화법)의 거장이기도 하다. 플로렌스의 페루치 성당에 있는 작품을 보면 알 수 있다. 패널화panel painting*처럼, 이 화법도 안료를 고착시킬 전색제 혹은 템페라(섞는다는 라틴어 'temperare'에서 유래)가 필요했다. 템페라는 안료 입자를 고정시킨다. 이탈리아에서 15세기까지 패널화의 주요 전색제는 계란 노른자였다. 안료를 계란 노른자와 약간의 물과 섞으면 마르면서 불투명하고 부드러우며 견고한 마무리가 되는 액체 풀이 된다. 계란 노른자는 천연 에멀션**이다. 즉 기름방울이 물에서 퍼진다. 중세의 화가들은 계란 템페라에 다양한 물질을 더해 작용을 바꾸었을 것이다. 예를 들어, 식초는 부분적으로 보존제(그의 산성은 어떤 박테리아를 막는다) 역할과 더불어 과도한 유질을 상쇄하기 위해 사용되었다. 무화과나무 수액, 비누, 꿀 그리고 설탕이 시대에 따라 다양한 비법으로 소개되지만 고미술 화법에 대한 20세기의 거장 중 한 명인 막스 되너는 그와 같

---

* 캔버스 대신 나무 · 금속 등 딱딱한 바탕에 그린 그림.

** 에멀션 도료. 기름 수지 등을 물에 유화한 액을 전색제로 하는 도료.

은 불순물 섞기에 일침을 가했다.

"템페라 비법에는 한도 끝도 없다. 믿을 수 없을 만큼 많다. 하지만 그 대부분은 쓸모없을뿐더러 오히려 더 해롭다."

계란 템페라는 상대적으로 빨리 말랐기 때문에 화가들은 빠르게 그림을 그려야만 했으며, 특히 색을 혼합했을 때는 더욱 심했다. 말라서 오래된 계란 템페라는 사실상 방수이며, 기술적으로 만들기만 하면 유화보다 탈색이 더 느리게 진행된다. 중세 템페라 패널화에서 보이는 일부 색은 르네상스의 유화 색보다 오늘날 더 생생하다. 한편, 물감은 기름보다 유연성이 부족하기 때문에, 나무 패널이 온도나 습도 차이로 부풀거나 수축하면 금이 가는 경향이 있다.

첸니노는 계란 템페라에 여러 가지 처방을 제공하고 있다. 19세기에 그의 책이 다시 발견되어 그 책을 번역하게 되었는데, 그로 인해 그 방법이 새삼 관심을 끌게 되었다. 그는 계란 노른자를 모든 용도의 전색제가 아니라 특정한 안료에만 적용할 것을 권고하고 있다. 계란 노른자가 안료의 광학적 성질에 어떻게 효과를 주는가에 따라 융화성이 부분적으로 영향을 받기 때문이다. 첸니노는 청색과 혼합된 녹색 같은 일부 안료들은 사이즈와 함께 사용되어야 한다고 조언한다. 사이즈는 기본적으로 일종의 젤라틴이나 아교로 동물 가죽이나 토끼 가죽 부스러기를 끓여 만든다. 계란 템페라와 구별하여, 안료가 사이즈와 결합된 물감을 흔히 '디스템퍼distemper'라고 부른다.

계란 흰자는 글레어glair라는 이름으로 채식 저술을 위한 전색제로 사용되었다. 그것은 휘저어 거품을 낸 다음 가라앉게 하거나 거즈로 짜내어 액화시킨다. 11세기의 원고 『명도에 관하여(De clarea)』에서 불충분한 휘젓기의 위험을 경고하고 있다.

"색을 섞었을 때, 실과 같은 긴 줄의 색이 발생하고, 그 색은 말 그대로 엉망으로 변한다."

유화의 기원은 복잡하고 논쟁적인 문제이므로 그 주제는 다음 장에서 다루려고 한다. 여기에서는 유화 기술이 르네상스 전성기인 15세기와 16세기에 유럽 전역에서 탁월했다는 점만 말하겠다. 유화 물감의 사용은 북유럽을 비롯해 그 훨씬 이전부터 있었다는 증거는 뚜렷하다. 그러나 유화 물감은 오랫동안 열등한 매개체로 고려되어, 세속적인 실내 장식에나 어울리는 것으로 치부되었다. 테오필루스는 아마유의 사용을 '붉은 문'에 사용될 물감의 전색제라고 했다.

:: 중세의 색들

테오필루스가 이 단락에서 언급한 붉은 안료는 다른 대부분의 중세 안료처럼 고대로부터 물려받은 광명단과 진사이다. 그러나 새로운 발견도 있었으며, 연금술이 색의 혁신과 체계적인 제조 기술을 제공하는 데 결정적인 역할을 했다.

가깝고도 먼 청색

이런 새로운 안료들 중에서 가장 걸출한 안료는 짙은 청색의 울트라마린이었다. 그것은 푸른 광물 청금석lapis lazuli에서 까다로운 과정을 통해 만들어졌다(이 부분은 제10장에서 자세히 다룰 것이다). 이 준보석은 이집트 문명 초부터 장식적 목적을 위해 널리 사용되었지만, 고대로부터 안료로 사용되었다는 증거는 없다. 아마도 그 푸른 안료를 추출한 공정은 연금술의 발명으로 보인다.

청금석은 동방에서 주로 발견되고 있다. 중세 내내 주요 산지는 아프가

니스탄이었고, 거기서 원재료 그대로의 울트라마린이 6세기 그리고 7세기 이후의 벽화에서 확인되고 있다. 서양에서는 14세기나 되어야 널리 사용되었다. 울트라마린이라는 이름은 그 안료가 먼 나라에서 수입되었음을 반영하고 있다. 1464년 이탈리아의 필라레테A. A. Filarete는 『건축론(Trattato dell' Architettura)』에서 이렇게 썼다.

"그 훌륭한 청색은 돌에서 나오며 바다를 건너온다. 그래서 울트라마린이라 부른다."

이것은 추출 과정이 어렵고 또한 매우 값비싸고 매우 귀중했다는 점을 의미한다.

절대 싸지는 않지만 그래도 울트라마린보다는 싼 청색은 '염기성' 탄산구리 형태인 아주라이트(azurite, 남동석)였다. 이 광물의 산지는 서양화가들의 고향에 더 가까운 프랑스 동부, 헝가리, 독일, 그리고 스페인이었다. 로마인들도 사용했는데 플리니우스에게, 그 광물은 아르메니아 산지임을 밝히는 라피스 아르메니우스lapis armenius였다. 아주라이트는 중세 영국에선 독일 아주르(Grema azure, 'azure of Almayne')라고 불리기도 했지만, 정작 독일에서는 그것을 '산의 청색mountain blue'이라는 의미의 베르크블라우Bergblau라고 불리었다. 알브레히트 뒤러는 동료 화가들처럼 최고의 청색을 위해 현지의 아주라이트에 크게 의존했다. 그럴 만도 한 것은 카스퍼 샤이트Kaspar Scheit의 1552년 시를 감상하면 알 것이다.

며칠 후 그들은
자르 강을 건넜다네.
자르 강 근처에 푸른색의 산이 있나니
여기서 뒤러의 패널에 놓일 색이 있어
그가 죽기 전에 채굴되었다네.[12]

중세에, 그 푸른색을 뜻하는 페르시아어 'lajoard'에서 유래한 중세의 라틴어 'lazurium'를 본 딴 '아주르azure'라는 색은 아주라이트 혹은 일반 청색으로도 통용됐다. 색의 용어가 그 물질 자체에서나 그 물질에서 유래했을 때 나오는 모호함이다. 아주라이트와 청금석과의 혼동은 충분히 짐작할 만하다. 그 두 색이 명목상으로는 시트라마린 아주르citramarine azure와 울트라마린으로 구별되었고 화학적으로도 아주 달랐지만, 외관은 비슷했다. 그 둘을 구별하기 위해, 신중한 약제사와 물감 제조업자는 그 광물의 작은 샘플을 붉게 달아오를 때까지 달구었다. 아주라이트는 식히면 검게 변색되지만, 청금석은 그렇지 않다. 이런 실험은 많은 중세의 편찬물에서 언급되고 있다. 헤라클리우스조차도 꽃병을 칠할 검은색을 만들기 위해 이런 제안을 했지만, 이런 식으로 값비싼 아주라이트를 낭비할 장인이 과연 몇 명이나 되었을까? 마찬가지로, 화가들은 속임이나 단순한 오해를 피하기 위해 늘 조심해야만 했다. 뒤러도 울트라마린으로 믿고 아주라이트를 종종 칠을 한 것으로 전해지고 있다. 그 문제의 복잡성은 15세기 볼로냐에서 나온 책『색의 비밀(Segreti Per Colori)』을 보면 분명하다. 이 책은 '다양한 종류의 천연 아주르'를 만드는 다양한 비법을 여러 페이지에 걸쳐 소개하고 있지만 광물질들의 원산지 차이에 대해서는 뚜렷한 언급이 거의 없다.

아주 곱게 갈면, 아주라이트는 녹색을 띤 옅은 하늘색이 된다. 그래서 하늘색에 아주 적합하지만, 울트라마린의 보라색 풍요로움보다는 열등하다. 더 거칠게 갈면 색상이 짙어지지만 안료로 쓰기는 어렵고 다소 투명하기도 하다. 아무튼 큰 입자를 단단히 고착시키기 위해서는 계란 템페라보다는 아교 같은 사이즈가 필요했고 짙은 불투명색을 얻기 위해 여러 번 덧칠해야 했다. 그 결과는 거친 입자 하나하나가 작은 보석처럼 반짝거려 의외로 아름다울 수 있다. 아주라이트는 많은 중세 계약에서 구체화되었고, 울트라마린을 대체할 수 있는 가장 높은 위치의 사치품이었다.

거장 성 바르톨로메오St Bartholomew가 그린 〈성 베드로와 도로시(St Peter and dorothy, 1505~1510)〉에서, 그 화가는 2가지 다른 등급의 아주라이트를 사용해 다른 색을 얻고 있다. 성자 베드로의 옷은 강하고 깊은 청색이다. 이 색은 많은 비용을 들인 최고 등급의 아주라이트였을 것이다(〈삽화 4-4〉). 그러나 더 값싼 등급의 아주라이트는 푸르스름한 소맷부리에 사용되었고, 여기서 색조가 더 밝은 이유는 안료 입자가 더 작기 때문이다.

중세 화가들은 또한 염료에서 청색을 구했다. 바로 인디고와 겨자과의 대청woad이었다. 사실 그다지 매력적이지는 않은 청색이나 검은색 색조를 띠고 있었다. 하지만 흰색으로 밝게 하면 그 색도 보기 좋은 빛깔로 변했다. 인디고에서 착색염료를 제조하는 법은 12세기 저술에 기술되어 있다. 흰색 대리석을 갈은 후, 하루 밤낮 동안 뜨거운 똥에 넣었다가 인디고 색으로 옷을 염색한 솥에서 나온 거품과 혼합한다. 그것이 마르면 훌륭한 아주르 색을 얻게 된다는 것이다. 그 저자는 또한 연백을 착색제로 사용할 수 있다고 덧붙였다. 첸니노는 연백이나 흰 석회를 '바그다드 인디고Baghdad indigo'와 섞으면 '아주라이트를 닮은 하늘빛 푸른색'을 만들 수 있다고 기술했다.

무지개를 넘어

이러한 전통적인 푸른색 염료에 더해 중세에는 또 다른 염료를 발견했다. 중세 학자들이 모렐라morella라고 부르던, 그리고 프랑스 남부 원산으로 프로방스에서 모렐maurelle로 불리는 크로조포라 팅크토리아Crozophora tinctoria로 확인된 식물에서 추출한 턴솔turnsole 혹은 폴리엄(folium, 잎)이다. 라틴 이름인 폴리엄은 그 착색제가 천에 배어들면 그 천을 책갈피folia에 놓던 관행에서 유래했을 것이다. 턴솔은 '향일성turn to the sun'을 뜻하는 'torna-ad-solem'에서 왔으며, 그 염료가 기원한 식물의 특징을 말하고 있다.

폴리엄 착색제를 추출하려면 포자낭을 모아 부드럽게 짜낸다. 천에 진액이 완전히 스며들 때까지 담갔다가 말리기를 반복한다. 물이나 계란 흰자 위에 그 천 조각에 적셔보면 말랐을 때의 그 천의 색이 드러난다. 그 색의 투명한 마무리는 특히 서적 채식에 적당했다.

그러나 모렐라의 신선한 수액은 푸른색이 아니라 붉은색이다. 테오필루스는 사실상 '세 종류의 폴리엄이 있어 하나는 붉은색, 다른 하나는 보라색, 마지막 하나는 푸른색'이라고 말한다. 어떻게 그렇게 다양한 색이 될 수 있는 것일까? 다양한 식물 추출물은 수용액의 산성도에 따라 색이 변하는데, 턴솔이 대표적이다. 턴솔은 산성에선 붉은색, 중성에선 보라색, 알칼리에선 푸른색이 된다. 스칸디나비아에 서식하는 지의류(이끼) 식물인 리트머스도, 붉은 양배추도 마찬가지이다. 그런 물질들은 오늘날 색의 변화로 수용액의 pH(산성도)를 조사하는 '리트머스 시약'으로 사용되고 있다.

로버트 보일은 화학적으로 이런 변화를 조사한 최초의 인물 중 한 명이다. 『색의 실험사(Experimental History of Colours, 1664)』에서 그는 그런 성질을 갖는 온갖 종류의 베리, 과일, 꽃 중에 턴솔도 명단에 올렸다. 보일은 색 변화에 대한 지식이 예술에서 유래했다고 밝히며 그것이 산성도 측정에 유용함을 최초로 제안했다. 100년 후, 이것은 적정(titration, 滴定)*이라고 알려진 화학분석기법으로 발전했다.

테오필루스는 석회나 칼륨과 같은 알칼리를 사용하여 산성의 붉은 수액에서 보라색과 푸른색의 폴리엄을 만드는 법을 기술하고 있다. 색변화의 가역성**은 알려지지 않았던 것으로 보인다. 그런 가역성은 강한 산성이 필요했기 때문이었을 것이다. 14세기까지 알려진 유일한 산성은 식초나 과일 즙과 같은 약한 유기 산성이었다. 마찬가지로, 푸른 형태의 턴솔은 공기

---

* 시료에 들어 있는 특정 성분의 양을 알기 위해 다른 반응물로 반응시키는 화학분석법.
** 원색으로 돌아갈 수 있는 성질.

중의 약산성 때문에 시간이 흐르면 급격히 보라색으로 변색되는 속성을 가지고 있다.

포리엄은 중세 화가에게 알려진 극소수의 보라색 착색제 중 하나였으며, '턴솔 바이올렛'은 14세기 이탈리아에서 극진한 대접을 받았다. 일부 화가들은 아킬archil 혹은 오킬(orchil/ Roccella tinctoria, 리트머스 이끼)로 알려진 리트머스 이끼에서 추출한 보라색 염료를 사용했다. 그리고 중세 초에, 영국과 프랑스 연안이 원산인 쇠고둥에서 추출한 보랏빛의 '쇠고둥 적색whelk red'이 가죽을 염색하는 데 사용되었다. 그것은 틀림없이 고대의 티리언 퍼플Tyrian purple처럼 추출하기가 힘들었을 것이고, 8세기 후에는 거의 사용되지 않았다. 폴리엄이 노력도 덜 들고 색도 더 훌륭했기 때문이다. 그러나 중세 패널화에서 대부분의 보라색은 아주라이트와 같은 청색과 붉은색 착색안료를 섞어 만들었다. 화가들은 유기 추출물의 섬세한 바이올렛 색보다 크림슨(심홍색) 착색안료가 제공한 보랏빛 적색purplish-reds을 더 선호했던 것 같다.

붉은 나무들

버밀리언은 20세기까지 최고의 붉은 안료로 절대 군림했다. 그러나 중세의 화가들은 염료로 제조된 붉은 착색안료를 광범위하게 사용했다. 케르메스 크림슨 착색안료가 널리 사용되었고, 라크 착색안료는 15세기 프로방스에서 흔했다. 또 다른 붉은 염료는 알렉산드리아를 통해 실론Ceylon에서 중세 유럽으로 수입된 나무뿌리 추출물이었다. 그 나무는 브라질 나무brazil tree*로 학명이 캐살피니아 브라질리엔시스Caesalpinia braziliensis이다. 신세계의 발견 후, 그 염료는 자메이카와 남미가 원산인 다른 종류의 브라질

---

* 브라질 실거리 나무로 열대 아메리카산 콩과 나무.

나무(학명 Caesalpinia crista)에서 얻게 되었으며, 그로 인해 그 나라 이름이 브라질이 되었다.

브라질 나무를 분말로 만든 후 잿물이나 칼륨명반 용액에 넣고 끓여 붉은 염료를 추출한다. 그 착색안료는 명반을 잿물에 넣거나 그 반대로 한 후, 염료에 착색된(코팅) 알루미나(산화알루미늄) 입자를 침전시켜 얻는다. 그 과정에 식회석(백악), 연백, 대리석 가루, 계란껍질 가루와 같은 흰색 물질을 더하면, 그 안료가 장밋빛 핑크색이 된다. 영국에서 브라질 착색안료는 로젯roset으로 알려졌다.

일부 역사가들은 브라질 나무가 중세에 가장 훌륭한 적색 착색안료를 제공했다고 믿는다. 벌레에서 추출한 케르메스 착색안료보다 더 쌌던 것이다. 대니얼 톰슨은 '그림과 염색을 위해 중세에 사용된 브라질 나무 색의 양은 어마어마했다'고 말한다. 그러나 중세의 그림에서 이 안료가 긍정적인 효과를 낸 경우는 한 건도 없기에, 그런 말엔 주의를 기울여야 한다. 상대적으로 최근까지만 해도, 초기 착색안료에 들어 있는 염료를 화학적으로 확인하기 어려웠기에 그 사용을 추정했을 뿐이다. 『그림의 열쇠』와 같은 비법서에 소개되어 케르메스와 같은 붉은색 염료가 잘 알려졌다는 것을 암시하고는 있지만, 그 염료를 착색안료로 바꾸는 과정은 까다롭고 복잡해서 르네상스 시대에 가서야 완성되었을 것이다. 더욱이, 브라질 착색안료는 빛에 노출되면 금세 바랬고 그런 이유로 염료업자 길드에서는 그것을 종종 금지하기도 했다. 패널 화가들도 같은 이유로 그 색을 피했다.

중세 말에, 2가지 다른 붉은 염료인, 북유럽에서 온 매더madder와 폴란드에서 온 코치닐이 나타나기 시작했다. 매더는 학명이 루비아 팅크토럼 Rubia tinctorum이며 13세기 이래 유럽에서 재배된 서양 꼭두서니 뿌리 추출물이다. 매더 착색안료는 브라질 착색안료보다 더 영구적이지만, 제조하기가 어렵다. 17세기에서 19세기까지는 화가들의 물감에서 두드러진 활약을 했지만 중세에선 찾기가 어렵다. 헤라클리우스가 10세기에 매더 착색안료 제조법을 서술하고는 있지만, 패널화에 널리 사용된 것은 훨씬 더 훗날이었을 것이다. 디르크 바우츠^{Dierik Bouts}의 〈성모와 아기 예수, 성 베드로와 성 바오로(The Virgin and Child with Saint Peter and Saint Paul, 1460)〉에 매더가 들어 있는데, 질랜드^{Zeelnad}에 있는 광활하게 펼쳐져 있던 매더 농장 덕분에 15세기의 네덜란드 화가들은 그 어느 나라의 화가들보다 매더를 흔하게 사용했다.

당시 코치닐로 만든 크림슨 착색안료를 구하려면 지갑이 두둑해야 했다. 동유럽의 다년생풀 개미자리^{knawel}에서 코치닐 벌레를 잡기 위해, 그 식물을 뿌리째 파서 뒤집은 뒤, 수지를 함유하고 있는 벌레의 껍질을 손으로 벗겨내야 했다. 그리고 그 풀은 다시 땅에 심는다. 벌레 수확은 단 2주였으며 전통적으로 6월 24일 '사도 요한의 날^{feast of St. John}' 후였다. 수확이 실패하면 값은 천정부지로 치솟았다. 15세기 초 프로방스에서, 코치닐은 케르메스 가격의 두 배로 판매되었다.

붉은 안료는 언어의 혼란을 야기하는 성질이 있는 것일까? 우리는 앞서, 플리니우스가 말한 흑해의 시노페^{sinope}에서 온 칙칙한 붉은 오커 시노피스^{sinopis}에서 적색이나 녹색을 의미하는 중세의 색 용어 시노플^{sinople}이 어떻게 만들어질 수 있는지 보았다. 중세 영국과 프랑스에서, 라틴 이름 시노피스와 관련된 또 다른 안료는 아주 복잡한 붉은 착색안료로, '매더와 그레인^{greyne} 브라질, 라크로 만들어졌다.' 영국에서 때론 시노프레^{cynopre} 혹은 시노플^{cynople}로 불리던 이 물질은 14세기와 15세기에 대중적이 되었다. 그러나 첸니노가 '시노퍼^{sinoper}'를 언급할 때 그것은 광물질로 반암^{porphyry}으로 알려진 '천연색'을 말하는 것이었다. 더욱이 그가 시나브레스^{cinabrese}라고 부른 감히 견줄 수 없는 가장 아름답고 밝은 시노퍼는 진사와의 혼동을 더욱 부추기었다. 하지만 여기서 우리는 이렇게 결론을 지어보자. 우선 그런 모호함을 비밀로 덮어두자. 그리고 중세의 기술자들이 이 복잡다단한 붉은 착색안료의 제조법을 일통한 기술과 수단을 발견했다고 결론짓자. 그런 구분이 당시에는 명확했을지 몰라도 지금은 사라졌기 때문이다.

복잡한 금

언금술사들이 화가들을 위해 마법을 부릴 수 없었던 한 가지 색은 그들이 가장 공들여 만들고자 했던 색이었다. 금이 비춰 들어오는 햇살과 부딪히면 중세의 제단 벽장식은 황금빛으로 일렁였다. 라벤나Ravenna에 있는 6세기의 산 비탈레San Vitale와 같은 비잔틴 교회에서, 황금 모자이크 타일로 만든 돔은 신성한 광휘를 뿜냈다. 울트라마린이나 버밀리언의 가격이 얼마나 비쌌던 간에 금은 고대와의 연관성을 지니며 그 모든 가치를 초월했다.

금은 왕족의 물질이다. 그러니 황금을 신성한 그림으로 그려 신에게 봉납하는 것보다 더 경건한 일이 무엇이 있을 수 있겠는가? 은이나 다른 금속과는 달리, 금은 외관상 흐르는 세월에도 무관해 그 광채를 잃거나 흐리지 않는다.

중세 예술에서 금의 사용은 가장 적나라한 리얼리즘을 보여준다. 황금은 물질의 속성이 다른 어떤 관심보다 우위에 있다는 것을 실증적으로 보여줬다. 최소한 14세기까지, 종교 패널화에서 신성한 얼굴들은 자연의 하늘이나 잎사귀, 아름다운 주름 휘장 혹은 석조 건축물을 배경으로 하지 않고, 심도나 음영을 허락하지 않는 황금벌판을 배경으로 하고 있다.

후대에, 이 금속 광휘는 캔버스를 둘러싼 도금 액자틀에 자리를 내주게 된다. 그러나 중세 화가들에게 금은 그 자체로 색이었다. 그것은 얇은 판의 형태로 건식 프레스코 패널에 적용되었다. 이 색을 구하기 위해 약제사를 찾을 필요는 없었다. 그 색은 부자들이 지갑만 열면 언제든 찾을 수 있었다. 통화 보호법에 저촉되지 않던 중세의 장인들은 금화를 두들기고 두들겨서 금박을 만들었다. 얼마나 두들겼는지, 금박은 거의 무게가 느껴지지 않을 정도였다.

이런 일은 심지어 12세기까지 전문 금박제조자가 수행했고, 금박의 무게는 중세 이탈리아의 금화였던 두카트^{Ducat}로 측정되었다. 금박의 두께는 하나의 두카트를 두들겨 얻는 두께의 수로 결정되었다(한 장은 대략 8.5평방센티미터였다). 첸니노는 두께와 용도에 대해 구체적으로 말하고 있다.

> 바탕(패널)에 깔리는 금에 대해, 두카트 하나에서 145장의 박편을 만들어
> 낼 수 있지만, 100장 이상 만들어서는 안 된다. 바탕에 사용할 금은 금색이
> 진해야 하기 때문이다. 금을 살 때, 진짜 금인지 확신하고 싶다면, 금을 훌륭
> 한 금박 제조자에게서 구한 후 조사해라. 금이 염소 양피지처럼 잔물결이 있
> 고 광택이 없다면 그것은 훌륭한 금이다. 주형이나 나뭇잎 장식에 쓰일 금박
> 은 얇을수록 좋다. 그러나 매염제로 섬세한 장식을 하려면 극도로 얇은 금박
> 이 거미집처럼 되어야 한다.[13]

얇은 습기층만 있으면 이 섬세한 금박들은 대체적으로 어떤 표면에든 잘 결합했다. 계란 흰자위, 꿀, 식물즙은 모두 금박을 양피지에 붙이는 데 사용되었다. '물 매염제'라고 불렸던 그 물질들은 금을 매염(고착)시키는 수용성 물질이다. 물 매염제는 습기에 약해 패널에 금박을 확실하게 부착시키기 위해서는 일반적으로 니스를 사용했다. 대안으로, 패널 화가들은 기름 매염제를 사용하기도 했는데 일반적으로 약간의 유색 도료를 섞었다.

매염제로 처리된 금박은 바탕칠의 불규칙한 표면을 그대로 살리기 때문에 빛의 산란을 일으킨다. 그 결과 광택이 없는 불투명한 노란색 외관이 나온다. 단단한 물체로 표면을 문질러 매끄럽게 윤을 내야 금속성 광택을

되찾는다. 이런 목적으로 종종 둥근 돌이나 이빨을 이용했다. 헤라클리우스는 "일단 금박이 빠르게 마르면, 야생 곰의 이빨로 문지르게 하여 광이 반짝반짝 나게 해라."라고 말했다. 광내기는 말 그대로 '갈색 만들기^{making} ^{brown}'를 의미한다. 광내기로 인해 금은 그늘에서는 어둡고 밝은 곳에서는 더욱 반사되기 때문이다. "그런 후 금은 스스로의 광택으로 어둑한 색으로 변한다."라고 첸니노는 말하고 있다.

중세 패널화의 많은 황금지(黃金地, fondo d'oro)는 일단 문질러서 거울처럼 반짝이는 매끄러운 바탕을 만든 후, 그 위에 여러 장면을 더했다. 그 그림들을 지금 보면 대개 그런 광택이 보이지 않는데(《삽화 4-5》), 밑칠에서 갈라지거나 어떤 이상이 발생하거나 불순물이 튀어 올랐기 때문이다. 이와 반대로 양피지에 광택을 낸 금박 문자는 더 좋아지는 경우도 있다.

그러나 일부 금박 바탕칠은 의도적으로 광택 처리를 하지 않고 그 장면을 아른거리며 빛나게 한다. 여기서 금은 그 자체로 빛을 나타내며, 그것은 르네상스 동안에 초월적인 세계를 나타내기 위해 사용되었다. 그것은 후광이나 성자의 옷에 하이라이트를 주기 위한 색이다. 첸니노는 '어떤 나무를 천국에서 자라는 나무처럼 보이게 하려면' 녹색 물감과 섞인 금의 살포를 추천하고 있다. 산드로 보티첼리$^{Sandro\ Botticelli}$는 〈비너스의 탄생$^{The\ Birth}$ $^{of\ Venus,\ 1485}$〉에서 여신의 머리카락을 금으로 장식했고 배경의 나뭇잎 사이에도 금을 흩뿌렸다.

모든 금이 금박으로 입혀지는 것은 아니었다. 금은 또한 분말 안료로써 사용되었다. 그러나 금이 부스러지는 금속이 아니라 연하고 두들겨 펼 수 있는 금속이기 때문에 막자와 막자사발로 금을 분쇄하려고 할수록 금 입자들을 더욱더 결합한다. 헤라클리우스는 와인에서 금을 갈라고 하고, 테오필루스는 금박을 물에서 갈기 위한 분쇄기에 대해 자세히 기술하고 있다. 그러나 그것은 분명 헛된 노력이었을 것이다. 그래서 중세의 장인들은 금을 갈기 위해 금을 경화시킬 수 있는 방법을 개발하기 위해 연금술적 야금술에 깊이 파고들어야 했다.

금속이란 동일한 기본입자의 단순한 혼합이라는 연금술의 확신은 금이 액체 수은과 결합될 수 있다는 사실로 더욱 고양되었다. 이러한 아말감amalgam*은 끈적끈적한 액체이다. 그래서 그 액체를 천으로 싼 다음 짜내어 여분의 수은을 제거하면, 딱딱하고 부서지기 쉬운 고체가 되어 갈기에 적합해진다. 그리고 열을 가해 그 수은을 증발시키면 금가루가 남게 된다. 하지만 열이 높으면 금가루가 녹게 된다. 그런 현상을 막는 대안은 금을 두들겨 박막으로 만든 후 금 입자들의 결합을 막는 꿀이나 염과 함께 가는 것이다. 이 2가지 방법은 『장인 안내서』에 언급되어 있다.

크리소그래피chrysography**라는 금으로 그림을 그리는 법은 놀라운 효과를 낳았다. 자코포 벨리니Jacopo Bellini의 〈레오넬로 에스테가 흠모한 성모와 아기 예수(The virgin and child adored by Leonello d'Este, 1440)〉가 대표적이다. 성모의 옷에 아름다운 금가루를 흩뿌려 하이라이트를 주어서 천에 비단처럼 아름답고 신비스런 질감이 생겨났다.

중세의 화가들은 진짜 노란색 안료에 거의 신경조차 쓰지 않았다. 노란색 안료는 금의 장엄함을 대체하기 위한 옅은 대체물에 불과했다. 노란색 안료의 주 사용처 중 하나는 은이나 주석 같은 흰색 금속을 색칠해서 '금속의 제왕'과 비슷하게 보이도록 만드는 것이었다. 모자이크 금('aurum musaicum' 혹은 중세 라틴어에선 'oro musivo')이라고 불리던 노란색 안료는 '가짜금'으로 양피지 도금에 사용되었을 것이다. 그것은 황화주석tin sulphide의 형태이고, 첸니노는 그의 많은 화합물 중에서 제일 상위를 차지하는 금을 만드는 비법을 전하고 있지만, 그 과정이 지나치게 단순화되어 있다.

---

* 수은과 다른 금속과의 합금으로 수은의 양에 따라 고체나 액체가 되며 보통 고체임.

** 소량의 달걀 흰자 또는 고무액에 금가루를 넣어서 만든 잉크로 그림을 그리거나 글씨를 쓰는 방법.

"암모니아 염, 주석, 황, 수은quicksilver을 같은 비율로 해라. 은은 조금 적어도 무방하다. 이 재료들을 철, 구리, 혹은 유리로 만든 플라스크에 넣고 모두 불로 녹이면 그걸로 다 된 것이다."[14]

이렇게 해서 정말 모조 금이 생성되었는지는 심히 의심스럽지만 그 연관성은 외관을 기술한 것만큼이나 연금술적 이론 구성이었을 것이다. 톰슨은 프로방스의 중세 저술의 지면에서 보이는 안료의 샘플에 대해 이렇게 말하고 있다.

"모자이크 금은 금빛이 너무 흐려서 그냥 보면 웅황이나 혹은 심지어 오커로 오해받을 수 있다는 말을 덧붙여야 온당하다."

웅황은 금을 연상시키는 또 다른 물질이었다. 특히 반짝거리는 모습이 금을 연상시켰으며, 그 이름도 이러한 연관성을 상기시킨다. 오리피그멘텀auripigmentum은 '금색'이란 뜻이다. 고대인들은 피상적인 닮음은 같은 뿌리를 갖고 있다는 독특한 연금술 개념을 지지했다. 그래서 웅황이 금을 내포하고 있다고 믿었다. 플리니우스에 따르면, 로마 황제 칼리굴라Caligula는 천연 광물질 형태의 웅황에서 금을 추출했다고 말한다. 하지만 그 치명적인 독성에 주의해야 한다. 플리니우스는 그것을 아레니컴arrhenicum이라 불렀는데, 이 단어에서 '비소arsenic'란 단어가 유래했다. 그리고 로마인들은 노예를 시켜서 웅황을 채취했다. 첸니노 시대의 화가들은 연금술사가 실험실에서 만든 합성 웅황을 사용했다. '그 아름다운 노란색은 다른 어떤 색보다 금을 빼닮았다'는 말은 겉보기엔 엉뚱한 주장처럼 보이지만 연금술의 결과가 어땠는지 짐작할 수는 있다.

이집트인들이 사용했던 노란 안티몬산납은 아마도 첸니노가 지알로리노라고 부른 안료일 것이다. '그것이 연금술이 아니라 인공적으로 만들어졌다'는 그의 주장에 많은 논쟁이 있다. 일부는 첸니노가 나폴리 근처의 베수비우스 산사면에서 발견된 화산 납을 포함한 노란 천연 광물질을 언급하고 있다고 주장하고 있다. '인공'이란 당시 인간의 작용이 아니라 지질학적 작용에 의한 화학적 변형을 일컬었을 것이다. 안료 역사에 대한 연구에서 뛰어난 업적을 이룬 것으로 평가받는 메리 메리필드Mary Merrifield에 따르면 한 종류의 네이플스 옐로는 이 지역과 관련된 천연 광물질이었고, 다른 한 종류는 합성 안티몬산납이었다.

그러나 이 물질들이 지알로리노라는 단어와 정확히 어떻게 연관되는지는 현재 구별하기가 그리 쉽지는 않다. 중세의 화가들도 여러 가지 비법에 따라 납과 산화주석을 이용하여 만든 노란색 안료를 사용했다. 그런 안료를 현재는 레드틴 옐로lead-tin yellows라고 부른다. 틀림없이, 화가들도 종종 이런 노란 안료와 안티몬산납과 혼동했을 것이다. 그러나 적어도 15세기 연금술사들은 주석과 안티몬산을 정확하게 구별했다. 메리필드에 따르면, 마시콧(노란 산화납)도 지알로리노라는 이름으로 통용되었다고 한다. 당시 이 용어는 납을 포함한 노란색 안료를 통칭하는 보통명사였을 것이다.

문제가 더욱 꼬이느라 납, 주석, 안티몬산을 포함한 노란색 합성안료가 니콜라 푸생Nicolas Pussin이나 기타 17세기 이탈리아 화가들의 작품에서 확인되고 있다. 이 시기에 안료 제조업자들이 그 제조과정에 어느 정도 통제력을 갖춰 그 색상을 얻은 것으로 보인다. 1649년과 1651년 사이에 로마를 여행하면서 푸생을 만난 영국인 리처드 시먼즈Richard Symonds는 "3~4 종류의 지알롤리노가 있는데 일부는 더 붉고 일부는 더 노랗다."라고 보고했다.

첸니노는 그가 아르지카arzica라고 부르는 노란색 착색안료가 연금술로 만들어졌음을 분명히 하고 있다. 이 안료는 물푸레나무 과의 식물weld plant인 리시더 루테올라Reseda luteola에서 만들어졌다. '염료업자의 약초dyer's herb'로도 부린 그 풀은 노란색 염료를 만들기 위해 20세기까지도 재배되었다. 특히 그 안료는 비단을 염색하는 데 특별한 효과가 있었다. 물푸레나무 과의 식물로 만든 노란색 착색안료는 화려하고 상당히 불투명하게 될 수 있어 웅황을 대신할, 게다가 독성도 없는 훌륭한 대체물이 되었다. 그러나 첸니노는 그 안료를 그리 탐탁지 않게 여겼다. 아르지카는 "거의 사용되지 않으며 색이 너무 옅어서 야외에선 색이 희미하다."라고 했다.

중세 지면 채식 화가들에게 더 중요한 안료는 붓꽃과의 다년초 사프란 Crocus sativus과 크로커스crocus로 만든 노란색 착색안료였다. 사프란은 계란 흰자위와 섞이면 투명하고 강하며 순수한 노란색이 되고, 아주라이트와 혼합하면 선명한 녹색이 된다. 그리고 첸니노는 사프란과 버디그리스가 만나면 '상상할 수 있는 가장 완벽한 풀색'이 된다고 말했다.

게오르기우스 아그리콜라Georgius Agricola는 버디그리스가 스페인에서 독일로 제일 먼저 왔다고 기록하고 있다. 이 말은 버디그리스가 아랍 연금술의 산물이라는 것을 말해준다. 심지어 400년 전에 테오필루스도 비리데 히스패니컴viride hispanicum이라 불렀고, 현대 독일에서조차 여전히 그룬스팬 Grunspan으로 불린다. 1528년, 아그리콜라 사후에 그륀발트Grunwald의 부동산 목록에 들어 있던 인공 구리를 포함한 녹색은 단순히 알케미그룬alchemy grun이라 표기되어 있다. 그러나 중세의 단어 베르트 데 그레스vert de Grece 는 그리스 어원을 포함하고 있다. 『장인 안내서』는 그것을 비리데 그레컴 viride grecum으로 언급하고 있다. 고대 그리스인들은 분명 그것을 사용했으며 더욱이 사용한 최초의 사람들도 아니었다.

버디그리스는 대중적이지만 예측 가능한 안료는 아니었다. 거기에 사용된 유기 산성은 양피지나 종이를 공격해, 녹색을 사랑하는 벌레가 야금야금 갉아먹은 것처럼 구멍을 뻥 뚫어놓기도 했다. 그리고 일부 안료는 버디그리스에 가까이 있으면 색이 나빠졌다. 이런 단점 때문에 14세기에 대안 녹색의 개발이 필요했는데 그중 주요한 2가지 유기 색채는 샙 그린sap green 과 아이리스 그린iris green이었다.

샙 그린은 갈매나무 베리buckthorn berry의 즙에서 유래한 것으로, 어떤 전색제 없이도 사용될 정도로 진했다. 약간의 아교를 더하면 훌륭한 물색이 되는데 지금도 그 형태로 사용되고 있다(그러나 20세기 초에 유화 물감으로 팔린 '샙 그린'은 사실상 합성 착색안료 합성물이었다). 아이리스 그린은 아이리스 꽃 즙으로 만든 것으로 물과 혹은 칼륨명반처럼 더 진한 전색제와 섞여 지면 채식에 사용되었다. 포일럼과 웰드처럼 이런 녹색은 광산의 색이 아니라 목초지의 색으로, 헤라클리우스가 관측했듯 부지런한 수도사가 직접 이용할 수 있는 색들이었다.

글쓰기를 위해 책의 지면이 요구하는 여러 가지 색을 꽃으로 만들고 싶은 사람은 이른 아침 옥수수 밭을 산보하다 보면 막 꽃망울을 터트리는 가지가지 꽃을 보게 될 것이다.[15]

이런 천연 즙은 수도사의 화려한 지면을 장식하기에는 적합했지만, 제단벽화로 사용하기에는 강하지 못했다.

고대 기술에 대한 잘못된 기법과 지식에 의존했음에도, 중세는 색의 제조에 있어 상당한 혁신을 이룬 시기였다. 동시에, 변화하는 사회구조는 그림을 새로운 환경으로 옮겨갔다. 이제 그림은 종교와 관련된 장식 기능에서 벗어나, 훨씬 더 포괄적인 주제에 매달렸던 상인이나 귀족 후원자를 위해 길드 조합원들이 수행하는 상업으로 변화하고 있었다. 이런 변화는 외연이 넓어진 사회적 변혁을 반영하고 있다. 영적인 힘들이 만연하고 우상이 실질적인 힘을 갖던 그런 세상이 종교보단 거래를 우선시하는 실용적인 세상에 길을 내주었다. 어느 정도로는 이런 과정이 연금술 자체를 추월했다. 여기서 연금술은 그 신화적 뿌리를 장식처럼 여전히 유지하고는 있었지만, 첸니노와 같은 장인에게 그것은 단순히 제조수단일 뿐이었다. 이런 추세는 그 후 수백 년 동안 이어지면서 그들의 논리적 결론에 도달했다. 이성의 힘이 교회의 권위에 도전하기 시작했고, 화가들이 그들의 관행을 완전히 세속적인 교육으로 변화시켰던 것이다. 이제 그림은 신성한 기능이 아니라 학문적이며 지적인 인문학이 되었다.

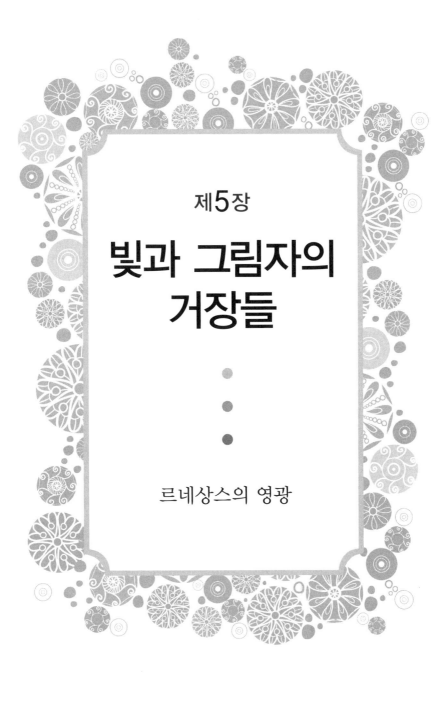

제5장

빛과 그림자의
거장들

르네상스의 영광

그림이란 빛과 그림자를 단순하고도 복잡한 색의 다양한 질감과 가깝게 밀착시킨 결합이다.

_ 레오나르도 다빈치

할 수 있는 한 모든 종류의 색들이 그림에서 우아한 자태를 뽐내길 간절히 원한다.

_ 레오네 바티스타 알베르티, 『회화론(Della Pittura, 1435)』

예술은 르네상스 시대에 정점에 올랐었을까? 고전시대의 이상을 복구하려는 열망에 휩싸였던 15세기와 16세기의 그림은 그런 열망에도 불구하고 그 시대의 유명했던 색채의 엄격함은 전혀 따르지 않았다. 오히려, 르네상스의 그림은 광택 나는 원색의 풍부함에서 느끼는 기쁨을 만끽하고 있으며, 이런 기쁨은 색을 그림의 주제로 삼은 20세기나 되어서야 다시 나타나게 된다.

르네상스의 화가들이 어떻게 색을 사용했는지를 통해 우리는 '재탄생'에 대한 그들의 해석을 이해할 수 있다. 국제주의 양식으로 알려진 그림의 형식적인 접근법으로 화가들은 꾸준히 확장되던 색의 영역을 조직할 새로운 방법을 모색할 수밖에 없었다. 값비싼 안료의 평면 구조로 신에게 바칠 봉헌물을 드러내는 것만으로는 이제 더 이상 성에 차지 않았다. 새로운 표어는 자연에 충실한 것이었다. 서양예술사에서 처음으로 화가들은 세상을 눈에 보이는 그대로 묘사하기 위해 고군분투했다.

15세기와 16세기의 실용적 · 이론적 화학은 500년 전과 크게 달라지는 않았다. 발전은 점진적이고 진화적이었으며 예술과 인간성에서 혁명적인 변화의 어떤 것도 반영하지 않았다. 그러나 새로운 안료는 그들의 인상을 그림 위에 고스란히 남겼다. 그렇지만 예술의 역사에서 한 획을 긋는 중요한 시기임에도 옷 한 벌을 통째로 얻었던 19세기의 색 화학에서 일어난 기술적 혁신에 비견할 만한 혁신은 없었다. 그렇지만 서양예술에서 최고의 시기를 구가한 이 시기가 우리에게 유증한 작품에서 안료 유용성과 사용에 대한 문제가 어떤 깊은 흔적을 남겼는지 살펴볼 필요가 있다. 그리고 그 흔적은 멀리 있지 않다.

:: 인도주의 사상

15세기 이탈리아 화가들은 플로렌스 회화 학교의 설립자인 지오토 디 본돈Giotto di Bondone 시대 이래로 고전시대 조상들이 사용했던 고귀한 원칙이 속도를 더하면서 복원되는 것을 인식했다. 지오토의 혁신은 회고해보면 사소해 보이지만, 그것은 중세의 예술적 정통성을 거꾸로 뒤집는 것이었다. 그는 물체를 입체로 보려고 했다. 이것은 빛과 그림자가 하나의 광원에 의해 식별될 때 가능했다.

풍경화의 특징으로 등장한 이런 빛과 그늘의 출현은 르네상스 그림의 두드러진 면모 중 하나이다. 처음으로 사람과 사물에 그림자가 드리워졌다. 그 결과는 눈에 선하다. 지오토의 그림을 포함해 화가들이 꿈꾸었던 세계가 갑자기 생명을 얻게 되었다.

두말하면 잔소리지만 르네상스 그림이 3차원이란 혁신에서 그친 것은 아니다. 지오토의 접근 방식은 서양의 모든 지식 분야에 영향을 미친 철학적 조망에 대한 심원한 변화의 징후였다. 중세 화가들이 인물과 장면을 사실 그대로 그리지 않았던 이유는 능력이나 인식이 부족해서가 아니라, 그런 목표가 그들과 무관했기 때문이었다. 그림은 말없이 전하는 이야기이다. 중요한 것은 주요 등장인물이 신분에 걸맞은 위치나 크기로 배치되어야 하고 상징적 의미를 부호화하고 신의 존엄을 보여주는 색으로 그 장면에서 분명히 확인될 수 있어야 했다는 점이다.

지오토는 이런 체계적이고 대화체적인 설명조의 그림을 거부하고 있다. 그는 오히려 리얼리즘이라 부를 수 있는 화풍을 선호했다. 관측자는 책을 읽듯이 이미지를 읽는 것이 아니고, 그 장면에 참여해서 행동을 통해 증인이 되는 것이다. 지오토가 등을 돌린 채 얼굴을 가리고 있는 그림보다 이것을 더 잘 말해주는 사례는 없다. 예컨대, 〈예수를 배신함(The Betrayal of Christ, 1305)〉(〈삽화 5-1〉)과 〈그리스도의 죽음을 애도함(The Mourning of Christ, 1306)〉에서 그런 장면을 볼 수 있다. 일상 속에선 이런 자세의 사람들을 볼 수 있지만, 중세 화가들에게 얼굴 없는 형상이란 의미가 없는 것이었고 단순한 색의 얼룩일 뿐이었다. 마찬가지로 충격적인 장면은 〈예수를 배신함〉에서 눈에 띄는 노란색으로 칠해진 배신자 유다의 옷으로 예수가 거의 가려져 있는 것이다. 예수는 겨우 얼굴만 보이고 있다. 중세 화가였더라면 찬란한 영광을 드러내는 신의 아들을 더 의무적으로 그렸을 것이다.

그런 이미지 내에는 르네상스의 인도주의적 세계관에 내재적인 모든 것이 놓여 있다. 진짜 인간의 경험이 영속적이며 초월적인 신학의 진리에 우선하여 강조되고 있다. 종교적 장면엔 만화 같은 모습이 아니라 실물처럼 보이는 사람이 나타났고, 그들은 금방이라도 볼 수 있는 사람처럼 보인다. 지오토의 자연주의는 시간을 그림의 한 구성요소로 편입했다고 말할 수 있다. 그 이미지는 더 이상 불변의 상징이 아니라 실제 흐르고 있는 시간에서 한 순간을 고정시킨 것이었다.

이것이 화가들에게 끼친 효과는 실로 굉장했다. 자연에서 보이는 한 장면은 주위의 빛에 의존하며 그 빛은 시간에 따라 변한다. 어두컴컴해 음산하거나, 지중해의 강력한 햇살에 하얗게 표백되거나, 저녁놀에 부드러워질 수 있다. 이것은 화가들에게 극적인 분위기를 창출할 수 있는 기회를 주었지만, 자연에 미치는 빛의 효과를 철저히 이해해야만 가능했다. 자연에 충실할 것을 고집함으로써, 화가들은 중세적 구성의 양식화된 관습에서 벗어날 수 있었다. 자연은 무한히 다양한 형태와 색을 제공하기 때문이다. 그러나 동시에, 자연주의는 새로운 도전을 제기했다. 화가들이 만족스런 구성을 하는 데 필요한 색과 대상의 조화로운 배열을 부과하는 법칙이 자연에는 없었던 것이다.

르네상스 예술가들은 시간이란 차원을 얻었을 뿐만 아니라 대상을 공간에 정밀하게 배치하는 능력도 얻었다. 플로렌스의 건축가 필리포 브루넬레스키Filippo Brunelleschi가 발견한 선원근법linear perspective은 빛과 음영을 도입하는 데 필수적인 기법으로, 화가들이 패널이나 벽의 평면 구조에 원근감을 불어넣어 하나의 세상을 창조하게 했다. 브루넬리스키는 거리에 따라 크기가 얼마나 줄어드는지 화가들이 결정할 수 있도록 수학적 법칙을 추론했고, 그의 발견은 플로렌스 화가 마사초Masaccio는 그 발견을 열렬히 환영했다.

이러한 혁신의 기저에는 세상을 자연에 맞게 묘사하기 위해, 화가들이 자연을 조심스럽고 체계적으로 이해해야 한다는, 즉 과학적으로 공부해야 한다는 인식이 깔려 있었다. 인간의 형체를 충실히 그리려면 화가는 해부학에 상당한 지식을 갖춰야 했다. 화가의 기술은 공방 도제관계에서 이루어지는 틀에 박힌 학습이 아니라 자연의 법칙과 원칙에 대한 합리적인 이해에서 비롯된다.

이런 이성에 대한 호소는 레오네 바티스타 알베르티의 저술에서 명백하다. 우리는 이탈리아 르네상스의 전성기에 활동하던 화가들에 대한 우리의 지식은 그에게 크게 빚지고 있다. 제노바 태생인 알베르티는 플로렌스에서 살며 일했고, 한동안 파괄 궁에도 있었다. 그의 저술은, 그와 동시대 사람들, 특히 플로렌스 화가들이 중세의 신학적 편견을 얼마나 철저히 버렸는지를 정확하게 보여주고 있다. 그의 명저『회화론』에서 그는 이렇게 말하고 있다.

> 화가의 기능은 특정 대상을 화폭에 선으로 소묘하고 색으로 칠하는 것이다. 이때 고정된 거리에서 중심 빛을 확실하게 정한 후 그 그림을 입체로 표현하여 대상과 똑같이 보여야 한다.[1]

이런 효과는 원근법과 같은 합리적인 원칙의 응용으로 성취할 수 있다고 주장했다. 그러나 화가는 무엇보다 미를 추구해야 한다는 게 그의 주장이었다. 자연의 모든 사물이 다 아름답지만은 않다는 걸 인식한 그는 화가는 가장 아름답고 유쾌한 면모만 선별해 조합해야 한다고 주장한다. 그러나 이런 절차에서 주관성은 철저히 배제되었다. 알베르티에게, 아름다움이란 보는 사람의 눈이 아니라, 거의 양적화될 수 있는 성질로, "전체를 구성하는 부분들의 조화와 일치로, 이 전체는 고정된 수와 지고하고 완벽한 자연의 법칙이 요구하는 대칭처럼 어떤 관계와 질서에 따라 구성된다." 그래서 미는 절대적인 성질로 박식한 관측자라면 이에 모두 동의할 것이라는 것이다.

비례의 조화에 둔 이런 강조는 플로렌스 화단의 특징이다. 이 화가들에게, 가장 고상한 그림 요소는 능숙한 양식의 표현, 즉 소묘의 능력이었다. 그들에게 색은 부차적인 것이다. 알베르티는 색의 조화에 중요성을 부과하지만 색은 자신만의 본질적인 아름다움은 없으며, 또한 물리직 존재도 어떤 내재적인 장점이 없다는 점에 동의했다. 그는 적절한 구도에는 무신경한 채 금이나 화려한 색을 사용하는 데 시간을 낭비하는 화가에 대해서는 혹평했다.

이렇게 화가의 기능을 선 혹은 소묘와 색으로 양분하고 그것의 상대적인 중요성을 두고 벌이는 논쟁은 르네상스 예술의 주요한 주제가 되었다. 그 싸움은 17세기 후반까지 계속되었다. 프랑스아카데미에서, 양측은 푸생주의자Poussinistes와 루베니스트Rubenistes로 대표되는데, 진지한 푸생과 화려한 루벤스가 각 양식의 옹호자였다. 그러나 그런 토론은 결국 형식적인 계획 대 자발적인 구성의 장점이란 논쟁으로 비화되었다. 소묘와 색채의 장점에 대한 토론과는 반대였다.

아무튼 결과적으로 플로렌스에서는 소묘가 가장 중요하다는 알베르티의 견해가 지배적이었고, 풍요로운 베니스에서는 화려한 색의 사용을 더 강조했다고 한다. 그러나 플로렌스의 거장이었던 레오나르도, 미켈란젤로, 라파엘은 색의 문제를 깊이 고심했다는 사실을 간과해서는 안 된다.

:: 색의 통제

색의 통제, 왜 문제인가? 관습과 재료의 한계가 화가를 제한함으로써 자연을 충실하게 묘사하고자 하는 화가의 바람과 자연의 색을 포착하는 수단과 방법에 괴리가 발생했다. 버밀리언이나 울트라마린과 같은 안료가 하늘 높은 줄 모르던 가격에서 서서히 떨어지며 그 순수한 형태에서 가치가 떨어지고는 있었지만, 안료의 혼합에 대한 터부는 여전히 강했다. 앞으로 살펴보겠지만 유화기법으로 혼합이 만족스럽고 유용해질 때까지 르네상스 화가들이 사용한 색의 범위는 중세 수준을 거의 벗어나지 못했다. 결국 르네상스 화가들은 색을 정밀하게 사용해야 할 새로운 도전에 직면하게 되었다.

2가지 문제가 있었다. 첫째, 자연은 예술가보다 훨씬 더 많은 색상을 가지고 있다. 둘째, 중세의 화려한 버밀리언, 금, 울트라마린 색의 그림들이 르네상스 화가에게 수용되지 않았다. 이제 관람객들은 더 이상 안료들을 귀중하게 여기지 않았으며, 화가는 부의 과시라는 허세가 아니라 색의 조화에 목적을 두었다.

조화로운 구성을 위한 어려움 중의 하나는 색의 명도 변화로 불균형이 초래된다는 점이다. 그래서 흰색과 노란색은 밝게 보이고, 아주 짙은 청색과 보라색은 검은색으로 보인다. 이 말의 의미는, 노란색 옷을 입은 인물은 군중 속에서 튀어 보이고, 청색 옷을 입은 사람은 보이지 않는다는 것이다. 이것은 이 자체로도 나쁜데, 그 화가가 제한된 순수한 색으로 최대한 다양하게 군중의 모습을 그리고자 하여 모든 색을 사용할 수밖에 없을 때에는 더욱 나빴다. 그러나 최악으로는 예수에겐 청색을 칠하고 유다에겐 노란색을 칠해야 하는 경우였다.

이때엔 지오토에서 유래해 첸니노가 추천한 명암법도 도움이 되지 않았다. 그는 깊은 주름을 표현하려면 최대의 농도로 안료를 사용하고, 하이라이트 쪽으로 갈수록 연백으로 점진적으로 밝게 사용하라고 조언했다(〈삽화 5-2〉). 이렇게 하면 완전히 짙은 색상의 옷 주름을 표현할 수 있다.

알베르티는 오히려 그림자엔 검은색을 추가할 것을 주장한다. 그렇게 하면 그 섞이지 않은 완전한 채도의 색은 중간 밝기로 나타난다. 이것은 더 큰 역동적인 범위(빛과 어둠의 더 큰 대조)와 양감을 더 훌륭하게 표현할 수 있을뿐더러 명도 차이를 어느 정도 완화시켜준다. 하지만 색을 '지저분하게' 만들 수도 있다. 일례로 안토니오 폴라이우올로Antonio Pollaiuolo의 작품들은 이런 점 때문에 질이 떨어지고 있다.

양식의 문제

이러한 문제의 해결책은 그리 놀랍거나 유별나지 않게 나타났다. 이탈리아 고대 거장들의 작품을 보면 색을 조직하는 다양한 방법이 존재한다. 그러나 거장들이 그런 색의 조직을 체계적으로나 규범적으로 적용하지는 않은 것 같으며, 어떤 방법을 사용했다고 해서 다른 방법을 배제하지도 않았다. 15세기 말은 양식을 실험하는 시대였다. 이제 기술의 숙련도가 아니라 양식이 화가의 가장 잘 팔리는 속성이 되어 가고 있었던 것이다. 더욱이, 그림의 색이란 측면에서 볼 때, 색의 체계로 직관을 필요 없게 만들 수 있을까? 단 한 번도 성공한 사례가 없다.

레오나르도 다빈치는 플로렌스 화가들 중 최고의 자연주의자였을 것이고, 그래서 그는 가장 꼼꼼한 사람 중 한 명이었을 것이다. 그가 자연의 모습, 형태, 패턴을 관측한 그 주의력은 그의 특별한 공책에서 증명되고 있다(하지만 그런 관측으로 내린 결론에는 일관성이 매우 떨어진다). 알베르티처럼, 레오나르도는 예술의 창조와 판단은 합리적인 과정이라고 믿었다. 하지만 그는 알베르티가 권한 것처럼, 자연에서 가장 아름다운 특징만 적절히 선택하여 자연의 모습을 개선하려는 데에는 관심이 없었다. 그는 추하든 아름답든 자연을 있는 그대로 보았다. 오히려 추함은 아름다움을 더욱 빛나게 하는 데, 악역foil으로 유용할 수 있다고 느꼈다. 반면에 인물들은 조화라는 이상에 순응해야 한다는 알베르티의 주장은 폴라이우올로의 〈성 세바스찬의 순교(Martyrdom of St Sebastian, 1475)〉에 나오는 여섯 궁수의 딱딱한 획일성이나, 피에트로 페루지노Pietro Perugino의 〈성 베르나르도 앞에 나타난 성모(The Virgin Appearing to st Bernard, 1490)〉에 나오는 불임 여성들의 무미건조함을 이끌었다.

레오나르도는 색을 조심스럽게 연구했다. 물체가 빛의 상태나 반사 등과 무관하게 본질적인 색을 가지고 있다는 개념은 서양 예술에서 지속되던 오류였다. 그러나 레오나르도의 날카로운 관찰은 그런 본질적인 오류를 감지하게 해주었다. 유색 빛의 혼합에 대한 실험을 기술함으로써 그는 가산혼합과 감산혼합의 해묵은 혼란스런 구별을 해결할 문턱까지 이르렀다. 하지만 그는 그 실험을 실행하지 않았다. 그가 그 실험을 시행했더라면, 청색광과 노란색 광의 결합이 그의 주장처럼 '가장 아름다운 녹색'이 아니라 흰색이 되는 걸 발견하곤 꽤나 놀라지 않았을까?

르네상스에서 레오나르도가 색의 사용에 미친 주요한 공헌은 극히 제한된 범위의 명도를 가진 저채도의 중간색으로 색조의 통합을 이룬 것이다. 통합된 전체에 관심을 둔 그는 밝은색을 희생하고 약한 녹색, 청색, 흙색을 사용했다. 하이라이트나 그늘에는 사용되지 않은 이 중간 밝기의 색들은 명도가 비슷하다. 그래서 양감이 두드러지지만, 효과가 그리 만족스럽지는 않다. 레오나르도는 색조의 강력한 대비는 눈을 어지럽히기 때문에 피해야 한다고 느꼈고, 완화된 빛의 사용을 권장했다.

"초상화를 그리고 싶다면 흐린 날씨나 해가 질 때 그려라."

〈모나리자[Mona Lisa(La Gioconda), 1502]〉에서 표정의 신비스러움과 모호함은 주로 이런 방법과 원칙에 따른 것이다.

남아 있는 몇몇 레오나르도의 그림은 스푸마토sfumato라는 기법으로 더욱더 음산하게 그려져 있다. 스푸마토란 말 그대로 연기를 말하며, 이 기법은 초점에서 멀어지면서 그림들이 어두운 그림자로 변해 가는데 마침내 모든 색이 걸러지면서 검은 단색만 남게 된다. 점진적으로 어두워지는 이런 기법은 화가가 시선이 가길 의도하는 쪽으로 시선을 유도할 수 있게 해준다. 그 시선의 목적지를 완화된 안개 같은 빛으로 둘러싸면 된다(〈삽화 5-3〉). 이런 억제된 색조의 통합을 성취하기 위해, 레오나르도는 중간색인 회색이나 갈색의 언더 페인트(바탕) 위에 안료를 씌웠다.

스푸마토 기법과 쉽게 혼동되기도 하고 또한 함께 사용하는 기법으로 명암대조법^{chiaroscuro}이 있다. 명암대조법에 대해 레오나르도는 때론 부당하게 평가를 받고 있다. 말 그대로 '빛과 음영'의 이 양식은 안개보다는 검은 그림자를 묘사하는 것으로, 빛에서 그림자로 갑작스럽고 극적으로 옮겨간다. 레오나르도의 스푸마토보다는 색조의 제한이 덜하며, 중간 톤의 색들이 다소 완전한 강도로 나타난다. 그 결과는 안토니오 다 코레조^{Antonio da Corregio}와 카라바조^{Caravaggio}의 그림에서 증명되고 있듯이 매우 놀랍다. 카라바조의 인물들은 칠흑 같은 검은색 한가운데에서 스포트라이트를 받으며, 그 결과 색들이 그 섬광으로 탈색되어 부드러워진다. 〈예수 매장(The Burial of Christ, 1604)〉에서, 극적으로 조명을 받은 인물들의 창백한 살과 흰 천은 거친 붉은색에 의해서만 완화되고 있다. 〈성 마태오의 부름(The Calling of St Matthew, 1599~1600)〉에서 여러 인물들의 소매에서 보이는 짙은 붉은색 벨벳은 높은 창문에서 비춰 들어오는 빛에 노출되며 가라앉은 거친 색상 속에서 더욱더 선명하게 붉다. 이런 작품들은 색을 엄격하게 억제하여, 색 구성의 방법에 대한 의문이 거의 일어나지 않는다.

스푸마토와 명암대조법은 함께 이른바 르네상스의 '어둠의 양식^{dark manner}'를 구성한다. 반면, 생기발랄하고 짙은 색은 라파엘의 초기 작품과 연관된 '통합'이란 양식을 특징짓는다. 라파엘 산티^{Raphael Santi}는 색에 대해 사랑스런 양식을 갖고 있었고, 소묘에 대한 그의 능숙함은 그 시대 화가들이 소묘와 색 사이에서 선택해야만 했던 고정관념을 깨트렸다. 그의 천재성은 조화로운 균형을 유지하면서 화려한 색상들로 작업하는 방법을 모색하게 했다. 라파엘은 엄격한 대조는 피하고 있다. 〈성모자(Alba Madonna, 1511)〉를 보면 성모의 옷에서 울트라마린의 청색은 연백으로 부드러워졌고, 〈그란두카의 성모; 마리아와 아기 그리스도(Madonna del Granduca, 1505)〉(〈삽화 5-4〉)에서 아쿠아마린^{aquamarine}을 배경으로 한 짙은 어둠이 황금빛을 발하는 살색의 색조와 조화를 이루고 있다. 이런 색을 다루는 라파엘의 재능은 거의 마법처럼 보이며, 동시대 사람들도 그렇게 생각했다. "그림에서 통일성은 다양한 색들이 함께 조화를 이룰 때 이뤄진다."라고 단언했던 플로렌스의 저술가이자 화가였던 조르조 바사리^{Giorgio Vasari}는 라파엘에 대한 숭배를 노골적으로 드러내고 있다.

"라파엘처럼 특출한 재능을 지닌 화가는 사람일뿐만 아니라 이렇게 말해도 된다면 이 세상에 속한 신이라고 볼 수 있다. 누가 뭐래도 나는 그렇게 말할 수 있다."[2]

바사리의 눈에 라파엘을 능가하는 신격화 대상이 있다면 그건 미켈란젤로뿐이었다.

> 우리는 얼마나 행복한 세상에 사는가! 미켈란젤로의 빛과 통찰력을 목격하고 있는 우리 장인들, 우리의 곤란은 이 신비롭고 비할 바 없는 예술가에 의해 소리 없이 스러지니, 그 얼마나 행운인가! 너희, 예술가들은 작금의 상황에 대해 하늘에 감사하고 너희가 하는 모든 일에서 미켈란젤로를 모방토록 노력해야 한다.[3]

미켈란젤로는 주로 프레스코 기법으로 작업했고, 이 분야에서 그는 흔히 생각되는 것 이상으로 색채주의 화가였다. 시스티나 성당의 천장 벽화를 최근에 청소했을 때, 그 벽화의 퇴색된 색조에 익숙했던 사람들을 충격에 빠트리는 밝은색이 모습을 드러냈다. 그러나 그는 색의 조화를 향해 과감하고 독특한 길을 향해 가던 사람이었다. 통합은 강한 색으로 스푸마토가 추구하던 바를 더욱 어둡게 추구한다. 그래서 색조의 대비를 제거했다. 이 기법을 '과대대조법^{cangiantismo}'이라고 부르는데 이 기법에 미켈란젤로의 역할이 컸으며, 색조가 아니라 색상을 바꿈으로써 각기 다른 색가^{colour}

value*를 조화시키는 것이다. 하이라이트에서 한 색으로 시작한 물체가 어둠에서는 다른 색이 될 수도 있다. 이것은 색을 인위적으로 사용한 것이다 (비단처럼 진짜 '색이 변화하도록 짠' 직물을 표현하기 위한 것이 아니다). 그러나 그것은 '재치' 있고 '눈길을 끌며' 프란세스코 살비아티Francesco Salviati와 바사리 자신처럼 16세기 말 매너리즘 화가들에게 어필했던 유일한 화법이었다. 그러나 그들조차도 성모와 같은 성스런 인물에게 현란함을 낭비하는 걸 금지한 예의범절에 충실했다.

미켈란젤로는 이미지의 일부에서 다른 세상을 표현하기 위해 과대대조법(색상변화법)을 사용했다. 이것은 객관적이고 과학적인 진실을 향해가려는 인문주의자들의 열망과 역행하는 것이었지만 미켈란젤로에게 미보다 중요한 것은 없었다. 그러나 이것은 알베르티의 합리적 미가 아니라 전혀 다른 미였다. 미켈란젤로는 과학적 취향의 이론가들에게 쏟을 시간은 없었다.

"기하학과 산술의 모든 논리와 원근법의 모든 증명도 눈이 없는 사람에겐 무용지물이다."

이런 점에서 그는 예술에서 논리보다는 직관적 판단과 '취향'의 문제를 더 높이 샀던 매너리즘 화가들을 앞서고 있다.

:: 기름의 변화

이탈리아의 르네상스 전성기가 북유럽에서 수입한 기술 혁신에 가장 큰 빚을 진 사실에는 다소 유쾌한 역설이 있다. 북유럽은 이탈리아가 중세의

---

* 색채의 시각적인 강도.

야만과 무례를 대표하는 것으로 본 '고딕' 양식의 발원지였기 때문이다. 애국이라면 누구에게도 뒤지지 않는 플로렌스 화가들 중에서도 둘째가라면 서러울 바사리조차 유화가 네덜란드에서 어떻게 고국으로 오게 되었는지를 말하고 있다. 그에 따르면, 네덜란드에서 유화는 '플랑드르의 브뤼주의 존John of Bruges in Flanders'이 발명했다. 이 존은 다름 아닌 플랑드르의 화가, 얀 반 에이크이다.

바사리가 도를 지나치게 에이크 탓으로 돌린 것은 이중의 곡해이다. 에이크는 안료의 전색제로 기름을 사용한 최초의 인물은 아니다. 안토넬로 다 메시나Antonello da Messina가 에이크의 방법을 알고 그것을 다시 1470년에 되가져오기(바사리는 이 말을 하고 있다) 전에 이미 이탈리아 사람들조차 기름을 전색제로 쓰던 중이었다. 그러나 그 새로운 전색제의 진정한 잠재력을 발현시키는 방법을 발견한 사람은 진정 에이크였다.

안료 전색제로 사용되는 기름은 건성유drying oils이다. 주로 아마인유, 견과유, 포피유(양귀비씨유)로, 이들은 마르면 방수막과 탄성막을 형성한다. 그 기름의 쓸 만한 건성을 얻으려면 조심스럽게 정제해야 한다. 때론 금속염과 같은 건조제가 도움이 된다. 경우에 따라 건조는 계란 템페라에 비해 느려, 몇 분이 아니라 몇 시간 심지어는 며칠이 걸리기도 했다. 중세 시대에 이것은 분명 불편한 것이었다.

견과유와 포피유의 제조는 디오스코리데스Dioscorides와 플리니우스가 서술하고는 있지만, 전색제로써의 사용에 대해선 언급이 없다. 그 사용에 대한 최초의 문서 기록은 5세기 말 로마의 장군 아에티우스Roman Aetius에 의한 것이고, 기름 니스(여기서 건성유는 천연 수지와 섞였다)는 루카 원고Lucca manuscript로 알려진 8세기 기록에 나타난다. 어떤 유성 페인트가 에이크의 시대 훨씬 이전에 그려졌다는 가장 뚜렷한 지시는 테오필루스의 『예술의 다양성(De diversis artibus)』에서 나타난다. 아마씨유의 준비를 서술하면서 그는 이렇게 말한다.

> 약간의 광명단이나 진사를 이 기름과 함께 물 없이 돌 위에서 간 후, 그
> 것을 붓으로 빨간색으로 만들길 원하는 문이나 패널 위에 칠하여 햇볕에 말
> 려라. 온갖 종류의 안료가 이 기름과 함께 갈아 목공품에 칠할 수 있지만 햇
> 볕에 말릴 수 있는 것에만 적용된다. 안료를 겹칠할 때마다 우선 마를 때까
> 지 기다려야 하기 때문이다. 이 과정은 얼굴을 그릴 때 극도로 길고 지루해
> 진다.[4]

막스 되너는 테오필루스(그리고 그의 비법을 따른 사람들)는 아마씨에서 그
기름을 짜내기 위해 일반 올리브유 압축기를 사용해서 그 문제를 더욱 키
웠다고 지적한다. 올리브유는 이른바 불건성유로 말 그대로 마르지 않는
다. 심지어 제대로 씻지 않은 압축기에서 나온 작은 불순물도 심각한 결과
를 초래할 수 있다. "당연히 아마씨유도 마르지 않을 수 있다!" 테오필루스
의 벼락같은 외침이다.

유화의 투명성은 금속을 채색하는 데도 유용해, 얇은 붉은색 광택제 피
막을 금에 입히면 그 광채가 더욱 높아졌다(붉을수록 좋았다). 그리고 주석 위
에 적용된 노란 광택제는 값싼 금 모조품으로 사용되었다.

에이크의 공헌은 유성 페인트를 그 별 볼일 없는 평판에서 구한 것이다.
그는 광택 과정이 화가들에게 굉장한 가치가 있다는 사실을 깨달았다. 그
런 광택으로 화가들은 현명한 기술과 인내심으로 계란 템페라로는 절대
필적할 수 없는 깊고, 풍요롭고, 안정된 색을 얻을 수 있었던 것이다. 그는
장인들의 장식 기술에서 얻은 광택기술을 가장 훌륭한 그림에 적합한 기
술로 발전시켰다.

에이크의 기법은 템페라 바탕 위에 기름을 바르는 것이었다. 이것은 기

름의 광택과 혼합성을 템페라 바탕의 빠른 건조와 결합하는 것이었다. 그래서 화가들이 이 새로운 방법에 열광한 나머지 템페라 기법을 한순간에 도랑에 처박아버렸을까? 그렇지는 않다. 그 둘은 오랫동안 공존했고, 찰떡궁합이었다. 템페라와 기름의 혼합은 15세기 예술에선 매우 흔했다. 가장 초기의 한 예로는 코시모 투라Cosimo Tura의 화려한 〈우화적인 인물(Allegorical Figure, 1459~1463)〉(〈삽화 11-2〉)이다.

그런 광택제는 일종의 색 필터로 작용한다. 청색 바탕 위에 붉은색 착색안료 광택제를 바르면 진한 보라색이 나타난다. 여러 겹의 기름 광택층을 조심스럽게 구축하여, 에이크는 그 당시처럼 지금도 생생한 보석 같은 색을 만들었다. 투라의 〈참사회원 반 데르 파엘레와 함께 있는 성모(The Madonna with Canon van der Paele, 1436)〉가 지금보다 당시에 더 색이 풍요롭다고 보긴 힘들다. 그리고 〈아르놀피니의 결혼(Arnolfini Marriage, 1434)〉(〈삽화 5-5〉)의 그 전설적인 색감은 서양 미술품 중에서 가장 존경받는 작품이 되는 데 기여했다.

이런 기법들을 에이크 혼자서 고안했는지는 분명치 않지만, 그런 기술들은 15세기의 플랑드르 화가들이 널리 사용하고 있었으며, 그들 중 로히어르 판 데르 베이던Rogier van der Weyden과 같은 몇 명의 화가가 남쪽의 베니스를 방문하면서 그 지식을 전해주었다. 이탈리아 사람들도 이미 15세기 초에 기름을 실험하고 있었으며, 그 세기 말에는 유화 물감이 그들의 압도적 매개체가 되어 있었다.

유화 물감이 대중성을 획득한 이유엔 다른 장점들도 있었다. 기름 속에서 안료 입자는 하나씩 기름 피막층에 의해 분리된다. 그래서 템페라에서 서로 화학 반응하던 안료들이 기름에선 안정적으로 결합되었다. 이제 화가들은 팔레트 위에서 안료를 혼합하는 것에 대해 덜 두려워했다. 그리고 유화 물감의 서서히 마르는 성질은 자연주의 화가들에게 유리하게 작용했는데, 색조를 섞어 캔버스에서 윤곽을 흐리게 할 수 있었던 것이다. 이것은 특히 피부 색조에 딱 들어맞았다. 빌럼 데 쿠닝Willem de Kooning은 한때 "살은 유화가 발명된 이유이다."라고 했다. 그래서 템페라 작품의 특징인 날카로운 윤곽선은 새로운 양식에 길을 내주게 되었다. 기름은 화가에게 그의 재료들과 신체적으로 결투하게 고무했는데, 생애 말기의 티치아노를 보고 한 평론가는 '붓이 아니라 손가락으로 더 많이 그리는' 화가라고 했다.

바사리는 1550년의 글에서, 틀림없이 유화의 미덕을 한 점 의심 없이 칭송하고 있다.

> 회화의 예술에서 가장 아름다운 발명이자 위대한 편리함은 기름에서 채색하는 기법을 발견한 것이다. 이런 기법으로 그린 그림에서 그 안료들은 스스로 불타오르며, 근면함과 헌신 외에는 달리 필요한 것도 없다. 기름 자체가 다른 어떤 전색제보다 그 색들을 부드럽고 더 좋아지게 하며 더욱 섬세하고 더욱 쉽게 혼합되게 만들기 때문이다. 그 작품이 다 마르지 않은 시간 동안, 그 색들은 서로 쉽게 혼합하고 결합한다. 이런 방법으로 화가들은 그림 속 인물들의 훌륭한 우아함, 활발함과 생기를 전한다.[5]

그러나 전색제를 바꾸면 필연적으로 그림 물감통을 바꾸게 된다. 다른 전색제처럼 기름도 원안료의 색을 바꾸기 마련이다. 기름의 굴절률이 계란 노른자와 다르기 때문에, 안료가 양쪽에서 반드시 같은 색이 되지는 않는다. 기름에서 울트라마린은 계란 템페라에서보다 더 검다. 그래서 그 짙은 청색은 약간의 연백안료lead white를 함께 섞어야 되찾을 수 있다. 순수성에 대한 이런 모욕으로 울트라마린은 중세에 보였던 신비함을 유지할 수 없게 됐다. 비슷하게 중세의 붉은 보석이었던 버밀리언도 기름에서 생기가 떨어져 붉은색 착색안료들은 더 큰 호응을 받았다. 녹색 공작석(말라카이트)은 낮은 굴절률 때문에 기름에선 굉장히 투명해졌고, 그 사용이 줄어들게 되었다. 버디그리스도 기름에서 비슷한 고통을 겪었으며, 흔히 연백안료나 레드틴 옐로와 섞어 불투명성을 회복했다. 나무 수지에서 발견되는 유기산의 구리염인 수지산염 구리copper resinate라는 대체 녹색이 15세기 중반 경에 대중적으로 사용되었다. 기름 전색제를 이용하는 이런 결과들은 적어도 14세기 말에 북유럽에 알려져 있었다. 『예술 종합서[artium (Book of Divers Arts)]』라 불리는 이 시대의 저서는, 기름 속에서 '아주르'(울트라마린 혹은 아주라이트)가 어떻게 검어지는지, 인디고는 마르지 않는 것인지, 버밀리언은 적납과 함께 사용해야만 하는지를 설명하고 있다. 한때 그토록 귀중했던 적색의 그런 타락을 중세 화가들이 보았더라면 경악했을 것이다.

:: 새로움의 매혹

수지산염 구리의 도입은 15세기의 화학자들이 여전히 새로운 색을 찾고 있다는 하나의 징표에 불과하다. 그 안료는 버디그리스에서 만들어졌고, 일반적으로 소나무에서 추출한 테레빈 수지와 결합하여 만들었다. 비오페라 〈플로렌스(Florence, 1601)〉의 저자 비렐리Birelli는 1601년에 한 가지 비법을 기술하고 있다.

1파운드의 고운 흰색 테레빈 수지, 3온스의 유향 그리고 반 온스의 새 왁스를 구해라. 이 모든 재료를 새로 유약을 입힌 단지에 함께 넣고, 앞서 말한 재료들을 적당한 세기의 석탄불로 끓여라. 그리고 이 재료들에 1온스의 버디그리스를 더하는데, 조금씩 조금씩 넣어라. 작은 막대로 단지를 계속 휘저어주어야 잘 혼합된다.[6]

이런 공식을 보면 수지산염 구리가 잘 규정된 안료로, 그 준비가 꼼꼼하고 계획적이었을 것이란 생각이 든다. 착각이다. 진실은 좀 모호하다. 현재 '수지산염 구리'로 통하는 물질의 일부는 약간의 수지염 니스를 유화 물감으로써 혼합된 버디그리스에 첨가한 결과일 것이다. 화가들이 좀 더 부드럽고 단단한 마무리를 얻기 위해 물감과 수지를 섞는 것은 일반적인 관행이었다. 에이크도 그렇게 했을 것이다. 그가 유화를 '발명'했다는 전설엔 그의 형, 후베르트Hubert의 실험에서 유래했다는 설도 들어 있다. 그는 니스가 햇살로 갈라지는 현상을 막기 위해 그늘에서 마르게 될, 끓여서 농도가 짙어진 기름으로 만든 니스를 실험하고 있었다.

그래서 수지산염 구리는 녹색 구리산염과 수지를 섞은 다양한 화합물을 포괄하는 근대적 용어로, 울트라마린이나 적납과 같은 하나의 신분을 가진 안료는 아니었다. 그러나 이런저런 형태에서, 이 새로운 녹색은 15세기 말에서 16세기까지 열정적으로 사용되었다. 특히 그 녹색을 사용한 주목할 만한 인물로는 조반니 벨리니Giovanni Bellini, 라파엘, 헤라르트 다비트Gerard David, 틴토레토Tintoretto, 파올로 베로네세가 있다. 그러나 직후 그 안료는 갑자기 종적을 감췄는데, 그 아킬레스건이 분명해졌음을 나타낸다. 수지산염 구리는 적어도 일부 공식에서 빠르게 검어지면서 갈색으로 변색되었다.

색을 자연에 조화시키려는 인문주의적 관심은 특히 녹색의 수요를 부추겼다. 화가들은 청색과 노란색으로 폭넓은 녹색을 만들기 위해 혼합에 대한 습관적인 거부감을 극복했다. 심지어 귀하신 색인 울트라마린도 그 목적에 동원되었다. 전통적인 공식 대신 새로움을 추구하는 이 화가들은 새로운 착색제를 그 어느 때보다 굶주려했다.

르네상스의 청색

새로운 청색에 대한 욕망은 뚜렷했다. 울트라마린은 15세기 말에도 여전히 엄두가 안 날 정도로 비쌌고, 아주라이트도 절대 싸지 않았다. 화려한 청색을 원했지만 이 두 색의 비용이 감당되지 않던 후원자나 고객에게 대안이 있었다. 그것은 합성한 '코퍼 블루copper blue'로 본질적으로 아주라이트의 인공 물질이었다[염기성 탄산구리(basic copper carbonate)]. 그 구성이 잘 이해되지 않았던 그 안료들은 다시 언어적 혼란에 휩싸였다. 같은 안료를 다른 제조업자가 다른 수단으로 생산하면 다른 이름이 붙었다. 게다가 그 안료들이 그 물질이 아니라 보편적인 상표나 심지어는 추상적인 색 용어가 되면서, 해당 안료 이름이 다른 물질에 붙기도 했다. 화가들이 자신이 현재 무슨 안료를 사용하고 있는지 늘 알고 있었던 것만은 아니었다!

예를 들어 17세기 영국 화가들에게 천연 아주라이트는 블루 바이스blue vice 혹은 단순히 바이스로 통했을 것이다. 14세기에 바이스bys는 단순히 '어둠dark'을 의미하는 형용사였다. 그래서 '아주르 바이스azure bys'는 짙은 청색dark blue이었다. 그러나 15세기에 바이스bys 혹은 바이스byse는 진짜 청색을 의미하는 색 용어가 되었고, 그 이름이 가장 보편화된 청색 안료인 아주라이트에 붙게 되었다. 17세기에 그것은 다른 의미는 없었던 것으로 보인다. 그러나 18세기에 보면, 그것이 구체적인 색의 의미는 내포하지 않은 채 어떤 물질에 적용된 것이 발견된다. 이제 '바이스bice'는 구리염 안료(일반적으로 탄산염)에 대한 보편적인 이름이 되었고 청색 물질뿐만 아니라 녹색 물질도 언급할 수 있게 됐다. 점차로 그 단어는 인공적인 코퍼 블루를 의미하게 되었고, 그리하여 우리가 그 용어를 근대 문헌에서 볼 수 있게 된 것이다.

로저먼드 할리Rosamond Harley는 1600~1835년까지 화가들의 안료에 대한 대대적인 조사에서, 블루 바이스와 블루 녹청blue verditer으로 알려진 안료를 구별했다. 블루 녹청은 의심의 여지없이 합성 구리 안료였다. 그러나 블루 녹청은 이미 모순어법에 근접하고 있는 중이었는데, 그 단어는 옛 프랑스어 베르드 드 테르verd de terre, 즉 '녹사green earth'에 어원이 있다는 것을 인식하기란 그리 어렵지 않기 때문이다. 이로부터 최초의 합성 녹청은 참으로 녹색이었으며, 그 후 블루 녹청이 뒤따랐다는 걸 유추할 수 있다.

녹색과 청색의 녹청은 구리, 탄산염, 수산화물 이온의 같은 화학 성분을 가지고 있으며, 그것은 또한 천연 아주라이트도 마찬가지이다. 그러나 탄산염 대 수산화 이온의 비율이 조금만 변해도 구리 이온이 주는 색이 변하게 된다. 탄산염이 적으며, 그 물질은 녹색이 된다. 아주라이트에서 탄산염과 수산화 이온은 같은 비율이다. 그린 녹청에서, 탄산염이 수산화 이론의 두 배이고, 그것은 구리 광물 공작석에서도 마찬가지이다.

이런 종류의 인공 구리 안료는 종종 '세공사의 녹청refiner's verditer'이라고도 불린다. 이것은 그 기원이 은 세공에 있음을 반영하고 있다. 천연 은은 종종 구리와 섞여 있다. 그래서 구리를 제거하기 위해, 구리를 물에서 용해되는 질산구리로 전환시킨다. 17세기 스위스 의사인 시어도어 튀르케 메이언 경Sir Theodore Turquet de Mayerne이 주장하길, 약 100년 전에 은 광부들이 질산구리 용액에 석회석(탄산칼슘)을 뿌리자 그것이 바로 녹색으로 변했다는 것이다.

그러나 이런 우연한 과정은 또한 매우 변덕스러워 통제하기가 어렵다. 그것은 어떤 땐 녹색의 안료를 어떤 땐 청색의 안료를 낳았다. 로버트 보일이 17세기에 블루 녹청의 제조를 조사했을 때, 이러한 못 믿을 성질에 대해 말했다. 1662년, 보일의 동시대의 사람인 크리스토퍼 메렛Christopher Merret은 그 상황을 다음과 같이 서술하고 있다.

하도 작아서 거의 분간할 수도 없는 정밀함이 이 색 아니면 저 색을 만드는 것을 보면 매우 기이하고 신기한 생각이 든다. 세공사들은 녹청을 만들면서 이런 변덕을 일상적으로 겪는다. 이 세공사들은 종종 강수(Aqua-fortis, 질산) 대신 같은 재료들을 같은 양으로, 그리고 같은 동판 조각과 호분(Whiting/chalk, 석회석)을 가지고 아주 훌륭한 청색 녹청을 만드는데, 그렇지 않으면 질 좋은 혹은 질 나쁜 녹색이 나온다. 여기에 어떤 논리도 부과할 수도 없고, 훌륭한 블루 녹청을 변동 없이 만드는 확고한 규칙을 세울 수도 없다. 손해가 막심하게도, 블루(Blew)는 그린(Green)보다 몇 배나 더 가치가 높다.[7]

그와 같은 수수께끼는 화학자들에게 참을 수 없는 도전의식을 불러일으켰지만, 18세기 말에나 가서야 펠리에Pelletier라는 프랑스인이 그 2가지 색을 구별하여 제조할 수 있었다. 그 제품이 청색일지 녹색일지를 결정하는 것은 바로 온도였다. 그래서 세공사들의 당혹감을 기후의 변덕으로 설명할 수 있을 듯하다.

17세기에 이르면, 청색 녹청은 단순한 부산물이 아니라 그 자체로 산업의 관심사가 되었다. 프랑스에서, 그것은 청색 재blue ashes라는 뜻의 상드르 블루cendres bleus로 알려졌는데, 울트라마린 재라는 저질 안료와 위험스러운 혼동을 일으켰다. 일이 더욱 꼬인 것은, 18세기의 일부 영국 제조업자들이 그것을 자신들의 것인양 영국식으로 그럴싸한 이름을 만들어, '샌더스의 블루Sanders blue'로 팔았다는 점이다. 한동안 이 안료는 블루 녹청 혹은 당시 부리던 이름인 블루 바이스와는 다른 안료라는 전제하에 팔렸고, 아니면 적어도 그렇게 팔았다. 명저술『예술 교본(The Handmaid to the Arts, 1758)』의 저자인 화학자 로버트 도시Robert Dossie는 샌더스 블루와 블루 녹청이 동일한 제품임을 알고는 당혹했다고 회고했다.

녹청 제조과정은 아마도 은으로부터 신비로운 청색 물질을 만들기 위한 중세 말 비법의 뿌리에 놓여 있을 수 있다. 울트라마린을 만드는 기술이 완벽하기 전에, 이 '실버-블루'는 모든 청색 안료 중에서 최고인 것으로 알려지고 있었다. 그 비법은 다양하지만, 일반적으로 은을 식초나 암모니아 증기에 노출시키는 것을 포함한다. 추측컨대, 은에서 합금된 구리 금속이 청색 구리염을 형성하기 위해 반응한 것일 것이지만, 그 신비는 은이 매우 순수해서 구리 오염물이 없어야만 한다는 일반적인 상술에 있다(그리고 중세의 은세공사는 분명 이것을 성취할 수 있었다). 그 비법들이 '사라센'에서 기원한다는 흔한 말은 그 기원이 연금술에 있다는 방증이다. 그래서 여기엔 어떤 금속이 다른 금속으로 변할 수 있다는 금속에 대한 일부 혼란이 은폐되어 있다.

첸니노는 인공적인 블루 코퍼 안료를 전혀 언급하지 않았지만, 그 안료는 최소한 16세기에는 보편화된 것으로 보인다. 그 안료는 상대적으로 저렴했기 때문에 실내 장식가들이 선호했다. 17세기엔, 세공사들의 블루 녹청이 디스템퍼와 유화 물감으로써 가정용 페인트의 표준재료가 되었다. 블루 녹청은 월트셔에 있는 보우드 하우스Bowood House의 대응접실에서처럼 영국 저택의 벽에서 흔히 발견된다. 말하자면 그 안료는 가장 초기의 '상업적' 안료 중 하나였다.

도시가 상업적 색의 무분별한 사용을 거세게 비난한 것도 당연했다. 하지만 그런 비난도 현실을 충분히 반영한 것은 아니었다. 그가 블루 바이스를 구입했다면, 그것은 구리염의 안료가 아니라 전혀 다른 제품으로, 스몰트smalt라는 청색 코발트를 함유한 유리였던 것이다.

스몰트의 기원은 애매하다. 전해오는 설에 따르면, 보헤미안의 유리 제조업자 크리스토퍼 쉬러Christopher Schürer가 1540년과 1560년 사이에 스몰트를 발명했다고 한다. 그러나 디르크 바우츠의 〈그리스도의 매장(The Entombment, 1455)〉을 보면 이 말이 거짓임이 탄로나는데, 그것은 아마 14세기 이탈리아 유리제조업자의 업적으로 보인다(15세기 말 조반니 벨리니의 스몰트 사용은 유리 제조 기술에 대한 그의 관심에 기인하고 있다). 또 다른 가능성은, 그것이

유럽의 발명품이 아니라 근동Near East의 것이라는 설이다. 어쨌든 코발트 광석은 색 유리를 제조하기 위해 고대 이집트 사람들이 사용했고, 청색 에 나멜과 광택제를 만들기 위해 페르시아 사람들이 사용했다.

코발트색은 여러 광물에서 천연으로 발생하며, 특히 주목할 만한 광물 은 비코발트석smaltite이라는 코발트와 비소화 니켈의 화합물이다. 이 광물 은 공기에 노출되면 광부들에게 '코발트 화cobalt bloom'로 알려진 화려한 청 색 섬유 결정을 형성한다. 코발트 광석은 작센 지방에 풍부하고, 게오르기 우스 아그리콜라의 저서 『광물에 관하여』에서 그곳 은광업자들에게 '광부 들의 젖은 발과 손을 썩게 하고 폐와 눈에 상해를 주는 어떤 종류의 캐드 미아(cadmia, 코발트, 아연 광석)'를 조심하라고 경고하고 있다. 아그리콜라의 독일어 번역본에서, 이 악마의 금속을 코벨트kobelt라고 부르고 있는데, 그 광산에 출몰하여 광부들을 괴롭히는 작은 도깨비gnomes와 악마goblins를 지 칭하는 이름이었다. 학자 요한 마테시우스Johann Mathesius는 1562년에 '악마 와 그의 악마의 패거리들이 그들의 이름을 코벨트에게 주었든 말았든, 코 벨트는 은을 포함하고 있기는 하지만 상해를 가하는 유독성 금속이다'라 고 경고하고 있다.[8]

스몰트는 16세기 중반에 널리 사용되는 안료였고, 이때쯤 그것은 대규 모로 제조되고 있었으며 그 주산지는 네덜란드였다. 그 방법은 17세기에 유리 세공업자였던 쿤켈J. Kunckel이 기술한 것과 유사했을 것이다. 그에 의 하면 그 광석을 구워 독성 비소를 함유한 증기를 빼내면 잔여물은 산화코 발트가 된다. 이것을 가루로 분쇄한 후 석영(모래)과 칼륨과 함께 가열하면 액체 유리가 나온다. 이것을 물에 담그면 조각조각 갈라지고, 그것을 안료 를 만들기 위해 분말로 간다. 강하고 깊은 청색을 유지하려면 스몰트를 너 무 미세하게 갈지 말아야 한다. 그 결과 그 안료는 거친 조직 때문에 칠하 기가 어렵다.

최상위 급의 스몰트는 자줏빛을 띠며 울트라마린의 대체물이 되었다. 그러나 그 광택은 기름과 섞이면 안타깝게도 퇴색되었다. 스몰트는 수채 물감이나 프레스코와 더 잘 어울렸다. 조르조네와 티치아노가 작업했던 베니스의 폰다코 데이 테데시Fondaco dei Tedeschi 창고 벽에 그린 프레스코에서 스몰트를 볼 수 있다. 아무튼 베니스의 화가들은 기름에서 스몰트를 사용하는 깃을 부끄러워하지 않았다. 티치아노는 그것을 〈저녁 풍경에 나타난 성모와 아기 예수(Madonna and Child in an Evening Landscape, 1560)〉에서 사용했고, 〈십자가에 못 박힌 예수(Crucifixion, 1560)〉과 〈곤차가 일대기(Gonzaga Cycle, 1579)〉를 비롯한 틴토레토의 많은 작품에서도 발견되고 있다. 반 다이크[〈여자와 아이(A Woman and Child, 1620~1621)〉], 루벤스[〈십자가로부터의 강하(Descent from the Cross, 1611~1614)〉], 렘브란트Harmensz van Rijn Rembrandt[〈벨사살 왕의 향연(Belshazzar's Feast, 1636~1638)〉]처럼 파올로 베로네세와 엘 그레코El Greco도 사용했다. 스몰트는 18세기 작품에서 흔하며, 1950년대에도 여전히 제조되고 있었다.

:: 색의 비용

부유한 후원자로부터 일감을 확보했던 르네상사의 화가들은 재료의 선택에선 부족함이 없었다. 그래서 그 화가는 그 그림을 프레스코, 나무 건판, 혹은 16세기 동안에는 밑칠이 된 캔버스(보티첼리의 〈비너스의 탄생〉은 천에 그린 가장 초기의 대작 중 하나이다) 중 어디에 그릴 지를 결정해야 하는 행복한 고민에 빠졌다. 그런데 그는 어떤 안료를 사용해 붉은색, 하늘색, 잎사귀 살색을 표현했을까?

그 후원자는 이에 대해선 할 말이 많았다. 예를 들어 1434년, 프랑드르의 화가 살라딘 디 스토에베르Saladijn de Stoevere는 겐트Ghent의 프란체스코 교회를 제단 벽화를 그리면서 선을 귀한 '아주르'(울트라마린 아니면 아주라이트)로 칠한 성모의 옷은 금색 천의 옷으로 광택은 지노페르(sinopere, 크림슨 착색안료)로 입혀야 한다는 지침을 받았다. 아주라이트는 투루네Tournai의 니카이스 바랏Nicaise Barat과 안토닝Antoing에 있는 성 베드로 교회의 1446년의 계약서에도 명시되어 있다. 그런 계약이 없으면 화가들이 어떻게 할지 후원자들은 알고 있었다. 알아서 하라고 모든 걸 맡기면, 화가들은 재료를 아끼려 값비싼 청색 대신에 스몰트나 인디고를 사용할 것이다. 디르크 바우츠의 〈최후의 만찬(Last Supper, 1464~1468)〉엔 울트라마린은 없고 오로지 아주라이트뿐이다. 계약서에 재료 조항은 없었을 것이다. 르네상스 시대에 울트라마린에 대한 알렉산더 서룩스Alexander Theroux의 말이 걸작이다.

"굳이 사용하지 않아도 된다면 구두쇠 전략도 용서받지 않을까?"

때론 계약자가 비용을 절감하기 위해 그런 타협에 동의했다. 조각가 오트마에르 판 오멘Otmaer van Ommen은 1593년 이프르에 있는 성 마틴 교회의 작품을 의뢰받으며 그 작품을 스몰트나 값싼 구리 청색의 변형품으로 칠해달라는 요청을 받았다. 그런 경우, 후원자는 화가에게 싸구려 안료가 비싼 안료처럼 보이는 기술을 발휘해달라고 간청한다.

장인 조합 길드는 시행 표준을 정하여 회원들이 값싼 재료를 비싼 재료로 바꿔치기 하는 행위를 금지했다. 플로렌스 화가들은 1315~1316년에 울트라마린 대신에 아주라이트를 사용하는 것을 성문법으로 금지했고 1355년 시에니스Sienese 법 규정은 적색토나 적납을 비싼 버밀리언 대신 사용하는 것을 금지하고 있다. 길드는 또한 인색한 고용주를 만났을 때, 회원들의 권리를 주장해야만 했을 것이다. 그러나 화가들은 인플레이션에 시달리고 있었다. 1497년경, 필리피노 리피Filippino Lippi는 플로렌스의 필리포 스트로치Filippo Strozzi의 상속인들을 상대로 소송을 제기해야만 했다. 필리포는 필리피노에게 산타 마리아 노벨라 교회의 예배당을 장식해달라는 일을 맡겼는데, 그 일이 진행되는 중에 안료 값이 상승해 필리피노는 돈이 부족하게 되었던 것이다.

15세기와 16세기 초에 좋은 적색 착색안료는 매우 고가였다. 아직은 새롭고 특별한 제조 기술이 필요했기 때문이었다. 그래서 이런 색들을 계약시에 명시하는 일은 살라딘의 사례에서 보듯 특별한 행위가 아니었다. 착색안료들이 가장 호화로운 붉은색인, 연금술로 만든 버밀리언을 퇴출시켰다는 사실은 북유럽에서 버밀리언을 착색안료를 위한 단순한 바탕칠로 사용한 일반적인 관행이 되었다.

후원자들은 상대적으로 저렴한 노란색, 녹색, 검은색을 쓰는 것에 대해 별로 개의치 않았다. 그래서 화가들도 질은 좋으나 비싼 웅황 대신 레드틴옐로를 사용했다. 이 시대에 루카스 크라나흐만이 웅황을 사용한 유일한 독일 화가로 알려졌다. 그마저도 그가 약국을 소유하고 있어 그가 그 진귀한 재료에 손쉽게 접근할 수 있었다는 사실과 무관하지 않다.

중세에 소비가 두드러지게 줄어든 대표적인 안료는 금이었다. 금박 입히기는 분명 비자연적이다. 편평한 바탕에 입혀진 금박은 3차원의 황금처럼 보이지는 않는다. 알베르티는 금의 외관은 빛의 반사에 따라 변한다고 경고한다.

"평면 패널 위에 금색을 칠하면, 빛으로 환하게 빛나야 할 많은 부분이 관객에겐 어둡게 보이고, 더 검어졌어야 할 표면은 더 밝아보였다."[9]

이런 이유로 그는 화가들이 금이라는 금속 자체가 아니라 안료와 기술을 사용하여 양단(비단)과 같은 황금빛 표면을 표현하라고 강력히 권고하고 있다. "색으로 황금빛을 모방하는 화가들에게 더한 존경과 칭송이 따르기 때문이다."

15세기에 걸쳐 도금이 쇠망하는 과정을 추적하는 것은 몹시 흥미진진하다. 중세의 금박 밑칠과 나중의 더 자연스런 금의 사용을 말해주는 아주 호기심어린 변화과정을 보여주는 작품 한 편은 〈성 후베르투스의 회심(The Conversion of St Hubert: Left Hand Shutter)〉이다. '마리아 전의 화가'Workshop of the Master of the Life of the Virgin'*가 15세기 후반에 그린 작품이다. 이 그림에선 황금색 '하늘'이 자연스런 풍경과 나란히 공존하고 있다(먼 언덕을 푸른색으로 처리하는 공기원근법을 책을 통해 배운 것 같기는 하지만 자연에 대한, 레오나르도 다빈치와 같은 친절함은 전혀 없다). 조반니 드 알레마그나Giovanni D'Allemagna와 협력하여 베니스의 안토니오 비바리니Antonio Vivarini가 그린 〈성모와 네 성인(The Virgin and Four Saints, 1446)〉에서, 마돈나의 후광과 옷의 양단 일부에 금이 사용되었지만, 옥좌와 패널화로 처리된 벽은 노란색 안료가 칠해졌는데, 얼마나 정교한지 거의 눈을 속일 정도이다. 이미 화가의 솜씨가 재료의 가치를 뛰어넘고 있다는 반증이다. 빈센초 포파Vincenzo Foppa의 〈동방박사의 경배(The Adoration of the Kings, 1510~1515)〉(〈삽화 6-2〉)에서 예수 탄생을 축하하러 온 동방박사들의 왕관은 여전히 붉은 광택의 금가루로 처리되었지만 나머지는 르네상스 양식을 따르고 있다. 그리고 카를로 크리벨리Carlo Crivelli의 〈성 에미디우스가 있는 수태고지(Annunciation, with St Emidius, 1486)〉(〈삽화 5-6〉)는 순수하고 거의 현학적인 원근법과 풍요롭고 다양한 색이 사용되었다. 그러나 성모의 이마를 내리쏘는 하늘에서 내려오는 빛은 금박이다. 여기서 금박의 비자연적인 특징은 우리에게 천국의 빛은 자연 저 너머에 존재한다는 것을 상기시키는 역할을 한다. 그것은 인간의 경험이 화가의 스승이자 인도하는 자로써의 신적인 권위를 몰아내기 전에 중세에 보내는 이별의 독설처럼 느껴진다.

재료가 그 상징적인 미덕을 잃었기 때문에 이제 색의 결정은 순전히 경

---

* 독일의 일명(逸名) 화가. 1460~1490년에 활동한 쾰른 화파의 화가. 따사롭고 화려한 색채와 예리하게 굴절하는 윤곽으로 홀쭉한 인물들의 경건한 종교 생활을 뛰어나게 그려냈다.

제적인 문제가 되었다. 16세기 초 안료의 주요 공급처였던 약국의 가격표는 색의 선호도를 알 수 있는 좋은 지표가 되고 있다. 1471년, 네리 디 비치Neri di Bicci는 플로렌스에서 훌륭한 녹색(verde azurro, 아마도 공작석), 훌륭한 적색 착색안료와 비싼 노란색 착색안료arzicha보다 온스당 2.5배를 더 주고 훌륭한 아주라이트를 샀다. 지알롤리노(여기선 'giallo tedescho', 아마도 레드틴 옐로)는 아주라이트의 10분의 1 가격이었고, 연백은 그 비용이 겨우 100분의 1이었다. 한편 울트라마린은 아주라이트보다 10배가 더 비쌌다. 가격 차이가 오늘날과 비교가 안 될 정도로 터무니없이 커서, 색의 선택도 그에 반비례하여 영향을 미쳤을 것이다.

그리고 화가는 재료를 구하기 위해 여행을 감수해야할 때도 있었다. 많은 대도시가 훌륭한 공급처였지만, 최고급 안료는 종종 주요 상업도시에서만 구할 수 있었다. 플로렌스는 바로 그런 도시로 먼 객지의 화가들을 끌어들였다. 프랑스 화가인 기욤 드 마르실라Guillaume de Marcillat는 아레조Arezzo에서 프레스코를 그리기 위해 그 도시에서 스몰트와 토성안료를 훨씬 저렴하게 주문했다. 스트로치 예배당에 그릴 그림을 계약하면서 리피는 플로렌스에서도 그가 원하는 재료를 구하지 못할 수 있다는 내용을 계약에 포함하고 있다. 그래서 베니스로 여행할 필요가 있을지도 모른다는 내용을 언급하고 있는데, 안료를 구하기 위함일 것이다. 독일과 프랑스 화가들은 쾰른으로 여행하곤 했고, 플랑드르 화가들은 앤트워프와 브뤼주로 모여들었다.

이런 여행은 사소한 임무가 아니었다. 여행에 필요한 세부사항이 계약상에 포함되기 때문이다. 그래서 화가는 조심스러워야 했다. 재료가 남으면 동료들에게 팔 수도 있지만, 부족할 경우는 또 다른 문제가 발생했다. 그리고 지리적인 제약도 있었다. 다양한 색의 유용성과 품질은 지역마다 달랐기 때문이다.

그래서 화가들이 재료를 그토록 보물처럼 소중하게 간직한 것도 이상하지 않으며, 준비와 적용에 그토록 신경 썼던 것도 당연하다. 그런 2가지 일은 종종 공방에서 도제가 담당했지만 정확한 표준에 따라 적용되었다. 당시 관행처럼 뒤러도 의뢰받은 작품을 모두 직접 붓 칠하지는 않았다. 그러나 자신이 직접 붓을 잡게 되면 그는 팔레트 위의 색을 손수 갈아 개인적으로 정제한 기름과 혼합했다. 마무리 작업을 할 때는 직접 만든 니스만 신용했다. 다른 사람이 만든 색을 사용할 경우 그림이 탈색될지 모른다는 점을 우려했다(아마도 그런 우려는 충분히 타당했을 것이다).

> 1년, 2년, 혹은 3년 후에, 나는 다른 사람이 모르는 새로운 니스로 그 그림들을 새로 칠할 생각입니다. 그러면 새 생명을 100년은 더 얻게 될 것입니다. 다른 사람에게 니스 칠을 맡기지는 않을 생각입니다. 보통 니스는 노란 색인데 그것은 내 그림을 망칠 게 분명할 것이기 때문입니다.[10]

뒤러가 그림들에 아낌없이 쏟아부은 보호와 관심은, 그가 한 제단 벽화에 들인 노력을 서술한, 1508년 야콥 헬러Jakob Heller에게 쓴 편지에서 잘 드러난다. "나는 대략 4번, 5번, 아니면 6번 밑그림underpaint을 그릴 생각입니다."[여기서 밑그림이란 바로 그 밑칠(undercoat)이다]. 1년 후 그는 덧붙였다.

"저는 제가 구할 수 있는 최고의 색만 사용하고 있습니다. 특히 훌륭한 울트라마린은 …… 그리고 이제 다 그렸기에 그 그림이 더 오래 갈 수 있도록 최종적으로 두 번 더 니스를 입혔습니다."

우리는 화가들이 그 방법을 알고 있는 한 영원할 그림을 그리고 있다는 사실을 알 수 있다.

:: 색의 도시

르네상스에서 색의 사용이 천박한 상업과 돈벌이에 연관되었는지를 알고 싶다면, 동방에서 온 신기한 안료들이 제일 먼저 도착하여 다시 서부 유럽으로 전해지던 이합집산의 도시 '베니스'를 들여다보면 된다. 그 섬 항구는 9세기 초부터 아랍과 무역을 하고 있었다. 마틴 다 카날Martin da Canal은 『베니스 연감(Cronique des Venitiens, 1267~1275)』에서 "상품이 마치 물이 연못을 통해 흘러가듯이 이 귀족 도시를 통해 유통된다"고 서술하고 있다. 에게 섬에선 설탕과 와인이, 극동에선 향료, 자기 제품, 보석이 왔다. 북유럽은 광물질, 금속, 면직물을 공급했고, 이집트와 소아시아는 보석, 염료, 향수, 도자기, 안료, 칼륨명반, 그리고 풍부한 직물의 원천이었다.

베니스는 또한 베니스 해군이 참전했던 13세기와 14세기의 십자군 전쟁 후에 비잔틴 예술이 콘스탄티노플에서 서양으로 전해지는 주요한 도관이었다. 비잔틴 예술은 휘황찬란한 보석작품에서 화려함을 자랑한 예술로, 빛과 공간의 인상을 전하기 위해 화려한 색을 사용했다. 베니스 예술가들의 마음을 사로잡은 것은 브루넬레스키의 수학적 원근법이 아니라 바로 이런 특질이었다. 그들이 분명 원근법을 사용하고는 있었지만, 기하학으로 계산된 것이 아니라, 공간이란 보고 느낄 수 있는 어떤 것이란 강력한 관념에서 나온 것이었다.

아마도, 그 도시 기후가 베니스 양식을 결정하는 데 중요한 역할을 했을 것이다. 그 도시의 고온다습한 분위기는 빛의 미묘한 변화를 일으키고, 수로는 강력한 반사를 일으켜 토스카나와 이탈리아 중부의 강한 햇살을 배경으로 안개가 몽롱한 양식을 만들게 했다. 산마르코의 베네치안 바실리카(공회당)를 그토록 눈부시게 만든 비잔틴 양식의 모자이크는 아른거리는 광학적 효과 속에서 그 도시의 화가들을 가르치는 교사역할을 수행했다.

베니스 화가들은 그 항구로 들어온 새로운 색으로 실험하는 데서 커다란 기쁨을 누렸다. 티치아노는 유난히 다양한 안료를 사용해, 1490년경에 베니스에서 유용했던 르네상스의 유일한 '진짜' 오렌지색이었던 계관석에서 웅황까지 섭렵했다. 훌륭한 안료의 최고 공급지라는 베니스의 명성은 스트로치 예배당을 그리기 위한 필리피노 리피의 계약서에서 보이는 여행 승인 조항에서 분명하게 나타난다. 코시모 투라는 벨리구아르도 예배당에 그릴 자신의 작품에 필요한 재료를 조달하기 위해 1469년 페라라에서 베니스로 왔다.

베네치아 화가들은 1440년경부터 캔버스를 그림을 그리는 주요 재료로 채택했는데, 이것은 이탈리아의 어느 곳보다 빠른 것이다. 아마도 급성장하고 있던 조선기술 때문에 돛의 제조가 활기를 띤 덕분이었을 것이다. 이런 호조건은 초호(환초에 둘러싸인 얕은 바다)의 습기 차고 짠 내 나는 공기와 더불어 이탈리아 중심보다 더욱 욕심 사납게 프레스코를 추구하게 만들었을 것이다. 캔버스의 그 거친 질감은 플로렌스 화가들이 패널 작품에서 실행하던 상쾌함 위에 흐릿한 경계선을 그리기에 좋았다. 베네치아 화가 틴토레토는 이 질감이 제공하는 가능성을 가지고 실험을 했다. 그는 대형 작품에서 더 먼 거리에서 봤을 때 거친 입자의 직물로 얻는 효과를 위해 캔버스를 매끄럽게 만들던 두꺼운 석고 칠을 포기했다. 티치아노는 광학적 혼합과 같은 효과를 보려고 그 입자를 사용했는데, 붓질이 그 직물 표면 위로 지나간 곳에서 거친 입자의 틈들 때문에 밑칠을 한 바탕색이 드러나도록 하는 것이다. 바사리가 그토록 찬양해마지 않던 노력의 흔적을 지우는 그런 것 따위는 존재하지 않았다. 중국과 일본의 예술가들처럼 티치아노는 붓놀림의 에너지를 선명하게 남겨두었으며 그래서 그의 그림은 활력이 넘친다.

1470년대에 조반니 벨리니가 유화 기법을 베니스로 도입한 이래, 베네치아 화가들은 그 기법을 이용해 과감하고 화려한 색을 창조했다. 드라마, 열정, 고조된 감성을 말하는 시적인 시각적 언어 구성물이었다. 그들의 그림은 플로렌스의 이성적 방법과는 대조를 이루는 감각의 예술이었다.[11]

바사리의 말에 따르면, 르네상스 전성기의 베니스 3대 작가, 조르조네, 티치아노, 세바스티아노 델 피옴보Sebastiano del Piombo는 모두 벨리니의 화실에서 교육을 받았다. 거기에서 그들은 여러 층의 광택으로 풍요롭고 복잡한 색의 그러데이션(명암의 이행 혹은 색의 이행)이란 양식을 배웠을 것이다. 티치아노는 이런 방법을 극단적으로 사용했다. 몇 작품은 해석이 거의 불가능할 정도로 복잡한 겹층의 물감 구조를 가지고 있다. "30~40번은 광택을 내라!" 이 말은 분명 과장이지만, 그리 심한 과장은 아니다. 티치아노의 〈부활(Resurrection, 1519~1522)〉에서 아베롤디Averoldi 주교의 검은 망토를 분석한 결과 석회와 니스 사이에 각기 다른 9개 층이 드러났다. 연백, 버밀리언, 검댕, 아주라이트, 그리고 몇 종류의 바이올렛 착색안료가 확인되었다.[12]

구성으로써의 색

티치아노는 색을 구조적인 매개체로 사용한다. 장식 혹은 상징적인 목적이 아니라, 예술의 표현 수단이었다. 그의 그림은 색으로 구성되고 통합된다. 과거엔, 그림은 공간적 구성을 지시하는 규칙으로 일관성을 띠었다. 예컨대 마돈나(성모)는 항상 중심에 위치해야 했다. 티치아노는 그런 제한을 무시했다. 〈페사로 제단화(Madonna Di Ca' Pesaro, 1519~1528)〉에서 성모는 오른쪽에 위치하고 성 베드로는 중심을 차지하고 있으며, 그림의 균형은 성모를 …… 오, 맙소사! 깃발과 대치시켜 얻고 있지 않은가. 그러나 구조에서 시각적 만족을 주는 밝은 원색의 향연이라니! 성모의 붉은 옷은 붉은 깃발에 의해 조화를 이루며, 그녀의 청색 옷은 우리를 성 베드로의 옷의 청색으로 이끈다. 그 성자의 옷은 노란색 옷과 놀라운 대조를 이루고 있지 않은가!

티치아노의 초기 작품에서 보이는 강력한 고유색은 15세기의 '색채미술'의 분명한 후손으로 고립된 밝은 원색, 그 원색의 알베르티적인 적색과 녹색의 대비, 청색과 노란색의 대비도 그에 해당한다. 이런 강렬한 색상을 화해시킬 수 있는 티치아노의 능력은 기적처럼 보인다.

베니스 예술에서 그림 표면의 복잡성은 새로운 음영을 성취하기 위한 노력의 결과만은 아니다. 많은 작품이 그리는 중에 크게 변했다. 베네치아 화가들이 플로렌스 화가들과는 달리 언제나 처음부터 구도를 조심스럽게 계획하고 소묘에 들어간 것은 아니었고 그리면서 구성했다는 것을 시사한다. 조르지오도 그런 식으로 그림을 그린 최초의 인물에 들어간다. 그의 유명한 수수께끼 같은 그림 〈폭풍(The Tempest, 1508)〉을 X-선으로 검사한 결과, 왼쪽에 있는 군인 아래에 지워 없어진, 물에 발을 담그고 앉아 있는 여인이 보였다. 이런 변화는 말할 필요도 없이 그림의 전체 분위기를 근본적으로 바꾼다. 결국 조르지오가 그림을 시작하면서 고정된 아이디어를 염두에 두지 않았다는 점을 보여준다. 티치아노는 때때로 배경 그림을 완전히 그린 후, 그 위에 전경의 인물을 그렸다. 인물들 윤곽선 아래의 선명한 백색 바탕은 색이 광채를 보유하게 해준다.

이것이 티치아노의 가장 유명한 작품 〈바쿠스와 아리아드네〉(〈삽화 5-7〉)가 그려진 방법이다. 작품을 청탁한 후원자인 페라라의 알폰소 데스테 Alfonso d'Este 공작은 티치아노에게 카툴루스(Catullus, 고대 로마의 서정시인)와 오비디우스(Ovid 로마 제국 시인)의 저술을 보내어, 신화적 맥락을 알려주었다. 아리아드네가 그녀의 연인 테세우스Theseus가 탄 배가 떠나는 걸 지켜보고 있을 때, 바쿠스 신이 이룬 전차를 타고 도착해 뛰어내린 후 그녀가 자신의 여인이라고 주장한다. 아리아드네는 정중히 거절하지만, 바쿠스의 열정은 궁극적으로 성공한다.

〈바쿠스와 아리아드네〉에는 16세기 초에 알려진 거의 모든 안료가 사용되었다. 녹색은 공작석, 녹토green earth, 버디그리스, 그리고 '수지산염 구리'이다. 울트라마린도 넘치도록 사용되고 있다. 아리아드네의 옷뿐만 아니라 눈에 띄는 하늘, 먼 언덕, 그리고 심지어 일부 살색의 그림자에도 사용되고 있다. 아리아드네의 스카프는 버밀리언인데, 버밀리언의 강한 불투명성이 여기선 청색 옷과 대조를 이루기 위해 필요했다. 그리고 티치아노는 여기에 세밀하게 간 두꺼운 층 위에 거칠게 갈아 더 어두운 안료의 얇은 층을 덧칠해 추가적인 화려함을 더한다. 이러한 붓놀림은 화가가 재료에서 최고의 미를 뽑아내는 방법을 알고 있을 때에만 가능하다. 바쿠스의 수행원 중에서 심벌즈 연주자의 오렌지색 옷이 특히 생생한데, 티치아노가 여기서 베네치아 식으로 계관석을 이용하고 있기 때문이다.[13]

〈바쿠스와 아리아드네〉는 과감하고 차별화된 색으로 빛나고 있다. 그러나 티치아노는 알베르티의 색 대비 '규칙'을 파괴한다. 그래서 청색 옷을 청색 바다와 하늘 곁에 두고, 따뜻한 오렌지색과 황갈색 색조를 나란히 둔다. 옷과 바다의 구별은 재료를 이용해, 옷은 울트라마린을, 바다는 푸르스름한 아주라이트를 썼다.

티치아노의 〈한 남자의 초상화(Portrait of a Man, 1512)〉(〈삽화 5-8〉)에서 강력한 청색 소매는, 그림이 13세기 색의 완전한 평면 구조에서 얼마나 멀리 왔는지를 보여준다. '청색'은 지속적으로 색조와 색상에서 변하고 있으며, 사실상 그 대부분은 회색을 향하고 있다. 그러나 밝은색조의 전반적인 인상은 주로 어깨 위에 있는 더 강한 청색에서 오고 있다. 티치아노가 한 말이라고 전해지는데, 가끔 새겨볼 만한 말이 있다.

"화가란 모름지기 베네치아 적색(토성안료)을 사용해야 하지만, 그것이 버밀리언처럼 보이게 해야 한다."

티치아노는 후기 작품에서, 이런 미묘한 변화를 사용해 색이 연속성을 만든다. 이것은 전반적인 색조의 조화로 '색조회화^{tonal painting}'라는 양식이다. 그 양식을 〈수태고지(The Annunciation, 1559~1562)〉, 〈타르퀴니우스와 루크레티아(Tarquin and Lucretia, 1568~1571)〉, 〈다나에(Danae, 1553~1554)〉에서, 울비노 공작^{Duke of Urbino}을 위해 그린 〈우르비노 비너스(Venus of Urbino)〉에서, 그리고 아주 특별한 19세기의 인상주의로 곧장 우리를 끌고 갈 듯한 〈악타이온의 죽음(Death of Actaeon, 1559~1575)〉에서 볼 수 있다. 중세 말의 날카로운 윤곽과 대조되는 색은 폐기되고 있었고, 채색이란 주제가 전체 구성을 꿰뚫고 있다. '다나에'에서 그 주제는 여신의 몸과 그림자에서 보이는 장밋빛 마젠타 핑크^{magenta pink}로, 이 핑크가 깊어지며 드레이퍼리에선 마젠타와 조화를 이루고, 불타는 구름의 가장자리에선 바이올렛과 조화를 이룬다. 이 그림에 청색, 녹색, 회색이 있지만 그 색들이 그 장면의 통일성을 해치진 않는다. 티치아노가 그렇게 허락할 리가 있겠는가.

베네치아 화가들의 색조회화는 성분들의 분리가 아니라 결합을 위해 색을 사용하던 레오나르도의 방식과 공통되는 점이 있다. 그러나 이들은 밝은색조를 희생시키지는 않았다. 그것이 티치아노의 후계자인 틴토레토와 파올로 베로네세가 자신들만의 독특한 방법으로 채택한 양식이었다.

티치아노의 극적인 새로운 양식들은 베네치아 사람들에게 기쁨과 더불어 외경심을 자아내게 했다. 전설에 따르면, 황제 찰스 5세는 거장 티치아노가 작업 중에 떨어트린 붓을 주워주기 위해 등을 구부렸다고 한다. 이는 애원의 자세였으므로 그 말을 온전히 믿기엔 무리가 있다. 하지만 수백 년 동안 화가들은 티치아노의 그늘을 벗어나지 못했음을 느꼈을 것이다. 그러한 천재를 대체 어떻게 초월할 수 있단 말인가?

제6장

낡은 금빛

엄격한 색의 부활

우선 그림자를 가볍게 칠해라. 흰색이 그림자에 들어가지 않도록 조심해라. 흰색은 빛을 제외하곤 그림의 독약이다. 그림자에 흰색이 들어가 그림자의 투명성과 황금빛 따스함이 사라지게 되면, 색은 광채를 잃고 칙칙한 회색이 된다.

_ 루벤스의 글로 추정

어둠(dark)은 그림의 기본적인 색조이고, 어둠(darkness)은 그 그림들에서 많은 부분을 차지하고 있다. …… 그러나 인생은 얼마나 '어둠'으로 충만한가? 갈색이나 노란색과 같은 가장 밝은 중간 색조로 시작한 그림들은 점차로 광택과 강조를 통해 깊어지고 그래서 말 그대로 가치에서 말할 수 없이 풍요로워진다.

_ 막스 되너, 『예술가의 재료(The Material of the Artist, 1949)』, 렘브란트 편

티치아노가 죽은 지 대략 60년이 흘렀고, 영국 찰스 1세의 궁정화가인 네덜란드인 안토니 반 다이크Anthony van Dyck가 지금 왕실 후원자의 초상화 (〈삽화 6-1〉)를 그리고 있다. 왼쪽으로 먼 언덕과 하늘이 있고, 오른쪽으로 숲이 있으며, 지형은 중간에 있는 인물의 시설을 따라 부드럽게 경사지고 있다. 그런데 그 구성은 바다만 있다면 영락없이 바쿠스가 아리아드네를 놀래 켰던 그 장소이다. 그러나 비교는 거기까지이다. 티치아노의 하늘이 눈부시게 빛났지만, 반 다이크의 하늘은 칙칙한 회색빛이다. 티치아노의 잎은 봄철을 상징하지만, 반 다이크의 침울한 숲에선 여름이 지나가고 있다. 티치아노의 이미지에서 살결은 따스하게 타올랐고 휘감은 천은 생생하다. 하지만 찰스 1세와 말은 차가운 살색cool-fleshed이다. 심지어 왕의 안장 덮개조차도 색조가 옅다.

대체 그 사이에 무슨 일이 벌어졌기에, 색이 그토록 우울하고 억제된 것일까? 반 다이크는 티치아노가 사용했던 모든 색에 접근했다. 그러나 렘브란트의 제자 아르트 디 헬데르Aert de Gelder가 〈제욱시스로 분장한 자화상(Self portrait as Zeuxis, 1685)〉에서 사용한 색을 보면, 흰색이 오커를 통해 갈색과 검은색으로 옮겨가는 중에 적색만이 유일하게 밝은 원색으로 나타난다. 그리고 그 자화상은 그만큼만 빛을 반사하고 있다. 찰스 1세 머리 위, 반 다이크 하늘엔 울트라마린이 거의 없다. 주로 회색빛 청색greyish-blue 스몰트와 흰색이다. 안장 덮개는 인디고와 흰색이며, 잎사귀와 전경은 오커, 갈색, 그리고 검은색으로 광택을 내고 있다.

그 그림이 생기 없는 것을 모조리 반 다이크의 탓으로 돌리는 것은 온당치 않다. 니스가 검어졌고, 일부 착색안료가 퇴색되었으며, 스몰트 하늘은 탈색되었다. 그러나 그 화가는 분명 르네상스 예술의 풍부함을 모방하고 싶은 욕망은 전혀 없었다. 반 다이크는 종종 밝은색으로 이미지를 그리기도 했지만, 영국 궁정에서 그린 그의 초상화는 채색의 화려함을 경계하는 새로운 미학을 말해주고 있다.

그림에서 색의 창조와 사용의 이야기에서 바로크 시대는 한 편의 기이한 일화를 대표한다. 16세기 말과 17세기 화가들은 색의 선택에 있어 새로움보다는 절제와 통제를 더 쳐주었다. 17세기가 시작될 무렵, 지오르지오 바사리의 옹호자들과 이탈리아 예술원의 학자들은 색보다는 소묘의 우수성을 크게 확보한 상태였다. 이런 영향은 곧 프랑스로 퍼졌고, 옅은 물감과 검은 명암대조법(키아라쿠스코)은 유럽 예술의 지배적인 양식이 되었다. 프랑스의 니콜라 푸생과 클로드 로랭Claude Lorrain 혹은 네덜란드의 초상화가 프란스 할스Frans Hals 그리고 반 다이크를 떠올려 보면, 거기에 색의 풍요로움은 없다. 되녀가 적절히 지적했듯이, 렘브란트는 깊은 음영과 황금색 빛을 그렸고, 이런 색상하에서 모든 것은 그가 아름답게 만든 따뜻한 갈색으로 변한다. 그러나 솜씨가 떨어지면, 이런 갈색은 감각을 자극하기보다는 권위자나 보수적인 후원자의 비위를 맞추는 그림이 관습은 쫓는 색상이 되었다.

여기서 잠시 전 시대가 주었던 눈을 즐겁게 했던 현란한 흥분을 잊고,

17세기와 18세기의 색에서 느낄 수 있는 좀 더 미묘한 풍미를 찾아봐야 한다. 르네상스가 맹목적이며 만장일치로 색에 항복한 것은 아니다. 오히려, 르네상스는 16세기 말의 광적인 실험이란 미로에 빠져 길을 잃은 것이다. 여기서 어떤 길은 우울한 암흑으로 이어졌고, 다른 길은 야단스러울 정도로 현란한 풍경으로 이어지고 있었다. 가장 중요한 것은 그림이 드라마와 신기함으로 시선을 끌어야 한다는 점이다. 많은 화가들이 인상을 주기 위해 때론 지나치리만큼 열심히 노력했고, 그들의 그런 의도적인 작품들은 매너리즘(방법주의)이라는 양식을 창조하게 되었다. 이상하게도 이런 피상적인 자유론적 태도는 무관용, 권위주의, 도그마의 재출현으로 형성된 사회적 흐름에서 일어났다. 교회가 반격을 시도하고 있었다.

:: 매너리즘

마르틴 루터Martin Luther의 종교개혁은 마치 뉴턴의 작용 반작용 법칙을 예견이라도 한 듯, 반종교개혁을 불러일으켰다. 그것은 계몽주의가 모든 창조의 중심에서 신의 의지(God's Earth)를 영원히 추방시키기 전에 지배권을 확인하려는 신정정치의 마지막 몸부림이었다. 인문주의적 합리주의에 의해 그 권위가 손상되는 걸 목격한 교회는 중세의 신학적 가치들을 되찾아 강요하기 시작했다. 로마의 교황에 따르면 고전시대(즉 기원전)의 학식은 모두 훌륭한 것이었다. 하지만 모든 선악에 대한 최후의 심판자는 신이나 지상에 있는 그의 대리인이지, 과학이나 자연은 아니라는 것이다. 인간 선악의 심판자이자 문지기로써, 예수회와 종교재판소가 그 임무를 대리하고 있었다.

교회의 반동주의자들은 예술이 강력한 선전도구라는 것을 인식할 정도로 교양이 있었다. '문맹자의 성서'를 위한 보이는 책인 그림은 글로 전할 수 없는 내용을 일자무식꾼에게 전할 수 있었다. 1545년 교회정책을 심사숙고하기 시작한 트렌트 공의회에서, 고뇌 끝에 종교그림은 사물을 명확하게 묘사해야 한다고 공표했다. 모든 천사는 날개가 있어야 하며, 모든 성자는 후광(할로)이 있어야 한다. 그 정체성이 모호하다면, 그것은 상징물을 달고 있어야 하며, 리얼리즘이나 미학적 요구를 절대 염두에 두어서는 안 된다. 색은 규범화된 정서에 직접 호소하기 위해 다시 밝아졌다. 나체는 성서적 정당성이 있어도 아주 못마땅하게 취급받았다. 고상한 척하는 가식미가 넘쳐 흘렀다. 시스티나 성당을 장식한 미켈란젤로의 나체 인물들은 크게 논쟁거리였다. 교황 바오로 4세는 노출된 국부에 드레이퍼리를 칠해 덮으라고 명령했고, 교황 비오 4세 명령으로 추가로 더 칠해졌다. 이런 수난을 겪기는 했으나 그 프레스코는 완벽한 파괴는 간신히 피했다[그리고 엘 그레코(El Greco)는 그 전체 작품을 '정숙하고 기품 있는 그리고 원작에 못지않게 훌륭한' 작품으로 대체할 것을 유해하게 제안하기도 했다]. 1582년, 조각가 바르톨로메오 암마나티Bartolommeo Ammanati는 할 수만 있었다면 남녀를 불문하고 자신이 이전에 조각한 모든 나체 조각상을 파괴했을 것이라고 공언했다. 아주 극단적인 태도겠지만 그 시대정신은 충실히 대변하고 있다.

계속해서 르네상스의 인문주의를 지지했던 예술가들은 검열이나 그 이상을 감수해야 했다. 1573년, 파올로 베로네세는 작품에 성서 외의 인물을 포함한 이유를 대라고 요구한 종교재판소에 출석해 〈레위 가의 향연(Feast in the Home of Levi)〉을 변호해야만 했다. 그는 순진하게 '빈 공간이 많아서였다'고 진술했다. 그런 숙맥 같은 답변에도 불구하고 그는 그림을 재작업하라는 가벼운 처벌만 받았다. 성서의 규칙에 얽매이는 현학취미가 그 시대의 질서였다.

이 모든 것은 반개혁주의자들이 엄격하고 중세적인 단순성으로 복귀하려는 의지의 함축이다. 바오로 4세와 비오 5세는 정말 그것을 원했다. 그러나 16세기 말로 가면서, 청교도주의의 성장에 맞서 좀 더 활기찬 작품이 필요하다는 점이 분명해졌다. 제수이트(예수회의 수사)들은 완고한 절제가 아니라 황홀경의 정서가 사람의 마음을 더 울린다는 점을 알았다. 그들의 반지성적 전략은 1620년경부터 반개혁적인 색채를 띠었지만, 그 흔적은 더 일찍 그 예술에 남기고 있다.

정확한 수학적 관측과 측정에 관한 레오나르도의 주장이 이런 분위기에서 절름거리게 된 것은 당연한 일이었다. 1607년 로마의 드로잉아카데미 원장인 건축가이자 화가였던 페데리코 주카로Federico Zuccaro는 다음과 같이 선언하기에 이른다.

> 그림이라는 예술은 수학에서 유래하는 것이 아니고 그림 자체를 위한 규칙이나 수단을 배우기 위해서도 수학에 기댈 필요가 전혀 없다. 더욱이 그림에 관해 추상적 사고를 위해서도 수학은 필요 없다. 그림은 수학이나 자연의 딸이 아니라 소묘의 딸이기 때문이다.[1]

당대의 영향력 있는 이론가였던 주카로는 기묘한 입장에 서 있다. 그가 신비적인 경향이 있고 인문주의의 합리적인 측면을 반대하면서도 매너리즘의 과도함을 한탄했다. 그는 이 매너리즘이 이탈리아의 그림 표준을 하락시킨다고 생각했다. 그는 초기 매너리즘 화가들의 지나친 변덕, 광란, 열광적이며 기괴한 발명에 불평을 터트렸다. 그러나 자신의 작품이 이런 과시적인 충동에 물들지 않았다고 자신 있게 말할 수 있었을까? 사실 그도 그런 물이 들어 있었다.

매너리즘의 그런 거친 실험은 반개혁주의의 비합리주의로부터 분명 제재를 받았지만, 전적으로 그 탓으로만 돌릴 수는 없었다. 16세기 중반쯤에 이르면, 많은 이탈리아 아카데미 예술가들이 이미 매너리즘의 특징인 비위맞추기 양식화를 채택하게 되었다. 작품의 가치는 그 예술가의 기술적 능력과는 무관하게 그의 평판과 '심판'의 기능으로 보이게 되었다. 이러한 태도는 바사리의 저술에도 스며들어 있다. 그에게 있어, 훌륭한 예술에 대한 결정판은 훌륭한 취향이다. 자연을 모방할 필요성을 입에 발린 말로 넘긴 후, 그는 화가들에게 자연을 능가하며 수학적 재능에 앞서는 안목cultured eye을 기르라고 강력히 권고하고 있다. 전제적인 예술적 속물근성에 대한 모든 태도를 지지하는 듯한 선언에서 바사리는 예술가의 지고한 미덕(grazia 혹은 grace)은 근면으로 쌓는 재능이 아니라 천부적인 재능이라고 주장한다. 그의 말에 따르면, 그런 고상함은 노력의 흔적이 보이지 않는 작품에서 찾을 수 있다. 바사리는 티치아노의 자연에 대한 지나친 순종을 거부하고('자연의 일부 측면은 아름다움이 떨어지기도 한다'), 우아한 색의 구현자인 라파엘은 지지했다. 그는 '독일'(고딕) 예술을 특히 혐오했다. 야만적이며 '혼란과 무질서'로 가득하다는 것이다.

비례와 구성에 대한 자연의 규칙도 없고, 취향에 대한 주관적 고려에 의해서만 판단하고 판단받으며, 전대 화가들의 유별난 천재성의 폭발에 의해 거의 광적으로 몰리게 된, 매너리즘 화가들은 관심을 끌기 위해 아주 괴이한 몇 가지 방법을 고안해냈다. 이 중 가장 악명 높은 작품은 파르미자니노의 〈목이 긴 성모(Madonna with the long neck, 1534~1540)〉로, 이것은 모든 '걸작' 중에서 가장 추한 작품 후보에 든다. 우아한 처녀 성모가 우스꽝스러운 비례의 목과 손가락을 가지고 있으며, 아이의 머리는 나이가 한참은 더 든 몸뚱이와 결합되어 있다. 이런 발명이 이탈리아 고급 창녀들의 눈에는 미와 우아함으로 통했는지 모르겠지만, 지금은 분명 '개성이 강한(mannered)' 특징으로 가치(?)를 인정받을 것이다.

그와 같은 과장이 예술에서 보편적인 쇠락을 일으킨다고 주장한 사람은 주카로만이 아니었다. 이에 대한 유일한 해독제는 르네상스 거장들의 기술을 연구하고 모방하는 것이었다. 그것은 다시 200년 후에 반복될 넋두리였다. 그래서 1790년대에조차, '베네치아의 비밀'—티치아노와 그의 동시대 화가들이 사용했던 기법과 재료—의 재발견에 대한 (거짓) 주장이 열렬한 환호를 받게 된다.

그리고 또한 16세기 말과 17세기 초의 화가들은 새로운 종교적 편협성에 억눌리기는 하지만 종교적 열정으로 과열된 맥락에서 작업을 한다. 그들은 얼마 전 거장들이 이룬 최고의 성취들은 날카롭게 인식하고는 있었지만, 그러나 그 거장들의 작품에 구현되었던 규칙들은 사라지고 없었다. 이런 좌절어린 미로에서 화가 개인은 각자 자신의 출구를 찾아야만 했다.

거장의 그늘에서

베니스에서, 파올로 베로네세는 색 욕심이 많았던 티치아노의 명백한 계승자였다. 이름에서 짐작할 수 있듯이, 베로나에서 태어난 그는 1555년부터 베니스에서 일했으며, 그 도시가 제공하는 색을 하나도 놓치지 않고 하나씩 모두 탐욕스럽게 사용했다. 울트라마린, 아주라이트, 스몰트, 인디고, 코치날 청색 착색안료, 버밀리언, 적납, 레드틴 옐로, 웅황, 계관석, 수지산염 구리가 그것이다. 특히 〈동방박사의 경배(Adoration of the kings, 1573)〉(〈삽화 6-2〉)와 〈레위 가의 향연〉과 같은 작품들에서 보이는 놀라운 색은 3가지 안료를 섞어 만들어 두벌 칠에 적용된 밝은 녹색이다. 그래서 18세기 합성 안료 에메랄드 그린emerald green은 프랑스에서 베르트 폴 베로네세vert Paul Vernese로 알려질 정도로 지워지지 않은 상표가 되었다. 베로네세는 앞서 베네치아 화가들이 선호했던 정교한 광택 기법을 포기하고 팔레트 위에서 색을 혼합했다. 티치아노처럼 색의 선명도를 높이기 위해 보색대비를 사용했고, 동시대의 화가들 사이에서 유행하던 과중한 명암대조법으로 색이 억눌리는 것을 허락하지 않았다. 만약 베로네세가 매너리즘의 영향을 받았다면, 그것은 결정적으로 베네치아 매너리즘이었을 것이다. 그는 당시 이탈리아 중앙 화단의 특징이었던 해부학적 왜곡을 전혀 채택하지 않았기 때문이다.

틴토레토는 덜 제약을 받았다. 그 시대의 양식에 충실했던 그는 관심을 끌기 위해 그림을 그렸다. 그에게 일관성의 희생이란 큰 문제가 아니었다. 〈노예를 해방시키는 성 마르코의 기적(The Miracle of St Mark Freeing the Slave, 1548)〉과 〈성 게오르기우스와 악룡(St George and the Dragon, 1560)〉(〈삽화 6-3〉)과 같은 작품들은 광란의 멜로드라마로 꽉 차 있다. 색이 과도할 때도 있다. 〈수태고지(The Annunciation, 1583~1587)〉에서, 도를 넘는 원근법이 무자비하게 괴롭힘을 당하고 있으며, 지품천사들이 줄을 지어 창문을 통해 나가는 모습은 거의 만화적인 효과를 낸다. 날카롭고 강한 색은 틴토레토에겐 그저 목적을 위한 수단이었고, 그 목적은 관객들을 흥분시키고 충격을 주는 것이었다. 바사리와 같은 보수적인 아카데미 회원이 틴토레토의 숨 막힐 듯한 양식에서 기술을 도외시한 점을 눈치채지 못할 리가 없었다. 바사리는 그의 스케치가 "너무 조악해서 연필 놀림이 판단보다는 힘을 더 보여주고 그냥 우연히 이루어진 것처럼 보인다."라고 말했다.

틴토레토의 여러 작품은 특유의 우울하고 무거운 색조를 지녔기 때문에 그의 작품은 첫눈에 알아볼 수 있다. 인물들과 대상은 유령처럼 일렁이는 하이라이트에서 확연하게 드러났다. 그는 어두운 적갈색 바탕칠을 이용해 색조의 통합을 추구했다. 이것은 레오나르도의 스푸마토보다 더 깊다. 카라바조도 같은 기법을 이용해 장면을 벨벳 같은 그림자로 감쌌다. 틴토레토의 밑그림 일부는 혼합이 너무 복잡해 화가가 물감을 그냥 막 비빈 것처럼 보인다. 티치아노처럼 그도 입수할 수 있는 모든 색을 사용했고, 그 색들을 '망치기' 위해 특별한 조합으로 색을 혼합했다.

이런 이단적인 색의 선택은 다른 매너리즘 화가들의 눈에는 유명해지기 위한 수단으로 보였고, 말년의 미켈란젤로도 이런 부류에 속했다. 그가 색을 깊이 신경 썼다는 점은 의심의 여지가 없지만, 그의 비자연적인 과대대조법은 엄격한 리얼리즘에 대한 관심의 부족을 보여준다.

그러나 그 이상한 매너리즘의 과도함을 크레타 섬에서 온 화가 도메니코스 테오토코풀로스Domenikos Theotokopoulos만큼 잘 보여준 화가는 없다. 그는 국적 때문에 엘 그레코라는 별명을 얻었다. 베니스의 티치아노 아래에서 공부한 후, 엘 그레코는 스페인의 신성한 도시 톨레도로 옮겨가, 거기에서 교회의 많은 일감을 맡았다. 16세기 말의 논쟁적이고 자유분방한 예술적 분위기에서조차 놀라울 정도의 해부학적 왜곡이 심한 그의 극단적인 비자연적 채색이 어떻게 승인을 얻었는지는 여전히 미스터리로 남아 있다. 창백한 빛의 세계에서 괴로워 몸부림치는 청색, 심홍색, 꿀의 갈색 옷을 입은 이 활기 없는 인물들을 당시의 화가들은 어떻게 평가했을까? 톨레도를 그린 풍경화를 비롯한 엘 그레코의 풍경화는 세잔의 언덕 옆에 있었더라면 그리 부조화를 이루지는 않았을 것이다. 20세기 양식이 그 안목을 개선해 그의 그림을 '재발견'할 때까지, 그의 작품은 오랫동안 불가사의한 것으로 간주되었다. 1910년대에 밝은색감으로 추상을 가지고 실험했던 오르피즘 화가 로베르 들로네Robert Delaunay와 소니아 들로네Sonia Delaunay는 엘 그레코를 조상으로 고려했다.

:: 가을의 색들

르네상스에서 일어난 굉장한 색의 발명을 전개시키는 방법에 대한 다른 반응은 우회하는 것이었다. 그것은 색을 극단적인 빛과 어둠에 종속시키는 것이다. 첸니노와 알베르티에게, 키아로스쿠로는 검은색이나 흰색을 더해 순수하고 밝은 안료의 색조를 밝게 하거나 어둡게 하는 것을 의미했다. 그러나 르네상스 말기나 그 뒤를 잇는 바로크 시기는 황갈색의 하이라이트에 대해 극적인 대비로 검은색을 배치함으로써, 깊은 어둠의 시기가 되었다. 코레조, 카라바조, 렘브란트는 검은색과 갈색의 마술사였다.

이런 황금빛 휘황과 무거운 우울의 와중에, 여러 가지 새로운 노란색, 오커, 갈색의 안료가 출현한 것은 우연일 수 있을까? 17세기 전까지 화가들이 캔버스를 눈부신 하이라이트로 채우기 위해 이토록 잘 무장된 적은 없었다. 이제 화가들은 붉은색조를 통해 짙은 어둠 속으로 색상을 조절해 나갔다.

갈색은 모든 안료들 중에서 가장 매력이 떨어진다. 그들은 아주 다양한 색상으로 땅에서 채취가 되었기 때문에 색 기술자들의 관심을 받지 못했다. 선사시대부터 사용된 오커(산화철) 중에서도, 토스카나의 시에나 시에서 온 오커들이 르네상스 동안에 특별한 존경을 받았다. 원 시에나raw sienna는 노란색 안료이며, 구우면 따뜻한 적갈색 색조를 띤다.

한편 우울한 색 하면 엄버umber의 깊이를 필적할 색은 없다. 그 산화철에 더 많은 비율의 망간이 들어 있어 시에나 안료보다 더 검은 엄버는 15세기 말에 유럽에서 사용되었다. 일부 저술가는 시에나처럼 이탈리아의 움브리아Umbria에서 지리학적인 이유로 이름이 만들어졌다고 추정한다. 그러나 엄버는 어둠shadow을 뜻하는 라틴어 'ombra'에서 유래했을 가능성이 더 높다. 어쨌든 유럽에 들어온 엄버는 이탈리아보다는 터키에서 주로 수입되었다. 그리고 구운(태운) 엄버의 풍요로운 적갈색은 깊지만 반투명한 어둠을 만드는 데 굉장히 가치가 있었다. 영국인 에드워드 노게이트Edward Norgate는 1620년대에 이렇게 썼다.

"색이 번들거리고 지저분하며, 샀을 때 갈지 않으면 작업하기가 매우 어렵지만, 어둠이나 머리카락 등을 표현하기에는 그야말로 적합하다."[2]

화가들마다 어울리는 색이 있다면 안토니 반 다이크에게선 어떤 색을 기대할 수 있을까? 1790년경부터 반 다이크 갈색으로 영국에서 알려지게 된 카셀 토성안료는 특이한 갈색으로 탁하다. 땅에서 채취한 점에 한해서만 '흙'으로, 광물(무기물)이 아니라 이탄이나 갈탄에서 채취한 유기물이다. 이 안료의 가장 초기의 주산지는 쾰른과 카셀이란 독일 도시 근처였다. 17세기에 그 안료의 별칭은 쾰른 흙Cologne earth 혹은 이 단어가 와전된 컬렌의 흙earth of Cullen이란 뜻의 콜렌스 흙Colens earth이었다. 당시, 그것은 종종 검은색으로 분류되었고, 놀게이트는 점차 유행해 가던 그런 구성에 어울리는 안료의 품질을 칭찬했다. "그 안료는 그림의 어두운 장소에서 그 생명력으로 마지막 가장 깊은 터치로 마무리 짓기에 탁월하며, 그렇지 않으면 풍경화에 매우 유용하다." 그 안료가 기름에서 이루는 그 투명성은 그 어둠을 넓게 만들었고, 반 다이크는 그것을 차분한 광택제로 채택했다.

19세기 벨기에에서, 반다이크 브라운Vandyke brown은 루벤스 브라운Rubens brown이란 이름으로 바뀌었다. 반 다이크가 앤트워프의 가장 위대한 거장인 그의 스승으로부터 화풍을 전수받았기 때문이다. 막스 되너가 주장하길, 루벤스는 카셀 토성안료를 '금 오커와 섞어 수지 니스에서 특히 잘 어울리는 따뜻한 투명한 갈색으로 사용했다'는 것이다. 그것은 확실하게 확인할 수 있는 쉬운 안료가 아니지만, 루벤스와 렘브란트, 아마도 디에고 벨라스케스Diego Velázquez의 작품 등에서 보고되고 있다. 토머스 게인즈버러Thomas Gainsborough는 '쾰른의 흙'을 많이 사용했다. 그리고 라이벌 조슈아 레이놀즈Joshua Reynolds처럼, 반 다이크에 대한 빛은 안료에 대한 취향까지 연장되었다.

반 다이크와 그를 계승한 영국파*는 또한 아스팔트 혹은 역청이라는 볼품없는 타르 물질에서 갈색을 취했다. 원유를 정제하고 남은 찌꺼기로……. 도저히 믿음이 가지 않는 이 재료는 갈색에 홀린 시대를 제외한다면 그다지 가치를 인정받은 적이 없다. 렘브란트는 그 적갈색 광택에서 재료를 안전하게 사용하기에 충분히 능숙한 장인이었다. 하지만 레이놀즈와 같은 무모한 실험가들의 손에서, 그것은 재앙이었다. 그것은 절대 알맞게 마르지 않는데다 두꺼운 칠은 흐르는 성질이 있다. 더욱이, 표면층이 식으면 수축되며 주름이 잡힌다. 그래서 그 위에 칠한 재료가 금이 가고 비틀리게 한다. 깊고 투명한 어둠을 요구하는 일종의 키아로스쿠로에 사로잡혀, 역청의 매력적인 색조의 따뜻함에 반해버린 19세기 초의 프랑스 화가들은 애석하게도 배신의 효과를 너무 늦게 발견하게 되었다. 테오도르 제리코Théodore Géricault는 〈메두사 호의 뗏목(Raft of the Medusa, 1819)〉에서 그것을 썼다가 피해를 보았고, 사실주의 작가 귀스타브 쿠르베Gustave Courbet는 잘못된 조언을 했다. 1920년대에 막스 되너는 엄중히 경고했다.

"어떤 기법에서도 그 재료를 절대 사용하지 마라."

반 다이크는 그의 어둠을 비스터(bistre, 검댕에서 추출한 짙은 갈색 물감)라는 검은기가 비슷한 타르질의 안료로 광택내길 좋아했다. 그의 성향은 초상화 〈존 스튜어트 경과 동생 버나드 스튜어트 경(lord john stuart and his brother, lord bernard stuart, 1638~1639)〉에서 잘 드러난다. 비스터는 태운 너도밤나무나 자작나무 껍질의 검댕으로 만들어진다. 새로운 재료는 아니며 14세기 이래로 지면 채식에 사용되어 왔다. 그러나 기름에서 그것을 잘 이용하려면 기술과 지식을 겸비해야 했다.

이 이름은 현재 '브라운 그래비brown gravy'처럼 고기의 갈색 소스를 잘

---

* 18세기 후반에서 19세기 초반에 걸쳐 영국을 지배했던 화단.

표현하고 있다. 인상주의 화가들이 19세기에 아카데미 예술이라고 멸시했던 그리고 레이놀즈, 게인즈버러, 콘스터블Constable의 캔버스에서 스며 나오는 색이 그 색 아니던가. 콘스터블의 후원자이자, 화가이며 그림 감정가인 조지 버몬트 경Sir George Beaumont보다 그 시대의 답답한 보수주의를 더 잘 웅변해주는 사람도 없다.

"좋은 그림은 바이올린처럼 갈색이어야 마땅하다."

콘스터블에 대해 정당하게 평가하자면, 우리는 그가 자연이 실상 그렇게 우울하지 않다는 것을 보여주기 위해 바이올린 한 대를 풀밭에 놓아 저항하고 있다는 점을 명심해야 한다. 20세기의 색에 조율된 현대적인 눈에는 엄격해보이지만, 콘스터블의 많은 작품은 당시엔 파격적으로 밝은 것이었고, 왕립아카데미의 한 회원은 그 그림 중 하나를 '메스꺼운 녹색 덩어리'라고 말한 것으로 알려졌을 정도였다. 콘스터블은 자연의 대조를 조화시키기 위해 색조를 약화시키라는 시대의 명령에 저항했지만, 오늘날까지 '근대'적으로 보일 정도로 밀어붙인 것은 아니었다.

검은 물질들은 상대적으로 값이 쌌다. 반 다이크의 캔버스의 대부분을 점령한 붉은 오커와 토성안료도 마찬가지였다. 그러나 바로크 시대의 색 제조업자들은 천연 안료를 인공적으로 만드는 방법을 발견했고 그로부터 색상에 대한 통제권을 얻을 수 있었다. 연금술사들에게 화성의 금속으로 알려진 철은 마스Mars 안료를 낳았다. 즉 노란색에서 적색으로 다시 갈색까지 심지어 일종의 초콜릿 보라(마스 바이올렛)까지 넓은 색 범위를 갖는 합성 산화철을 만들어냈다.

이런 혁신이 어떻게 발생했는지 분명치는 않지만 그 반응은 단순하다. 공기 중에서 철이 산화되기 때문이다. 그리고 중세 연금술사들이 그렇게 만든 오커 색조의 제품을 크로커스 마티스crocus martis라고 부르지 않았던가. 이는 마스 옐로Mars yellow를 라틴어 그대로 번역한 것이다. 그러나 이 인공 물질이 화가의 안료로 쓰인다는 언급은 나중에서야 등장한다. 그 말을 최초로 언급한 사람인 시어도어 메이언 경Sir Theodore de Mayerne은 망명한 위그노 교도로 찰스 1세 궁정의사였는데 17세기 초의 문서에서 한 비법을 제시하고 있다. 그도 그것을 크로커스 마티스 혹은 심지어 '사프란'이라고 불렀지만, 그 제품이 붉은색이라는 점을 분명히 하고 있다. 사실 메이언은 겨우 3가지 비법만 언급하고 있는데, 그마저 모두 그 산화철을 만드는 각기 다른 방법일 뿐이다. 철의 쇳가루를 가열하거나, 그것들을 왕수(aqua regia, 염산과 질산의 화합물)에서 녹여 그 결과물로 나오는 철염을 굽거나, 아니면 황산철(iron sulphate/martial vitriol, 마셜 황산염)을 직접 가열하는 것이다.

마스 레드를 제조하는 후기의 방법들은 주문에 맞추어 제품의 색을 만들어냈다. 그러나 마스 화합물 제조의 전성기는 18세기에 왔는데, 이때 황산이 중요한 산업제품이 되었다. 황산은 특히 직물 산업에서 표백제로 사용되었다. 산화철은 부산물이었고, 또한 전후 많은 다른 합성안료처럼 꽃을 피우기 시작하는 화학산업에 편승해 경제적 이득을 안겨주었다.

버밀리언의 극명한 오렌지 색조들에 대한 요청은 더 이상 많지 않았다. 그것은 이제 주로 적색 착색안료의 광택을 위한 불투명한 바탕칠로 쓰였다. 렘브란트는 버밀리언을 거의 쓰지 않았으며, 적색 오커와 함께 적색 착색안료만 썼다. 17세기의 화가들이 다양한 착색안료를 혼합하여 붉은색을 조정하는 일은 일반화되었다. 그 범위는 신세계의 식민화로 더욱 넓어졌다. 중앙아메리카에서 새로운 종의 코치닐과 더불어 풍부한 브라질 나무(brazilwood)와 그와 관련된 페르남부코(fernambuco 적색의 나무)와 피치우드(peachwood 복숭아나무)가 들어왔다. 신세계 코치닐은 인기를 끌었다. 19세기에 이르면, 코치닐과 매더(꼭두서니 식물)는 붉은 착색안료를 위한 압도적인 염료가 되었다. 한편 새로운 목재에 의존한 염료는 구세계의 브라질 나무보다 더욱 심한 일시성으로 악명이 높았다. 1533년 저술가인 윌리엄 졸멀리William Cholmeley는 브라질 나무를 '디시트풀disceytful', 즉 '나쁜 색fauls colour'으로 기술하고 있다.

그러나 매혹적인 색을 가져오는 곳은 서쪽 수평선 너머뿐만은 아니었다. 이때 유럽은 전세계로 세력을 뻗기 시작했기 때문이었다.

제국의 약탈품

1589년 엘리자베스 시대의 영국의 탐험가 리처드 해클루트Richard Hakluyt는 식민지 초기에 맘껏 교만을 떨던 인물이다. "세상 저편까지 구석구석 돌아다니는 영국은 지구상 어떤 국가나 민족보다 우수하다." 동인도 회사가 16세기 초에 설립되었고, 영국과 네덜란드는 동양의 부를 서양으로 가져오기 위해 경쟁하는 상대가 되었다. 향료, 비단 등 각종 이국 물건들 중에 밝고 신비스러운 2가지 노란 안료가 들어 있었다.

인디언 옐로Indian yellow라고 불리는 이 신비스런 금빛 물질을 네덜란드 무역업자들이 언제부터 수입했는지는 정확히 알지 못한다. 17세기, 일부 네덜란드 그림에서 나타나기는 하지만, 18세기 말까지 유럽에서 더 널리 사용된 흔적은 없다.

약 15세기 이래 인도에서 퓨레purree, 푸리puri, 혹은 피오리peori라는 이름으로 알려진 그 안료는 기원이 페르시아인 것으로 보인다. 그러나 단단하고 더러운 색의 고약한 냄새가 풍기는 구슬 모양의 환으로 팔리는 이 재료의 정체는 무엇이란 말인가? 추측이 난무했고, 대부분은 저속한 것이었다. 19세기에 프랑스의 물감 제조업자 메리메Jean-Francois-Léonor Mérimée는 오줌냄새가 난다고 평하긴 했지만, 많은 사람들이 생각했던 것처럼 그 물질이 진짜로 그 성분을 포함하고 있다고는 믿지 않았다. 영국의 조지 필드는 신중한 사람은 아니었기에, 낙타 오줌으로 만들어졌다고 믿었으며, 다른 사람은 그 액체가 뱀에서 나왔다고 생각했다.

1883년까지, 이런 소문들은 여전히 위세를 떨치고 있었다. 그때 인도인 무카르지T. N. Mukharji는 캘커타에서 노란 환의 출처를 확인하러 나섰다. 그의 발길은 비하르 주의 북동 쪽에 있는 몽기르 시의 외곽에 있는 미르자푸르Mirzapur 마을로 향했다. 여기서, 그는 어떤 소 주인이 오로지 망고 잎만 먹인 소의 오줌으로부터 그 재료를 만드는 걸 알았다. 그 노란 고체는 오줌을 가열했을 때 침전된 물질이었다. 그것을 압착하여 덩어리로 만들어 말린 다음 캘커타와 파트나로 운송했던 것이다. 인도에서 유럽으로 수출되는 그 안료의 모든 생산이 이 마을에서 생산된 것으로 보인다.

착색제의 산출이 줄어들 것을 우려한 목축업자들이 다른 먹이를 주지 않아 망고만 먹는 그 소들은 건강상태가 매우 부실했고, 몽기르의 일반 목축업자들은 망고 소 주인들을 '소 도살자'라고 부르며 역겨워했다. 이런 안료의 출처와 비인간적인 행위의 발견은 그 안료의 퇴출을 가속화하는데 일조했다. 소 도살자들의 관행은 비인간적 행위로 매도당했고, 도살 금지법까지 통과되었다. 1890년에, 동물학대를 금지하는 인도의 법률은 인디언 옐로의 제조를 불법으로 만들기에 충분히 엄한 것이었고, 결국 1908년에 거의 사라졌다.

그러나 오줌은 그 안료의 우연한 성분에 불과했다. 착색제는 망고가 내뿜은 유기산의 칼슘염 혹은 마그네슘염이다. 둥근 환은 볼품없지만, 분말 안료는 아주 아름다우며 깊은 황금빛 노란색을 낸다. 유화 물감보다는 수채화 물감으로 사용할 때 더 잘 맞는다. 인디언 옐로가 유럽에 유입되던 시기에 약간의 우연의 일치로 또 다른 노란 유기 염료 갬부지gamboge가 들어왔다. 분명 캄보디아의 옛 이름인 캄보자Camboja에서 유래했을 갬부지는 영국의 동인도 회사가 1615년경에 수입했다. 극동의 작품에서는 그것이 8세기부터 확인되고 있다. 그 단단하고 광물질 같은 원 재료는 동남아시아 원산의 가르키니아 과에 속하는 나무들의 고체화한 수지이다. 그 고무질은 나무껍질을 절개해서 추출하며, 굳은 수지는 갈아서 밝은 노란색 분말로 만들 수 있다. 그러나 다른 많은 유기 착색제처럼 그것도 밝은 빛에서 급속도로 퇴색한다.

갬부지도 수채화 안료로 최고로 어울렸지만 일부 유화에서도 나타난다. 특히 인도에서 네덜란드 무역으로 혜택을 보기에 가장 적합한 위치에 있던 플랑드르 초기 화가들의 작품에서 두드러진다. 렘브란트도 그 안료를 사용했는데, 기름에서 얻을 수 있는 황금빛 색상에 끌린 듯하다. 갬부지는 또한 후커의 녹색Hooker's green으로 불리던 18세기 수채화 물감의 한 성분이었다. 후커의 녹색은 페르시안 블루나 인디고와 함께 섞으면 되었다. 재미있는 특징 중 하나는, 1908년 프랑스의 물리학자 장 페랭Jean Perrin이 원자의 존재를 증명하기 위한 브라운 운동을 실험하면서 후커의 녹색의 섬세하고 반짝반짝 빛나는 입자를 사용했다는 것이다. 후커의 녹색의 수입은 약제사가 그것을 조제약으로 팔았다는 사실로 더욱 활성화되었을 것이다.

17세기에 북유럽 그림에서 일반적으로 사용되던 또 다른 유기 노란색은 색 용어가 얼마나 변덕스러운지를 상기시켜준다. '핑크'는 다양한 출처를 가진 안료였다. 비법서에 따르면 그것은 물푸레나무과의 식물, 금작화 혹은 익지 않은 갈매나무의 장과 추출물이었다. 그러나 종종 그것은 분명 노란색상을 일컬었다. 사실상 핑크란 성분이나 색으로 정의된 것은 아니다. 녹색 핑크, 갈색 핑크, 장미 핑크가 있었던 것으로 미루어보면 알 수 있다. 그 명사는 '착색안료'처럼 합성 방법에 대한 언급일 것이다. 핑크는 무기물 가루가 고착되는 유기 착색제로 구성되어 있다. 착색안료와의 구별은 미묘하고 기술적이며, 17세기 물감 제조업자들이 생산 공정의 화학에 준 관심에 대한 증언이기도 하다. 착색안료는 화학적 반응을 통해 발생된다. 예컨대, 알루미나 수화물hydrated alumina은 염료가 들어간 용액에서 침전된다. 한편 핑크는 순수한 물리적 과정의 결과로, 여기서 염료는 비활성 백색 기질(substrate, 효소의 작용을 받아 화학 반응을 일으키는 물질)에 고착(매염)된다. 그런 기질로는 일반적으로 석회석, 칼륨명반, 구워 가루로 만든 계란 껍질 등이 있다. 그래서 그들은 일종의 가짜 착색안료로, 그 제조과정에 알칼리가 전혀 사용되지 않는다는 점에서 진짜 착색염료와 구별된다.

핑크 제조법은 17세기 에드워드 노게이트가 기록하고 있으며, 노란색 핑크는 17세기와 18세기 내내 대중화되어 있었으며, 특히 이 당시 청색을 섞어 '그린 핑크'를 만들었다. 브라질 나무에서 추출하는 장미 핑크는 같은 착색제에서 유래한 착색안료와 다른 것으로 간주되었다. 18세기 말로 접어들면서, 노란 핑크는 사용되지 않게 되었고, '갈색 핑크'가 19세기까지 유통되고는 있었지만, '핑크'는 점차 밝은 붉은색 '장미 핑크'와 동의어가 되었다. 마침내 그 의미는 제조 용어에서 색의 용어로 변했다.

:: 풍경화의 등장

새로운 안료가 넘쳐났음에도 불구하고 16세기에서 18세기 내내 예술가들은 계속해서 안료의 부족을 절감하고 있었다. 재료실험에 대한 열망이 이 시기에 계속 증가했고 그것은 화가들이 자신들의 손에 쥐고 있는 안료에 전혀 만족하지 못하고 있다는 반증이었다.

풍경화가 유행하기 시작하면서 녹색이 많이 제조됐다. 레오나르도가 앞서 자연의 매력을 설파한 적은 있지만, 16세기 초 독일 화가 알브레히트 알트도르퍼Albercht Altdorfer야말로 풍경화를 위해 풍경화를 그린 최초의 서양화가 중 한 명이었다. 아무튼 레오나르도의 자연에 대한 찬사를 들어보자. '무엇이 너희, 인간이 도시의 집과 포기하고 친구와 친척들을 떠나, 산을 넘고 계곡을 건너 시골로 가게 만들었는가? 자연의 아름다움이 아니라면 …… 그 무엇이겠는가?'[3] 화가들이 이처럼 당신이 집을 떠나지 않고서도 그런 자연을 펼쳐 보일 수 있지 않을까? 화가라면 '당신이 어떤 샘가에서 즐거움을 누리고, 연인과 함께 꽃이 만발한 풀밭에서 짙어가는 녹색 나무의 시원한 그늘 아래서 사랑을 즐기는 연인이 될 수 있는' 그런 풍경 속에 당신을 푹 빠트릴 수 있지 않을까?[4]

일부 미술사학자들은 그런 말에서 잃어버린 목가적 이상향 아르카디아 Arcadia에 대한 갈망을 읽을 수 있었다. 사람들은 도시의 상업화에 점차 넌더리를 느껴가며 풍경화에서 이상향을 추구하고 싶었던 것이다. 다른 미술사학자는 풍경화는 자연에 대한 묘사가 아니라 해석이라고 주장했다. 크리스토퍼 우드는 풍경화가 화가에게 새로운 전망을 주었다고 주장했다. 여기서 화가는 독특하면서도 장엄한 광경을 화가가 획득한 새로운 권위로 작품에 새길 수 있게 되었다는 것이다. 그는 "풍경은 자극적인 채색 효과를 위한 우호적인 현장이다."라고 말한다.[5] 17세기의 저명한 프랑스 저술가 로제 드 필Roger de Piles은 화가들이 자신의 비전에 적합한 풍경을 재창조하고 있다는 점을 분명히 느꼈다. 어느 정도였는가 하면, '상상의 현실'이 화가가 자연을 느끼는 인식에 영향을 미칠 정도였다. 즉 "그들의 눈은 대상을 그리는 데 익숙해지면서, 대상을 채색된 존재로 보게 되었다."[6]

사실이 그렇다면, 그 시대의 화가들은 녹색에 막중한 임무를 맡긴 것이다. 그러나 어느 보고서에 따르면, 그것은 그리 만족스럽지 못했다. 1670년대, 네덜란드 화가 사무엘 반 호흐스트라텐Samuel van Hoogstraten은 한탄했다.

"우리가 적색이나 노란색만큼이나 훌륭한 녹색을 가지지 못해 유감스럽다. 녹색 토성안료는 너무 약하고, 스페인 그린(버디그리스)은 너무 조악하고, 재(청 녹청)는 내구성이 없다."[7]

스페인 화가 디에고 벨라스케스는 이런 불평불만에 공감했던 것 같다.

그는 평생 순수한 녹색을 사용한 적은 없고, 항상 아주라이트에 노란 오커나 레드틴 옐로를 섞어 녹색을 만들어 썼다.

화가들의 매뉴얼을 보면 다양한 응용에 적용할 녹색의 혼합법을 구체적으로 기술하고 있다. 헨리 피챔Henry Peacham은 『완벽한 신사(The Compleat Gentleman, 1622)』에서 다음과 같이 조언하고 있다.

> 대부분의 나무 잎에서처럼 깊고 우울한 녹색을 위해, 인디고와 핑크를 혼합해라. 밝은 녹색을 위해선 핑크와 마스티코트(Masticot, 여기선 레드틴 옐로)를 혼합해라. 중간의 풀색 녹색을 위해선, 버디그리스와 핑크를 혼합해라.[8]

『쉬운 그림과 원근법(The Practice of Painting and Perspective Made Easy, 1756)』(이런 책들이 관객들의 태도를 어떻게 해결하는지를 볼 수 있다)에서, 토머스 바드웰Thomas Bardwell은 풍경에 그릴 녹색은 연한 녹색 오커, 녹색 토성안료, 갈색 핑크, 페르시안 블루, 웅황, 흰색으로 구성하고 있다. 18세기에 웅황이 부활했다. 이것은 특히 그 새로운 페르시안 블루와 혼합된 녹색에서 대중적이었다. 얀 반 하위쉼Jan van Huysum의 〈화병에 담긴 접시꽃과 다른 꽃들(Hollyhocks and Other Flowers in a Vase, 1702~1720)〉에 쓰인 녹색엔 인디고가 포함되어 있다. 하지만 1736년에, 〈테라코타 꽃병에 꽂혀 있는 꽃들(Flowers in a Terracotta vase)〉(〈삽화 11-6〉)을 그렸을 때엔 인디고가 아닌 페르시안 블루로 대체되었다. 안료 혼합보단 덧씌우기glazing가 채택되기도 했다. 1795년의 매뉴얼은 갈색 핑크를 청색 핑크 위에 덧씌우면 '매우 생생하고 아름다운 녹색'을 얻을 수 있다고 기술하고 있다.

프랑스의 위대한 풍경화가 클로드 로랭과 니콜라 푸생은 다양한 녹색을 얻기 위해 복잡한 혼합을 했다. 누군가는 녹색 토성안료, 청색(울트라마린과 같은), 노란색(착색안료나 오커) 그리고 연백과 검은색을 포함한 공식을 추천했다. 그런 혼합이 무슨 계통이 있었던 것은 아니었고 그리 믿을 만한 것도 아니었다. 그래서 시간에 따라 예측할 수 없는 변화를 드러내기도 했다. 17세기와 18세기의 화가들은 새로운 노란색의 유입으로 더욱더 위험에 빠지게 되었다. 많은 노란색은 앞서 등장한 레드틴 옐로와 네이플 옐로보다 안정성이 떨어졌으며, 그 결과 이 시대의 그림에서 특히 혼합 녹색을 비롯한 탈색화 전 시대의 작품들보다 심한 경우가 많았다. '짙어가는 녹색 나무의 가장 신선한 음영'을 표현하기 위해 화가들이 선택한 결과가 현재는 역설적인 상황으로 변해 있다.

:: 북쪽의 빛

17세기의 플랑드르, 네덜란드, 독일의 거장들은 르네상스의 거장에 비해 재료의 부족함은 없었을 것이다. 네덜란드는 안료 제조의 주요한 중심지였다. 그래서 네덜란드 공장에서 쏟아져 들어온 연백, 스몰트, 레드틴 옐로, 버밀리언이 약국과 식료잡화점를 밝게 했다. 이탈리아에 베니스가 있다면, 북유럽엔 앤트워프가 있었다.

그러나 기존의 우수한 블루 아주라이트와 울트라마린은 점차 구입이 어려워졌다. 1600년대 초부터, 주요 산지의 광물질이 고갈되거나 전쟁으로 접근할 수가 없었다. 울트라마린을 고집하던 북유럽 화가에 얀 페르메이르가 있었다. 그의 특징적인 노란색, 청색, 진주 빛 흰색^{pearly white}은 그의 명화 〈우유 따르는 여인(The Milkmaid, 1658)〉에서 가장 놀랍게 표현되고 있다. 이 과감하고 능란하게 조화를 이룬 청색들은 과거도 미래도 아닌 다른 차원의 시대에서 온 것처럼 보인다. 그러나 울트라마린은 너무 고가였다. 1626년, 온스당 45길더(guilder, 네덜란드 · 독일 · 오스트리아의 옛 금화)였다. 찰스

1세의 500파운드어치의 울트라마린를 반 다이크와 영국 화가 앤 칼라일 Anne Carlisle에게 하사한 것은 참으로 국왕다운 배포였다.

페테르 파울 루벤스의 반짝이는 보석 같은 색들은 그를 티치아노의 바로크 후계자로 만들었다. 루벤스는 캔버스에서 어떤 색상을 배제하는 것을 꺼린 듯, 그의 도전은 강력한 원색의 조화로운 배치를 찾은 것이었다. 그는 티치아노보다 색을 조직하는 데 뒤떨어졌다. 〈평화의 축복에 대한 우화(allegory on the blessings of peace, 1630)〉과 같은 몇 작품은 천박스러운데, 현대인이 볼 때 그 무거운 주제는 그 색에 더욱 거부감을 느끼게 하는 결점으로 작용하고 있다. 그러나 이 작품에서 보이는 화법의 기쁨은 부인할 수 없다. 그림에서 붓놀림이 선명해 넘치는 힘을 느낄 수 있다.

루벤스는 독일에서 태어났지만 혈통은 플랑드르인이었다. 아버지는 종교개혁의 혼란기 피해 앤드워프를 떠났다. 그러나 아버지의 사망 후 가족 모두 고향으로 되돌아왔고, 루벤스가 도제생활을 한 곳도 앤트워프 일대였다. 색의 마력은 루벤스를 필연적으로 남쪽으로 이끌었다. 1600년에, 23세의 나이에 그는 이탈리아를 향해 출발했다. 거기에서 만투아 공작의 궁정 화가로 널리 여행했다. 첫 기회에 베니스를 방문한 그는 티치아노의 작품을 음미하면서 연구하고 모사했다. 그 빛은 특히 티치아노의 두 번째 부인의 대한 루벤스의 정감어린 초상에서 확연히 나타난다. 그 그림은 〈모피('모피를 두른 엘렌 푸르망 이라고도 함'. Het Pelsken, 1636~1638)〉으로, 티치아노의 〈모피를 두른 처녀(Girl in a Fur, 1535~1537)〉의 영감을 받은 작품이다.

〈파리스의 심판(Judgement of Paris, 1600과 1635~1637)〉을 모사한 루벤스의 두 그림은 원색의 사용에서 베네치아의 영향을 보여준다. 천상의 빛과 드레이퍼리엔 밝은 노란색을, 하늘은 강한 청색으로, 살과 옷은 눈부신 적색으로 표현했다. 이런 색들이 풍경으로 들어가면서 섬세하게 조정되는 방식은 본질적으로 티치아노의 방식이다. 루벤스는 그의 순수하고 작열하는 색을 흰색 바탕칠에 안료를 적용하여 얻었다. 이것은 당시 전형적이었던 적갈색이나 회색을 약화시켜 사용하던 것과는 다른 방식이었다. 〈삼손과 델릴라(Samson and Delilah, 1609)〉(〈삽화 6-4〉)에서 그 방식이 잘 드러나고 있다. 여기에서는 원색이 캔버스를 꽉 채우고 있다.[9] 그 장면에서 성적 본능을 충동질하는 델릴라의 붉은 드레스는 거의 순수한 크림슨 착색안료로, 버밀리언의 터치로 밝아지고 연백으로 하이라이트를 이루고 있다.

촛불과 델릴라 머리칼의 작열하는 황금빛과 대조를 이루는 하인의 푸른 조끼는 청색 안료는 전혀 포함하지 않고 모두 연백, 검은색, 적색 착색 안료로 조색한 것이다. 배경의 보라색 드레이퍼리도 마찬가지이다. 검은색이 청색 대신에 쓰이는 것은 특별한 것은 아니었다. 녹색은 종종 노란색과 검은색을 혼합하여 만들었다. 청색에 대한 이러한 모호한 태도는 그리스 화가들의 사색원리로 거슬러 올라간다. 티치아노 또한 이 기교를 그의 〈한 남자의 초상화(Portrait of a Man, 1512)〉(〈삽화 5-8〉)에서 사용하고 있으며, 이 그림은 렘브란트의 〈자화상(Self-Portrait, 1640)〉에 영감을 주었다. 반 다이크는 분명 그것을 그의 스승으로부터 배웠다. 그의 〈여자와 아이의 초상화 (Portrait of a Woman and Child, 1620~1621)〉에서 어린 소녀의 드레스에서 보이는 인상적인 보라색은 붉은 착색안료, 목탄, 흰색의 혼합이기 때문이다.

반 다이크의 〈박애(Charity, 1627~1628)〉(〈삽화 6-5〉)에는 그와 17세기의 네덜란드 화가들이 색을 통제하기 위해 얼마나 각고의 노력을 기울였는지를 말해주는 설득력 있는 본보기가 있다. 그 그림은 분명히 티치아노의 영향을 받았으며, 한눈에 봐도 그의 채색에 대한 열정을 공유한 것이 보인다. 그러나 반 다이크가 〈박애〉의 굽이치는 드레이퍼리에 울트라마린을 사용했지만, 하늘에는 회색빛 스몰트나 심지어 간간히 평범하게 혼합한 회색을 사용하고 있다. 게다가 울트라마린 드레이퍼리는 윤택을 감소시키는 검은 인디고로 밑칠이 되어 있다. 붉은 드레이퍼리는 버밀리언과 토성안료 위에 칠해진 착색안료로 구성되어 있다. 착색안료들은 세월이 흐르면서 부분적으로 탈색되어, 반 다이크가 어떤 효과를 노렸는지 판단하기 힘들게 한다. 하지만 물감의 구성에 대한 조심스런 분석과 일부 화폭에서 카셀 토성안료의 갈색광택의 존재는 그가 티치아노에게서 볼 수 있는 풍부한 퍼플-레드를 추구하지는 않았다는 점이 분명하다.

렘브란트의 그림들은 녹이 슨 짙은 갈색의 인상을 강하게 내뿜고 있다. 이것은 그 화가의 진지함과 정직함을 보여주는 동시에 우리에게 화가의 가난하고 비참했던 최후를 떠올리게 한다. 1650년대까지, 렘브란트는 겨우 6가지 정도의 안료만 사용하고 있었고, 주로 탁한 흙색의 색조였다. 그는 색을 '쪼개는 데' 일가견이 있었다. 그래서 복잡한 안료를 혼합해 색의 들판을 산산조각 냈다. 동시대의 한 주석가는 렘브란트가 '자연의 진실하고 생생한 모습을 묘사하기 위해 조화롭게' 이런 색을 혼합했다며 칭송했다. 이어서 '딱딱한 원색을 아주 뻔뻔스럽고 난해하게 나란히 배치해, 그것들을 자연과는 무관하게 만드는' 화가들을 비난했다.

놀랍게도 렘브란트 또한 열렬한 티치아노 찬미자였다. 좀 더 분명한 사실은 렘브란트가 카라바조에게 진 빚이었다. 카라바조의 강력한 키아로스쿠로는 17세기 초 네덜란드 위트레흐트Utrecht 화파의 두드러진 특징이었다. 렘브란트는 젊었을 때 이런 양식을 채택했고 그 후엔 분위기와 심리적 표현을 작품에 담기 위한 주요한 수단으로 그것을 적절히 사용했다. 극도의 재정적 궁핍을 겪던 후기 시절에 그린 작품들에서 보이는 우울한 차라리 절망적인 색조는 분명 더 행복했던 시절에서도 충분히 찾아볼 수 있다.

렘브란트의 제한된 색은 17세기에 유용했던 몇 가지 가장 밝은 안료를 배제하고 있다. 그의 검은색들(목탄과 골탄)과 갈색들(당시의 명칭에 따르면 쾰른 토성안료)은 토성안료의 색으로 보완되고 있다. 그런 토성안료엔 오커, 시에나, 엄버가 있었다. 그의 적색 안료는 주로 매더(꼭두서니 풀)와 코치닐이었다. 청색 또한 제한적으로 사용해 주로 스몰트를 썼지만 가끔 아주라이트를 썼다[〈플로라의 모습을 한 사스키아의 초상(Saskia van Uylenburgh in Arcadian Costume, 1635)〉에서 아주라이트를 사용했다)]. 그의 주요한 노란색은 가장 화려한 밝은색으로 등극한 적이 한 번도 없던 레드틴 옐로였다. 렘브란트는 체질안료(extender, 다른 안료의 증량용)로 석회석을 사용해 광택에 반투명성을 더하고(그것은 기름에선 거의 투명하다) 물감에 점성을 주었다. 두터운 임파스토impasto*는 약간의 악평을 얻었는데, 1718년 아르놀트 호우브라켄Arnold Houbraken의 논평에서 찾아볼 수 있다. 렘브란트가 그린 초상화는 색을 '얼마나 두텁게 칠했던지 바닥에서 간신히 들어 올릴 수 있었다.'

제한된 색의 사용이 좋은 점도 있었다. 믿을 만하고 안정되게 세월에 잘 견뎠던 것이다. 이것은 우연한 행운이 아니었다. 렘브란트는 어떤 재료가 지속가능한지 또한 안전하게 혼합할 수 있는지에 대해 알고 있었다. 그런 제한은 또 다른 효과를 주었는데 바로 만화만큼이나 복잡성을 갖게 되었던 것이다. 그의 깊은 어둠 속에서 가시성을 드러내려는 몸짓은 진정한 바로크적 비례의 조합이다. 〈노인이 된 성 바오로(Elderly Man as St Paul, 1659)〉에서, 희미하게 보이는 책표지의 깊고 따뜻한 갈색은 단순한 엄버가 아니라, 착색안료, 붉고 노란 토성안료, 골탄의 반광택제로 구성된 엄버이다. 〈야코프 트립의 초상화(Portrait of Jacob Trip, 1661)〉에서, 깊은 오렌지-갈색은 스몰트와 함께 붉은 착색안료와 노란 착색안료의 혼합으로 이뤄진 것이다. 〈야코프 트립의 부인, 마르하레타 더 헤이르의 초상(Portrait of Margaretha de Geer, Wife of Jacob Trip, 1661)〉에서, 왼쪽 배경의 짙은 회녹색dark grey-greenish 벽에 넉넉하게 입혀준 색은 믿을 수 없는 섬세함을 자랑하고 있다. 밝은 부분은 적색, 오렌지색, 노란색 토성안료를 골탄과 약간의 연백을 섞어서 밑

---

* 그림물감을 두껍게 칠하는 화법.

그림을 그린 후, 다시 스몰트, 적색 오커 그리고 아마도 노란색 착색안료의 혼합무로 광택을 낸 것이다. 더 깊은 어둠엔 적색 착색안료와 적색 오커와 함께 골탄의 광택제가 사용되었다. 그러나 이 벽은 검은 어둠과 거의 구별되지 않는다.

과연 이 정교한 혼합이 체계적으로 배합된 것일까, 아니면 렘브란트가 팔레트에 칠해진 잔여물을 그냥 이용한 것일까? 우리는 궁금하지 않을 수 없다. 어떤 경우였든, 그것들은 가장 강하고 순수한 색으로부터 가장 음울한 어둠을 혼합하는 마네의 편향을 생각하게 된다. 그 결과, 렘브란트의 색은 종종 믿을 수가 없었다. 3차색을 넘어 뭐라 말로 필설할 수가 없는 것이었다. 렘브란트가 사랑했던 사스키아가 죽은 후 렘브란트의 사실상 아내가 된 여성을 그린 〈헨드리키에 스토펠스의 초상화(Portrait of Hendrickje Stoffels, 1654~1656)〉(〈삽화 6-6〉)에서 헨드리키에의 색은 무엇이란 말인가? 어떤 사람은 창백한 라일락이라고 말할 것이다. 그러나 다시 한 번 말하면 여기엔 청색이 없다. 만약 보라색 색조가 있다면, 그것은 약간의 적색 착색안료와 혼합된 연백과 목탄의 검은색의 혼합에서 오는 흐린 청색빛일 뿐이다.

죽기 6년쯤 전에 그린 〈두 원의 자화상(Self Portrait with Two Circles)〉보다 렘브란트적인 색을 더 잘 발견할 수 있는 작품은 없다. 우리는 관습에 따라 예술가가 고생으로 초췌한 얼굴을 그린 굉장한 표현능력에 집중한다. 하지만 한 팔에 들고 있는 팔레트 위에는 무엇이 있는가? 불그죽죽한 갈색의 행댕그렁한 공간이다. 너무 흐릿하게 그려서 그 밑으로 검은 코트가 비쳐 보일 정도이다. 그리고 그 초상화가 내밀하게 보이고 있는 내성적 성질, 솔직함, 진지함, 이 모든 것을 전달하는 데 있어 빛과 어둠을 능숙하게 다룬 그 색보다 더 필요한 색은 없을 것이라고 믿게 된다.

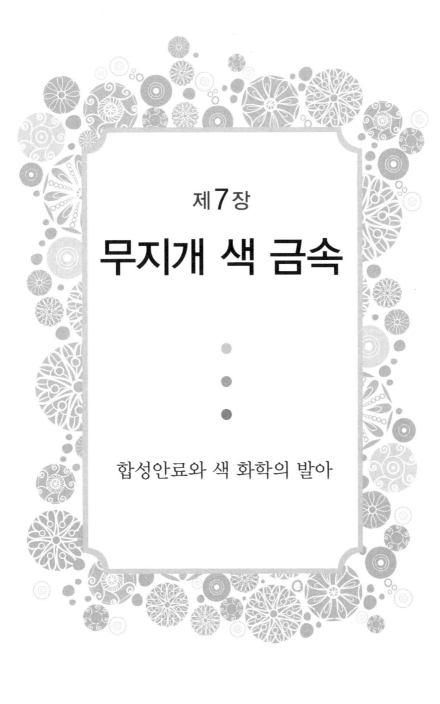

제7장

무지개 색 금속

합성안료와 색 화학의 발아

화학은 어떤 천연 제품보다 다양한 예술의 의도에 충실한 각종 인공물질을 생산하는 예술이다.

_ **윌리엄 쿠렌**(William Cullen), **화학자**

어떤 낙토, 어떤 엘도라도(황금의 나라), 어떤 에덴이 우윳빛 구름으로 반사되어, 불꽃같은 붉은빛으로 물든, 오팔의 심연 같은 보석 빛 바이올렛이 난무하는, 이런 빛의 홍수를 이룬 찬란한 광채의 향연으로 넘실거리겠는가?

_ **조리 카를 위스망스**(Joris Karl Huysmans), 「**터너와 고야**(Turner and Goya ,1889)」

화학사에서 손만 뻗으면 모든 걸 얻을 수 있었던 1770년대의 50년과 같은 그런 50년은 다시는 없을 것이다. 처음에 그 진짜 원소들 중 알려진 원소는 거의 없었으며, 학자들은 물질이 탈 때 방출되는 것으로 알려진 모호한 물질인 플로지스톤phlogiston에 대해, 박식한 체 여전히 떠들고 있었다. 그러나 모든 건 혁명으로 치닫고 있었다. 그것도 하나의 혁명으로 끝나는 게 아니었다. 프랑스를 무대로 너무 많은 이야기가 펼쳐지고 있었기 때문이다[*]. 1820년에 이르면, 화학자들은 오늘날과 거의 같은 용어를 쓰고 있었다. 화학은 전문 분야였고, 그것도 잠재력이 아주 높은 산업이었다. 원소 명단도 100년 전에는 꿈도 꾸지 못했을 정도로 확장되고 있었다. 앙투안 라부아지에Antoine Lavoisier의 명저 『화학 원론(traite elementaire de chimie, 1789)』에 33가지의 원소를 기록하고 있다. 그리고 1790년과 1848년 사이에 29종이 그 명단에 추가되었다.

이 시기에 새로운 안료가 폭발적으로 증가한 것은 우연의 일치가 아니

---

[*] 저자가 프랑스 대혁명을 염두에 두고 쓴 글임.

다. 수백 년 동안 혁신이 소강상태였다가 화가들은 어느 것을 골라야 할지 모를 정도로 갑자기 펼쳐진 폭넓은 선택에 행복한 고민에 빠졌다. 또한 그들은 신생 페인트 산업이 시장에 내놓은 많은 제품들을 평가할 기준의 필요성을 점차 느끼게 되었다. 그것은 옥석을 구별하는 일이기도 했다. 전통적인 방법으로 시행착오를 거친 재료를 고집할 것인가, 아니면 새로운 재료를 실험할 것인가? 당연히 새로운 재료를 선택한 화가들은 예술의 양식에서 혁신가가 되는 경향이 있었고, 결국 보수주의 화단과 급진적인 화단을 구별하게 되는 기준은 캔버스에 펼쳐지는 색이 되었다.

:: 블록을 쌓다

화학자의 직업은 4가지 원소만 있다고 해서 더 단순해지지는 않으며, 다만 단조로워질 뿐이다. 92개의 자연계 정령들이 그들의 모든 쿼크와 성질을 드러내는 주기율표의 풍요로움과 비교했을 때, 고전 고대Classical antiquity 아리스토텔레스의 흙, 공기, 불, 물은 만물을 창조하는 주요 성분으로써 참으로 초라해보인다.

그 원소들은 화학의 주연배우이고, 원자 이상으로 물질을 해부하려는 시도는 주연배우와 같은 호소력은 절대 지닐 수 없다. 양성자와 전자는 색상이 없고, 쿼크나 글루온gluon*을 결합하여 페인트를 만드는 사람도 없기에, 물리학자들이 그들에게 주는 '색'은 단지 상상의 산물일 뿐이다. 원소를 조작하여, 비율과 결합 그리고 전하량을 바꿈으로써, 화학자들이 그렇게 하는 것이며, 그것이 바로 색 제조업자들이 색을 만드는 방법이다.

---

* 쿼크 사이의 상호작용을 매개하는 입자.

『회의적 화학자』에서 로버트 보일은 아리스토텔레스의 원소 체계에 도전하며, 4개 이상의 어쩌면 그 보다 훨씬 더 많은 원소가 있을 수 있다고 제안했다. 그것들은 무엇일까? 보일은 영리하게도 대답하지 않았다. 그러나 그는 흙, 공기, 불, 물이 더 이상 분해되지 않는 만물의 근본일 것인가에 대해서는 의문을 제기했다.

> 어떤 물체에선 네 원소가 나오지 않는데, 지금까지 금에서 4가지 원소 중 하나도 나온 적이 없기 때문이다. 은, 태우면 쉽게 부서지는 탈크(Talc, 운모), 기타 여러 고정된 물질에 대해서도 마찬가지이다. 이 물질들을 이질적인 4가지 물질로 환원시키는 일은 지금까진 불카누스에게 너무 어려운 임무로 보인다.[1]

보일은 참신한 발상의 전환을 이뤘다. 사실 1586년 콘라트 게스너Conrad Gesner가 아리스토텔레스의 4원소론은 고대의 원소 체계들 중 하나에 불과하다는 것을 보여준 이래로 허약한 이론이었다. 그러나 보일의 기여는 불을 빼라거나 황이나 염을 더해야 한다는 등의 논쟁이 아니었다. 그는 어떤 물체가 화학적 변형으로 어떤 물질로 분해되는지를 직접 분석할 필요성을 지적함으로써 논쟁의 주제를 바꾼 것이다. "어떤 특정한 물체가 어떤 이질적인 부분으로 구성되어 있는지 가장 확실하게 알 수 있는 방법은 특정한 실험을 하는 것이다. 그리고 진짜 불이든 잠재적인 불이든, 어떤 방법으로 그것들은 가장 잘 그리고 쉽게 분리될 것이다."[2] 이렇게 그는 적어도 100년 뒤에나 있을 법한 화학자의 주요 임무를 정의했다. 그러나 100년이 지나서야 아리스토텔레스의 '원소들' 중 2가지 기본 구성요소인 '공기와 물'이 자신의 정체를 드러내기 시작했다.

보일의 조수 로버트 후크Rovert Hooke는 공기는 불활성 성분을 포함하고 있다는 관측으로 이미 궤도에 오르고 있었다. 봉인된 용기 내에서 물질을 태워도 남을 물질을 발견한 것이다. 그러나 1774년이 되어서야, 영국의 과학자이자 성직자였던 조지프 프리스틀리는 공기 중에서 '활성active' 성분을 최초로 명확하게 확인했으며, 후에 라부아지에는 이 기체를 '산소oxygene'라고 명명했다. 프리스틀리에게 이 기체는 성분이 아니라 플로지스톤을 빼앗긴 물질이었다. 그러나 산소를, 물질을 태울 때 흡수되는 성분으로 만듦으로써, 라부아지에는 화학을 올바른 방향으로 바꾸었고, 그밖에 모든 것이 제자리를 잡기 시작했다. 특정한 금속에서 산의 반응으로 생성되는 수소와 산소의 결합은 물을 합성해냈는데, 이런 결합을 1781년 헨리 캐번디시가 관측했고, 그다음 2년 동안 라부아지에가 확인했다. 사실 도용이란 말이 옳을 것이다.

1869년 아돌프 뷔르츠Adolphe Wurtz는 이렇게 썼다. "화학은 프랑스 과학이다. 그것은 불멸의 명성을 지닌 라부아지에가 설립한 것이다."[3] 그리고 상당히 교활하게 화학에 기여했을 것이다. 그는 영국을 비롯한 많은 반대에 직면해서 원소 전체의 체계를 재명명하고 개정함으로써 산소의 연소 이론을 공고히 했다. 프랑스 화학자들인 루이 베르나르 기통 드 모르보Louis Bernard Guyton de Morveau, 클로드 루이 베르톨레Claude Louis Berthollet, 앙투안 프랑수아 푸르크루아Antoine Francois Fourcroy와 함께 그가 저술한 『화학 명명법(Methode de nomenclature chimique, 1787)』은 화학에 새로운 어휘와 18개의 금속을 포함한 체계적인 원소표 작성을 제시했다. 칼슘이나 마그네슘과 같은 일부 원소는 여전히 화합물로 위장하고 있었는데, 그 원소들은 반응을 너무 잘해 산소와 쉽게 떨어지지 않기 때문이었다.[4]

4명의 프랑스 화학자는 그들의 체계를 세상에 널리 알리기 위해 「화학 연보Annales de chimie」를 창립했다. 그들은 특이한 집단이었다. 세련된 라부아지에는 상당히 거만했는데, 특권층에서 태어난 사람 특유의 오만한 성격이었다. 그는 자신의 공을 차지하는 데는 약삭빨랐지만, 다른 사람의 공을 인정하는 데는 몹시 인색했다. 이런 부르주아 출신에 오만함의 결합은 세무 관리원이란 전력 때문에 프랑스 혁명 후 로베스피에르 경찰에 체포되었을 때, 그의 운명을 돌이킬 수 없게 만들었다. 푸르크루아가 로베스피에르에게 사면을 탄원했지만 소용이 없었다. 그는 1794년 단두대의 이슬로 사라졌다.

격동의 시대에 몰락한 귀족 가문에서 태어난 푸르크루아는 혁명의 지지자였으며, 왕립과학아카데미에서 화약 제조를 강의함으로써 박애fraternite를 실천하며 응분의 봉사를 했다. 절대 뛰어난 과학자가 아니었던 그는 근면함으로 꽤 성공을 거둔 과학자였다. 베르톨레와 기통 드 모르보는 모두 부유한 집안 출신이었다. 하지만 기통 드 모르보는 혁명 기간 동안 귀족 호칭을 뜻하는 '앙투안'을 슬그머니 떼어냈다. 그는 디종아카데미에서 화학 교수가 되었고, 여기서 그는 나폴레옹 통치 기간 동안 귀족 호칭을 다시 요구했다. 또한 기통 드 모르보가 18세기가 저물어갈 무렵 페인트 산업을 연구하게 된 곳도 바로 여기였다.

:: 납이 빠진 백색

화가들은 오랫동안 위험한 물질로 작업하는 것에 익숙해져 있었다. 그 변화무쌍한 성질이 가장 강렬한 몇 가지 색을 만들어주기 때문이다. 납은 절대 치명적이지 않으며, 과거 화가들이 광명단, 마시콧, 혹은 연백으로 건강을 해쳤다는 말도 전해지지 않고 있다. 그러나 산업혁명으로 납의 제조 규모가 커지고 상근직 작업조건으로 인해 그런 독성 물질에 지속적으로 노출되면서 연백의 유해성을 간과하지 못하게 되었다. 17세기에조차, 필리베르토 베르나티Philiberto Vernatti는 런던왕립학회 회보에 연백 제조공이 겪는 끔찍한 고통을 서술하고 있다.

노동자들에게 나타나는 증상은 급성 위통과 과다 위경련 그리고 설사약에도 효과가 없는 변비이다. 다음으로 눈두덩에 지속적이며 심한 통증을 동반한 어지럼증, 시력상실, 두뇌저하, 마비증상이 있다.[5]

우리도 잘 알고 있는 연백은 당시에 널리 사용되는 유일한 백색 안료였기에 화가들의 재료뿐만 아니라 가정용 페인트로도 사용되어 생산량이 매우 많았다. 가정에서도 사용되어 일반인에게도 유해했던 연백의 위험성은 18세기 말에 이르면 프랑스 공중보건당국에 심각한 문제로 대두되었으며 연백을 대체할 새로운 백색 안료가 필요해졌다.

1780년대, 프랑스 정부는 기통 드 모르보에게 접근해 새롭고 더 안전한 백색 안료를 찾아달라고 부탁했다. 1782년 그는 징크 화이트zinc white로 알려진 산화아연zinc oxide을 최고의 후보로 보고했다. 이 징크 화이트는 쿠르트와라는 실험실 연구원이 디종아카데미에서 합성했다.[6] 징크 화이트는 독성이 없을뿐더러 연백처럼 황 가스가 있으면 탄산납이 흑연 황화물로 변해 검게 변색되는 현상도 없었다.

아연은 라부아지에의 원소 명단에도 있었다. 독일 화학자 안드레아스 마르크라아프Andreas Margraaf가 1746년에 이미 아연을 확인한 바 있었다.[7] 그리고 징크 화이트는 황동 제조의 부산물이었기에 그리스 사람들에게도 잘 알려져 있었다. 구리 금속을 아연 원광석과 함께 가열하면, 산화아연이 백색의 수증기를 형성하고, 이것이 응축하여 푹신푹신한 침전물을 만든다. 그래서 그것은 중세 시대에 철학자의 털실lana philosophica 혹은 아연화flowers of zinc로 알려져 있었다. 그 산화물은 독성이 없는 소독제로 염증을 막았다. BC 4세기에서 3세기에 히포크라테스는 그 물질을 약품으로 추천하기도 했다.

징크 화이트는 그만큼 좋은 면이 많았지만 또한 결정적인 단점도 있었다. 우선 비용이 문제였다. 쿠르트와의 제품은 연백보다 4배가량 더 비쌌다. 쿠르트와의 제품이 정말 우수했다면 화가들은 기꺼이 그 비용을 지불했을 것이다. 하지만 19세기 초에, 징크 화이트는 전혀 우수해보이지 않았다. 그 피복력은 인상적이지 않았으며 유화 안료로써 너무 느리게 말라 커다란 단점으로 작용했다. 이런 이유로, 그 제품의 최초의 상업적 응용은 1834년 영국의 물감 제조업자인 윈저Winsor와 뉴턴이 도입한 수채화 안료 차이니즈 화이트Chinese white였다.

쿠르트와는 황산아연을 건조제로 첨가하여 건조 시간을 단축하려 했지만 문제는 지속되었다. 그 와중에 푸크르아와 베르톨레가 연백과 징크 화이트 중 어느 것이 더 훌륭한 안료인지를 두고 열띤 논쟁을 벌였지만, 처음 징크 화이트에 걸었던 장밋빛 기대는 사그라지기 시작했다.

그것은 프랑스의 물감 제조업자 르끌레르E. C. Leclaire의 숭고한 노력으로 구원을 받게 되었다. 1830년대 말, 그와 바루엘Barruel이라는 한 화학자가 더 우수한 건조제들을 찾아냈고, 1845년, 르끌레르는 파리 근교의 공장에서 산화아연을 제조하기 시작했다. 다른 프랑스 기업가들도 이 위험한 모험에 뛰어들었고, 1849년에 이르면 산화아연의 지위는 프랑스 공공사업부가 연백 사용의 위험성을 알리는 공문을 발표할 정도로 안전한 제품으로 격상되었다. 1909년, 프랑스의 모든 빌딩에 연백을 도료로 사용하는 것이 금지되었다. 징크 화이트가 대량생산되면서 그 가격도 하락하게 되어, 1876년에 이르면 값싼 연백과 같은 가격으로 시중에 유통되었다.

19세기 중반까지 유럽의 모든 징크 화이트 제조업자들이 제련된 아연

금속을 산화하여 만드는 이른바 '간접식' 혹은 프랑스식 공정을 따르고 있었다. 그러나 1850년대에 미국에서 새로운 방법이 도입되었다. 그 진위를 가리긴 어렵지만 입담거리로 즐기기엔 딱 좋은 각종 구색을 골고루 갖춘 한 이야기에 따르면, 그 방법은 우연히 발견되었다. 매슈 버로스^{Mathew Burrows}는 뉴저지 주의 뉴어크 근처에 파사익 화학공장에 근무하고 있었다. 사실 아연은 공장이 아니라 이웃 공장에서 제련하고 있었다. 아무튼 어느 날 밤 소방점검을 하던 버로스는 용광로의 연도(煙道, 굴뚝)가 새는 것을 발견했다. 그는 새는 곳을 일단 낡은 불받이로 막았지만, 보강을 위해 마침 그 근처에 있던 이웃 회사의 아연 원광석과 석탄을 덧붙였다. 그러자 그곳에서 흰색의 산화아연 연기가 곧바로 솟아올랐다. 그는 영리하게도 나중에 이것을 웨더릴과 존스라는 아연회사 직원들에게 말했다. 이들은 그 후 1850년대와 1860년대에 그 공정을 제조 방법으로 개발하게 되었다. 이러한 '직접식' 혹은 미국식 공정은 아연 원광석 자체(sphalerite, 섬아연광)를 원재료로 사용한다.[8]

상업적으로 징크 화이트는 굉장히 중요했다. 그러나 정작 화가들은 징크 화이트를 사용하길 주저했다. 연백이 수백 년 동안 그들에게 충실히 이바지해왔으며, 독성도 크게 위협적이지 않았다. 그런데 왜 검증되지도 않은 새로운 물질로 바꿔야 하는가? 더욱이, 징크 화이트는 연백과 비교했을 때 차갑고 단조로운 색감을 주었다. 이것은 당시 화가들 취향에 썩 맞는 것은 아니었다. 그래서 연백은 19세기 내내 회화 예술가들을 위한 주요한 흰색으로 존재했다. 수채화가들조차 징크 화이트를 사용하는 데 망설였다. 1888년 질문 대상 영국 수채화가 56명 중에 겨우 12명만이 차이니즈 화이트를 사용한다고 말했다. 그렇지만 19세기 그림에서는 징크 화이트를 쉽게 찾아 볼 수 있다. 일부 물감 제조업자들이 제품에 연화제^{lightener}로 첨가했기 때문이었다. 그것은 세잔의 작품에서 발견되고 있으며, 반 고흐는

1850년대에 징크 화이트의 강력한 색채에 매료되어 바탕색으로 아주 즐겨 사용했다.

독성이 없는 새로운 흰색을 찾기 위해 기통 드 모르보가 징크 화이트에만 집착한 것은 아니었다. 그가 시도했던 여러 대체물 중에 중정석barite이 있었다. 종종 바라이트barytes라고 불리던 바륨 황산barium sulphate을 말한다. 그 광물은 17세기에 아그리콜라가 언급한 바는 있지만, 백색 안료로 고려되었다는 암시는 없다. 그것은 씻어 갈기만 하면 다른 공정은 필요 없었기에 '퍼머넌트 화이트permanent white' 혹은 1830년대에 영국에서 알려졌던 것처럼 '미네랄 화이트mineral white'라는 이름으로 화가의 팔레트에 금세 자리를 잡게 되었다. 그러나 고품질 중정석 침전물은 희귀했기에 19세기 초에 바륨 황산은 침강 황산바륨blanc fixe이란 안료로 인공제조되었다.

퍼머넌트 화이트는 캐링턴 볼스Carington Bowles의 『볼스의 수채화 기법 (Bowles' Art of Painting in Water - Colours, 1783)』에 소개되어 있는데, 이 책은 기통 드 모르보가 연구를 시작한 지 겨우 1년 후에 출간되었다. 기름에서 약간 투명한 이 색은 수채화 그림물감으로 가장 잘 들어맞았다. 그러나 바륨 황산은 흔히 체질안료extender*로써 다른 흰색 안료와 혼합되거나 착색안료를 위한 주성분으로 사용되었다. 가격도 상대적으로 저렴했기 때문에 그것은 중요한 산업용 페인트가 되었고, 제1차세계대전 동안에는 비행기 위장색으로도 사용되었으며 또한 1910년대 이래로 미 해군의 전함 회색Battle Grey의 성분으로 사용되고 있다.

아연 제련은 19세기 초에 주요한 산업이었으므로, 징크 화이트만이 화가에게 혜택을 준 유일한 우연의 산물은 아니었다. 1817년, 독일의 프리드리히 슈트로마이어는 잘츠기터Salzgitter에 있는 아연 공장에서 나오는 부산

---

* 증량, 희석, 특성 강화 등을 위해 첨가하는 물질.

물 중 하나가 노란색 산화물이라는 것을 관측했다. 그는 이 물질을 분석해 아연과 성질이 유사한 새로운 금속을 밝혀냈다. 예전부터 아연 원광석은 칼라민calamine 혹은 카드미아cadmia라 불리었는데, 그 새로운 원소와 아연과의 연관성 때문에 새로운 금속을 '카드뮴cadimium'이라 불렀다.

카드뮴의 화학적 성질을 조사한 후, 슈트로마이어는 카드뮴의 선명한 노란색 황화물[그는 그것을 설퍼레트(sulphuret)라고 명명했다]을 만들어냈다. 당시의 화학자들이 이 물질을 안료로 만드는 중요성에 대해 1819년 슈트로마이어의 논평보다 더 적절한 표현은 없다.

　　색의 아름다움과 안정성, 그리고 청색을 비롯한 다른 색들과 잘 어울리는 성질을 가진 설퍼레트는 그림에서 매우 유용할 것으로 보인다. 이런 견해를 확인하기 위한 일부 실험도 아주 긍정적인 결과를 낳고 있다.[9]

슈트로마이어는 그 합성 조건을 바꾸면 오렌지 색 물질을 생산할 수 있다는 것을 발견했으며, 이 색조는 알갱이 크기에 달려 있었다. 노란 카드뮴과 오렌지 카드뮴은 인상적인 안료로, 풍부하고 불투명하며 햇빛에 바래지 않는 특성(내광성)을 가지고 있다.

그러나 1840년대까지 아연 제련에서 나오는 공급은 노란 카드뮴이 무슨 영향을 줄 정도로 충분하지는 않았다. 1829년경부터 프랑스와 독일의 유화에서 사용한 증거는 있지만, 1835년에도 그것은 어떤 영국 물감 제조업자의 명단에 올라와 있지는 않다. 그러나 1851년에 '윈저&뉴턴' 회사가 노란 카드뮴을 생산하고 있는 중이었다. 하지만 1870년도에조차, 색채 화학자 조지 필드는 '지금까지 희박하게 생산되고 있는 그 금속은 여전히 안료로써는 거의 채택되지 않고 있다'고 논평하고 있었다. 카드뮴의 고가가 그 안료에 전이되어 매우 비쌌으며 당시에 더 저렴하고 훌륭한 대체 안료도 있던 것이었다.

그럼에도 노란 카드뮴은 애호가가 있었고, 그중 저명한 화가로는 클로드 모네Claude Monet가 있었다. 그는 적어도 1873년부터 그 안료를 광범위하게 사용했다. 에두아르 마네Édouard Manet와 베르트 모리조Berthe Morisot가 1870년대 말에 그 색을 사용하도록 부추긴 것도 모네가 그 색을 선호하게 된 동기가 되었을 것이다.

:: 카멜레온 금속들

치명적인 녹색

바륨은 그 이름이 '무겁다'는 뜻의 그리스어 '바리스barys'에서 왔다. 그 금속은 밀도가 높고 무거워 다루기 힘든 금속이기 때문이다. 1774년에 원소로 확인되었으며, 발견자는 18세기 원소 추적자 중에서 가장 탁월한 인물 중 한 명인, 스웨덴 약제사 칼 빌헬름 셸레Carl Wilhelm Scheele였다. 동일한 실험에서 셸레는 염소를 분리해냈다. 하지만 그는 그것을 당시의 잘못된 해석인 '탈필로지스톤 염화수소dephilogisticated marine acid'로 오산했다(그는 1786년 44세의 나이로 사망할 때까지 필로지스톤주의자라고 공언했다). 셸레는 프리스틀리에 앞서 산소를 분리해냈으며, 그것을 '불의 공기fire-air라고 불렀다. 그리고 그가 1770년에 산과 철 혹은 아연과 반응하여 수소를 분리해냈을 때, 그것이 다름 아닌 순수한 플로지스톤이 아닐까 하는 믿음이 있었다.

셸레는 해염sea salt과 같은 염소 화합물 실험으로 1770년경에 새로운 노란색 안료인 옥시염화납lead oxychloride을 발견하게 되었다. 제임스 터너James Turner라는 화학 제조업자는 1781년에 그 색에 대한 영국 특허를 추구했고, 그에 따른 경쟁 제조업자와의 법적 공방은 영국 특허법에 아주 중요한 선례가 되었으며, 그의 법정 투쟁 흔적은 뚜렷이 남았다. 그 안료는 시장에서 '터너의 특허 노란색' 혹은 단순히 특허 노란색으로 유통되게 되었다. 하지만 안료는 당시의 예술에 그다지 커다란 인상을 남기지는 못했다.

1775년, 비소의 화학적 성질을 연구하던 과정에서, 셸레는 녹색 화합물 아비산동copper arsenite을 만들어냈다. 그는 그 물질의 안료로서의 잠재력을 단박에 인식했고, 그것은 곧 '셸레의 녹색Scheele's green'이란 이름으로 제조되었다. 하지만 그것은 특별히 두드러진 색은 아니었고, 약간 지저분한 색조를 띠고 있었다. 존 맬러드 윌리엄 터너John Mallord William Turner는 그 색을 이용해 1805년경에 유화 스케치 〈웨이 강둑의 대성당(Guildford from the Banks of the Wey)〉을 그렸고, 그것은 마네의 〈튈르리에서의 음악회(Music in the Tuileries Gardens, 1862)〉에 있는 군중 속에서도 나타나지만, 그밖에 다른 곳에서 그 색을 사용했다는 증거는 희박하다.

더 우수한 관련 화합물만 나타나지 않았어도 그 녹색은 화가의 사랑을 많이 받았을 것이다. 하지만 1814년, 독일 슈바인푸르트의 페인트 제조업자 빌헬름 자틀러Wilhelm Sattler는 약제사 프리드리히 루스Friedrich Russ와 공동으로 우연히 아세토아비산구리copper aceto-arsenite를 발견하게 되었다. 이 물질의 밝은 녹색 결정은 백비white arsenic와 탄산나트륨sodium carbonate을 식초에서 용해한 녹청과 혼합하여 만든다.[10] 녹색 결정은 프랑스에선 슈바인푸르트의 녹색vert de Schweinfurt 혹은 지방의 이름을 따서 비엔나의 녹색vert de Vienne, 브룬스윅의 녹색vert de Brunswick이라 불렸지만 영국에선 '에메랄드 그린'으로 불렸다.

그와 같은 녹색은 일찍이 없었다. 라파엘 전파와 인상주의 화가처럼 강력한 채색을 추구하던 19세기 예술가들에게, 그것은 자연스런 선택이었던 것 같다. 그것이 널리 퍼지게 된 시기는 1822년으로, 이 해에 독일의 화학자 유스투스 폰 리비히Justus von Liebig가 앞서 자틀러가 들킬새라 꼭꼭 숨겨두었던 사업상의 기밀인 에메랄드 그린의 성분과 합성 방법에 대한 보고서를 발표했다. 윈저&뉴턴이 1832년에 그것을 유화 그림물감으로 팔기 시작했고, 새로운 재료에 늘 목말라하던 터너가 그것을 최초로 사용한 시기도 그 해였다.

에메랄드 그린은 제조비용이 상대적으로 낮아 실내 장식에 많이 쓰이게 되었고, 이 녹색과 셸레의 녹색은 19세기 중반에 산업적 규모로 생산되었다. 그러나 이런 녹색에 포함된 비소 성분은 제조업자들에게만 해를 끼친 것은 아니었다. 반복된 문양의 싸구려 벽지에 두꺼운 볼록판으로 찍힌 이 색은 붓질할 때 독성 먼지를 날린다. 그리고 습기에 노출되면, 그 안료들이 분해되어 아르신arsine이라는 치명적인 비화수소 기체를 발산시킨다. 1860년대에, 런던의 「타임즈(Times)」는 이런 비소를 포함한 녹색을 가정에서 사용할 때 발생하는 위험을 알리는 경고 기사를 실었다. "그런 성분이 포함된 벽지를 바른 침실에서 자던 아이들이, 뒤늦게 발견되는 치명적인 비소 중독으로 죽은 일이 심심치 않게 일어나고 있다."[11] 전설에 따르면, 세인트 헬레나 섬으로 유배된 나폴레옹 보나파르트도 축축해진 벽지의 에메랄드 그린 페인트에서 나온 비소 연기로 중독되어 죽었다고 한다.

시베리아 레몬색

프랑스는 여타 국가보다 자국 화학자들을 유난스레 기념해오고 있지만, 현재 과연 얼마나 많은 프랑스 사람들이 니콜라 루이 보클랭Nicolas Louis Vauquelin을 알고 있을까? 보클랭은 1790년대 프랑스 화학의 최전선에서 베르톨레, 푸르크루아, 그리고 기통 드 모르보의 3인조에 합류했던 뛰어난 분석적 화학자였다. 푸르크루아의 실험 조수로 일했던 보클랭은 녹주석에서 베릴륨 원소를 발견했고, 1797년에는 18세기에 시베리아에서 발견된 밝은 빨강의 결정인 홍연석(crocoite, 크로코이트)으로 관심을 돌렸다.

프랑스인들은 홍연석을 시베리아 적납이라 불렀고, 서양에서 그 물질을 최초로 언급한 사람은 1762년 독일의 레흐르만J. G. Lehrmann으로 보인다. 홍연석을 으깨면 짙은 오렌지색이 되지만, 화가들의 안료로 사용된 흔적은 보이지 않는다.

보클랭은 조사를 통해 이 광물질 내에 들어 있는 새로운 금속을 찾아냈고, 이 금속의 화합물들은 강한 색채를 띠는 경향이 있었다. 이런 이유로, 그는 색이란 뜻의 그리스어 크롬chrome을 본 따 그 이름을 크롬으로 부를 것을 제안했다. 현재 우리는 이 원소를 크로뮴chromium으로 알고 있다. 크로코이트는 자연 형태의 크롬산납lead chromate 화합물이다. 그러나 나중에 보클랭이 순수한 크롬산납을 합성했을 때 그것이 짙은 노란색임을 알게 되었다. 베르톨레와 협력하여 그는 1804년에 이 물질이 안료로 가능하다고 주장했다. 보클랭 자신이 편집부에서 일했던 이제는 아주 유명해진 「화학 연보」에 크로뮴의 색의 화학적 성질에 대한 연구를 전부 발표했을 때, 크롬 옐로(chrome yellow, 개나리 색)는 이미 예술가들의 팔레트 위에 있었다. 1810년에 그린 토머스 로렌스Thomas Lawrence의 〈신사의 초상화(Portrait of a Gentleman)〉에 그 색이 보인다.[12]

크롬산납의 정확한 색상은 그것을 황산납과 함께 화학 용액에서 같이 침전시켜 조정될 수 있다. 각 염의 절반은 담황색primrose yellow을 낳고, 65% 크롬산납과의 혼합은 레몬색 노란색이 되며, 크롬산의 비율을 높일수록 그 색은 점점 더 짙어진다. 보클랭은 합성온도가 알갱이의 크기에 영향을 미치고 그것이 색을 바꾼다는 사실을 발견했다. 보클랭은 용액에 산을 첨가해 '짙은 레몬 노란색'을 산출했으며, 화가들이 이 색을 입이 마르도록 칭송했다고 그가 말했다. 그리고 그 안료를 알칼리 용액으로 침전시키면, 그것은 오렌지 색조를 띠어, '노란색조의 적색(yellowish red, 주황색)이나 종종 아름다운 진한 적색a beautiful deep red'이 된다. 오렌지 카드뮴에 앞서, 오렌지 크롬이 화가들이 이제까지 조우했던 최초의 순수하고 강한 오렌지 안료였고(계관석은 노란색 기미를 띠는 경향이 있다), 그것은 곧 극적인 효과를 위해 사용되고 있었다.

그러나 그 눈부신 매력에도 불구하고, 크롬 안료는 널리 사용되려면 우선은 입수가 가능해야 했다. 하지만 그 유일한 공급지가 이역만리 시베리아였기에 그럴 가능성은 희박했다. 1818년, 『예술에 적용된 자연 역사』라는 프랑스 사전에 따르면, 러시아 화가들도 크롬산납에 '상당히 비싼' 가격을 지불한다고 기술하고 있다. 그러나 그 해에, 아크롬산염chromite, iron chromate이 프랑스 바르 지역에서 발견되었다. 아크롬산염은 또한 1820년에 영국 셰틀랜드 제도에서 발견되었다. 그런데 이 새로운 안료를 화가들이 얼마나 찾았던지, 1829년 바르 광산이 거의 고갈될 지경이었다. 그러나 1808년부터 미국에서 그 광상이 또한 발견되기 시작했고, 1816년에 이르면, 크로뮴 원광석이 안료 제조를 위해 대서양을 횡단해 영국으로 수입되고 있었다.

순수한 노란색 크롬과 오렌지색 크롬은 19세기 전반 동안 여전히 값비싼 재료였다. 하지만 그 안료의 착색력이 너무나 강해, 그것은 황산바륨과 같은 체질안료와 상당히 많은 양으로 혼합될 수 있었고, 그래서 상업적 페인트로 사용될 수 있었다. 유럽에서 마차에 적용된 그 색은 미국에서 택시의 카나리아 옐로를 앞선 것이었다.

보클랭이 1809년에 저술한 논문도 또한 크로코이트의 추출물을 구워 만든 '가장 아름다운 녹색un vert extremement beau'을 언급하고 있다. 이것은 산화크로뮴으로, 그 뛰어난 안정성 때문에 곧 유약으로 가치를 인정받게 되었다. 그래서 보클랭은 열광하게 되었다. "그것이 주는 이 아름다운 에메랄드 색 때문에, 그 안료는 에나멜로 작업하는 화가들에게 그림을 풍요롭게 해서 한 차원 더 높일 수 있는 수단을 제공할 것이다." 그러나 순수한

산화크로뮴은 다소 탁한 안료기에 화가들에게 그리 큰 인기를 얻지는 못했다.[13]

그러나 1838년, 파리의 물감제조업자 파느티에Pannetier는 크로뮴을 깊고, 차갑고, 약간 투명한 녹색으로 바꾸는 비법을 개발했다. 이 녹색은 프랑스에서 에메랄드 그린vert emeraude으로 알려지게 되었다(영국의 에메랄드 그린, 아세트아비산구리와 혼동하지 마라). 영국에서 이 안료는 비리디언(viridian, 푸른색을 띤 진한 녹색의 안료)으로 불리게 되었으며, 인상주의화가들이 깊이 흠모하고 세잔이 가장 신뢰하는 녹색이 되었다.

비리디언은 단순한 수산화크롬이다. 이 결정격자에 약간의 물 분자가 들어 있다. 하지만 그것이 모든 차이를 결정지어, 크로뮴 이온을 순수한 산화크롬에 있을 때보다 비할 바 없이 더 매력적인 색상으로 변화시킨다. 파네티에는 그의 비법을 깊숙이 감추고 그 안료에 높은 가격을 매겼다. 그러나 1859년, 프랑스 화학자 기네C. E. Guignet가 또 다른 제조법을 개발했고, 비리디언은 곧 폭넓은 시장을 구축하게 되었다. 그것은 거의 즉시 인쇄, 가정용, 그리고 산업용으로 독성이 높은 에메랄드 그린을 대체하게 되었다.

19세기에 상업적으로 시장에 유통되던 페르시안 블루와 크롬 옐로의 화합물인 이른바 크롬 그린chrome green과 비리디언을 혼동할 우려가 있다. 이 혼합 색의 정체는 그것을 진사녹색(cinnabar green 혹은 zinnober green)이라 부르던 특별한 관행에 의해 더욱 모호해진다. 그 화합물은 탁한 녹색에서 올리브색까지 다양하며 값도 저렴해 대량생산되었다. 화가의 안료로서 크롬 그린은 상당한 결점들이 있었다. 그것은 강력한 햇살이나 산성 혹은 알칼리 조건에서 탈색되었다. 이런 결점에도 19세기 일부 작품에서 그 안료를 볼 수 있다.

보클랭은 크로뮴의 화학구성을 분광학적으로 조사하여 새로운 안료들을 밝혀냈고, 여기서 어지러울 정도로 많은 크롬산염의 노란색을 이끌어냈다. '레몬 옐로'로 판매되던 안료는 많은 다양한 구성으로 가능했다. 크롬산납이나 일부 황산납과의 화합물이 될 수도 있었지만 이른바 알칼리 토성 금속인 바륨과 스트론튬(혹은 드물게는 칼슘)의 크롬산일 수도 있었다. 1809년에 보클랭이 기술했던 크롬산바륨은 또한 특이하게도 옐로 울트라마린outremer jaune, yellow ultramarine이라 불리었다. 그것은 크롬산납보다는 더 불투명했지만, 안정성은 더 뛰어나다. 크롬 옐로가 갈색으로 변하는 갈변성은 그 19세기 후반에 많이 개선됐다. 보클랭은 또한 크롬산아연을 만들었는데, 이것은 1850년대부터 화가들에게 징크 옐로zinc yellow로 판매되었다. 그리고 부식을 막는 성질 때문에 그것은 제2차세계대전 동안에 군사장비에 널리 사용되었다.

코발트 무지개 색

그러나 그 후 청색은 문제가 있었다. 18세기 말 화가들에게, 꺾일 줄 모르는 비싼 울트라마린과 견줄 만한 재료는 여전히 없었다. 나폴레옹 정부는 그 문제를 진지하게 생각하여, 내부장관 장 앙투안 샤프탈Jean-Antonie Chaptal이 유명한 화학자 루이 자크 테나르Louis Jacques Thenard에게 울트라마린을 대체할 인공안료의 고안을 부탁했다.[14]

테나르는 밑바닥부터 시작해 올라온 화학자였다. 처음에 보클랭의 실험실 소년으로 병이나 닦는 허드레 일꾼으로 채용되었지만 나중에 실험실 조수로 승격되었다. 보클랭의 후원으로 테나르는 파리의 에콜 폴리테크Ecole Polytechnique의 실험조수가 되었으며, 여기서 셸레의 염소에 대한 실험으로 유능한 분석적 화학자라는 명성을 확보했다. 테나르와 그의 동료 조제프 게이뤼삭Joseph Gay-Lussac은 당시 옥시무리아틱산oxymuriatic acid으로 알려져 있던 이 물질이 사실은 원소일 수도 있다고 결론지었지만, 라부아지에가 그렇지 않다고 주장했기에 그들은 잠정적으로만 그렇게 생각할 수밖에 없었다. 하지만 그것은 런던의 험프리 데이비$^{Humphry\ Davy}$가 곧 더욱 강력하게 주장했듯이 실제로 원소였다. 데이비는 그 원소의 색이 푸른빛을 띤 연한 초록색$^{pale\ leek\text{-}green}$이었기 때문에 그 원소를 클로로스^{chloros}라고 이름을 지었다. 그 단어는 그리스 사람들이 한때 원색으로 생각했던 녹색을 의미했다.

샤프탈이 던져준 도전을 숙고하면서, 테나르는 세브르(Sevres, 동슬라브 종족)의 도공들이 청색 유약에서 코발트를 포함한 염을 사용한다는 사실을 알게 되었다. 과연, 이 재료들이 예술가들이 그토록 애타게 찾는 아름다운 청색을 제공해줄 수 있을까? 결국, 코발트는 일종의 푸른색 유리인 중세의 안료 스몰트에서 착색제였다. 18세기 초에 스웨덴 화학자 게오르크 브란트$^{Georg\ Brandt}$는 스몰트를 분석하여 이미 그 원광석에 이름이 붙어 있던 코발트가 그 색을 결정짓는 원소로 확인했다.

1802년에, 테나르는 코발트 염을 알루미나와 혼합하여 청색의 고체를 합성했다. 테나르의 청색(cobalt aluminate, 알루민산염 코발트)은 아주라이트, 페르시안 블루, 인디고보다 색채가 더 순수했으며 즉시 안료로 채택되었다. 그 합성방법은 나중에 매우 단순해져서 코발트 원광석이 출발재료(구성물질)로 쓰였다. 그 안료는 화가의 목록에 코발트 블루로 들어갔다.

그것은 고가였지만 그럼에도 인기가 높았다. 그 유일한 경쟁은 1850년대부터 제조되기 시작한 인공 울트라마린뿐이었다. 그러나 그 카멜레온적인 성질이 크로뮴에 필적하는 코발트에서 나올 색은 여기가 끝이 아니었다. 코발트와 산화주석$^{tin\ oxide}$의 화합물(cobalt stannate 주석산염)인 또 다른 코발트 블루는 영국의 로니^{Rowney}가 시장화시킨 수채물감으로 1860년대에 유통되기 시작했다. 1870년대에 이르면 그것은 유화물감으로도 판매되어 영국에서는 세룰리언 블루로 프랑스에서는 블루 셀레스테(bleu celeste, 하늘색)로 유통되었다. 녹색 색조를 띤 그 색은 아주라이트와 약간 비교된다.

세룰리언 블루는 1890년대에 일시성 때문에 악명을 떨쳤지만, 신인상주의 화가 폴 시냐크Paul Signac는 그런 위험을 감수할 정도로 그 색에 매료된 화가 중 한 명이었다.

19세기 중반에, 코발트색이 3가지나 더 시장에 나타났다. 코발트 그린은 코발트 블루와 비슷한 화학구성을 가지고 있지만, 알루미나의 일부 혹은 전부가 산화아연으로 대체된 것이 특징이다. 그것은 사실상 1780년에 스벤 린만 Sven Rinmann이라는 스웨덴 화학자가 코발트 블루에 앞서 발견했었다. 그러나 산화아연을 쉽게 구입할 수 있게 되어서야, 코발트 그린의 제조가 활발해졌다. 1901년에 화학자이자 아마추어 화가인 아서 처치Arthur Church는 그 색을 '화학적으로나 예술적으로 완벽한' 뛰어난 안정성을 가진 밝은색으로 칭송했다. 그러나 그것은 불투명이 그렇게 뛰어나지는 않았으며, 다른 모든 코발트 안료처럼 가격이 매우 높았다. 1859년 프랑에서 제조된 코발트 바이올렛도 동일한 결점들이 작용했다.

코발트 색 중에서 가장 복잡한 색은 화가들에겐 오리올린(aureolin, 코발트 옐로)으로, 화학자들에겐 아질산코발트 칼륨potassium cobaltonitrite으로 알려진 노란색이었다. 그것은 1831년 독일의 피셔N. W. Fisher가 합성했지만, 안료로 판매되기 시작한 것은 파리의 생 에브르E. Saint-Evre가 1850년대 초에 독립적으로 그 색을 재발견하면서부터였다. 그것은 1861년에 최초로 상품화되었지만, 1889년부터 수채화물감으로만 보편적으로 사용되기 시작했다. 그때 윈저와 뉴턴이 '프림로즈 오리올린(primrose aureolin, 담황색)'의 수채화물감을 출시했던 것이다. 유화작가들에겐 이미 더 훌륭하고 저렴한 노란색 안료가 있었다.

시험에 든 색

이렇게 갑작스럽게 폭발적으로 늘어난 물감에 화가들은 어떻게 대처했을까? 새로운 색들은 유혹적으로 밝았으며 많은 화가들은 그 즉시 그 마력에 빠져들었다. 그러나 예술아카데미 회원들은 새로운 색의 내구성이 크게 알려진 바가 없다는 점을 지적하며 주의를 당부했다. 재료에 대한 엄격한 검증이 이때처럼 절실했던 적은 일찍이 없었다. 그리고 그것은 전문가, 즉 화학자의 몫이었다. 1891년, 프랑스 화가 장 조르주 비베르는 화가들이 '작품의 선명함과 생생함을 보존'하기 위해 사려 깊게 선택한 믿을 수 있는 안료의 명단을 내놓았다. 그중에는 징크 화이트, 카드뮴 옐로, 크롬산 스트론튬, 코발트 블루, 산화크로뮴그린(비리디안이 아니라 비함수성의 불투명한 그린이다), 코발트 그린, 코발트 바이올렛과 1868년에 발견된 망간 바이올렛이 들어 있었다.

그 조언은 새로운 색 기술자의 연구에 바탕을 둔 것이었다. 이들은 슈브뢸Michel-Eugene Chevreul, 헬름홀츠 그리고 맥스웰과 같은 과학자들의 최신 색 이론에 화학적으로 숙달되고 익숙했으며, 회화의 세계와도 밀접하게 연결되어 있었다. 그들은 과학과 예술을 잇는 가교 역할을 수행했으며 그 19세기가 전환되면서 거의 사라졌다.

프랑스 화가들이 프랑스의 뛰어난 화학으로 혜택을 봐야 한다는 생각으로 늘 머릿속을 채우고 있던 샤프탈은 에콜 폴리테크의 화학자 메리메에게 새로운 색의 재료를 찾아볼 것을 요구했다. 화가 교육도 받았던 메리메는 플랑드르 옛 거장들의 기법을 분석한 후, 화가들이 동시대의 일부 작품에서 명백한 그 퇴화를 피하려면 그런 전통적인 기법을 더 잘 이해할 필요가 있다고 생각했다.

300년이 지났어도 우리를 경이롭게 하는 그 선명한 색상을 지닌 휴베르트와 얀 반 에이크의 그림은 겨우 몇 해만 지나도 변색이 확연한 그림들과는 다른 방법으로 그려진 그림이다.[15]

이것은 그 후 수십 년이 지나도 계속되는 한탄이 되었다. 그러나 새로운 안료를 찾으려는 메리메의 노력은 별다른 성과를 내지 못했으며, 다만 프랑스에서 유행했던 새로운 형태의 매더 레이크^{madder lake}*인 가랑스의 카민 carmin de garance을 만들어냈다.

:: 인도에서 태어난 렘브란트

존 맬러드 윌리엄 터너의 작열하는 작품들은 19세기 초의 관습적인 갈색의 껍질을 뚫고 나온 것이다. 때때로 그는 소묘를 완전히 무시한 채 색을 사용하려던 것처럼 보인다. 존 러스킨과 같은 그의 찬미자들조차 이 새롭고 화려한 화법에 당혹감을 드러냈다. '아무것도 없거나 그 비슷한 그림'이란 논평은 비평가들이 그의 그림을 얼마나 혹독하게 평했는지를 보여준다.

터너는 사회성이 부족해 동료들과 어울리지는 못했지만, 18세기 말부터 1851년에 죽을 때까지 그는 존경받는 왕립아카데미 회원이었다. 1795년 당시 젊은 화가였던 그는 고동색과 바이올렛 폭풍 구름에서 빛이 새어나오는 채색 효과가 지배적인 그림 〈바다의 어부(Fisherman at Sea)〉에서 그 프로그램(화풍)의 일부를 언뜻 비치고 있다. 터너의 작품들을 지배하는 것은 분위기이다. 여기서 창백한 태양이 온갖 종류의 옅은 안개, 짙은 안개, 구름과 폭풍우를 관통하려고 기를 쓴다. 한 비평가는, 〈운무를 헤치며 떠오르는 해(Sun Rising through Vapour, 1807)〉는 터너 그림을 포괄해 대변할 제목이라고 말했다.

---

* 꼭두서니의 뿌리에서 만드는 붉은 유기 안료.

이런 분위기 조성을 위해서는 콘스터블Constable이 선호했던 착 가라앉은 토성안료가 아니라 짙고 밝은 강한 색이 필요했다. 그리고 터너의 태양과 수증기가 점차로 걷히고 풍경을 드러내면서, 완성작oeuvre은 '색에서 이뤄진 새로운 발견의 가장자리에서 떨고 있는 듯이 보인다'라고 1823년 백과사전에서 밝히고 있다. 그러나 일부 비평가들이 보기엔 터너는 도를 너무 지나치고 있었다. 터너가 안개 낀 햇살의 주관적인 질감을 포착하기 위해 계속하여 부자연스러운 기법을 사용했기 때문에, 1826년 한 신문은 간곡히 부탁하는 글을 썼다. "우리는 터너가 자연으로 돌아와 자연을 숭배의 여신으로 삼기를 바란다. 이제 그만 '옐로 브론즈yellow bronze'에서 빠져나오기를 바라마지 않는다." 터너가 원색인 붉은색과 노란색의 타오르는 혼합색, 담자색, 불꽃 오렌지색으로 그의 고전적인 바다그림 〈폴리페모스를 조롱하는 율리시스(Ulysses Deriding Polyphemus, 1829)〉(〈삽화 7-1〉)를 전시했을 때, 「모닝 헤럴드(Morning Herald)」지는 다음과 같이 논평했다.

이것은 진실, 자연, 감정이 멜로드라마의 효과를 위해 희생된 그림이다. 사실, 이 그림은 광란하는 색들의 견본으로 취할 수 있다. 현란한 버밀리언과 인디고. 그리고 가장 강력한 색조의 녹색, 노란색, 보라색이 서로 주도권을 잡기 위해 치열하게 경쟁하고 있다.

당시 프랑스의 저명한 예술비평가이자 소설가였던 조리 카를 위스망스는 터너의 색조는 이국적으로 동양적인데, '마치 인도에서 태어난 렘브란트의 작품'과 같다고 논평했다.

그와 같이 생생한 색은 익숙하지 않아 당황스러운 것이었다. 미술사학자 에릭 셰인Eric Shane에 따르면, 빅토리아 시대 사람들은 회화성보다는 사실화를 더 좋아해서 터너의 화려한 색조보다는 점잖은 채색을 더 선호했다. 그래서 보면 무슨 그림인지 알 수 있는 레이놀즈와 게인즈버러를 더 높게 평가했다. 그러나 터너와 인상주의 화가들은 자연의 단순한 이상화와 형식화라는 아카데미적인 진실이 아니라 자연이 관측자의 마음에 남긴 인상이라는 진실을 추구했다. 그 '화려한 색상'에 대해, 이것들이 어디에서 왔는지 그들이 왜 그리 충격적이었는지는 분명했다. 19세기 초까지 개혁가들의 작품에서 발산하는 녹색, 노란색, 바이올렛은 아직 아무도 본적이 없던 색이었던 것이다.

터너는 화학자들이 내놓기 바쁘게 새로운 안료들을 채택했다. 새로운 노란색과 붉은색의 착색안료와 더불어 코발트 블루, 에메랄드 그린, 비리디언, 오렌지 버밀리언, 크롬산바륨, 크롬 옐로, 오렌지색과 주홍색 등 새로운 색이 도입되면 몇 년 안에 하나도 빼놓지 않고 전부 사용했다. 그런 시도엔 재앙도 감수해야 했다. 동시대의 조각가 버넷J. Burnet은 다른 화가들이 엄두도 못 낼 때 터너는 그 새로운 안료를 과감히 사용했다고 평하고 있다. 한 가지 불행한 결과로, 일부 새로운 안료의 불안정성 때문에, 터너의 몇 작품은 후회스런 보수를 해야만 했다. 왕립아카데미에서 바니싱데이varnishing days*에 그의 습관적인 행동에 대한 이야기에서 터너가 새로운 합성안료에 얼마나 욕심 사납게 접근했는지를 살짝 엿볼 수 있다. 이날 회원들은 바니싱을 위해 그림을 걸게 된다. 그들은 보호막이 적용되기 전에 며칠 간 마지막 손질이 허용된다. 그러나 1830년대, 터너는 탁하고 별다른 특징이 없는 구도의 캔버스를 가지고 온다. 그리고 일단 그 캔버스들이 그의 라이벌(터너는 그렇게 생각했다)의 그림 옆에 전시되면, 그는 그 자리에서 나머지 진짜 작업에 들어가기 시작했다.

---

* 미술 전람회 개최 전날을 일컫는 말로 이 날 출품한 그림에 손질이 허용된다.

터너는 바니싱 데이에 작품을 차례로 돌아다니며 가장 밝은 안료들인 크롬색들, 에메랄드 그린, 버밀리언 등으로 떡칠해 말 그대로 빛과 색으로 이글거리게 된다. 화가들은 그의 그림 옆에 자신들의 그림이 걸리는 것을 질색하며 이렇게 말했다. 그것은 열린 창문 옆에 그림이 걸리는 것만큼이나 불운한 일이다.[16]

이런 불평은 자신들의 보수적인 회화 양식이 진짜 대낮의 작열하는 빛을 포착하는 데 부족했다는 명백한 고백이 아닌가!

터너가 이런 황홀한 효과를 내게 된 것은 새로운 안료에 의한 것만은 아니었다. 그는 또한 콘스터블이 값비싼 희생을 치루고 알았던 것처럼 대조를 이용해 선명성을 높이는 방법을 알고 있었다. 한 예로, 단조로운 회색빛 바다그림을 가져와 그 자리에서 옆에 위치한 콘스터블의 그림에서 보이는 주홍색과 붉은 안료보다 더욱 과감하고 밝은 적납을 칠했다. "그가 여기에 왔고 그리고 대포를 한 방 먹였다." 콘스터블이 쓸쓸한 심정을 이렇게 토로했다.

색 전문가

새로운 안료를 재빨리 입수하려면 믿을 만한 공급원이 필요했다. 터너는 셔본J. Sherborne, 제임스 뉴먼James Newman, 윈저&뉴턴과 같은 런던의 공급업자로부터 물감을 구입했다. 그러나 그의 주요 공급원은 19세기 영국의 주요 물감제조업자였던 조지 필드였다. 터너는 그와 19세기 초부터 우의를 다졌다. 그런 뛰어난 화학자와의 그런 공조가 없었더라면, 터너는 부실한 재료를 가지고 그의 눈부신 효과들을 성취하기 위해 고군분투깨나 해야 했을 것이다. 색에 대한 철저한 검증으로 터너의 그림이 현재에도 거의 탈색되지 않았다는 사실에 필드에게 감사해야 할 것이다.[17]

물감제조업자로서 필드의 패러독스는 그가 색 이론을 제대로 알지 못했다는 것이다. 그는 뉴턴의 생각을 믿지 않았다. 그러면서 이렇게 주장했다. "어떤 색의 혼합도 흰색을 만들 수 없다."

그는 가산혼합과 감산혼합의 차이도 몰랐다. 그는 주로 기술자였으며, 험프리 데이비와 마이클 패러데이 밑에서 화학을 배웠다고 주장하지만 어느 모로 보아도 그가 그런 저명한 화학자들과 교류했다는 증거는 없다. 그러나 색과 안료에 대한 필드의 저서 『색층분석법(Chromatography, 1835)』은 재료에 대한 참고를 찾던 화가들 사이에선 영향력이 대단했다(그러나 러스킨은 그 책의 '색의 원칙과 조화'에 관한 부분은 무시하라고 학생들에게 경고했다). 콘스터블과 토머스 로렌스를 포함하여 당대 최고의 화가들이 물감을 구하러 필드를 찾았다.

필드는 런던에서 매더 레이크의 제조로 사업을 시작해 1808년 브리스톨 근처에 물감공장을 세워 사업을 확장했다. 그는 염색산업에서 수요가 많던 꼭두서니의 재배를 시도했다. 1755년, 예술장려협회는 네덜란드에 대한 의존을 줄이기 위해 영국에서 꼭두서니를 성공적으로 재배하면 장려금을 지급했다. 그런 수입은 다른 유럽 국가와 전쟁 동안 수급이 불안정해졌기 때문이었다. 필드는 그 염료를 추출하는 압착기를 개발했고 매더 레이크의 제조를 향상시켜, 짙은 적색의 꼭두서니 카민뿐만 아니라 갈색, 핑크색, 보라색의 다양한 색들을 만들어냈다.

적색, 노란색, 청색의 삼원색에 대한 옹호자로 그것을 이론적 고찰로 연결시키기도 했던 필드는 이런 순수한 색상들에 맞는 안료를 찾아 제조하는 일을 중요하게 생각했다. 그의 주장에 따르면, 그 색들은 레몬 옐로(혹은 앞서 지적했듯 인디언 옐로), 레드 매더(red madder 꼭두서니 색 혹은 홍매색) 울트라마린이었다. 그러나 그가 터너의 정열적인 작품들에 기여했음에도, 필드 자신의 취향은 훨씬 더 보수적이었다. 그는 삼원색을 사용한 차분한 풍경화를 더 선호했다. "품위 있는 안목이라면 그 삼원색의 조화로부터 더 큰 만족을 얻는다. 그런 조화에서 그 3가지 원색이 더욱 더 친밀하게 어울리기 때문이다." 그래서 필드는 또한 삼원색의 순수한 안료를 개발하기 위해 노력했다. 그는 '화가라면 마땅히 최대한 순수하고 혼합되지 않은 색을 사용해야 한다'는 옛 믿음을 굳건히 지켰다. 그리고 그런 믿음도 나름 근거가 없지는 않았다.

필드가 제조한 안료들은 높은 평가를 받았다. 가장 칭송받은 색은 '오렌지 버밀리언(orange vermilion, 인주색)'이었다. 이 색은 그가 18세기 독일 화가 안톤 라파엘 망스Anton Raphael Mengs가 만든 색들을 연구한 후에 그가 독자 개발한 전통적인 합성 황화수은이었다. 필드는 자신의 색이 기존의 어떤 안료보다 '더 순수하고 더 섬세하게 따뜻한 카네이션 색조로 티치아노와 루벤스의 색조와 흡사하다'고 주장했다. 오렌지 버밀리언은 1830년대 이래로 대중적인 색이 되었으며, 물감 상인 찰스 로버트슨과 나중에 윈저&뉴턴에 의해 판매되었다. 하지만 필드는 그 제조방법을 밝히지 않았고, 라파엘 전파의 윌리엄 홀만 헌트William Holman Hunt는 필드 사후에 "그 비밀을 무덤까지 가지고 간 것 같다."라고 말했다. 그리고 이어 말하길, "그럼에도 그 색조는 여전히 그의 이름과 함께 가장 널리 추천되며 가장 많이 판매되고 있다." 하지만 그 색은 그의 장담을 배신하기도 했다.

새로운 안료의 내구성에 대한 필드의 실험은 그 시대엔 가장 정확한 실험에 속했다. 그의 『색층분리법』엔 손으로 칠한 수많은 샘플이 들어 있으며, 그 색의 보수 상태는 19세기 화가들이 직면했던 위험을 때론 날카롭게 연상시킨다. 예를 들어, 아이오딘 주홍색(요오드 주홍색)은 베르나르 쿠르투아Bernard Courtois가 1811~1812년에 발견하여 1814년에 험프리 데이비가 이름을 붙인 같은 이름의 원소를 바탕으로 한 겉으론 대단히 매력적인 안료였다. 같은 해에, 보클랭은 아이오딘(요오드)과 수은의 짙은 적색 화합물을 연구했고, 그 직후 안료로 도입되었다. 하지만 필드의 실험은 그에게 '배반적인' 새로운 색에 냉담하게 등을 돌리게 만들었다.

"주홍색 제라늄을 위한 색으로 그 색에 필적할 만한 색은 없었지만 그 색의 아름다움은 그 꽃들만큼이나 덧없었다."

그는 이 매혹적인 적색으로부터 터너가 멀리하기를 경고하는 듯 보였다. 그것은 예술가의 화실 재료로는 존재하지만 유화에서 사용된 적은 거의 없다.[18] 그것은 곧 쓸모없어졌고, 필드의 책에서 나오는 그 불완전하고 탈색된 얼룩은 그 이유를 분명히 보여준다.

필드와 터너의 관계는 가깝다가 멀어지는 등 기복이 있었다. 이것은 색에 대한 그들의 전혀 다른 취향 때문에 그리 놀라운 일도 아니다. 1820년대에 그 둘은 심지어 지리적으로도 매우 자별했다. 둘 모두 런던 서쪽에 있는 터너는 트위크넘Twickenham에서 필드는 아일워스Isleworth에서 살았다. 하지만 필드의 『색채학: 색의 유추, 조화, 철학(Chromatics; Or the Analogy, Harmony and Philosophy of Colours, 1845)』 제2판에서, 그 물감 제조업자는 터너를 비난했다.

한낮의 빛과 그늘이란 태양의 스펙트럼을 통해 자연스럽게 보이는 대상이 아니라 그 프리즘이 눈에 가한 그 아름다운 실수, 자연의 눈이 아닌 그런 실수로 인해 그 장면을 가짜로 만드는 바보들의 천국(fool's paradise)으로 바꿔 놓았다.[19]

물론 어느 쪽이 더 좋은가 하는 그런 질문은 우리에겐 유치하기 짝이 없다. '자연스럽게 보이는 대상'인가 '터너의 바보의 천국(프리즘에 대한 옛 용어)'인가. 화가 자신은 유쾌하게 웃어넘긴다. "당신이 아무리 말을 많이 해도 우리를 다 말할 수는 없다오." 그가 필드에게 한 말이다.

색의 낭만

터너의 무지개 색에 대한 비전이 〈빛과 색채(괴테의 이론)-대홍수 후의 아침-창세기를 쓰는 모세[Light and Colour (Goethe's Theory)-the Morning after the Deluge-Moses Writing the Book of Genesis, 1843]〉에서보다 더 잘 드러난 곳은 없다. 이 작품은 거의 추상화에 가까운 구성으로, 원색들로 이글거리는 색면에 인물들은 어두워 거의 보이지도 않는다. 제목이 암시하듯, 이 그림은 찰스 이스트레이크 경Sir Charles Eastlake의 괴테의 『색채론(Zur Farbenlehre, 1810)』 영문 번역본을 읽고 난 후에 그린 것이다.

어쩌면 그것은 정체되기 시작한 갈색의 답답한 조류에 어떤 안도감을 주는 것이었다. 이 그림은 원색의 가능성에 대한 재인식의 계기가 될 수 있었다. 이런 시도는 괴테의 덕이 컸다. 그 시인의 과학적 사고는 방법적 숙고뿐만 아니라 주관적인 독단도 한몫했다. 괴테가 『광학적 기여(Contribution to Optics)』와 그 후에 나온 『색채론』에서 뉴턴의 '참다운 배움의 요새'를 혹독하게 공격했지만 겨냥이 잘못된 공격이었다. 괴테는 색이란 빛과 어둠의 혼합으로 나온다는 아리스토텔레스의 오류를 재주장하고 있다. 감산혼합과 가산혼합을 구별할 지식이 부족했던 그는 백색광은 뉴턴이 주장처럼 모든 무지개색의 혼합으로 나올 수 없다는 과거의 반대 이론을 들고 나온다. 무지개 색에 상응하는 안료의 혼합은 거의 정반대의 결과를 내기 때문이었다. 그러나 그는 그 실험을 재현해 뉴턴의 '결정적 실험experimentum crucis'을 검토할 마음은 없었으며, '왜곡된 빛을 보여주는 어두운 실내는 피할 것'을 조언한다.

괴테에게 빛과 어둠은 단 2가지 '순수한' 색에 대응될 수 있었다. 노란색과 청색이었다. 그가 말하길, 적색은 '개별적인 색이 아니라 청색과 노란색에 고착할 수 있는 성질을 가졌다.' 그래서 적색은 어떤 방법에 의해 '(청색과 노란색의) 입자들의 중첩'으로 발생한다. 그가 생각하기에, 적색은 2가지 색의 '결합이 아니라 혼합되었을 때'의 결과이며, 결합이 되었을 때는 녹색이 발생한다. 혼란스런 사이비 과학적 사고를 곳곳에서 보이면서, 그와 같은 이중성을 괴테는 양극단을 원소로 하는 전체 집합의 기초로 삼으려했다. 예를 들어, 청색은 '차갑고' '남성적'이며, 노란색은 '따뜻하고' '여성적'이라는 식이었다. 그가 남긴 불행한 철학의 유산 중 하나는 이런 사이비 과학이 극단적으로 양극화된 존재론으로 향해갔으며, 나중에는 신지론자와 인지학자들이 무조건 채택했다는 것이다.

그러나 괴테의 실용적인 실험과 환상적인 사고의 결합에서 일부 유용한 개념이 출현했다. 그의 색 이론은 순수한 물리학 현상과는 반대로 몹시 긴요했던 색의 철학적 면모에 관심을 집중시켰다. 그리고 양극단에 대한 그의 강조는 19세기 화가들의 색 사용 이론과 관행에 핵심을 이루는 보색 개념을 확립하는 데 일조했다.

낭만주의는 19세기 초에 아방가르드(the avant-garde, 전위파)였고, 괴테의 철학은 낭만주의의 상상력에 대한 정신을 말하고 있었다. 독일에서 괴테는 낭만주의 화가 필리프 오토 룽게와 색 이론에 대해 서신을 교환했다. 영국에서 낭만주의는 라파엘 전파와 윌리엄 블레이크William Blake가 밝은 원색으로 그린 그림에서 그 표현양식을 찾았다.

라파엘 전파 존 에버렛 밀레이John Everett Millais, 윌리엄 홀만 헌트, 단테 가브리엘 로제티Dante Gabriel Rosetti의 자극적인 환상은 밝고 강한 색을 요구했다. 그리고 그들의 그런 색은 20년 후 프랑스에서 인상주의 화가들이 점화시킨 것 못지않게 1850년대 영국 화단에 일대 파란을 일으켰다. 억지로 세태에 따르기 위해 자연의 색조를 완화하지는 않겠다는 그들의 태도는 1851년 「타임스」의 비난을 초래했다. "그들은 순간적인 사건들에 지나치게 헌신하며 지나치게 과도한 날카로움과 기괴함을 추구한다." 라파엘 전파도 할 말이 없지는 않았다. 그들은 왕립아카데미의 애매한 명암법

chiaroscuro을 조롱하며 그 수장인 조슈아 레이놀즈를 '슬로슈아 슬로시 경Sir Sloshua Slosh*'이라 불렀다. 홀만 헌트는 국립미술관에 있는 옛 거장들의 작품이 시간과 두꺼운 니스의 작용으로 할머니의 찻쟁반처럼 갈색이 되어가고 있다고 통렬히 비난했다.

안료로부터 최선의 효과를 얻기 위해, 라파엘 전파는 루벤스와 베네치아의 옛 거장들의 습관을 모방했다. 그래서 최대의 광택을 확보하기 위해 불투명한 백색 바탕색 위에 거의 혼합되지 않은 색의 얇은 코팅(밑칠)을 칠했다. 그들에게 물감을 제공하는 물감 제조업자 로버트슨은 징크 화이트로 밝게 밑 칠한 캔버스를 그들에게 제공했다. 존 에버렛 밀레이의 〈오필리아(Ophelia, 1851~1852)〉는 온통 새로운 재료들로 채워져 있다. 코발트 블루, 산화크로뮴, 징크 옐로, 크롬 옐로, 가장 짙은 매더 레이크가 보인다. 여기서 가장 밝은 녹색들은 프러시안 블루와 크롬 옐로의 혼합색들이다. 라파엘 전파는 신록의 자연을 포착하기 위해 온갖 종류의 노란색과 청색의 혼합을 시도해, 바륨과 크롬산 스트론튬을 프러시안 블루, 합성 울트라마린, 코발트 블루와 섞었다. 비방자들은 그 결과를 '소화불량을 야기하는 설익은 색이다'라고 비꼬았다.

홀만 헌트는 재료와 기술에 깊은 관심을 갖고 있었고, 그는 안료의 내구성에 관해 필드와 서신을 교환했다. 그는 물감제조업자들이 추천하는 그대로 최대한 색의 혼합을 멀리하려고 애썼다. 〈눈뜨는 양심(The Awakening Conscience, 1853)〉에서 헌트는 코발트 블루, 에메랄드 그린, 그리고 특히 상대적으로 최근의 순수한 오렌지색인 마스 오렌지뿐만 아니라 강력한 노란색인 크롬과 스트론튬 옐로를 사용하고 있다. 생생한 적색들과 보라색들은 〈프로테우스에게서 실비아를 구하는 밸런타인(Valentine Rescuing Sylvia

---

* 슬로쉬는 맥빠진 술이란 뜻으로 조슈아를 빗대어 음운적으로 조롱하는 말.

from Proteus, 1850~1851)〉(〈삽화 7-2〉)에서 두르러진다. 여기에선 땅조차도 불처럼 타오르는 가을 색조로 작열하는데, 영국 해협 반대쪽, 즉 프랑스에서 조만간 펼쳐지게 될 회화의 혁명을 예고하는 어른거리는 빛으로 얼룩져 있다.

제8장

빛의 군림

인상주의, 밝은색감의 충격

그림을 그리러 야외로 나갈 때 눈앞의 대상이 나무였든 집이었든 들판이었든 그 대상을 잊도록 노력해라. 단순히, 이것은 작은 청색의 사각형이고, 저것은 핑크빛 직사각형이고, 그것은 한줄기 노란색이라고만 생각하고, 당신에게 보이는 그대로 정확한 색과 형태를 그려라. 그러면 마침내 눈앞의 장면에 대한 진짜 인상을 표현할 수 있다.

_ 클로드 모네

캔버스의 4분의 3은 검은색과 흰색으로 칠하고, 나머지는 노란색으로 비비고 약간의 붉은색과 청색 점들을 대충 흩뿌리면 봄의 인상을 얻게 된다. 그리고 숙련자도 그 앞에선 황홀경에 빠져들게 된다. 떠올릴 때마다 웃음을 자아내는 그 유명한 낙선전Le Salon des Refuses은 '카퓌신 대로the boulevard des Capucines'에서 열린 전람회에 비교되는 루브르 미술관이다.

_ 카르돈E. Cardon, **첫 인상주의자 전시회에 대한 비판가**(1874)

아스피린, 플라스틱, 열역학 법칙과 같은 19세기 발명 중에, 고독하고 인정받지 못한 천재인 화가의 발명품도 들어 있다. 1800년대에 이르면 화가는 더 이상 상업성에 그치지 않고 전문성을 띠게 되었다. 이제 그림은 규칙과 관행과 취향에 대한 합의된 표준에 구속받는 학문적 주제인 전문 직위를 획득한 것이다. 그림은 진지하고 존경받았지만 또한 거의 빈사상태에 빠져 있었다. 새로운 화가들의 태동을 위해 분위기가 무르익어 가고 있었다. 그 발명품은 현대 인류의 전형인 '반항과 소외'였다.

세상의 인정을 받지 못한 예술가들이 가난에 찌들다 죽는 일은 새로운 현상은 아니었다. 렘브란트의 운명 역시 그랬다. 그러나 19세기에 상업이나 학문을 우선시하지 않는 화가들이 출현한다. 인상주의 화가들이 판매를 목적으로 더욱 대중적인 양식과 기술에 몰입했을 수도 있다는 점은 사실이다. 오늘날 존경받는 걸작 중의 일부는 전시용이 아니었을 수도 있다. 그러나 이들과 이들의 계보를 잇는 화가들은 기성 화단의 도덕률에 따를 시간도 없었고 또한 대중이나 비평가들을 위한 보수적인 본능을 만족시킬 여유도 없었다. 그들이 적용한 규칙들은 그들 자신의 장치가 될 숙명이었다.

19세기 초 예술학교Fine Arts academies의 질식할 듯한 분위기를 떠올려보면 이것은 그리 놀랄 일도 아니다. 파리의 에콜데보자르(Ecole des Beaux-Arts, 미술학교)가 그 전형인데 여기 학생들은 색은 거의 배우지 않았고 원색의 사용을 허락받을 수 있는 그런 경우는 거의 없었다. 오히려, 선과 형태, 빛과 어둠을 그리는 소묘에 더 중점을 두었으며, 이것은 17세기에 프랑스 아카데미에서 확립했던 색에 대한 소묘의 승리였다. 그림은 미술학교 외부에서 배워야 했다. 학생들은 민간 화실(ateliers, 아틀리에)에 등록해야 했다. 도제 생활을 하던 공방보다는 예술학교처럼 운영되었다.

그리고 학생들이 붓을 잡아도 될 정도로 소묘를 충분히 습득했다고 생각되어도, 가장 먼저 하는 일은 루브르 미술박물관에 소장되어 있는 옛 거장들의 작품을 모사하거나 화실의 주인이 제공하는 그림을 모방하는 것이었다. 이 모든 것은 혁신과 발명을 압박했다. 화가들의 손은 완성된 작품에서 보이지 않아야 된다고 생각되었다. 그 양식은 많은 면에서 르네상스 전성기의 양식과 별 다름이 없었고, 특히 고전신화에서 나오는 장면과 같은 '적절한' 주제를 선택하는 문제에선 영락없었다. 그것은 안전하고 특징 없는 제품을 부유한 중산층에 팔아 생계를 유지하던 안정된 전문가를 키우는 훈련이었다.

시장은 스스로 엄격히 부과한 관습이 있었다. 파리의 화가들이 세상에 작품을 선보일 수 있는 유일한 방법은 살롱이라는 프랑스아카데미에서 해마다 주최하는 전시회뿐이었다. 살롱에 전시될 작품은 배심원이 선별했고, 배심원은 주로 전통적인 취향을 가진 아카데미 출신들이었다. 그들은 시대의 양식을 따르는 부드러운 광택으로 마무리된 작품들을 전시하고 싶어 했다. 급진적인 새로운 양식은 포함될 기회가 거의 없었다. 그리고 살롱 자체가 시장이었다. 바닥에서 천장까지 작품들로 꽉 채워져 있었으며, 세팅에 대한 관심도 없었고 시각적인 배려도 마찬가지였다. 그러나 여기 아니면 설 자리가 없었다.

당시 피사로, 모네, 피에르 오귀스트 르누아르Pierre-Auguste Renoir, 마네, 그리고 에드가르 드가Edgar Degas와 같은 인상주의 화가들이 분노하고 흥분했던 것도 조금은 이해가 간다. 그들은 조롱의 대상이 되었고, 작품은 개략적이고, 미완성의, 훈련받지 못한 그림으로 고려되었기 때문이었다. 또한 그들은 아주 천박한 대상을 그렸던 것이다. 도대체 일상의 일을 하는 실제 사람을 그리다니!

인상주의는 필연적인 예술적 정직함에 노예처럼 따르기보다는 새로운 것을 추구하려는 예술가들이 일으킨 운동이다. 그러나 화려한 색감의 인상주의가 생산한 이미지들은 올바른 재료가 없었더라면 절대 이루어질 수 없었다. 예술에서 혁명의 불씨는 추상적인 지적 사고도 아니고 진부한 관습에 대한 단순한 반동도 아니다. 예술가들의 재료에서 새로운 가능성들이 결집되는 그 순간에 불씨가 당겨지는 것이다. 바로 그랬다. 시각 예술의 안료제조에서 가장 극적인 혁신이 일어났던 50년 후에, 이제 새로운 방향을 모색할 수 있는 무대가 마련된 것이다. 예술은 결코 제자리걸음만 걷지는 않았다.

:: 빛을 향한 노정

그 소리를 듣지 못할 수는 있지만 경고사격 없이 혁명이 시작되지는 않는다. 인상주의자들이 프랑스아카데미의 보수주의에 도전장을 내민 최초의 화가들은 아니었다. 외젠 들라크루아는 일필휘지의 붓놀림과 과감한 채색(《삽화 8-1》)으로 1830년대에 도전장을 던졌지만 그것은 살롱이 수용하기에는 너무 앞서 있었다. 그러나 1855년 젊은 카미유 피사로가 만국박람회를 보러 파리에 왔을 때 들라크루아는 이미 기성 화단에 크게 물들어 있었다. 아무튼 들라크루아의 숙적으로, 엄격하고 편협하며 거만한 장 오귀스트 도미니크 앵그르Jean Auguste Dominique Ingres보다 이런 기성 화단을 더 잘 대변하는 인물은 없었다.

난순한 이중성만 본다면 앵그르는 낭만적인 들라크루아와 쌍벽을 이루는 고전주의 화가로 평가할 수 있다. 그는 색보다는 선을 더 높이 평가하면서 들라크루아의 열정에 맞서 이성을 대변하던 보수적인 화가였다. 하지만 속을 들여다보면 진실은 더욱 복잡하다. 앵그르는 확실히 과거에 뿌리를 박고 있었다. 과거 그의 제자였지만 들라크루아에게 돌아선 테오도르 샤세리오Theodore Chasseriau는 "그는 최근 시인들에 대해 아예 무지하다."라고 말했다. 그러나 그는 동양적 주제와 색을 17세기의 주제와 양식 혹은 그리스와 로마 예술의 역사적 신화적 주제만큼이나 쉽게 그릴 수 있는 다재다능한 화가였다. 그보다 못한 화가의 손에선 진부한 풍경만 도출해낼 평범한 장면도 앵그르의 손에선 천재의 작품으로 돌변했다.

보들레르의 평가가 딱 들어맞는다. 보들레르는 앵그르는 독재적인 사람으로 "특출한 재능을 부여받았지만, 고집으로 똘똘 뭉쳐진 사람으로 그러한 능력을 이용하길 거부해 스스로 그 재능을 포기한 사람이다."라고 평했다. 선에 집착한 앵그르는 대상의 윤곽이 정확하지 않은 들라크루아의 작품을 비난했다. '훌륭한 윤곽'은 '색'과 같은 어떤 결함을 보상할 수 있다는 것이다. 앵그르의 작품은 프랑스아카데미에서 기대하는 붓놀림이 보이지 않는 부드러운 질감을 대표한다.

그러나 두 사람이 서로 인정할 수만 있다면 둘은 많은 공통점을 지니고 있다. 앵그르가 색의 중요성을 소홀히 취급하긴 했지만, 둘 모두 뛰어난 채색화가였다. 앵그르의 〈오달리스크와 노예(Odalisque with a Slave, 1839~1840)〉

는 짙은 적색, 녹색, 오렌지색으로 매우 화려하다. 그리고 들라크루아가 많은 면에서 진보적이긴 했지만 화가의 주제에 서열이 있다는 앵그르의 확신에 동조했다. 역사, 신화, 종교에서 나오는 고전적인 주제들이 풍경화, 정물화, 일상생활의 묘사(폄하하여 풍속화)보다 본질적으로 더 우수하다고 믿었다. 그들의 '장엄한' 작품에서, 두 예술가는 일반 사람이 아니라 이상화된 우화적 인물들을 보여준다. 하지만 그의 '고전적인' 작품들은 오늘날 별 주목을 받지 못하지만 순전히 상업적인 목적으로 이따금 그린 초상화는 그 시대의 가장 놀라운 심리적 연구 작품으로 평가받고 있다. 그 사실을 알게 되면 그가 꽤 분개하지 않을까?

그러나 들라크루아와 앵그르를 결정적으로 가른 잣대는 색이었다. 들라크루아가 색에서 무엇을 발견했는지는 누구나 알 수 있다. 그는 동시대 화가들이 색을 사용하는 방법이 매우 미숙하다고 느꼈다.

색 이론의 요소들을 우리의 미술학교에서 분석하거나 교육한 적이 없다. 프랑스에서 색의 원칙들을 연구한다는 것은 불필요한 것으로 취급되며, '데생 화가는 만들어지지만 채색화가는 타고난 것이다'라고 말한다.[1]

그는 앵그르가 다닌 자크 루이 다비드Jacques Louis David가 운영하던 아카데미를 혹평했다. 그 학교가 풍요로운 안료를 거부하고 탁한 색조를 선호했기 때문이었다. 여기서 들라크루아는 색의 형성에서 고전적인 태도를 인식했기 때문이다.

이곳 화가들은 다음처럼 상상하고 있다. 그들이 루벤스가 밝은 녹색, 울트라마린…… 과 같은 선명하고 생생한 색을 가지고 얻었던 색조를 얻을 수 있다고. 검은색과 흰색으로 청색을, 검은색과 노란색으로 녹색을, 붉은 오커

(황토색)와 검은색으로 바이올렛 등을 혼합할 수 있다고. 그들은 또한 엄버, 카셀Cassel, 그리고 오커와 같은 토성안료도 사용한다. 그 그림을 티치아노와 루벤스와 같은 풍요로운 색감의 그림 옆에 놓으면, 본모습이 보일 것이다. 칙칙하고 탁한, 죽은 그림으로.[2]

그렇다면 들라크루아는 어땠을까? 들라크루아는 당시에 가능했던 거의 모든 색인 23가지의 안료를 놓을 수 있는 정교한 팔레트를 구성했다. 그는 색을 그 사물에 내재하는 고유의 성질이 아니라 '본질적으로 반사의 상호작용'으로 생각했다. 앵그르는 빛이 어떤 사물에 비치고 그 빛이 다시 미치는, 혹은 그 반대의 효과인 이런 반사작용을 전혀 이용하지 않았기 때문에, 들라크루아는 앵그르의 작품이 '조악하고, 고립되었으며, 차가운' 대상을 묘사한다고 불평했다. 한 이야기에 따르면, 들라크루아는 노란색 드레이퍼리를 강조하기 위해 고심하던 중, 루벤스가 그것을 어떻게 처리했는지를 보기 위해 루브르 미술박물관에 가기로 마음먹었다. 당시 파리의 택시는 카나리아 옐로로 칠해져 있었는데, 들라크루아는 그를 기다리던 택시가 햇살 속에서 바이올렛 그림자를 드리우는 것을 목격했다. 바로 '유레카'의 순간이었다. 그는 택시비를 지불하고 다시 작업하러 집으로 돌아갔다.

들라크루아는 인상주의를 앞섰던 지점이다. 그는 빛의 작용을 포착하고 싶었던 것이다. 그러나 1855년에 공식 행사에 이변은 없었다. 만국박람회에서 메달을 수상한 사람은 앵그르와 그의 모방자들이었으며, 관람객의 호응도 그들이 호응을 얻었다. 들라크루아는 계속하여 프랑스아카데미 회원이 거부되었으며, 여기서 앵그르는 영향력 있는 회원이었다. 그들의 적대감은 전설이 되었고, 신문만평의 소재거리였다.

들라크루아는 나중에 인상주의 화가들에 의해 높은 평가를 받게 된다.

하지만 거부할 수 없는 또 한 명의 영향력을 발휘한 사람은 터너로, 그는 생애 말기에 많은 고전적 이상들을 포기하고 빛의 지배하에서 예술적 완성을 추구하게 되었다. 테이트 미술관의 단독 전시실에서 볼 수 있듯, 터너의 작품들이 클라우디아노 신 고전주의Claudian Neo-Classicism적인 초기 풍경화에서 말기 그림에서 보이는 꿈처럼 소용돌이치는 밝은 원색들로 발전하는 과정을 보는 것은, 한 사람의 필생의 작업에서 선구적인 동시대의 예술이 앞서나가는 노정을 보는 것이다. 피사로와 마세는 1870년대에 런던에서 이 그림 중 몇 점을 보았고 그 인상은 그들에게 뚜렷이 각인되었다. 터너의 루앙 대성당에 대한 구아슈스케치(1832)[*]는 모네가 1892~1894년에 그린 그 건물에 대한 여러 스케치의 선구자가 분명하다. 하지만 모네는 나중에 그 사실을 인정하면서도 그에 대한 칭송은 자제했다. 1918년에 그는 말했다. "지난 세월 동안 나는 터너를 대단히 좋아했다. 하지만 지금은 그를 그다지 좋아하지 않는다."

문 밖으로

1860년대에, 독일의 물리학자이자 생리학자인 헤르만 폰 헬름홀츠는 화가들이 빛과 색이 어우러져 실제처럼 보이는 효과를 재창조하려는 것은 헛되다고 주장했다. 유용한 안료가 너무 제한되어 있다는 이유였다. 그것은 명도를 조절해야 하는데, 갈색을 도입해 색상을 완화해야 한다. 이 말이 의미하는 바는, 전통 화가들이 자연주의자인 체해도, 그들은 빛의 유희를 표현하기 위해 관습을 적용한 것에 불과하다는 것이다. 빛은 그 화가가 본 이미지에 대한 피상적인 닮음만 내포하고 있는 것이다. 결론적으로, 헬름홀츠는 이렇게 말했다.

---

* 불투명 수채화 물감으로 그리는 화법.

이런 대상들을 최대한 뚜렷하고 생생한 개념을 만들기 위해 모방할 것은
대상의 색이 아니라 그들이 주었고, 또한 주게 될 인상이다.[3]

그리고 인상주의 화가들이 시도하던 무언가를 훌륭하게 서술한 이 문구
는 스케치, 불완전한 기억, 그리고 이상화된 형태의 풍경을 화실에서 재구
성할 수 없다는 말이다. 오히려 그것은 화가가 주제 한가운데 들어가 그림
을 그릴 것을 요구한다. 그래서 시각적 인상을 바로 캔버스로 옮겨야 한다.
화가라면 베르트 모리조*와 메리 캐사트Mary Cassatt**에게 사과를 하면서 더
욱 밖으로 나가야 한다.

인상주의자들의 신화 중에 그들이 밖으로 나간 최초의 화가들이란 말이
있다. 물론 그렇지 않다. 그 한 사람으로 터너는 야외에서en plein air 그림을
그리기 위해 배를 타고 나갔다. 그리고 윌리엄 홀만 헌트의 〈우리 영국 해
변(나중에 길 잃은 양으로 개명)(Our English Coasts/ Strayed Sheep, 1852)〉(〈삽화 8-2〉)
에서 보이는 늦은 오후 해의 그토록 눈부신 분광학적인 그림자들을 포착
하는 방법을 화실에서 숙고함으로써 밝혔으리라곤 아무도 믿지 않는다.
양털의 청색, 적색, 노란색과 풀의 놀라운 바이올렛이 조화하여 전례 없는
자연스런 선명함을 그릴 듯하게 창조하고 있다. 이것은 헬름홀츠가 무엇
이라 주장하든, 헌트가 햇빛과 안료 사이의 소통 방법을 찾았다고 러스킨
이 확신하기에 충분한 것이었다.

이 그림은 미술사에서는 처음으로 색과 그늘이 완벽하게 충실한 균형을
보여주는 작품이다. 이로써, 햇살이 진정으로 색조로 녹아들어갔다. 안료들
이 조화를 이루며 빛이 마음에 일으킨 그 인상을 표현하고 있다.[4]

---

* 인상주의의 꽃이란 불린 정물 및 풍경화가.

** 여성과 아이를 주로 그린 여류 인상화가.

러스킨과 헬름홀츠가 '인상'이란 단어를 어떻게 불렀는지는 놀라운 일이다. 이것은 인상주의 양식이 인상주의 화가들의 의도에만 충실하지는 않았다는 사실을 상기시킨다.

그러나 이동식 이젤과 파라솔을 들고 자연 한가운데로 나가는 인상주의자들의 이미지는 지속적인 것으로, 이런 활동에 대한 인상주의자들 자신의 묘사와 그런 신화에 대한 보증으로 더욱 힘을 받았다. 르누아르와 존 싱어 사전트John Singer Sargent는 야외에서 그림을 그리는 모네의 그림을 그렸고, 모네는 1880년에 "나는 화실을 가져본 적이 없고, 사람이 어떻게 답답한 방 안에 갇혀 살 수 있는지 이해할 수 없다."라고 주장했다. 하지만 그의 작품들은 나중에 화실에서 수정된 증거를 담고 있다.

프랑스아카데미의 보수주의 화가들에게, 야외 그림은 스케치를 그리는 데에나 적합한 관행으로 간주되었고, 이 스케치는 나중에 실내에서 재구성되어 완성작으로 탄생된다. 스케치의 현장성과 자연주의는 그 과정에서 면밀하게 지워진다. 아카데미의 전통적 명암법에 따르면, 고도로 양식화된 빛과 그림자를 창조하기 위해 그들의 '역사적인 풍경화'에서 흐릿한 색조의 일몰 광경은 검게 해야 했다. 이런 관습은 19세기 중반 카미유 코로Camille Corot와 귀스타프 쿠르베와 같은 '사실주의Realist' 화가들의 도전을 받게 된다. 야외 풍경의 색조를 어둡게 하는 대신에 코로는 그 색들에 흰색을 더해 광채를 더 높였고 시각적 감각의 진정한 기록을 포착했다. "감동을 준 최초의 인상을 잊어버리지 마라." 이 말은 그의 제자 피사로와 같은 젊은 급진적 화가들에겐 슬로건과 같았다.

인상주의 화가들에게 야외의 빛과 그림자가 주는 이런 인상들을 즉석에서 캔버스에 옮기는 것이 절대적으로 필수였다. 이것은 아주 힘든 문제를 안겨주기도 했다. 모네는 한 번에 여러 작품 사이를 정신없이 돌아다니며 각 작품에서 자연적인 조명이 바람직한 상태로 되돌아오는 귀중한 순간을 포착하기 위해 애를 쓰면서 비바람, 눈보라, 파도를 무릅써야 했다. 모리조는 밖에서 이젤을 펼칠 때면 파리 떼처럼 몰려드는 꼬맹이들 때문에 여간 고역을 치른 게 아니었다.

이런 자연광에 대한 면밀한 관측만이 표면에서 어른거리거나 그림자들에 숨어있는 미묘한 색들을 인상주의 화가들에게 누설했다. 폴 세잔이 프로방스에서 쓴 글에서, '여기 햇살은 너무 강렬해 그림 대상이 흑백의 실루엣이 아니라 청색, 적색, 갈색, 바이올렛의 실루엣처럼 보인다.' 이 화가들에게, 자연은 전통적인 재료의 혼합으로는 흉내조차 낼 수 없는 찬란한 색상들이 춤을 추는 살아 있는 무대였다. 그들은 더 넓은 무지개가 필요했다. 프랑스 시인 쥘 라포르그$^{Jules\ Laforgue}$는 1883년에 이렇게 말했다.

> 빛으로 넘실거리는 풍경화에서 인상주의 화가들은 빛을 죽은 흰색이 아니라 풍요로운 프리즘의 분해로 나온 천 가지의 활기찬 색깔들이 경쟁하며 모든 것을 감싸는 것으로 본다. 인상주의 화가들은 자연을 있는 그대로, 즉 색깔들의 향연에서 있는 그대로 온전히 보고 그려낸다.[5]

이 화가들이 어떻게 '색의 떨림$^{vibration\ of\ colour}$'을 포착하기 시작했을까? 틀림없이 직관과 경험이 주요한 역할을 했을 것이다. 그러나 그들은 과학적 원칙도 무시하지 않았다. 적어도 그들은 관련된 과학을 이해하여 그것을 회화 용어로 옮겼다. 더 중요한 것은 19세기 초에 화학자 미셸 외젠 슈브뢸이 개발한 보색 대조의 개념이었다.

대조의 과학

색채의 이중성은 괴테의 『색채론』에서 풍부하지만, 보색의 합리적인 이용에 대해 화가들에게 더 많은 지침을 준 사람은 자칭 물리학자 괴테가 아니라 화학자인 슈브뢸이었다. 1824년, 슈브뢸은 고블렝Gobelins의 염색공장 직물제작 책임자로 취임하여 염료가 탁하게 보이는 문제를 개선해달라는 요구사항에 부딪혔다.[6] 그러나 그 염료에는 불평의 원인이 없고 오히려, 염료의 선명함을 해치는 것은 그 직물에 들어간 염색된 실이었다. 보색이나 보색에 가까운 색상들이 나란히 놓여 있었고, 멀리서 보면 그 색이 선명해지는 것이 아니라 오히려 합쳐지면서 망막에서 일종의 회색을 만들어냈다. 이것은 일종의 가산혼합으로 제임스 클러크 맥스웰이 회전판으로 실험했던 효과와 비슷했다. 아이작 뉴턴도 마른 염료를 혼합하는 실험에서 이런 종류의 현상을 관측했다. 그의 보고에 따르면 노란 웅황, 밝은 보라색, 밝은 청색의 혼합은 몇 발자국 거리에서 밝은 흰색으로 보였다.

슈브뢸의 관측은 보색들을 나란히 놓는 실험으로 이어졌고, 그는 그 실험을 통해 거리가 멀면 광학적 혼합을 일으키지만, 그보다 가까운 관측거리 내에선 병치로 인해 두 색의 선명도가 높아진다는 사실을 발견했다.

"인접한 두 색을 동시에 볼 경우, 그것은 광학적 구성에서나 색조의 강도에서 최대한 다르게 보인다."[7]

색의 인식이 주변에 의해 영향받는다는 사실은 오래전부터 화가들에게 경험적으로 알려져 있었다. 그러나 슈브뢸이 이런 견해를 점차 존경받던 과학적 권위로 확실하게 체계화시킨 것이다. 그의 발견은 1828년에 책으로 출간되었으며, 예술 이론가들 사이에 급속히 퍼져나갔다. 그리고 슈브뢸이 『동시대비론(De la loi du contraste simultane des couleurs, 1839)』에서 이론을 확장하고 일반화하여 이 책은 화가들의 필독서가 되었다.[8]

슈브뢸은 그때까지 나왔던 가장 복잡한 색상환 중 하나로 색 사이의 관계를 설명했다. 색상환은 74구획과 검은색에서 흰색까지 20색도의 변화로 구성되어 있었다. 이것은 정밀한 3차원 색공간 지도의 효시였다. 이런 색척도(colour scales)는 『예술 산업의 색채(Des couleurs et de leurs applications aux arts industrielles, 1864)』에 기술되어 있는데, 이 책은 물감 및 염료 제조업자를 겨냥한 기술 전문서이다.

들라크루아는 과학자에 대한 혐오감을 숨기지 않았다. 과학자는 그들보다 재능이 뛰어난 사람들이 그들을 위해 문을 손가락 틈만큼 열어주길 기다리는 족속들이다. 하지만 색에 관심 있는 화가라면 색 인식에 대한 이런 기본적인 측면을 무시할 수는 없었다. 그는 여러 실내장식 디자인에서 근접보색^{adjacent complementaries}을 사용해 슈브뢸의 통찰력에 기댔고, 젊은 르누아르가 '세상에서 가장 아름다운 그림'이라고 생각했던 〈알제리의 여인들(Algerian Women in Their Apartment, 1834)〉(〈삽화 8-1〉)에서도 그 영향력을 검증할 수 있다. 그러나 '과학적 색채화가'라는 들라크루아의 명성엔 의문의 여지가 있으며, 그것은 그의 작품이 아니라 그의 친구인 예술 비평가 샤를 블랑이 그 개념을 열렬히 홍보한 덕분이었다. 더욱이 보색은 앵그르의 〈오달리스크와 노예들〉에서도 특징을 이루고 있다. 여기에서 바닥과 가구의 창백한 녹색들은 화려한 붉은색 드레이퍼리와 대치되어 있다. 물론 들라크루아가 가만 있지는 않았다. 그는 그런 구성을 크게 흉보았다.

슈브뢸의 보색 원리가 널리 알려지게 된 것은 그의 책이 번역된 1860년대부터였다. 샤를 블랑이 이런 아이디어를 『데생의 법칙(Grammaire des arts du dessin, 1867)』에서 지지한 것은 프랑스에서 표준 매뉴얼이 될 계기가 되었으며 신인상주의 화가 폴 시냐크^{Paul Signac}에게 조색에 대한 영향력을 끼치게 되었다. 1860년대에 이르면 많은 화가들이 헬름홀츠의 색 혼합 원리에 의존하고 있었다. 1952년 그 주제에 대한 헬름홀츠의 저술은 금세 프랑스어로 번역되었다.[9] 헬름홀츠는 슈브뢸만큼이나 많은 보색 쌍을 만들었고, 자연의 실제 채광에 부족한 안료로 자연광의 효과를 낼 수 있는 유일한 방법은 색의 대비라고 주장했다. "따라서 안료를 마음껏 다룰 수 있어, 대상이 주는 놀라운 인상을 재현하려면 안료가 만들어내는 대비로 그림을 그려야 한다."[10]

화가들이 헬름홀츠의 저술에서 특히 가치 있게 생각했던 것은 그가 원반 실험을 통해 슈브뢸의 보색을 화가들에게 유용한 구체적인 안료의 혼합과 연결시켜 놓은 것이다. 이러한 접근은 컬럼비아 대학의 미국 물리학자 오그던 루드Ogden Rood가 쓴 『현대 색채론(Modern Chromatics, 1879)』으로 더욱 발전했다. 화학지식도 갖춘 아마추어 화가(수채화가)인 루드는 재료의 색 이론을 심층적으로 파고들었다. 그의 색상환과 닮은 보색 도표는 울트라마린, 에메랄드 그린, 버밀리언, 갬부지와 같은 안료를 가지고 순수한 색상의 '청색', '녹색' 등으로 색상을 확장했다(〈그림 8-1〉 참조). 루드의 책은 인상주의 화가들을 위한 표준 교재로 자리 잡았지만, 예술에서 전통주의자였던 그는 인상주의 작품을 몹시 싫어했다. 전시된 그들의 작품을 본 순

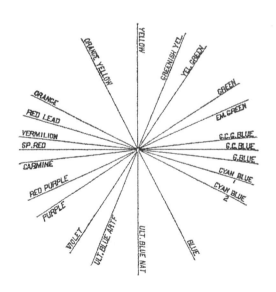

〈그림 8-1〉 『현대 색채론』에서 오그던 루드는 색 회전판을 실험해서 얻은 것으로 화가들이 실제 사용할 안료에 관한 보색을 보여준다.

간, '저 그림이 내가 예술을 위해 한 전부라면, 차라리 그 책을 쓰지 말걸!' 이라고 말했다고 한다.

클로드 모네는 물을 묘사하는 작품에서 가장 슈브뢸적인 색 대조의 일부를 보여준다. 여기서 햇살의 유희는 찬란하다. 〈아르장퇴유에서의 보트 경주(Regatta at Argenteuil, 1872)〉(〈삽화 8-3〉)에서 청백 물빛은 강한 오렌지색으로 아름답게 장식되어 있다. 그리고 적색 지붕의 집이 녹색의 잎사귀 사이에 위치하고, 바이올렛 인물과 그림자들이 크림색 노란 돛들을 배경으로 서 있다. 마네는 자신의 의도를 분명히 했다. 1888년, 그는 '색의 밝음이란 내재적인 특성보다 대조의 힘에 더 기인한다. 원색은 보색으로 대조되었을 때 가장 밝게 보인다.' 그는 헬름홀츠의 의견에 전적으로 동의하고 있었다. 모네가 〈인상: 해돋이(Impression: Sunrise)〉에서 오렌지색과 청색을 과감하게 나란히 놓은 모습을 그 태양의 원반이 캔버스 밖으로 튀어나올 것 처럼 강렬하다.

:: 빛을 담기

일단 인상주의 화가들의 의도를 이해하면, 화려한 새로운 합성안료가 그들의 목적에 얼마나 필수불가결한 것인지는 분명하다. 1890년대 에콜데보자르에서 근무했던 장 조르주 비베르는 그들은 '오로지 강력한 색감'으로만 작업하는 '색깔론자eclatistes'라고 불렀다. 그의 말이 옳다. 비베르가 새로운 재료 자체에 대해 반대한 것은 아니었다. 우리가 앞 장에서 보았듯이, 그는 새로운 재료의 '선명함과 생생함'을 일부 칭송하고 추천했다. 그러나 기성 화단을 화나게 만든 것은 인상주의 화가들이 새로운 재료들을 사용하면서 보인 지나친 활기였다. 순수하고 정력적인 붓놀림에서, 그 현란함은 주변 색상으로 더욱 증가된 것이다. "삼원색(적색, 청색, 황색)과 그들의 2차색을 제외하곤 다른 물감은 사용하지 마라." 피사로는 그의 제자 세잔에게 이렇게 조언을 했고, 전하는 말에 따르면 세잔은 자신의 팔레트를 검은색, 번트시에나(burnt sienna, 적갈색), 그리고 오커 안료들로 정화했다고 한다.[11]

게다가 이런 검증되지 않은 안료들의 안정성에 대한 비베르의 우려도 옳았다. 인상주의 화가들이 그런 위험을 늘 조심했던 것은 아니고 때론 그 대가를 톡톡히 치르기도 했다. 과거의 공식적인 방법들과 절연하면서, 그들은 또한 재료에 대한 이해를 높였던 전문 교육도 포기하게 되었다. 그들은 별다른 의식 없이 밝은 새로운 안료를 열광적으로 수용했는데, 품질의 평가는 공급업자나 제조업자에게 의존했다. 단점이 곱게 그냥 지나갈리는 없었다. 모네는 1880년대에 재료가 마땅치 않다고 불평했지만, 공급업자에게 한마디하는 것 외에 화가들이 달리 무슨 방도를 취할 의지와 능력은 없었다.

예술의 원재료를 취급하던 이 상인들은 누구였는가? 19세기 중반에 화가들에게 제공하는 재료의 공급은 확실한 유통망을 갖춘 정기 무역이었다. 17세기와 18세기에 상업제품인 안료들은 수입산 향료 아니면 약품(화가의 일부 재료는 의료용으로도 사용되었기 때문이다)으로 분류되었고, 그래서 그 재료들은 식품이나 약품을 취급하던 식료잡화점에서 팔렸다. 고대 그리스에서 안료가 파르마콘(pharmakon, 약)이라 불렸던 사실을 상기해보라. 18세기 중반에 프랑스의 식료잡화상인은 전문화되기 시작했고, 일부는 주로 그림 재료 공급업자가 되었다.

그러나 물감 제조가 고체 안료를 단순히 분쇄하는 일에서 점차 화학 합성의 문제가 되면서, 그것은 산업으로 발전했고 소매상인들은 제조업자로부터 제품화된 물감을 받아 포장하는 것이 고작이었다. 일부 저렴한 물감인 연백, 징크 화이트, 크롬 옐로, 프러시안 블루, 합성 울트라마린은 실내 장식용으로 대규모로 제조되어 판매되었다.

18세기에 편리한 수채화 물감 개발에 의한 아마추어 화가들의 붐으로 물감 제조업자에게 수익성 있는 시장이 창출되었다. 그들은 화가들에게 고급 재료를 공급하는 것을 전문으로 했다. 그들 중에는 1766년에 런던에 회사를 설립한 리브스 형제Reeves brothers인 윌리엄과 토머스가 있었다. 이들 1781년에 왕립예술협회에서 수상한 경력으로 그 회사는 국왕 후원을 주장할 수 있는 권리를 획득했고, 그것을 광고에 활용하는 데 한 치의 주저함도 없었다. 하지만 18세기에 런던에서 사업을 하는 것은 예기치 못할 엉뚱한 위험을 감수해야 했다. 1790년 10월 「모닝 헤럴드」에 나온 기사이다.

어제는 혹사당한 한 황소가 홀본 브릿지에 있는 폐하의 은총을 받은 물감제조업자 리브스 형제의 가게로 돌진하는 사건이 발생했다. 가게 창문이 부서지고, 물감과 재고품이 전부 못 쓰게 되었다. 그 소는 마침내 잡혀 도살장에 보내졌지만, 홀본에서 두 여인을 받아넘겨 치명적인 상처를 입혔다. 두 여인은 병원으로 후송되기는 했지만 회복 가망성이 없다.[12]

19세기 초, 런던에서 화가들에게 재료를 납품하는 공급업자들의 경쟁은 치열했다. 그중 한 납품업체가 1832년에 설립된 윌리엄 윈저와 헨리 찰스 뉴턴의 회사였다. 윈저와 뉴턴의 물감은 터너를 비롯한 영국의 화가들에게 대단한 인정을 받았다. 어느 정도의 과학적 교육이 그런 사업에 필수였다. 윈저는 화학자였으며 뉴턴은 화가였다. 1740년대부터 안료들은 말의 힘을 이용한 '물감 제분기paint mills'에서 기계적인 석재 롤러 사이에서 으깨어졌다. 1820년대에 이르면, 제분기 바퀴는 증기로 작동되었다. 그러나 손으로 가는 안료가 사람의 기술과 판단에 따라 효과가 더 좋았고, 초창기에 기계적으로 간 제품은 질이 떨어졌다. 1836년이나 되어서야, 파리의 물감 상인 블로트Blot가 화가들이 요구하는 '섬세한 색'을 물감 제분기로 만들기 시작했다.

물감 공급에서 또 다른 주요한 혁신은 존 랜드John Rand라는 미국 초상화 화가가 1841년에 발명한 접을 수 있는 금속관이었다. 그 주석튜브는 지금까지 유화물감을 보관하던 돼지방광을 대체했고, 주석튜브에 물감을 담으면 잘 마르지가 않았다. 이것은 야외에서 그림 그리기를 선호하는 인상주의 화가들에게 특히 중요했다. 르누아르도 이렇게 논평했다. "튜브에 물감을 담을 수 없었다면 세잔도, 모네도, 시슬리Sisley나 피사로도, 기자들이 나중에 인상주의라고 부를 유파도 존재하지 않았을 것이다." 물론 르누아르도 존재하지 않았을 것이다!

그림 재료의 이런 상업화로 화가가 재료에 가까이 가지 않아도 되었다. 이것은 물감의 주요 성분에 비인격적이며 매정한 태도를 갖게 된 시초가 되었으며, 궁극적으로 20세기의 화가들이 가정용 에멀션 도료를 집어 들게 했다. 메리메는 1830년에 화가들이 더 이상 좋은 재료와 나쁜 재료를 구별할 수 없게 되었다고 불평을 토로했다.

분명 주변에 나쁜 재료가 있었다. 수익이 최우선인 물감 상인들에게 물감의 품질이나 장기적인 안정성은 그다지 중요하지 않았다. 메리메는 "이런 사람들은 그림의 보존성은 보이지 않고 눈앞의 이익만 본다."라고 했다. 그들은 물감에 전색제를 사용했는데, 물감의 유효기간을 연장해주기는 했지만, 캔버스에서 말리는 과정에서 대가를 치러야했다. 안료가 물감에서 가장 비싼 성분이었기에 물감 제조업자들은 그 양을 최소화하려 했다. 그러나 모든 기름은 마르면서 노란색으로 살짝 변색되기 때문에, 안료에 기름의 비율이 높으면 색이 뚜렷이 변색된다. 그래서 안료의 비율을 낮추면서 물감의 경화를 유지하기 위해, 일부 제조업자들은 왁스를 첨가했다. 하지만 왁스는 끈적끈적한 물질을 만들어내어 쉽게 갈라진다. 일부 소매상은 체질안료로 안료의 품질을 떨어트렸다. 체질안료는 초크 혹은 석고와 같은 불활성 재료로 채색된 대상을 오래 가게 만들 뿐이었다. 심지어는 고의적인 사기도 있었다. 싸구려 안료를 비싼 안료로 둔갑시켜 팔거나 싼 안료와 혼합하여 눈을 속였다. 일부 물감의 이름과 그와 연관된 안료의 모호한 관계도 딴 마음을 먹게 만드는 데 한몫 거들었다.

그런 피해를 막기 위해 많은 화가들은 특정 물감상인과 친분관계를 맺으려했다. 그래야 품질을 믿을 수 있었기 때문이었다. 피사로, 세잔, 나중에 반 고흐는 1874년부터 몽마르트르의 클로젤 가(街)에서 작은 점포를 운영하던 줄리앙 탕기Julien Tanguey와 유대관계를 맺었다. 덴마크 화가 요한 로데Johan Rohde는 그 상점에 대해 이렇게 말했다.

"보잘 것 없는 작은 가게로 (코펜하겐에 있는) 아델게이드 가의 가장 초라한 중고 상인의 점포보다 더 가난한 가게이다. 거기엔 그림들이 쌓여 있는데, 분명 화구 값으로 놓고 간 것들이리라."

이것 때문에 많은 방문객들이 탕기의 가게를 찾았다. 거친 반 고흐도 1886년에 파리에 왔을 때 탕기와 교분을 맺게 되었고, 그 상인의 제품에 수차례 불평을 제기하기는 했지만, 두 번이나 그의 초상화를 그려주었다. 탕기는 안료를 직접 갈았는데 그와 같은 공급업자를 갖게 된 화가들은 주문한 대로 재료를 구할 수 있어 다행이라고 생각했다. 반 고흐는 거친 안료를 특별 주문하기도 했다.

인상주의 화가들 중에서 진짜 물감 성분이 무엇인지에 관심 있던 유일한 화가는 에드가르 드가뿐이었다. 그의 노트엔 많은 화학 비법과 기술적 기록이 빼곡하게 들어 있고, 재료를 직접 실험했다. 하지만 그는 화학 이론엔 무지했다. 아무튼 마네의 몇 작품에서 발생한 탈색을 우려한 드가는 시간의 심술로부터 자신의 작품을 보호할 방법을 모색했다. 한편 색의 이론적 측면에서 보인 그의 집착어린 관심은 위스망스의 찬사로 증명되었다.

"드가 씨의 진정한 스승으로 길잡이 노릇을 한 들라크루아 이래로 색의 과학을 그만큼 이해한 화가는 없었다. 드가 씨는 색과 결혼하여 색을 간음하고 있다."

인상주의 화가들의 기법

인상주의 화가들에게 신랄한 조롱을 던지던 수많은 비평가 중 한 명은 인상주의 화가들이 밝은색이라는 총알을 장전하여 캔버스에 쏘아 작품을 얻는다고 혹평했다. 1874년의 악몽 같은 경매[*] 후에 또 다른 비평가는 이렇게 혹독히 비평했다.

"보라색 풍경, 붉은 꽃, 검은 강, 노랗고 푸른 여자들, 파란색의 아이들로 우리는 무척이나 재미있었다."

위트를 가장한 그런 분노를 일으킨 이 색들의 정체는 무엇이었을까?

두말하면 잔소리로, '인상주의 화가들만의 팔레트'란 존재하지 않는다. 그러나 그 집단의 주요 작품들은 새로운 재료에 과도하게 편중된 매우 일관된 색의 영역을 보여준다(《삽화 8-4》). 그리고 인상주의의 눈부신 레퍼토리에서 가장 놀라운 효과에 기여한 것도 바로 이 색들이다. 인상주의 화가들의 그림에서 확인된 20가지의 주요한 안료 중에서, 12가지는 새로운 합성안료로 레몬 옐로(크롬산바륨), 크롬 옐로, 카드뮴 옐로, 크롬 오렌지chrome orange, 셸레의 녹색, 에메랄드 그린, 비리디언, 크롬 그린, 세룰리언 블루, 코발트 블루, 인공 울트라마린, 징크 화이트였다.

모네처럼 르누아르도 근접보색으로 강물의 풍경을 강조했다. 〈아스네르의 셴 강(Boating on the Seine, 1879~1880)〉(《삽화 8-5》)는 짙은 청색 강물을

---

[*] 제1회 인상주의 화가 전시회를 개최했지만 참담한 실패로 끝나고 그림을 경매에 붙였지만 이 역시 비참한 결과로 끝났다.

배경으로 강렬한 오렌지색 작은 보트가 있다. 한편 뱃머리의 적색 그림자는 전경의 작은 부분을 차지하고 있는 녹색 잎들을 보충하고, 흐릿한 건물들은 물에 비친 자신들의 어두운 보랏빛 반사를 배경으로 노란색 하이라이트를 던져주고 있다. 연백이 추가된 이 그림속의 안료들은 단지 7가지로 제한되어 있다. 적색을 제외한 나머지 모든 색은 '근대적인modern'인 합성안료이다. 코발트 블루, 비리디언, 크롬 옐로, 레몬 옐로(크롬산 스트론튬), 버밀리언, 적색 착색안료 모두 말이다. 그들은 거의 혼합되지 않은 채 적용되었고, 그 보트의 윤곽에 두껍고 순수하게 붓질된 그 새로운 순수한 오렌지색보다 더한 충격은 없었다. 강물은 순수한 코발트 블루로 표현되었는데, 단지 흰색이 곳곳에 추가되었고 보라색 그림자들을 만들기 위해 적색 착색안료의 광택제를 사용했을 뿐이다. 이 그림은 튜브에서 곧장 짜낸 인상주의이다.

모네도 또한 혼합되지 않은 물감을 많이 사용했으며, 그 대표적인 작품은 〈눈 덮인 라바쿠르(Lavacourt under Snow, 1879)〉(〈삽화 8-6〉)이다. 여기에선 전혀 다른 분위기의 조명효과를 볼 수 있다. 겨울의 차가운 느낌으로, 석양의 그림자에서 노출되는 빛의 효과를 볼 수 있다. 그러나 그 색상들은 완화된 색이다. 그 눈이 쓸쓸한 청색과 더불어 반짝이고 있는데, 가장 밝은 장소에서 순수한 코발트 블루로 표현되어 있다. 눈밭에 희색이나 연한 자줏빛(mauve, 담자색) 색조를 주기 위해 울트라마린과 적색 착색안료가 첨가되었다. 코발트 블루, 적색 착색안료, 비리디언이 오두막 사이에서 순수한 형태로 모두 발견된다. 여기서, 그리고 나무와 흐릿한 노란색 하늘에 탁한 색조들이 있다. 그 색들은 올리브색, 카키색, 적갈색이지만, 오커나 토성안료는 아니다. 그 색들은 코발트 블루, 비리디언, 카드뮴 옐로, 버밀리언과 같은 밝은색상들의 혼합이다. 비리디언, 에메랄드 그린, 합성 울트라마린, 적색 착색안료 그리고 연백과 더불어 이 색들은 팔레트에 영구히 자리를 잡게 된다. 아무튼 이 겨울 풍경에서도 모네는 검은색을 피하고 있다.

이런 그림은 관습적인 눈의 '색'인 흰색에 대한 인상주의 화가들의 태도를 명정하게 보여준다. 르누아르는 언젠가 한 제자에게 이렇게 말했다.

흰색은 자연에 존재하지 않는다. 저 눈 위에 하늘이 있음을 인정해야 한다. 너의 하늘은 푸른색이다. 그 푸른색이 눈에 나타나야 한다. 아침 하늘엔 녹색과 노란색이 있고 저녁 하늘엔 적색과 노란색이 눈에 나타나야 할 것이다.[13]

월리스 스티븐스Wallace Stevens는 '구름으로 뒤덮인 해수면Sea Surface Full of Clouds'에서 그 표현을 반복하고 있다.

아침의 푸른 눈 위에

만인의 태양, 그 장엄함이여,

핑크빛,

핑크빛으로 물드는 얼음처럼 단단한 우울함이여.

인상주의 화가들이 표현하는 흰색은 말 그대로 산산이 부서지면 스펙트럼 색으로 분열된다고 말할 수 있다. 여기에는 어떤 느낌이 있는데, 모든 인상주의 화가들은 흰색으로 그림을 그린다는 느낌이다. 그들의 작품은 전형적으로 스펙트럼의 모든 색을 포함하고 있어, 원색이나 2차색을 빼놓지 않기 때문이다. 그 확실한 증거를 피사로의 〈팔레트 위의 풍경화(Palette with a Landscape)〉에서 명시적으로 공언하고 있다. 그래서 맥스웰이 가산혼합을 연구하기 위해 사용했던 색상환처럼 만약 모네의 그림을 회전시키면 점점 흐려지면서 은회색으로 변할 것이라는 말이 있다.[14]

흰색에 대한 동전의 반대 면은 검은색이다. 이를 테면 빛의 보색인 그림자는 인상주의 양식에서 핵심을 차지하고 있다. 그러나 이 화가들에게 그림자는 어둠이 아니라 색으로 가득 차 있는 공간이다. "그림자들은 검은색이 아니다. 어떤 그림자도 검지 않다." 르누아르의 말이다. 여기에 반 고흐도 맞장구를 치고 있다.

"절대적인 검은색은 실제로 존재하지 않는다."

그렇다면 클로드 모네는 1877년에 네 편의 동일한 그림을 연작으로 그린 〈생라자르 역(La Gare Saint-Lazare)〉에서 칙칙한 그을음투성이의 실내를 어떻게 해결했을까? 이 그림은 근대적이며 산업적인 취향을 가진 외광회화plein air painting*이다. 여기서 우리는 느릿하게 움직이는 기관차들이 내뿜은 연기와 수증기를 통해 역의 천장 덮개를 본다. 그러나 그 회색과 갈색, 그리고 네 편의 연작 중 가장 어두운 작품에서 보이는 검은색은 토성안료가 아니라 새로운 밝은 인공물감의 복잡한 혼합으로 구성된 것이다. 예컨대, 코발트 블루, 세룰리언 블루, 합성 울트라마린, 에메랄드 그린, 비리디언, 크롬 옐로, 그리고 더 오래된 버밀리언의 적색, 그리고 아마 근대적인 합성염료로 만든 강한 크림슨(심홍색) 착색안료로 이루어진 것이다. 백색은 연백이고, 아이보리 블랙은 모네가 다소 인색하게 찔끔 사용하고 있다. 그러나 전체적으로 지붕, 기차, 승객들의 어둡고 검은색조는 노란색과 흰색을 제외한 모든 안료들의 환상적인 혼합의 결과이다. 몇 곳에서 이 '어둠'은 녹색으로 물들어 있지만, 다른 모든 곳에서는 보라색으로 칠해져 있다. 이것을 철학적으로 심하게 말하자면, 가장 어두운 그림자도 색으로 가득 차 있다는 인상주의 화가들의 신념을 보여주는 특별한 예증이다.

토성안료로 만들 수 있던 갈색도 여기에선 수고스러울 정도로 정교하게

---

* 야외에서 직접 보고 그린 풍경화.

혼합되었다. 그래서 녹색과 적색 착색안료, 크롬 옐로와 더불어 코발트와 세룰리언 블루와 혼합된 버밀리언으로 갈색을 조색했다. 〈눈 덮인 라바쿠르〉와는 대조적으로 혼합되지 않은 색이 없을 정도이다.

이 연작에서 기차역 실내의 나머지 광경들은 다소 밝은 편이다. 한쪽은 녹색으로 풍부하고, 다른 쪽은 청색, 담자색(연한 자줏빛), 그리고 노란색으로 풍요롭다. 그러나 그들 모두는 복잡한 안료혼합을 포함하고 있고, 이것은 모네가 생생한 재료로 그가 본 풍경을 구성하겠다는 의지의 표현이다.

자연에 검은색이 없다면, 그림자는 어떤 특별한 색일까? 만약 그림자가 색이라면 인상주의 화가들에게 그 색은 분명 햇살의 노란색에 대한 보색인 바이올렛일 것이다.[15] 인상주의 화가들의 그림에서 넘쳐났던 보라색은 커다란 조롱거리였다. 그들은 '바이올렛광violettomania'이라 비난받았고 사려 깊은 위스망스마저 그들을 한때 '인디고광ingigomania'에 중독된 것으로 생각했다. 그것은 일종의 색맹과 비슷한 진짜 집단 돌림병처럼 취급되었다. 그러나 이런 보라색 그림자의 면면을 확인해보면 주목할 만한 새로운 것은 전혀 없었다. 한때 괴테는, "낮에는 눈snow의 노란색조의 색상 때문에, 보라색 기미를 띠는 그림자들이 이미 관측될 수 있었다."라고 논평했다. 그리고 1856년에, 들라크루아는 밝은 햇살에서 연못을 기어오르는 소년을 묘사하면서, "빛 속에서는 어두운 오렌지색으로, 그림자에서 나타나는 부분에서는 선명한 바이올렛 색상으로 처리했다"라고 말했다.

그러나 모네는 다음과 같이 선언하면서 한 발 더 나갔다. "나는 마침내 대기의 진정한 색을 발견했다. 그것은 바이올렛이다. 신선한 공기는 바이올렛이다. 지금부터 3년 후엔, 누구나 바이올렛으로 그림을 그릴 것이다."[16]

이러한 바이올렛과 담자색에 대한 선호에도 불구하고, 인상주의 화가들은 1850년대와 1860년대에 이용 가능했던 코발트와 망간 바이올렛 안료 대신 혼합안료(일반적으로 적색 안료로 윤을 낸 코발트 블루나 울트라마린)를 혼합하여 그 색을 얻으려 했다. 이러한 새 안료들은 색조는 그저 그랬지만 색상은 혼합색보다 강했다. 모네는 누구보다 새 안료들을 선호했다. 한편 르누아르는 〈첫 나들이(At the Theatre, 1876~1877)〉와 〈우산(The Umbrellas, 1880~1881)〉에서 배어드는 듯한 담자색과 보라색을 위해 착색안료와 코발트 블루의 혼합을 버리지 않았다.

:: 낙선전

어떤 혁신가도 쉬운 길을 기대하지는 않는다. 하지만 1860년대와 1870년대에 인상주의 화가들이 그들의 행보마다 쏟아지던 조롱, 비웃음, 신랄한 비평에 직면하여 제 갈 길을 고수했던 의지의 강고함은 경이롭다. 처음에 그들은 사실상 관람객에게 접근도 못 했다. 그들의 작품은 중요한 살롱에서 계속하여 거부되었다. 이것은 판매에 관한 한 죽음의 입맞춤이었다. 심지어 그들이 구입한 그림이 나중에 배심원에서 거절되면 환불을 요구하는 구매자의 이야기도 있었다. 선발 과정은 1860년대 말 배심원 선발 과정에 대한 여러 차례의 개혁이 있은 후에도 여전히 냉혹한 기성화단이 지배하고 있었다.

인상주의 화가로 딱지가 붙게 될 초기 집단 중에서 마지못한 경우이기는 하지만 종종 살롱의 호의를 얻는 거의 유일한 화가는 에두아르 마네였다. 그 집단에서 가장 온건적이었던 마네에겐 노쇠한 들라크루아라는 영향력 있는 지지자가 적어도 한 명은 있었다. 1857년의 들라크루아는 예술계에서 더 이상 위험한 존재가 아니었으며 마침내 아카데미 회원으로 선출되었다. 사실상 마네는 자신을 혁명적인 화가라고 생각해본 적이 없으며, 평생을 통해 대중성과 아카데미 회원이 되고자 했던 열망으로 동료들과 불편한 관계를 초래했다. 그중 특히 타협할 줄 모르는 에드가르 드가와는 아주 소원한 관계였다. 마네는 1850년대에 사실주의 화가로 명성과 더불어 약간의 악평도 듣던 귀스타프 쿠르베가 열정을 살랐던 그 길을 여러 가지 면에서 자신이 따르고 있다고 믿었다. 자연에서 직접 그림을 그린 쿠르베의 작품들은 프랑스아카데미 예술가들이 정립한 계산된 우아함과 안정감과는 전혀 관계없는 자연스러움과 솔직함을 포착하고 있었다. 그의 가장 우수한 몇 작품이 1855년 파리의 만국박람회에서 거절되었을 때, 쿠르베는 그 공식 개최 건물 근처에서 자신만의 전시회를 여는 극적인 조치를 취했고, 그 결과로 비평가들로부터 수많은 원성과 조롱을 받게 되었다. 사실주의는 위험한 사조로 간주되었고, 1857년 살롱 개막식에서 프랑스 장관은 예술가들에게 '프랑스의 걸출한 거장들의 전통에 충실해줄 것과 더불어 그 아름다움과 전통이란 그 순수하고도 고결한 영역에 충실할 것'을 간곡히 청원했다.

클로드 모네와 오귀스트 르누아르 또한 쿠르베를 존경하고 모방했다. 하지만 정작 쿠르베 본인은 이런 젊은 화가들의 존경을 조심스럽게 받아들였는데, 이들의 사실주의는 그 정도를 벗어났기 때문이었다. 사실주의는 마네의 〈풀밭 위의 식사(Dejeuner sur l'Herbe, 1863)〉와 모네의 〈정원의 여인들(Women in the Garden, 1866)〉의 특징이다. 그리고 둘 다 배심원에게 거부당한다. 놀랍게도 마네의 나부(裸婦) 습작 〈올랭피아(Olympia, 1863)〉는 1865년 살롱이 수용했지만, 이 그림은 고전적 전통에 따른 이상화된 인물이 아니라 실제 사람(시트 위에 누워 있는 왜소한 모델)을 그렸다는 이유로 격렬한 분노를 일으키게 되었다. 새로운 색의 사용과 그 색의 과감한 적용 못지않게 살롱의 적대감을 불러일으켰던 것은 바로 이것이었다. 이 젊은 사실주의 화가들은 있는 그대로의 인물들을 사람들에게 아니 그럴 기회도 없었던 그들이기에 자신들끼리 혹은 그들의 파트너에게 보여주는 천박함을 가지고 있었다. 일상의 인물이라니! 마네는 직업 모델을 사용하길 싫다고 대놓고 말했다.

1863년의 살롱 배심원들은 유난히도 엄격했고, 제출된 그림의 3분의 2를 퇴짜 놓았다. 낙선한 화가들이 이 소규모 사실주의 혁신가들만이 아니었고, 결국 커다란 소동으로 번지게 되어 나폴레옹 황제 3세가 강제로 개입하여 거부된 작품들을 산업궁전(Palais d'Industrie, 만국박람회 장소)의 다른 장소에서 별도로 개최할 것을 공포했다. 하지만 이 '낙선전'은 재앙이었다. 그 출발부터 오점으로 낙인찍힌 그 전시회는 대중의 조롱거리로 전락했고 배심원단은 그것이 '예술의 품위에 부적합하다'며 다시는 되풀이되어선 안 된다고 판단했다.

그러나 일단 품기 시작한 그 생각은 불평불만을 품은 수많은 예술가들이 살롱을 질타할 무기가 되었고 1873년, 제2차 낙선전이 개최되어 조만간 인상주의 화가란 이름을 얻게 될 화가들에게 전시할 기회가 왔지만, 다시 한 번 언론과 대중의 조롱만 사게 되었다. 1874년에 이르면, 그 집단도 지칠 만큼 도전했기에 르누아르, 모네, 드가, 피사로, 시실리, 모리조, 세잔, 기타 화가들이 자신들만의 전시회를 개최하기로 결정했다. 다소 보수적인 성향을 드러낸 마네는 살롱을 통해서만이 걸맞은 인정을 받을 수 있다고 믿었기에 참여를 거부했다.

모네는 자신의 작품에 이름을 붙이는 데 심드렁했고, 1874년 전시회 전에 제목을 발표하라는 압력에, 단순히 '인상Impression'이란 접두어가 있어야 한다고 제안했다. 그래서 인상주의 작품의 원형 중 하나인 그 작품은 〈인상: 해돋이〉가 되었다. 이 용어를 한 풍자적인 비평가가 취해, 그 전체 집단을 '인상주의 화가the Impressionists'라고 이름 붙였다. 그들은 그런 이름에 전혀 기분 나빠하지 않으며 곧 그 이름을 스스로 사용하기 시작했다.

이렇게 기성세대에 반항적인 돌출적인 전시회는 어떤 편인가 하면, 낙선전보다 더 큰 재앙이었고, 그 전체 집단은 '훌륭한 예술적 예의와, 형식에 대한 헌식, 거장에 대한 존경심'을 거부한 것으로 맹비난을 받았다. 1876년에 그들은 두 번째 단체전을 열었지만 이전과 별다르지 않았다. 그들이 사용한 밝고 이질적인 색들이 비평가들의 감정을 자극했던 것이다.

"피사로 씨가 숲은 바이올렛이 아니고, 하늘은 신선한 버터색이 아니라는 것을 알게 해주어야 한다."

한 비평가가 이렇게 말하며 르누아르로 넘어간다.

"르누아르가 생생한 색상으로 그린 녹색과 바이올렛의 부분들은 시체가 완전히 부패한 상태를 나타낸다."

참으로 혹독한 비난이다. 당연히 마네와 종종 르누아르를 제외한 모든 사람이 상업적인 성공을 거둘 수가 없었고, 특히 모네는 너무 궁핍해 거리에 나 앉지 않기 위해 후원자들에게 애걸하는 편지를 써야만 했다.

점묘

그러나 너무나 많은 혁명적인 변화 덕분에, 반감은 서서히 무관심으로 무관심은 다시 점차 주류로 편입되기 시작했다. 1880년대에 이르면 인상주의를 보는 시각도 변해갔다. 이것은 그 집단이 추구하는 것을 어렴풋이나마 짐작하던 몇몇 비평가들의 도움 덕분이었다. 위스망스 같은 사람이지만 대부분의 지지자들은 프랑스 외부에 있었다. 1884년에, 인상주의 화가 출신의 '독립적인' 예술가 집단이 상호 지원을 위한 공식적인 재단인 '앙데팡당 그룹Groupe des Artistes Independants'(나중에는 앙데팡당협회로 개칭)을 설립했다.

폴 시냐크가 조르주 쇠라Georges Seuret의 작품을 인식하게 된 것도 바로 이 그룹을 통해서였다. 쇠라는 이 최초의 단체전시회에 〈아스니에르에서의 물놀이(Bathers at Asniéres, 1883~1884)〉를 출품했다. '큰 붓놀림 속에 세부적으로 점묘법을 가미한' 이 강렬한 작품은 시냐크의 마음에 강력하게 와 닿았다. 시냐크는 이 그림에서 '그 적절한 균형과 비례, 빛, 음영, 고유색, 색들의 상호작용과 같은 성분들의 방법적 구별인 대조의 법칙에 대한 그의 이해'를 간파했다. 이것은 캔버스에 '완벽한 조화'를 주고 있었다.

시냐크는 쇠라의 프로그램을 정확하게 밝혔다. 쇠라는 "스펙트럼 성분의 순수성이 그 기법의 핵심이었다. 내가 붓을 쥔 이래로 나는 광학회화 optical painting의 공식을 이런 바탕에서 찾아왔다."라고 했다. 색에서 순수한 광채를 찾기 위한 쇠라의 돈키호테적인 탐색은 예술에서 채색에 대해 가장 과학적인 접근을 체계적으로 하게 만들었다. 그리고 그의 작품이 전혀 인상주의답지 않은 이유도 그것이었다. 피상적인 유사성에도 불구하고, 쇠라의 양식은 전혀 새로운 것이었고 그것이 시냐크의 눈을 사로잡았다.

조르주 쇠라의 교육은 많은 면에서 대단히 전통적이었다. 에콜데보자르에서 그는 들라크루아에게 매력을 느끼긴 했지만 처음엔 앵그르를 숭배했다. 아마도 들라크루아에 대한 관심을 통해, 그는 슈브뢸의 색이론과 샤를 블랑의 그에 대한 해석을 만나게 되었을 것이다. 이런 만남으로 그는 팔레트를 가법혼색과 감법혼색의 삼원색additive and subtractive primaries 적색, 황색, 청색, 녹색으로만 제한했고 여기에 오로지 흰색만 혼합했다. 쇠라가 이런 색이론을 그의 캔버스에 어떻게 적용했는지에 대한 많은 글이 있지만, 대부분은 잘못된 내용이다. 그 시대 광학optical physics의 완벽한 완성을 그의 공으로 보는데, 사실 그의 광학적 지식은 피상적이며 불완전했다. 그런 한계 때문에 그는 자신의 의도를 완전히 실현시킬 수 없었으며 재료의 결함도 마찬가지였다.

쇠라는 안료의 감산혼합(혼색)은 필연적으로 명도를 떨어트려, 햇살이 표면에서 부서지는 빛을 표현하는 데는 문제가 있음을 인식했다. 그래서 그는 광학적 혼색을 떠올렸다. 보색을 이루는 작은 색의 점을 나란히 위치시켜, 그 점들이 망막에서 광학적으로 혼색되어 안료의 혼합보다 더 큰 광채를 얻을 수 있기를 희망했다. 이런 효과는 오그던 루드의 『근대 색채학』에서 분명히 서술되고 있다.

> 여러 가지 색들을 점이나 선으로 나란히 놓은 다음 떨어져서 보면 관측자의 눈에서 약간의 혼색이 이루어진다. 이런 상황에서, 그 색상은 망막에서 혼색되어 새로운 색을 만들어내는데, 이것은 회전판으로 얻는 혼색과 동일하다.[17]

이것은 뉴턴이 유색 분말coloured powder로 시행한 실험에서 관측한 것과, 슈브뢸이 짜인 실의 연구에서 연역했던 효과였다. 존 러스킨은 『존 러스킨의 드로잉(Elements of Drawing, 1857)』에서 동일한 현상을 대부분 다루고 있으며, 여기서 그는 색의 혼합에 대해서도 말하고 있다. 드라이 브러시dry brush*로 그림을 한 번 그린 후 다시 가볍게 붓 칠을 더해 '교묘하게 그 간격을 메꿔 미세한 색의 알갱이들을 섞는 것이다.'[18] 그러나 쇠라에게 가장 끌렸던 점은 두 보색이 혼합되기 바로 직전의 거리에서 보는 것으로, 눈은 두 색이 하나가 되려는 가장 자리에서 맴돌게 되며, 그 그림 표면은 마치 빛을 발하듯 깜박거리는 것처럼 보인다는 사실이었다. 쇠라는 이것이야말로 화가들이 빛으로 그림을 그릴 수 있는 진정한 방법이라고 믿었다. 이것은 풀잎에 비치는 햇살의 빛을 포착하는 것이었다. 그는 자신을 '인상주의의 광선 화가inpressioniste-luministe'라고 자칭했고 점들을 밀접하게 배치시키는 그 회화기법을 '광학적 회화peinture optique'라고 언급했다. 이것은 후에 '점묘법

---

* 그림물감을 조금 칠한 붓으로 문질러 그리는 화법.

pointillism'으로 알려지게 된다.

하지만, 그가 그 〈물놀이(Bathers)〉[19]를 그릴 때, 루드의 저서를 읽었는지는 확실치 않으며, 그의 작품은 광학적 혼합에 대한 이해가 깊어질수록 진화했다. 그 그림은 애초에는 점묘 화법으로 그려진 것이 아니라, 그에 선행하는 양식으로 짧은 붓 터치가 교차로 얽힌 방법으로 그려졌었다. 쇠라는 그 그림을 더욱 뚜렷한 점묘법 양식으로 1887년에 재작업했다. 하지만 일부에서만 점묘법을 시행해 그가 자신의 아이디어를 응용함에 있어 일관성의 필요성을 특별히 느끼지 못했다는 사실을 암시하고 있다.

'깨끗한' 광학적 혼합을 얻으려면 수많은 요소가 결정적이다. 첫째, 점들이 충분히 작아야만 한다. 그러나 쇠라는 관측자의 거리와 관련하여 이런 척도의 문제(크기의 문제)에 그다지 우려하지 않았던 것으로 보인다. 그의 걸작 〈그랑드 자트 섬의 일요일 오후(Sunday Afternoon on the Island of La Grande Jatte, 1884~1885)〉(〈삽화 8-7〉)를 보면 점의 크기가 상당히 다르다. 때로 대상의 가장자리들은 더 작은 점으로 처리해 강조했다.

더욱이 광학적 혼합으로 성취한 그 효과들은 그런 효과를 창출하기 위해 사용된 물감들에 상당히 의존한다. 토머스 영이 '삼원색'의 원반을 회전시켜 백색을 만들려했을 때, 불순한 원색들의 혼합은 흰색이 아니라 회색이었다. 이점을 염두에 둔다면, 쇠라는 그의 안료에 대해 걱정했어야 옳았을 것이다. 그러나 그는 19세기 화학이 그에게 제공한 청색, 노란색, 적색, 녹색이 그 임무에 당연히 적합하다고 생각했다. 그는 어떤 추가적인 조사 없이 매우 전형적인 인상주의 화가들의 팔레트에 만족했다. 카드뮴 옐로, 크롬 오렌지, 버밀리언, 코발트 바이올렛, 인공 울트라마린, 세룰리언 블루나 코발트 블루, 비리디언이나 에메랄드 그린, 그리고 크롬 그린이 그의 재료였다.

루드가 실험에서 여러 가지 옛 안료 갬부지, 인디언 옐로, 적납, 카민 착색안료, 프러시안 블루를 사용한 것을 제외한다면, 루드의 광학적 혼합에 대한 양적이며 안료에 국한한 방법은 쇠라와 그 추종자들에게 매우 유익했어야만 옳았다. 그러나 쇠라와 시냐크가 이러한 '원색'의 안료들과 그들 자신의 팔레트 위에 있는 원색의 안료들 사이에서 보이는 결정적인 스펙트럼 차이에 많은 중요성을 부여했는지는 확실하지 않다. 만약 그 화가들이 그들의 재료들과 더 친숙했더라면 달라졌었을까?

그러나 안료의 차이가 쇠라를 실망시킨 유일한 이해 차이는 아니었다. 1886년에 쇠라의 작품[20]을 상세히(다소 오해의 여지는 있지만) 분석한 비평가 펠릭스 페네옹Felix Feneon은 색의 인식에 있어 예술가들이 보인 다음과 같은 차이를 열거했다.

1. 고유색Local colour: 백색광에서 보이는 물체의 색
2. 직접 반사광Directly reflectedly light: 물체의 표면에서 변하지 않고 반사된 빛.
3. 간접 반사광Indirectly reflectedly light: 물체를 관통하며 빛의 일정 부분을 흡수당해 빛이 바뀐 후 반사된 미약한 유색광.
4. 근접 물체가 투사하여 발생한 색반사.
5. 인접보색Ambient complementary colours.

이것은 시냐크의 목록을 철저히 체계화한 것이다. 하지만 여기엔 다소 호기심어린 개념이 들어 있다. 쇠라는 모네와 마네가 이미 부정했던 '고유색'의 개념에 여전히 사로잡혀 있었다. 고유색은 예술가들에게 매우 전통적인 개념이었고, 예술가들이 고유색이라고 부르는 색이 백색광에서 보이는 물체의 색이라는 루드의 논평으로, 그것이 쇠라의 마음에 깊이 파고들었을 것이다. 그러나 이 색은 오로지 백색광 조명 아래에서만 의미를 지니

고, 아무튼 나타낼 수 있는 그 물체의 어떤 고유한 성질은 아니었다. 루드는 우리가 인식하는 색은 주로 직접 반사광의 색으로 이는 그 조명이 순수한 백색광이기만 하다면 그 색이 고유색이라 주장했다. 그래서 쇠라에게 1번과 2번은 빛의 조건만 다를 뿐 동일한 것이었다. 쇠라는 '직접 반사광'과 순수한 햇살을 동일시한 것 같다. 이것은 그가 일부 색을 햇살 자체로 보기 위해 필요한 개념이었다. 그는 햇살이 근본적으로 오렌지색(태양빛 오렌지색, solar orange)이라고 결론지었고, 이것은 블랑과 들라크루아가 제안했던 생각이기도 했다. 그리고 이런 생각으로 그는 녹색 풀밭에 오렌지색 점을 포함시키게 되었다.

페네옹의 논평은 쇠라의 그 어떤 글보다 그가 성취하고자 했던 목표를 명확하게 요약하고 있다.

> 우리는 유색 안료의 혼합이 아니라, 유색 광선의 혼합을 가지고 있다. 광학적 혼색의 광도는 안료 혼색의 광도보다 언제나 더 높은 것으로 알려져 있다. 이것은 루드가 설립한 광도에 대한 많은 등식(equations)을 보여주고 있다.[21]

그러나 쇠라의 그런 불완전한 이해의 결과로, 그가 사용한 보색 쌍의 점들은 광도가 아닌 회색의 인상을 만들었다. 역설적으로 이것은 슈브뢸의 고블린 염색 공장의 태피스트리(tapestry, 무늬를 놓은 양탄자)를 떠올리게 한다. 그 결과, 그의 점묘법 작품들은 의도했던 효과가 아니라 진주빛 광택으로 뒤덮이게 되었지만, 그럼에도 그 그림들이 풍기는 몽롱한 감각은 매우 훌륭했다. 그러나 시냐크에게, 이런 회색은 엄격히 말해 점묘법의 실패였다.

점묘법, 이것은 그림 표면을 더욱 생기 있게 만들어주지만 그것이 광도,

색의 강도, 혹은 조화를 보장하는 것은 아니다. 동지로써 병치하면 서로를 보강하는 보색이 혼합하면 적이 되어 서로를 파괴한다. 그것은 심지어 광학적으로 혼합해도 그렇다. 적색과 녹색은 나란히 있으면 서로를 생기 있게 만들지만, 붉은 점들과 녹색 점들을 모두 합하면 회색의 무채색이 된다.[22]

쇠라가 1891년에 31세의 나이로 요절했을 때, 색에 대한 그의 '과학적' 접근도 막을 내리게 되었다. 그런데, 피사로가 1885년에, 그런 기법의 효과를 처음으로 보았을 때, 그는 그 가능성을 인식하고 크게 흥분했고 한동안 외도를 하게 된다. 그의 고백을 들어보자.

나는 과학에 기초한, 즉 슈브뢸이 개발한 색 이론과, 맥스웰이 시행한 실험, 로드가 한 측정에 기초하여 근대적인 합성의 방법을 추구하고 있다. 그래서 안료의 혼합을 광학적 혼합으로 대신하려 한다. 이것은 색상을 분해해서 그들의 구성요소로 해체한다. 광학적 혼합은 안료 혼합보다 더 강력한 광도를 발하게 된다.[23]

이런 점에서, 피사로는 '옛' 인상주의 화가들 중에서 비할 바 없이 개방적이고 탐구적인 인물이었다. 모네를 비롯한 그의 옛 동료들은 대부분 점묘법이란 혁신을 멸시했다. 피사로는 그 옛 집단을 '낭만적 인상주의 화가'라고 부르고 시냐크, 쇠라, 자신을 '과학적 인상주의 화가'로 불러 둘을 구별했다. 1886년에 페네옹이 그들에게 새로운 명칭을 조어했다. 신인상주의 화가Neo-Impressionists라고! 그러나 그들이 1886년에 마지막 인상주의 화가들의 단체 전시회에 출품했을 때, 그들은 별도의 전시실로 제한되었고, 여기서 '라 그랑자트'가 압도적인 인기를 얻게 된다. 피사로의 전 제자인 폴 고갱은 이 새로운 집단을 특히 심하게 경멸하며, 그들을 '작은 점이나 쌓는 별 볼일 없는 녹색 화학자들'이라고 불렀다. 그리고 1888년에 이르면, 피사로도 점묘작품을 구성해야 하는 수고스러운 과정에 인내심을 잃게 되고, 자신의 새로운 현재의 접근에 싫증을 내게 된다. 그의 젊은 동료들에게 보낸 자상하기 이를 데 없는 한 편지에서, 그는 용감하지만 결국 협소한 그 방법을 포기하는 중이라고 설명하고 있다.

:: 추상화를 향해

초기 인상주의 화가 중에서 폴 세잔만큼 수모를 겪은 화가가 있을까? 그가 가장 급진적이었고 결국 집단에서 가장 영향력이 컸던 것도 우연의 일치는 아니었다. 세잔은 어떤 유파도 만들지 않았다. 대신 그는 예술의 구성원리로 20세기 색의 개념을 정립했다고 볼 수 있다. 평평한 색면을 파괴해 작은 면의 모자이크로 만드는 접근으로 그는 점차 인상주의 화가들로부터 멀어져, 그림에서 주관적이며 일시적인 것에서 벗어나 장면의 변하지 않는 면을 포착하는 쪽으로 갔다. 자신이 본 것, 즉 '모티프(motif, 주제)'의 근본적인 구성을 구축하기 위해 건축처럼 색의 벽돌을 사용하기 시작했다. 모티프란 객관적인 실존으로 마음이나 감정의 개입이 없이 존재하는 것이다. 그는 인상주의 화가들과 1877년에 마지막으로 전시회를 열었고, 1904년에 이르면 그들과는 반대편에서 목소리를 내기 시작한다. "빛은 화가를 위해 존재하는 것이 아니다."

세잔의 팔레트는 넓은 다양성을 보여줘, 밝고 강력한 색조에서 어둡고 가라앉은 색까지 모두 섭렵하고 있다. 그는 슈브뢸과 샤를 블랑의 보색에 관한 저술에서 영향을 받았지만, 보색을 단순한 병치가 아니라 색의 관계란 형식에서 구체화했다. 세잔에게 색의 가감이란 하나의 모토였다. 그는 고매한 색조의 안료를 더욱 섬세한 색상으로 조정했다. 그것은 인상주의 화가들의 과감하고 흐릿한 대조가 아니라 색의 조각들을 내재적인 전체로 통합해 진주 빛 따스함을 성취했다. 그는 새로운 합성안료의 사용을 조심하며 자제했는데, 빠른 변색을 피하기 위한 조심성인 한편 다소 놀랍지만 그의 화법은 전통적인 성향을 유지하고 있었다. 가장 최신의 안료 중 비리디언만이 세잔의 작품에서 두드러지게 나타날 뿐이다. 그리고 그가 사용한 안료 중에서 안정성이 부실한 유일한 안료는 크롬 옐로뿐이었다.

이런 옛 재료와 신재료의 혼합은 1880년대 세잔의 전형적인 작품세계를 보여주는 〈프로방스의 언덕(Hillside in Provence, 1885)〉(〈삽화 8-8〉)에서 발견된다. 밝은 곳들이 곳곳에서 눈에 띄지만, 압도적인 인상은 착 가라앉은 대지 사이에서 보이는 강한 색조의 녹색들이다. 강한 녹색을 위해 에메랄드 그린과 비리디언이 사용되었고, 오렌지색 및 갈색의 바위들은 버밀리언과 혼합된 노란색과 오커의 토성안료로 구성되어 있다. 전경은 노란색 착색안료의 광택으로 노란색 기미를 띤 황녹색으로 구성되어 있다. 그늘은 검은 안료를 사용했는데, 이것은 본질적으로 인상주의 화가들과의 결별의 조짐을 보였다. 종종 슈브뢸적인 대조가 약화된 색조에서 표현되어 있다. 이러한 구성으로부터, 세잔이 동료 인상주의 화가들처럼 새로운 안료들을 채색의 기회로 삼지 않았음을 알 수 있다. 그가 근대의 가장 뛰어난 색채화가 중 한 사람이었지만 그의 성취는 기술의 산물은 아니었다.

폴 고갱도 또한 1880년대부터 점차 인상파에서 멀어져간다. 그는 자연을 너무 직설적으로 묘사하려는 인상주의 화가의 성향에 질리기 시작했으며, 그것을 '표현의 족쇄'라 생각했다(1860년대 이래로 그 태도가 얼마나 변했는지를 이미 암시하고 있다). 그는 모더니즘의 완전한 출현을 예고하는 한 논평에서 한탄했다. "자연을 지나치게 모방하지 마라. 예술이란 추상이다." 그 자신의 양식을 '종합주의Synthetism'라고 부르며 그는 색의 순수한 상상력과 상징으로 방향을 급선회했다. "색이 주는 감각은 그 자체로 수수께끼이기 때문에 색을 수수께끼로 보면 되지 논리적으로 채택할 수는 없다." 그러나 바실리 칸딘스키와 같은 상상력이 고도로 뛰어난 화가는 '구' 인상주의 화가들의 작품에서도 추상적인 충동을 느끼고 있었다. 젊은 칸딘스키가 1895년 모스크바에 전시된 모네의 '노적가리Haystacks' 연작을 보았을 때, 그는 순수한 색의 미래를 추상화를 위한 기초로 보았다. 그것은 그에게 '그림의 필수불가결한 요소로써 신용할 수 없는 대상'을 보여주었다.

1891년, 고갱은 프랑스를 떠나 타히티로 떠났다. 그는 도시의 인상주의 화가들과 완전히 동떨어진 이국정서에 흠뻑 빠져들고 싶었다. 그는 거기서 '황홀경, 평온, 예술'을 친구로 삼아 살아가기는 희망했고, 프랑스로의 간단한 여행을 제외하고 1903년 마르키즈 제도에서 죽을 때까지 그 적도에서 살았다. 그의 팔레트는 여전히 풍요로웠지만, 색조의 미묘함에서 더욱 성숙해졌다. 그는 보색의 극명한 대비와 더불어 토성안료도 피하지 않았다. 타히티 사람들의 올리브빛 피부색을 표현하는데 '번트 오커(burnt ochre, 구운 황토)'가 아주 적합했다.

그는 근대의 거의 모든 색을 사용했다. 코발트 블루, 에메랄드 그린, 비리디언, 카드뮴 옐로, 크롬 옐로, 코발트 바이올렛, 그리고 코발트 블루와 '샤론 블루Charron blue'라고 불리는 황산바륨의 혼합을 사용했지만, 그것들을 튜브에서 직접 짜서 사용한 적은 거의 없다. 프러시안 블루와 울트라마린은 고갱이 혼합하지 않고 쓴 유일한 색이었는데, 그가 사용을 극도로 꺼렸던 검은색을 대체하기 위한 것이었다. 그러나 멀고먼 타국 타히티에서, 그는 재료를 구할 수 없는 안타까움에 좌절을 겪어야 했다. 1902년 그에게 물감을 공급해주던 그림상인 앙브루아즈 볼라르Ambrose Vollard에게 쓴 편지에서, 그는 어려움을 토로하고 있다.

당신이 보내주신 상자를 열어보았습니다. 캔버와 아교—완벽합니다. 일본 종이—너무 좋습니다. 하지만 물감은!!! 제가 이 6개의 튜브와 사용해본 적이 거의 없는 테르 베르트(terre verte 녹토, 녹토색)로 뭘 그리길 기대할 수 있겠습니까? 저에게 남은 물감이라곤 작은 튜브의 카민 착색안료 한 개뿐이군요. 그러니 다음과 같은 품목을 즉시 보내주시길 바랍니다. 흰색 튜브 20개, 카민 착색안료 큰 튜브 4개……그리고 기타 현대적인 팔레트를 모두 보내주세요. [24]

고갱은 캔버스 대신 미술 재료가 아닌 굵은 삼베나 굵은 마직물을 사용하기도 했다. 경제적인 목적도 있지만 그 거친 직물의 질감을 즐긴 것으로 보인다.

고갱이 '예술의 종합, 조화로운 구성, 개념의 내적 통합, 양식과 색의 이해와 통일'이라고 정의한 그의 '종합주의Synthetism'는 자칭 '나비파Nabis*'라 부른 일군의 프랑스 화가들에게 영향을 미쳤다. 그들은 모리스 드니Maurice Denis, 에두아르 뷔야르Édouard Vuillard, 폴 세뤼지에Paul Serusier, 케르 자비에 루셀Ker Xavier Roussel, 피에르 보나르Pierre Bonnard 등이었다. 색의 표현적 사용에 감명을 받은 나비파는 세뤼지에가 〈부적(The Talisman)〉(〈삽화 8-9〉)이란 이름의 담배 상자 뚜껑에 그린 하나의 작은 작품을 중심으로 결성되었다세뤼지에는 이런 채색 풍경화를 프랑스의 퐁타벤근처의 아무르 숲에서 고갱의 지도하에 창조했다. 이 노스승의 조언은 다음과 같이 진행되었다는 이야기가 있다.

고갱 : 그 나무의 색을 어떻게 보았느냐?

---

* 히브리어로 예언가란 뜻.

세뤼지에 : 노란색이요.

고갱 : 그래, 그럼 네가 사용할 수 있는 가장 훌륭한 노란색을 사용해라.

그 땅의 색은 어떻게 보았느냐?

세뤼지에 : 붉은색으로 보았습니다.

고갱 : 그럼 네가 가진 최고의 붉은색을 사용해라.[25]

야수파the Fauves의 정신적 사촌쯤 되는 나비파는 짧게 활동하다 1900년에 이르러 사라진다. 하지만 고갱의 영향력은 더 넓고 오래 이어진다.

빈센트 반 고흐는 세기말이 다가오면서 새로운 회화에 길을 닦아준 인상주의 운동에서 출현한 또 다른 인습타파주의자였다. 네덜란드에서 태어난 고흐는 인상주의 화가들이 일으킨 새로운 양식을 자신에게 알려준 동생 테오와 함께 살기 위해 1886년에 파리로 왔다. 고흐는 들라크루아의 저술을 통해 알게 된 동시대비와 보색의 효과에 흥미를 느꼈다. 사실 그의 원래 팔레트는 다소 어두운 편이었다. 인상주의 화가들이 채택한 과감한 원색을 보는 순간, 예술은 변했다. 그러나 그는 나중에, 자신의 작품은 '인상주의가 아니라 들라크루아의 사고에 의해 비옥해졌'고 주장했으며, 그는 색을 자유분방하게 결합해 사용하는 데에선 고갱과 같은 길을 걷게 된다. "눈앞의 광경을 그대로 재현하려고 노력하는 것보다 나는 내 자신을 강력하게 표현하기 위해 임의적으로 색을 사용한다."

그리고 고흐의 〈아를의 밤의 카페(The Night Café in Arles, 1888)〉(〈삽화 8-10〉)와 같은 그림보다 더 강력한 색감을 표현한 서양화가 과연 존재할까? 이 그림은 산성의 노란 빛에 흠뻑 젖어 있는 적색과 녹색의 보색이라는 순수한 악몽과 같다.

"나는 적색과 녹색으로 인간성의 가공할 열정을 표현하려고 했다."

그는 테오에게 그렇게 서술했다.

"모든 곳에서 가장 이질적인 적색과 녹색의 충돌과 대조가 있다."

19세기의 녹색, 노란색, 오렌지색을 제외하고 이런 '핏빛 붉은' 벽에 어떤 색이 감히 맞설 수 있을까? 참으로 이 그림은 우리에게 적색이 얼마만큼 도전을 받고 있는지를 여실히 보여준다. 19세기 말에 붉은색만 새로워진 것은 아니기 때문이었다.

세잔처럼 고흐도 후계자를 키우지 않았다. 하지만 그의 고뇌에 찬 색의 비명과 소용돌이치는 에너지는 노르웨이 사람 에드바르 뭉크^{Edvard Munch}와 독일인들에게 표현주의^{Expressionism}라는 하나의 단어를 주게 되었다. 앙리 마티스가 색을 쾌락과 복지의 실체로 만들었고, 고갱이 색을 신비롭고 형이상학적인 매개체로 드러냈다면, 고흐는 색을 공포와 절망으로 보여주었다. 〈절규(Scream, 1893)〉에 관한 뭉크의 논평, "나는 …… 그 구름들을 진짜 피처럼 그렸다. 그 색들은 비명을 지르고 있는 중이었다."는 〈아를의 밤의 카페〉에 대한 고흐의 다혈질적인 논평을 반향하고 있다. "바로 그 장소에서 사람은 자아가 파괴되어 미쳐버리거나 범죄를 저지르게 된다."

고흐의 카페는 두껍게 칠해진 물감으로 창출되었고 이것은 거칠고, 광적이며, 자유로운 붓놀림과 팔레트나이프의 산물이라는 것을 쉽게 읽을 수 있다. 그러나 고흐는 그의 동생에게 보낸 편지에서 또 다른 동기를 밝히고 있다.

인상주의 화가들이 양식화한 그 모든 색들은 불안정하다. 그래서 그 색들을 그토록 조야하게 칠하는 것이 두렵지 않은 더욱더 큰 이유가 있다. 시간이 그 색들의 색감을 현저하게 약화시킬 것이기 때문이다.

참으로 그의 재료에 대한 주문은 당시 시장에서 가장 변하기 쉬운 몇 가지 색에 대한 그의 선호를 보여주는데, 그는 분명 이것을 무시하지도, 열광하지도 않았다. 그의 관심은 수명이 아니라 머리에서 번뜩이는 착상을 얻는 것에만 있었다는 느낌이다.

어느 모로 보나, 그 카페의 램프 불빛, '시트론 옐로(citron yellow, 담황색)'인 그 흐릿한 노란색으로 불태운 건 머리였다. 그가 아를에서 느낀 그 황색 sulphur yellow의 노란색 말이다. 〈씨 뿌리는 사람(The Sower, 1888)〉에서 그것은 불길하게 작열하는 태양의 노란색으로, 둥그런 구체는 어떤 따스함이나 위로가 아니라 오히려 병약한 하얀 빛을 발하는 달처럼 빛을 흩뿌린다.

그러나 온갖 종류의 색들이 고흐를 고강도로 강타했다. "색이란 스스로 뭔가를 표현한다. 이것이 없다면 아무것도 할 수 없으며, 우리는 그것을 이용해야 한다. 그것은 아름다운 것으로 진정한 미인 것이며 또한 정확함인 것이다." 그는 모든 비전을 화가가 사용하는 순수한 색상에서 보았다.

깊고 푸른 하늘에는 청색 구름이 뭉게뭉게 떠 있었다. 그런데 이 청색은 강력한 코발트의 푸른색보다 더 짙고, 은하수와 같은 청백색보다 더 맑았다. 바다는 매우 깊은 울트라마린이고, 해변은 일종의 바이올렛으로 내가 보기엔 적갈색을 띠고 있었으며, 모래언덕 위엔 프러시안 블루의 덤불숲이 조금 있었다. [26]

이런 회상은 고흐가 본능만으로 그림을 그렸다고 생각하게 만든다. 그러나 그 그림의 병리학적 외관에도 불구하고 색에 대한 처리는 질서정연하다. 동생 테오에게 보낸 편지들과 물감을 사기 위한 주문서들은 고흐가 색의 올바른 조화를 얻기 위해 고심한 흔적을 볼 수 있다. 그는 색이론에 강한 관심을 갖고 있었으며, 슈브뢸의 동시대비에 대한 원칙들을 알고 있었다. 고흐에게 검은색과 흰색은 또한 색으로 적색과 녹색, 혹은 청색과 오렌지색처럼 똑같은 보색이었다. 이것은 1870년대 심리학자 에발트 헤링

Ewald Hering이 발전시킨 개념이었다.

그리고 고흐는 그의 영감을 캔버스에 옮기는데 이 새로운 재료들이 얼마나 본질적인지를 분명히 했다.

나는 새로운 아이디어들을 얻었고 내가 원하는 것을 표현할 수 있는 새로운 수단을 갖게 되었다. 더 좋아진 붓놀림과 내가 열광하는 2가지 색, 카민[27]과 코발트가 있기 때문이다. 코발트는 신성한 색이고, 어떤 사물의 분위기를 조성하는 데 그토록 아름다운 색은 없다. 카민은 포도주빛 붉은색으로 포도주처럼 따뜻하고 생생하다. 에메랄드 그린도 마찬가지이다. 이런 색들을 사용하지 않는 것은 주머니가 비었을 때로, 카드뮴도 마찬가지이다.[28]

그러나 '인간의 가공할 열정'은 빈센트 반 고흐의 정신세계에서도 날뛰고 있었다. 인간미 넘치는 피사로가 파리에서 그를 처음 만났을 때, 그는 그 네덜란드 사람이 '미쳐버리든가 아니면 인상주의 화가들을 훌쩍 뛰어넘을 것이다'라고 판단했다. 결국 고흐는 2가지를 다 이뤘다. 그는 1888년 정신발작에서 회복하지 못했으며(이 동안에 그는 폴 고갱을 공격했다), 이 정신불안의 젊은 화가를 치료하기 위해 명의를 찾으려는 피사로의 노력에도 불구하고, 그는 1890년에 프랑스 오베르 쉬르 와즈에서 자살했다. 테오는 아내에게 이렇게 편지를 썼다.

"형은 옥수수 밭 한가운데 햇살 바른 양지에서 영면을 하고 있다오."

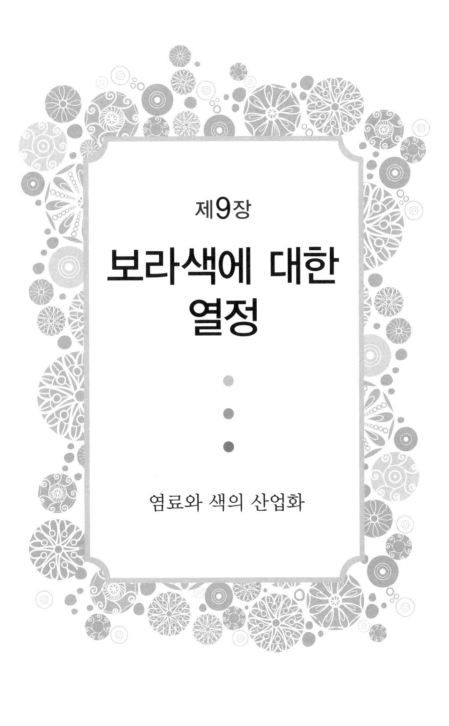

제9장

보라색에 대한 열정

염료와 색의 산업화

티리안 조개가 염료 중의 염료인 청색을

어떻게 감싸고 있는지 누가 들어보지 못했겠는가?

한 방울이면 기적을 연출하는

아스트라트(비너스)의 눈동자와 같은 색의 티리언 퍼플이여,

여기서 어떤 상인이 생사raw silk를 파는가?

_ **로버트 브라우닝**Robert Browning

옛 연금술사들은 날이면 날마다 밤낮으로 금을 찾아 세월을 보내며 온갖 기체와 금속에서 마법의 프로테우스를 추적했지만, 끝내 찾지 못했다. 그런데 그들이 그 마법의 프로테우스를 찾았다면, 과연 그 발견이 퍼킨스Perkins의 (시실리) 보라만큼 유용했을까, 우리는 크게 의심하는 바이다. ······ 상업에 유용한 발견은 금광을 찾은 것보다 더 유리하다.

_「**1년 내내**(All the Year Round)」 **1859년 9월호**

수필가 알렉산더 서룩스는 "보라색Purple은 교회의 권력이다."라고 말했다. 그리고 고대의 염료 중 가장 고귀했던 티레의 보라purple of Tyre가 금보다 더 비쌌다는 것을 누가 의심할 수 있겠는가? 3세기에, 1파운드의 보라색으로 염색한 모직물은 제빵사의 1년 치 급여의 대략 3배였다.

　고대 보라색의 엄청난 가치와 왕가 및 고위층과의 연관성으로 인해 보라색은 전설의 재료가 되었다. 그리고 최초의 인공염료 모브가 19세기 중반에 나타났을 때, 그것은 약삭빠르지만 전혀 엉뚱한 티리안 퍼플이란 이름으로 팔렸다.

　그러나 현재 이 전설의 색상이 어떤 이름으로 불리었는지를 알기란 쉽지 않다. '보라'는 고대엔 유동적인 색채 개념이었고, 그 고대의 염료는 제조법과 염색법에 청색에서 짙은 적색까지 포괄했다.

　보라색과 관련된 그리스 단어는 포르피라porphyra로, 라틴어로는 푸르푸라purpura이다. 그러나 고대와 중세 내내, 푸르푸라는 어두운 적색 혹은 심홍색의 그늘과 같은 의미로 쓰였다. 그리고 보라색은 피와 진하게 연결되어 있다. 플리니우스가 말하길, "티리언 색은 응고된 핏빛일 때 가장 높은 평가를 받는다. 그 색은 반사된 빛으로 어둡고 전달된 빛으로 밝다.”3세기에, 로마의 법관 도미티우스 울피아누스Domitius Ulpianus는 푸르푸라를 연지벌레 혹은 카민 염료로 염색된 재료를 제외한 나머지 모든 붉은 재료로 정의했다.

염료에 대한 이야기는 심홍색이든, 주홍색이든, 청색 기미의 진짜 보라색이든, 이 붉은색으로 가득 차 있다. 이 염료들 중에는 바이올렛도, 희미하거나 회색이거나 혹은 흐릿한 색은 없다. 그래서 가장 인정받는 염료들은 강하고 튀는 색깔들이었다. 현란한 선명도가 카무플라주와 같은 혼합색의 모호함보다 더욱 가치를 인정받는 시대에서 그 색들을 호전적인 색이라 부르는 것이 합당할 것이다. 자연은 이런 짙은 붉은색을 명도와 채도에서 비교할 수 있는 다른 어떤 색보다 더 풍부하게 제공하고 있으며, 그 색중에서도 최고의 색들은 오랫동안 고가를 형성해왔다.

특이한 일은 근대의 염료시대가 고대 최고의 염료와 필적할 보라색으로 시작되었는데 그것은 의도가 아니라 우연이었다는 것이다. 19세기 동시다발적인 염료 색에 대한 화학적 출현은 그것이 안료에 준 충격보다 훨씬 더 극적이고 뚜렷했으며, 그 결과는 아주 멀리까지 퍼지게 되었다. 그 직후, 합성염료가 화가들의 캔버스에 등장했지만, 그것은 도시 거리의 패션으로 성장해 광대한 세계적인 산업으로 자라게 된다. 이 장에선, 우리는 색이 화학산업에 미친 영향 그리고 반대로 화학산업이 색에 미친 영향을 살펴보게 될 것이다.

:: 모직물의 염색

플리니우스는 페니키아의 티레에서 온 진짜 보라색의 미덕에 한 점 의

심도 없었다.

흑장미의 색상으로 빛을 발하는 이 귀중한 색. 이것은 로마의 권표*와 도끼가 길을 내준 보라색이다. 그 보라색은 귀족 청년들의 휘장이다. 그리고 그것은 원로원 의원과 기사를 구별하는 것이고, 여신들을 달래기 위해 봉헌하는 색이다. 그것은 모든 옷을 밝게 하고, 황금과 더불어 승리의 영광을 나눈다. 따라서 우리는 보라색에 대한 미친 듯한 욕망을 용서해야 한다.[1]

페니키아인들은 BC 1600년경에 과감히 크레타 섬을 떠났다. 그러한 집단이주는 그들이 염색을 너무나 사랑했기 때문이라는 설도 있다. 보라색을 얻기 위해 가축오줌에서 암모니아를 만들었는데 이러한 지저분한 일 때문에 페니키아 염료업자들은 상류층 사람들의 기피대상이었다. 아테네의 염료 가게는 보라색에 대한 높은 존경에도 불구하고 이런 이유로 도시 외곽으로 밀려났다.

티리안 퍼플은 BC 15세기부터 소아시아에서 제조되었다고 한다. 그리스는 그 기술을 페니키아인들로부터 배웠다. 티리안 퍼플로 염색된 옷은 호메로스의 『일리아드』와 푸블리우스 베르길리우스 마로Publius Vergilius Maro의 『아이네이드(Aeneid)』에서 언급되고 있다. 그 염료는 지중해에서 나오는 2가지 고둥에서 추출된다. 하나는 물레고둥(buccinum/학명 Thais haemastroma)이고 다른 하나는 일종의 뿔고둥(purpura/학명 Murex brandaris)이다. 조지 필드는 헤라클레스가 티리안 퍼플을 발견했다는 그리스 전설을 전하고 있는데 보라색으로 물든 개 주둥이를 보는 순간, 방금 그 개가 먹은 그 고둥 때문임을 알아챘다는 것이다. 다른 사람의 말에 따르면, 그 개의 주인은 페니키

---

* 공적 권력을 상징하는 막대기 묶음에 도끼를 동여맨 것.

아의 여신 멜카르트^{Melkarth}였다고 한다.

그 염료는 연체동물의 머리 근처에 있는 '꽃^{flower}' 혹은 '화^{bloom}'라 불리는 외분비선에서 만들어지는데, 여기에 맑은 액체가 들어 있다. 이 액체를 그 고둥을 깨거나 압축기로 짜서 추출한다. 그것이 햇볕이나 공기에 노출되면, 그 액체는 희읍스름한 색에서 흐릿한 노란색으로, 다시 녹색, 청색 그리고 마침내 보라색으로 변하게 된다. 이런 결과의 연금술적 중요성은 대단한 흥미를 이끌었을 것이다.

아리스토텔레스는 『동물의 역사(Historia Animalium)』에서 그 추출 과정을 서술했다.

> 그 동물의 '꽃'은 일종의 간과 목 사이에 위치하고, 이들은 착 달라붙어 있다. 그 꽃은 흰색의 막처럼 보이는데 사람들이 이것을 추출한다. 그리고 그것을 떼어내 짜면 손이 그 꽃의 색으로 물들게 된다. 작은 것들은 깨트리면 껍질과 함께 온 몸이 완전히 뭉개져 그 기관을 추출하는 일이 쉽지 않다. 그러나 더 큰 녀석들은 껍질을 벗기고 그 꽃을 추출한다.[2]

고둥 한 마리에서 겨우 한 방울의 염료가 나왔고 그 때문에 재료 값은 비쌀 수밖에 없었다. 또한 많은 페니키아인들이 염료 제조업에 종사했다. 염료 1온스(28.3435g)에 대략 25만 마리의 고둥이 희생되었다. 페니키아인들의 고둥더미는 지금도 지중해 동부 해안에 어지럽게 널려 있다.

이런 추출물에서 최고급 색조는 두 고둥의 액체를 혼합하여 만들어졌다. 뿔고둥^{Murex}만의 액체는 밝은색인데, 로마인들의 원했던 색상은 검은색을 띤 것이었다. 플리니우스는 그 과정을 『자연의 역사』에서 서술하고 있다.

물레고둥의 염료는 단독으로 사용하면 부적합한데, 물이 든 색을 내지 못하기 때문이다. 하지만 그 염료는 뿔고둥에 의해 완벽하게 착색되며, 뿔고둥에겐 검은색상을 주어 현재 유행하는 엄격함과 심홍색과 같은 광택을 준다. 티리안 색은 우선 모직물을 뿔고둥의 가열하지 않은 날 것 그대로의 추출물에 흠뻑 적신 후 다시 물레고둥의 추출물로 옮겨서 얻는다.[3]

이 눈부신 색의 사용은 로마 공화국에서 고위층으로 엄격하게 제한되어 있었다. 보라색과 황금색 옷은 승리한 장군들만 착용할 수 있었고, 전장의 장군들은 평범한 보라색 옷을 입을 자격이 있었다. 원로원 의원, 집정관, 치안관은 그들의 토가(toga, 관복) 가장자리에 넓은 띠의 보라색을 착용하는 것이 허용되었고, 기사나 기타 그에 준하는 서열은 더 좁은 띠를 착용했다. 그러나 로마 제국주의 시대에는 그 제한이 더욱 엄격해졌다. 4세기에는 오로지 황제만 '진짜 보라색'을 입을 수 있었고, 이러한 '왕'의 염료는 물론이고 모조품으로 염색한 천을 소유한 사람도 신분 고하를 떠나 과중한 벌금을 물어야 했다(스톡홀름 파피루스에 모조 보라색 염료를 제조하는 3가지 방법이 들어 있다). 발렌티아누스 2세, 테오도시우스, 아르카디우스의 통치하에서, 제국 염색공장 외부에서 티리안 퍼플을 제조하는 행위는 사형을 당할 수도 있는 중범죄였다.

이런 왕과의 연관성은 그 염료와 무관해도 그 색의 가치에 영향을 미쳤다. 보라색 무기 물질의 모자이크 돌들이 16세기에 라벤나의 산 비탈레 성당에서 유스티니아누스 황제 1세의 의상에 사용되었다. 같은 모자이크 초상화에서 황후 테오도라Empress Theodora의 옷은 금으로 둘러싸인 보라색이다. 비잔틴 황제들은 당시 예수를 대신하는 지상의 대변자로 간주되었고, 그래서 왕의 색을 예수에게 부여하는 것은 당연했다. 산 비탈레 모자이크에서 예수는 보라색 옷을 입고 있다. 그 후 몇 백 년이 지나도 예수의 옷에 적색, 심홍색, 보랏빛 울트라마린을 사용하던 관행은 티리안 색상과의 연결로 그 유효성을 획득했다.

그러나 수백 년을 이어온 보라색 제조법이 1453년 콘스탄티노플이 투르크에게 함락되었을 때 사라지고 말았다. 고전학자들의 문서가 있었음에도, 그 후 그 방법은 수백 년 동안 미스터리로 남게 되었다. 그러다 1856년 프랑스 동물학자 펠릭스 잉리 드 라카스 두티에Felix Henri de Lacaze-Duthiers가 재발견했다. 보라색에 대한 경사스런 해였다. 그는 지중해의 한 어부가 셔츠를 물레고둥을 이용하여 노란색으로 물들이는 광경을 목격했다. 그 색은 태양빛에서 적자색으로 변색되었다. 그러나 마침내 오스트리아 화학자 프리들랜더P. Friedlander가 그 색의 분자에 대한 완전한 화학적 성질을 유도했고, 그것이 푸른 인디고와 거의 동일하다는 것을 발견했다.

화학적 사촌들

인도 원산인 완두식물이 지중해의 고둥과 연관이 있으리라고 누가 상상이나 할 수 있었겠는가? 그러나 제국의 보라색Imperial purpura을 결정짓는 유기물의 성분은 인디고페라(Indigofera, 땅비싸리)의 청색 추출물과 한 쌍의 브롬 원자만 다를 뿐이었다. 인디고에는 브롬 대신 수소가 들어 있다. 아무튼 그 고둥이 왜 그 식물에서 발견되는 그 복잡한 물질과 비슷한 변형(화학자들은 파생물이라 부를 것이다)을 생산하는지는 그 이유가 전혀 밝혀지지 않았다.

로마의 작가 비트루비우스는 1세기에 인디고를 언급하고 있는데, 이것은 서양에서 인디고에 대한 최초의 언급이었다. 플리니우스는 티리안 퍼플만이 인디고보다 가치 있다고 주장하며, 인디고의 짙고 어두운 색상과 제국주의 색 티리안 퍼플과의 유사성을 암시하고 있다.

인디고(indigo, indicum)는 인도에서 왔고, 거기서 인디고는 갈대의 거품에 진흙처럼 붙어 있다. 그것이 이런 식으로 분리되면, 검은색이 된다. 하지만 희석하면 그것은 아름다운 청색에서 보라색을 낸다. 두 번째 종류의 인디고는 보라색 염료공장의 건염 물감탱크에서 떠다니는데, 이것은 보라색 거품이다.[4]

이 '두 번째 종류'의 인디고는 빛으로 인해 티리안 퍼플이 브롬을 상실하면서 인디고로 격하된 결과일 것이다. 인디고는 로마에서 염료가 아니라 그림을 위한 안료로 채택된 것으로 보인다. 그것은 로마군의 퍼레이드 방패에 사용되었다. 다른 천연 유기 염료와 달리, 인디고는 착색안료로 조성될 필요가 없이 그냥 순수한 가루 형태로 사용될 수 있다.

인디고를 염료로 사용하려면 약간의 화학적 기교가 필요하다. 인디고는 모직물에 잘 착색되지 않기 때문이다. 그것은 우선 이른바 환원제로 처리해야 하고, 그러면 인디고는 무색의 가용성 형태인 인디고 화이트[indigo white] 혹은 백색 인디고[leuco indigo]로 변한다. 무색 형태에서 면의 섬유에 흡착된 후 공기에 노출되면 다시 그 짙은 청색의 자태를 드러낸다. 이런 믿기지 않는 재료를 인내했을 고대의 염료업자에게 기다림이란 자신감을 준 것은 과연 무엇이었을까? 노벨화학상을 수상한 로알드 호프만[Roald Hoffmann]은 그 심정을 이렇게 표현했다.

"최초의 화학자가 이 부분에서 겪었을 존재론적 고뇌를 생각해보라. 그토록 힘들게 얻은 유색의 염료가, 다시 탈색되는 것을 지켜보아야 했고, 이제 그 색이 다시 돌아오길 희망하고 또 희망했으리라."

이러한 복잡성에도 불구하고, 인디고 염색은 먼 고대부터 이뤄졌다. 그 존재는 BC 3000년경의 테베의 옷에 나타나고 있다. 또한 BC 2400년경의 이집트 미라를 감싼 붕대의 가장자리 줄무늬에도 사용되었으며, 적어도 BC 2000년에 인도에서도 사용된 것으로 보인다. 고대 이스라엘인들은 청색 염료를 사용했는데, 이것은 인디고와 인디고에 브롬이 가미된 인디고 사촌인 디브로모인디고^{dibromoindigo}, 즉 티리안 퍼플의 혼합으로 보인다. 그 히브리 신은 모세에게 그의 백성들은 테켈레트^{tekhelet}라고 불리는 청색으로 물들인 실로 만든 술 장식을 단 옷을 입으라고 지시했다. 이 염료는 바위 달팽이 투룬쿨라리옵시스 트룬쿨루스^{Trunculariopsis trunculus}로 만들어진다. 이 날팽이 수컷은 인니고 사세를 분비하고, 임깃은 디브로모인디고를 분비한다. 그러나 테켈레트를 만드는 비밀은 8세기에 유대인 전통에서 실종되었고, 정통 유대인의 기도 숄^{prayer shawl}의 수실은 그 이래로 무색이 되었다. 호프만은 흥미로운 의문을 하나 제기했다. 이제 인디고의 신뢰성을 화학 성분에 따라 판단해야할 것인가, 아니면 만드는 방법에 따라 판단할 것인가? 그것은 기타 천연염료들이 19세기에 합성될 때에 많은 염료업자들을 사로잡았던 질문이었다.

인디고 분자는 또한 대청염료^{woad}의 푸른 착색제이다. 이 염료는 유럽과 아시아에 널리 퍼져 있는 대청^{Isatis tinctoria}이라는 식물에서 추출한 염료이다. 대청염료는 17세기 초 인도에서 인디고를 수입하기 전까진 북유럽에서 염료로 널리 사용되었다. 잘 알려져 있듯이, 고대 로마 군단을 맞아 켈트족들이 몸에 칠한 물질이 바로 이것이었다. 율리우스 케사르는 이렇게 전하고 있다. "모든 영국군들은 대청염료로 몸을 푸른색으로 칠했는데, 전투에서 그 모습은 매우 용맹해 보이게 한다."[5]

그 착색제의 화학성분을 확인했음에도, 대청염료는 인디고와 다른 염료로 취급되었다. 플리니우스는 그것을 글래스텀^{glastum}이라고 불렀는데, 이 단어는 켈트어인 'glas'에서 유래한 것으로, 청색^{blue}을 의미한다. 인디고처럼, 대청염료도 그 식물을 발효시켜 추출한다. 스톡홀름 파피루스에 나온 비법은 그 과정을 상술하고 있다. 그 식물을 태양이 내리쬐는 가운데 오줌에 푹 적셔 3일 동안 매일 같이 짓밟아 뭉갠다. 천연염색은 부드럽고 얌전한 과정일 것이라고 믿는 사람은 대청염색이 얼마나 파괴적이고 불쾌한 것인지를 알게 되면 충격을 받을 것이다. 그 발효로 많은 암모니아가 발생하는데 이것은 '산업 독가스'의 효시쯤 된다. 이 대청은 영양분 욕심이 지나쳐 그 토양을 고갈시켜, 대청 재배업자는 옮겨 다니며 경작을 했고 그 뒤에 불모지만 남겼다. 중세 유럽은 이런 황폐화를 법으로 막게 되었다.

인디고 염색법은 매우 신중하게 서양에 도입되었다. 16세기에, 페르시아와 아시아의 착색기술의 우수성은 널리 인식되어 있었다. 영국 탐험가, 리처드 해클루트는 특유의 국수주의적인 견해로 다음과 같이 말하고 있다.

> 영국은 세계 최고의 모직물과 직물을 가지고 있고, 왕Realme의 의복은 훌륭한 염색이 추가되어야 훌륭한 벤트*를 가질 수 있기에, 외국의 염색기술을 반드시 살펴볼 필요가 있다. 그러기 위해, 가장 우수한 염색 기술을 왕궁으로 도입해야 한다.[6]

이런 목적을 위해, 그는 염료장 모간 허블선Morgan Hubblethorne을 페르시아로 보내면 이렇게 주문했다.

"방문할 각국의 재료에 각별히 주의를 기울여 지식을 습득해야 합니다. 그것이 약초든, 잡초든, 나무껍질이든, 수지든, 흙이든 염색재료라면 반드시 유의하시오."[7]

결국 인디고는 서양으로 들어오게 되었고 그에 따라 수입업자와 국내 대청 재배업자 간에 갈등이 발생했다. 진실을 말하자면, 착색제 용어로도 동일하게 사용되는 인디고가 더 훌륭한 염료였다. 그러나 그것을 다루는

---

* 옷감에 터놓는 부분.

경험 미숙이었든 아니면 순전히 악의적인 소문이었든, 인디고는 믿지 못할 염료라는 말이 돌았다. 그것은 17세기 독일에서, '치명적이며, 기만적이고, 좀이 먹으며, 부식되는' 성질이 있다고 비난받았다. 뉘른베르크의 염색업자들은 18세기 말에 그것을 절대 사용하지 않을 것이라고 맹세해야만 했다. 하지만 당시엔 이미 인디고가 유럽 전역에서 대청을 능가하고 있었기 때문에 이 말은 그냥 입에 발린 말이었다.

주홍색 열풍

울트라마린 청색이 중세 화가들에게 가장 귀한 안료였지만 가장 훌륭한 옷감은 짙은 적색으로 염색되었다. 이것은 안료 자체의 가치와는 무관해 보이는 중세 말의 그림에서 보이는 일부 색의 상징주의를 설명해준다. 사세타Sassetta의 〈자신의 백성을 포기하는 성 프란체스코(St Francis Renouncing his Heritage, 1437)〉에서 포기하는 행동이 귀중한 붉은 옷을 벗어던지는 것으로 표현되고 있다. 그리고 얀 반 에이크의 〈롤린 대주교와 성모(The Virgin with Chancellor Rolin, 1437)〉(〈삽화 9-1〉)에서 성모의 눈부시게 아름다운 크림슨 레드의 주름들은 그 이전의 중세 그림에서 보이는 울트라마린의 옷과 대조된다. 그러나 보라색조로 고대에서 가장 귀중했던 염료와의 관계를 놓치지 않고 있다.

주홍색 혹은 심홍색 옷감은 일반적으로 카민 착색안료의 착색제인 연지벌레의 추출물 케르메스에서 염색되었다. 15세기 플로렌스의 염색업자들의 매뉴얼은 이런 짙은 적색을 "우리가 갖고 있는 첫 번째이자 가장 귀중하고 가장 소중한 색이다."라고 기술하고 있다. 그러나 그 옷감의 가치를 결정하는 것은 옷감의 질인지 아니면 그 색인지에 대해서는 모호하다. 사실 양자를 서로 구별할 수 없을 정도로 모호한 것이 사실이었다. 오늘날 주홍색은 심홍색과 거의 동의어지만, 17세기에 스칼릿(주홍색)은 불특정한 색상의 옷감을 지칭했다. 중세 초 독일에서 스칼릿은 특히 우수한 모직물을 일컫는 용어로 이 직물은 검은색, 청색, 녹색 등 거의 어느 색으로나 염색되었다. 값비싼 직물은 가장 고귀한 염료를 찾기 마련이었다. 고귀한 염료를 사용하지 않아 값비싼 직물을 망칠 이유가 어디 있겠는가? 그렇게 훌륭한 스칼릿 옷감은 종종 케르메스로 염색되었다. 14세기에 이르면, '스칼릿'은 그 염료의 명칭이 되었고 곧 색의 이름이 되었다.

보라색 염료는 이런 명칭이 반대로 이뤄졌다. 10세기 스페인에서 푸르푸라는 비단을 명칭하게 되었고, 그 후 수백 년 동안 '퍼플' 옷감은 어떤 색이나 될 수 있었다. 이것은 색과 그 사용에 대한 개념이 재료와 얼마나 밀접하게 연관되어 있는지를 보여준다. 달팽이와 완두식물의 추출물인 인디고의 사례에서 보았듯이, 재료에 색의 이름을 붙이는 것조차 그 유색물질의 기저에 깔린 화학 성분이 수수께끼로 존재하는 한 일정한 한계를 갖게 된다. 19세기에, 염료의 제조와 사용에서 정체성에 대한 이런 의문은 과거와는 완전히 차별화된다. 천연염료와 인공염료의 구별도 사라지게 되고 착색제가 오로지 화학자의 암호에서만 정의되는 그런 체계가 도래한다.

:: 색에 대한 대중적 취향

제국주의 로마에서, 색에 대한 적용과 수요는 왕의 칙령으로 통제될 수 있었다. 19세기 중반에 이르면, 직물 산업에서 색에 대한 새로운 결정자가 탄생한다. 바로 유행이었다. 꽃망울을 터트린 산업혁명으로 부유한 중산층이 탄생했고, 여자를 비롯한 유럽의 대중은 의상에 최고의 중요성을 부여하기 시작했다. 오늘날과 마찬가지로, 당시 직물업자들은 소비자란 변덕스러운 유행의 희생자가 아니라 유행의 창조자engineer라며 소비자들을 유혹했다. 스코틀랜드의 염색업자 존 풀러John Pullar는 1857년 색 화학자 윌리엄 퍼킨William Perkin에게 '공동체에서 가장 강력한 계층, 즉 숙녀들'이 퍼킨의 염료에 매료될 전망에 관하여 열변을 토했다. "숙녀들이 그 염료에 빠져들게 되고 그 수요를 충족시킬 수 있다면, 당신은 부와 명성을 거머쥐게 될 것입니다." 그는 젊은이에게 그렇게 장담했다.

그 말은 과장이 아니었다. 특히 면직물 제조를 비롯한 직물산업은 산업혁명에서 가장 중요한 한 분야였다. 직물산업은 1850년 전에 영국 산업이 우뚝 서는 데 크게 기여했으며, 그 산업의 쇠퇴는 이후 영국의 경제적 몰락에 핵심 역할을 했다. 맨체스터와 글래스고와 같은 북부도시를 거점으로, 영국의 직물산업은 순면 의류의 생산과 값싼 캘리코인쇄에 의존했다. 방직산업의 발전이 산업화의 주요 요소로 강조되곤 하지만 캘리코인쇄야말로 사실상 면화산업의 핵심이었을 것이다. 면직물과 비단제품은 더 세련되고 수익도 훨씬 더 높은 시장으로 흘러갔다. 프랑스에서 리옹의 산업적 명성은 비단 공장에 의존했다. 뮐루즈와 루앙도 프랑스 직물산업의 핵심이었다. 하지만, 새 염료들이 오트쿠튀르(houte couture, 파리의 고급 의상실)의 무자비한 대가들의 시선 앞에서 그 자태를 뽐내거나 조용히 사라지는 곳은 물론 파리였다. 19세기 초에, 영국과 프랑스는 유럽에서 가장 강력한 직물 산업을 소유하고 있었고, 그 뒤를 독일, 네덜란드, 스위스가 따랐다.

중세 말에 염색은 길드의 규제를 받는 정착된 사업이었다. 그러나 17세기에 길이 두 갈래로 갈리게 된다. 당시 직물에 유색 문양을 새겨 넣는 일이 유행했는데, 이것은 염색업자에게 상당한 도전을 제기했다. 당시 염색업자는 물을 통째로 염료에 적실 수는 없었다. 대청과 인디고는 '방염제'를 사용하여 직물에 문양을 넣었다. 방염제란 문양이 들어가지 않는 빈 부분을 덮었다가 나중에 떼어내는 풀이나 왁스를 일컬었다. 이런 종류의 '청색인쇄blue printing'는 1620년대 무렵부터 유럽에서 사용된 것으로 보인다. 아무튼 그 대안은 목판인쇄인데, 이것은 적어도 13세기에 스페인이나 이탈리아에서 사용되었다. 1500년경에는 도서인쇄는 목판 대신에 식각동판화를 이용하기 시작했고 직물인쇄가 그 뒤를 따랐다. 직물의 목판인쇄는 염료가 아니라 유화물감이나 잉크를 사용했고 붓으로 직접 마무리되었기 때문에, 일반적으로 염료업자의 일이라기보다 그림이나 인쇄업의 한 부류로 간주되었다.

이런 분화는 1670년대에 새로운 직물문양 방법이 인도에서 유럽으로 도입되었을 때 더욱 강화되었다. 인도인들은 세탁이나 태양빛에서도 탈색되지 않는 문양을 만드는 비법을 개발했다. 여기엔 염료를 직물의 실에 부착시키는 염료고착제인 매염제의 사용이 포함되어 있다. 그 매염제는 실 성분과 염료 성분의 연결을 촉진시킨다. 초기 염색업자들은 일반적으로 시행착오를 통해 올바른 매염제를 발견했다. 어떤 물질은 작동했고, 어떤 물질은 작동하지 않았다. 그렇지만 그 물질의 효과에 대한 명확한 근거 따위는 없었다. 많은 매염제는 금속을 포함한 염이지만, 혈액 추출물인 알부민albumin이나 우유에서 출출한 카세인casein과 같은 유기물질들도 또한 효과적이었다.

매염제의 중요성은 인도에서 그 문양을 내는 방법을 도입하기 전부터 유럽에서 인식되었다. 하지만 인도의 염색업자들은 매염과 다색 문양을 결합하여 그 기법을 완벽하게 완성했다. 힌두의 이름인 친트chint를 본 따 영국에서 친츠chintz라고 불린 인도에서 수입한 인쇄된 직물은 일반적으로 연지색으로 염색되었다. 유럽의 염색업자들이 인도의 기법을 사용하기 시작했을 때, 인디고로 작업하던 '청색인쇄업자'와 연지색으로 작업하던 친츠 제조업자 사이에 분열이 일어났다. 청색인쇄업자들은 종종 염색업자들의 길드와 불편한 관계에 놓이곤 했는데, 염색업자 길드는 자신들만이 인디고를 직물에 염색할 권한이 있다는 기득권을 주장했기 때문이었다. 잉크와 유화물감 인쇄업자와 동맹을 맺은 적색의 친츠 제조업자들은 이 부류들로부터 불평을 덜 들었다.

색에서의 경력

천연물질에서 염료를 추출하여 직물에 고착시키는 일은 점차 화학적 전문성을 요구했다. 19세기 말에 염료 제조업자들은 점차 새로운 매염제의 개발 등의 문제에 전문 화학자의 조언을 구하는 것이 유리하다는 것을 인식하게 되었다. 화학기술이 직물 산업에 이바지할 수 있다는 것은 1766년 스코틀랜드 화학자 윌리엄 컬렌이 강조한 바 있다.

석공이 시멘트를 원하는가? 염료업자가 특별한 색의 옷감을 착색할 수단을 원하는가? 아니면 표백업자가 모든 색을 탈색시킬 수 있는 방법을 원하는가? 그렇다면 이 모든 방법을 해결해줄 만물박사는 다름 아닌 화학의 현자이다.[8]

물론 동로마 황제 테오필루스도 12세기에 연금술에 대해 비슷한 말을 할 수 있었을 것이다. 하지만 컬렌의 시대와 그다음 세기에 매우 특별했던 사건은 자연의 유기 물질과 무기 물질을 정교하게 수정할 수 있는 수단의 출현과 실용 화학자들의 주먹구구식 일을 이론화한 것이다.

19세기 초에 주요 염료회사들은 전문 채색화가를 채용했다. 이들은 화학이론, 색 제조에 대한 응용화학, 직물산업의 관행에 두루 정통했다. 우리는 그들의 기원을 18세기 초의 염료업자들이 아니라 화가, 데생화가, 디자이너 인쇄업자 길드로 추적할 수 있다. 1700년대 초에 화학자들이 염료제조업에 큰 기여를 했다는 증거는 전혀 없다. 사실로 말하자면, 1664년 런던의 왕립협회는 직물에 색이 바래지 않는 문양을 인쇄할 수 있는 방법을 조사하기 위해 로버트 보일을 포함한 위원회를 조직했다. 그리고 게오르크 에른스트 슈탈Georg Ernst Stahl과 피에르 조제프 마케르Pierre-Joseph Macquer와 같은 화학자들은 화학 지식이 부족하면 염색을 할 수 없다고 주장했다. 그러나 염색이 중세의 장인과 같이 전통적인 지혜의 전수와 같은 기계적인 암기로 경쟁적으로 실행될 수 있다는 관념은 18세기 중반에 확실한 기술적 혁신이 출현하면서부터 흔들리기 시작했다.

이러한 혁신 중에서 최고의 혁신은 1730년대에 영국에서 '연필 청색pencil bleu'이라 불렸던 '영국 청색English blue'의 공정이다. 이 방법으로, 인디고를 금속판으로 옷감을 직접 인쇄할 수 있었다. 앞서, 무늬가 들어가지 않을 부분은 피복해 가려야 했었다. 인디고 염색의 전통적인 매염방법들은 인쇄기술과 양립할 수 없었기 때문이었다. 이 문제가 웅황을 건염 물감탱크에 섞는 방법을 사용한 영국 청색 공정으로 해결됐다. 1764년, 이러한 시도는 판plates 대신에 요철blocks을 사용하는 영국 청색인쇄를 가능케 한 기계적 혁신과 결합되었다. 화학교육은 이 과정에서 염료와 매염제의 복잡한 혼합을 다루기 위한 선제조건이었다.

게다가 연지색 염료의 직접적인 금속판인쇄가 1752년부터 가능해졌다. 아일랜드의 프랜시스 닉슨Francis Nixon이 매염제를 위한 증점제(thickener, 점도증진제)를 고안해서 염료가 금속판에서 떨어지지 않게 되었기 때문이었다. 이런 혁신으로 다색 직물인쇄가 가능해졌고, 곧 4도(적색-청색-황색-녹색) 인쇄가 유럽 전역에서 표준이 되었다.

화학의 중요성은 표백제의 개발로 더욱 강조되었다. 18세기 초에, 직물은 황산으로 표백되었는데, 이것은 직물에 그리 유익하지 않았다. 프랑스 화학자 클로드 루이 베르톨레Claude Louis Berthollet가 1780년대에 칼 셸레Carl Scheele가 발견한 염소가 산과 같은 부식성이 없으면서도 표백력이 있다는 사실을 발견했다.

염료 제조업자들은 그들이 고용할 화학자들을 화가들의 길드에서 찾았다. 친츠인쇄가 염색업자보다는 화가 길드와 더 연관성이 있었기 때문이다. 화가 길드는 예술가들과 더불어 직물 제조와 인쇄의 수요에 적합한 색 전문가 집단을 형성하고 있었다. 이런 개인들은 전문적인 화학지식과 색에 대한 기술을 연결시켜주었다.

1766년경에 쓴 글에서, 스위스 바젤에 소재한 캘리코인쇄업자 장 라이히너Jean Ryhiner는 훌륭한 채색화가는 화학, 색의 구성, 직물인쇄에 대한 실무에 상당한 지식을 갖춰야 한다고 주장했다(그는 이어 그런 사람은 아직 존재하지 않는다고 말해 공장 관리자로서의 자신의 지위에 대한 불가결함을 암시하고 있다). 라이히너는 다른 종류의 채색화가들의 존재를 확인해주고 있다. 공장들을 떠돌며 색의 제조와 응용에 대한 비밀을 팔았던 떠돌이 색채화가 아르카니스트Arcanist들이었다. 그래서 특이한 비밀을 엄격히 지키던 중세의 아르카나(arcana, 비밀)에 대한 개념이 여전히 건재하고 있었다. 라이히너는 그런 사람들은 그 산업에 위험요소라고 말했다. 하지만 그들은 그 새로운 산업시대에 오래 생존할 운명은 아니었다. 18세기 말에, 대부분의 채색화가들은 회사에 장기 고용되었다. 그리고 19세기 중반에 이르면, 직물인쇄 공장에서 색채화가라는 직업은 교육받은 화학자가 가장 선호한 직업 중 하나로 간주되었다.

:: 흑마술

화학과 염료산업이 허약하나마 연결이 된 최초의 결과 중 하나는 피크르산picric acid이라는 노란색 염료였다. 18세기 말에 발견된 이 유기화합물은 페놀을 질산으로 처리하여 만들 수 있다. 그것은 콜타르에서 페놀을 만드는 방법이 발견된 후 1840년대부터 염료로 제조되었다. 콜타르는 가스 등의 연료를 만들던 석탄가스 공장의 부산물이었다. 이런 역겨운 찐득찐 득한 검은 찌꺼기에서 피크르산을 만든 것은 쓰레기 더미에서 보석을 발 견한 격이었다.

1830년대에 가스등이 유행하면서, 이 타르 찌꺼기를 이용할 방법을 모 색하기 시작했다. 1840년대에 독일의 화학자 아우구스트 빌헬름 호프만도 이런 극히 실용적인 문제 때문에 콜타르에 관심을 두기 시작했다. 1830년 대 말 지센에서 유스투스 폰 리비히의 지도하에 콜타르를 연구했던 호프 만은 1845년 왕립화학대학Royal College of Chemistry의 초대 학장으로 영국에 왔다.

여기서 호프만과 그의 제자들은 콜타르를 증류하면 온갖 종류의 탄화 수소를 낳을 수 있다는 사실을 발견했다. 벤젠, 크실렌, 톨루엔, 나프탈렌, 안트라센 등이 나왔는데, 이 모든 화합물들은 강력한 냄새를 풍기는 '방 향성aromatic'을 지니고 있었다. 그리고 원유에서 발견되는 메탄, 에탄, 프로 판, 부탄과 같은 파라핀 화합물과 비교해볼 때 놀라울 정도로 높은 탄소 대 수소의 비율을 지니고 있었다. 호프만의 제자 찰스 맨스필드Charles Mansfield 는 이런 자극성 화합물을 그 검은 덩어리에서 분리하는 방법을 고안했고, 1848년에 그 방법을 특허냈다. 이는 그 상업적 가능성을 간과하지 않았다 는 증표였다.

석탄산carbolic acid으로도 알려진 페놀은 살균성이 있는, 코를 찌르는 강 력한 냄새를 지닌 물질이다. 페놀은 1847년 영국의 화학자이자 제조업자 였던 프레더릭 크레이스 캘버트Frederick Crace Calvert가 만든 물질로 최초의 콜타르 상업제품이다. 1850년대부터 페놀은 비누나 하수처리 혹은 병원에 서 소독약으로 사용되었다. 벤젠, 톨렌, 크실렌은 용제로 사용이 가능한 것 으로 밝혀져, 새롭게 발명된 드라이클리닝에 사용되었다. 분명 콜타르 제품은 시장성이 있었다.

피크르산의 밝은 노란색 결정들은 콜타르의 그 방향성 물질들이 굉장히 화려한 색 혼합물의 원재료가 될 잠재력이 있다는 것을 최초로 암시해주었다. 비단은 피크르산의 샤프란 색을 쉽게 흡수했고, 1845년 리옹의 비단 염색업자 귀농Guinon, 마르나스Marnas와 코Co는 그 염료를 사용하기 시작했다. 4년 후, 그들은 그것을 산업적 규모로 제조하고 있었고, 1851년 그 회사의 노란색 비단은 런던 만국박람회에 자랑스럽게 전시되었다.

19세기 중반에 영국과 프랑스는 유럽 염료 시장의 중심지였고, 한 국가에서 이뤄진 혁신은 이웃 경쟁국에서 반드시 모방했다. 크레이스 캘버트는 1849년에 피크르산을 만들기 시작했고, 1855년에 루이 라파드Louis Raffard는 리옹 근처에 피크르산을 합성하는 공장을 세웠다. 피크르산을 양모에 적용하는 방법이 같은 해에 귀농 공장에서 발견되었지만, 그 염료는 치명적인 단점이 있어 곧 사라지게 된다. 한 가지 이유로, 염료는 양모에 쉽게 고착하지 못해 진짜 돈이 되는 캘리코인쇄에 적용하지 못했다. 하지만 그 염료의 짧은 생애를 결정지었던 요소는 색이 바래지 않는 내광성이 부족했기 때문이었다. 1863년에 이르면, 그 염료는 그 우아한 지위를 잃고 역사 속으로 사라지며, 그 변형만이 그 후로도 오랫동안 제조되었다.

보라색의 시대

19세기 중반에 단명하고 사라진 합성염료 중에 무렉시드murexide라는 보라색 염료가 있었다. 이 염료는 페루의 구아노guano*에서 추출한 요산으로 합성한 것이다. 요소와 요산이 풍부히 들어 있는 막대한 양의 고형화된 새들의 퇴적 배설물이 1835년부터 채취되어 유럽으로 수출되었다. 영국에서

---

* 조류, 박쥐류, 물범류 등의 잔해와 배설물이 퇴적된 물질.

무렉시드도 고대의 그 전설적인 염료와 연관시키기 위해 '로만 피플Roman purple'로 팔렸다. 1850년대엔, 무렉시드가 티리안 퍼플과 화학적으로 동일하다는 주장까지 흘러나왔다. 물론 새빨간 거짓말이다. 1850년대 말 보라색의 비밀이 재발견되었다는 거짓말로 파리가 흥분에 휩싸였지만 결국 곧 시장에서 퇴출되었다.

그런 마케팅이 주효했는데 19세기 중반에 사람들이 유행에 민감해지면서 보라색에 대한 취향을 갖기 시작했기 때문이었다. 이 합성 색에 대한 대안은 이른바 프렌치 퍼플French purple로, 유럽의 이끼에서 추출한 색이 짙고 덜 바래는 천연물질이었다. 중세 염료업자들의 턴솔과 또한 산의 지시약으로써 사용되는 그 리트머스 추출액과 관련된 이 물질은 염료고착제에 따라 청색에서 적색까지 그 색상을 바꿀 수 있다. 하지만 절실히 필요하던 색은 강렬한 보라색이었고, 1853년 염색업자 제임스 네이피어James Napier는 이렇게 말했다.

"영구적인 보라색을 얻어 면직물에 고착시킬 수만 있다면 그 가치는 헤아리기 어려울 것이다."

그 물질은 매염제 없이 비단이나 면직물에 적용시킬 수 있었고, 1850년대 말에 면직물에 적절히 매염할 수 있는 공정의 발견으로 프랑스인들은 열광했다. 그것은 또한 프랑스에서 맬로(mallow, 당아욱)란 단어를 본 따 모브라고도 알려졌으며, 1857년에 이르면 이 단어는 영국에서 염료가 아니라 색의 이름이 되었다. 모브는 선풍적인 인기를 끈 색이 되었다. 1850년대 말과 1960년대 초는 '자주색 세대Mauve Decade'를 이뤘다. 아서 휴즈Arthur Hughes의 〈4월의 사랑(April Love, 1856)〉(〈삽화 9-2〉)을 압도하는 눈부신 보라색 옷은 보라색에 대한 승리의 찬가였다.

프레더릭 크레이스 캘버트는 모브 운동에 결정적인 기여를 할 기회를 아깝게 놓치고 말았다. 그는 콜타르 제품을 비롯해 화학이 새로운 합성안료의 세계를 어떻게 펼쳐놓을 수 있는지를 본 최초의 인물에 속했고, 1854년엔 또 다른 콜타르 추출물 '아닐린'을 실험했다. 이 화합물이 착색 제와의 밀접한 연관성은 그 출현이 인디고의 추출 제품이라는 것에 포함 되어 있었다. 그 이름 자체도 인디고에 대한 포르투갈 말인 아닐^{anil}에서 유래되었는데, 이 이름은 또한 짙은 청색을 뜻하는 산스크리트어인 닐라^{nila} 의 변용인 아랍어 안-닐$^{an-nil}$에서 온 것이었다.

크레이스 캘버트의 보고에 따르면, 산화제로 아닐린을 처리하면, 그것 이 보라색과 적색 염료를 생산했다. 산화제가 산소를 포함한 화학 집단을 아닐린이란 그 화합물로 인도한 것이며, 이렇게 만들어진 염료는 적절히 매염된 비단, 모직물, 면직물에 고착될 수 있었다. 그라스고의 염료업자이 자 화학자인 알렉산더 하비$^{Alexander\ Harvey}$도 표백제를 사용해 아닐린을 산 화시켰을 때 비슷한 결과를 얻었다. 그러나 짙은 심홍색이 이미 꼭두서니 식물에서 추출되었기에 이런 합성 대체물은 더 이상 발전하지 않았다.

당시 아우구스트 빌헬름 호프만만큼 아닐린에 대해 더 잘 아는 화학자 는 없었을 것이다. 1840년대에 그는 아닐린과 페놀, 그리고 이 2가지 성분 이 파생되어 나온 '모태^{parent}' 화합물인 탄화수소 벤젠$^{hydrocarbon\ benzene}$과 의 밀접한 관계를 명료하게 밝혔다. 1850년대에 호프만은 콜타르 화합물 이 말라리아의 특효약인 키니네^{quinine}의 화학적 합성을 위한 적절한 선구 물체^{precursor}를 제공할 수도 있다고 생각했다. 말라리아는 당시 유럽에 여 전히 만연하고 있었고, 키니네의 수요가 매우 컸다. 1820년에 최초로 화학 적으로 분리된 그 물질은 남미의 기나수(cinchona tree, 신코나)의 껍질에서 추 출되었다. 그것은 생산품과 수입품이 매우 고가여서 콜타르 추출물과 같 은 풍부한 원재료에서 그것을 추출하는 방법을 개발하면 의학적 가치는 물론 상업적 가치가 막대했다.

1850년대 중반, 호프만은 당시 학생이던 윌리엄 퍼킨에게 합성 키니네를 연구하라는 과제를 주었다. 런던 건축업자의 아들인 퍼킨은 런던시립학교에서 토머스 홀Thomas Hall의 후견 아래 10대에 뛰어난 화학 재능을 보이고 있었다. 과거 호프만의 제자였던 홀은 1853년에 퍼킨이 왕립화학대학에 입학할 수 있도록 주선했고, 이때 퍼킨의 나이는 겨우 열다섯 살이었다. 호프만은 그에게 아닐린의 유사화합물인 방향성 탄화수소 콜타르를 만드는 임무를 맡겼고, 퍼킨은 부모님 집에 자신의 개인 연구실을 차렸다. 이것은 퍼킨 가문에서 낯선 상황은 아니었다. 윌리엄의 할아버지인 토머스 퍼킨도 요크셔의 블랙 손턴에 있는 집 지하실에서 실험을 해서 연금술사로 나름 명성을 얻고 있었다.

그래서 1856년 퍼킨은 이스트런던의 섀드웰에 있는 그의 집 정원 헛간에서 이 합성 키니네를 만들기 시작했다. 그가 시작한 물질은 콜타르 톨루엔에서 추출한 알릴톨루이딘allyltoluidine라는 화합물이었다. 퍼킨은 원자결합으로 알릴톨루이딘의 두 분자가 산소와 결합하여 키니네 분자 한 개와 물 분자 한 개를 발생시킬 수도 있다고 추론했다. 즉 그는 알릴톨루이딘의 산화로 합성 키니네를 만들 수 있기를 희망했다.

하지만 실패였다. 퍼킨이 알릴톨루이딘을 산화제 중크롬산칼륨potassium dichromate으로 처리했을 때, 그가 얻은 것이라곤 적갈색의 슬러지뿐이었다. 유기화학자들은 이런 반응에 금세 익숙해졌다. 그 시약들을 결합하면 도통 알 수 없는 덩어리들이 생성되는데 싱크대로 쏟아버리는 게 최선이었다. 하지만 퍼킨은 그 물질을 더 조사할 필요가 있다고 생각할 만큼 아직은 때가 묻지 않았다. 그리고 18세의 어린 청년이 그 화합물들을 산업으로 발전시켰다. 요즘 10대들이 자기 방을 갖고 있는 것처럼 자기 실험실에서 실험한 결과였다.

퍼킨은 아닐린 자체를 출발재료로 사용하여 동일한 반응을 유도해보기로 결정했다. 이번에 산화는 검은 물질을 낳았는데, 이것이 메틸알코올에서 녹아 보라색 용제가 되었다. 과연 옷감이 이 색을 흡수할까? 퍼킨은 오랜 세월이 흐른 뒤 침착하게 말했다. "그렇게 얻은 유색 물질로 실험하는 순간, 나는 그것이 비단을 빛에 오랜 동안 견딜 수 있는 아름다운 보라색으로 염색할 수 있는 아주 안정된 화합물이라는 것을 알았습니다." 그 색은 지금까지도 찬란하다(〈삽화 9-3〉).

놀랍고도 뜻밖이었던 퍼킨의 발견이 염료 제조에서 순탄하게 혁신을 일으킨 것은 아니었다. 그에 앞서 다른 사람들도 콜타르 화합물에서 밝은 적색의 색을 발견했지만 아무런 결실을 얻지 못했다. 다만 퍼킨의 경우, 젊은 열정과 경험 미숙으로 그의 발견을 상업화하는데 거치적거리는 가공할 방해물들에 쉽게 주저앉지 않았다는 것이다.

아닐린에서 염료를 만드는 것은 실험실에서는 아주 순조로웠다. 하지만 아닐린은 이미 비싼 물질이었고 벤젠 콜타르에서 두 단계를 거쳐 만들어지고 있었다. 첫째, 벤젠을 질산을 사용해 니트로벤젠으로 바꾸었다가 다시 아닐린으로 '환원'시킨다.[9] 당시 다단계 화학 합성은 산업계에서는 들어본 바가 없었다. 기존의 통념에 따르면, 그 제품을 한 도가니에서 만들지 못하면 애쓸 가치가 없는 것이었다.

하지만 이런 문제를 대처하기에 앞서, 퍼킨은 그의 염료가 어떤 가치를 지니고 있는지를 알아야 했다. 그는 테스트용 샘플들을 퍼스에 있는 스코틀랜드 염료업자 존 풀러와 선스에게 보냈고, 이들은 그 결과에 깊이 감명했다. 다만 "당신의 발견이 그 제품을 너무 비싸게 만들지 않았으면 합니다."라는 단서 조항이 붙었다. 그것은 퍼킨이 특허를 신청하도록 설득하기에 충분했고, 그는 면직물에 적합한 매염제를 직접 발견할 생각으로 그들과 공동으로 연구하기 위해 퍼스로 여행했다. 그러나 그가 방문한 글라스고의 캘리코인쇄업자들은 보라색 염료가 표백제로 탈색되는 것을 관측하고 실망하며 그 후에 발생할 일을 두려워했다. 퍼킨의 아닐린 보라는 모직물이나 면직물이 아니라 비단에 적용되는 고부가 전문 제품이 될 운명인 듯했다.

아무튼 이 시점에서, 퍼킨은 여러 선택의 기로에 서 있었다. 그가 신중한 기질이었다면, 모든 생각을 깨끗이 접고 다시 학문에 매진했을 것이다. 혹은 그 권리를 풀어 다른 회사에 팔아 그 염료의 상업화는 그들에게 맡겼을 것이다. 하지만 그는 아버지 조지와 형 토머스에게 창업을 설득했다. 1856년, 그는 호프만을 당혹시키며 왕립화학대학을 사임했고 퍼킨 가족은 소규모 공장 터를 물색하기 시작했다.

이제 터무니없이 비싼 합성물을 대량생산해 가격을 낮추는 방법이 필연적이었다. 퍼킨은 니트로벤젠을 아닐린으로 전환하는 상대적으로 싼 방법을 찾았지만, 벤젠과 질산으로 니트로벤젠을 대량생산하는 방법엔 위험이 따랐다. 철 용기iron vessel는 농축된 강산에 부식될 수 있었기에 사용할 수 없었다. 그래서 대형 유리용기가 사용되었는데, 파손과 폭발의 위험이 뒤따를 수밖에 없었다. 벤젠은 콜타르 증류기에서 합리적인 비율로 얻을 수 있었지만 품질이 너무 불순해서 재증류해서 사용해야 했다.

퍼킨가의 기업을 구한 것은 보라색 광풍이었다. 말 그대로 아무도 못 말리는 절대적 신뢰였다. 프랑스에서 프렌치 퍼플의 제조업자들이 보라색 염료에 대해 사실상 독점권을 휘두르고 있었고, 리옹의 비단 염색업자들은 그것을 깨치고 싶어 안달이었다. 1857년 3월, 런던화학협회에서 퍼킨의 발견을 발표하자, 퍼킨의 특허가 적용되지 않는 유럽대륙에서 베끼기가 붐을 이루었다. 프랑스 특허를 얻으려던 퍼킨의 시도는 좌절됐고, 프랑스와 독일의 색 제조 화학자들은 아닐린 퍼플을 실험하기 시작했다. 1858년 말에 프랑스 캘리코인쇄업자들이 그 색을 사용하기 시작했고, 이로 인해 그 사용을 주저하던 영국 캘리코인쇄업자들로 따라가게 만들었다. 해로 근처의 그린포드 그린에 있는 퍼킨의 공장에 주문이 쏟아지면서 이제 공장은 완전 가동됐다.

퍼킨은 계속해서 그 염료의 제조와 사용과 관련된 기술적 문제에 직면했다. 1857년에, 그는 면직물에 효과적인 매염 절차를 발견했고, 그 후 황산과 혼합한 덜 농축된 질산을 사용하여 유리용기 대신 철 용기로 대체할 수 있었다. 그들은 그 염료를 처음에는 '티리언 퍼플'로 시장에 출시했지만, 1859년에 그것은 단순히 '모브'로 알려지게 되었다. 고대와의 연관성보다는 파리인들의 오트쿠튀르와의 연관성이 더 유리했기 때문이었다. 1857년 5월에 존 풀러는 퍼킨에게 그의 새로운 색이 '대유행'하기 시작했다고 말했으며, 몇 년이 지나 그 색은 다른 경쟁적인 염료 무렉시드와 프렌치 퍼플을 압도했다.

모브에 대한 광적인 사랑은 오늘날의 표준으로 보면 긍정적인 화려한 매력이지만, 보수적인 논객들은 그것에 이맛살을 찌푸렸다. 영국의 잡지 「펀치(Punch)」는 런던이 모브 홍역으로 괴로워하고 있다고 불평했지만, 관대한 사람들도 있었다. 찰스 디킨스의 잡지 「1년 내내」는 1859년 9월 비록 그 명칭은 잘못 기술하고 있지만, 퍼킨 가의 보라색을 입에 침이 마르도록 칭송했다.

창밖을 볼 때면, 퍼킨가의 보라에 대한 숭배가 손에 잡힐 듯하다. 보라색 손이 마차에서 흔들고 있고, 보라색 손이 이웃과 악수를 나누고, 보라색 손들이 거리 맞은편에서 서로에게 삿대질을 하고 있다. 보라색 줄무늬의 옷들이 사륜마차를 가득 메우고, 이륜마차를 꽉 채우며, 증기선은 물론 기차역에도 넘쳐나고 있다. 천지에 온통 보라색이 휘날리고 있다. 보라색 천국의 수많은 철새들이 날아든 듯하다.[10]

아닐린 호황

아무리 둔감한 색 화학자라도 아닐린 보라가 콜타르 파생물에서 나올 유일한 색상은 아닐 것이라 짐작할 것이다. 많은 기업가들이 아닐린 실험에 착수했고, 개중에는 오로지 경험주의로만 단단히 무장한 사람들도 있었다. 프랑수아 에마뉘엘 베르갱Francois-Emmanuel Verguin은 한때 리옹 근처의 루이 라파드의 피크르산 공장장이었다. 베르갱은 선반에 있는 시약 전부를 아닐린에 적용했던 것으로 보인다. 그리고 1858년 말이나 1859년 초에 그는 드디어 행운의 열쇠를 잡았다.[11] 그는 아닐린을 염화주석tin chloride과 혼합했고, 푸크시아꽃fuchsia flower의 색처럼 보이길 기원하는 뜻에서 푹신fuchsine이라 명명한 짙은 적색 물질을 얻었다.

베르갱은 1859년 초에 라파드 공장을 떠나 그의 비밀을 경쟁 염료 제조업자인 프란치스크Francisque와 조지프 르나르Joseph Renard에게 팔았고, 이들은 1859년에 푹신 혹은 '아닐린 레드aniline red'를 제조하기 시작했다. 같은 해에, 그 적색 염료를 합성하는 새로운 절차가 영국에서 에드워드 체임버스 니컬슨Edward Chambers Nicholson에 의해 발견되었다. 니컬슨과 그의 사업 파트너 조지 몰George Maule은 왕립화학대학에서 호프만의 제자였다. 런던의 물감제조업자인 조지 심슨George Simpson과 함께, 그들은 1853년에 사우스런던의 월워스에 사업장을 갖춰 정밀한 화학물질을 제조하기 시작했다. 1860년부터 심슨, 몰, 니컬슨의 회사는 '로즈인roseine'이라는 상표명으로 아닐린 적색을 제조했다. 그러나 그 색은 마젠타라고 널리 알려졌다. 이 이름은 프랑스군이 1859년 6월, 오스트리아군과 싸워 승리한 이탈리아 지명을 기려 붙인 것이었다.

호프만 자신은 1863년에 아닐린 레드를 아이오딘(요오드)화 에틸로 처리하면 바이올렛 화합물이 나온다는 사실을 발견했다. 심슨, 몰, 니컬슨의 라이선스하에 제조된 이 '아닐린 바이올렛'은 퍼킨의 모브와 치열하게 경쟁하기 시작했다. 그리고 1860년에, 프랑스 화학자 샤를 지라르^{Charles Girard}와 조르주 드 레르^{Georges de Laire}는 우연히 마젠타의 비법을 바꾸면 새로운 염료 '아닐린 블루'가 생성된다는 사실을 발견했다.

아닐린 염료산업은 이제 활짝 만개했고 새로운 회사들이 영국, 프랑스, 스위스에서 번성했다. 이 회사 중 일부는 현재 세계 유수의 화학회사로 성장했다. 독일에서 프리드리히 바이엘 사가 1862년에 설립되어 푹신과 다양한 아닐린 블루와 아닐린 바이올렛을 팔기 시작했다. 산업적 화학자들이 공동으로 1863년, 프랑크푸르트암마인 근처의 도시, 헥스트에서 아닐린 염료 제조회사 마이스터 루키우스 사를 설립했다. 그리고 1865년에, 여러 작은 독일 회사들이 합병하여 '바디셰 아닐린 운트 소다 파브릭 Badische Anilin und Soda Fabrik'이라는 염료 및 알칼리 회사를 설립했다. 바이엘, 헥스트, 바스프란 이 세 독일 회사는 현재 유럽의 화학제품 시장을 지배하고 있다.

스위스는 프랑스 특허법이 공정이 아니라 제품에 적용되는 현실 때문에 프랑스에서 질식당한 프랑스 산업가들을 위한 피난처를 제공했다. 여기서 1859년 바젤에서 알렉산드르 클라벨^{Alexandre Clavel}의 비단 염색 회사가 아닐린 염료를 제조하기 시작했다. 그런 회사로 요한 루돌프 가이기^{Johann Rudolph Geigy}의 염색 공장도 있었다.

:: 이론의 영향

학문적 화학의 열렬한 주창자인 호프만은 그 새로운 합성염료산업의 성공을 순수화학에서 연구가치의 지표로 선전할 기회를 놓치지 않았다. 순수 연구가 귀중한 기술적 파급효과를 갖는다는 이런 주장은 현재는 식상한 상투어지만 당시엔 선구적인 통찰력이었다.

퍼킨과 니컬슨과 같은 실용가들이 화학적 지식을 새로운 염료의 개발과 그것들을 제조하고 고착할 수 있는 더 우수한 기술을 개발하는 데 적용한 반면, 호프만은 이런 화합물의 구성과 그런 구성이 색과 어떻게 연관되는지에 대한 이해를 높이는 데 헌신했다. 1863년, 화학이란 과학에 대한 이해가 가속화되고 있었고 호프만은 여기에 그의 포부를 당당하게 발표했다.

화학 덕분에 어쩌면 …… 우리는 색 분자들을 체계적으로 구성하는 것이 가능할 수도 있다. 이것은 우리가 현재 이론적 토대로 화합물의 끓는 점이나 기타 물리적 성질들을 예측할 수 있는 것처럼 색의 특정한 색조를 예측할 수 있을 것이다.[12]

이런 분명한 천명은 내 이야기의 버팀목이다. 고대부터 화학 기술자들은 그들의 기술이 왜 색의 변형을 일으키는지에 대한 관심이 부족하지 않았으며 또한 그들의 염료와 안료의 구성에 대해서도 무관심하지 않았다. 그러나 주된 관심은 실용적인 것이었으며, 이론적 이해는 말하자면 실험적 관찰에 입각한 이해였다. 호프만의 시대에 이르면 그 분위기가 달라진다. 그는 색을 합리적으로 합성할 시기가 무르익었다고 생각했다. 미래의 화학자들은 물질에서 그 표현의 기초가 되는 물리적 화학적 이해로부터 색을 법칙에 따라 생산할 것이다. 색의 화학은 더 이상 '시행착오'의 주먹구구식이 아니라 정확한 과학의 문제가 될 것이다.

1860년대 말과 1880년대 사이에 호프만의 꿈은 구체화되기 시작했다. 경험주의와 학문적 과학과 산업적 연구의 임시변통적인 연합은 이론이 주도하는 과학에 바탕한 염료와 물감 산업을 태동시켰다. 이것은 이 시기에 유기화학에서 일어난 비약적인 도약으로 가능했다.

염료화학은 탄소에 기반한 유기화합물에 초점을 두고 있었다. 19세기까지 그런 물질은 거의 살아 있는 유기체의 추출물이었다. 천연제품들 사이에 공통 요소는 탄소라는 사실을 밝힌 사람은 저명한 분석가 앙투안 라부아지에이지만 그런 '천연제품'에 대한 연구는 18세기 칼 셸레가 선구자였다. 그 당시에 유용했던 화학 분석법으로 이런 화합물들 속에 들어 있는 여러 가지 성분인 보통 탄소, 수소, 산소, 질소의 상대적인 비율을 밝힐 수 있었다.

이것은 그 물질의 화학식을 정의한다. 화학자의 약칭에서 쓰인 각기 다른 원소들의 비율에 대한 목록으로, 여기서 (19세기 전에는 어깨 숫자, 즉 위에 썼지만) 아래에 쓰인 숫자는 각 원자 형태를 나타낸다. 그래서 벤젠은 C_6H_6은 탄소와 수소 원자가 각기 6개이고, 키니네는 $C_{20}H_{24}N_2O_2$이다. 호프만과 퍼킨이 콜타르 제품으로부터 키니네를 합성하기 시작했을 때, 이것은 그들이 진행시켜야 할 전부였다. 그 도전이 얼마나 위협적인지를 인식하지 못했던 이유는 오로지 이론적 이해의 부족 때문이었다.

그러나 그 당시 이런 화학식이 관련 분자들의 진실한 구성이라는 생각은 없었다. 다만 원소분석의 실험적 결과를 코드화한 것에 불과했으며, 그 원자들이 공간에 어떻게 배열되어 있는지를 말해주는 것도 없었다. 또한 그 구성원자들의 명확한 건축적 배열이란 점에서, 분자의 '원자적 구조'에 대한 명확한 개념도 없었다. 아는 것이 없으니 원자의 배열에 대한 말도 거의 없었다. 그것은 같은 문자를 몇 개 모아 그 수를 말하는 것과 같았다. 예컨대, quinine(키니네)는 $quin_2e$가 되고, 'acceptance'는 $a_2e_2c_3ptn$이나 혹은 $pe_2na_2tc_3$가 된다. 이런 공식화를 어떻게 이해하고, 그들로부터 그 진정한 의미와 형태를 어떻게 끌어낼 것인가? 그리고 더 어려운 문제로, 한 배열을 다른 배열로 어떻게 재형성할 것인가?

이런 어려움은 유기화학 분야에서 가장 크게 토로되었는데, 여기서 원소들의 배열이 작았음에도 그 공식은 매우 복잡했다. 그 공식들은 매우 다르게 행동하는 화합물들에 대해서도 서로 유사해 보이는가 하면, 유사한 화합물에 대해 전혀 다르게 보일 수도 있었다. 그리고 무한히 다양할 정도로 이 원소들의 원소결합이 한이 없었다. 이에 비해 무기화합물들은 다소 한정된 순열의 집합으로 제한되어 보였다.

　19세기 초 유기화학의 기본적인 도전은 분류였고, 1850년대까지 그 작업의 대부분은 개략적인 도식이었다. 그것은 각기 다른 유기화합물들을 공통적인 화학적 성질에 따라 하나의 집합으로 분류하는 방법이었다. 이런 방법으로 가장 결실을 맺은 개념 중 하나를 프랑스 화학자 오귀스트 로랑$^{Auguste\ Laurent}$이 도출했다. 그는 1830년대에 그 유기화합물들은 그 집합을 결정하는 '핵^{nucleus}' 혹은 '기본기$^{fundamental\ radical}$'를 포함하고 있다고 제안했다. 그 화합물들은 그들의 '핵'에 따라 분류되어야 한다는 것이다. 이 핵들은 그 핵을 둘러싼 원자 집단으로 여러 가지로 장식되어 있다는 것이다.

　이것은 그럴 듯한 이론으로 보였지만 그것이 많은 무기물질처럼 유기분자들은 서로 반대되는 전하로 대전된 '기^{radicals}'로 구성된 근본적으로 '2원체^{binary}'라는 그 시대의 대중적인 믿음과 상충했기 때문에 격렬한 논쟁을 불러 일으켰다. 로랑은 유기화합물의 핵은 근본적으로 탄소의 골격으로, 여기서 탄소원자의 수가 분류의 기초를 제공한다고 주장했다. 이런 탄소골격의 개념은 현재 유기화학의 모든 것을 지지한다. 로랑의 체계에서, 알리닌(C_6H_7N)의 핵은 [오늘날 페닐(phenyl)로 불리는] 벤젠(C_6H_6)에서 유도된 C_6H_5이다. 페놀(C_6H_6O)도 같은 분류에 속해 있다.

　1852년, 영국의 에드워드 프랭클랜드$^{Sir\ Edward\ Frankland}$는 유기화학에서 두 번째 결정적인 개념을 공식화했다. 그는 특정 원소의 모든 원자들은 특정한 수의 다른 원자와 화학결합을 한다고 제안했다. 그 수는 더 많지도 적지도 않다. 이것은 후에 '원자가chemical valency'라는 개념으로 정식으로 기록된다. 프랭클랜드가 말한 것처럼, '한 원소의 결합력은 항상 동일한 수의 원자들에 의해 충족된다'. 이것이 분자결합의 핵심 원리이다.

1857년 독일 화학자 프리드리히 아우구스트 케쿨레Friedrich August Kekule가 탄소원자는 4원자가라는 사실을 알렸을 때, 유기분자의 구조에 대한 원자가의 완전한 의미를 밝혀졌다. 그것은 다른 원자들과 4중 화학결합을 형성한다. 그래서 메탄 분자(CH_4)는 4개의 수소원자를 갖는다. 1858년에, 케쿨레는 유기화학에서 탄소의 중심적인 역할은 고리를 형성하려는 성향에서 나오며, 이로 인해 같은 기본원소로 무한히 다양한 구조적 변화를 일으킨다는 사실을 이해했다.[13]

그러나 수많은 물질이 분자 수준에서 해석될 수 있으려면, 유기화학에서 한 가지 더 필요한 개념이 있었다. 벤젠의 화학식 C_6H_6는 모든 탄소원자들이 4개의 다른 원자와 결합한다는 그런 고리구조로는 합리화될 수 없다. 그 분자는 탄소의 4중 결합 원자가를 만족시키기에는 수소가 부족하다. 호프만은 1850년대에 톨루엔, 크실렌, 페놀과 같은 콜타르 방향족 물질들은 동일한 수소결핍을 공유하는 벤젠과 관련되어 있다는 사실을 보여주었다.

케쿨레의 이러한 방향성 화합물에 대한 관심은 그들이 콜타르 염료에서 발견 중이던 그 풍부한 응용으로 더욱 가열되었다. 그 방향성 분자의 신비로운 구조를 그가 해결한 방법은 현재 전설의 소재이다. 전설은 늘 전설이긴 하지만, 그 독일 화학자가 그런 혁신을 이룬 회고록인 얼마나 윤색되었을까? 그가 구덩이에서 뱀이 자신의 꼬리를 삼키는 꿈의 영향을 진짜로 얼마나 받았고, 그가 그 문제에 대한 앞서의 연구들에 얼마만큼 영감을 받았을까? 우리가 진실로 확신할 수 있는 것은 출간된 기록이다. 1865년에 그는 그런 방향족들은 로랑의 관점에서 보자면 6개의 탄소원자 고리로 구성된 하나의 핵을 가지고 있어야 한다고 제안했다.

그래서 벤젠은 육각형 고리로, 수소들이 탄소원자들을 각 모서리에서 감싸고 있다.14 페놀에서, 수소원자 하나가 '수산기(hydroxy group, OH)'로 대체되어 있고, 아닐린에서 그것은 아미노기(anino group, NH₂)로 대체되어 있다. 이러한 통찰력으로, 화학자들은 아닐린 염료의 탐구에서 구조적인 기초를 갖게 되었다. 이러한 새로운 이해의 첫 번째 결실은 자연의 화학은 실험실의 화학과 동일할 수 있으며 합성염료가 천연염료보다 우위를 점하기 시작했다는 것이다. 미술사학자 만리오 브루사틴Manlio Brusatin은 이렇게 말했다.

일단 그런 일이 발생하자, 색을 새롭게 바라보고 인식하게 되었다. 색의 제조법에 일대 혁신이 일어났기 때문이었다. 근대의 화학적 색이 탄생하면서 희귀한 염색된 옷을 파는 오래된 염료가게의 비밀 연구실back room과 특권층의 거래는 종식되었다.15

:: 자연의 색을 다시 제조하다

꼭두서니 식물 루비아 팅크토룸Rubia tinctorum은 매더 착색안료에서 사용되는 심홍색 붉은 염료의 원료인데 인도에서 최초로 재배된 것으로 보인다. 꼭두서니는 고대 아시아와 극동에서 널리 재배됐고, 고전 그리스에서도 재배했다는 증거가 있다. 그 염료는 십자군 전쟁 이후 유럽에서 보편화되었고, 중세 프랑스와 이탈리아에 꼭두서니 밭이 많았다. 17세기 이전의 화학기술자들은 매더 착색안료를 제조할 능력은 갖추지 못한 것으로 보이지만, 그 추출물은 염료로 크게 대우를 받았고, 강렬하며 영구적인 적색을 만들어냈다. 그것은 주로 '터키 레드(Turkey red)'라는 면직물 염색에 사용되었는데, 상대적으로 내광성이 있어 금속성 매염제를 사용하는 복잡한 과정을 거쳤다.

1820년에, 두 프랑스 화학자 장 자크 콜린Jean-Jacques Colin과 피에르 로비퀴트Pierre Robiquet는 그 염료의 주요요소로 확인된 꼭두서니 뿌리에서 적색의 화합물을 분리했다. 그들은 그 화합물을 알리자린alizarine이라 불렀다. 그 이름은 동지중해 지역에서 사용하던 아라비아 기원의 단어 '알리자리alizari'를 본 딴 것이다. 그 뿌리 추출물엔 그 염료와 관련된 두 번째 화합물을 포함하고 있었는데, 그들은 그 화합물에 푸르푸린purpurine라는 이름을 붙였다. 이 화합물은 이름과는 달리 그 천연염료에서 보이는 약간의 오렌지색에 영향을 주었다. 단어 끝에 붙어있던 'e'는 두 혼합물에서 나중에 떨어져 나갔다. 1850년에, 알리자린에 화학식이 배정되었고(비록 잘못된 것이긴 하지만, 그 이름은 콜타르 추출물 나프탈렌과의 명백한 연관성을 암시하고 있다), 재배를 통한 천연염료보다 저렴한 비용으로 중요한 합성염료를 출시하려는 노력도 계속되었다.

1868년까지 지지부진하던 발전이, 독일 화학자 카를 그레베Carl Graebe와 카를 리베르만Carl Liebermann이 정확한 화학식을 유도하면서 비약적으로 도약하게 된다. 그 화학식은 $C_{14}H_8O_4$이다. 그라에베와 리베르만은 당시 가장 훌륭한 유기화학자 중 한 명이던 아돌프 베이어Adolf Baeyer 지도하에 베를린의 게베르베 연구소에서 연구하고 있었다. 런던의 왕립화학대학처럼, 이 기관도 염료와 염색을 매우 강조했고, 이 두 젊은 독일인은 염료산업에서 일했던 실무경험을 안고 베이어에게 왔다.

14개의 탄소골격은 나프탈렌이 아니라 안트라센anthrecene과의 관련성을 말하고 있었다.[16] 1868년 여름, 그들의 불굴의 노력은 안트라센에서 알리자린으로 이어지는 3단계 합성 과정에서 정점을 이뤘다. 이 합성을 상업화하기엔 갈 길이 멀었는데 값비싼 브롬이 필요했기 때문이었다. 그러나 그라에베와 리베르만은 그런 사정에도 불구하고 의욕이 넘치던 바디쉐 염료회사에 그 권리를 팔 수 있었고, 그 회사는 곧 바스프로 개명하게 된다.

이런 합성은 무엇을 의미했을까? 모브와 마젠타는 자연에는 존재하지 않고 우연히 발견된 화합물인 합성염료이다. 한편 알리자린은 살아 있는 유기체에서 발견되는 복잡한 유기분자물인 천연제품이다. 그리고 쉽게 입수할 수 있는 원재료에서 나온 그 구성은 합리적인 계획과 추론의 문제였다.[17] 그래서 천연제품과 동일한 분자지만 인공으로 만든 합성 알리자린의 창조는 아닐린 염료의 발명보다 더 중요할 수 있었다. 이제 유기화학자들은 자연의 호적수가 되어, 고대부터 직물채색의 주류였던 천연염료를 그 염료 무게의 수천 배 이상 되는 동물이나 식물에서 추출하지 않아도 되었다. 천연과 인공이 수렴된 것이다.

그러나 그라에베와 리베르만의 체계로는 아직 합성 알리자린을 상업화하기엔 부족했다. 더 훌륭한 체계가 필요했고 오래지 않아 구축됐다. 알리자린에 대한 광대한 시장과 그로 인해 그 물질의 합성에 보인 관심을 생각해보면, 1869년 한 해에 그 해결책이 각기 독립적으로 세 곳에서 나왔다는 사실은 그리 놀랍지도 않다. 훼히스트의 화학자 페르디난드 리즈^{Ferdinand} Riese가 한 명이고, 그라에베가 또 한 명이다. 그라에베는 독일에서 가장 창조적인 산업 화학자 중의 한 명으로 바스프의 책임 화학자인 하인리히 카로^{Heinrich Caro}와 공동으로 연구하고 있었다. 그리고 영국에서 다름 아닌 윌리엄 퍼킨이 같은 결론에 도착했고, 그린포드 그린에서 비틀거리던 회사를 회생시키게 되었다. 바스프와 퍼킨은 겨우 하루 사이로 서로 특허를 제기했고, 분쟁을 피하기 위해 그들은 시장을 나누어 퍼킨은 영국에서만, 바스프는 유럽 본토에서만 합성 알리자린을 팔기로 합의했다.

그러나 프랑스-프로이센의 전쟁으로 퍼킨은 잠깐이지만 사실상 전세계에서 유일한 합성 알리자린 생산자였다. 그가 나중에 이렇게 술회했다. "1870년에 40톤, 1871년에 220톤, 1872년에 300톤, 그리고 1873년엔 435톤을 생산했다." 1873년 당시, 35세의 나이로 갑부가 된 그는 한때 '심슨, 몰 앤드 니컬슨'이었던 염료회사에서 '브룩, 심슨 앤드 스필러Brooke, Simpson and Spiller'로 바뀐 회사에 퍼킨 앤드 선스Perkin and Sons를 매각했다. 점차 가중되는 경쟁과 여전히 위험한 무역의 고난이 '알리자린의 번영은 이제 한물갔다'고 생각하게 만들었다. 그는 순수한 연구의 기쁨을 누리는 생활로 돌아왔고, 세월이 흘러 그는 부끄러운 명성을 얻게 된다. 그의 예측이 빗나간 것이다.

새로운 지평

합성 알리자린은 천연 알리자린보다 더 밝고 곧 더 저렴해졌다. 염료업자와 인쇄업자가 꺼림칙해하면서도 1870년대에 수용하면서, 알리자린은 그 10년을 지배했고 아닐린 염료를 한 쪽으로 밀어냈다. 졸지에 꼭두서니도 과잉경작이 되었고 10년도 못 되어 그 경작은 빈사상태에 빠져들었다. 10년도 안 되어, 독일에서 알리자린 제조는 100배 가까이 성장해 1880년에 생산량이 1만 2,000톤에 이르렀다. 이것은 염료산업을 그 시대의 주요 산업으로 이끌었고 독일이 그 시장을 지배했다. 1878년에 이르면, 독일은 전 세계 염료 판매량의 약 60%를 생산했다.

알리자린의 합성은 한 가지를 암시했다. 치열한 경쟁으로 염료회사들이 화학연구를 적극 지원할 필요성이 발생했다. 염료회사들은 더 이상 채색화가들과 일할 수 없었다. 이제 위험한 시행착오의 시대가 저물어 가고 있었던 것이다. 새로운 염료개발은 이론으로 무장한 화학자들의 몫이 되었다. 근대의 산업적 연구 토대는 그라에베와 리베르만의 승리 후 그다음 10

년 동안 마련되었다.

학문적 화학자들은 여전히 산업에서 핵심적인 역할을 수행했다. 종종 호프만이나 케쿨레만이 이제 실용화학자들의 필수 지식이 된 화학구조에 관한 까다로운 질문에 대답할 수 있었다. 콜타르의 파생물인 플루오레세인fluorescein에서 만든 밝은 핑크색 물질인 에오신eosin의 구조를 밝힌 것도 다름 아닌 호프만이었다. 그리고 이것은 1874년부터 바스프가 시장에 출시했다. 1866년에는 케쿨레가 또 다른 굉장히 중요한 새로운 종류의 염료의 분자구조를 밝혔다. 바로 아조azo 였다.

아조 화합물은 1850년대 말에 독일 화학자 요한 페터 그리스Johann Peter Griess가 발견했다. 일설에 따르면, 그의 등장은 다소 엉뚱해서 색 화학에 정밀하게 조정된 그런 영혼의 소유자로는 보이지 않는다. 그가 나타났을 때 그 대학의 수위는 '적갈색의 외투에 바다색의 녹색 바지를 입고 짙은 적색의 니트 머플러를 쓴, 그 전이나 그 이후로 옥스퍼드 거리에서 거의 본 적이 없는 크기와 모양의 중산모를 쓴' 이 남자의 출입을 거부했다. 이런 상황에서, 이 화학자는 수위가 알아들을 수 없는 독일어로 소리쳤다. "내 이름은 그리스인데, 나를 왜 여기에 세워두는 것이오!" 호프만이 오고 나서야 그 소동이 진정되었다.

최초의 아조염료는 아닐린을 질산으로 반응시켜 만든 아닐린 옐로aliline yellow라는 밝은 노란색이었다. 이 염료와 다른 아조염료들은 1863년에 '심슨, 몰 앤드 니컬슨'에 의해 상업화되었다. 1876년, 런던에서 연구하던 독일 화학자 오토 비트Otto Witt는 염료산업을 새로운 세계로 이끌었다. 아조염료들의 구조와 색 사이의 관계를 조심스럽게 연구한 결과, 새로운 노란색 염료를 합성하기 전에 미리 그 색을 성공적으로 예측할 수 있었다. 최초로, 화학의 연구는 합성을 유도한 후속 이해를 위한 수단만이 아니라 예측 도구도 될 수 있었다. 적어도 희망사항일지라도 이제 색은 주문생산이 가능해졌다.

화학적 기술이 쌓여가면서, 산업적 화학연구소도 다양해지기 시작했다. 1870년대에, 아닐린과 기타 방향족들은 의학적 용도로 주목받기 시작했다. 버드나무 껍질의 추출물이 진통효과를 보인다는 것은 오래전부터 민간의학에 알려져 있었고, 1860년에 독일 화학자 헤르만 콜베Hermann Kolbe는 살리실산salcylic acid이라 불리는 이 화합물이 페놀로 합성될 수 있다는 사실을 보여주었다. 입에 맞게 조정된 그 파생물이 아스피린aspirin이라는 상품명으로 1897년 바이엘에 의해 출시되었다. 훽스트도 1880년대에 의료시장에 뛰어들기 시작했다.

그러나 합성화합물을 약으로 사용하는 화학요법의 개념은 독일의 파울 에를리히Paul Ehrlich가 콜타르 염료들을 생물학적으로 응용한 데서 주로 유래했다. 에를리히는 세포를 염색하기 위해 합성염료를 사용했고, 덕분에 현미경으로 세포를 연구하는 것이 더 쉬워졌다. 그는 그 염료들이 특정한 조직에만 흡착한다는 사실에 주목했다[유전자 운반체인 염색체(coloured bodies)를 의미하는 크로모좀(chromosomes)의 이름은 스테인(stain, 현미경 표본 착색용의 염료)을 흡착하는 그 염료들의 성질에서 유래했다]. 에를리히는 염료가 직물 섬유에 고착할지의 여부를 결정하는 요소로 비슷한 요소들이 여기서 작동했다는 가설을 세웠다. 어떤 염료가 그 염료를 흡수한 미생물을 죽인다는 사실을 간파했을 때, 그는 그 염료들의 의약품 가능성을 타진하기 시작했다. 그는 염료 화합물들을 합성해 약으로 시험하기 시작했고, 1909년에 매독을 일으키는 스피로헤타균spirochete을 파괴하는 비소를 함유한 염료를 발견했다. 살바르산Salvarsan이란 이름의 이 약은 중세 이후 수은으로 발병하는 치명적인 질병을 치료하는 최초의 약품이 되었다.

20세기 초에, 여러 콜타르 염료들이 의학적인 용도로 발견되었다. 콩고 레드Congo red는 류머티즘과 디프테리아의 치료제로 사용되었다. 그리고 아크리딘 옐로^{Acridine yellow}, 프론토실 레드^{Prontosil red}, 그리고 젠션 바이올렛(Gentian violet, 용담 자주색)은 항생제가 되었고, 플루로레세인 염료인 머큐로크롬^{mercorochrome}은 소독제로 적용되었다. 「맨체스터 가디언^{Manchester Guardian}」지는 1917년에 선언했다.

"현대 염료업자들에게 이바지하는 것은 무엇이든 국민 건강에 직접적으로 이바지한다."

콜타르 화학제품들이 일상생활에 얼마나 강력하게 영향을 끼쳤는가 하면, 대중지에서조차 칭송이 자자할 정도였다. 「펀치(Punch)」지는 다음과 같은 찬가를 불렀다.

삶의 작은 게임에서

그 아름다움이나 혹은 그 용도로

사람이 이름붙일 수 있은 것은 흔치 않다네.

하지만 검은 콜타르라는 물질이 있어

증류기나 병을 통해 그 물질의 추출물을 얻을 수 있다네.

그 추출물에서 기름과 연고, 왁스와 술을

그리고 무엇보다도 아닐린이라는 사랑스런 색을 얻는다네.

우리는 검은 콜타르에서

(방법만 안다면), 노예에서 별까지 모든 것을 만들 수 있다네.[18]

19세기 마지막 몇 십 년보다 색이란 연료로 추진된 과학적 진보에 대한 요구가 있었던 시대는 없었다. 기술역사가 앤서니 트래비스^{Anthony Travis}에 따르면, "염료제조가 과학적인 활동으로 진화한 순간, 현대의 화학산업이 탄생되었다." 밝은 보라색들과 광택의 적색, 충격적인 핑크색들과 화려한 노란색들에서 이런 활기찬 현대 기술들의 장단점이 모두 출현했다. 불치

병 치료제, 싸고 가벼운 경량 소재, 이페릿^{perite*}과 치클론 B$^{Zyklon\ B**}$, 강력한 폭발력으로 양차 대전과 수많은 전쟁에 불씨를 일으켰고, 액정$^{liquid\ crystal}$과 그리고 오존 구멍들을 유발했다. 이제 현대에 들어선 것이다.

저물어 가는 청색

하지만 19세기에 어둠이 내리고 모더니즘이 그 황홀한 매력과 공포로 등장하기 전에 한 가지 도전을 처리해야 했다. 1880년대조차 세계의 주요한 염료 중의 하나는 여전히 천연 추출물이었다. 그것은 영국의 식민지 인도에서 왔으며, 인디고 산업은 아시아에서 제국의 가장 수익성 있는 활동이었다. 1870년에, 인도엔 2,800개의 인디고 공장이 있었다. 중국에서 주요한 직물 착색제로 사용했을 뿐만 아니라 군대 제복과 같은 대량생산된 제품에 대규모로 사용된 청색은 세계적인 관심사였다. 그리고 그 시장은 영국이 지배하고 있어, 세를 불리고 있던 스위스와 독일의 염료 제조업자들은 분함을 삭이지 못하고 있었다. 인디고 합성은 이런 분함을 녹여줄 것이다.

1876년부터, 아돌프 베이어는 인디고를 만들기 위해 바스프에서 하인리히 카로와 공조하기 시작했다. 베이어는 안트라센이 알리자린의 '모태'인 것과 같은 맥락에서 화합물 인돌^{indole}이 인디고의 '모태 물질$^{mother\ substance}$'이라고 추론했다. 그러나 안트라센은 콜타르의 기성제품에서 나왔지만, 인돌은 절대 편안한 원재료가 아니었다. 골격 자체가 구성되어야만 한다. 이것은 인디고의 합성을 차원이 다른 도전으로 만들었다.[19]

베이어는 1877년에 출발재료를 톨루엔으로 사용하여 처음으로 성공했다. 그러나 이 화합물은 너무 고가여서 산업적 응용이 안 되었다. 3년 후,

---

* 머스터드가스(mustard gas)라고도 한다. 제1차세계대전 당시 독일군이 최초로 사용한 독가스.
** 독일군이 아우슈비츠에서 사용한 독가스.

그는 좀 더 실용적인 방법을 찾아냈다. 이때쯤엔 훼히스트도 그를 후원하고 있었다. 그 후 몇 년 동안 이런 저런 합성 방법들이 특허를 신청했지만 상업화에는 적합하지 않았다. 베이어가 그 물질의 분자구조에 대한 지식이 부족한 것도 한 이유였는데, 1883년에서야 문제를 해결했다. 이 대단한 연구는 유기화학에서 미개척 분야를 개척한 것이어서 그는 1905년에 노벨상을 수상했다.

1890년에서야 비로소, 인디고를 대량생산할 수 있는 훌륭한 신기술이 개발되었고, 그 문제를 해결한 것은 베이어가 아니라 취리히에 있는 스위스 연방공대Swiss Federal Polytechnic의 카를 휴만Karl Heumann이었다. 휴만은 상대적으로 저렴한 탄화수소 화합물로 인디고를 합성하는 2가지 방법을 고안했다. 이 중 하나는 나프탈렌으로 시작하는데 나프탈렌을 우선 무수프탈산phthalic anhydride으로 변환한다. 이런 인디고의 합성을 가능케 하는 핵심은 황화수은이라는 촉매제로 그 반응을 가속화시키는 것이다. 염료산업을 발전시킨 많은 우연 중의 하나는, 독일에서 무수프탈산을 제조하는 중에 수은온도계가 깨져, 그 수은이 건염물감탱크에서 황산과 반응하면서 이 촉매제가 발견된 것이다.

다시 한 번, 그 문제의 어려움과 염료회사들의 끈기를 보여준 것은, 합성인디고의 생산은 그 후 7년이 지나서야 개화하게 되었다는 것이다. 처음에 그 가격이 수입 천연인디고보다 약간 더 비쌌지만, 1897년에 이르면 바스프는 킬로그램당 16마르크라는 경쟁력 있는 가격으로 합성인디고를 제조할 수 있게 되었다. 7년 후 가격은 절반 정도로 떨어졌다. 1900년 첫 6개월 동안 독일에서 제조된 인공인디고는 1,000톤에 이르렀고, 인도의 인디고 경작은 심각한 위기에 처했다.

인디고 경작에 기초한 인도 경제는 먼 유럽에서 발생한 기술발전의 제물이 되고 말았다. 그 수출길이 완전히 막히자 인도의 산업은 가차 없이 버려졌다. 유럽이 인도 장인에게 세밀한 캘리코인쇄기술을 터득했다는 사실을 떠올리면, 이것은 더욱더 아이러니하다. 마찬가지로, 인디고 재배는 땅 자원을 터무니없이 낭비시켰다는 점을 떠올릴 가치가 있다. 1900년 10월에, 바스프의 사장 하인리히 브룬크Heinrich Brunck는 인도에서 인디고 경작지를 이제는 농작지로 전환해야 한다고 주장했다. 아주 솔깃한 목표지만, 인도의 경제는 수출산업으로 구조화되어 있다는 점을 간과한 주장이었다.

합성인디고의 복잡성은 영국에겐 고통스러울 정도로 명백했다. 1899년의 한 보고서에 따르면,

> 과학적 견지에서, 인공인디고의 생산은 의심의 여지없이 쾌거임이 분명하지만, 그것이 인디고 경작의 수익성이 전혀 없게 만들 정도로 저렴한 가격에 대량생산된다면, 그것은 국가적 재앙일 뿐이다.[20]

그런 위기를 피하기 위해, 영국정부는 모든 군복은 독일산 합성제품이 아니라 천연인디고로만 염색해야 한다고 포고했다. 그러나 이것은 지푸라기를 잡은 행위에 불과했다. 제1차세계대전이 발발했을 당시, 유럽시장에서 90% 이상의 천연인디고가 사라지고 없었으며, 그에 상당하는 인도의 인디고 경작지가 사라지고 없었다. 화학산업이 승리한 결과였다.

그러나 영국도 뒤늦은 1916년에서야 군복을 염색할 필요성에 따라 인디고를 제조하기 시작했다. 그 수단을 제공했던 것은 독일 기술이었다. 제 삼의 파트너 브뤼닝Bruning에 의해 확장된 마이스터 앤드 루키우스 염료회사The dye company Meister and Lucius는 독일 특허법을 회피하면서 영국시장에 팔 인디고를 생산하기 위해 1909년에 맨체스터 근처의 엘즈미어 항구Ellesmere Port 근처에 공장을 설립했다. 그 공장을 전쟁 중에 징발되었고, 진취적인 맨체스터 이반 리빙스타인 염료회사Manchester dye company of Ivan

Levinstein에 인계되었다.

전쟁 후에, 리빙스타인 회사는 브리티시 염색회사British Dyes Ltd와 합병하여 브리티시 염료회사British Dyestuffs Corporation가 되었고, 이 회사는 다시 1926년 다른 회사와 합병하여 제국화학회사Imperial Chemical Industries, ICI가 되었다. 부분적으로 이러한 합병은 동일한 과정을 겪었던 독일의 거대산업과 경쟁하려는 의도였다. 1916년 한 무리의 염료제조업자들이 현존하던 바이엘, 바스프, 베를린 염료 제조업자들의 아닐린 제조회사Aktiengesellschaft fur Anlinlfabrikation, Agfa의 컨소시엄과 합병한 훽스트 회사 주위로 몰려들어, 강력한 독일 염료 트러스트Interessengemeinschaft Farbenindurtrie AG 혹은 이게 파르벤IG Farben을 설립했다. 이 카르텔이 20세기 전반에 휘두른 권력에 대해 흥미롭지만 시사하는 바가 큰 소설이 있다. 토머스 핀천Thomas Ruggles Pynchon은 그의 소설『중력의 무지개(Gravity's Rainbow)』[아마도 프리모 레비를 제외하고 화학을 다룬 가장 문학적인 소설가일 것이다]에서 이게 파르벤을 제2차세계대전을 지휘한 어둠 속의 절대자로 서술하고 있다. 환상적인 이야기지만 허구만은 아닌 그럴싸한 내용 아닌가!

:: 마침내 내광성을 지닌 색을 찾아서

현재 생산 중인 거의 모든 종류의 염료, 예컨대 아조 염료, 알리자린과 연관된 안트라퀴논anthraquinone 염료, 인디고가 20세기 초에 발견되었다는 사실을 깨달으면 정신이 번쩍 드는 느낌이다. 퍼킨, 호프만, 베이어, 카로, 그리고 그 시대 화학자들은 참으로 우리에게 새로운 무지개를 주었다. 알리자린의 붉은색, 아조염료들의 노란색과 오렌지색, 아닐린 녹색과 청색들, 인디고 그 자체, 그리고 아닐린 바이올렛과 보라들. 아닐린 염료들은 현재 거의 시장에서 사라졌지만, 아조와 안트라퀴논 염료들은 여전히 그 스펙트럼을 확장시킬 수 있다. 1871년 노란색 화합물 플루오레세인에 대한 아돌프 폰 베이어의 합성은 1887년부터 바스프에서 제조한 중요한 로다민rhodamine 계통의 염료들을 이끌었다.

초기 아조염료들은 면직물에 대한 친화성이 부족해 큰 약점으로 작용했다. 그러나 1844년, 독일의 화학자 파울 뵈티게르Paul Böttiger는 매염제 없이도 면직물에 사용될 수 있는 적색 아조염료를 만들어냈다. 이것은 아그파에서 콩고 레드라는 이름으로 판매되어 대성공을 거두었고, 탈색되지 않는 황색, 갈색, 청색 아조염료로 이어졌다.

아조 색 다음으로 중요한 부류의 염료인 청색과 녹색의 프탈로시아닌phthalocyanine 염료들의 발견 또한 우연이었다. 1928년, 나중에 ICI로 합병되는 스코틀랜드 염료회사Scottish Dyes company에서 프탈이미드phthalimide라는 섬세한 화합물을 제조하는 동안에 어떤 청색 물질을 주목하게 되었다. 이 오염물질의 화학구성은 런던에 소재한 제국대학Imperial college의 패트릭 린스테드R. Patrick Linstead에 의해 1934년에 명료하게 밝혀졌고, 1927년 독일의 화학자 디스바하H. de Diesbach와 베이드E. von der Weid가 별도로 발견한 화합물과 동일한 것으로 확인되었다. 린스테드가 프탈로시아닌이라 명칭을 붙인 이 화합물은 고리와 같은 유기분자에 끼어 있는 한 가지 금속원소를 포함하고 있는 식물성 안료인 클로로필과 친화성을 가지고 있다. 구리를 포함한 프탈로시아닌 염료는 모나스트랄 패스트 블루Monastral Fast Blue라고 불리는데 깊고 짙은 터키옥색(turquoise colour, 청록색)으로, 1935년과 1937년 사이에 ICI에 의해 개발되었다. 염소를 더해 만들어진 그 녹색 염료는 1950년대에 중요한 염료가 되었다. 이 착색제들은 현대의 유화물감을 위한 착색안료로 널리 사용되고 있다.

1920년대에 아세테이트 셀룰로오스cellulose acetate로 시작하여 나중에 나일론이나 폴리에스터와 같은 중합체polymer로 확장된 합성섬유의 도입은 염료산업에 새로운 복잡성을 가져다주었다. 면직과 대조적으로, 이 합성섬유의 실에서 섬유분자들은 너무나 촘촘해서 염료분자들이 거의 침투할 수가 없었고, 그 결과 기존의 염료는 잘 고착되지 않았다. 더욱이 면직물 섬유에 염료를 고착하는 분자의 상호작용은 일반적으로 물을 밀어내는 합성섬유에서는 작동되지 않는다. 아세테이트 셀룰로오스의 상업화는 적절한 염색방법의 부족으로 크게 뒤늦게 되었다.

1922년, 브리티시 염료회사는 '아이오나민ionamine' 염료들을 소개했다. 이 염료들은 물에서 녹지 않고 미세한 분말로 그 액체 전체로 퍼져나가며, 아세테이트 셀룰로오스, 나일론, 폴리아크릴로나이트릴polyacrylonitriles, 폴리에스터와 같은 섬유에 고착하는 성질을 가지고 있다. 1923년, BDC와 '브리티시 셀라니스 회사British Celanese Company'는 동시에 아세테이트 섬유에 흡착하는 성질을 가진 새로운 종류의 안트라퀴논을 발견했다.

여전히 가장 중요한 상업적 섬유인 면직물은 염료업자들에게 지속적인 문제를 안겨주고 있었다. 염료업자들은 오랫동안 염료가 진정 색이 바래지 않게 섬유에 고착시킬 수 있는 방법을 찾기 위해 씨름해왔다. 퍼킨의 모브와 같은 아닐린 염료들을 면직물에 고착시켰던 매염제들이 그 당시에는 적절했지만, 오늘날 우리가 기대할 수 있는 수준의 영구적인 염색은 아니었다. 1904년에조차 '베를린 아닐린 회사Berlin Aniline Company'는 여전히 한탄하고 있었다. "절대적으로 바래지 않는 염료는 존재하지 않는다. 햇살과 빗물이 결국은 그 모든 염료를 완전히 탈색시킬 것이다."

그러나 1954년, ICI의 두 영국 화학자 이안 래티Ian Rattee와 윌리엄 스테판William Stephan이 염료를 면직물에 영구히 고착시킬 방법을 찾았다. 그 이상적인 해결책은 염료 분자와 면직물 섬유에 있는 (셀룰로오스) 분자를 강력하게 화학결합 시키는 것이었다. 래티와 스테판은 한 쌍의 커플링 분자

coupling molecule를 통해 염료들을 섬유에 연결하는 보편적인 방법을 고안했다. 그 쌍들이 붙으면, 그 염료들은 '반응을 하고' 그래서 셀룰로오스와 면의 섬유에서 화학결합을 한다.

ICI는 이 '반응 염료reactive dyes'를 1956년 프로시온Procions이라는 상품명으로 시장에 내놓았다. 뒤질세라 시바-가이기, 바스프, 훽스트, 바이엘도 그 방법을 개발했다. 밝고 바래지 않는 면직물 제조가 최초로 가능해졌다. 몇 년 안 되어 활기 넘치는 현대적인 런던에서 원색과 2차색으로 도배한 과감한 문양들이 패션의 한 대명사가 되었다.

:: 캔버스에 펼쳐진 콜타르

인디고와 매더가 화가의 색으로 사용된 유서 깊은 역사란 관점에서 볼 때, 콜타르 염료와 그 후손들이 그림에 미친 영향은 대단했을 것이라 생각할 수 있다. 19세기 말 일부 화가들은 '설마 그런 일은 없을 테지'라고 생각하며 이 새로운 재료들을 선호했을 것이다. 장 조르주 비베르에게 아닐린 염료들은 '그림에 대한 재앙'이었고, 그는 그 새로운 재료들에 대한 긴급한 테스트를 요청했다. 그 염료들의 사랑스러움이 문제였다. 이런 매혹은 엉뚱한 결과를 낳기도 했는데, 새로운 색으로 만든 착색안료들은 빠르게 변색되거나 탈색되었던 것이다. 막스 되너에 따르면, "잘못된 조언이나 너무 급히 그 안료들을 채택해 그림을 그리게 되면 커다란 피해를 입을 수 있다." 빈센트 반 고흐는 그런 경고를 한 귀로 듣고 한 귀로 흘렸고 그가 선호했던 변하기 쉬운 에오신 착색안료는 그의 몇몇 작품을 황폐하게 만들고 있다.

콜타르 색이 최초로 화가들에게 소개되었을 때, 종종 며칠 만에 퇴색이나 변색이 일어나 금세 나쁜 평판이 돌기 시작했다. 그래서 그 재료들은 19세기 그림에서 별다른 특징을 이루고 못했다. 아서 로리Arthur Laurie가 1960년부터 화가들이 사용한 재료를 조사한 결과, '유화물감으로 믿을 만한' 재료로 추천된 안료명단에 '알리자린 착색안료들'을 제외하곤 합성염료에 기초한 색은 단 하나도 없었다.

그러나 이런 정도의 경고는 한 귀로 듣고 한 귀로 흘려보내는 화가들이 있었다. 세기가 전환되기 전까지 콜타르 물감을 조심하는 게 현명한 처사였지만, 사태가 조금은 호전됐다. 1907년, 화가들에게 합성물감을 제공하던 제조업자들이 제품을 출시하기 몇 년 전에 충분한 안전성 검사를 시행하겠다고 공언했다. 알리자린 착색안료는 이미 천연 매더 착색안료보다 더 영구적인 안료로 인식되어 있었고, 다른 합성물감도 화가들에게 제공되기 전에 어느 정도 믿을 수 있어야 한다고 판단된 것이다.[21] 그러나 후속 사태에 대한 되너의 보고는 상업계를 아는 사람에겐 놀랍지도 않다.

"불행히도, 한 제조업자가 합의를 어겼고 나머지 제조업자도 곧 경쟁대열에 합류했다. 따라서 사실에 대한 더욱 냉철한 숙고라는 결과를 초래했다."[22]

예를 들어 레몬 옐로 콜타르 물감들은 기존의 크롬과 카드뮴의 노란색들보다 더 밝고 더 영구적인 재료라며 출시되었지만, 정반대로 판명되었다. 그러나 점차 찌꺼기에서 황금이 걸러져 나왔다. 1911년, 아조 염료와 관련된 한자 안료Hansa pigments가 독일에 소개되었다. 한자 옐로 GHansa Yellow G는 알리자린 착색안료보다 훨씬 더 영구적인 것으로 드러났다. 심지어 조심스런 되너조차 카드뮴 옐로와 혼합된 이게 파르벤의 합성 인단트렌 옐로Indanthrene yellow를 황금색 인디언 옐로 대신 사용하고 인단트렌 브릴리언트 핑크Indanthrene Brilliant Pink를 버밀리언과 옅은 매더레이크의 믿을 만한 중간 색조로 사용할 것을 조언하고 있다. 그가 덧붙이길, 이게 프

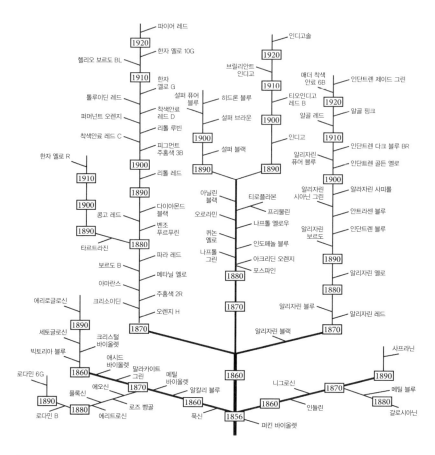

〈그림 9-1〉 20세기 초에 화려한 파생물로 급증하게 된 콜타르와 그에 관련된 유기 물감들.

라벤의 헬리오 패스트 레드Helio Fast Red는 버밀리언 대체용으로, 인단트렌 블루는 프러시안 블루로 대체할 수도 있다고 덧붙여 말했다. 1940년대에 이르면 녹청색을 원할 경우, 프탈로시아닌 청색 착색안료가 완벽하게 안전한 선택으로 간주되었다.

20세기 중반에 이르러 합성염료에 바탕한 수백 종의 물감(〈그림 9-1〉 참조)과 대면하게 된 화가들은 제조업자들이 제멋대로 이름을 선택하는 바람에 자신들의 고민을 상당히 해소해주었다는 사실을 알게 되었다. 제조회사들은 그 안료의 고전적인 이름을 본 따 새로운 안료를 이름 붙이는 것에 전혀 양심의 가책을 받지 않았다. 마치 '인디언 옐로', '버밀리언', '코발트 블루'가 물질이 아니라 색상을 지시한다고 판단한 것처럼 보였다. "너무 임의적이고 환상적인 명칭과 혼합물이 발명되어, 그것을 점검하는 것이 불가능하므로 차라리 피하는 것이 현명할 때도 있다." 1934년 되너는 이렇게 불평했다. 하지만 결국 합성물감을 피할 도리가 없게 되었고, 점차 피할 이유도 없어졌다. 많은 화가들에게 그 새로운 재료는 팔레트에 너무나 많은 새로운 색상을 주었을 뿐만 아니라 더욱 심원한 무언가를 주었다. 그것은 기술이 최고 통치자가 되는 새로운 시대를 대변하고 있었다.

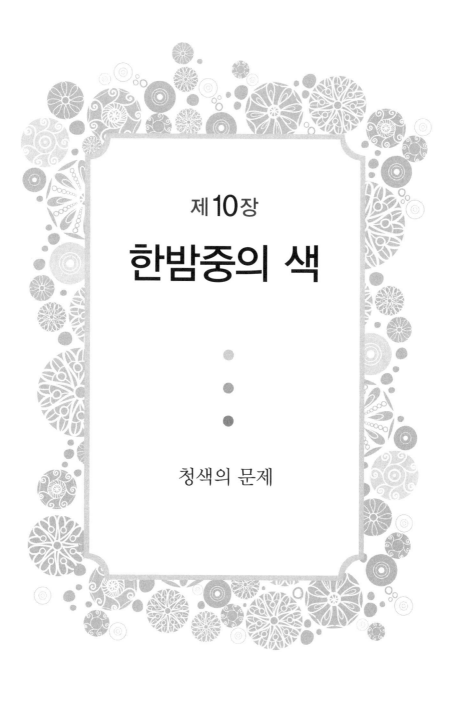

제 10장

한밤중의 색

.
.
.

청색의 문제

청색의 더없는 기쁨이라니. 나는 청색이 얼마나 푸를 수 있는지 여전히 다 알지 못했다.

_ 블라디미르 나보코프, 「어둠 속의 웃음(Laughter in the Dark, 1989)」

청색은 다른 색에게 생동감을 준다.

_ 폴 세잔

청색이 무엇인가? 청색은 보이지 않는 것을 보이게 한다. …… 청색은 차원을 가지고 있지 않다. 그것은 다른 색들이 참여하는 그런 차원을 넘어서 존재한다.

_ 이브 클라인

화가들을 그렇게 질기게 유혹해온 것은 청색의 어떤 매력 때문일까? 장엄함? 그렇다. 우울함? 분명하다. 신비로움? 마찬가지이다. 칸딘스키는 이렇게 말했다.

청색에서 심원한 의미의 힘이 발견된다 청색은 전형적인 하늘의 색이다. 그것이 창조하는 궁극적인 느낌은 휴식이다. 청색이 검은색으로 깊어지면, 그 색은 인간의 것이라 할 수 없는 비통을 자아낸다.[1]

반 고흐의 마지막 작품으로 알려진, 〈까마귀가 나는 밀밭(Wheatfield with Crows, 1890)〉의 검은 하늘에 이런 비통함이 있는 걸까? 피카소의 청색시대 (1901~1904)는 가난에 찌들었던 파리 생활과 일치한다. 당시 피카소는 절친 했던 친구 카를로스 카사헤마스Carlos Casagemas의 자살로 깊은 절망에 빠져 있었다. 카를 융에 따르면, 짙은 청색으로 그려진 병자, 굶주린 자, 노약자, 가난한 군상에 대한 차갑고 을씨년스러운 초상화들은 밤, 달빛과 물, 이집트의 저승세계인 두아트Duat의 청색이 지배하는 지옥으로의 신비한 여행을 표현한 것이라고 한다. 여전히 인상주의의 영향을 담고 있는 〈압생트를 마시는 사람(The Absinthe Drinker, 1901)〉 그리고 〈노파(Old Woman, 1901)〉는 한밤중의 청색 옷을 입고 있다. 그리고 〈청색 방 – 욕조(The Blue Room – The Tube, 1901)〉와 〈인생(La Vie, 1903)〉은 가라앉은 그늘진 색상으로 표현되어 있다.

그러나 원기 왕성한 청색들도 있다. 티치아노의 〈바쿠스와 아리아드네〉는 그런 힘을 대놓고 선언한 최초의 그림에 속한다. 앙리 마티스의 〈청색 옷을 입은 여자(Woman in Blue, 1939)〉는 동반한 원색들을 위한 공간은 극히 협소하다[클리포드 스틸(Clyfford Skill)의 〈1953〉은 그런 공간이 더 없다]. 〈르 아브르 화실에서 화가와 모델(The Artist and His Model in the Studio at Le Havre, 1929)〉에서 라울 뒤피Raoul Dufy는 열린 창문에서 바다와 하늘이 단순하게 이어지는 하늘색 방에 두 인물을 집어넣었다. 마티스의 공상적인 〈청색 누드(Blue Nude, 1907)〉에서 모델은 열정을 드러내지 않은 채 청색 색조를 띠고 있다. 그녀의 각진 얼굴은 피카소의 〈아비뇽의 처녀들(Demoiselles d'Avignon, 1907)〉에 보이는 토템적 입체파 여인들을 예견하는 것처럼 보인다. 아비뇽의 처녀들은 청색을 시트처럼 휘감고 있다.

칸딘스키의 청색에 대한 애정은 그와 독일 화가 프란츠 마르크Franz Marc가 『청기사파(Der Blaue Reiter, The Blue Rider)』라는 예술 연감을 창간했을 때인 1911년에 확고한 형태를 띠었다. 청기사파란 이름은 칸딘스키가 1903년부터 그린 청색 기수의 그림에서 본 딴 것이었다. 마르크는 〈청색 말 1(Blue Horse 1, 1911)〉과 〈청색 말 무리(Large Blue Horse, 1911)〉에서 고집 센 일관성으로 그 주제를 추구했다. 그 연감의 이름은 마르크와 칸딘스키를 중심으로 모인 화가 집단에게 붙였고, 여기엔 잠시지만 파울 클레와 파리인 로베르 들로네가 포함되어 있었다. 마르크는 1916년 제1차세계대전 중에 사망했지만, 1924년 클레, 라이오넬 파이닝어Lyonel Feininger, 알렉세이 폰 야블렌스키Alexei von Jawlensky와 함께 창설한 청색 4인조(Die Blaue Vier)에서 청색에 대한 열정을 지속했다. 클레는 〈선원 신드바드[Sinbad the Sailor, 1928(Battle Scene from the comic fantastic opera The Seafarer, 1923)]〉를 그 전 해에 그렸는데, 마치 먼셀 표색계처럼 청색 색조를 조각조각 쪽을 내어 붙인 것 같은 작품이다.

잠시 이런 공상을 해본다. 이 책이 연대기를 완전히 버리고 여러 가지 원색과 2차색 이야기만 늘어놓았다면 어떠했을까? 분명히 더 말랑말랑하고 재미있는 책이 되었을 것이다. 하지만 그렇게 하므로 같은 땅을 계속해서 밟은 수고를 피하기 위해 내 글재주보다 훨씬 더 큰 기교를 부렸어야 할 것이다. 어떤 시대의 기술이 다른 색보다 더 쉽고 더 풍부하게 일부 색을 만들어낼 수 있어도, 그렇게 되기 위해서는 한 가지 색을 다른 색만큼이나 적용하는 사회적 · 과학적 · 미학적 · 예술적 고려에 대한 배경이 있어야 하기 때문이다.

그런데 왜 유독 청색만은 따로 골라 별도로 취급하려 할까? 물감제조의 역사를 살펴보면, 청색은 항상 특별했다는 결론을 피할 수 없다. 이 정도는 이미 명백하지 않은가! 그것은 가장 오래된 합성안료이고 중세 말에는 신성한 순수함으로 존경받았다. 그러나 청색은 적색과 노란색이 원색이 된 후에도 몇 백 년이 지나도록 원색의 지위를 얻지 못했다. 1704년경 근대 최고의 인공물감을 대표하는 청색 안료의 출현에도 불구하고, 화가들은 19세기 초까지 고품질의 청색이 절대적으로 부족함을 느꼈다.

사실을 말하자면 좋은 청색을 구하기가 하늘의 별 따기였다.

:: 청색의 탄생

청색의 중요성을 추적하기 위해 고대로 거슬러 올라갈 때 직면하는 문제는, 청색은 그 자체로는 색으로 분명하게 인식되지 않았기에, 청색을 나타내는 가장 오래된 색 용어들은 의미가 모호하다는 것이다. 분명히 최초의 문명에서 청색 안료는 유용했다. 거기엔 아주라이트(azurite, 남동광), 인디고(남색 안료), 이집트 블루 프리트Egyptian blue frit가 있었다. 그러나 고전 문헌에서 청색을 원색의 성질로 파악하지는 않았다. 그것은 어둠과 관련된 색으로 간주되었고, 굳이 말하자면 일종의 회색이었다. BC 5세기에, 그리스의 철학자 데모크리토스는 인디고isatin에 해당하는 색은 검은색과 담록색pale green으로 혼합될 수 있다고 쓰고 있다(chloron, 클로론은 신록색으로 메모그리투스의 4가지 '단순한' 색들 중 하나이다). 우리는 이러한 혼합의 결과를 상상할 수 있고, 거기에서 그리스인들이 우리가 청색이라 부르는 색의 고결함에 일상적인 경의를 표하던 어떤 암시를 볼 수 있다.

그리스인들에게 청색은 일종의 어둠이었다고 말하는 게 좀 더 정확하다. 대부분 그리스 문헌에서 '검은색black'을 의미하는 단어는 멜라스melas로, 이것은 루코스leucos 혹은 빛의 스펙트럼 정반대에 위치하고 있는 '검은dark'을 가리키는 단어이다. 현존하는 그리스 그림에서 청색은 어둠의 역할darkener로 사용되고 있고, 특징적인 청회색bluish-grey은 검은 목탄 안료와 흰색을 혼합하여 얻은 걸 알 수 있다(2000년 후에도 루벤스와 같은 화가들이 그런 식으로 청색을 얻은 걸 우리가 보지 않았던가). '청색을 어둠'으로 보는 태도는 청색에 대한 감각을 흐리게 한 것이 아니라 오히려 우울한 색상에서 청색을 감지할 수 있는 고대인들의 능력을 높였던 것으로 보인다. 로마의 비트루비우스는 마른 술 찌꺼기를 태워 검은 안료를 만드는 비방을 묘사하며 말했다. "술이 좋을수록 검은색뿐만 아니라 인디고(남색)도 얻을 수 있다."

플라톤과 아리스토텔레스는 원자론을 그다지 신용하지는 않았지만 데모크리토스의 철학은 상당히 물려받았다. 청색과 원색에 대한 아리스토텔레스의 태도는 그렇게 딱 부러지지는 않는다. 『감각론(On Sense and Sensible

Objects)』에서 그는 깊은 청색을 빛과 어둠 사이의 '혼합되지 않은' 중간색으로 확인하고 있다. 한편, 그는『기상학(Meteorology)』에서 적색, 녹색, 보라색만 혼합되지 않은 무지개 색으로 명단에 올렸다. 아리스토텔레스의 신봉자가 쓴『색채론(On Colours)』은 원색으로 흰색과 황금빛 노란색만 말하고 있는데, 그 책은 그 색들이 4원소의 색이라고 주장하고 있다.

이런 주장이 고대인들이 우리가 알고 있는 하늘색 청색이나 바다색 청색과 같은 청색에 대한 인식이 없었다는 의미는 아니다. 이런 색상으로 번역될 수 있는 그리스 단어는 여럿 있다. 그중 하나가 쿠아노스Kuanos로, 우리가 쓰는 단어 '시안(cyan, 청록색)'의 어원이다. 그러나 이런 단어들 중 어느 것도 베를린이나 케이와 같은 분류의 의미에서 문맥과 무관하게 기본적인 색 용어로 '청색'에 해당하는 단어는 하나도 없다. 그것은 그리스 사람들이 그 모든 단어들을 하나의 인식적 개념으로 통합한 단어가 없이 우리의 시안, 울트라마린, 인디고, 네이비, 사파린, 아주르와 같은 용어로 해결한 듯하다.*

색에 대한 이론적 토대가 불확실했기 때문에 고대와 중세의 저술가들이 화가의 색을 안료의 물질적 존재로 말하는 것을 우리는 살펴봤다. 원칙적으로 이것은 추천할 만한데, 화가들이 '청색'이 아니라 인디고, 코발트 블루, 프러시안 블루 등을 사용했기 때문이다. 오늘날 우리에겐 이상하게 들릴지 모르지만, 고전적인 예로 중세엔 청색과 노란색의 구별이 모호했다.

플리니우스의『자연의 역사』에서 그리스 화가 아펠레스Apelles, 아이티온Aetion, 멜란티우스Melanthius, 니코마코스의 4색 팔레트에 대한 기록은 색상이 아니라 안료에 대한 것이다. 이 중에는 '애틱 옐로Attic yellow'가 있다. 즉 아티카 지역에서 온 노란색 안료라는 의미이다. 그러나 플리니우스가 노란

---

* 예컨대 하늘색, 바다색처럼 무슨 무슨 푸른색 등을 통찰할 수 있는 청색이란 단어가 없었다는 의미이다.

색으로 쓴 단어엔 광물질 용어가 하나 있다. 그것은 좀 더 명확한 크로컴 (crocum, 황색)이나 글라쿠스(glaucus, 청록색)가 아닌 실sil이었다. 실은 일종의 노란색 오커(황토색)이다. 16세기에 청색이 '기본적인' 색으로 나타났을 때, 일부 저술가들은 그 색이 플리니우스의 명단에 올랐어야 했다고 느꼈다. 이탈리아의 체사레 체사리아노Cesare Cesariano는 1521년 실이 울트라마린이 란 전혀 얼토당토않은 주장을 펼쳤다. 16세기 후반의 프랑스 예술 백과사 전에는 실이 바이올렛 색조와 관련된 것으로 기술되어 있다.

아마도, 플리니우스가 오커 실과 청색 광물 카이룰레움(caeruleum, 아마도 아주라이트로 보인다)이 금광과 은광에서 둘 다 발견된다고 서술했기 때문에, 그 둘이 처음에 혼동된 것으로 보인다. 그러나 그런 혼란은 중세 말에 노 란색에 대한 용어 세룰루스cerulus로 더욱 얽혔다. 심지어 영어의 블루blue와 불어의 블루bleu의 어원인 고대 프랑스어 블로이bloi는 청색이나 노란색을 의미했다.

고전적 4색이 계속 청색이 되어야 한다는 개념은 루이 드 몽조슈Louis de Montjosieu의 저명한『회화 주해서(Commentarius de sculptura et pictura, 1585)』 로 더욱 굳게 확립되었다. 그는 "흰색, 검은색, 적색, 청색의 이 4가지 색은 그림에서 필요한 최소한의 색으로, 이들의 혼합으로 다른 모든 색이 구성 된다."라고 말한다. 광물질 실은 때론 노란색 때론 바이올렛이 되는 등 여 러 색 중 하나이지만 아티카에서 온 실은 청색이었다. 그런 주장에 의해서 그 4색 팔레트에서 변화가 성취되었다[심지어 조지 필드도 1808년에 실리케이트 (silicates, 규산염)—silex(규석)—를 청색의 광물 기원으로 간주했다].

몽조슈의 4색계에서 노란색이 배제된 것은 이제 역으로 우려를 자아 냈다는 것은 그리 놀랄 일은 아니다(몽죠슈는 노란색은 적색과 녹색으로 만들 수 있 다고 생각했는데, 아마도 아리스토텔레스에서 유래한 개념이다). 17세기 중반에, 프랑 스의 마린 쿠로 드 라 샹브르Marin Cureau de la Chambre는 아펠레스가 노란색

없이 그림을 그렸다고 믿을 수 없었기에 플리니우스가 실을 청색과 노란색 둘 다 의미했다고 결론지었다. 실은 2가지 색이 다 될 수 있었기 때문이다.

그와 같은 언어적인 저글링은 17세기에 이르러 모든 근대적인 원색, 적색, 황색, 청색을 '다른 모든 색을 구성하는' 기본적인 색의 집합으로 통합하려는 욕망과 플리니우스의 권위를 화해시키려는 필요성을 반영한다. 청색이 이런 계획에 등장하는 장면을 16세기 후반으로 잡고 17세기에 이르면 청색이 포함된다는 데 별다른 이의가 없다. 『색채 실험과 그에 대한 고찰(Experiments & Considerations Touching Colours, 1664)』에서 로버트 보일은 이것을 단호하게 주장하고 있다.

> (그렇게 부를 수 있다면) 단순한 원색은 몇 가지로 이 원색의 다양한 구성으로 나머지 모든 색이 발생한다. 이런 이상한 색의 변화를 드러내기 위해, (화가가) 흰색과 검은색, 적색, 청색, 노란색 이상으로 필요한 경우는 보지 못했다. 이 다섯 가지 색과 여러 가지로 혼합한 색과 (만약 그렇게 말할 수 있다면) 그 혼합색을 다시 혼합하는 복혼합은 화가들의 팔레트에 완전히 색다른 다양한 색상과 그 변화의 수는 상상불허이기에 5가지 색이면 충분하다.[2]

이렇게 수시로 바뀌는 원색의 지위에서 곧 자신의 입장을 옹호해야 할 형편으로 옹색해진 색은 모든 색의 고전적 기원인 흰색과 검은색이었다. 아이작 뉴턴은 흑백의 두 색은 색의 생성적 의미에서 분명 원색이 아님을 보여주었다. 19세기에 미셸 외젠 슈브뢸은 적색, 황색, 청색에 흑백 양색을 더해 그 색이 고대의 팔레트에서 '원색'이었다는 점을 계속하여 인정했다. 그러나 토머스 영Thomas Young의 '색채지각론'은 색의 과학적 분석에서 흑백의 두 색을 원색이 아닌 것으로 확실히 정리했다.

:: 바다 건너

중세 말에 가장 귀중하고 값비싼 안료인 울트라마린으로 청색이 그 권위를 차지한 이래 감히 그 자리를 넘볼 색은 없었다. 가장 훌륭한 적색인 버밀리언보다 비싸고, 중세에 노란색 하면 떠오르는 금보다 더 비싼 색이 어떻게 원색이 아닐 수 있겠는가? 울트라마린, 버밀리언, 금은 중세 팔레트의 영광이었다. 그리고 가치와 미덕을 동일시하는 문화에서 이 귀중한 3색조 색상들이 특권적인 지위와 결부되지 않을 수 없었다. 이것은 청색이 화가들의 재료 지식에서 그렇게 압도적으로 출현한 것은 이론적 고려만큼이나 안료 제조에서 기술적 발전 때문이라는 것을 보여주는 대표적인 사례일 것이다.

청금석은 단순히 '청석blue stone'을 의미한다. 그것은 깊고 짙으며 매혹적인 청색이지만(〈삽화 10-1〉), 그 색의 순수함은 청금석을 갈면 사라진다. 이런 이유로, 아주라이트가 고대 세계의 청색 천연안료를 대신 제공했다. 아주라이트는 사실 각종 광물질이 혼합된 것으로 그 색은 주요 구성요소인 라주라이트(lazurite, 아주라이트와 혼동하지 말길 바란다)라는 광물질에서 나온다.

울트라마린은 무기안료 중에서 특이한 물질이다. 그 활기찬 색이 전이금속으로 나오는 것이 아니기 때문이다. 라주라이트는 알루미노 규산염aluminosilicat의 화합물로, 결정의 기본 골격이 알루미늄, 규소, 산소 원자들로 구성되어 있는 광물이다. 알루미노 규산염은 보통 무색이지만, 라주라이트는 황을 포함하고 있다. 그 황 원자들이 두 개나 세 개씩 짝을 이루고 그 결정이 전자 하나를 황 원자 사이를 왕복시켜 적색광을 흡수한다.

청금석의 깊은 청색은 보통 황금색 빛줄기로 얼룩지는데, 이 덕분에 그 돌은 준보석에 한 가지 가치를 더 보탠다. 이것은 바보의 금fool's gold이라는 황철석으로 철과 황의 화합물이다. 방해석(Calcite, calcium carbonate)과 기타 규산염 광물질도 보통 존재하며, 이 때문에 분말석이 회색이 된다. 청금석은 그럼에도 그냥 갈아서 안료로 사용되기도 했다. 6세기에서 12세기의 비잔틴 서적에서, 6세기에서 7세기의 아프가니스탄 벽화에서, 11세기의 중국과 인도의 그림에서 나타나고 있다. 그러나 그 돌이 예외적으로 순수한 라주라이트로 구성되어 있지 않다면, 그 결과는 그리 장엄하지는 않았다. 분말 청금석(우리는 이것을 진짜 울트라마린과 구별해야 한다)은 이집트, 그리스, 로마의 그림에는 보이지 않는다.

울트라마린 제조기술은 중세의 발명품으로 보인다. 20세기 초 왕립아카데미에서 화구 전문가였던 아서 로리Arthur Laurie는 양질의 울트라마린은 1200년경에서야 서양예술에서 출현하기 시작했다고 말하고 있다. 테오필루스의 1120년대 글에서도 그에 대한 언급은 없다. 그의 아주르(azure, 하늘색)는 아주라이트였다.

청금석은 희귀한 광물이다. 사실상 중세를 통틀어 유일한 원산지는 현재 아프가니스탄에 있는 바다크샨badakshan이었다. 옥수스 강의 상류는 접근하기가 어려웠지만, 채석장은 메소포타미아 문명 이래로 그 귀중한 청색 돌을 채굴해오고 있다. 아주 최근에서야, 상당한 양의 청금석 퇴적물이 시베리아와 칠레에서도 발견되었다.

마르코 폴로Marco Polo는 1271년 채석장을 방문하곤 경탄해마지 않았다.

여기 아주 높은 산이 있고, 이 산에서 최고 양질의 청색이 채굴되고 있다. 돌로 이루어진 이 땅속에 맥이 있어, 거기에서 청색이 만들어지고, 산들이 있어 은이 채굴되고 있다. 그리고 그 평원은 매우 춥다.[3]

가루로 만든 청금석의 파편에서 그 호화로운 안료를 추출하는 방법을 누가 발견했는지는 아무도 모른다. 대니얼 톰슨은 진짜 울트라마린은 유럽인들이 그 제조방법을 알기 전에는 동양에서 수입되었다고 주장한다. "수많은 원재료들이 수입되고 있는 형편에 그 색이 계속 '울트라마린'이라 불릴 다른 이유가 있겠는가?"라고 그는 묻고 있다. 아랍의 연금술 문헌에 나타난 추출 과정에 대한 초기 서술도 이런 생각을 지지하고 있다. 한 비법은 아라비아 화학의 아버지로 불리는 야비르 이븐 하이얀Jabir ibn Hayyan의 탓으로 돌리고 있지만, 9세기에 그가 사망한 후에도 훨씬 지난 뒤의 비법으로, 그의 명성을 차용한 많은 연구 중의 하나이다.

기본적으로 해야 할 일은 불순물에서 청색 아주라이트를 분리하는 것이었다. 대부분의 비법은, 청금석 가루를 녹인 왁스, 기름, 수지와 함께 반죽으로 만들라고 한다. 이 반죽을 천으로 싼 다음 잿물 용액에서 다시 이기어 짜면, 청색 입자들이 빠져나와 그 용액 바닥으로 가라앉는다.

중세 말 이래도 채택된 그 방법을 첸니노 첸니니가 꼼꼼하게 서술하고 있는데, 그 장인이 그 색을 얻기 위해 얼마나 고생할 각오를 했는지를 어렴풋이 짐작할 수 있게 해준다.

우선 약간의 청금석을 준비해라. 온갖 것이 마치 재처럼 섞여 있기 때문에 가장 짙은 청색의 돌을 고르는 것이 요령이다. 잿빛을 가장 적게 포함한 것이 최고이다. 하지만 그 돌은 아주라이트가 아니어서 눈부시게 아름답거나 에나멜처럼 광택이 나지는 않는다는 점을 이해해라. 그 돌을 청동 막자사발에서 빻아라. 그러나 그 돌을 먼지로 사라지게 하지 않으려면 뚜껑이 있는 막자사발이어야 한다. 그런 다음 반암판 위에 놓고 물 없이 정성스레 빻아라. 약사가 약을 체질하는 데 사용하는 뚜껑있는 체를 사용해 거르면서 되었다싶을 때까지 다시 한 번 빻아라. 곱게 빻을수록, 더 아름다운 청색이 나올 것이다. 바이올렛처럼 아름답지는 않겠지만 말이다. 이 분말을 충분히 준비했으면, 청금석 1파운드당 6온스의 송진을 약사에게 구입하고 3온스의 유향수(gum mastic)와 3온스의 새로운 왁스를 마련해라. 그리고 이 모든 재료를 작은 새 옹기에 넣고 함께 녹여라. 그런 다음 이것들을 흰색 아마포 직물에 넣고 유약을 칠한 세면대로 짜내어라. 그런 후 1파운드의 청금석 가루와 나머지 재료를 잘 섞어서, 모두가 골고루 합쳐진 덩어리(plastic/가소성물질)로 만들어라. 그리고 약간의 아마유를 준비해두었다가, 항상 손에 넉넉히 칠해 두어라. 그래야 그 덩어리를 다룰 수 있다. 덩어리 상태로 적어도 3일 밤낮은 유지해야 한다. 그러니 매일 조금씩 준비해라. 그것을 덩어리로 2주나 한달, 혹은 원하는 만큼 오랫동안 보관해도 된다는 점을 명심해라. 거기에서 청색을 추출하고 싶을 때는 이런 방법을 사용해라. 너무 굵지도 얇지도 않은 단단한 막대 두 개를 준비해라. 그런 다음, 보관 중이던 유약을 칠한 세면대에서 그 덩어리를 꺼내 뜨거운 잿물 사발 안에 담가라. 그리고 양손에 막대기를 잡고 이 덩어리를 이리저리 뒤집고 짜고 짓이겨라. 빵 반죽을 치대는 것과 아주 흡사하다. 그렇게 해서 잿물이 완전히 청색으로 물들면 그것을 유약을 칠한 사발에 퍼 담아라. 그런 후, 다시 충분한 잿물을 그 덩어리에 뿌리고 다시 양손에 막대기를 쥐고 전과 똑같이 해라. 잿물이 진한 청색으로 변하면, 그것을 다른 유약을 칠한 사발에 옮기고 다시 그 덩어리에 충분한 잿물을 뿌리고 다시 한 번 동일하게 짜내라. 그리고 이런 작업을 며칠 동안 동일하게 시행하면, 그 덩어리는 더 이상 그 잿물을 청색으로 변색시키지 못할 것이다. 그러면 이제 그 덩어리는 버려라. 이제 더 이상 짜낼 청색이 없기 때문이다. 그리고 매일 같이 사발에서 잿물을 버려 청색이 마르게 해라. 청색이 완벽하게 말랐을 때, 그것을 가죽이나 방광 혹은 지갑에 치장해라.[4]

이 방법이 아주 효과적이었다는 사실은 매우 놀랍다. 그 방법은 현재까지도 완벽하게 재현할 수 없기 때문이다. 다만 광물 알갱이들의 표면 성질에 따른 효과로 추측할 뿐이다. 아주라이트는 물에 쉽게 녹으므로 그 덩어리에서 제일 먼저 떨어지고 그 용액에서 부유할 것이다. 첸니노가 지적했듯, 새로운 잿물에서 여러 번 연속해서 주무르는 것은 그 모든 염료를 남김없이 뽑으려는 시도였다. 가장 많고 가장 짙은 색의 입자들은 제일 먼저 나오고, 마지막 '세척물washings'은 청색 입자만이 아니라 무색의 불순물을 방출한다. 이 낮은 등급의 '울트라마린 재'는 담청색 유약을 만드는 데 사용되었다. 첸니노는 이렇게 주장한다.

> 명심할 사항은, 만약 당신이 훌륭한 청금석을 가지고 있다면, 처음 두 번의 수확은 온스당 8두카트의 가치를 지닐 것이다. 마지막 두 번의 수확은 재만큼의 가치도 없다. 따라서 신중히 살펴야 한다. 자칫 질 낮은 청색으로 훌륭한 청색을 망칠 수 있다.[5]

울트라마린을 제조하는 데 들어가는 비용과 노력은 그 결과가 그토록 황홀하지만 않았어도 절대 수용할 수 없었을 것이다. 그 색상은 보라색조가 장엄함을 더해가면서 황혼이 어둠으로 넘어가는 색을 나타낸다. 첸니노는 그 색을 열광적으로 칭송한다. "울트라마린 청색은 걸출하고, 아름답고, 가장 완벽한 색으로, 다른 어떤 색도 감히 범접할 수 없다. 우리는 여전히 그 색감이 능가할 수 없는 그 어떤 것도 말할 수도 행할 수도 없다."[6]

상징과 물질

나는 앞서, 안료의 비용이 색에 미치는 영향을 밝힌 바 있다. 울트라마린의 사용은 부의 상징이며 더욱 중요한 점으로 중세의 신성한 작품에서 그것은 그림에 미덕을 부여했다. 이것은 두치오의 작품에서 보이는 성모의 푸른 옷에서 극명하게 드러난다(〈삽화 10-2〉). 수도원 소속의 화가에게 그런 재료의 사용은 그에 합당한 경외심을 전달하는 것이었다. 그러나 화가들이 점차 부유한 후원자들과 개인 계약을 통해 그림을 그리게 되면서, 울트라마린의 사용은 후원자 자신의 신앙심과 공덕을 강조하기 위해서 그리고 그의 부와 사회적 지위를 강조하기 위해 계약에 명시되었다. 그래서 1417년에, 제단화의 성모에 대해 화가에게 다음처럼 주문하는 계약서를 발견하게 된다. "훌륭한 물감, 특히 고급 금색, 고급 울트라마린 청색, 고급 착색안료를 사용해야 한다." 비슷한 예로, 안드레아 델 사르토Andrea del Sarto 의 〈하피의 성모(Madonna of the Harpies, 1515)〉에 대한 계약은 성모의 옷에 '온스당 적어도 넓은 플로린(florin, 옛 피렌체 금화) 5닢' 가치의 울트라마린을 사용할 것을 요구하고 있다.

그래서 예수의 어머니가 그렇게 전형적으로 푸른 옷을 입고 있는 것엔 매우 세속적인 이유가 있다. 이것은 르네상스 이후 오랫동안 지속된 관습이다. 그러나 역사가들은 종종 그러한 청색의 선택을 상징적인 근거로 정당화하려고 시도한다. 즉 청색은 '하늘의' 영적인 색으로 겸손함 등을 나타낸다는 것이다. 그러니 어떤 원색에 대한 적절한 상징적인 상관관계를 찾기 위해 멀리 볼 필요도 없다. 바우하우스 예술 학교에서 가장 뛰어난 색 이론가인 요하네스 이텐Johannes Itten은 "청색의 절제성, 순종성, 그리고 깊은 믿음은 종종 성수태고지의 그림에서 자주 마주치게 된다. 내면에 귀를 기울이는 성모는 청색을 입고 있다."[7]라고 주장한다. 색 이론이 색의 물질성을 수용하지 않는다면 분명 엉뚱한 주장에 휘말릴 수도 있다.

그러나 유화는 울트라마린의 고귀함에 문제를 일으켰다. 기름에서 울트라마린은 더 이상 그렇게 위풍당당하지 못했다. 완전히 순수한 청색을 회복하기 위해, 예술가들은 연백을 첨가해야 했고, 이는 순수성을 오염시켰다. 이런 기술적인 긴급사태는 틀림없이 생각보다 잘 수용되었을 것이다.

인문주의가 물질 숭배가 종교적 가치화 요소라고 비난했기 때문이다. 그러나 그런 수용은 종교의 가치를 더욱 허물게 했다. 예술 역사가 폴 힐즈 Paul Hills에 따르면 "청색에 흰색을 더하는 것은 겉보기엔 작은 변화지만 중세에서 근대 초기로 전환하는 인상적인 표시이다."

조반니 벨리니는 유화기법을 가장 먼저 수용한 베네치아 화가들 중 한 명이었고 〈성모와 아기 예수 앞에 무릎 꿇은 아고스티노 바르바리고 도제 (Doge Agostino Barbarigo Kneeling before the Virgin and Child, 1488)〉에서, 예수의 어머니가 입고 있는 청색 옷에 극히 일부분을 연백으로 처리해, 그 주름의 입체감이 상당히 얕다. 그러나 벨리니의 제자 티치아노는 〈사도 요한과 알렉산드리아의 캐서린과 함께 한 성모와 아기 예수(Madonna and Child with Saints John the Baptist and Catherine of Alexandria, 1530)〉(〈삽화 10-3〉)에서 성모의 옷에 훨씬 더 옅은 청색을 입혔다. 이때쯤 화가들은 울트라마린을 혼합하는 데 심리적 압박을 훨씬 덜 받았고, 티치아노는 재료의 원색적 속성을 의존하는 대신에 청색 비단의 풍부함을 드러내기 위한 색채 기술을 사용하고 있는 중이었다. 이런 변화는 역으로 화가들이 청색을 훨씬 더 폭넓게 만들도록 자유롭게 해주었고 힐즈는 그 덕분에 르네상스의 캔버스가 빛으로 넘실거리게 되었다고 믿는다.

> 울트라마린을 흰색과 혼합하는 것에 대한 오랜 거부감이 걷히게 되자 화가들은 빛의 농도에 따른 온갖 청색 영역을 자유롭게 발견할 수 있게 되었다. 15세기에 청색은 둥근 하늘에 별이 총총한 밤에 한낮의 즐거운 하늘로 바뀌어갔다.[8]

울트라마린의 화려한 사용은 대부분 이탈리아로 한정되었는데, 주로 상업적인 이유 때문이었다. 이탈리아 항구들은 그 안료를 서양으로 흘려보내는 도관 구실을 하고 있었다. 북유럽 그림에서 울트라마린은 특별하진 않았어도 상당히 제한적이었다. 1566년 한 주석가는 그 색이 독일에서는 거의 발견되지 않는다고 말했다. 알브레히트 뒤러는 그 색을 사용한 몇 안 되는 독일 화가 중 한 명이었지만, 그의 후원자에게 편지로 그 가격에 대해 강도 높게 불평을 터트리기도 했다. 1521년, 그는 앤트워프에서 그 안료를 일부 토성안료보다 100배나 더 많은 돈을 주고 구입했다.

패널화가보다 그림 면적이 훨씬 더 넓은 벽면화가에게 이런 막대한 비용은 사실상 최고의 청색을 사용할 꿈도 꾸지 못하게 했다. 바사리가 언급한 한 사례는 귀중한 청색이 얼마나 조심스럽게 배분되었는지를 알려준다. 그 사연은 페루지노가 플로렌스의 제수아티 수도원으로부터 프레스코를 위임받은 것이었다. 여기서 귀중한 울트라마린이 포함되어 예산이 늘었지만, 제수아티의 수사들이 플로렌스에서 가장 유명한 울트라마린 공급자에 속해 있었고, 그런 까닭에 비용을 충당할 수 있었을 것이다.

그러나 그 수도원 부원장은 페루지노가 싸구려 안료로 대체할까 걱정스러웠고, 그래서 그가 작업하는 동안 옆에서 감시를 했다. 이런 불신에 화가 난 페루지노는 복수를 꾀했다. 붓을 그 수용성 안료에 적신 후 그 물감을 벽에 칠하기 전에 남몰래 붓을 꽉 짰다. 이런 식으로 그는 그 안료를 빨리 소진시켰다. 붓 자국이 너무 희미해서 덧칠해야 했기 때문이다. 그래서 그는 계속해서 그 접시에 더해질 안료를 요청했다. 그리고 안료는 점점 더 많이 바닥에 누적되고 있었다. 페루지노는 나중에 이 귀중한 재료를 부원장이 감시하지 않을 때 자신의 용도로 썼다.

슬프게도, 이 이야기는 아마도 순수한 창작일 것이다. 하지만 그것이 주는 메시지는 아주 명쾌하다. 그것은 라파엘 전파의 단테 가브리엘 로제티, 윌리엄 모리스William Morris, 에드워드 번 존스Edward Burne-Jones가 옥스퍼드 대학의 벽화를 그릴 때, 로제티가 당시에도 굉장히 고가였던 그 천연 울트라마린 단지를 통째로 쏟았을 때의 이야기를 떠올리게 한다. 그 비용을 치러야 했던 위원회는 울화통을 단단히 삭여야 했다.

싸구려 안료로 대체할까 우려했던 제수아티 부원장의 걱정은 사실상 기우에 불과했다. 프레스코에서 울트라마린의 대체물은 금세 들통 나기 때문이다. 인디고는 검게 변색되는 경향이 있었고, 스몰트(화려한 감청색)는 다루기 까다로운 색으로 명성이 자자했고, 보편적인 대용물인 아주라이트는 물에 노출되면 녹색으로 변하기 때문에 프레스코엔 쓸모가 없었다. 아주라이트는 마른 벽화(secco, 건식 프레스코)에 적용될 수 있지만, 그럴 경우 내구성이 크게 떨어져 쉽게 벗겨질 수 있다. 그 결과 중세와 르네상스 프레스코에서 청색은 그다지 사용되지 않고 있다. 그 영광스런 예외는 파두아에 있는 아레나 성당에 있는 조토Giotto의 작품이다(〈삽화 4-3〉). 여기서 경비는 아무런 문제가 되지 않는 듯 했다.『잃어버린 시간을 찾아서(A la recherche 여 temps perdu)』에서 프루스트 마르셀Proust Marcel은 놀라울 정도로 잘 보존된 벽화에 대해 말한다.

"전체 천장과 그 프레스코의 배경이 너무나 청색으로 빛나, 마치 찬란한 한낮이 인간 방문객과 더불어 문지방을 건너는 기분이다."

16세기 말에 아주라이트 공급이 일시적으로 부족해지면서 울트라마린의 수요가 늘어났다. 이것은 아주라이트가 이탈리아 항구를 통해 수입되기 때문에 이탈리아인들이 그것을 거의 독점하고 있다는 의미였다. 고급 청색의 공급에서 이탈리아 외부에서 일어난 위기도 있었다. 그 때문에 피터르 브뤼헐Pieter Brueghel the Elder이 〈동방박사들의 경배(The Adoration of the Kings, 1564)〉에서 성모의 옷을 울트라마린도 아주라이트도 아닌 질 낮은 스몰트로 그렸는지는 명확하지 않다. 하지만 약 100년 후, 스페인 사람 프란시스코 파체코Francisco Pacheco는 스페인의 부유한 화가들도 울트라마린을 구입할 수 없다고 썼다.

:: 파란 피

사태가 늘 이렇게 나쁜 것만은 아니었지만, 좋은 청색은 수백 년 동안 화가들에게 사치품으로 존재했다. 적색(버밀리언, 적납, 매더, 카민 착색안료)이나 노란색(인디언 옐로, 갬부지, 네이플 옐로, 웅황, 레드틴 옐로)과 비교했을 때 청색은 선택이 매우 제한되었다. 스몰트와 청색 녹청이 아주라이트를 대신하는 값싼 선택이었지만, 인디고가 수백 년 동안 울트라마린에 비교할 수 있는 깊은 색조를 가진 유일한 대안이었다. 그러나 인디고는 울트라마린과 비교가 안 되는 부실한 대안이었다. 인디고는 울트라마린의 호화로운 보라색에 비교하면 병약해 보이는 녹색의 색조를 지니고 있다.

그 상황은 베를린 물감 제조업자 디스바하의 우연한 발견으로 18세기 초에 다소 완화되었다. 이것은 물감의 역사의 그토록 흔한 일반적으로 기술 혁신에서도 마찬가지인 행복한 우연이었다. 세부사항이 시간이란 망각자에 의해 지워지지 않더라면 안료의 출현도 다른 더 오래된 안료의 출현에 따랐던 같은 동기를 분명 발견했을 것이다. 디스바하는 뭔가를 만들려하다 엉뚱한 것을 만들었는데, 불순한 시약의 행복한 희생자였다. 화학의 발전은 증류기, 정제자, 제조업자의 부주의에 크게 의존해왔다. 하지만 그것은 험담은 아니다.

디스바하는 황산철과 칼리potash가 필요한 코치닐 적색 착색안료를 만들고 있는 중이었다. 그는 요한 콘라드 디펠Johann Konrad Dippel이라는 연금술사로부터 칼리를 구입했다. 디스바하는 그의 실험실에서 연구하고 있었는데, 아마 돈을 아끼려고 내다버리기 위해 내놓은 동물 기름으로 오염된 칼리를 일회분의 실험양만 달라고 요청했다. 디스바하는 곧 그것이 잘못된 절약이라는 것을 알았다. 그의 적색 안료가 극단적으로 희미해졌기 때문이다. 잘못을 최대한 고쳐보려고, 그는 그것에 집중했고 여기서 그것이 보라색으로 다시 짙은 청색으로 변했다.

당황하고 화학지식이 짧았던 디스바하는 디펠에게 설명을 구했다. 그 연금술사는 청색이 황산철과 오염된 알칼리와 반응했을 것이라 추론했다. 그 이상은 그도 말할 수 없었다. 그러나 회고해보건대, 그 알칼리가 피로 만들어진 디펠의 기름과 반응하여 페로시안화 칼륨(potassium ferrocyanide, 황혈염)(독일에선 여전히 Blutlaugensalz로 알려진 화합물)을 만든 것을 알 수 있다. 이것이 다시 황산철과 결합하여 화학자들이 페로시안화 철이라 부르는, 혹은 화학자에게조차 더 익숙해진 그 안료의 이름인 프러시안 블루라는 화합물을 형성한 것으로 보인다. 디스바하는 1704년과 1705년 어느 땐가 우연히 청색 물질을 발견했고 곧 베를린에서 화가들의 재료로 제조되었다. 그것은 1710년에서야 화학논문에 나타났는데, 그때 '베롤리넨시스 휘보Miscellanea Berolinensis'에 익명의 기고문이 그 아름다움을 칭송하며, '울트라마린에 필적하거나 혹은 더 우수한' 색으로 주장했다.

이 보고서는 계속해서 주장했다.

"그것은 해가 없다. 여기엔 비소를 함유되지 않았다. 건강에 해롭지 않으며 오히려 약이다. 위험이 없기 때문에 설탕 제품에 이 색을 칠한 후 먹어도 된다."

시안화물(청산가리) 내용물을 포함하고 있음에도 이런 주장은 대체로 사실이다. 그 안료는 그다지 독성이 없어 화장품에서 사용되고 있다.

그 합성 절차에 대해, 1762년 프랑스 화학자 장 헬로Jean Hellot는 이렇게 논평했다.

"프러시안 블루를 얻은 공정보다 더 특이한 것은 없을 것이고, 우연이 없었더라면 그 색을 발명하기 위해 심원한 이론이 필요했을 것이다."

그것은 틀림없는 말이었고, 그 합성은 영국인 존 우드워드John Woodward가 독일에서 그 공정기술을 밝혀 발표할 때까지 샐까 두려워 가슴 졸이며 지키던 비밀이었다. 존 우드워드는 그 공정을 1724년 왕립협회의 〈철학회보(Philosophical Transactions of the Royal Society)〉에 즉시 게재했다. 그가 제시한 방법은 불필요하게 정교했다. 하지만 그 제품에 대해 알려진 것이 거의 없어 어떤 것이 본질적인 것인지 아무도 확신할 수 없었다.

이때쯤, 그 안료는 디스바하가 그 비법을 공유했던 제자 드 피에르De Pierre에 의해 파리에서 제조되고 있었다. 그 색은 이런 이유로 파리블루라는 이름으로 태어나게 되었다. 독일 화학자 게오르크 에른스트 슈탈은 1731년 그 청색 안료의 발견에 대한 상세한 보고서를 썼고, 1750년에 이르면 그것은 유럽 전역에서 널리 알려지게 되었다. 울트라마린의 겨우 10분의 1의 가격이었던(울트라마린은 1770년에 파운드당 2기니의 가격이었다), 프러시안 블루는 매력적인 대안이었다. 그 색은 토머스게인즈버러Thomas Gainsborough와 앙투안 바토Antoine Watteau와 같은 18세기 말의 화가들이 많이 사용했다.

그 색상의 충만함은 프러시안 블루를 일부 색 이론가들이나 기술자들에게 '원색'의 청색 후보로 추천하게 만들었다. 자코브 르 블롱Jacob Le Blon은 3색인쇄를 시도하던 초기에 그 색을 원색으로 사용했다. 그 색이 초미세한 입자 때문에 반투명하지만, 프러시안 블루는 강력한 착색력을 갖고 있다. 그래서 아주 작은 양에 흰색을 더하면 강력한 청색이 나타난다. 미국에서, 미국답게 무뚝뚝한 '아이언 블루iron blue'로 알려진 그 색은 적어도 1723년부터 가정용 페인트로 사용되었고, 그것은 또한 가공하면 실크나 캘리코를 위한 염료가 된다는 것도 증명되었다.

화가들과 물감업자들은 더욱 신중했다. 1850년, 조지 필드는 이렇게 논평했다. "그 색은 코발트나 울트라마린의 순수성과 화려함에 절대 필적할 수 없으며, 마찬가지로 울트라마린의 완벽한 내구성에도 따라올 수 없다." 『고대와 근대의 색(Ancient and Modern Colours, 1852)』에서 린턴W. Linton은 이렇게 말하고 있다. "채색화가들에게는 풍요롭고 매력적인 안료지만, 믿을 만한 색을 아니다. 그럼에도 피하기가 힘들다."

그 색은 19세기에 이르면 점차 '피하기가 힘들지' 않게 되었다. 그럼에도 프러시안 블루는 18세기에서 20세기의 작품에서 찾기가 그리 어렵지 않다. 1878년에 이르면, 윈저와 뉴턴이 그 재료에 기초한 각종 물감을 팔고 있었다. 그래서 프러시안 블루뿐만 아니라 앤트워프 블루(흰색과 혼합된 물감)와 그것이 갬부지와 섞인 2가지 녹색 물감이 있었다. 윌리엄 호가스 William Hogarth, 윌리엄 블레이크, 존 콘스터블John Constable은 혼합된 녹색들 대신 프러시안 블루를 쓴 화가들이었고 또한 모네, 반 고흐(놀랍게도 〈일본 처녀(La Mousmé, 1888)〉에서), 피카소의 청색에서도 그 색이 발견되고 있다. 피카소에게 프러시안 블루의 약간의 회색빛 녹색 색조는 청색시대 동안, 코발트 블루나 울트라마린의 밝은색조보다 그의 우울한 감성의 목적에 더 잘 맞아떨어졌다. 비록 근대 화가들에게 가장 인기 있는 색에 들어가지는 않았지만, 프러시안 블루는 영국의 화가이자 조각가인 아니쉬 카푸어에 의해 극적인 형태로 채용되었다. 그 색을 수지와 결합하여 슬러리(slurry, 현탁액)로 만들어 〈사물의 마음에 달려 있는 날개(A Wing at the Heart of Things, 1990)〉(〈삽화 10-4〉)에서 그 형상들을 코팅한 것이다.

페르시안 블루와 이와 관련된 페로시안화 색들은 오늘날에도 아주 단순한 방법으로 엄청난 양으로 제조되고 있는데, 값이 싸기 때문에 주로 상업적 물감으로 선호되고 있다. 그 청색은 또한 인쇄 잉크로도 사용되었었지만 아닐린 염료에 밀려났다.

:: 합성된 장엄함

그러나 화가들에게 프러시안 블루는 여전히 울트라마린의 대체물이 될수 없었다. 인디고처럼 이 색도 녹색 기미를 띠고 있다. 그리고 조지 필드가 말했듯이 그것은 불안정한 색이었다. 19세기의 여명이 밝아오건만 강렬하면서도 저렴한 청색들이 여전히 절실했다.

그때까지 화학자들은 자연의 무기물질들이 실험실 합성으로 재창조될수 있다는 생각에 젖어 있었다. 과연 화학자의 마술이 인공 울트라마린을불러낼 수 있을 것인가?

그러나 합성은 화학구성에 대한 지식을 요구했고, 그것은 안타깝게도잡힐 듯 멀기만 했다. 그 문제는, 울트라마린(좀 더 정당하게 말해서 라주라이트에서)에서 원소의 혼합이 복잡할 뿐만 아니라 변할 수도 있다는 점이었다. 나트륨과 황산(그리고 때론 칼슘)의 함유량이 다를 수 있었으며, 일부 샘플에선그 결정구조에 염화이온이나 황산염이온이 포함되어 있기도 하다.

1806년에, 프랑스 화학자 데조름 J. B. Desormes과 클레망 F. Clement이 「화학연감」에 울트라마린의 화학성분에 대한 최초의 정확한 분석을 게재했다.울트라마린은 탄산, 무수규산 solica, 알루미나, 황산의 화합물이었다. 이 분석은 불순물이나 특히 탄산의 제조를 비롯해 각종 산업적 화학공정의 부산물로 생긴 겉보기에 비슷한 청색에 대한 후속적인 확인을 이끌었다. 그런 물질들이 실제로 한동안 세상에 나돌았다. 하지만 그들의 화학구성에대해서는 거의 이해가 되지 않았다. 1787년에 괴테는 이탈리아의 석회 가마에서 발견된 청색 퇴적물에 대해 언급하면서, 그것들이 장식 가공에서청금석 대신에 현지에서 가끔 사용된다고 말했다. 그리고 이것이 인공적으로 진짜 울트라마린을 만들게 된 실마리였다.

1814년에, 프랑스 화학자 타새르트 M. Tassaert가 니콜라 루이 보클랭에게 유리공장의 탄산 가마에서 취한 청색 물질을 분석해달라고 요구했다. 보클랭은 그 물질구성이 데조름과 클레망이 울트라마린으로 제안했던 화학식과 유사하다고 보고했다. 그리고 타새르트는 국가산업진흥협회에게 이런 통찰력을 이용해 화학자들이 인공 울트라마린을 개발할 수도 있다고 제안했다. 1824년, 협회는 그 제안을 받아들였고, 상업화가 가능한 제조공정을 밝히는 사람에게 6,000프랑의 상금을 주겠다고 공표했다. 다만 그 제품이 킬로그램당 300프랑 이하로 판매될 수 있어야한다는 단서조항이 첨부되었다. 이런 당근정책은 그런 종류로 처음은 아니었다. 1817년 영국의 왕립예술대학도 이보다 훨씬 낮은 금액이기는 했지만 동일한 성취에 상금을 내걸었었다.

6,000프랑이라면 온갖 사기꾼을 끌어 모으기에 충분했고, 처음에 신청이 들어온 공정들은 1802년에 발견된 코발트 블루나 프러시안 블루의 변형에 불과했다. 그러나 1828년 2월, 그 협회는 툴루즈의 물감 제조업자 장밥티스트 기메Jean-Baptiste Guimet가 조건을 충족시켰다고 결정했다. 기메는 파리에 울트라마린 제조공장을 만들고 즉시 파운드당 400프랑에 팔기 시작했다. 이것은 천연염료의 약 10분의 1 가격이었고 기메는 그 상을 수상했다.

그러나 정확히 한 달 후, 그 협회는 튀빙겐 대학의 크리스티안 그멜린Christian Gmelin으로부터 또 다른 도전장을 접수했다. 그멜린은 안료를 만드는 약간 다른 공정을 별도로 개발한 것이다. 게다가, 그는 그 공정을 1년 전에 개발했지만 당시에 발표하지 않았다고 주장했다. 기메도 공정을 1826년에 개발했지만 협회에 보고하기 전까지 비밀에 부치고 있었다며 맞받아쳤다.

그 분쟁은 몇 년이 지속되었지만 기메는 자신의 주장을 확실히 입증할 수 있어 프랑스 위원회를 만족시킬 수 있었다(물론 프랑스 밖의 사람들은 아니었다). 물론 상금도 그대로 유지했다. 결과적으로, 인공 울트라마린은 오늘날에도 '프렌치 울트라마린(French ultramarine)'이란 이름을 보유하고 있다.

비록 그 싸움에 끼어들지는 않았지만, 제3의 인물인 독일의 제조업자 쾨티그도 비슷한 시기에 제조방법을 개발했다. 그는 마이센의 자기 공장에서 일했고 거기서 1830년대에 울트라마린을 제조했다. 기메는 1830년에 플러리 쉬르송Fleurieu-sur-Saône에서 산업적 규모의 생산을 시작했고, 곧 그밖의 프랑스 지방이나 독일에서, 뒤이어 영국과 벨기에, 미국이 생산에 뛰어들었다.

기메와 그멜린의 공정은 비슷한데 필요한 원소들을 몽땅 쓸어 넣고 가열하면 그만이었다. 고령토[china clay, kaolin(카오린), an aluminoosilicate(알루미노규산염)], 탄산(soda, sodium carbonate(탄산 나트륨)], 목탄, 석영이나 모래(무수규산), 황을 용광로에서 가열하고, 그 결과로 나온 녹색의 유리질 물질(그린 울트라마린)을 갈고 세척해 수용성 불순물을 제거한다. 마른 녹색 물질을 재가열하면 그것이 청색 물질로 변환하고 이것을 다시 세척해 갈면 그 안료가 나온다. 그 제품의 정밀한 색은 그 성분의 양을 조정해 변화시킬 수 있다.

천연 울트라마린의 가격을 생각해보면, 화가들이 그 합성제품을 쌍수를 들어 환영했으리라 생각할 것이다. 그런데 사정은 좀 복잡했다. 아마도 울트라마린에 대한 오랜 경외심 때문이었을 것이다. 과연 용광로 제품이 그만한 색감을 줄 수 있을까? 그럼에도 프랑스 화학자 메리메는 앵그르가 〈호메로스의 신격화(The Apotheosis of Homer)〉에서 기메의 울트라마린을 사용했다고 보고하고 있다. 이 그림은 1827년으로 거슬러 올라가는데, 기메가 그 상을 수상하기도 전이다. 이것은 확실히 기메의 우선권에 대한 주장을 뒷받침하며 또한 보수적인 앵그르에게서 한 줄기 진보적인 성향을 엿볼 수 있는 기회이기도 하다.

터너는 새로운 안료의 실험을 무척이나 즐겼다. 1820년대 말에 그가 그 합성안료를 수채화 물감으로 사용한 증거도 있다. 하지만 두 곳에서 인공 울트라마린이 발견된 것을 제외하고 그의 유화에서 새로운 재료로 위험을 감수했다는 증거는 없다. 그나마 둘 중 하나는 1851년 사망 전에 마지막으로 사용한 것이다. 터너는 왕립아카데미를 장식할 그림을 그리면서, 다른 사람의 팔레트에 있는 울트라마린을 보면서, "그건 프랑스야!"라고 외치며 그 색을 거부했다고 한다. 그 인공염료는 19세기 전반에 억울한 누명을 썼고, 터너는 그런 악평에 분명 흔들린 것이다. 터너에게 상당한 영향을 끼쳤던 조지 필드는 청금석에서 자신만의 울트라마린을 계속 만들었다.

그러나 현격한 가격차이는 무시할 수 없는 요소이다. 1830년대 초에, 천연 울트라마린은 영국에서 온스당 8기니였던 반면, 합성 울트라마린은 가격이 천차만별로 파운드당 1실링에서 25실링 사이에서 구입할 수 있었다. 더욱이 소문과는 달리, 그 합성안료는 천연염료 못지않게 변색이나 탈색이 없었다. 1870년에 이르면, 인공 울트라마린은 화가들의 표준 청색이 되었고, 심지어는 훨씬 더 고가였던 코발트 블루보다도 더욱 표준이 되었다. 그것은 인상주의 화가들의 팔레트에서 두드러지게 특징을 이뤘고 특히 르누아르의 청색 짙은 〈우산〉이 대표적이며, 또한 세잔의 섬세한 혼합에서도 사용되었다. 반 고흐의 〈사이프러스가 있는 밀밭(A Wheatfield, with Cypresses, 1889)〉의 밝은 청색도 그 염료이다.

:: 20세기의 청색

중세에서 안료의 여왕으로 군림하던 울트라마린이 20세기에 재고품에 불과했던 청색에 의해 권좌에서 물러나는 모습은 애절한 무언가가 있다. 이런 애절함은 물감재료에서 흔한 궤적이다. 희귀한 향이나 향신료와 같은 신비로 똘똘 뭉친 이국적이며 값비싼 수입상품에서 값싼 일용품으로 전락하는 사연이 그렇다. 어쩌면 이것은 너무 비관적인 견해일 수도 있다. 그림은 팔레트의 광대한 외연의 확장으로 혜택을 입어왔지 않는가. 그리고 그런 과정은 20세기에도 지칠 줄 모르고 이어져 더 많은 청색의 색조가 도입되었다.

1935년에 모나스트랄 블루와 망간 블루라는 2가지 새로운 안료가 나타났다. 모나스트랄 블루는 ICI의 프탈로시아닌 구리로 만든 착색안료에 붙은 영국 상표명이다. 그 색에 과감한 주장이 펼쳐졌다. 그 색이 프러시안 블루와 인공 울트라마린의 발견 이래 '가장 중요한 발견'이라는 것이다. 그리고 그 발견이 대단한 상업적 충격을 준 것도 사실이다. 청색 안료로 그 색은 울트라마린의 호화로운 색상은 전혀 없지만, 적색과 노란색을 거의 완전히 흡수하고 청색과 녹색은 투과시키거나 반사시켰다. 이런 성질은 그 색을 3색인쇄에 이상적인 청록색^{cyan colour}으로 만들었다(제12장 참조).

황산바륨의 입자에 부착된 망간산 바륨^{barium manganate}인 망간블루도 약간 녹색 기미가 있다. 1935년에 독일 물감회사 카르텔 이게 파르벤이 이 색에 특허를 냈고 처음엔 시멘트를 색칠하는 데 사용됐다. 그 색은 결국 화가들의 주요 안료가 되지 못했다. 오늘날, 그 청색 시장은 아주 특별한 청색이 없었더라면 청색의 군웅할거로 매우 치열했을 것이다.

이 장 첫머리에서 암시했듯, 우리는 20세기의 작품에서 청색 주제들을 찾기 위해 멀리 볼 필요가 없다. 나는 한 인물로 이브 클라인을 꼽고 싶다. 그는 색의 기술에 아주 독특하게 참여했고, 그래서 그의 이름을 붙인 새로운 청색을 발명하게 되었다.

1940년대 말과 1950년대 초에 해당하는 클라인의 초기 단색화법은 그 안료들에서 전색제 때문에 골머리를 앓았다. 그는 그 마른 분말의 짙은 청색을 숭배했다. "그 얼마나 명징하고, 휘황한가. 그 고대의 찬란함이여!"

그러나 그 안료를 물감을 만들기 위해 전색제와 혼합하는 순간 그 색은 어김없이 탁해지는 것이었다.

> 화려한 색감의 마법이 풀어진 것이다. 분말 알갱이 하나하나가 전색제로 하나씩 소멸되거나, 어떤 물질이 그 안료 알갱이를 전색제 알갱이와 더불어 다른 알갱이를 함께 고착시키는 것처럼 보였다.[9]

클라인은 그 순수한 색의 선명도를 유지할 방법을 찾기를 열망했고 또한 보는 사람의 감성을 일깨우는 완전한 잠재력을 발현시키고 싶었다.

그는 화학 제조업자이자 화가들에게 재료를 공급하던 파리의 소매상 에두아르 아당에게 도움을 요청했다. 아당의 도움으로, 클라인은 1955년 해결책을 찾았다. 그것은 로도파스 M60A^Rhodopas M60A라고 불리는 고착성 수지로, 롱프랑 화학회사에서 제조되고 있었으며, 에탄올이나 에틸 아세테이트와 혼합하면 묽어졌다.

"그 수지로 분말 형태에서 발견했던 것처럼 안료의 미세한 입자들에게 완전한 자유를 주었다. 그 물질들은 서로 결합은 했겠지만, 또한 자주적이었을 것이다."[10] 클라인에게, 그 색을 적용해 벨벳처럼 따스한 느낌을 주는 직물은 일종의 '순수한 에너지'를 소유하고 있었다. 그래서 색의 모든 뉘앙스를 스스로 드러냈는데 마치 살아 있는 원색의 유기체 같았다. 그는 그 전색제를 이용해 장엄한 색으로 단색 표면의 직물을 만들었다. 그 표면은 황금빛 노란색과 깊은 장밋빛 핑크였다. 그러나 관람객들이 주로 장식적인 효과 때문에 그의 밝은 캔버스를 감상하는 게 아닌가. 이것은 그의 의도가 전혀 아니었다. 클라인은 단색으로만 그림을 그리기로 다짐했다. 진실로 특별한 작품이 되어야만 했다.

그리고 현재는 합성화학의 제품이기는 하지만 첸니노의 그 빼어났던 울트라마린이 이제 원광석에서 헤어지게 된 사건보다 더 특별한 것이 무엇이 있겠는가? 그러나 첸니노가 물질의 장엄함에 기뻐한 반면, 클라인은 좀 더 추상적인 것에 매료되었다. 관람객들의 시선을 피상적인 장엄함 이상으로 끌 수 있는 청색의 개념이었다. 그에게, 이런 청색을 발색시키는 데 필요한 기술적 성취는 개념적 목적을 위한 수단이었다. 그래서 1960년 그 새로운 색, 인터내셔널 클라인 블루International Klein Blue에 대한 특허는 상업적인 동기가 아니라, 그의 매개체가 표현하고 있는 형이상학적 아이디어에 대한 형식적 비준이자 또한 다른 사람들이 '순수한 아이디어에 대한 신뢰성'을 수상하게 사용할 것에 대비한 보험이었다.

1957년 밀라노에서 열린 클라인의 전시회 '청색시대의 선언'은 청색 단색화의 연작에서 그의 프로그램을 드러내고 있다. 피상성을 초월하기 위한 그의 의도를 강조하기 위해, 클라인은 각각의 캔버스에 다른 가격을 매겼지만 사실 모두 '동일한' 작품이었다. 그가 느끼기에, 가치란 그 작품의 '외관, 즉 어떻게 보이는가'가 아니라 그 작품의 창조에 들어간 감정의 강도를 반영해야 한다. 그런 '만듦making'에 대한 이런 강조는 클라인이 현대예술에 기여한 가장 영속한 측면이다.

밀라노 전시회는 성황리에 마쳤다. 하지만 아방가르드(전위예술)의 엘리트들이 매운 혀로 파당적인 논쟁을 즐기는 파리에서 그 환대는 다소 복잡했다. 그러나 클라인의 과감한 개념은 곧 그에게 '모노크롬 클라인(단색화가 클라인)'이라는 세계적인 갈채를 받게 한다.

주로 'IKB'(〈삽화 10-5〉)라는 접두사로 번호를 매기는 계획에 따라 쉽게 확인되는 이런 희미한 청색 작품들을 제대로 감상하려면 직접 봐야만 했다. 복제품은 그 작품을 제대로 평가할 수 없다. 클라인은 롤러나 스펀지로 물감을 칠했고, 1958년엔 물감을 작품 자체에 투입해 수지로 보존하고 청색 안료를 주입했다.

이브 클라인은 새로운 개념적 영역인 공간에 초점을 맞춘 허공의 시대 Pneumatic Epoch, 장 팅귈리Jean Tinguely와 함께 한 역학적인 조각, 신체각인body imprint 혹은 인체 측정학anthropometries 등으로 작품을 확장하면서, 청색 선언을 충실히 이행했다. 〈히로시마(Hiroshima, 1961)〉는 더 짙은 청색 공간을 배경으로 청색 실루엣을 포착하고 있는데, 그들의 길게 뻗은 팔다리는 원자폭탄으로 민지로 사라진 희생자들의 유령 같은 하얀 그림자를 회상시킨다. 〈인간이 날기 시작하다(Humans Begin to Fly, 1961)〉에서 보이는 즐거운 청색 윤곽들은 인류가 그의 물리적 한계를 넘을 수 있다는 그의 신념을 나타낸 것이다. 이탈리아의 카시아 수녀원의 성녀 리타 사원에 대한 1961년에 만들어진 그의 매우 아름다운 봉헌물은 플라스틱 용기에서 꺼낸 순수한 안료를 적용함으로써 채색의 논리적 결론을 도출하기 위한 그 목적을 수행하고 있다[〈성녀 리타의 성지를 위한 봉헌물(Ex Voto for the shine of St Rita,1961)〉 (〈삽화 10-6)〉]. 여기에 중세의 3원색으로 그려진 기도하는 사람이 있다. 그 사람에게서 울트라마린, 황금색, 마지막으로 버밀리언을 대신한 지극히 현대적인 짙은 핑크색이 보인다.

IKB로 적혀 있는 〈청색지구(Blue Globe, 1957)〉의 세계와 지형 예술적인 〈지구의 구원(Planetary Reliefs, 1961)〉에서, 클라인은 기후 통제라는 '영구적인 기적'에 의해 안락하고 조화로운 지구의 유토피아적인 견해를 피력하고 있다. 클라인이 단명하기 1년 전인 1961년에 유리 가가린Yuri Gagarin이 한 말보다 이브 클라인의 비전을 더 강하게 피력하는 말은 없다.

"우주에서 보니 지구는 푸르다."

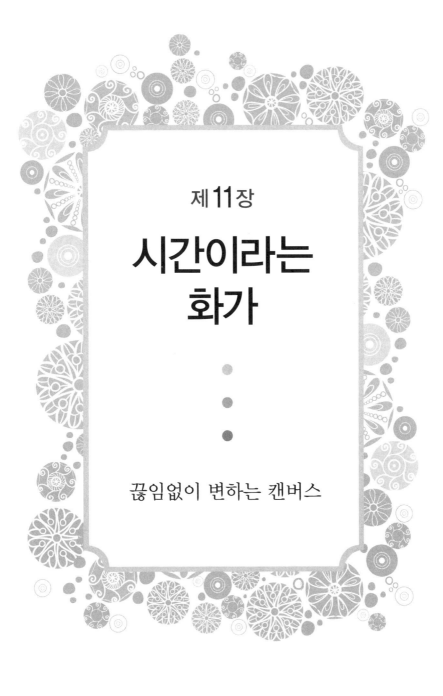

제11장

시간이라는 화가

:

끊임없이 변하는 캔버스

근대 예술사에서, 색의 사용과 남용은 총체적인 무지와 그 이상의 무관심을 열연하는 슬픈 무대 마련해주었다.

_ 조지 필드, 『색층분석법』

적납으로 알려진 색은 패널에서 작업할 때만 훌륭하다. 만약 그 색을 벽에 사용하는 순간, 그 색은 곧 검게 변할 것이다. 공기에 노출되면 변색되기 때문이다.

_ 첸니노 첸니니, 『회화론』

'복원(restoration)'은 매우 부실하게 선택된 용어로, 엄밀히 말해 그것은 불가능한 것을 의미한다. 진정한 그림의 복원이란 분명 원작 화가에게만 가능한 일이다.

_ 막스 되너, 『예술가들의 재료』

런던 국립박물관에 걸려 있는 티치아노의 작품 〈바쿠스와 아리아드네〉는 베네치아 사람들의 강렬한 색에 대한 사랑의 증언이다. 그러나 우리가 1967~1968년에 청소되기 전에 그 그림을 보았다면 분명 잘못된 인상을 받았을 것이다! 그 화려한 아주라이트 하늘은 흐릿한 갈색조의 연한 자줏빛이었고, 전체적인 이미지는 가장 칙칙한 '육즙의 갈색'을 사용한 콘스터블의 작품이 오히려 굉장히 빛나게 보일 정도로 어둠에 지배되어 있었다 (〈삽화 11-1〉).

청소하여 공개된 그림은 대중의 분노를 자아냈는데 매우 놀라웠다. 20세기 예술의 화려한 색상에 익숙해진 대중마저 티치아노의 색조도 그 못지 않게 화려하다는 개념에 익숙하지 않았던 것이다. 옛 거장들에 관한한 빅토리아 시대 이래로 대중의 취향에 별다른 변화는 없어보인다. 이 당시 재앙의 '복원' 작업이 최고의 명작 중 한 점을 칙칙하고 난잡한 그림으로 바꾸어 버렸다. 그리고 이런 퇴락은 근엄한 보수주의 미학과 일치하는 것이었다.

우리는 〈바쿠스와 아드리아네〉의 슬픈 운명에서, 이 초창기 '복원'이 무엇을 의미하는지 정확하게 파악할 수 있다. 그 그림이 1806~1807년 당시의 상태로 청소되었다고는 하지만 그 그림 표면은 심하게 벗겨지고 있었다. 원인 중의 하나는 그 그림이 16세기와 17세기에 둘둘 말려 있었기 때문이었다. 이것은 판이 아니라 캔버스에 그려진 그림의 위험 중 하나다. 아무튼 그 부분을 복원하기 위해 손상이 가장 심한 부분에 물감을 새로 칠하기 시작했고, 그 그림은 점차 19세기와 20세기 초의 양식으로 재해석되기 시작했다. 복원할 때마다, 빅토리아 복원화가들이 정말로 사랑했던 꿀과 같은 니스로 두껍게 덧칠되었다. 그래서 현대적인 '청소'는 여러 층의 니스와 물감을 제거하는 일도 포함한다.

그러나 적어도 청소가 필요한 작업의 전부이다. 나는 가끔, 반 고흐의 〈해바라기(Sun Flowers)〉가 대단한 찬사를 받는 것에 신비롭다는 생각이 든다. 그것은 단조롭고 광택이 없는 작품으로 화가의 개성이 전혀 없는 그림이다. 그러나 그것은 우리가 그가 그렸던 작품을 보는 것이 아니기 때문이다. 그토록 더러운 오커(황토색)는 원래 밝은색이었다. 하지만 안료(크롬 옐로)가 시간이 흐르면서 퇴색했고, 진짜 그림의 그림자만 남게 되었다. 막스 되너는 이런 경우, 그 해바라기들을 더욱 신비롭게 만든 시간에 감사해야 한다고 믿는다. 나는 그에 동의하지 않으며, 반 고흐가 그림에서 그런 신비를 찾을 수 있는 마지막 장소라고 생각지도 않는다. 아무튼 이 작품이 시간이 돌이킬 수 없게 바꿔놓은 고흐의 유일한 작품도 아니다.

그래서 그림은 영원한 미완성의 작품이다. 어떤 예술가도 시간 속에 동결되는 그림을 그릴 수는 없다. 모든 그림은 영속적인 과정이고, 화가의 손을 떠난 모든 장면엔 이제 시간이 개입하기 시작한다. 그래서 이제 시간이 그 안료에 작업을 계속해 지속적으로 색조대비를 재배치한다. 존 러스킨이 "작품 전체에 흐르는 모든 색상은 화가가 다른 장면에 놓이는 모든 붓에 따라 끊임없이 변한다."고 말했을 때, 이런 말도 덧붙여야 했다. "그리고 모든 작업은 그 후에 일어난다." 그 예술가가 수백 년이 흘러 한 줌 먼지로 변했을 때에도, 시간이 여전히 계속해서 그 색을 고칠 것이다. 그래서 여기엔 어둠을 가져오고 저기는 탈색시켜, 그 이미지 창조자의 채색 의도에 관해 근엄하게 선언하려는 우리의 시도를 조롱한다. 때론 지나친 열정을 가진 복원화가가 그 시간에 개입하기도 한다. 한 복원화가가 말했듯이, 단순한 청소작업도 '중요한 해석 행위'인 것이다.

그래서 우리는 이렇게 물어야 한다. '어떤 작품의 원작이라는 것이 과연 존재할까?' 그 작품을 아무리 정교하게 처리해도 사실상 복사본이 될 정도로 완전히 덧씌워지기 전까지 그 그림이 몇 번이나 복원에 견딜 수 있을까? 런던의 빅토리아 앨버트 미술관에 고풍스럽게 걸려 있는 데본셔 헌팅 태피스트리Devonshire Hunting Tapestries는 하도 복원되어, 원래 태피스트리 중에서 단 한 올도 남아 있지 않다고 한다. 그렇지만 그것은 진품으로 간주된다. 우리의 유일한 시각 기준점이 500년 묵은 안료 덩어리가 전부일 때, 베네치아 르네상스 시대의 그림을 우리가 과연 얼마만큼 자세히 말할 수 있을까? 또한 그 화가가 세월이 흐르면서 퇴색될 것이란 점까지 감안해 색을 사용했다면 '진짜 색'이란 문제는 얼마나 더 복잡해질 것인가!

물론 이 책은 과거 예술에서 사용된 색에 대해 의미 있는 토론을 전개할 것이다. 우리는 근면한 복원과 안료 견본에 대한 정밀한 분석으로 그 예술가의 의도와 기법을 상세히 재구성할 수 있다. 더욱이 그 예술가의 색에 대한 의도와 그것이 재료에 의해 영향 받은 방식을 추론하는 데, 그림이 그려진 시대에 그 작품이 어떻게 보였는지를 정확히 이해할 필요도 없다. 그러나 이 장에서 우리는 그림에 작용한 시간의 작업을 면밀히 살펴볼 것이다. 제11장과 제12장에서 보게 될 시간의 독특한 표현은 시각적 평가에 지나친 신뢰를 주지 말라고 경고한다. 일종의 경고문이다. 보는 것이 얻는 것이다. 하지만 얻고자 했던 정확한 그것은 아니다. 예술가들의 재료는 아름답지만 변심도 한다.

:: 과거를 찾아

주요 갤러리는 소장품의 급속한 퇴행에 대치하기 위해 헌신적인 복원
팀을 갖춰야 한다. 이런 팀이 제출한 기술적 보고서는 흥미진진하기 이를
데 없다. 이 보고서에서 복원에 들어가기 전에 거의 알아볼 수 없는 형태의
〈바쿠스와 아리아드네〉와 같은 명작들을 만나게 된다. 이제 당신은 곧 의
심스러운 눈으로 화랑을 돌아다니며 이렇게 혼잣말을 할 것이다. '이 그림
은 복원 전일까, 후일까?' '이 하늘은 실제로 그렇게 씻겨나가야 했을까?'
'이 녹색들은 정말로 그렇게 탁한가?' 많은 변화들은 슬프지만 역행시킬
수 없다. 그러나 그런 변화를 인식할 수 있는 안목은 그 그림을 재평가할
수 있게 한다. 그래서 저 울트라마린이 검게 변색되기 전에 어떤 자태로 붉
은 아름다움을 뽐냈을지 감지할 수 있다. 그림을 제대로 분석하려면 색이
나이를 먹는 방법을 제대로 알아야 한다. 당신은 이제 그 점을 이해했을 것
이다.

주요 작품을 복원하는 일은 공사 규모가 크고 수고로운 작업이다. 갤
러리에 걸려 있는 웬만한 작품은 복원 순서에서 절대로 선순위를 차지
할 수도 없다. 런던 미술관에서 한스 홀바인^{Hans Holbein}의 〈대사들(The
Ambassadors)〉과 같은 그림이 최근에서야 완전히 그 영광을 회복했기 때문
에, 복원이 예정된 그림은 6개도 안 될 것이다.

명화에 무슨 일이 일어날지, 그리고 그런 일이 명화에 대한 우리의 인식
에 어떻게 영향을 미치는지를 이해하기 위해, 코시모 투라의 장엄한 〈우화
적 인물(Allegorical Figure, 1459~1463)〉(〈삽화 11-2〉)을 살펴보자. 그 작품은 이

탈리아 초기 유화 중 하나이다. 그 작품은 네덜란드의 화려한 화법을 뚜렷이 보여주는 황홀한 색의 그림이다. 이 그림은 로히어르 판 데르 바이덴의 작품들에 대한 투라의 반응으로 알려져 있다. 바이덴은 1450년에 이탈리아를 방문하던 중에 투라를 만났을 것이다.

이 그림 속의 인물을 제대로 해석하는 사람은 아무도 없다. 그것은 굉장히 불가사의한 이미지인데 그래서 더욱더 놀랍기만 하다. 투라의 의자에 앉아 있는 인물은 신비로운, 기묘하게 조용한 표정으로 응시하고 있다. 그러나 우리는 1950년대의 한 주석가의 〈냉혈한 악마(a cold-blooded demon)〉라는 서술에서 그녀를 짐작할 수 있지 않을까? 그런 이미지는 1980년대에 외관을 청소하고 복원하기 전의 인상이리라. 일부 탈색되고 부주의한 덧칠과 더불어 칠이 갈라지면서 사나운 인상으로 변해버린 것이었다. 지금은 빛과 어둠으로 정교하게 복원되어 있지만, 그 당시에도 그 얼굴은 이미 평평하고 '가면을 쓴 것처럼 흐릿한' 이목구비로 변해 있었다. 시간이 그림의 전체 색조를 바꿔놓은 것이다.

갤러리의 복원화가들이 피해의 기원을 밝히기 위해 〈우화적 인물〉의 역사를 살펴보게 되었을 때, 슬픈 이야기를 알게 되었다. 그 그림은 원래 조지 소머즈 레이어드George Somes Layard가 소유하고 있었는데, 1916년 사망하면서 국립미술관에 기증했다. 1866년, 레이어드는 그것이 보수가 필요하다고 판단해서, 여러 다른 작품들과 함께 밀라노의 복원화가 주세페 몰테니Giuseppe Molteni에게 보냈다. 복원은 싸구려 일이 아니었고, 레이어드는 복원에 드는 비용이 구입비용과 맞먹는다고 불평했다.

몰테니는 19세기의 취향을 가미하면 그 작품이 더 훌륭해진다는 태도를 취했는데, 당시엔 그리 특별한 태도도 아니었다. 그래서 원작에 크게 손을 댔다. 다행히 투라의 작품은 이런 피해를 빗겨갈 수 있었는데 다만 핑크빛 드레이퍼리의 깊은 그림자에서 몰테니가 손을 대어 대조가 줄어들었을 뿐이다. 그러나 몰테니는 갈색의 니스로 작열하는 색을 덧칠한 것으로 보인다. 갈색은 니스 제조의 결함 때문이 아니라 순전히 의도적이었다. 몰테니는 니스를 카셀 토성안료와 같은 흑색과 적갈색의 안료로 착색했다. 그렇게 '고상하게' 처리된 그림은 주인에게 돌아갔다.

그리고 1921년, 국립 미술관은 목재 패널의 방부처리를 위해 그림을 런던 시내를 통해 빅토리아 앨버트 미술관으로 보냈다. 한겨울 실내에서 그림을 꺼내 그렇게 운송하게 되면 온도나 습도의 변화에 노출되어 패널이 뒤틀려 그림 표면이 갈라질 수 있다. 그리고 미술관에서 그림을 클로로포름으로 훈증 소독했는데, 이것이 그 물감을 공격해 기포를 만든 것으로 나중에 밝혀졌다. 그 피해는 녹색 수지산 구리$^{green copper resinate}$가 사용된 곳에서 특히 심각했는데, 유기 용제가 물감 속에 들어 있는 수지를 녹여 팽창시켰던 것이다.

1939년에 그런 균열 현상의 보수화 작업이 이뤄졌다. 민간 복원회사에 그 패널을 보냈고, 그 회사는 그 부푼 파편들을 다소 무거운 도구로 압착해 다시 붙이려 했다. 하지만 그 결과 파편들이 조각조각 부서져 떨어져 내렸고 그림은 망가졌다. 그리고 결정적으로 그 그림을 망친 것은 손으로 다시 그린 것이었다.

1980년대 복원화가들의 첫 번째 임무는 지난 100여 년 동안 패널에 쌓인 쓰레기들을 제거하는 것이었다. 갈색의 니스와 덧칠들은 상대적으로 변성 알코올을 이용해 면봉으로 제거하기가 쉬웠다. 핑크빛 옷에 발생한 파편과 같은 일부 피해 부분 위에, 검은 물감을 두텁게 입힌 후, 그것을 해부용 메스로 조심스럽게 긁어내는 것이었다.

이러한 청소 과정은 그 작품에서 이전에 뚜렷하지 않았던 일부 특징을 드러냈다. 그림 오른쪽 아래에 이상상 구름 몇 덩이와, 핑크빛 옷과 그보다 더 엷은 핑크빛 대리석의 색 차이를 보였다. 여인의 얼굴도 원래의 더 부드러운 표정으로 복원되었다. 물감의 기포와 파편도 아교와 뜨거운 스패툴라^{spatula*}를 이용해 다시 부착했다.

그러나 이렇게 청소된 이미지는 처참했다. 미세한 균열이 얼마나 심하던지, 마치 그물을 통해 인물을 보는 듯했다(〈그림11-1〉 참조). 복원화가들은 이런 균열의 일부는 유지되어야 한다고 판단했다. 노화 과정의 필연적인 측면으로, 그런 균열을 크래큘러^{craquelure}라고 하며 진본을 인정하는 일종의 도장 역할도 한다. 그러나 그림이란 전시가 목적이기에 그림의 일부 복원은 필연적이며 특히 얼굴 부위는 말할 것도 없다. 이런 작업은 현대적인 전색제를 이용해 투라의 공방에서 사용했을 안료를 사용해 최대한 원본과 조화를 이룬다. 그 틈은 그 균열이 미세한 실선이 될 때까지 메워진다. 피해가 극심한 부분에 대해선 그 그림이 레이어드의 베니스 소장품으로 존재할 때 찍은 옛 사진을 토대로 복원이 이뤄졌다.

이런 작품들이 르네상스 거장들이 손수 그린 순수한 원작이 아니라, 현대 복원화가들의 미세한 붓질로 덮여 있다는 사실은 실망스러울 수도 있다. 그러나 이러한 복원이 없다면, 명화들은 왜곡되거나 변색된 작품이거나, 혹은 다른 시대의 시대착오적인 판단이나 그 시대 취향에 맞게 재구성된 작품이거나, 아니면 원래의 강렬함과 화려함은 흔적도 찾아볼 수 없는 파편화된 표면이다.

그러나 오늘날 갤러리에서 유지는 복원이 아니라 보존을 강조하고 있어 그나마 안도할 수 있다. 복원작업이 때론 피할 수 없지만 보통 최소한으로 실행되고 있다.[1] 그리고 그 그림이 화가의 손끝에서 최초로 말랐을 때처럼 보이게 하려는 대신 그 원화의 우아함을 유지시키는 데 초점을 맞추고 있다. 그래서 복원화가들은 원화의 완전함이 아니라 균형이 맞는 전체를 창

---

* 그림물감을 펴는 주걱.

〈그림 11-1〉 청소 후와 복원 전의 투라의 〈우화적 인물(Allegorical Figure)〉은 그물 같은 균열로 덮여 있다.

조하려 하고, 피해를 덮는 것이 아니라 피해와 노화를 창조적으로 해결하려고 한다. 일부의 경우, 피해 부분을 전혀 덧칠하지 않고 공백이나 무채색으로 처리해서, 관측자들이 혼란을 일으키지 않고 피해 부분을 정확히 볼 수 있게 한다. 안료들의 차별적 노화로 밝은 부분과 주변의 더 바랜 부분과 어울리지 않을 수 있다. 그리고 그런 밝은 부분에 작은 때(얼룩)가 있을 수 있다. 에른스트 곰브리치가 복원화가들에게 설명했듯이, "우리가 원하는 것은 개별 안료들의 색을 일일이 복원시키는 것이 아니라, 무한히 기교적

이며 섬세한, 즉 (색조의) 관계를 보존하는 것이다."²

투라 그림의 복원은 뜻밖의 보너스가 있었다. 복원할 부분을 확인하기 위해, 그 패널을 X-선으로 촬영했다. 그러자 X-선을 강하게 흡수하는 납을 포함한 안료들을 밝게 비추었다. X-선은 오르간 파이프를 닮은 기다란 기둥을 가진 왕좌의 윤곽을 보여주었는데, 이것은 투라가 원래는 전혀 다른 그림을 구상했다는 증거였다. 그리는 중에 구상을 완전히 바꿨다는 말인데, 이런 행위는 15세기엔 생각도 못할 일이었다. 무엇 때문에 투라가 생각을 바꾸었는지는 영원히 수수께끼이리라.

:: 그림 한 꺼풀 아래

더러운 니스와 균열은 그림을 감상하는 데 물리적인 방해가 된다. 그리고 효과는 어느 정도 제거될 수 있다. 하지만 화학은 그리 만만한 존재가 아니다. 철은 녹슬고 구리는 부식되며 은은 변색된다. 이처럼 물감에 색을 부여하는 화합물은 공기나 빛에서 반응하려는 성질이 있다. 이런 화학적 반응은 그 외관을 종종 극적으로 바꾼다. 철 난간이나 구리 지붕을 문지르면 깨끗한 표면층을 다시 드러나는 것과는 달리, 목재나 캔버스에 입힌 얇은 층의 안료는 그런 반응으로 변형되면 원상태로 되돌리기가 쉽지 않다. 수백 년이 지나도 사랑받을 작품을 창조하고 싶은 화가에게, 가장 마음에 걸리는 위험은 안료의 변색일 것이다.

그것은 지금도 마찬가지이다. 화학의 진보로 퇴색의 과정을 더 잘 이해하게는 되었지만, 그렇다고 그것을 막을 방법까지 찾아낸 것은 아니다. 그리고 화학 덕분에 더욱 많은 색이 만들어졌지만 그것은 또한 퇴색할 가능성도 더 많이 만들어냈다. 더욱이 화가들은 재료로 이런저런 시도를 하기 마련인데, 그들은 더 이상 화학자가 아니고 그 결과를 짐작도 하지 못한다. 물감회사들은 현재 제품에 정기적으로 실험할 것이다(20세기에 들어와서야 이들도 그 결과를 확신할 수 있게 되었다). 그러나 화가들이 재료를 어떻게 사용할 것인지를 늘 예측할 수는 없는 노릇이다.

그래서 화가들이 재료에 갖는 불신은 시대를 막론하고 늘 불평의 대상이었다. 앞서의 장에서도 이미 살펴본 내용이다. 부실한 정보를 받은 조슈아 레이놀즈는 이렇게 말했다. "많은 그림이 화실을 나가는 순간 망가졌다."영국의 화가 어거스터스 월 콜코트Augustus Wall Callcott도 1805년에 "영국 화가 존 오피John Opie가 화가들이 화구를 지배하는 만큼 화구 또한 어떻게 화가를 지배하는지를 관측했다며 그것은 그림이 재료에 크게 의존하기 때문일 것"이라고 서술했다. 아마 오피는 레이놀즈를 염두에 둔 것 같다.

그러나 현재 노란색 오커를 닮은 색이 한때는 유혹적으로 빛나던 레몬 옐로였다는 사실을 어떻게 알 수 있을까? 또한 이 옅은 핑크빛 부분이 화가의 붓끝을 떠날 땐 장밋빛 카민 착색안료였다는 사실을 어떻게 알 것인가? 그림이 나이를 어떻게 먹는지를 알려면 사용된 안료를 확인할 수 있는 능력을 전제조건으로 한다. 과연 어떻게 알 수 있을까?

이 질문은 그림의 파괴와 더불어 이 책의 전체적인 주제와도 관련된 질문이다. 혹자는 당신이 도대체 무슨 권위로, 티치아노라면 울트라마린을 사용했을 곳에 뒤러는 아주라이트를 사용했다고 말할 수 있느냐며 따져 물을 수 있다. 전문가는 녹색조의 아주라이트와 보랏빛 울트라마린 사이의 색상 차이에 조율된 눈이 있어 보는 안목이 다를 수밖에 없다. 하지만 역사가나 복원화가들은 안료의 정체성에 대한 과학적 분석을 할 수 있어야 그만한 신뢰를 얻을 수 있다.

화학자들에겐 각종 원소나 이온의 존재를 검출하는 특별한 방법이 있다. 물에 용해되는 납 화합물은 황화수소 기체에 노출되면 무거운 검은색 황화납 퇴적물을 방출한다. 수용성 황산염이 염화바륨과 혼합하면 흰색 황산바륨을 침전시킨다. 이런 실험들은 한 더미의 분말을 분석할 때면 언제나 잘 들어맞는다. 하지만 모네의 그림에서 노란색을 모두 긁어내어 그 성분을 분석하라고 허락할 사람은 아무도 없다. 안료 분석은 극소량의 파편을 가지고 실행되어야 한다. 그 파편은 짧은 피하주사 바늘 머리로 떼어낸다. 이런 규모에선 '습식' 화학실험이 작품 자체에 적용될 수 있고 때론 현미경을 보면서 파편을 떼어내기도 한다. 그러나 일반적으로 안료의 정확한 정체를 밝히는 데는 더 정교한 방법이 사용된다.

현재 이용 가능한 많은 방법 중에서 몇 가지는 보편화되었다. 분광학 기법은 샘플의 화학성분이 특정 파장의 복사를 흡수하는 성질을 이용하는 방법으로, 안료의 색을 측정할 수 있는 정교한 방법이다. 하지만 그것은 단순히 '적색의 오렌지색reddish-orange', '밝은 청색'처럼 색을 밝히는 것이 아니라 훨씬 더 정밀하고 양적인 색에 대한 평가이자, 화학적 정체성을 밝히는 것이다. 그래서 파장에 따른 빛의 흡수 정도를 판단할 수 있다. 그리고 문제의 '그 색'이 그 흡수된 복사파가 X-선이나 적외선이어서 가시광선 외부에 떨어질 수도 있다.

특별한 원소를 검출하기 위한 최고의 분광학적 기법 중의 하나는 에너지 분산 분광분석법(energy-dispersive X-ray analysis, EDX)이라는 분석법인데, 이것은 샘플이 흡수한 파장이 아니라 방출한 특정 파장을 측정하는 것이다. 실제로, 그 샘플은 전자빔(텔레비전 수상기 내부에서 발생되는 것과 같은 전자빔이다)의 자극을 받으면, 어떤 '색', 즉 특정 파장의 X-선과 빛을 낸다. 이와 흡사한 방법이 '레이저 현미경 분석법'인데 레이저 파를 이용해 샘플을 급열해 증발시킨다. 증발된 수증기가 대전된 두 전극을 지나며 불꽃 방전을 일으킨다. 이 불꽃 방전은 전자빔처럼 행동하지만, EDX보다 낮은 에너지에서 활동해 일반적으로 가시광선의 복사파 방출을 자극해 거기에 존재하는 원소를 진단한다.

방출이 아니라 복사파의 흡수가 페리에 변환 적외선(Fourier-transform infra-red, FTIR) 분광기의 기초 원리로, 가시광선보다 긴 파장의 적외선 영역에서 그 샘플의 '색'을 볼 수 있다. 화합물은 원자의 화학결합이 그 복사로 자극을 받아 공명진동을 하면 적외선을 흡수한다. 공명 주파수는 화합물 내에 존재하는 특별한 화학결합의 특징을 말해준다.

작은 샘플을 현미경으로 보면 분광기로는 볼 수 없는 통찰력을 얻을 수 있다. 19세기의 울트라마린 견본이 천연인지, 합성인지 어떻게 구별할 것인가? 이 둘은 화학적으로는 상당히 비슷하다. 하지만 미세한 안료 입자의 모양에 재료 제조법의 실마리가 있다. 분쇄한 청금석은 입자의 크기가 다양한 반면 인공안료의 입자는 더 둥글고 규칙적이며 크기도 작다. 건식으로 만든 현대의 합성 버밀리언은 입자의 크기가 다양한 반면 용액에서 미세한 분말로 침전되는 습식 버밀리언은 입자의 크기가 일정하다.

일부 안료는 화학구성은 동일하지만 원자 결정 배열이 약간 다를 수 있다. 오렌지색의 황화비소인 계관석은 정상적인 결정구조도 있으며, 오렌지색인 부정형 계관석pararealgar도 존재한다. 이들을 구별하려면 원자의 위치를 알아야 한다. 이것은 안료 입자의 X-선 반사문양으로 추론할 수 있다. 결정 내에서 원자의 규칙적인 집적은 특정한 각에서 X-선을 강하게 반사한다. 회절이라는 현상이다. 원자 덩어리들이 각기 다른 정위에 있기 때문에, 반사된 X-선은 일련의 동심원을 만들고 이것을 사진 필름에 기록할 수 있다. 동심원의 위치와 밝기는 원자들이 공간에 위치한 장소를 나타낸다. 그런 방법으로, 파올로 베로네세가 (틀림없이 무심코) 계관석과 부정형 계관석을 '사랑의 우화(Allegory of Love, 1570년대)' 연작의 오렌지 색상에 사용했다는 것을 추론할 수 있다.

착색안료에 색을 부여하는 유기염료는 확인하기가 훨씬 더 어렵다. 그 염료들이 탄소, 수소, 산소를 포함하고 있다는 사실은 아무런 도움이 안 된다. 대부분의 천연 제품들은 그런 원소들을 포함하고 있다. 그래서 알리자린과 푸르푸린으로 착색되는 매더 레이크와 카미닉과 케르메식 산으로 채색되는 케르메스 착색안료 혹은 코치닐 카민 착색안료는 그런 방법으론 구별할 수 없다. 그러나 습식 화학 방법으로 구별할 수 있으며, 이것은 심지어 동일한 착색제를 사용하는 케르메스 카민과 코치닐 카민을 구별할 정도이다. 그리고 적외선 분광기는 그 샘플이 측정 가능한 스펙트럼을 발생시킬 정도의 크기면 각기 다른 유기분자들의 특정한 진동을 알아낸다.

박막 색층분석법technique of thin-layer chromatography은 유기염료에 들어 있는 각종 분자 성분들을 분리시킨다. 그 성분들은 용제에서 젤과 같은 물질의 얇은 층을 통과하면서 그 크기와 화학구조에 따라 그에 맞는 속도로 이동한다. 그래서 점차 성분별로 분리되어 그 젤에서 차례대로 띠를 형성하게 된다. 어느 순간에 같은 성분을 포함한 두 염료는 같은 위치에서 짝을 이뤄 띠를 형성할 것이다. 고성능 액체 색층분리법을 사용하면, 원산지가 다른 코치닐 염료도 분리할 수 있다. 구세계(Polish, 폴란드)와 신세계의 벌레는 거의 같은 색채 분자를 만들어내지만 비율이 다르기 때문이다.

화가의 화법을 분석하는 행위는 안료가 캔버스에 적용된 방법을 면밀히 조사하는 것이다. 때로 경사조명raking light이라 해서 낮은 각으로 강한 조명을 비춘 상태에서 그림을 사진 찍기만 해도 많은 것을 추론할 수 있다. 해질녘 들판 위에 뿌려진 빛처럼, 이 경사조명은 과장된 그림자를 만들어, 그림 표면의 양각을 강조한다(〈그림11-2〉 참조). 정상적인 조명하에서는 평평한 필름처럼 보이던 그림이 갑자기 언덕과 계곡으로 이뤄진 지형이 되어, 붓이 어디서 길고 힘차게 휘둘러졌는지, 아니면 어디서 짧고 가볍게 칠했는지를 보여준다. 붓놀림의 에너지가 살아 꿈틀거리는데, 특히 반 고흐의 거친 그림에서는 놀라울 정도로 생동감이 넘친다. 우리는 또한 현대의

〈그림 11-2〉 경사조명으로 그림을 비추면 붓놀림의 문양과 양식이 드러난다. 여기서 보이는 것은 카미유 피사로의 〈에르미타주의 코트 데 뵈프(The Côte des Bœufs at L'Hermitage 1877)〉이다.

'하드 에지Hard Edge*' 화가들이 어디에서 마스킹 테이프masking tape**를 사용했는지도 알 수 있다. 이것은 나중에 그림에 높은 등성이를 흔적으로 남겨두기 때문이다.

그림 표면을 현미경으로 조사하면, 눈으로 쉽게 볼 수 없는 중요한 세부 사항을 볼 수 있다. 그림 어디에 덧칠기법wet on wet이 적용되었는지, 어디

---

* 미국에서 시작된 기하학적 무늬를 선명한 색채로 구분한 추상화의 한 형식.
** 칠할 때 가장자리를 두르거나 칠하지 않을 부분을 보호하는 데 사용한다.

에서 밑그림, 소묘, 괘선이 완전히 가려지지 않았는지를 알 수 있다. 그리고 모네의 해변에 모래 알갱이들이 매력적으로 매달려 있는 모습도 볼 수 있다. 하지만 이뿐만이 아니다. 현미경으로부터 덧칠한 그림의 겹층을 통해 교차 부분에서 많은 사실을 유추할 수 있다. 이런 겹층은 옛 거장들이 여러 차례의 세심한 덧칠을 해 그 장면들을 어떻게 완성했는지를 드러낸다. 16세기 초 헤라르트 다비트의 그림에서, 보랏빛 적색 드레이퍼리는 적색 바탕색에 아주라이트와 적색 착색안료의 혼합으로 나타났는데, 이 바탕색 아래에 소묘에 쓰인 검은 목탄 입자가 흰색 바탕 위에 놓여 있다(〈삽화 11-3〉). 16세기 플랑드르 화가 얀 호사르트Jan Gossaert의 자두빛 적색 망토는 검은 회색 위에 적색 착색안료로 구성된 것이 보인다. 이런 방법으로 우리는 17세기의 반 다이크가 적갈 빛의 오렌지색과 회색의 이중 바탕색을 적용했다는 사실을 알 수 있다. 이 위에 그는 매우 정연한 혼합물로 그림을 그렸다. 스몰트만의 바탕색에 울트라마린과 스몰트의 하늘이나, 혼합된 적색 안료의 다양한 응용이 있었다. 이런 숨겨진 층들에서, 그 화가의 화법에 대한 복잡한 구상이 펼쳐지기 시작한다.

:: 무지의 역사

첸니노 첸니니는 재료의 변하기 쉬운 속성에 대해 이미 잘 알고 있었다.

일부 안료는 천 쪼가리로 만들어졌지만 보기에는 무척 매력적이다. 이런 종류를 조심해라 템페라로 그렸든 아니든 절대 오래가지 않고 금세 변색되니……[3]

그는 분명 벌레 케르메스로 만든 착색안료를 말하고 있다. 이것은 매더 착색안료보다 더 불안정하다. 그러나 중세 화가들이 착색안료를 확실하게 일반화하기란 매우 어려웠을 것이다. 내구성은 제조 방법, 염료가 고착될 무기입자들, 안료가 혼합되는 전색제에 따라 달라지기 때문이다. 마찬가지로, 착색제가 미세한 유기분자인 착색안료는 광물질 안료보다 빛에 노출되었을 때 더 쉽게 변색된다.

그런 변색은 그 화가의 의도를 완전히 망가트린다. 14세기와 15세기의 종교화에서 중요한 인물, 특히 예수나 성모 마리아의 옷은 호화로운 보라색으로 표현하는 게 일반적이었다. 그 옷은 적색 착색안료와 혼합했거나 광택을 낸 울트라마린으로 채색되었을 것이다. 그러나 이 시대의 몇몇 그림에서 적색 착색안료는 완전히 탈색되어 현재 그 옷들은 많은 연백을 포함하고 있는 가장 밝은 부분과 중간 색조에서 옅은 핑크빛이 되었고, 그림자와 주름에서는 짙은 청보라색인데, 이 부분은 울트라마린으로 어둡게 처리된 부분이었다.

특히 놀라운 예로는 1440년경에, 프랑스 플레말의 화가 로베르 캉팽 Robert Campin의 한 추종자가 그린 〈화열 가리개 앞의 성모와 아기 예수(The Virgin and Child before a Firescreen)〉이다. 성모의 옷이 그림 하단을 대부분 차지하고 있는데, 현재는 거의 흰 종이처럼 하얗다. 그 옷은 한때 따뜻한 담자색이었을 것이다(〈삽화 11-4〉).

중세나 르네상스 화가들에게 생애 동안 분명해질 그런 변색의 위험을 제기하는 것은 착색안료만이 아니었다. 버밀리언은 믿을 만하지만 그렇다고 완전히 신뢰할 수 있는 적색은 아니다. 계관석처럼 황화수은도 2가지 결정구조를 갖는다. 하나는 버밀리언인 붉은 진사이고 다른 하나는 검은 흑진사 혹은 에티옵 광물ethiops mineral인데, 이것은 버밀리언을 합성하는 대부분의 방법에서 제일 먼저 나타나는 물질이다. 그런데 버밀리언이 흑

진사로 복귀하는 예가 종종 캔버스 위에서 발생할 수 있는데, 특히 단파장 (청색)의 빛에 노출될 경우에 심해진다. 이런 과정은 유화보다는 템페라에서 더욱 일반적이며, 나르도 디 치오네^{Nardo di Cione}의 〈제단 벽화: 세 성인 (Altarpiece : Three Saints, 1365)〉과 같은 중세의 패널화에서 그런 현상이 보이고 있다. 여기서 한 성인의 붉은 선의 옷은 더러운 갈색으로 얼룩져 있다. 그 후의 유화에서 그런 현상이 알려지지 않고 있다.

막스 되너는 버밀리언의 갈변^{darkening}은 "고대부터 이미 알려져 있었다."라고 주장한다. 그런 이유로 폼페이의 버밀리언 벽화는 왁스로 덮여 있었다. 르네상스 시대에 일반적인 관행이었던 적색 착색안료도 왁스처리를 하면 약간의 보호작용을 했다. 그러나 옛 거장들이 이런 사실을 알고 그렇게 했는지, 단순히 깊고 풍부한 오렌지 색조를 얻기 위해 그렇게 했는지는 불분명하다. 그러나 첸니노는 프레스코를 비롯해 보호되지 않은 버밀리언의 불안정성을 경고하고 있다.

> 버밀리언은 공기에 노출되면 안 된다. 그 색은 벽보단 패널에서 더 잘 보존된다. 시간이란 흐름 속에서 공기의 노출을 피해오다, 벽에 걸려 공기에 노출되면 검게 변색되기 때문이다.[4]

적납은 훨씬 더 불안한 색이다. 납의 색에 대한 관대함은 단점도 있다. 적색, 흰색, 황색에 납을 더하면, 그것이 공기에 노출되면서 이산화납이란 검은 물질을 형성한다. 니스의 보호가 없다면, 적납은 빠르게 검게 변색될 것이고, 이런 현상으로 인해 적납은 프레스코에는 전혀 어울리지 않는다. 그런 불행한 일이 중국, 투르키스탄, 아프가니스탄의 벽화에서 보이고 있다. 여기서 적납은 초콜릿 갈색으로 변하고 있다. 그런 갈변현상은 도처에서 발생하고 있다. 15세기 인도의 세밀화, 17세기와 18세기의 일본 그림,

13세기에서 17세기의 스위스 그림에서도 그 현상을 목격할 수 있다. 황을 포함한 연기로 오염된 공기에 노출되면 납이 검은 황산납으로 변해 암색화가 발생할 수 있다.

심지어 존경받는 울트라마린도 부패에서 자유롭지 못하다. 암색화는 일부 중세의 제단 벽화에서도 일어나고 있는데, 옷을 짙은 남색blue-black으로 변색시키고 있다. 그리고 그림들은 종종 '울트라마린 병'이라는 현상에 희생된다. 여기서 청색은 회색이나 노란색조의 회색으로 변색되어 얼룩덜룩해지는데, 그 원인은 아직 완전히 밝혀지지 않았다.

그러나 보편적으로 울트라마린은 안정성이 훌륭한 색으로, 그 색의 영광은 수백 년이 흘러도 거의 빛을 잃지 않는다. 아주라이트 또한 우아하게 나이를 먹는다. 하지만 그 안료가 적용되는 거친 직물이 문제를 일으킬 수 있다. 먼지투성이의 물감 위에 적용된 니스는 입자 사이로 침투해 그것이 세월이 흘러 검어지면서 안료 층을 변색시킨다. 세월이 흘러 거무스름하게 변색된 두터운 아주라이트 층의 예는 많다. 아마도 아주라이트를 둘러싼 전색제가 퇴색한 결과일 것이다. 디르크 바우츠의 〈성모자(The Virgin and Child, 1465)〉와 헤라르트 다비트의 〈성자들과 기부자와 함께 있는 성모자(The Virgin and Child with Saints and a Donor)〉의 성모 옷에서 뚜렷하다. 안료 자체는 황의 오염처럼 산에 노출되지만 않는다면 상대적으로 안정적이다. 그러나 산에 노출되면 탄산구리를 검은 산화구리로 분해하여 그 색을 파괴한다.

아주라이트(남동석)의 성분은 녹색 광물인 공작석과 거의 동일해 세월이 흐르면 공작석으로 변환될 수도 있다. 이것은 특히 프레스코에서 흔하다. 중세 이탈리아 교회에는 청색이 녹색으로 변한 작품이 수두룩하다. 한편 공작석은 일반적으로 매우 안정되며 이런 벽화에서 수백 년 동안 잘 보존된다. 하지만 녹색 구리 안료인 베르디그리(verdigris, 녹청)는 그렇지 않다. 세월이 흐르면 검게 변색되는 그 안료의 성질은 악명이 높다. 첸니노는 "그것은 눈에는 아름답지만 오래가지 못한다."라고 언급했고 막스 되너는 다음처럼 말했다.

> 베르디그리와 다른 녹청 구리 색들은 …… 다른 안료가 부족했던 옛 거장들만 사용했어야 했다. 그들은 안료들의 위험한 성질과 불친화성을 충분히 인식하고 있었고, 색을 니스 코팅 사이에 놓으려 조심했다. 베르디그리는 리베라(Ribera)와 같은 거장들 캔버스 위의 그림자에 나타난 갈변 원인이었다. 리베라는 템페라 대신 유화에서 베르디그리를 사용했으며 보호제 역할을 하는 니스도 쓰지 않았다.[5]

대니얼 톰슨은 이렇게 말했다. "시간이란 사고뭉치는 베르디그리처럼 다른 어떤 안료에도 그렇게 일률적으로 재앙을 미치진 않았다."

그러나 이런 불명예는 아주 부당할 수 있다. 현대에 들어 여러 가지 전색제에서 베르디그리를 실험해본 결과, 갈변은 전혀 일어나지 않았다. 이것은 베르디그리의 어떤 내재적인 결함이 아니라 전체적인 물감의 형성에서 변색을 유도하는 측면이 있음을 암시했다. 하나 분명한 주범은 15세기 말에 흔했던 관행이었다. 베르디그리를 수지와 혼합하여 용어도 막연한 '수지산 구리copper resinate'라는 안료를 만든 것이었다. 유기 수지가 빛으로 분해되어 물감이 검게 변색된 것이다. 이 시대의 그림들은 현재 짙은 갈색이나 거의 검은색 잎사귀들로 풍요롭게 장식되어 있어, 초현실주의 화가 마그리트Magritte 양식에서 보이는 빛의 기교를 보는 듯하다(〈삽화 11-5〉). 이 시대 이탈리아 풍경화는 담갈색 언덕과 숲으로 넘실거리고 있으며, 베로네세의 〈사랑의 우화 3: 존경(Allegory of Love Ⅲ: Respect, 1570)〉은 녹색 드레이퍼리가 갈변되는 현상으로 손상되고 있다.

15세기와 16세기의 그림을 연구하는 자존심 강한 연구자라면 이런 변화에 방심하지 않고 갤러리 벽에 걸려 있는 이미지를 보며 심경의 변화를 느꼈을 것이다. 그러나 1920년대에 쓴 글에서 톰슨은 말했다. "검게 변한 베르디그리(그는 주로 수지산 구리를 의미할 것이다)는 미술사학자들을 매일 같이 속이고 있다. 그래서 황량하기 이를 데 없는 가을날들을 애통하게 묘사하려는 중세석 취향으로 그들을 이끈다."

모든 변색이 환경 탓만은 아니다. 일부 안료들는 화학적으로 서로 공존할 수 없어, 서로 반응하여 성분의 변화를 일으킨다. 이런 부정적인 반응 때문에 전통적으로 안료를 혼합할 때는 신중을 기했다. 안료의 화학적 기원에 대한 이해가 부족했던 초기 화가들은 경험의 법칙을 발전시켰다. 첸니노는 "베르디그리와 연백은 모든 면에서 철천지원수이다."라고 했다. 그리고 톰슨은 '연백이 중세의 책이나 패널 화가들에게 필연적이었기에, 연백과 혼합하지 않아도 되는 안료를 마음 놓고 쓸 수 없었던 때'에 이것이 얼마나 불편했을지를 논평했다. 그러나 현대의 실험 결과, 두 안료의 혼합엔 어떤 해로운 효과도 없었다. 그들은 종종 함께 사용되었다. 다시 한 번, 무엇이 초기 화가들이 그렇게 곤경으로 몰아넣었을까? 아무튼 첸니노 등의 경고는 새롭고 더 안전한 안료의 개발을 촉구하는 강력한 자극제로 작용했을 것이다.

베르디그리도 웅황과 어울리지 않는 것으로 유명하다. 그렇지 않았더라면 그것은 매력적인 풀빛 녹색이 되었을 것이다. 이것은 쉽게 이해된다. [계란 템페라나 사이즈 같은] 물기가 있는 전색제에서, 베르디그리에 들어 있는 구리가 웅황에 들어 있는 황과 결합하여 검은 황산구리를 만들기 때문이다. 웅황도 안료의 친화성에 대해서는 전체적으로 악명이 높았다. 헤라클리우스의 10세기 저술 『로마 회화 색채론(De coloribus et artibus Romanorum)』에서 이렇게 밝혔다. "웅황은 잎사귀 색이나 녹색 혹은 선홍색과 어울리지 않는다." 그는 또한 이것이 각종 색의 친화성이 아니라 재료의 물질에 대한 문제, 즉 그가 화학이라는 단어를 알고 있었더라면 화학에 대한 문제라는 점을 명확히 하려고 애를 쓰고 있다. 조반니 파올로 로마초Giovanni Paolo Lomazzo의 회화 교재이자 비평서인 『회화 기술 교본(Trattato dell' arte de la pintura, 1584)』에서, 그 저자는 "웅황은 석고, 오커, 아주르, 스몰트, 녹색 아주르, 녹색 토성안료, 철의 녹을 제외하곤 그 어떤 안료와도 적이다."라고 경고하고 있다. 이런 경고가 어느 정도 확실한 기초를 가지고 있는지는 확실치 않지만, 지혜로운 예술가라면 그런 경고를 소홀히 하지 않을 것이다. 베로네세는 그의 〈성 헬레나의 환영(Vision of St Helena, 1570~1580)〉에서 웅황을 확실하게 분리하여 사용하고 있다.

사태를 악화시키다

계란 템페라를 기름으로 대체한 것은 각 안료 입자를 기름 막에 고립시킴으로써 친화력의 일부 문제를 제거했다. 그러나 17세기 및 18세기의 일부 화가들은 욕심을 앞세워, 출처가 검증되지 않은 안료를 팔레트에서 정교하게 혼합했다. 검증되지 않은 새로운 안료의 도입은 도움이 되지 않았다. 클로드 로랭Claude Lorrain, 가스파르 뒤게Gaspard Dughet, 니콜라 푸생과 같은 풍경화가가 사용한 복잡한 혼합은 예측할 수 없는 변화를 일으킬 수 있었는데, 전통적인 레드틴 옐로나 네이플 옐로보다 안정성이 떨어지는 새로운 노란색 안료를 썼기 때문이었다.

일부 화가의 매뉴얼은 예방 기법을 추천하여 그 피해를 줄이려 했다. 로제 드 필의 명저 『회화 실습(elemens de peinture pratique, 1684)』[1776년에 좀버트(C. A. Jombert)가 크게 증보했다]은 다른 색과 격리하기 위해 기름과 니스의 사용을 권장하고 있다.

18세기에, 화가들이 안료가 만족스럽다고 자위할 정도의 무지개 색은 여전히 하나도 없었다. 청색에서 아주라이트와 울트라마린은 희귀했고, 처음에 다루기가 까다로운 스몰트는 안료 입자에서 코발트가 여과되기 때문에 색이 퇴색되었다. 그래서 벨라스케스의 광휘로웠을 〈무염시태(The Immaculate Conception, 1618~1619)〉의 스몰트 하늘은 우울한 갈색으로 변하고 있다. 유기염료인 인디고는 내광성이 없어 색이 바랜다. 1710년 프러시안 블루의 발견은 이런 말로 시작되었다.

"이 색에 기름을 섞으려는 화가는 청색을 거의 얻지 못할 것이다. 솔직히 많이 부족하다."

가장 풍요로운 적색은 착색안료로 주로 코치닐과 매더였지만, 문제는 지속성이 없다는 것이었다. 조슈아 레이놀즈의 〈앤, 앨버말 제2대 백작부인(Anne, 2nd Countess of Albemarle, 1759~1760)〉의 초상화에서, 백작부인의 파리한 얼굴은 한때 건강한 핑크빛이었다. 그 안색은 코치닐로 보이는 적색 착색안료에서 색이 빠지면서 죽은 사람의 얼굴색이 되고 있다.

순수하고 밝은 보라색은 여전히 하나도 없었다. 오렌지색은 변함없이 계관석을 아껴 사용하고 있었고, 녹색은 여전히 특별한 문제였다. 17세기 중반에 이탈리아의 조반니 안젤로 카니니Giovanni Angelo Canini는 혼합된 녹색들은 자연의 색보다 '더 선명하게'하게 구성되어야 한다고 논평했다. 세월이 흐르면 검어지기 때문이었다. 로버트 도시는 『예술의 시녀(The Handmaid to the Arts, 1758)』에서 '현재 청색과 황색으로 혼합하는 녹색은 날아가거나 변색될 가능성이 높다'고 선언했다.

이것은 주로 변하기 쉬운 노란색 착색안료의 결과였다. 잎사귀들은 기이한 병든 청색으로 변하기도 하는데, 노란색 성분(종종 청색 밑그림 위에 덧칠되는 광택제)이 빛의 영향으로 색상을 잃기 때문이다. 피터르 라스트만Pieter Lastman의 〈이오와 함께 있는 주피터를 발견한 주노(Juno Discovering Jupiter with Io, 1618)〉에선 검은색이 청록화 과정에 있고, 얀 반 하위쉼의 〈테라코타 꽃병에 꽂혀 있는 꽃들(Flowers in a Terracotta Vase, 1736)〉(〈삽화 11-6〉)은 그 착색안료가 바래면서 청색 잎들이 얼룩덜룩해지고 있다. 1830년, 메리메는 "우리는 여러 플랑드르 그림들에서 울트라마린과 혼합한 노란색 착색안료가 사라지면서 나뭇잎들이 청색으로 변하는 장면을 본다."라고 말했다.

18세기 초에 발견된 프러시안 블루가 적어도 색에서만은 울트라마린의 청색을 나타내리란 희망이 있었다. 그러나 18세기 중반에 이미 그 색의 변색성향은 명백해졌다. 로버트 도시는 프러시안 블루의 더 경쾌하고 밝고 가장 매력적인 아류들[알루미늄백(white alumina)를 포함해서]이 '극단적으로 탈색되거나 희색 빛 녹색으로 변색된다'고 경고했다. 이런 변색성은 안료에 흰색 비율이 높게 혼합될 때 심해지며, 이런 색이 18세기의 하늘에 종종 적용되었다. 게인즈버러[예컨대 〈게인즈버러의 숲(Gainsborough's Forest, 1748)〉], 바토[예컨대 〈이탈리아의 여가(Recreation italienne, 1715~1716)〉], 그리고 카날레토〈베니스: 석공의 작업장(Venice: Campo San Vidal and Santa Maria della Carita, 1726~1728)〉의 여러 그림에서 하늘은 모두 퇴색되어 진줏빛인데, 여기엔 한때 깊은 청색이 차지했을 것이다.[6]

1834년 화가 프란츠 페른바흐Franz Fernbach는 이런 퇴색 과정에서 이상한 현상을 목격했다. 그는 실외에서 비 대피소의 일부를 장식하는데 프러시안 블루를 사용했다. 그것이 햇볕에 마르도록 놔둔 후 돌아와 보니 그 색이 거의 탈색되어 있어 그는 크게 당혹했다. 그러나 다음 날 아침 피해 정도를 점검하러 왔을 때 색이 거의 원상태로 회복되어 있는 게 아닌가! 조지 필드로 햇볕에서 퇴색되었다가 빛을 차단하면 부분적으로 그 색을 다시 회복하는 프러시안 블루의 능력을 주목하고 있었다.

19세기에 매력적이고 생생한 새로운 안료의 유입과 더불어, 화가들의 어려움은 선택의 폭에 비례하여 악화되었다. 물감제조업자들은 시름에 젖은 화가들에게 제공할 제품을 철저히 조사하기 위해 메리메와 필드와 같은 전문가가 이때보다 더 절실할 때가 없었다. 새로운 색을 사용하는 데 성급했던 많은 화가들은 쓰라린 경험을 해야 했다. 캔버스 위에서 변색되거나 완전히 탈색되어 뼈아픈 후회를 해야 했던 화가 중에 윌리엄 홀만 헌트가 있었고, 그는 적절한 테스트를 열렬히 옹호하게 되었다. 1875년 물감 공급업자 찰스 로버트슨Charles Robertson에게 보낸 편지에서, 그는 새로운 매더 레이크의 불안정성에 대해 불만을 토로했다. "제가 당신에게 그 색을 포기하게 만들 수 있다면, 그것은 업계나 당신을 위해 봉사일 겁니다. 그 새 안료는 원래의 매더를 사용하여 섬세한 작품을 구상하던 화가들의 욕구를 충족시키지 못합니다." 헌트의 좌절감은 갈색으로 변색되는 오렌지색 버밀리언에 대한 보고서에서 더 잘 나타난다. "그 그림은 재작업이 필요하기 때문에 적어도 내 생의 10개월은 까먹게 했다. 조지 필드의 시대가 훨씬 더 좋았다."

필드는 나중에 반 고흐의 해바라기들을 퇴색시킬 크롬 옐로에 대해서도 경고를 날렸다. "그 색이 아무리 내광성이 좋아도 노란 오렌지색의 크롬산 납은 시간과, 오염된 공기, 다른 안료로 인해 오커들보다 열등하게 된다." 그가 화가들에게 물감재료의 부실한 선택에 대해 '어려울 때의 진정한 친구'는 없다고 주의를 준다.

"강력한 구성이 없으면 그림에 대한 희망은 없다. 어떤 화학도 허약한 구성을 강화시킬 수 없고, 퇴색한 색을 회복시킬 수도 없으며, 노후로 인한 파괴를 막을 수 없다. 과학은 죽어가는 예술 앞에서 속수무책이다."[7] 그래서 화가와 화학자가 밀접하게 공조하게 되었다. "행복하게도 사태가 호전될 전망이 있다. 그렇게 되면, 예술은 그 누이와 상담하는 데 덜 부끄러울 것이다. 양자의 이익을 위해 더 긴밀한 연대가 있어야 한다."[8]

그러나 그 새로운 안료를 따라잡을 것 같은 변화는 요원했다. 제조 방법, 혼합 방법, 전색제의 종류 등 변수가 너무 많았다. 필드는 아이오딘 주홍색iodine scarlet에 대해 딱 부러지게 경고했다. 하지만 영국화가 윌리엄 멀레디William Mulready는 그 색을 〈미망인(The Widow, 1823)〉에서 재앙 없이 배치할 수 있었고, 홀만 헌트는 〈프로테우스에게서 실비아를 구하는 밸런타인(Valentine Rescuing Sylvia from Proteus)〉의 스케치에서 그 색을 실험했다. 거기서 그는 아이오딘 주홍색을 보호하기 위해 코펄 수지 니스copal resin varnish와 섞었지만, 시간의 시련을 견디는 것 같았다. 그러나 헌트가 마무리에서 그것을 사용할 정도로 그 색을 신뢰했는지는 알려지지 않았다. 영국 화가 새뮤얼 팔머Samuel Palmer의 논평에는 허탈한 어조가 배어 있다.

> 그림이란 화학적으로 아주 복잡하고 보이지 않는 미묘함이 깃들어 있다. 나는 머레이 씨가 수차례나 이런 이야기를 하는 것을 들었다. 두 사람이 같은 재료의 팔레트로 그림을 그릴 것이다. A씨의 그림은 마를 것이지만 B 씨의 그림은 마르지 않을 것이다. A 씨의 그림은 견딜 것이고, B씨의 그림은 변색될 것이다.[9]

인상주의 화가들과 그들의 후계자들은 필드 같은 사람의 봉사로 혜택을 입었을 것이다. 사실 그들은 대담한 행동을 취했고 그 대가를 치렀다. 코발트 블루와 레몬 옐로 같은 몇몇 새 안료는 볼품없이 늙었고 다른 안료는 청춘을 유지했다. 한편 징크 옐로는 기름에서 녹색 기미를 띠고, 이것은 조르주 쇠라의 정교한 판단에 따른 점묘법에는 재앙이었다. 징크 옐로의 변색은 〈아니에르에서의 물놀이(Bathers at Asnieres, 1884)〉에서 명백하며, '그랑자트 섬'의 잔디는 크롬 옐로의 변색으로 갈색 점으로 점점이 뿌려져 있다. 재료의 한계가 화가의 섬세한 채색 의도를 어떻게 훼손할 수 있는지를 여실히 보여주는 예이다. 이보다 그런 재앙을 더 잘 보여주는 예가 얼마나 될까.

20세기에 들어와서야, 물감 제조업자들은 출시 전에 제품을 검사해야 하는 화가에 대한 책임을 통감하기 시작했다. 하지만 장사꾼의 기질이 어디 가겠는가. 한편 화가 자신들도 재료를 제대로 잘 알아야 한다는 인식이 커져갔다. 과학자만큼 지식을 갖춰야 한다는 무리한 요구가 아니라, 장인으로서 색을 잘 이용할 줄 알아야 한다는 의무였다. 막스 되너는 이렇게 주상한다.

화가가 화학자가 될 수는 없다. 이는 이득이 아니라 해가 더 큰 얼치기 꿈이다. (그러나) 화가가 재료를 지배하는 법칙은 그가 어느 화단에 속하든 모든 화가에게 동일하다. 재료를 정확하게 적용하고 최대한 잘 이용하고 싶은 화가라면 이 법칙을 알고 따라야 한다. 그렇지 않으면, 조만간 대가를 혹독하게 치를 것이다. 그림의 확고한 기초는 다시 한 번 장인정신이 되어야 한다.[10]

공식적으로는 국립회화기술검사및연구재단인 되너 연구소를 1938년에 뮌헨의 국가 예술 아카데미에 설립한 것은 이런 필요성에 대한 인식으로 볼 수 있다. 되너 자신은 1911년부터 1939년 사망 때까지 왕립바이에른아카데미에서 회화 기술 교수로 재직하며, 옛 거장들의 작품들을 19세기의 작품들보다 더 우수한 상태로 복원하는 기술로 그 찬란했던 예술 세계를 다시 알리기 위해 많은 공헌을 했다.

그러나 그 전체적인 계획에는 예술가들의 저항을 초래할 만큼 둔감하고 형식적이며 질식할 것 같은 무언가가 있었다. 이것은 인상주의 화가들이 프랑스아카데미의 학술적 혹평에 대항했던 것과 흡사했다. 아무리 결과가 무섭더라도 어떤 예술가가 법에 지배되길 원하겠는가? 재료를 실험하고 그에 따른 행불행은 20세기를 통해 풍부히 넘쳐나고 있다. 모든 세대의 예술가는 그 자신의 교훈을 터득해야 할 것이다. 그것은 각자가 자신만의 양식을 발견하고 자신만의 재료로 표현할 수단을 찾는 것이다.

제 12 장

색을 포착하라

· · ·

예술의 복제품 문제

가장 완벽한 복제품도 한 가지 요소에선 부족하다. 그것이 일어난 장소의 독특한 존재감인 시공간의 현장감 …… 원작의 현장감은 진본 개념의 선제조건이다.

_ 발터 벤야민, 「기계적 복제 시대에서의 예술 작품(The Work of art in the age of mechanical reproduction, 1936)」

근대 화가들은 그들이 사용하는 물감으론 모조품 근처에도 갈 수 없다. 모방을 한다면 현재 실링 정도 가치의 금화를 받게 될 것이다.

_ 제임스 퍼시벌 경(Sir James Percival),
「제이콥 르 블롱의 인쇄 공정에 관하여(on Jacob Le Blon's printing process, 1721)」

역사상 최초로 그림이 하루살이의, 도처에 만연한, 실질이 없는, 손쉽게 구할 수 있는, 가치 없는, 공짜 상품이 되었다. 언어가 우리를 에워싸고 있는 것처럼 그림이 우리를 에워싸고 있다.

_ 존 버거(John Berger), 「다른 방식으로 보기(Ways of Seeing, 1972)」

얼마나 많은 모네와 피카소 작품들이 교외의 평범한 주택의 벽에 걸려 있는가? 거리 창문을 통해 명화들이 보인다. 벽난로 위에 액자로 화려하게 전시되어 있거나 침실 벽의 누덕누덕한 모서리에 핀으로 꽂혀 있을 것이다. 우리는 이제 소장가도 될 수 있다. 점심값 정도면 훌륭한 복제품을 살 수 있기 때문이다. 책상 위의 책 한 권이면 갤러리와 맞먹는다.

우리는 이런 예술의 민주화에 대해 불평을 할 수는 없다. 많은 화가들이 예술이 고고한 갤러리의 분위기에서 탈피하여 거리로 나오길 바라마지 않았던가. 그러나 순수주의자들은 내용이 빠져버린 작품이 싸구려로 전락한 것에 불평할 수 있다. 미켈란젤로의 작품에서 인간과 신이 쭉 뻗은 손가락들이 그들의 문화적 중요성을 박탈당한 채 시각적 촌평과 다를 바 없는 연하장으로 편집되었을 땐 풍자만화로 변모하게 된다.

과다한 노출로 충격이 희석되는 것엔 슬픈 무언가가 있다. 좋아하는 노래를 너무 반복해서 듣게 되면 지루해지는 것과 같다. 사르트르의 소설 겉표지의 〈게르니카(Guernica)〉와 수년 동안 눈을 마주친 후 그 원작을 대하면 그 그림의 주제가 주는 그에 걸맞은 충격을 과연 받을 수 있을까?

1936년 사회 역사학자 발터 벤야민은 그의 유명한 에세이[1]에서 이렇게 말했다. "기계적인 복제의 시대에서 시들어버린 것은 예술작품의 아우라이다." 그러나 그런 예술의 대중적 보급이 그 대가를 치루지 않을 것이라고는 생각지 않는다.

그런데 주요 갤러리들은 예전 못지않게 늘 만원이다. 말하자면, 복제품에 대한 접근성이 커지면서 원작을 보고 싶다는 욕구가 꺼진 것이다. 예술 도서에서 반짝거리는 그 이미지의 원본을 보고 싶은 충동은 이미지가 아니라 '대상'의 보이지 않는 신비함에 푹 빠지고 싶은 열망에서 비롯된다. 그런 감명은 바로 반 고흐, 루벤스, 마사초의 손에 의해 이뤄진 것이다. 그림은 역사적인 인공물이 되었고, 갤러리는 인간의 상상력과 창의성의 박물관이 된 것이다. 그림의 아름다움을 조사하기 위해 모나리자를 보러가는 사람은 없다. 만약 그렇다면, 그는 흐릿한 조명 속에 슬프도록 축소된 작품을 흘낏이나마 보기 위해 목을 빼고 기다리는 군중에 치여, 실망만 가득 안은 채 돌아올 것이다.

벤야민은 대량 복제품은 예술을 '진품의 제단'에서 해방시켰다고 주장한다. 그는 컬러사진과 영화가 해방군이었다고 생각하는데, 그냥 단순히 한 제단에서 다른 제단으로 이동한 것으로 보인다. 관람객은 현재 그 화가들의 그림을 감상하는 동시에 익숙한 이미지에 경배를 올리기 위해 갤러리에 간다. 종교적 엄숙함이 예술의 전당을 지배하고 있어, 우리는 존경의 염으로 속삭이고 행동한다. 우리는 19세기에 시끌벅적하던 파리 사람들이 하지 않던 꼴값을 떨고 있다. 존 버거의 말을 빌리자면, "예술작품은 전혀 매력 없는 광신적 분위기에 휩싸여 있다. 예술작품들은 그것이 마치 성물이라도 되는 양 토론되고 전시된다."[2]

진지한 예술 학자에게는 진품을 봐야 할 또 다른 충분한 이유가 있다. 혹시 예술도서 수집광이라면 내 말뜻을 벌써 짐작했을 것이다. 이 티치아노는 저 티치아노와 얼마나 자주 닮았을까? 어떤책에서 본 〈성모승천(The Assumption of the virgin)〉은 가을 황금빛과 흐릿한 그림자로 넘실거리지만 다른 책에서 그 모습은 봄날 아지랑이처럼 흐릿한 광채가 군중을 덮고 있으며 성모의 오렌지 빛 적색 옷은 거의 핑크빛이다.[3] 다나에와 같은 색채가 복잡한 인물그림은 어떤 두 복제품도 같을 수 없다. 그렇다면, 복제품만 보고 원작의 색에 대한 진지한 토론이 가능할까?

그러나 많은 예술 비평이 필연적으로 이런 식으로 이루어진다. 예술에 관한 모든 기록문서는 그 주장을 펼치기 위해선 복제품에 의존해야 한다.[4] 대학 교육도 이제는 구두해설에서, 컬러 슬라이드로 대체되었기 때문에 대상을 보면서 토론이 이뤄져야 한다. 나는 다행히도 바로 가까이에 두 곳의 갤러리, 테이트 미술관과 영국 국립미술관이 있다. 내가 이 책에서 보인 예들은 이 두 곳에서 많이 가져왔고 덕분에 나는 상대적으로 쉽게 원본을 볼 수 있었다. 그러나 나는 내 연구의 상당 부분을 책의 이미지에 의존해야 했고, 관련된 주제에 관한 여러 책을 탐독하면서 이 이미지들이 얼마나 신빙성이 없는지를 자세히 볼 수 있었다. 존 게이지[John Gage]에 따르면, 색 복사 기술의 한계는 '그 자체로 예술에서 색의 역사를 이루는 한 부분이다.'

내가 이 책을 30년 전에 집필했더라면 어려움은 얼마나 더 컸을까? 스페인의 마드리드에 있는 국립미술관 프라도에 소장된 작품들에 내가 일상적으로 익숙해 있어도, 내게 『더 프라도(The Prado, 1966)』라는 책은 그곳 작품들에 개략적인 인상만 준다는 것을 말해준다. 허버트 리드[Herbert Read]의 『현대 미술사 소개(Concise History of Modern)』에도 같은 말을 할 수 있다. 나는 이 책을 1985년도 판을 가지고 있다. 그리고 보통 일반 책이 삽화에 경비를 지출하지 않는 반면, 이 두 책은 가장 헌신적인 예술 출판사에서 펴낸 책으로 그 가치가 높다.

화학기술이 그 페이지의 이미지를 얼마만큼 포착할 수 있게 해줄까? 예술에서 화학이 색에 미친 영향을 조사하면서, 이런 질문은 필수적이다. 그러나 이것은 우리가 기대하거나 믿고 싶은 것처럼, 질적으로 점진적으로 개선되는 선형적인 이야기가 아니다. 그 초점이 정확성이나 장수성이 아니고 출판 비용일 경우 그 표준이 질적으로 떨어질 수도 있다.

더욱이 오늘날의 기술 덕분에 시각정보가 구텐베르크의 시대 이래로 보지 못했던 규모로 유통되고 있다. 나는 그림 몇 점은 완전히 인터넷을 통해 조사했고, 이런 서술이 이미 1950년대의 과학자가 '내 계산은 디지털 컴퓨터의 도움을 받았소'라고 자랑스럽게 떠벌이는 것처럼 들린다는 것도 알고 있다. 이제 정보를 평가하고 표현하는 전혀 다른 새로운 방법이 출현했고, 몇십 년 후엔 전부는 아닐지라도 책의 많은 역할이 컴퓨터로 대체되리란 예측은 대단한 식견도 아니다. 이러한 변화들이 예술 복제의 질에 어떻게 영향을 미칠 것인지는 물리학 및 전자공학의 문제이지만, 이것은 또한 궁극적으로는 모니터스크린의 밝은색들 뒤에 존재하는 화학에 의해 그 범위가 결정된다.

:: 대중예술

어떤 그림을 개인 소장할 수 있는 방법이 모조품 소유가 유일했던 시대가 있었다. 그것이 합법적이든 불법적이든 말이다. 19세기에도, 많은 사람들이 단색의 판화를 통해 옛 거장이나 새로운 거장의 작품을 알고 있었다. 그의 명성이 한창 최고조에 이를 때 터너의 작품들은 이런 식으로 정기적으로 복사되었고, 그 결과는 성냥개비의 건축적 경이와 비슷한 멋진 연출이었다. 입이 벌어질 정도로 기술적이지만 알맹이가 없는 것이다. 터너의

〈그림 12-1〉〈토성(Saturn)〉. 포르데노네(Pordenone, 1485~1539)가 그린 후 1604년에 이루어진 우고 다 카르피(Ugo da Carpi)의 명암법.

그림 언어로, 즉 검은 윤곽선과 크로스 해칭Cross-hatching*으로 그린 그물망에 색과 빛 그리고 직물을 표현하여, 그림을 베끼는 것은 그 매력을 모조 건축물에 가두는 것과 같았다.

컬러잉크를 이용한 인쇄는 인쇄기가 발명된 순간부터 가능했고, 컬러인쇄는 15세기 책에도 종종 사용되었다. 여러 가지 색을 같은 페이지에 인쇄하는데, 그 방법은 각기 다른 부분을 찍기 위해 식각한 블록을 적재한 인쇄기에 그 종이를 넣고 찍어내는 것이다. 이것은 다루기가 매우 까다로워 쉽게 떠맡을 일은 아니었다. 1482년, 에르하르트 라트돌트Erhard Ratdolt는 그 문제를 각기 다른 블록을 일렬로 정렬하여 해결한 최초의 인물일 것이다. 16세기와 17세기에 그림은 이런 식으로 2가지 이상의 색을 조악

---

* 동판화 기법으로, 인그레이빙이나 에칭에서 평행선과 다른 평행선군이 어떤 각도에서 교차한 것을 말한다.

하게 인쇄할 수 있었고, 검은 해칭black hatching 혹은 차단 그림자blocked-out shadows로 겹쳐 인쇄하여 일종의 원시적인 명암대조법을 얻을 수 있었다 (〈그림12-1〉 참조). 루카스 크라나흐는 컬러인쇄기술을 실험해온 위대한 화가들의 장구한 역사에서 최초의 인물에 속한다. 후에 이런 전통에 합류한 인물로는 앙리 드 툴루즈 로트레크Henri de Toulouse-Lautrec, 에드바르 뭉크, 소냐 들로네가 있다. 하지만 복제의 수단으로 컬러그림의 그 명암법이 섬세한 흑백 동판화보다 훨씬 더 인상적인 표현을 주었다.

우리가 현재 알고 있는 완전 컬러인쇄에 대한 최초의 시도는 18세기에 화가 제이콥 크리스토프 르 블롱Jacob Christoph Le Blon에 의해 이뤄졌다. 1667년 그는 프랑크푸르트 암 마인에서 태어났지만, 그의 부모는 프랑스인이었다. 르 블롱은 모든 색이 적색, 황색, 청색의 삼원색으로 합성될 수 있다는 로버트 보일이 상세히 설명했던 그 아이디어에 매달렸다. 그는 '분리된 색'을 중첩해 3가지 색에서 모든 색을 유도할 수 있다는 사실을 깨달았다. 3가지 원색을 각기 다른 판에 놓는 것이다. 각 판은 그 이미지의 원색에 해당하는 부분 이미지에 놓는데, 원본에 있는 그 원색의 강도에 상응하는 잉크의 농도를 적용해야 한다. 노란색 부분은 '노란색' 판 위에서 복제되어야 하지만, 적색 판과 청색 판은 비어두어야 할 것이다. 오렌지색 부분은 적색 판과 노란색 판 위에서 나타날 것이다. 그럼 서로 겹친 그 두 반투명한 잉크가 가산 혼합으로 2차색을 발생시킨다.

하지만 어떻게 단색을 분리하는가? 르 블롱은 손과 눈으로 그것을 할수밖에 없었다. 놀랍게도 그는 그 이미지의 해당 부분에 각 원색이 포함된 양을 자신의 시각적 판단에 따라 각 판을 직접 조판하기 시작했다. 이것은 악보를 분해하여 악기에서 그 각각의 주파수를 분리해내어, 어떤 주파수가 존재하고 그 주파수의 크기가 얼마인지를 말하는 것과 같다. 그의 '나르시스Narcissus'와 같은 현존하는 그의 모조품을 보면, 그 따뜻한 살색과 시원한 나뭇잎과 같은 복잡한 색을 이런 식으로 재구성했는데, 이것은 기적에 가까운 그 조판공의 능력을 보여주는 것이다.

르 블롱의 판은 메조틴트 기법^{mezzotint}을 사용해 새겨졌다. 이 방법은 암스테르담의 한 독일 장교가 17세기에 발명한 것으로, 구리 동판 표면 전체를 락커^{rocker}라고 불리는 끌과 같은 도구로 꺼끌꺼끌하게 문지르는 것이다. 이 락커의 구부러진 끝이 일련의 평행선을 그리며 동판을 파고들면 구리의 부드러운 표면에 돌기가 발생하고, 이 거친 표면에 잉크가 갇히게 된다. 잉크 밀도의 차이는 그 표면을 다른 정도로 부드럽게 문질러 성취할 수 있다. 전체적으로 빈 부분은 광택을 내어 부드럽게 만든다. 메조틴트(중간색이란 뜻)란 이 기술은 선각판화$^{line\ engraving}$ 기법보다 '중간 색조$^{middle\ tones}$'를 더 잘 복제한다는 사실에서 그 이름을 얻었다.

삼원색인쇄방법이 작동하려면, 잉크가 훌륭한 원색이어야 한다. 적색에 약간의 청색기가 들어 있으면 그것이 노란색과 겹쳐 인쇄되었을 때, 지저분한 갈색조의 오렌지색이 나온다. 그러나 그런 '순수한' 색은 르 블롱 시대엔 가능하지 않았고, 그래서 그는 과학자들이 제안하는 색 혼합의 이상적인 이론을 화학자가 제공하는 불완전한 색상을 이용해 어떻게 실현시킬까를 두고 씨름해야 했다. 그의 고뇌는 초기 화가들이 안료혼합에 주의해야 했던 그런 동기와 흡사했다. 그것들이 '분광학적으로 순수'하지 않아 혼합되었을 때 명도가 떨어졌던 것이다.

르 블롱은 그렇게 노력하고 고뇌하면서 색 이론에 깊이 심취하게 되었고, 1720년대에 그는 '색의 법칙(laws of colour)'를 발견했다고 생각했다. 사람들이 옛 거장들 이래로 사라졌다고 생각했던 법칙이었다. 르 블롱은 이런 생각들을 책으로 엮었다. 『컬러리토: 인쇄에서 색의 조화 ; 쉽고 확실한 법칙에 따른 기계적인 관행으로의 환원(Coloritto ; or the Harmony of Colouring in Painting ; reduced to mechanical practice under Easy Precepts and Infallible Rules,

1725)』이란 제목의 책에서 그는 다음과 같이 제시했다.

　　내 규칙을 따라 이 방법을 약간이라도 실행할 독창적인 화가들은 『컬러 리토』의 이론 편에서 티치아노, 루벤스, 반 다이크의 지식을 얻게 될 것이다. 그리고 그 비밀을 소유하고 있다고 밝힌 일반적인 보고서와 전통이 과연 믿을 만한 이야기인지를 곧 판단할 수 있을 것이다. 그리고 과연 이 세 사람을 제외한 어떤 거장이 어떤 명확하고 체계적인 그런 지식을 갖추었을까?[5]

‘규칙들’이란 기본적으로 원색으로 2차색을 만드는 새로운 표준이었다.

　　인쇄는 이 3가지 황색, 적색, 청색으로 눈에 보이는 모든 대상을 나타낼 수 있다. 다른 모든 색은 이 3가지 색으로 구성될 수 있기 때문이다. 나는 그 것을 원시색이라 부를 것이다. 그리고 그 3가지 원색의 혼합은 검은색과 다른 모든 색을 만든다.[6]

그러나 여기에서 르 블롱은 그 당시에 여전히 모호했던 가산혼합과 감산혼합의 구별에 직면해야 했고 그리고 이것이 그가 할 수 있는 최선의 것이었다.

　　나는 물질적 색, 즉 화가들이 사용하는 색을 말하고 있다. 그 모든 원시적인 미묘한 색, 촉감으로 알 수 없는 그 색들의 혼합은 아이작 뉴턴 경이 『광학』에서 보여준 것처럼 검은색이 아니라 정반대인 흰색을 낳는다.[7]

‘화가들이 사용하는 물질적 색’이라는 르 블롱의 말과는 달리 그는 불투명한 물감이 아니라 반투명한 잉크를 필요로 했다. 그래서 그의 착색제는 주로 염료였고, 그의 인쇄기는 캘리코인쇄 산업에서 어떤 영감을 받았을 것이다.

르 블롱은 청색의 원색으로 새롭게 탄생된 프러시안 블루를 사용했고, 이 색은 인쇄용으로 사용하기엔 녹색이 많이 들어 있었다. 그는 인디고도 실험한 것으로 보인다. 그의 노란색은 어두운 노란색 착색안료였다. 그리고 이 중에서 가장 어려운 색은 적색이었는데 그는 매더 레이크, 카민, 약간의 진사를 혼합할 수밖에 없었다. 원칙적으로, 이상적인 원색들을 혼합하면 검은색이 된다. 그러나 현실적으로 이런 원색 안료들의 단순한 혼합은 갈색에 가깝다. 그래서 르 블롱은 그 이미지에 손으로 직접 검은색을 더해 마무리를 할 수밖에 없었다.

자신의 기술에 대한 '쉬움'와 '확실함'에 대해 열정적으로 강조했던 만큼 그는 무척 절망했다. 원색 잉크의 부족보다 더 큰 문제는 동판의 그 미세한 새김들이 많은 인쇄를 견디지 못하고 무뎌진다는 것이었다. 그 어마어마한 시장과 그 제조에 들인 인고의 세월을 생각해보면 이것은 보통 심각한 문제가 아니었다.

그러나 그는 그런 실용성의 미흡점을 허세와 열정으로 보충했다. 그 공정으로 만든 초기 견본 몇 장을 1704년에 암스테르담의 명사들에게 전시한 후, 그는 후원자를 물색하기 시작했다. 네덜란드에서는 결실이 없었고, 1705년 파리에서 혹시나 행운을 기대했지만 결과는 마찬가지였다. 1719년 런던에 와서야 그는 간신히 부유한 고위인사인 존 기즈 대령Colonel Sir John Guise을 설득하여 사업자금을 마련했다. 기즈의 후원으로 르 블롱은 조지 1세로부터 켄싱턴궁에 소장된 몇 점의 그림을 복사할 허가를 얻었다. 그 둘은 1720년에 픽처 오피스Picture Office라는 회사를 설립했고 계속하여 선별한 25점의 그림을 입수해 수천 장을 복사했다.

그러나 르 블롱은 사업가가 아니었고, 그 회사는 금세 재정적 곤란을 겪기 시작했다. 그 사업가를 만났을 때, 호러스 월폴(Horace Walpole, 로버트 경의 아들)은 그다지 좋은 인상을 받지는 않았다. "그는 하수인 아니면 사기꾼이다. 아마도 하수인처럼 보이는데, 대부분의 열정가들이 그렇듯 열정이 넘쳐났기 때문이다. 그리고 결국 그는 하수인이자 사기꾼이었다."[8] 한편 기즈는 회사 임원들에게 닥치는 대로 욕설을 퍼부으며 들볶아대었다. 그것이 전부 회사의 최대 이익을 위해서라고 확신하면서 말이다.

사태는 더욱더 악화되어 픽처 오피스의 거래를 조사할 위원회가 소집되었다. 그 조사결과로 르 블롱은 이사직에서 해임되었다. 하지만 그 인쇄의 품질은 사실 대단했던 것으로 보인다(〈삽화 12-1〉). 월폴은 그 인쇄물들이 '대단한 모조품'이라고 평가했다. 일부 모조품은 두터운 니스를 칠해 진품으로 위장하여 판매된 것으로 보인다. 대중이 야외 갤러리에서 완전 컬러 그림을 관람하는 일에 익숙하지 않았던 시대에, 지금 생각하면 눈에 훤히 보이는 사기지만 그 당시엔 그런 속임수는 충분히 통할 수 있었다. 그러나 복사 공정의 장점이 무엇이었든지 간에 수익은 별로였다.

그러나 의지의 르 블롱은 이에 굴하지 않고 또 다른 발명품을 적용할 생각으로 1727년에 새로운 회사를 설립했다. 그의 목표는 태피스트리에 그림을 재구성하는 방법으로, 햄프턴 코트 궁전Hampton Court에 있는 라파엘 카툰(Raphael Cartoons, *현재 런던의 빅토리아 앨버트 미술관에 소장되어 있다)을 복제하는 것이었다. 그는 태피스트리에서도 적색, 노란색, 청색 실을 예술적으로 혼합하면 모든 색상을 만들 수 있다고 믿었다. 이런 모험은 다시 한 번 절망으로 끝이 났고, 르 블롱은 끝내 빚을 이기지 못하고 자기 나라에서 도망쳐야 했다. 1741년 그는 가난에 찌든 채 죽기 전까지 네덜란드와 프랑스에서 그 인쇄기술을 부활시키기 위해 애를 썼지만 수포로 돌아가고

---

* 7편으로 된 유명한 태피스트리 작품.

말았다.

르 블롱의 기술은 그의 사후 몇 십 년 정도 잔존했다. 르 블롱이 생존했을 당시에도 파리에서, 자크 고티에 다고티Jacques Gautier d'Agoty는 비슷한 공정을 개발해 르 블롱과 우선권 문제를 두고 치열하게 다투었다. 그렇지만 고티에가 르 블롱의 사망 후 삼색인쇄공정에 대한 권리를 획득한 듯하다. 그리고 나중에 그 기술을 완벽하게 개선했다고 주장했다. 그러나 그가 남긴 예들은 그런 주장을 거의 뒷받침하지 못하고 있으며, 다만 그의 혁신 중에 손으로 마무리하는 대신 네 번째의 검은 판을 도입한 것은 있다. 고티에의 아들들은 계속하여 1770년대까지 그 사업을 지속했고, 1780년대에 이탈리아의 카를로 라시니오Carlo Lasinio에게 그 방법을 팔았고, 카를로는 열정적으로 그 기술을 가다듬었지만 큰 발전은 없었고 그 기술은 사라지게 된다.

컬러 책들

르 블롱의 발명은 시대를 앞선 개념이었지만 실현시킬 구체적인 수단이 부족했다. 18세기에 개발된 대안적인 컬러인쇄기술들은 3가지 반투명한 원색만으로 모든 색을 만들겠다는 야심은 없었다. 그 대신 인쇄업자가 선택한 색을 인쇄기가 직접 적용해서 다른 색깔 부위가 중첩되지 않도록 했다. 그러나 이런 방법은 색의 범위가 극히 제한적일 수밖에 없었다.

가장 단순한 방법은 과거의 명암법이었다. 여기서 블록block을 사용해 평평한 색칠 부분을 인쇄하고 다시 검은색으로 조악하게 음영을 넣는 것이다. 보통 한두 가지 색만 적용되었고, 그래서 그 이미지들은 '컬러인쇄'라기보단 단순히 암갈색의 음영을 주어 단색의 페이지에서 눈의 피로를 덜어주는 역할만 했다.

명암인쇄의 편평한 색면의 무미건조함은 '하프톤half-tone'를 사용하여 피할 수 있었다. 이 방법은 흰색 종이에 유색의 선이나 점의 밀도를 변경하여 명도나 색조의 뉘앙스를 줄 수 있었다. 그 원리는 신문 이미지에서 그레이스케일grey scale*을 얻는 방법과 동일하다. 점들이 충분히 작을 때, 그것들이 합쳐져 부드러운 색조의 기울기를 갖게 된다. 르 블롱이 사용한 메조틴트 기법은 하프톤 공정으로 르 브롱의 야심만만한 삼색 혼합보다는 농염 효과라는 누진적인 부분색채를 적용하는 데 널리 사용되었다.

하프톤인쇄는 점, 홈, 골로 이루어진 평평한 금속판으로 진행되는데 이 것들이 부위에 따라 다르게 적용된다. 점각 조판에서, 그 판을 덮고 있는 보호막을 바늘로 뚫고 노출된 금속에 산을 침투시켜 점을 만든다. 그 판을 롤러를 이용해 코팅을 입히고 깨끗이 닦으면, 그렇게 만들어진 작은 천공들이 잉크나 물감을 간직하게 된다. 그 판을 종위 위에 놓고 압력을 가하면, 그 잉크가 종이로 스며들게 된다. 동판화engraving처럼, 이를 요판인쇄술 intaglio printing method이라고 한다. 여기서 잉크는 새긴 자국을 남기기 위해 금속판에서 재료를 제거한 부분에만 종이에 적용된다.

점묘 판화기법은 장 루트마Jean Lutma라는 네덜란드 대장장이가 17세기에 발명했고, 장 샤를 프랑수아Jean Charles Francois라는 프랑스 사람이 실용적인 인쇄 방법으로 발전시켰다. 프랑수의 노력은 1750년대에 아카데미데 보자르의 인정을 받았다. 이것은 인쇄가 상업성에서 그림 못지않다는 사실을 일깨워준다. 각각의 색을 사용할 때마다 별도의 판이 필요했기에 인쇄업자들은 두세 가지 색을 사용하는 것(사실 그 이상의 색은 기술적으로도 적용할 수 없었을 것이다)이 귀찮을 수도 있었다. 1770년대에 런던에서 인쇄업을 개업한 영국인 윌리엄 위니 라일랜드William Wynne Ryland는 판 하나만 적용하길 선호했고, 필요한 부분엔 손수 붓으로 다른 색을 입혔다.

---

* 회색의 농담을 단계별로 나타낸 시각적 척도.

그 방법은 조악하기 그지없었으나 대중은 예술 복제품에서 색을 보는 것에 익숙하지 않았기에 점각인쇄는 아름다운 것이었다. 골 수요가 봇물을 이뤘고, 그가 사교계의 고급 취향에 빠져 연인들의 값비싼 애교에 돈을 탕진하지만 않았어도 부자가 되었을 것이다. 하지만 그는 그 비용을 감당하지 못하고 절망에 빠져 위조지폐를 만드는 극단적인 상황에 몰렸고 1783년 사형장의 이슬로 사라졌다.

18세기 말에 도입된 또 다른 하프톤 기술은 애쿼틴트aquatint였다. 그 발명품은 일반적으로 프랑스의 화가이자 조각가인 장 바티스트 르 프랭스Jean Baptiste Le Prince의 공적으로 치부되는데, 그 지식은 여기저기서 긁어 모은 짜깁기였다. 그 금속판은 산의 에칭(식각)에 보호막 역할을 하는 수지 점들로 덮였다. 그 입자는 매우 고와서 인쇄물은 워시 드로잉wash drawings* 처럼 보일 수 있다. 하나의 판에 손으로 잉크를 칠하여 만든 애쿼틴트는 19세기 초의 책 삽화에 널리 사용되었다.

리소그래피lithography란 석판인쇄는 뮌헨의 존 알로이스 제네펠더John Aloys Senefelder가 1796년에 발명했다. 그는 이 기술을 사용해 뒤러의 유색 소묘를 복제했다. 대리석과 같은 문질러 닦은 석판에 유성 크레용으로 표시한 다음 물에 적신 롤러로 축축하게 만든 후 다른 롤러로 기름이 밴 물감이나 잉크를 묻혀주는 것이다. 불용성인 그 잉크는 축축한 돌에선 밀려나지만, 크레용 자국에 흡착될 것이다. 그 후 그 이미지를 종이에 인쇄하는 것이다.

1830년대에 이런 기법을 삼색 공정으로 개발하려던 실험이 투명한 잉크가 없어 실패로 끝나긴 했지만 일반적으로 목판인쇄의 명암 양식에 사용되었다. 그러나 1837년, 파리의 석판인쇄업자인 고드프루아 엥겔만

---

* 단색 담채풍의 수채화.

Godefroy Engelmann이 이 방법을 응용하여 다색석판술multimolithography로 알려지는 다색판 공정을 개발했다. 이 공정으로 매우 인상적인 색의 범위와 섬세함을 인쇄할 수 있었다. 이런 공적으로 엥겔만은 여전히 지원을 아끼지 않던 국가산업진흥협회로부터 상을 받았다.

영국에서 그 석판인쇄기술의 시작은 초라했다. 런던의 토머스 드 라 루Thomas De La Rue는 1832년 플레잉 카드playing card*를 인쇄하기 위해 석판 인쇄술을 특허 냈다. 하지만 이 정도에는 양이 차지 않는 야심가도 있었다. 건축 디자이너인 오언 존스는 1836년 윌리엄 데이William Day의 인쇄회사와 팀을 이루어, 그라나다의 알람브라 궁전을 삽화로 넣은 컬러 책을 펴냈다. 금 잉크로 화려하게 빛나는, 존스의 삽화가 들어간 『장식의 문법(The Grammar of Ornament, 1856)』은 후에 영국 디자이너의 필독서가 되었다.

존스, 엥겔만 등이 그들의 석판인쇄 작품을 1851년의 만국전람회에 전시했을 때 심사위원들은 다소 낙관적으로 그 기술이 훌륭한 그림에 필적하는 결과일 수 있다고 선언했다. 아연 금속 롤러를 사용한 자동 석판인쇄기술이 1850년대에 수동식 인쇄기를 대체하기 시작했다. 1852년 데이의 회사는 과감히 터너의 〈청색 불빛으로 타오르는 배(A Vessel Burning Blue Lights)〉를 석판인쇄로 복제를 했다. 이 야심찬 프로젝트로 그들은 그 일을 훌륭히 해냈다. 터너의 몽롱하고 유연한 양식은 인쇄업자들로 하여금 처음으로 검은색으로 윤곽을 정하는 관습을 포기하게 만들고, 대신에 순수한 색으로 이미지를 묘사하게 만들었다.

이런 새로운 기법을 회화에 적용하고 싶은 열망은 1849년 러스킨 등이 설립한 아룬델협회도 매한가지였다. 그 협회는 교육적 목적으로 초기 이탈리아의 프레스코를 복제하기 시작했다. 그 협회는 르네상스 예술의 부

---

* 숫자나 그림이 들어 있는 서양의 놀이용 카드.

활에 대한 대중의 인식을 자극하고 싶었던 것이다. 다색석판술를 이용해 페루지노의 〈성 세바스찬의 순교(Martyrdom of St Sebastian)〉와 벨리니의 〈성모와 아기 예수〉 같은 작품들을 복제했다. 이것은 가공할 임무였다. 선택된 그림은 우선 위임받은 예술가가 직접 모사한 후 다시 별도의 석판들 위로 옮겨진다. 이와 같은 노력은 많은 사람에게 원작의 장엄함에 대한 최초의 막연한 느낌을 주었다. 그리고 부자들은 모조품을 개인 소장품으로 소유할 기회였다.

고상함은 떨어지지만 상당히 인상적인 모조품은 피어스 비누Pears Soap 사의 '버블Bubbles' 광고에서 존 에버렛 밀레이의 그림을 다색 석판인쇄로 복제한 유명한 사건이다. 이 복제품은 예술가의 속은 어땠을지 몰라도 마지못해 훌륭함을 인정했던 업적이었다.

그 당시 윌리엄 블레이크의 책에도 삽화가 들어갔다. 그는 인쇄업자이자 조각가이며 또한 시인이자 화가였으며 힘들게 컬러그림을 직접 그리기도 했다. 하지만 어떤 기록에도 그가 꼼꼼하다거나 당시 시대가 요구했던 단정한 인물이었다는 내용이 없다. 나중에 한 논평가는 이렇게 비꼬았다.

> 블레이크는 모든 윤곽도 삽화 위에도, 책의 옆면이나 중간을 가로질러 그림을 그렸는데, 이는 물감을 손에 쥔 아이가 책을 망친 수준으로, 블레이크를 정신적 괴롭혔던 개념을 강조하는 그림처럼 보인다.[9]

18세기 말에 이르자 컬러인쇄가 매우 중요해졌다. 그래서 1799년 과학자 럼퍼드 백작이 런던에 왕립과학연구소를 창설했을 때, 그 기술의 과학적 필요성을 연구할 부서가 별도로 설립되었다. 그 책임자는 요크셔 사람인 윌리엄 새비지William Savage로 그는 컬러잉크의 단점을 개선하기 시작했다. 그래서 나온 신재료들이 새비지의 명저 『장식인쇄 실용서(Practical Hints on Decorative Printing, 1823)』에 나타난다. 그는 이 책을 무려 8년이나 걸쳐 집필했다. 그는 목판각으로 명암법 정도로 정교하게 인쇄를 했지만, 아주 꼼꼼히 만들어서 그 결과는 대단히 정교했다. 이 책에 나오는 일부 이미지들은 29개의 목판을 사용하기도 했다.

목판인쇄술은 조지 백스터George Baxter에 의해 정점에 이르게 된다. 그는 잉크가 아니라 유화물감을 사용해 전례 없는 색상의 화려함을 기술적으로 보여주었다(〈삽화 12-2〉). 그의 『화보집 혹은 미술관(Pictorial Album, or Cabinet of Paintings, 1836~1837)』은 영국에서 최초의 전면 컬러 대중서적이 되었다. 말하자면 최초의 커피테이블(coffee table, 호화화보집) 책인 셈이다. 그것은 그 기술을 꼼꼼히 적용하기만 한다면 그 당시의 방법으로 얼마만큼의 성취를 이룰 수 있는지를 보여주는 사례였다. 그리고 백스터의 노력으로 컬러인쇄는 꽃을 활짝 피우기 시작했다.

1855년 잡지 「일러스트레이티드 런던 뉴스(Illustrated London News)」에 최초의 컬러 삽화가 등장했다. 목판과 에칭(식각) 기술의 결합으로 나온 그 삽화는 별다른 장점은 없었지만 매우 대중적이어서 그 신문은 정기적으로 컬러 부록을 정기적으로 발행했다. 그리고 1861년에 유명한 런던의 목판화가 에드먼드 에반스Edmund Evans가 『아트 앨범(Art Album)』을 발행했다. 이것은 다양한 독자 계층에 컬러로 그림을 제공하려는 시도였다. 목판인쇄는 20세기 초까지 그런 노력에 적합한 것으로 여겨졌다. 하지만 그때 비엔나의 노플러Knofler 형제가 목판인쇄를 이용해 그림을 인쇄했다. 이런 방법으로 복제 그림의 투박하고 단호한 윤곽선은 에른스트 루트비히 키르히너Ernst Ludwig Kirchner와 카를 슈미트 로틀루프Karl Schmidt-Rottluff와 같은 독일 표현주의 화가들의 양식적인 목적에 적합했다. 이들은 전쟁 전에 많은 목판을 만들었다.

기술자가 손수 일일이 만든 블록, 판, 롤러로 인쇄한 18세기 19세기의 많은 컬러 복제품들이 그 자체로 작품이라는 사실을 의심하는 사람은 현재 아무도 없다. 하지만 1850년대 벌써 이런 수공구를 대체할 기술이 출현하고 있었다. 기술자들이 빛이 그림을 그리는 방법을 고안했던 것이다.

:: 모든 것을 보는 렌즈

기술적 수단이 가능할 때가 아니라 개념적 발전으로 그 잠재력이 폭발할 때 많은 기술이 싹트게 된다. 사진에 필요한 재료와 방법은 사진이 활용되기 100년 전부터 존재했다.

1725년 독일 해부학자 요한 하인리히 슐체Johann Heinrich Schulze는 어떤 은염silver salt이 검어지는 현상은 햇볕에 노출되었기 때문이라고 추론했다. 그는 초크chalk와 질산은 용액이 들어 있는 유리병을 종이로 오려낸 문자로 덮었다. 그 용액은 햇살에 노출된 부분에서 검어졌다. 수용성 은염에서 은 금속이 형성되어 작은 은 입자가 가시광선을 흡수해서 검어진 것이다.[10]

카메라의 원리를 형성하는 광학기술은 이보다 훨씬 더 오래되었다. 외부 광선을 조그만 구멍을 통해 스크린 위에 투사하는 어두운 공간인 어둠상자(camera obscura, 주름상자)를 10세기 말경 무어인 학자 알하젠Alhazen이 서술했다. 렌즈를 장착하기에 적합한 이동성 크기의 어둠상자들이 16세기 말경에 도입되었고, 곧 박물학자들의 필수품목이 되었다.

하지만 19세기나 되어서야 '카메라'의 이미지 창조성과 광감성 은염의 이미지 기록 잠재성을 결합할 생각을 하게 되었다. 1800년에 토머스 웨즈우드Thomas Wedgwood가 옵스큐라(암실)에 있는 이미지를 질산은으로 코팅된 종이에 인쇄하려 했다. 그는 잎사귀, 곤충 날개, 그림 등의 '마스크' 네거티브 이미지(음화)를 만들어냈다. 그러나 그 종이가 햇볕에 노출되면 종이가 더욱 검어졌고, 그 현상을 막아 이미지를 보존할 방법을 찾을 수가 없었다. 영국과학연구소의 화학자 험프리 데이비가 그 과정에 관심을 가졌고 원시 형태의 사진을 공동으로 연구하기 시작했다.

프랑스인 조제프 니세포르 니엡스Joseph Nicephore Niepce는 1816년 최초의 '고정된(fixed)' 음화를 찍었다. 그는 샬롱 쉬르송 근처의 창에서 본 광경을 염화은으로 코팅된 종이 위에 찍었다. 그는 그 이미지를 질산으로 부분적으로 고정시켰다(향후 변화에 둔감하게 만들은 것이다). 1826년, 그는 진짜 양화positive photograph를 만들었다. 얇은 기름 역청 막을 입힌 금속판을 노출시킨 카메라를 이용한 것이다. 그 역청은 조명을 받는 곳에서 경화되었고 그 나머지는 기름과 석유로 씻어낼 수 있었다. 역청이 산의 공격에서 그 금속을 보호하는 원리를 이용해 인쇄를 할 수 있는 식각된 금속판을 만들 수 있었다. 이것은 사진요판술(photogravure, 그라비어 인쇄)의 원시형태였다. 그래서 사진은 그 시초부터 인쇄와 동맹을 맺고 있었다.

니엡스는 사망하기 4년 전 파리의 극장 디자이너였던 루이 자크 망데 다게르Louis Jacques Mande Daguerre와 동업을 했다. 1837년, 다게르는 약 30분 정도의 노출로 은막 처리된 동판에 영구적인 사진을 찍을 수 있었다. 하지만 은염의 느린 암변화는 움직이는 피사체를 포착할 수 없었다. 다게르가 찍은 거리는 유령의 도시 같다. 걷는 보행인이 흐릿하게 시야에서 사라지기 때문이다. 다게르가 그 이미지를 보여주기 위해 미국의 화가이자 발명가인 새뮤얼 모스Samuel Morse를 초청했을 때 그는 사진에 대해 이렇게 말했다.

마차와 보행인의 인파로 인산인해를 이루는 대로에 구두를 닦고 있는 딱 한 사람 빼곤 텅 비어 있다. 그의 발은 한동안 어쩔 수 없이 꼼짝도 못하고 있을 수밖에 없었는데 …… 그래서 그의 구두와 발은 잘 나왔는데 …… 몸

과 머리가 없다. 몸과 머리는 움직였기 때문이다.[11]

다게르의 공정에서, 그 은막 판은 얇은 아이오딘(요오드)화은의 막을 형성하고 있는 아이오딘 수증기에 노출된다. 그런 다음 다시 수은 증기가 있는 카메라에서 빛에 노출된다. 그 수은이 은과 아말감을 형성한 작은 방울이 되어 빛에 노출된 부분에 정착한다. 이 아이오딘(요오드)은 그런 후 정착액[티오황산나트륨(sodium thiosulphate), 당시에는 하이포(hypo) 혹은 하이포설파이트(hyposulphite)라고 불렸다]에서 용해되어 사라진다. 수은은 이미지의 빛 부분에 반응하고 그림자들은 아래에 있는 은에서 복제된다. 그 인화된 판은 수은이 씻겨 내려가지 않도록 유리로 보호해야 한다.

프랑스 정부는 이 공정을 다게르에게 사들여 1839년 프랑스과학아카데미와 아카데미데보자르와의 공동회의 공개했다. 그 결과를 본 화가 폴 들라로슈Paul Delaroche는 감동을 받아 이렇게 선언했다.

"오늘 이후로 그림은 사망했다."

오늘날에도 흔히 볼 수 있듯, 이런 주장은 흔히 오판의 역사를 재확인시켜 준다. 이런 '다게르식'의 사진은 생활을 기록하는 수단이 아니라 새로운 예술의 매개체로 간주되었다.

많은 혁신으로 노출 시간이 짧아지면서 1840년대 초에 이르면, 런던과 뉴욕에 사진 초상화 스튜디오가 출현한다. 그리고 새로운 종류의 인화재가 다게르의 까다롭고 부서지기 쉬운 은/수은 판을 대체했다. 1840년 영국의 발명가 윌리엄 헨리 폭스 탤벗William Henry Fox Talbot이 캘러타이프calotype 공정을 도입했다. 여기에서 갈산gallic acid을 사용해 아이오딘화은silver iodide에 적신 종이에 현상했다(그 현상액이 빛에 노출된 은염을 은 입자로 전환시켰다. 정착제는 노출되지 않은 은염을 제거하여 그 이미지가 내광성을 갖게 만들었다). 캘러타이프 공정은 음화를 만들어내고 이 음화에서 양화(positive print, 사진)을 만들었다.

1844년, 폭스 탤벗은 최초의 사진이 삽화로 들어간 책『자연의 연필(The Pencil of Nature)』을 출간했다. 여기서 사진들은 개별적으로 따로 붙였다. 그 책은 독자들에게 이렇게 자랑한다. "여기에 실린 사진들은 빛이란 매개체로만 인쇄된 것으로, 예술가의 연필과 같은 도움은 전혀 받지 않았다."

캘러타이프처럼, 1851년에 도입된 프레더릭 스콧 아처Frederick Scott Archer의 콜로디온 기법collodion process은 '습식' 기술로, 인화지를 현장에서 만들어 젖어 있는 동안 노출시킨다. 에테르에서 용해된 나이트로셀룰로스(Nitrocellulose, 최초의 합성 고분자)를 아이오딘화 칼륨과 혼합하여 유리판에 쏟아 질산은과 함께 빛에 노출시키는 것이다. 일단 노출되면, 그 판은 갈산이나 황화철로 현상된 후 하이포 혹은 시안화칼륨(청산가리)으로 정착된다. 그래서 사진가는 이동용 암실은 물론 작은 실험실을 가지고 다녀야 했다 (〈그림 12-2〉 참조). 사진은 휴대할 수 있고, 튼튼하며 현상이 쉬운 사진술이 나타나기 전까진 대중적인 취향으로 등장할 수 없었다.

1850년대 중반, 리처드 노리스Richard Hill Norris는 액체 젤라틴을 이용하면, 콜로디온 화합물을 제조해서 감광유제emulsion로 보존할 수 있다는 사실을 발견했다. 이 감광유제를 '건식' 판에서 다시 만들 수 있었다. 그 젤라틴은 젖으면 말랑거리는데 그래서 그 현상액이 작용할 수 있었다. 1867년, 리버풀 건판 및 사진 회사Liverpool Dry Plate and Photographic Company는 타닌 내에서 보존된 콜로디온/은 브롬제 감광유제의 건판을 팔고 있었다.

폭스 탤벗은 1852년 두 번째 결정적인 혁신을 이끌었다. 그는 니엡스의 원시적인 사진요판술 기법을 개선했다. 여기서 빛의 노출 강도에 따라 경화되는 감광 젤라틴 필름을 덮개로 사용해, 산의 에칭(식각)으로 인쇄판을 만들었었다. 그 판들을 망상 조직의 검은 천을 통해 노출시킴으로써 균일한 흑백(노출과 비노출)이 아니라 하프톤을 형성하는 점묘 이미지를 만들어냈다. 이런 하프톤 사진요판술은 1880년대에 망상 천 대신 서로 직각으로

〈그림 12-2〉 19세기 중반의 사진가는 작은 화학실험실을 지니고 다녀야 했다. 이 판화는 1859년경의 풍경 사진가의 모습을 보여주며, 아래의 판화는 다게르 식의 사진을 인화하기 위해 필요한 장비들이다.

교차된 평행선들을 가진 두 유리판으로 대체되어 개선되었다.

폭스 탤벗의 젤라틴 필름은 1853년 비엔나의 폴 프레치Paul Pretsch가 그의 '콜로타이프collotype 사진인쇄술'에 적용했다. 젤라틴은 경화되면서 물

흡수력을 상실한다. 그래서 그 필름을 석판인쇄와 연관해 사용할 수 있다. 석판인쇄의 유성잉크가 물을 흡수한 그 필름의 부드러운 부분에서 밀려나 단단한 부분으로 끌려간다. 그러나 그 2가지 방법에 현격한 차이가 있는 것이 아니었고 노출강도에 따른 경화의 정도와 관련된 차이만 존재했다. 그래서 콜로타이프인쇄는 망상 스크린을 대체할 필요 없이 하프톤을 포착할 수 있었다. 다만 특징이라면 석판인쇄술의 특징인 오돌토돌함이 없이도 그런 중간 색조를 만들 수 있다는 점이었다. 그래서 콜로타이프인쇄는 아주 충실히 이미지들을 복제하며, 오늘날에도 고품질의 인쇄에 사용되고 있다. 그러나 콜로타이프인쇄판은 몇 백 번 정도 사용하면 닳아버리기 때문에 그 기술은 비싼 인쇄물의 짧은 인쇄 회전수에만 적합하다.

1890년대에 아마추어 사진이 붐을 이뤘다. 1889년 뉴욕의 조지 이스트만George Eastman 사진회사는 셀룰로이드로 만든 잘 휘는 사진필름의 특허를 신청했다. 그 필름은 말아서 깔끔하게 포장할 수도 있었는데 이스트만은 그것을 내장하는 콤팩트 카메라 코닥을 도입했다. 인화는 이스트만 회사에서만 가능했고, 노출된 필름은 모두 그 회사로 보내 인화해야 했다. 그리고 돌아올 때는 새 필름이 끼워져 있었다. 그 회사의 광고문구는 이 모든 것을 잘 보여준다.

"버튼만 누르세요. 나머지는 우리가 알아서 합니다."

사진이 그 자체로 예술이었을까? 아니면 단순히 복제나 기록의 수단이었을까? 많은 초기 사진가들은 또한 화가였다. 비록 그들이 이젤보다 렌즈 위에서 종종 더 뛰어난 실력을 선보이기는 했지만 말이다. 1840년대에 스코틀랜드의 풍경화가 데이비드 옥타비우스 힐David Octavius Hill과 그의 기술 협력자인 로버트 애덤슨Rovert Adamson은 콜로타이프 기술로 놀라운 인물화를 포착했다. 이것은 원래 힐의 그림을 위한 자료 목적으로 찍은 것이었지만 그 자체로 중요한 혁신으로 거듭나게 되었다. 1850년대에 프랑스 예술가 귀스타브 르 그레이^{Gustave Le Gray}는 사진을 예술로 승화시키기 위해 프랑스사진협회를 설립했다. 20세기에 들어 비슷한 협회가 런던과 뉴욕에도 설립됐다.

초기 사진의 극명한 색조 대비는 사진을 참고자료로 사용했던 화가들에게 세상을 묘사하는 새로운 방법을 개척하게 만들었다. 이 양식은 아카데미의 형식화된 명암법과 치열하게 다퉜다. 마네와 드가는 1860년대에 사진을 연구했고, 전통적인 정서를 격분하게 만든 마네의 〈올랭피아(Olympia, 1863)〉에서 보이는 직접성은 사진에서 보인 빛의 양식을 이용하고 있다. 화가이자 역사가인 외젠 프로망탱^{Eugene Fromentin}에게 이런 과감한 직접성은 그림에서 도덕적 타락이란 위협이었다. "너무 선명하고, 너무 명백하고, 너무 형식적이며, 너무나 조악하다."

1920년대에, 초현실주의 화가 만 레이^{Man Ray}와 헝가리 구성주의 화가 라슬로 모호이너지^{Laszló Móholy-Nagy}와 같은 화가들은 사진의 공정을 조정하면, 붓 칠로 얻은 이미지와 같은 놀랍고도 상상력이 넘치는 어떤 이미지라도 창조할 수 있다는 것을 보여주었다. 그러나 사진에 그런 예술적 힘을 부여한 것은 주로 그 '직설적인' 정직함이었다. 바로 그랬다. 사진은 숨 막히거나 아름다운 광경 혹은 혼란스럽거나 충격적인 비전만이 아니라 어느 순간 실제로 존재하는 비전을 만들 수 있었다. 앙리 카르티에 브레송^{Henri Cartier-Bresson}과 로버트 카파^{Robert Capa}의 기록양식의 사진들은 르포르타주(보고 기사)와 예술이란 이런 핵심적인 경계선에서 양쪽 모두를 충족시켰다. 여기에서 사진은 어떤 그림도 지금까지 결집시키지 못한 사회적 변혁을 이끄는 힘을 소유하고 있는 것처럼 보였다. 발터 벤야민은 '진짜'가 어떤 의미도 갖지 못하는 그런 예술은 필연적으로 정치가 된다고 제안했다. 사진이나 영화에 딱 들어맞는 말이었다.

그러나 여기서 내 목적은 사진의 예술적 역사를 추적하는 것이 아니라,

사진이 그림의 복제에 미친 영향력을 살펴보는 것이다. 기업가들은 사진을 그런 목적에 이용하는데 발 빠르게 움직였다. 플로렌스의 알리나리 삼형제 레오폴도Leopoldo, 주세페Giuseppe, 로무알도Romualdo는 1852년에 초상화뿐만 아니라 예술과 건축 작품들의 단색복사를 전문으로 하는 사진관을 설립했다. 그러나 그들이 제공할 수 있는 사진은 겨우 세피아색(암갈색)과 회색의 스케치가 전부였기 때문에 예술 애호가들을 만족시키기란 그리 녹녹치 않았다.

맥스웰의 타탄 리본

컬러사진은 놀라울 정도로 이른 발명품이다. 다게르 식의 유리 아래에 갇힌 이미지나 혹은 폭스 탤벗의 콜로타이프 인화지의 검은 은에서 뽑은 이미지를 최초로 관람객들은 사진에 색을 더해 그들이 본 세상이 그대로 재현되길 갈망했다. 그래서 화가들은 이런 초기 사진들을 손으로 색을 덧칠하곤 했다. 1859년, 물감제조업자인 조지 백스터는 정교한 목판인쇄술을 사용하여 사진을 색칠하는 방법을 특허출원했다.

그러나 이것은 이미지를 현상한 후 '잘못된 색'을 교정하는 좀 더 효율적인 방법에 불과했다. 사진 노출에서 직접 컬러인쇄판을 만들 수 있다면 얼마나 더 좋겠는가. 1850년대 말, 에딘버러사진협회 회원인 버넷Mr Burnett이 돌이켜보면 아주 당연한 한 가지 제안을 했다. 색이 필요 없는 인쇄판 부분을 직접 지워버리면 요판인쇄술이나 기타 사진 식각 방법들로 그런 소망을 성취할 수 있다는 것이다. 별도로 색을 입힌 금속판에 겹쳐 다색인쇄를 할 수 있었다. 이것은 당시 만들어지던 수공으로 새긴 다색인쇄와 같은 방식이었다. 이런 목적에 사용할 건판을 만들기 위해 콜로타이프 공정이 유행하게 되었다.

건판을 사진으로 만드는 작업은 수공으로 새기는 것보다 분명 더 쉬웠다. 그러나 그 이미지에 들어 있는 각기 다른 색에 여전히 별도의 건판이 필요했다. 삼원색만으로 모든 색의 이미지를 만들 수 있다면 경제적으로 커다란 이득이 될 것이다. 그런 목적을 성취하려면 사진 건판을 색에 민감하게 노출시켜 삼원색에서 색분해를 얻는 게 무엇보다 중요했다.

물리학자 제임스 클러크 맥스웰은 '색채 광학'과 '가법 혼색과 삼원색'에 관해 연구했고 또한 토머스 영의 '색지각의 삼원색 이론'에 대한 지식도 갖추고 있었다. 그래서 그는 컬러 이미지가 다음처럼 단색 분해로 어떻게 구축될 수 있는지에 대한 명확한 개념을 세울 수 있었다. 1857년 그는 이렇게 썼다.

(영의) 견해에 따른, 이런 기초적인 3가지 효과는 적색, 녹색, 보라색의 3가지 색의 감각에 상응하고 각기 두뇌에 적색, 녹색, 보라색 그림에 대한 감각을 전달할 것이다. 그래서 이 그림들의 중첩으로 다채로운 색의 세계를 표현할 수 있다.[12]

그는 1850년대 말에 이런 목적의 실험을 착수했다. 야외의 자연광에서, 그와 그의 조수 토머스 서튼Thomas Sutton은 콜로디온 사진 건판을 검은 벨벳에 핀으로 꽂아 여러 가지 색으로 줄무늬가 들어간 타탄 리본tartan ribbon으로 만들어진 나비매듭 앞에 놓았다. 색 필터를 피사체와 건판 사이에 놓아, 그들은 가법 혼색의 각각의 색을 별도로 나타내는 음화를 얻었다. 청색 빛과 녹색 빛을 흡수하는 리본의 적색 부분은 청색과 녹색 필터를 통해 들어온 노출 부위에는 나타나지 않을 것이다.

이런 필터는 유색 용액을 포함하고 있는 유리 용기였다. 색 제조업계에 몸담고 있는 사람이라면 분명 표준적인 염료를 사용했을 것이다. 그러나 과학자인 맥스웰은 학술적인 화학실험실의 색에 더 익숙해 있었다. 그래서 암모니아 황산구리의 서슬퍼런 청색, 염화구리의 녹색, 티오황산 철의 적색을 사용했다.

음화의 색분해로 완전 컬러 이미지를 재구성하기 위해, 맥스웰은 필터 각각에 유색광을 투과시켜 투사된 이미지들을 스크린에서 중첩했다. 그리고 결과들을 1861년 영국과학연구소에 발표했다. 발표[13]는 뜨거운 성원을 받았지만 맥스웰은 한계를 인식했다. 자신이 채택한 표준적인 사진 감광유제가 청색만큼 적색이나 녹색에 민감하지 않다는 사실을 깨달은 것이다. 그래서 재구성된 이미지는 진실성이 부족했다.

적색과 녹색 이미지가 청색만큼 완전하게 사진으로 찍혔더라면 (그 결과는) 리본에 대한 진실한 컬러사진이 되었을 것이다. 굴절성이 떨어지는(즉 장파) 빛에 더욱 민감한 감광제를 발견한다면 피사체에 대한 색의 표현이 크게 향상될 것이다.[14]

사실 감광유제는 적색광에 너무 허약하게 반응하여 적색 분해를 거의 기록하지 않았다. 그러나 현대의 연구에 따르면, 맥스웰의 기대에 맞게 자외선 또한 타탄 리본의 적색 부분에서 반사되어 이것이 은염을 은으로 변환시킬 수 있다는 사실이 드러났다.

동일한 장면에 3가지의 분리된 이미지가 필요하다는 사실은 19세기 컬러 사진가들에게 당연히 굉장히 불편한 사항이었다. 1893년에 진취적인 미국인 발명가 프레더릭 유진 아이브스Frederick Eugene Ives는 발명품 크로모그램Kromogram으로 그 문제를 쉽게 만들었다. 이 발명품은 적색, 녹색, 청-바이올렛 필터를 통해 3가지 음화를 가깝게 연속해 놓을 수 있었다. 1900년에, 그는 이것을 하나single shot로 통합하는 방법을 고안했다. 크롬스코프Kromscop라고 불리는 특별한 프로젝션 장치를 통해 컬러사진을 보면서 재구성했다.

　컬러 이미지를 재구성하는 수단으로 좀 더 상업적으로 성공을 거둔 발명품은 오귀스트 뤼미에르Auguste Lumiere와 루이 뤼미에르Louis Lumiere 형제가 개발한 오토크롬Autochrome 건판이었다. 이 건판들은 적색, 녹색, 청색으로 염색된 작은 알갱이의 감자 전분으로 코팅되었다. 그리고 그 건판 위로 감광 유제를 놓는다. 색 필터로 작용하는 염색된 층을 통해 노출이 이뤄진다. 현상 후, 그 양화의 투명성이 이 음화로부터 만들어진다. 여기서 감자전분을 통해 전달된 원색의 작은 빛의 점들이 광학적으로 결합하여 텔레비전 스크린의 픽셀처럼 컬러 이미지를 만들어낸 것이다.

　뤼미에르 형제들은 오토크롬 시스템을 고안한 몇 년 후 그 방법을 실용화했다. 하지만 그들도 맥스웰이 부딪혔던 문제에 봉착했다. 쓸 만한 감광유제는 가시광선의 모든 파장에 동일하게 감광하는 '전색성(全色性, panchromatic)'이 아니었다. 사진유제의 적색광 흡수를 증가시켜 진정으로 전색건판을 만들 수 있게 된 것은, 이게 파르벤IG Farben 염료연구소의 화학자들이 1905~1906년에 새로운 적색감광 염료를 발견하고 난 후였다.

　역사적 관점에서 오토크롬 시스템은 기묘한 발명품이다. 그것은 말하자면 유색 필터의 점묘 스크린을 필름 앞에 설치해, 사진유제를 특정한 색의 빛에 선택적으로 감광시키는 수단이다. 그러나 1873년, 독일의 과학자 헤르만 빌헬름 포겔Hermann Wilhelm Vogel은 맥스웰의 빛의 액체필터를 제거할 더 좋은 방법을 이미 제안한 바가 있었다. 그는 적색, 녹색, 혹은 청색 빛만을 흡수하는 감광유제에 염료를 첨가하여, 삼원색 중 하나에만 검게 변하는 사진유제를 고안했다. 이런 염료의 색은 그 건판을 감광시킬 색에 보색이 되어야 한다. 즉 적색 염료는 그 색을 반사하거나 전달하는 적색광이 아니라 흡수하는 녹색광에서 건판을 감광시킨다.

　사실 녹색에 대한 이상적인 감광제는 적색광과 청색광을 반사시킬 것이고 그래서 보라색 빛으로 나타날 것이다. 그것은 순수한 적색보다는 마젠타로 알려진 색이다. 청색 감광제에 대해서도 마찬가지이다. 그것은 적색광과 녹색광을 반사시켜, 그것이 가법으로 혼색되어 노란색이 된다. 그리고 적색 감광제는 녹색과 청색을 반사하여, 인쇄업자들이 시안(청록색)이라 부르는 터키옥색이 된다. 그래서 이상적인 감광제는 백색광 스펙트럼의 약 3분의 1을 흡수하고 3분의 2는 반사한다. 즉 이상적인 감광제는 시안(적색이 빠진 백색광), 노란색(청색이 빠진 백색광), 마젠타(녹색이 빠진 백색광)가 된다.

포겔은 적색 감광판에 화합물인 나프톨 블루와 시아닌을 채택했고, 녹색 감광판으로 핑크빛 에오신을 사용했다. 처음에 그는 청색 분해를 위해 (노란색의) 감광제를 더하는 것이 필수적이라는 사실을 고려하지 못했다. 그 감광유제에 들어 있는 브롬화은이 주로 청색광에 감광하기 때문이었다. 그러나 그는 나중에 청색 감광제로 황록색의 플르오레세인fluorescein을 이용했다. 여러분도 이미 주목했겠지만 이 모든 물질은 콜타르 염료로 그 기원이 1870년대로 아주 최신의 물질이었다(〈그림9-1〉 참조).

포겔은 이런 색분해를 이용해 삼색인쇄판을 만드는 데 관심을 가졌다. 결국 이 방법으로 컬러사진이 궁극적으로 대중에게 복제품을 제공하게 된다. 그러나 염료를 사용하여 특정한 색에 감광유제를 감광시키는 접근은 투명양화(colour transparency, 컬러사진 양화상 필름)와 컬러인쇄를 만드는 데에도 적용됐다. 이것은 1960년대 아마추어 컬러사진을 위한 거대한 시장을 이끌게 된다.

이 분야에서 다음 단계는 독일 화학자 루돌프 피셔Rodolf Fisher가 1911년에 발명한 삼색 분해라는 성가신 과정을 제거한 필름이다. 피셔의 필름에서 그 3가지 염료에 감광하는 감광유제는 별도의 건판 사이로 분리되지 않고 하나의 지지층에서 층으로 겹친다(〈그림 12-3〉 참조). 모든 현대의 사진필름은 여기에 기원하고 있다. 필름이 진짜 컬러 음화로 전환되어 양화가 만

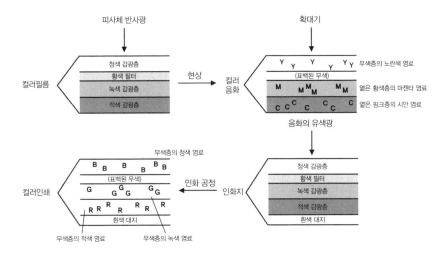

〈그림 12-3〉 사진 필름은 3가지 감광층을 포함하며, 각각의 층은 염료에 의해 3가지 가법 혼색 중 하나에 감광된다. 노란색 필터는 빠져나간 청색광으로부터 녹색과 적색으로 감광된 층을 보호한다. 음화를 형성하기 위해, 노란색, 마젠타, 그리고 시안의 염료가 빛의 작용으로 형성된 은 입자를 대체한다. 인쇄를 위해 그 세 층을 이룬 그 필름은 음화를 통해 노출되고 청색, 녹색, 적색 염료가 노출된 부분에 첨가된다.

들어지는 방식은 피셔의 시대와 현재는 다소 다르지만 원칙은 대동소이하다.

그 목적은 은 입자가 침전되어 검게 변한 감광유제 부분을 적절한 색상의 반투명한 컬러 부분으로 변환시키는 것이다. 이른바 결합제coupling agent를 사용해 이 부분에서 감광된 층의 색에 보색이 되는 염료를 놓은 것이다. 예를 들어, 청색으로 감광되어 검게 된 층에서, 그 결합제는 은 입자 위에 노란색 염료를 흡착시킨다. 그래서 침전된 은 입자와 노출되지 않은 은염은 그 감광유제에서 화학적으로 제거되어 음화를 만들게 된다.

아그파와 코닥과 같은 사진회사들이 20세기 전반에 고속성장하게 된다. 광고회사, 예술 갤러리, 산업체에서 컬러사진의 주문이 쇄도한 것이다(아그파는 베를린에 소재한 염료 제조업체로 시작했음을 여러분은 상기했을 것이다). 1930년대에, 그 회사들은 아그파컬러Agfacolor와 코다크롬Kodachrome 컬러필름을 소개

했고, 10년 후 그들은 음화에서 양화를 컬러 인화하는 방법을 상업화했다
(〈그림 12-3〉 참조).

그 재료들의 가장 나쁜 결점들을 보완하기 위해, 현대의 사진 필름은 쪽
매붙임patchwork과 같은 것이다. 은염을 은으로 변환시키는 것이 고주파 방
사(청색광)에 특히 민감하기 때문에, 청색 아래에 위치한 적색과 녹색 감광
층은 외부의 청색광으로부터 보호받아야 한다. 이런 청색광은 중간에 긴
노란색으로 염색된 필터에 의해 청색 층을 통과해 들어온 빛이다.

더욱 문제가 되는 것은 염료가 필연적으로 불완전한 원색이라는 사실이
다. 시안 염료는 약간의 녹색과 청색 빛을 흡수하고 마젠타는 약간의 청색
빛을 흡수한다. 이 말은 음화 속의 시안은 양화에 핑크빛 색조로, 마젠타는
노란색으로 탁해질 수 있다는 의미이다. 이에 대한 대처로, 약한 염료를 음
화의 시안과 마젠타 층에 추가해 색을 보정하는 것이다.

이상적인 염료라면 자신의 파장 범위에서 다른 파장과 중첩되지 않고
자신만의 확실한 흡수 층을 형성할 것이다. 그래서 녹색광은 청백 분해를
오염시키지 않을 것이다. 그러나 빛 흡수의 물리학은 이런 식으로 작동하
지 않는다. 빛의 흡수엔 다소 완만한 기복이 있다. 파장이 변하기 때문이다
(〈그림 12-4〉 참조). 이상적인 특징을 갖는 염료를 만드는 데는 상당한 노력이
들어갔다. 직물산업에 사용되는 염료들은 그처럼 특수 분야의 욕구를 충
족시키도록 고안되지는 않는다. 그래서 19세기에 오토 비트가 창안한 색
의 이상적인 합성에 대한 노력이 컬러사진의 정확성에 핵심이 되었다.

:: 잉크에 대한 신뢰

제임스 클러크 맥스웰은 그의 연구를 프로젝션에 의한 삼색 이미지의

가산 재구성으로 한정했다. 하지만, 그의 사진 색분해가 사진요판술 혹은 사진석판술photolithography라는 기존의 기술을 통해 삼색인쇄를 위한 건판을 만드는데 사용될 수 있었다. 이런 사실을 유추하는 데는 그리 대단한 천재성을 요구하는 것도 아니었다. 이런 생각은 1860년대 초에 여러 사람들에게 아이디어를 제공했고 최고의 화두로 존재했다. 1862년, 프랑스인 루이 뒤코 뒤 오롱Louis Ducos du Hauron이 색유리를 통해 노출된 사진으로부터 건판을 만들 수 있다고 제안했다. 그리고 1865년, 맥스웰의 연구를 몰랐던 헨리 콜렌Henri Collen이라는 영국인이 「영국사진저널(British Journal of Photography)」에 보낸 기고문에서 비슷한 개념을 개괄했다. 이로 인해 그는 컬러사진의 재발명을 시작하게 만들었다.

오늘 아침 문득 원색에만 반응하는 물질을 발견한다면 다음과 같은 수단으로 자연의 색조를 가진 컬러사진을 얻을 수 있을 것이다. 즉 오직 청색광에만 감광하는 음화를 얻어 …….[15]

그러나 이런 아이디어를 실행으로 옮긴 공적은 비엔나의 바론 란소넷Baron Ransonnet에게 돌아갔다. 그는 1865년에 사진석판술에 삼색 컬러 원리를 사용하기 시작했다. 그는 비엔나의 석판인쇄업자인 요한 하우프트Johann Haupt와 협력하여 중국 사원의 사진을 뽑기로 했다. 이것은 란소넷이 '오스트리아 제국 동아시아 원정대'의 대원으로 찍은 사진이었다. 하우프트는 만족한 결과를 얻으려면 검은색과 갈색을 위한 건판이 추가로 두 개 더 필요하다는 사실을 발견했다.

포겔의 염료에 민감한 사진유제는 컬러필터를 제거함으로써, 색분해 건판의 제조를 더욱 직접적으로 만들었다. 그 후 각 건판은 각각의 감광색소sensitizing dye와 같은 색으로 잉크를 묻힌다. 즉 일반적으로 옐로, 마젠타, 시안이며 강조를 위한 검은색을 별도로 추가한다. 예컨대 녹색에 민감한 감광유제로 만든 건판은 마젠타 잉크로 코팅된다.

포겔이 이해한 것처럼, 핵심적인 고려사항은 그 잉크들은 염료 감응제 dye sensitizer와 동일하게 정밀하게 빛을 흡수해야 한다는 것이다. 그렇지 않을 경우, 색의 재결합으로 원본의 색조를 충실하게 반영할 희망은 없다. 적색의 잉크가 마젠타 대신에 사용된다면, 그것은 마지막 인쇄에서 청색을 반사하는 것이 아니라 오히려 흡수한다.

포겔은, 이상적이라면, 잉크에서 착색제는 감광제에 있는 염료와 같은 염료여야 한다고 했다. 그것은 화학 제조업자와 사진 제조업자들에게 그들의 제품을 서로 조화시키지 말라는 암묵적인 중지 명령과도 같았다. 그러나 이것은 화학적인 이유든, 경제적인 이유든 모든 염료가 시장에 살아남는 잉크가 아니기 때문에 실현 불가능한 일이었다. 달리 말하자면 수공목판의 시대에서처럼 사진의 시대에서 삼색인쇄의 성공은 재료 문제로 난관을 맞이하게 된 것이다.

그 결과는 필연적으로 타협이었다. 그들은 이용 가능한 잉크는 무엇이든 가지고 작업을 수행해야만 했다. 프레더릭 아이브스(1870년대 말, 폭스 텔벗의 하프톤 기법을 삼색 사진 인쇄에 도입했던 인물)는 1888년에 (녹색 기미가 있는) 프러시안 블루, (청색 기미가 있는) 에오신 레드, 그리고 불특정한 '화려한 노란색'이 사용되어야 한다고 제안했다. 그러나 사진가 월E. J. Wall은 1925년 쓴 글에서 이렇게 말했다. "엄격한 이론적 요구에 가장 충실한 인쇄잉크가 가장 발달된 분야에서 나타날 (대표할) 것이. 이론적으로 완벽한 잉크는 여전히 요원한 상태이다."[16]

'이론적으로 완벽한' 잉크는 불가능하다. 사진필름의 감광염료에서처럼, 이상적인 삼색인쇄잉크는 중복되지 않는 덩어리로 가시광선의 3분의 1을 각각 흡수해야 한다(<그림 12-4> 참조). 그러나 빛 흡수의 물리학은 이것

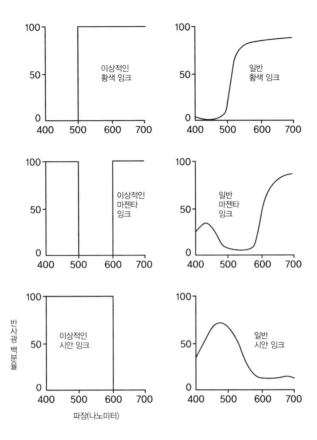

〈그림 12-4〉 컬러인쇄용 잉크들은 이상적이라면 중복되지 않고 칼로 벤 듯 명확하게 정의된 파장에서 빛을 흡수해야 한다. 현실적으로 이런 이상은 절대 성취할 수 없고, 그 흡수 띠는 서로 중첩되면서 색 복제의 충실성을 떨어트린다.

을 허용하지 않는다. 진짜 인쇄잉크는 흐릿한 가장자리 흡수 띠를 갖고 있어 서로의 경계를 침범한다. 그렇게 띠가 서로 중첩되면 색을 정확하게 포착할 수 없다.

옛날 책에 들어 있는 컬러인쇄에서 인쇄잉크가 이런 결함들과 어떻게 효율적으로(혹은 그 반대로) 대처했는지를 더듬어 살펴볼 수 있다. 예전 책을 모르는 젊은 사람들에게, 제1차세계대전이 단색화 시대에 일어난 것처럼 제2차세계대전 후에 이 세상은 과도한 테크니컬러(Technicolor, 상표명)의 루비 빛 붉은 입술과 프탈로시아닌 청색 하늘처럼 화려한 세상이라 생각하리라.

인쇄물이 원본에 얼마만큼 진실한가는 언제나 잉크의 품질로 결정될 것이다. 잉크란 태양 아래 존재하는 모든 색을 재창조하는 데 있어 우리가 사용해야 하는 채색 건축의 벽돌인 셈이다. 그리고 이것은 절대 근사값 이상은 될 수 없다. 버밀리언은 스펙트럼의 수많은 빛줄기에서 그 자신의 특징적인 빛줄기인 고유한 색상을 가진다. 각자 자신만의 고유한 빛줄기를 가진 시안, 옐로, 그리고 마젠타를 사용하여 버밀리언을 모방하려는 것은 피아노, 플루트, 튜바에서 나오는 음조를 각기 다른 비율로 혼합하여 트럼펫 소리를 복제하려는 시도와 유사하다. 3가지 다른 악기로 동일한 결과를 얻을 목표를 세워 다소 충실한 근접성을 얻을 수는 있다. 그래서 삽화 책에서 볼 수 있듯, 중세의 트립틱triptych*의 풍부한 버밀리언에 대한 인상을 얻으려면 말 그대로 인쇄업자의 잉크 선택이 절대적이다. 그러나 확실하게 말할 수 있는 한 가지는 이런 인상은 진본 앞에서 받게 될 인상과는 절대 동일할 수 없다는 것이다.

그러한 우려를 불식시키기 위해, 1920년에 영국의 예술 잡지 「컬러(Colour)」는 그 인쇄의 정확도에 여러 '위대한 예술가들'로부터 받은 증명서를 제공했다. 그럼에도 1950년대까지는 예술 역사가들은 컬러사진은 물론 책에 들어간 인쇄 복사물과 사진도, 이미지를 기록하는 유효한 수단으로 받아들이길 꺼려했다.

예술 역사가 에드거 윈드Edgar Wind에 따르면, 1960년대에 그림에 대한 컬러사진 복제는 여전히 너무 원시적이어서 차라리 흑백 사진에 의존하는

---

* 3매가 이어진 제단 그림.

편이 더 좋다고 한다.

　일반적인 사진 건판은 색상으로 기록될 수 있는 것보다 더 넓은 범위의 색조에 민감하기 때문에 티치아노, 베로네세, 르누아르의 최고의 흑백 복제품은 오케스트라 총보(모음 악보)에 대한 양심적인 피아노 녹화라고 한다면, 일부 예외가 있기는 하지만 컬러인쇄는 그 모든 악기가 불협화음을 이루는 축소된 오케스트라와 같다.[17]

　당시의 몇몇 책으로 판단컨대 그의 관점은 정당하다. 존 게이지는 케임브리지 대학의 예술 강의에서 컬러 슬라이드를 사용하는 것은 당시 일상이 아니라 예외적인 수업방식이었다.

:: 디지털 컬러

　기술이 변해도 원리는 유지된다. 현대 컬러인쇄는 거의 틀림없이 전자 이미지로 실행된다. 원본을 전자기기로 스캔하여 유색 잉크로 복제물을 인쇄한다. 이 단계에서 사람이 손에 쥐고 시각적으로 조사할 어떤 '카피'는 있을 필요가 없다. 석판도 없고 음화도 없기 때문이다. 설령 '사진'이 사용되어도, 반사광을 디지털 카메라에 자기적으로 직접 기록된 데이터의 원형으로 전환하는 것이다. 예전처럼 흔적imprint을 사진유제에 남기는 것이 아니다. 그러나 결국 그 복제는 르 블롱과 같은 방식이다. 3가지 유색 잉크의 혼합 감색법과 광학적 혼합과 여기에 강조를 위해 검은색을 추가하는 것이다. 컴퓨터 소프트웨어는 스캔된 이미지 데이터를 하프톤으로 색가를 재창조하는 출력명령으로 전환하기 위해 조심스런 숙고를 해야만 한다. 그런데 이런 방법은 폭스 탤벗이 한 장의 검은 튈^{tulle*}을 가지고 실행했던 방법을 디지털 전자공학으로 흉내 낸 것이다. 점묘되어 하프톤으로 만드는 삼색 컬러 방법은 정확한 색을 페이지에 옮기는 가장 효율적인 방법으로 여전히 위세를 떨치고 있다.

전자 시스템은 색의 복제에 많은 통제를 가하지만 그렇다고 완벽하게 정확한 것은 아니다. 매우 정확할 수는 있지만 늘 그런 것은 아니며 디지털 공정은 그 자체로 또한 새로운 복잡성을 추가했다.

그것이 원본 그림이든 그것의 사진이든 간에 컬러 이미지를 전자 형태로 바꾸기 위해, 스캐너는 감응한 빛의 양에 비례하여 전류를 발생시키는 장치를 포함하고 있다. 유색 필터들이 이런 장치들에 도착한 빛을 적색, 청색, 녹색 성분으로 분리한다.

그 이미지를 디지털로 저장하려면 이미지를 작은 조각의 격자로 쪼갠 후 각 격자에 하나의 색을 할당한다. 그 격자가 미세할수록 해상도가 높고 그에 따라 저장된 전자 이미지가 높은 해상도로 복제된다. 그리고 이미지를 저장할 메모리 공간의 양도 많아진다. 일반적으로 그 전자 이미지는 최종 하프톤인쇄의 '알갱이 크기'보다 더 미세한 격자에 저장될 것이다. 인치당 수천 개의 격자로 이뤄진 스캔 이미지가 특별한 것은 아니지만 최고 품질을 제외한 작업엔 인치당 300도트(점)의 해상도로 충분하다.

스크린 위에 각 격자 점 혹은 픽셀은 3가지 다른 인광물질$^{phosphor\ material}$의 점을 포함하고 있다. 모니터 뒤에서 전자빔으로 스크린에 있는 이 물질을 쏘면 그 인광체는 특정한 색의 빛을 방출한다. 그중 하나는 적색을, 하나는 청색을, 하나는 녹색을 발광한다. 전자빔은 스크린 위를 너무 빠르게 사방팔방 움직여 눈에는 각 점들의 연속적인 발광으로 보인다.

---

* 얇은 명주 그물.

때문에 인광체는 또 다른 원색의 시스템을 구현하는데, 이것은 옐로/시안/마젠타의 인쇄잉크와도 다르며 스캐너의 컬러필터 시스템과도 약간 다를 수 있다. 그 컴퓨터는 이런 두 시스템 사이에 존재하는 색의 다른 기준을 변환시키는 방법을 알아야 한다. 그러나 그것이 가법혼색이든 감법혼색이든, 가지 원색으로 색을 구성하는 어떤 방법도 필연적으로 약간의 색을 '읽어야 한다'. 3가지 색의 가법혼합으로 가능한 색공간은 CIE 도표상의 삼각공간으로 나타낼 수 있다. 이것은 그 모서리에 3가지 색을 가지고 있다(〈그림 12-5a〉 참조. 그러나 이것은 명도 차이를 보여주는 것이 아니므로 갈색은 노란색에 해당한다). 전체 색공간이 직선이 아니라 곡선으로 경계가 이루어졌기 때문에, 그 원색의 삼각형은 색을 모두 둘러쌀 수가 없다. 어떤 원색의 혼합으로 얻을 수 있는 색의 영역을 '색역(color gamut, 색재현성)'이라고 한다.

그래서 그것이 스크린 인광체였든 인쇄잉크였든, '복제'에서 원색의 시스템은 복제장치가 아닌 스캐너에 기록된 적색, 청색, 녹색 빛의 조화로 어떻게 해야 할까? 색역 외부에 떨어진 색을 컴퓨터가 조절하는 방법은 일반적으로 2가지가 있다. 가장 단순한 방법은 그 색들을 색역의 가장 가까운 경계선으로 옮기는 것이다. 어떤 색을 근접하게 얻으려면, 가장 가까이 있는 색들만으로는 그 색을 얻을 수 없기 때문이다. 그래서 원본 이미지에서 시각적으로 서로 다른 두 색 영역이 복제에선 같은 색일 수가 있다. 이런 결과를 피할 수 있는 대안은 그 이미지의 전체 컬러 영역을 고르게 압박하여 모든 격자점을 그 색역(〈그림 12-5b〉 참조) 안으로 끌어 맞추는 것이다. 이것은 이미지 전체에선 색이 약간 변하지만 원본의 색에 가까이 근접하는 색의 균형을 유지한다.

스크린 인광체의 색역은 그 제조 재료에 따라 결정된다. 전면 컬러 스크린의 이상적인 인광체는 혀 모양의 CIE 도표의 구석에서 가능한 멀리 위치한 색에 상응해야 한다. 그래야 최대로 가능한 색역을 둘러쌀 수 있기

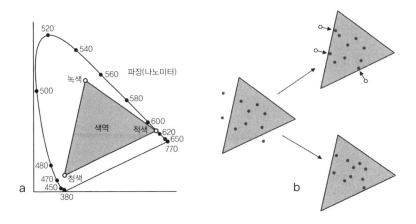

때문이다.

그러나 사실 이렇게 완전히 포화된 모서리로 너무 깊게 들어가지 않는 것이 더 좋다. 그것은 가시광선 영역의 가장자리에서 방출한 적색과 청색 인광체를 사용할 필요가 있을 것이기 때문이다. 이런 극단에선 고광도를 사용해야 명도를 인식할 수 있다. 그 정도의 명도를 인광체에서 뽑아내는 것을 기술적으로 어렵다. 그래서 이런 저런 이유로, '이상적'으로 고려되는 인광체는 한결 제한된 색역을 가지고 있다(〈그림 12-5a〉 참조). 마찬가지로 이런 이상을 충족시킬 재료를 발견하는 것도 어렵다. 그래서 표준적인 녹색 인광체(zinc cadimium sulphide, 황화아연카드뮴)는 아주 짙은 녹색을 복제할 수 없다.

점차 예술을 보여주고, 조정하고, 심지어 창조까지 하는 컴퓨터 스크린에서도 재료의 제한이 채색의 가능성을 제한하고 있다. 액정 디스플레이나 발광다이오드(light-emitting diode, LED)를 사용하는 평면스크린 시스템을 비롯한 스크린 신기술들이 유용하기 때문에, 이런 한계에 새로운 차원의 복잡성이 더해질 것이다. 이 시점에서 그 신기술들이 스크린 이미지의 색역을 증가시킬지는 분명치 않으며 오히려 그 반대일 가능성이 더 높다.

일반적으로 모니터 스크린의 적색, 녹색, 청색의 인광체는 1,700만 개의 다양한 색 결합을 제공한다. 그러나 일반적으로 저장된 이미지의 팔레트는 훨씬 더 제한되며, 그 이미지는 적정한 메모리만 사용해 저장될 것이다. 그 팔레트는 보통 256가지의 색을 포함하고 있으며, 각각의 색은 적색, 녹색, 청색의 구체적인 결합으로 이루어진 색들이다. 그리고 그 스캔된 이미지의 색상은 색상보기표(colour look-up table, CLUT)를 통해 그 짝을 맞출 것이다. 따라서 저장된 이미지는 원본보다 훨씬 좁은 색역을 갖는다. 본질적으로 그것은 혼합되지 않은 256가지의 색을 가진 팔레트로 그 그림을 재구성할 것이다. 그러나 그 색상보기표(즉 디지털 팔레트)에서 색을 잘 선택해 원본의 색을 맞추면, 눈이 그 차이를 거의 감지할 수 없을 정도로 충분히 풍부한 색감을 얻는다. 그러나 부실하게 조화된 색상보기표는 색조가 변한 이미지를 낳을 수 있다(〈삽화 12-3〉).

색상보기표의 최적화는 '색조 짝 맞추기'에서 중요한 측면이다. 이것은 컴퓨터 스크린마다 다르게 이뤄질 수 있다. 그래서 어떤 시스템에서 스캔하여 다른 시스템에서 보거나 인쇄하면 그 이미지의 색역이 변할 수 있다. 모니터가 바뀌어도 인광체의 명도 차이 때문에 색의 균형이 바뀔 수 있고, 이미지가 다른 기기로 전송되면 더 밝아지거나 어두워질 수 있다. IBM PC에서 스캔한 이미지를 애플맥이나 유닉스 시스템에서 디스플레이하면 더 밝아진다. 반면 그 반대의 전송은 더 어둡고 탁한 이미지를 준다.

스캔된 이미지를 인쇄하려면 컴퓨터는 각기 다른 강도의 적색, 청색, 녹색의 빛을 부호화한 격자를 컴퓨터 명령으로 전환해야 한다. 그래서 원본의 해당 부분에서 반사된 적색, 녹색, 청색 빛과 동일한 시각적 효과를 내기 위해 정확한 비율과 중첩으로 해당 부분에 4가지 잉크(옐로, 마젠타, 시안, 블랙)를 보내게 된다. 이런 계산은 여러 가지 요소 때문에 매우 복잡하다. 종이의 바탕색이나 질감과 같은 성질들은 특정한 잉크결합의 결과에 영향을 미칠 것이다. 실제로 이런 계산들은 시간을 너무 많이 걸려 말하자면 '현장에서' 수행할 수 없다. 그래서 인쇄잉크와 종이의 질을 고려하여 각기 다른 적색/청색/녹색 혼합의 다양한 범위를 사전에 결정해놓는다. 그런 후 컴퓨터는 각 조각의 격자 이미지에 대한 해답을 색상보기표에서 찾게 된다.

예를 들어, 이 책처럼 대규모로 인쇄를 하려면, 전자적으로 저장된 이미지들을 인쇄판이나 롤러 위에 물리적으로 구현한 다음 기계적으로 가동해야 할 것이다. 잉크를 종이에 적용하는 방법은 19세기에 개발된 공정을 여전히 사용하고 있다. 잉크 친화성 부분과 잉크 반발성 부분을 가진 롤러를 장착한 석판인쇄법이 가장 일반적이다. 이 방법은 잉크를 우선 인쇄판에서 고무판으로 전송한 후 다시 종이에 대고 압박하는 기법인 '오프셋' 기술로 실행된다. 요판인쇄술과 볼록인쇄술(여기서 잉크는 각각 우묵한 곳에 담기거나 아니면 볼록한 부분에 묻는다)은 여전히 그 틈새시장을 갖고 있다. 그리고 소규모의 인쇄물은 인쇄판을 사용하기보단 직접화상인쇄direct imaging printing가 더 편하고 저렴하다. 이 방법에서 복제는 잉크젯 시스템을 이용하여 전자 데이터로 직접 이뤄진다.

결국 문제는 복사물의 품질이다. 인쇄 페이지의 색역은 여전히 그 잉크가 얼마나 훌륭한 원색인가에 따라 그 범위가 결정된다. 그리고 이론적으로 완벽한 잉크란 여전히 '희망사항'이다. 마젠타가 다소 많은 청색 빛을 흡수하고, 시안도 마찬가지로 청색과 녹색 빛을 그렇게 흡수하기 때문에, 저채도(더럽게 보이는)의 청색, 녹색, 시안, 마젠타를 정확하게 복제하기는 힘들다. 그리고 적색에서 노란색 범위에서만, 삼색 복제가 고채도의 색을 성공적으로 포착할 수 있다. 색역은 종이 질에 의해서도 제한된다. 신문은 고채도의 색을 약화시키고, 그런 이유로 신문은 화려한 잡지 부록엔 고품질의 종이를 사용한다. 색역은 짙은 청색, 녹색, 적색과 같은 보조 잉크를 사용하여 확장시킬 수 있다. 이것은 인쇄비용이 추가로 들기 때문에 진짜 중요한 일에만 적용된다.

컴퓨터 예술

목판인쇄나 리노컷lino-cut*과 같은 인쇄 방법이 그 자체로 예술적 표현양식의 수단이 되는 것처럼, 디지털 시대도 예술가들에게 선과 색을 조절할 수 있는 새로운 수단을 제공하고 있다. 컴퓨터 예술이 너무 낯선 매개체여서, 그것이 일시적 유행으로 끝날지, 새로운 시각예술로 환호를 받을지는 두고 볼 일이다. 그러나 붓칠보다는 마우스를 쥐는데 더 익숙한 예술가 세대가 존재하는 한, 디지털 기술이 창조적 표현수단이 되리라 믿는다. 아직까진 튜브에서 짜낸 지저분한 재료를 다루는 화가와 필적할 만한 어떤 위대한 디지털 화가가 등장하지는 않았지만 디지털 화가(컴퓨터)도 이미 20년 가까이 물감 통을 지니고 다니지 않았는가.

예술에서 컴퓨터의 사용은 1960년대에 시작되었다. 당시 컴퓨터가 만든 그래픽 예술은 여전히 너무 낯설고 신기하기만 해서, 단순한 호기심 정도의 칭찬만 얻었다. 컴퓨터가 만든 단색 작품이 갤러리에 전시되었다. 그리고 그들이 콘서트홀에서 연주된 컴퓨터 음악이 정신 사나웠을 뿐이라는 정도의 평점을 받았지만, 그것은 단지 출발이었다. 미국의 화가 로버트 라우션버그Robert Rauschenberg는 다가올 미래를 예측한 저명한 예술가 중 한 명이었고, 그는 1967년 벨 연구소의 빌리 클뤼버Billy Klüver와 팀을 이뤄 예술

---

* 리놀륨의 판면으로 고무판 인쇄.

및 기술 연구소Experiments in Art and Technology를 창설했다.

이들의 초창기 노력에서 색의 부재 때문에 1960년대와 1970년대의 컴퓨터 예술이 공간의 구성 위에 선과 입체감에 초점을 맞춘 것은 어쩌면 당연한 일이었다. 그런 집중이 초기 선구자인 프리더 나케Frieder Nake와 만프레트 모어Manfred Mohr의 컴퓨터 작품에서 명백하다. 그러나 예술에 알고리듬적인 접근은 분명 위험했다. 독일 철학자 막스 벤제Max Bense가 1960년대에 '미학적으로 정확한' 이미지들을 만들기 위해 컴퓨터가 실험하고 이용한 정확한 법칙을 확인하기 위한 탐구에서 그 점을 명백히 했다. 그런 그림에서 우리는 엄격한 색의 규칙을 부과해서 그것들을 위반한 작품들을 '정정'하려던 과학자들의 시도가 연상될 것이다.

컴퓨터 예술이 만개하려면 저비용, 쌍방향 연결 그리고 색이라는 3가지 중요한 요소를 갖춰야 한다. 그런데 그 모든 요소가 1980년대에 한꺼번에 출현했다. 애플이 맥페인트MacPaint라는 쌍방향 그래픽 소프트웨어를 장착한 매킨토시 퍼스널 컴퓨터를 도입한 것이다(그러나 그 매력적인 이름에도 불구하고, 이것은 애초엔 흑백 이미지만 다룰 수 있었다). 컬러 그래픽이 점차 정교해지면서, 화가들은 새로운 기술을 조사해보고 싶은 욕구를 느꼈다. 데이비드 호크니David Hockney는 컴퓨터를 이용해 포토콜라쥬 작품을 시도해보았고, 앤디 워홀Andy Warhol은 아미가Amiga 컴퓨터를 구입해 실크스크린 인쇄(공판 날염법)를 위한 색 조합을 실험했다.

컴퓨터 기술이 지금은 너무나 빨리 움직이는 탓에 한순간의 현상으로는 기술의 연관성을 포착하지 못할 것이다. 현재 예술가들은 붓놀림, 연필이나 파스텔 선, 분무기 뿌림 등등을 이용할 수 있는 가상 캔버스를 가지고 있다. 여기서 1,700만 개의 색을 이용할 수 있다. 캔버스는 그 즉시 수정할 수 있고, 한 푼도 들이지 않고 그림을 시작하거나 버릴 수 있다. 그러나 상호작용, 애니메이션, 콜라쥬, 상호참조의 가능성이 아주 클 때, 손으로 그리는 그림을 흉내 내는 것이 새로운 매개체를 개발하는 최선의 방법일까? 이 문제는 공개적인 문제이다. 현재 컴퓨터의 가장 큰 문제는 다재다능함이다. 르네상스 예술가들이 알았던 것처럼 선택이 폭이 너무 커서 예술을 질식시키고 있는 것이다.

디지털로 만든 작품에 진품과 원작에 대한 합의된 개념은 없다. 각각의 하드 카피(출력자료) 인쇄물이 원작일까? 그렇지 않다면, 정확히 어디에 원작이 있을까? 일부 컴퓨터 예술가들은 이 문제를 한정판 인쇄물을 만들어 해결하고 있다. 만프레트 모어는 작품을 단 한 장만 인쇄한다. 물론, 어떤 면에선 사진작품도 동일한 딜레마에 빠져 있다. 그러나 적어도 원작의 음화는 항상 존재한다. 인터넷이 디지털 이미지를 그 어느 때보다 더 쉽게 유포시키고, 모든 것에 자유롭게 접근하는 문화에 물들어 있기 때문에, 컴퓨터 예술에서 '원작'에 대한 문제와 그것의 상업화 문제는 더욱 복잡해질 전망이다.

발터 벤야민이 예견한 '제단에서 예술의 해방'은 아직 일어나지 않고 있다. 그것은 사진이 아직 그림이나 조각과 같은 예술적 지위를 진정으로 성취하지 못했기 때문일 것이다. 그리고 그런 해방을 일구는 매체는 카메라가 아니라 컴퓨터일 것이다.

:: 그것이 대수로운 일인가

사망했든 생존한 작가든 자신의 작품이 복제되는 것을 보면 분명 굴욕감을 느낄 것이다(실제로 종종 그런 일이 일어나고 있다). 그러나 그런 굴욕감이 당연하며 타당한 감정일까? 조심스럽게 작업된 복제품은 그 자체로 예술작품이며, 설령 그들이 원작을 정밀하게 모방하지는 않았더라도 그렇게 선택된 색이 효율적으로 조화를 이룬다는 관점이 있다. 이것은 분명 르 블롱의 삼색인쇄에서는 분명하다. 진정 놀라운 기술과 감수성으로 직접 수작업을 했기 때문이었다. 19세기에 위대한 걸작의 정수를 전달하기 위해 노력했던 단색 판화의 내재적인 예술적 유효성도 마찬가지이다. 기술 덕분에 힘든 일은 상당히 없어졌지만 그 이미지를 올바르게 평가할 안목을 키울 필요가 있다.

1976년 조지아 오키프Georgia O'Keeffe는 바이킹 출판사에 출판할 몇 작품을 만들고 있을 때는 이런 감정을 느꼈을 것이다. 그녀는 색의 뉘앙스에 남달리 예민한 감수성을 가진 화가였지만 다른 화가들에게 다음과 같은 일침을 가한다. "그 색이 절대적으로 올바르지 않고, 그 그림이 인쇄로 완성되었을 때 옳다고 느낀다면, 그것이 무슨 대수로운 문제란 말인가."[18]

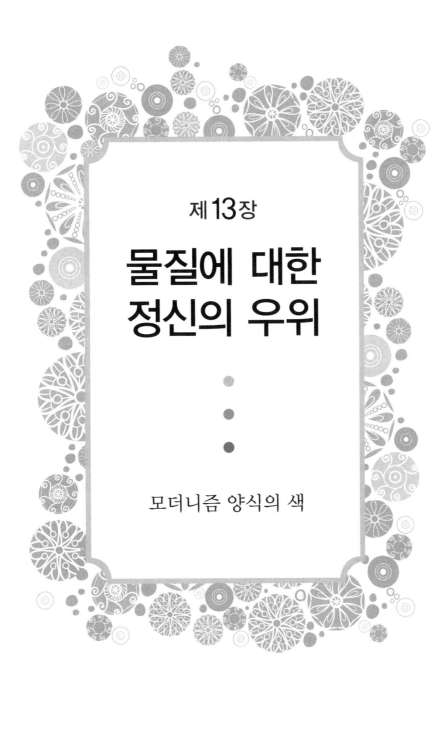

제13장

물질에 대한
정신의 우위

모더니즘 양식의 색

색이 그 자신의 존재를 가지며, 색의 무한한 결합은 하나의 시이자 과거의 그 어떤 것보다 표현력이 뛰어난 시적 언어라는 점을 이해할 때 새로운 예술이 진정으로 시작될 것이다.

_ 소니아 들로네

색이 당신을 점점 더 지배할 것이다. 어떤 청색은 당신의 영혼에 파고들 것이고, 어떤 적색은 당신의 혈압에 영향을 미칠 것이며, 어떤 색은 당신의 건강을 증진시킬 것이다. 색은 기질의 집중이다. 새로운 시대가 열리고 있다.

_ 앙리 마티스

중세 이래로 화가들은 지속적으로 그들의 팔레트가 자연세계의 진정한 영광을 포획하는 데 얼마나 부적절한지를 떠올렸다. 물감 제조업자 조지 필드는 1840년대에 옛 거장들은 안료가 충분히 밝지 못해 '자연에 훨씬 밑도는 조화를 추구'할 수밖에 없었다고 서술하고 있다. 헤르만 폰 헬름홀츠도 이에 맞장구를 치고 있다.

> 그 대상의 빛과 색을 재현하기 위해서는 화가가 갖고 있는 표현으론 모 사물의 세부적인 면에서 절대 진정함을 줄 수 없다. 많은 경우에 화가가 적용하는 조명의 변화는 이에 반대로 작용한다.[1]

근대의 팔레트를 가지고도 세잔은 이에 분노를 느낄 정도였다. "나는 내 감각 앞에 펼쳐진 그 강렬함을 표현할 색을 얻을 수 없다. 나는 대자연에 생명을 주는 그 장엄한 색의 풍요로움을 가질 수 없다." 반 고흐는 이런 한계에 이렇게 마음을 달래었다. "화가는 자연의 색이 아니라 팔레트의 색으로 시작하는 것이 더 좋다."

그러나 터너가 밝은색의 새로운 안료를 사용한 이래로 화가들의 임무는 자연을 있는 그대로 표현하는 것이 아니라는 쪽으로 그림이 확실히 이동하고 있었다. 추상으로 가는 노정은 '자연의' 색에서 해방되면서 이미 예상되었고 그 길목엔 반 고흐, 세잔, 앙리 마티스가 서 있었다. 마티스는 "우리가 모방적인 색에서 탈피했다는 것이 진실이다."라고 했다.

그 결과는 단색과 강력한 원색의 폭발이었다. 마티스는 다시 단언했다. "나는 가장 단순한 색을 사용한다. 내가 그 색들을 직접 변형시키는 것이 아니라, 그 역할을 떠맡은 것은 바로 색의 관계이다."

〈붉은 조화(La Desserte 1908)〉과 〈붉은 화실(Red Studio 1911)〉에서 그 붉은 실내는 그림의 입체감이라는 환상을 거부한 채, 철저한 2차원성으로 보는 이를 압도한다. 존 러스킨은 '붉은 화실'에 대해 이렇게 말하고 있다.

"그것은 회화의 역사에서 결정적인 순간이었다. 색이 우세해지며 색을 최대로 이용하게 된 것이다."

:: 야수파

양식에 대한 모든 사용이 세잔과 관련된 것처럼 20세기에서 색의 사용에 대한 모든 것은 마티스와 관련되었다. 피카소가 그 말을 적절히 표현하고 있다. "금세기의 모든 위대한 채색화가들이 서로 좋아하는 색으로 하나의 깃발을 만든다면 그 깃발은 마티스의 작품이 될 것이다."[2]

이 색들은 코발트, 크롬, 카드뮴이라는 19세기 화학이 만든 색상으로, 즐거움과 순수한 기쁨과 쾌락의 색들이 아니고 무엇이겠는가? 1897년, 마티스는 앞서의 우울한 팔레트를 폐기하고, 새롭게 발명된 안료의 밝은 청색, 녹색, 적색으로 춤을 추는 팔레트를 이용하기 시작했다. 그가 노란색 오커나 시에나(농황토, sienna) 안료와 같은 토성안료를 배제하지는 않았지만 그의 팔레트는 이제 인상주의 화가들의 팔레트와 유사했다. 그는 인상주의에서도 흔치 않은 코발트 바이올렛을 사용했고, 빛과 보랏빛 색조에서 새로운 카드뮴 레드를 채택했다.

신기하게도, 카드뮴 레드는 16세기에 코치닐*로 만든 카민 착색안료의 도입 이래로 적색 안료에서 본질적으로 최초의 주요한 재료의 혁신이었다. 마스 레드(합성산화철)는 고대로부터 알려진 적색 오커의 정제물이다. 적색 착색안료 제조는 19세기 초에 개선되긴 했지만 사실상 새로운 착색제를 포함하고 있지는 않았다. 아닐린 적색은 화가의 붓 끝은 한 번도 제대로 만족시키지 못했고, 합성 알리자린은 이집트인이 꼭두서니 뿌리에서 추출한 원료와 동일한 화합물이었다. 적색을 제외한 모든 원색과 2차색은 19세기에 강력한 새로운 화신을 얻게 되었다. 카드뮴 레드는 근본적으로 황 대신에 약간의 셀렌selenium이 첨가된 카드뮴 옐로(황산카드뮴)이다. 영광스럽게도 푸른 달빛과 같은 색깔 때문에 그 이름을 얻게 된 셀렌은 카드뮴과 같은 해인 1817년에 스웨덴의 화학자 옌스 야코브 베르셀리우스Jöns Jacob Berzelius에 의해 발견되었다. 그것은 황과 비슷한 성질을 가지고 있으며 황과 관련하여 천연에서 발생하기도 한다.

셀렌의 기원을 추적하는 일을 쉽지 않다. 황화카드뮴 오렌지와 거의 비슷할 정도로 적색이어서 그 안료와 혼동되기 때문이다. 조지 필드는 그의 사후에 나온 1869년 판『색층분석법』에서 그가 카드뮴 레드라고 부른 셀렌에 만족스러워한다. 그러나 1892년 독일 특허 때까지 황화 셀렌화물을 상술한 어떤 기술문서가 알려지지 않았기 때문에, 필드가 '오렌지빛 주홍색orange-scarlet'이라고 부른 그 색이 아주 짙은 카드뮴 오렌지의 변형이라고

---

* 깍지벌레에서 추출한 안료.

추측할 수밖에 없다. 아무튼 현재 카드뮴 레드라는 이름으로 통용되는 그 화합물은 1910년이 되어서야 제품으로 상업화되었다. 1919년 바이엘 화학회사는 안정되고 경제적인 그 화합물의 제조법을 개발했다. 셀렌의 양을 조절하면 그 색은 오렌지색에서 검은 밤색^{maroon}까지 변할 수 있다.

마티스는 안정성이 뛰어난 이 강력한 새로운 적색에 크게 매료되었다. 그는 전통적인 비밀리언 대신 '카드뮴 레드'를 쓰리고 르누아르를 설득한 방법에 대해서도 자세하게 설명하고 있다. 그리고 그 설득은 실패로 돌아갔다. 그러나 이때가 1904년이었기 때문에, 그는 아마도 필드가 조사하고 있던 어떤 안료를 말하고 있을 것이다. 오렌지 색조를 띤 이 안료는 더 짙은 현대적 변형물이 아니라 버밀리언과 흡사한 다른 안료를 말할 것이다.

세잔과 마찬가지로, 마티스도 그림의 구조란 형식이 아니라 색의 관계라고 느꼈다. "구성이란 화가의 느낌을 표현하기 위해 여러 가지 요소들을 화가가 마음대로 꾸며 배열하는 기술이다 …… 색의 주요한 목적은 표현에 최대한 이바지하는 것이다."[3] 이런 표현력은 이론이 아니라 화가의 감수성에서 우러나와야 한다는 것이다. "나의 색 선택은 과학적 이론에 의존하지 않는다. 그것은 관측, 느낌, 각 경험의 특징에 따른다 …… 나는 단순히 감정에 충실한 색을 찾으려한다."[4]

그러나 본능에 충실한 채색화가가 채색을 말할 때, 그 말을 곧이곧대로 믿지 않는 게 좋다. 한때 마티스는 자신이 '꽤 훌륭한 과학자'라고 실토했고, 그는 동료들 사이에서 이론에 집착한 것으로 평판이 자자했다. 파리에 소재한 그의 예술학교에서, 그는 학자들에게 슈브뢸, 헬름홀츠, 그들의 해석자 오그던 루드를 소개했고, 이들을 통해 마티스는 재료에 대한 관심을 개발했을 것이다. 분명 마티스는 루드로부터 적색, 청색, 녹색만으로 '스펙트럼에 해당하는 색'을 만들 수 있다는 이해를 얻었다. 이것은 물론 안료가 아니라 루드가 조사한 가산혼합으로 가능할 수 있다. 그럼에도 바로 이것이 마티스가 1910년에 그린 '춤'과 '음악'의 기원이 되었을 것이고 여기서 그 3가지 색이 나란히 병치되어 나타난다. 그리고 각 색은 아리스토텔레스적인 기본 할당이 있다. 푸른 하늘, 녹색의 대지, 붉은 피부가 배열되어 있다.

인상주의가 기성 화단으로 편입되기 시작하고 신인상주의가 빈사상태에 빠지며, 반 고흐가 죽은 그 세기의 전환기에는 새로운 아방가르드(전위예술)가 탄생할 공간은 충분했다. 곧 마티스를 선봉장으로 한 야수파 운동이 시작됐다. 네덜란드 태생의 프랑스 야수파 화가 케이스 판 동언Kees van Dongen은 야수파에 대해 이렇게 말했다. "우리는 인상주의 화가에 대해 말할 수 있다. 그들은 어떤 원칙을 고수했기 때문이다. 우리에겐 그 따위 것은 없다. 우리는 그저 그들의 색이 다소 칙칙하다고 생각했다." 모네의 수련을 쿠르베의 작품에 대비해보면, 이런 비난은 수용하기 어렵다. 하지만 그것을 앙드레 드랭Andre Derain의 〈런던 항(The Pool of London, 1906)〉(〈삽화 13-1〉)에 대비해보면 모든 것이 분명해진다. 여기서 색은 최고조로 만개해 있다. 그것은 튜브에서 그냥 물감을 연속적으로 짜낸 것처럼(실제로 그들은 종종 그렇게 했다), 밝은 새로운 안료의 중심역할을 웅변적으로 말해주고 있다.

20세기 초, 회화에서 일어난 모든 주요한 운동처럼 야수파도 인상주의의 직계후손이었다. 마티스는 1890년대 귀스타브 모로Gustave Moreau 아래에서 고전적이지만 개방된 파리의 교육을 받았지만, 1896년 인상주의라는 마법의 주문에 걸리게 되었다. 그 젊은 화가는 운 좋게 가장 관대하고 통찰력이 뛰어난 인상주의 화가 카미유 피사로의 눈에 띄었다. 피사로는 또한 고갱과 세잔을 키웠고 반 고흐의 천재성을 옹호한 바 있었다.

그러나 마티스의 열정은 그를 다른 방향으로 이끌었다. 세잔의 작품에서, 그는 베네치아의 옛 거장들 이래 묻혀있던 구성적 매개체로써의 색에 대한 개념의 부활을 발견했을 뿐만 아니라 다른 야수파 화가들이 크게 주목하지 않았던 색조의 조화와 균형의 중요성에 대한 강조를 발견했다. 한편 고갱에겐 표준적인 색보단 양감이 없는 색의 사용에 대한 가치와 더불어 '원시적' 예술의 충격과 정서적 힘에 대한 이해를 얻었다(반 고흐와 고갱처럼 그도 19세기 말에 프랑스에서 유행했던 일본 인쇄물에 의해 강력하게 영향을 받았다). 그는 그런 영향력을 솔직담백하게 털어놓고 있다.

> 색이 다시 한 번 표현이 되었다는 주장은 색의 역사를 요약하는 것이다. 들라크루아에서 그 기초를 세운 인상주의 화가들 반 고흐, 특히 고갱, 최후의 충격을 가하며 색의 입체감을 도입한 세잔에 이르기까지, 우리는 색의 정서적 힘의 회복이란 그런 색 기능의 부활을 따를 수 있다.[5]

그러나 고갱에게 색이란 신비스럽고 상징적인 함축성을 가진 반면 마티스에게 색이란 그림을 그리는 순전히 재료일 뿐이었다. 그의 많은 그림은 캔버스에서 깊이를 포기하고, 거의 태피스트리처럼 2차원 타일 구조로 색 공간을 구성한다. 그는 이렇게 말했다. "고갱이 야수파에 동화될 수 없는 이유는 그가 색을 공간구성이 아니라 정서표현의 수단으로 사용하기 때문이다."

앙드레 드랭은 1899년 마티스와 친하게 되었고, 그는 마티스에게 1901년 파리에서 열린 반 고흐 회고전에서 모리스 드 블라맹크Maurice de Vlaminck를 소개했다. 이 세 사람은 느슨하게 연결되어 있던 야수파의 핵심이었고, 반 고흐 전시회는 야수파의 선정적인 색을 점화시키는 촉매제가 되었다. 블라맹크는 아버지보다 그 네덜란드 사람을 더 사랑한다고 선언했고, 마티스는 이 사건으로 블라맹크를 이렇게 기억했다. "그는 자신의 열정을 독단적인 어조로 소리 높여 외치고 우리는 순수한 코발트, 순수한 버밀리언, 순수한 베로네세 청색(에메랄드 그린)으로 그림을 그려야 한다고 선언한 젊은 대가이다." 드랭은 파리의 교외 샤토에서 블라맹크와 보낸 시절을 이렇게 술회했다. "우리는 색과 색을 묘사하는 단어와 색에 생명을 주는 태양에 흠뻑 취해 있었다."

드랭의 팔레트는 마티스보다 훨씬 더 폭넓어서 다루지 않은 원색이나 2차색이 거의 없어서, 레몬 옐로에서 마스 옐로와 더불어 온갖 종류의 카드뮴 색이 거기에 있었다. 충동적이며 이기적인 블라맹크는 그 현대의 색들을 혼합하지 않고 사용해서, 〈빨간 나무가 있는 풍경(Landscape with red trees, 1906~1907)〉과 같은 밝은 색조의 강렬한 작품을 그렸지만 이런 작품은 그저 현란할 뿐이었다. 이런 색감에 대한 의존은 결국 무르익은 표현을 개발하는 데는 방해물로 작용했다. 1910년에 이르면 그는 세잔을 흉내 내는 일 외엔 아무 것도 할 수 없었다. 야수파와 관련된 화가로 라울 뒤피는 모든 갈색을 피하고 새로운 세룰리언 블루와 모든 영역의 마스 색(노란색에서 바이올렛까지)을 사용했다고 한다. 19세기 안료기술의 발전에서 가장 영광스런 결실을 맺는 화가들은 인상주의가 아니라 야수파라는 강력한 증거가 있다. 이들이야말로 전통이란 껍질에서 색을 최후로 해방시킨 진정한 독립군이었다.

야수파는 1905년에 갑자기 전시회를 열었고, 이때 그들은 그 이름을 얻게 되었다. 그 해 봄에 신인상주의 화가들이 연 살롱 데 앙데팡당Salon des Independants에서, 마티스는 폴 시냐크와 함께 생트로페 여행에서 발상을 얻은 〈사치, 평온, 쾌락(Luxe, Calme et Volupté)〉을 전시했다. 그 그림은 열띤 논쟁의 불씨가 되었고 다른 야수파 화가들이 '분할묘법Divisionism'으로 가게 만든 계기가 되었다. 이 화법은 쇠라의 점묘법이 진화한 형태였다.

시냐크는 이런 양식이 색상대비와 상보성 규칙에 매여 궁극적으로는 직관적인 마티스를 좌절시키고 소외시켰다고 주장했다. '사치, 평온, 쾌락'에서 그는 과학적 정확성엔 눈도 두지 않았다. 그의 색 점묘조각들은 너무 커서 쇠라의 의도처럼 광학적 혼색효과는 볼 수 없었다. 마티스, 드랭, 조르주 브라크^{Georges Braque} 등이 실행한 분할묘법의 대부분은 단순히 색을 혼합되지 않은 덩어리^{taches}로 분리한 것이다. 마티스는 순수한 색의 고귀함을 보존하려는 중세의 단호함을 보이며, 광학적 혼색으로 그것을 훼손하려는 신인상주의 화가들을 비난했다.

그해 여름 마티스는 드랭과 함께 프랑스 남부의 작은 도시 콜리우르로 돌아왔고, 여기서 그들은 야수파의 최종판이 되는 양식을 개발했다. 고갱의 그림 컬렉션을 보는 순간, 그들은 앞으로 나가야 할 길은 분할묘법이 아니라 플랫컬러^{flat colour*}에 있다는 사실을 깨달았다. '강력하게 색을 입힌 화면의 조화'가 해법이었던 것이다. 다른 야수파 화가들과 함께, 그들은 이 여행의 결과를 1905년 말에 살롱도톤(Salon d'Automne, 매년 가을에 프랑스 파리에서 열리는 미술 전람회)에서 전시했다. 살롱 데 앙데팡당은 누구에게나 개방되어 있어 좋은 그림이 나쁜 그림에 묻혀버릴 수 있었다. 그래서 그 대안으로 1903년에 이 전시회를 열었던 것이다.

그 살롱도톤은 1874년 인상주의 화가들의 첫 전시회에 견줄 만한 소란을 일으켰다. 그리고 비슷한 조롱이 쏟아져 나왔다. 카미유 모클레르^{Camille Mauclair}는 한껏 목청을 높였다. "한 양동이의 물감을 대중의 얼굴에 흩뿌렸다." 러스킨이 1877년 휘슬러^{whistler}에게 퍼부었던 맥 빠진 비난을 재탕한 것이다. 다른 사람들은 더 심했다. 안목이 부족했던 그들은 거의 광적으로 치달았다. 홀^{J. -B. Hall}은 이렇게 썼다. '미학적 가치도 없는데, 이 미치광이들이 왜 한데 모여 작품을 대중에게 선보이는 건가? 이 새로운 익살극의 의미는 대체 무엇인가? 누가 그들을 뒤에서 밀어주고 있는가?' 이렇게 끝없이 이어지다 마지막으로 속물적 일침을 가한다. '도대체 마티스 씨, 블라

---

* 일종의 단색화면 분할.

맹크 씨, 드랭 씨의 그 어설픈 그림이 예술과 무슨 상관이 있단 말인가?'

이 작품들은 몇몇 전통적인 플로렌스의 영향을 받은 조각상들과 같은 방에 전시되었다. 그런데 그 현란한 작품들을 보는 순간 「질 블라(Gil Blas)」 잡지의 유명한 비평가 루이 보크셀Louis Vauxcelles이 마티스에게 한마디 꼬았다.

"보시오. 야수의 우리에 갇힌 도나텔로* 아니오(dans la cage aux fauves)!"

그렇게 해서 그 전의 인상주의처럼 그 후의 입체파(그 익살꾼 보크셀의 호의 덕분에)처럼, 야수파도 조롱어린 농담으로 이름을 얻게 되었다.

하지만 통찰력이 뛰어난 사람들도 있었다. 혁신적인 나비파 화가인 모리스 드니는 이렇게 말했다. "이것은 우연에 기댄 그림이 아니라 우연을 뛰어넘는 그림을 위한 그림으로 그림의 순수한 행동이다." 이 논평은 그가 다음 단계로 필연적으로 오게 될 추상을 거의 예견했던 것처럼 보인다.

그러나 야수파는 그보다 더 많은 씨앗을 뿌렸다. 마티스가 1905년 말에 아내를 그린 〈녹색 줄무늬가 들어간 초상화(Portrait with a Green Stripe)〉는 인상주의가 사용한 색 이론의 과잉을 선언하면서 표현주의로 가는 길을 예시했다. 여기서 보색들은 사라지고 대신 불협화음이 지배되어, 바이올렛에 버밀리언, 핑크와 오커에 녹색이 대비된다. 돌이켜보면 마티스는 〈청색 누드(Blue Nude, 1907)〉로 피카소의 놀라운 누드 인물들을 위한 자리를 미리 마련해둔 것처럼 보인다.

야수파가 그렇게 단명한 것은 지나친 다산 때문이었을 것이다. 1908년에 야수파는 일관된 흐름을 중지하게 된다. 겨우 4년 만에 야수파엔 칸딘스키와 입체파 초기에 피카소의 협력자였던 바로크만 존재하게 되었다. 야수파의 숨 고르는 시기로 볼 수 있다. 그래서 인상주의 화가들이 부분적

---

* 초기 이탈리아의 유명한 조각가.

으로만 보았던 새로운 색의 가능성을 소화시키던 때였던 것이다. 마티스 이후로 이제 더 이상 과거를 되돌아볼 필요가 없게 되었다.

:: 색의 실험

20세기 초 일부 화가들은 직관이 아니라 과학에 희망을 걸었다. 과학이 색의 비재현적인 그 변덕스런 바다에서 그들의 항해를 도와줄 나침반이라 생각한 것이다. 1906년 이탈리아의 예술가 가에타노 프레비아티Gaetano Previati는 『분할묘법의 과학적 원리(Scientific Principles of Divisionism)』를 출간했다. 이 책은 신인상주의의 색대비와 광학혼합에 대한 견해를 일부 확장했다. 그것은 자코모 발라Giacomo Balla와 움베르토 보초니Umberto Boccioni와 같은 이탈리아 미래파 화가들에게 커다란 영향을 미쳤다. 보초니의 〈도시가 일어나다(The City Rises, 1910)〉는 색채의 생명력이 굽이치고 있지만, 쇠라보다 더욱 체계적으로 색을 사용했다는 인상을 준다. "나는 새로운 것과, 표현적인 것과, 강렬한 것을 원한다." 보초니의 선언은 미래파의 선언문을 함축적으로 요약한 것이었다.

프랑스 화가 로베르 들로네가 분할점묘에 빠져든 계기는 프레비아티 책을 접했기 때문이었을 것이다. 들로네는 1907년과 1912년에 프랑스 교회에서 연구했던 스테인드글라스와 유사한 조명효과를 얻기 위해 고심하고 있었다. 1911년부터 1913년에 나온 그 노력의 결실이 〈창문(Windows)〉이란 연작이었다. "색만이 형식이자 주제이다."라고 주장했지만 그가 진정으로 모방하려고 했던 것은 유색광이었다. 처음에 그는 분할묘법에서 그 길을 찾으려 했다. 그래서 분할묘법의 광채에 의한 투명성을 시도했다. 그러나 후에 들로네는 세잔과 입체파의 기하학적 도안에 영감을 얻어 플랫 컬러를 도입하고 점을 포기했다. 약동하는 강렬한 색으로 작열하는 〈원반의 태양(Sun Discs, 1912~1913)〉과 같은 그림들은 '무지개 파편(fragmented rainbows)'이라 불린다. 하지만 차라리 뉴턴 색상환의 돌연변이로 보는 게 좋을 것 같다. 시인이자 비평가인 기욤 아폴리네르Guillaume Apollinaire는 이런 양식을 오르피즘Orphism이라고 불렀다.

오르피즘을 추상으로 변한 야수파에 지나지 않는다고 혹평하는 사람도 있다(그리고 들로네는 화단에 입문하면서 야수파에 발을 담근 적이 있었다). 그러나 들로네는 색의 구문론을 추구한 것으로 보이는데, 야수파는 형식에는 거의 관심을 가지지 않았다. 하지만 들로네 자신은 과학적 원칙에는 전혀 인내심을 발휘할 수 없다고 공언하고 있다.

> 나는 색의 형식에는 열광하지만, 그에 대한 과학적 설명을 추구하지는 않는다. 유한한 과학은 빛을 쫓는 내 기법과는 아무런 상관이 없다. 나의 유일한 과학은 우주의 빛이 내 장인정신을 일깨운 인상들을 한데 모아 그중 몇 가지 인상을 선택해 질서를 부여하는 것이다.[6]

그러나 들로네는 슈브뢸을 연구했고 아마도 (프레비아티가 의존했던) 루드의 색 이론에도 정통했던 것으로 보인다. 그는 '색 운동'의 개념을 개발하기 위해 보색을 이용했다. 그의 역설적으로 보이는 논리에 따르면, 보색을 나란히 두는 것은 '느린' 운동을 만들지만 오렌지색과 노란색 혹은 청색과 녹색처럼 색상환에서 인접한 색을 함께 배치하는 것은 '빠른' 운동을 만든다. 이런 다소 모호한 개념을 바탕으로, 들로네는 그의 작품들이 진실로 추상적인 것이 아니고 자연의 규칙에 의거한 것이라고 주장했다.

미국에서, 오르피즘은 싱크로미즘Synchromism이란 운동을 배양했다. 이 운동의 핵심 주창자는 화가인 모건 러셀Morgan Russel과 스탠턴 맥도널드 라이트Stanton MacDonald Wright였다. 이 싱크로미즘 화가들의 교차면은 들로네의 화면보다 훨씬 더 화려했다. 그리고 그 프랑스인과 화가이자 시인이었던 그의 러시아 아내가 추구했던 '순수 미학 aesthetic of purity'에서, 미국에서 색면추상 colour field painting으로 발전하게 되는 미니멀리즘minimalism의 단초를 볼 수 있다.

그러나 들로네의 약점은 포괄성inclusiveness이었다. 전체적인 스펙트럼을 포용하는 대신 모든 명작의 필수 조건인 선택에 실패함으로써, 그는 무지개 색을 설득력 있는 작품으로 구성하는 대신 단순히 도표로 만드는 위험을 감수했다. 현대 안료에 화려한 유혹에 너무 깊게 빠져드는 데엔 그만한 위험이 뒤따랐다.

이론 없는 학교

파울 클레가 창의성이 뛰어난 훌륭한 색채화가라는 사실을 부인할 사람은 아무도 없다. 장 폴 사르트르는 한술 더 떴다.

"클레는 이 세상의 기적을 재창조하는 천사이다."

그러나 클레의 구성을 어떤 색 이론의 원칙으로 개괄하는 것은 쉽지 않다. 그는 색이 마법사이다. 한순간 화려한 파스텔 색상으로 그림을 그리는가 하면[〈고속도로와 샛길들(Highways and Byways, 1929)〉], 다음 순간 미묘하게 조정된 광택의 적색으로 그림을 그리고 있으며[〈일몰의 풍경(Landscape at Sunset, 1923)〉], 또 다시 꿈과 같은 검은 바탕 위에 밝은 원색으로 그림을 그리고 있다[〈노란 새가 있는 풍경(Landscape with Yellow Birds, 1923)〉, 〈흑인 왕자(Black Prince)〉]. 〈아이와 아낙네(Child with Aunt, 1937)〉는 가을의 색조를 모두 담고 있다. 〈유리 정문(Glass Facade, 1940)〉의 장미색, 오렌지색, 녹색, 청색은 진짜로 역광이 비추는 듯 빛나고 있다. 〈빛과 나머지 그만큼(The Light and So Much Else, 1931)〉은 그 제목에서 그 진짜 주제를 광고하고 있다. 바로 빛이다. 빛은 피상적으로 분할묘법화가의 처리를 받고 있지만 그 밖의 점에선 신인상주의의 엄격한 규정에 전혀 신세지지 않고 있다.

클레가 1914년 튀니지에서 아랍의 문화 속에서 찾은 환상적인 색채의 비전에 대한 회고보다 색이 주는 그 순수한 충만함을 더 잘 표현하는 말은 없다. 이런 경험은 그에게 즐거운 자기 계시를 부여했다. "색이 나를 붙들었다. 나는 더 이상 색을 쫓아다닐 필요가 없게 되었다. 이제 색은 나를 영원히 붙잡고 놓아주지 않을 것이다. 그것이 이 축복받은 순간의 중요성이다. 색과 나는 하나가 되었다."[7]

대가 중에서도 클레와 칸딘스키와 같은 대가가 포진한 독일 바이마르에 소재한 예술, 건축 및 디자인 바우하우스 학교가 1920년대에 색을 크게 강조한 것도 놀랍지 않다. 1919년에 설립된 바우하우스는 돌이켜보면 돈키호테적이긴 했지만 예술가와 디자이너의 창의성을 배양하고 그들의 기술을 산업계와 결합시키려던 내부의 임무를 설정해두고 있었다. 어떤 면에서 그 학교는 기능적이지만 영혼이 없는 현대 디자인의 모든 것을 대변한다. 이것은 기하학적 형식을 갖춘 채 순수한 장식(예술)은 거부하고 있지 않은가? 하지만 그것은 허식을 제거한 아방가르드를 상징하며, 모더니즘의 핵심적인 기반의 하나였다. 나치에게, 바우하우스는 단순히 '퇴폐적인' 예술의 중심이었고 1933년에 그 학교는 폐쇄되었다.

그 바우하우스는 바이마르예술아카데미와 바이마르응용예술학교의 합병으로 탄생되었다. 그 학교 초대 교장은 건축가이자 디자이너인 발터 그로피우스Walter Gropius였다. 그의 비전은 제조 산업에 예술의 중요성을 다시 일깨우는 것이었다. 과거에 유용한 공예품을 만들던 장인들은 기술자이자 예술가로, 기능적일뿐만 아니라 미학적으로도 유쾌한(무의미한 공상물과 같지 않은) 품목을 만들도록 가르침을 받았다. 산업화의 부상으로 이런 연결고리가 실종되었고, 대량생산은 예술적 가치가 없는 제품만 만들게 되었다. 그로피우스는 "예술가는 생명 없는 기계 제품에 영혼의 숨결을 불어넣을 수 있는 능력을 소유한 사람이다."라고 주장했다.

그런 목적을 달성하기 위해 그로피우스는 순수예술과 응용예술에서 능숙하고 상상력이 풍부한 지지자를 채용하기 시작했다. 이들의 임무는 바우하우스 공방에서 학자들을 가르쳐 새로운 혈통의 창의적인 장인들을 양성하는 것이었다. 1921년에 클레가 참여했고, 이듬해 칸딘스키가 합류했다. 교수진에 두 대가가 합류하면서 학자들을 유치하는 일은 어렵지 않게 되었다. 하지만 대부분 현대 화가가 되길 원했지 실용적인 공예에는 별 관심이 없었다.

그것은 그로피우스의 고민거리 중 하나에 불과했다. 그 학교의 초창기 교수 중에 요하네스 이텐이 있었다. 추상화가인 그는 예술아카데미의 아돌프 휠첼Adolf Holzel의 제자로 회화교수로 들어왔다. 색 이론은 휠첼이 심취하던 주제였고, 그는 색과 소리의 관계를 연구했다. 이텐도 스승으로부터 색에 대한 이런 열정뿐만 아니라 관습에 얽매이지 않는 교수법도 물려받았다.

마이스터 이텐은 신비주의자로 고대 조로아스터교에 뿌리를 둔 마즈다즈난교의 신자였다. 머리를 면도하고 사제복을 입었으며, 학생들도 따라 하도록 부추겼다. 이텐의 외모는 19세기의 독일 낭만파와 그들의 후계자인 브뤼케(Die Brucke, 다리파)라 불리는 표현주의 화가들의 정서적 과도함에 가까운 것이었다. 그는 형식에 얽매인 교육방법을 지양하고 '자아발견'과 경험을 예술적 창조성의 원재료라고 생각했다. 제자들은 호흡법과 명상법을 배웠으며, 주제와 감정을 일치시키는 법을 지도받았다. 원을 그리기 전엔 팔을 휘둘러 원을 묘사하고, 그뤼네발트Grunewald의 십자가 형벌의 그림을 분석하기 위해 막달라 마리아Mary Magdalena처럼 울어야 했다.

이러한 기행은 이텐을 카리스마적이고 까다로우며 화제의 마이스터로 만들었다. 그의 제자인 파울 시트뢴^{Paul Citroën}에 따르면, "이텐 선생에겐 뭔가 악마적인 것이 있었다. 그는 스승으로 열렬히 존경받았는가 하면 그만큼 반대자에게 미움을 받았는데 대부분 반대자였다."그럼에도 그를 무시하는 것을 불가능했다.[8]

1920년대 초 바우하우스는 그로피우스의 각별한 노력에도 불구하고 거의 통제가 되지 않는 무정부 상태에서 운영된 느낌이다. 이것은 클레와 칸딘스키와 같은 활달한 인물들에겐 절대 반대할 환경이 아니었다. 그러나 일관된 이론적 토대는 거의 마련되지 않았다. 색에 대한 바우하우스의 태도가 그 사실을 잘 보여준다.

바우하우스는 신인상주의가 고취시킨 합리적인 색 실험의 전통을 바이마르 응용예술학교에서 물려받았다. 이텐 자신도 '색의 문법'을 설립하고 싶은 열망을 품었지만 그 문법을 만드는 방법을 깨우치진 못했다. 색에 대한 교육은 주로 칸딘스키가 책임지고 있었지만 바우하우스의 에토스(교풍)는 색은 물리학적 · 화학적 · 심리학적 견해에 입각해 연구해야한다고 공언했다. 색 심리학에서 '과학'과 일치되는 실험을 실시하려던 칸딘스키의 시도들은 이런 에토스에 대한 천명이었지만 이것은 색이란 정서적 언어에 대한 그의 다소 도그마적인 사고들을 오히려 방해했을 뿐이었다.

사실 클레와 칸딘스키 그리고 이텐도 색의 보색에 관한 명확한 과학적 이해는 없었던 것으로 보인다. 클레의 강의는 괴테의 견해와 오토 룽게^{Otto Runge}, 들라크루아와 같은 화가들의 보색에 대한 사용을 참고했다. 그러나 그는 화가에게 이런 이론의 가치는 제한적인 것으로 간주했다. 특히 과학자의 색은 화가의 안료와는 달랐기 때문이었다. "물론 우리가 이론을 조금 사용할 수는 있지만 색의 이론으로 무장할 필요는 없다. 어떤 가능한 무한대의 혼합으로도 슈바인푸르트 그린(Schweinfurt green, emerald green), 새턴레드, 코발트 바이올렛은 절대 만들 수 없을 것이다."[9]

그리고 바우하우스의 어느 교수도 색의 화학적 기본에 대한 지식을 소유했다는 증거는 없다. 이텐이 색의 물질적 측면을 도외시한 것은 그로 하여금 중세 예술에서 성모의 옷은 주로 상징적 중요성을 지니고 있다는 관념을 뿌리 깊이 새기게 했다. 이텐의 저서『색의 원소들(Elements of Colour)』은 흥미로운 내용이 많지만 색의 재료인 안료에 대해선 일언반구의 언급도 없다.

이 중 어느 것도 상상력이 넘치는 채색화가는 물론 위대한 화가가 되는 걸 방해할 요소는 없다. 그렇지만 학생들은 도대체 무엇을 중요시했을까? 그 한 단면을 볼 수 있는 단서는 바우하우스에서 횡행하던 온갖 종류의 색 이론이었다. 그 이론들 중에는 서로 극명하게 대립되는 이론도 있었다. 바우하우스의 졸업생으로 나중에 그곳에서 교편을 잡은 요제프 알베르스Josef Albers는 실험에서 이론의 피난처를 찾아야 할 형편이었다. 그는 색을 '그림에 가장 관련 있는 매개체'라고 불렀으며, 그 맥락에 따라 변하기 쉬운 물질로 보았다. 바우하우스가 폐쇄된 후, 알베르스는 미국으로 이민을 가서 노스캐롤라이나의 블랙마운틴 대학에서 그림을 가르쳤다. 그는 1950년대에 〈정방형에 대한 경의(Homage to the Square)〉라고 불린 연작그림을 그리기 시작해 1976년 사망 때까지 계속 그 그림을 추구했으며, 이때쯤 그의 플랫 컬러의 중첩된 정방형은 미국 미니멀리즘의 상징이 되어 있었다. 예술과 실험의 중간쯤 되는 이 이미지들은 그의 명저『색의 상호작용(Interaction of Color, 1963)』의 기초를 형성하고 있다. 이 책에서 그는 칸딘스키의 기질과 더불어, 원색, 2차색, 3차색의 특정한 혼합은 특별한 정서적 중요성을 갖는다고 제안했다.

이텐의 돌출행동을 생각해보면 그가 바우하우스에서 오래 버티지 못할 운명이라는 것은 자명했다. 그로피우스에 대한 근본적인 반감은 산학협동의 개념이었다. 그는 산업계의 조악한 실용적 요구에서 자유로운 자아인식에서 진정한 창의성이 나온다고 확신했고 그에 따라 강의를 구성했다. 그는 그로피우스에게 양자택일을 요구했다. 순수예술인가, 아니면 순수실용예술인가? 그러나 그로피우스는 이렇게 일갈했다. "나는 분리가 아니라 퓨전fusion에서 통합을 추구합니다." 1922년 그는 은근한 속내를 드러냈다. "바우하우스가 외부 세계와의 작업이나 작업방식과 접촉을 잃게 되면 괴짜들의 은신처가 될 수 있다." 이텐은 진의를 눈치채고 스스로 공언한 '나만의 낭만적 섬에 대한 애착'이란 뜻을 품고 우울한 심정으로 바우하우스를 떠났다.

특히 1923년 그로피우스는 이텐의 빈자리를 화학교사로 교체할 것을 제안했다. 물질적 측면의 색으로 연구를 복귀시키려는 의도였다(바우하우스의 1923년 성명서는 명백히 색을 물질로 분류하고 있다. 예컨대, 나무, 금속, 유리 등으로 말이다). 그 학교는 앞서 바이마르 응용 예술 학교의 한 부분이었던 염료기술공장을 다시 열었다. 1925년 데사우로 이전한 후, 바우하우스는 실용적인 교육이란 그 임무를 재정립했다. 클레와 칸딘스키는 여전히 그림을 가르치고는 있었지만 새로운 혈통의 모더니스트들이 열광하는 스타 선생님이 아니라 그 기관에서 미학적 감각을 심어주는 '전속계약 예술가'의 정신으로 교편을 잡고 있었다.

고맙지만 사양하겠다

1920년대 초 바우하우스에서 색의 물질적 측면을 확실하게 거부한 이유는 그 학교 마이스터의 신비주의적 학습보다는 무언가 뿌리 깊은 기원이 있었다. 이텐의 스승 휠첼은 독일 화학자 프리드리히 빌헬름 오스트발트의 색 이론을 공개적으로 반대하고 있었다. 1909년 오스트발트는 물리화학에 대한 업적으로 노벨화학상을 수상했다. 이 분야는 그와 소수의 몇 사람이 거의 발명하다시피 한 분야였다. 어린 시절부터 안료를 직접 만들어썼던 아마추어 화가인 오스트발트는 색의 모든 측면에 강력한 관심을 키워왔다.

오스트발트는 노벨상 수상이 그 뒤에 나온 어떤 개념에도 절대적인 힘을 부여한다는 신념을 갖게 된 유일한 노벨상 수상자는 아니었다. 하지만 그처럼 그런 생각을 전파하는 데 일편단심의 단호함과 건방짐을 드러낸 수상자는 거의 없다. 예술에는 절대적인 색의 원리(물론 그 자신의 이론)가 있어 그것을 어기면 '잘못된' 예술이 되기 때문에 정정할 필요성이 발생한다는 것이 그의 옹골찬 믿음이었다. 물론 그 절대적인 이론이란 그의 이론이었고, 이런 독선은 본능에 충실한 화가들이 그를 멀리하게 만들었다. 게다가 예술은 개인이 아니라 민중에 이바지해야 한다는 강력한 사회적 신념과 결합된 그의 믿음은 필연적으로 다른 사람과 부딪히게 되었다. 막스 되너가 한 번은 이렇게 공박했다. "오스트발트 교수가 티치아노의 작품을 분석하면서 그 망토의 청색은 지나치게 짙거나 깊은 두 색조라고 발표했을 때 그 말은 화가들에겐 다소 우습게 들린다. 그것은 그저 티치아노 자신의 청색일 뿐이다!"[10] 이 말에 가슴이 시원해진 사람이 한둘이 아니었을 것이다.

바우하우스에서 오스트발트의 이론들에 대한 이텐의 반대에 클레도 그 못지않게 정력적으로 동참했다. 젊은 클레가 오스트발트의 소책자 『화가에게 보낸 편지(Malerbriefe, Letters to a Painter)』에 대해 1904년 '모든 기술적 문제들을 과학적으로 훌륭하게 다룬 책'이라며 열렬한 찬사를 보낸 소수의 화가 중 한 명이었지만, 그의 나중 견해는 혹독하기 짝이 없다.

과학으로써의 색에 대해 많은 예술가들이 공통적으로 갖는 반감은 방금 전 오스트발트의 색 이론에 대한 책을 읽었을 때 충분히 공감되었다. 잠시 짬을 내어 뭔가 얻을 게 있을까 해서 그 책을 살펴보았지만 몇 가지 흥미로운 생각만 얻었을 뿐이다. 과학자들은 종종 예술을 유치하다고 생각하지만, 이번 경우엔 그 입장이 바뀌었다. (오스트발트와 그랬던 것처럼) 동일한 색가의 색조를 이용한 조화가 보편적인 규칙이 되어야 한다는 생각은 영혼의 풍요로움을 포기하는 것이다. 고맙지만 사양하겠다.[11]

그러나 칸딘스키는 모호한 태도를 취했고 1925년에 이르면 오스트발트의 견해에 호의적이다. 물론 그로피우스나 기술적인 취향의 디자이너들은 처음부터 그런 견해에 호감을 표시했다.

과학자에게 낯설었던 오스트발트 이론의 한 특징은 녹색을 적색, 황색, 청색과 더불어 '원색'으로 임명한 것이다. 오스트발트의 책『색이론 입문 (The Colour Primer, 1916)』에 나오는 색상환은 24개의 구획 중 무려 9구획에 녹색을 할당했다. 그러나 오스트발트는 녹색이 청색과 황색의 '2차색'이라는 개념에 맞서지는 않았다. 오히려 그는 녹색을 지각적으로 독립된 색으로 보았다. 이것은 괴테의 영향이 큰 색의 심리학적 차원에 대한 인식이었다. 오스트발트의 발상은 괴테의 이중성 이론과 크게 공명하는 세 쌍의 '대립 색'를 설정한 비엔나의 심리학자 에발트 헤링의 이론에서 유래했다. 그 대립색채는 검은색과 흰색, 적색과 녹색, 노란색과 청색의 쌍이다.

그러나 오스트발트 색 이론의 가장 중요한 측면은 회색의 구성에 부여한 역할이었다. 그는 그레이스케일의 차원을 색공간에 도입한 것이다. 오토 룽게의 색권colour sphere은 일차원 색상환을 한쪽 끝의 검은색에서 맞은편 끝의 흰색까지 진행시켜 확장하려는 의도였지만 어디에서도 회색 자리를 찾을 수가 없었다. 앨버트 먼셀의 3차원 색공간은 여기서 한 발 더 나간 것으로, 1905년 오스트발트는 하버드 대학에서 먼셀을 만났을 때 그 개념에 크게 영향을 받았다. 오스트발트는 이런 추상적인 공간을 예술가들과 관련한 체계적인 원리로 옮겨 조화로운 색 구성을 성취할 수 있는 수단으로 만들길 희망했다.

그는 우선 일정하게 변하는 인식 단계의 그레이스케일을 설립했다. 오스트발트에 따르면 이런 단계들은 검은색과 흰색 사이의 점진적인 비율 차이는 수학적 관계에 따른다. 그다음 그는 이 그레이스케일을 24부분으로 구획한 그가 만든 색상환의 색상에 각각 적용했고 색의 조화는 색가(그 색의 회색 구성요소들)를 균형에 맞게 사용한 색에서 나온다고 주장했다. 이것이 클레가 그토록 시건방지게 비난했던 『색이론 입문』에서 펼쳐진 핵심 사고였다. 화가들에게 보내는 결론은 흰색으로 색을 순화시켜 조화를 이루라는 권고였다.

이 정도면 색이론에 충분한 공헌을 하고도 남았다. 하지만 그는 그 업적을 개혁운동의 발판으로 삼았다. 그의 화학적 전문성은 그에게 이론을 색을 만드는 안료와 관련된 용어로 바꾸는 특출한 능력을 부여했다. 그리고 독일 페인트 회사에 대한 그의 자문역할은 오스트발트가 그 이론을 상업적 색 관련 제품들에 적용할 기회로 작용했다. 1914년 그는 예술과 디자인을 위한 독일 연합인 독일공작연맹을 대표하여 쾰른에서 산업 페인트와 염료의 '컬러 쇼colours show'를 개최했고, 1919년에는 오늘날에도 여전히 열리고 있는 슈투트가르트에서 색을 주제로 한 일련의 기술회의를 발기했다. 그의 자녀들은 말년에 든 그의 아버지가 형형색색의 무지갯빛으로 빛나는 온갖 종류의 안료를 뒤집어쓴 텁수룩한 수염을 한 채 실험실에서 연구에 몰두했다고 회상했다.

1920년대에 오스트발트는 자신의 생각을 홍보하는 데 열을 올렸다. 그 덕분에 그 아이디어들을 그 시대 유럽 화가들에게 대단한 명성을 얻게 되었다. 실용을 위한 지침서였든 험담의 주제였든 말이다. 그는 피에트 몬드리안, 테오 반 되스부르크Theo van Doesburg, 우드P. P. Oud와 같은 '더치 데 스틸(Dutch De Stijl)[*] 화가들의 숭배 대상자가 되었다. 그러나 원색에 관심이 컸던 몬드리안은 오스트발트의 이론을 자신의 색 사용에 어떤 의미를 함축하고 있는지를 이해하려고 노력한 것으로 보인다. 과연 녹색을 포함해야만 할까? 클레가 자신의 체계를 자유로운 본능으로 불타오르게 하지만 어쩌면 잘못 이해한 이론적인 원칙으로 자신의 체계를 세운 그 독일 학자의 견해에서 무언가 배울 게 있을지도 몰랐다.

* 신조형주의로 기하학의 형상과 이상의 조합을 추구한 네덜란드 화단. 네델란드 어 데 스틸(de stijl)은 the style이라는 뜻이다.

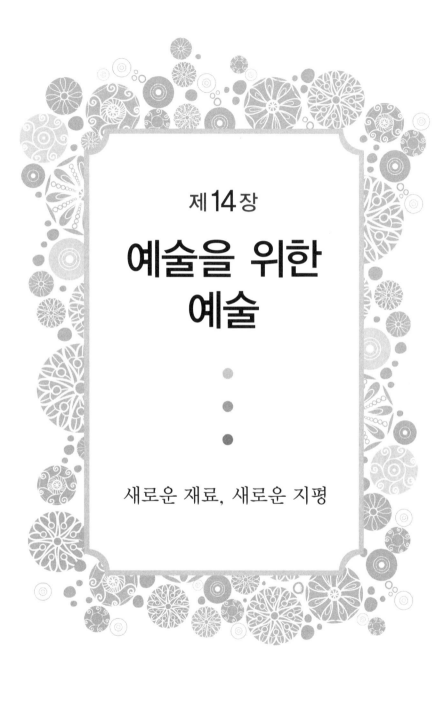

제14장

예술을 위한 예술

새로운 재료, 새로운 지평

그림이란 현실 세계 밖에서 그릴 때 진짜 세계처럼 보인다.

_ 로버트 라우션버그

이것은 색에 대한 완전히 새로운 개념이며 스텔라의 말을 잠시 빌리자면 '나는 그 물감을 용기 속에 있을 때처럼 훌륭하게 유지하려고 애를 썼다' 스텔라가 물감을 '훌륭하게' '유지'하려고 애썼다는 것은 그가 원래 상태의 재료들을 개선하기가 어렵다는, 그리고 그 물감이 일단 그림에 사용된 후엔 그것이 '용기 속에' 있을 때보다 덜 흥미로울 수도 있다는 것을 알았다는 의미이다.

_ 데이비드 배철러(David Batchelor), 「크로모포비아(Chromophobia, 2000)」

20세기 예술가에게 예술은 자신의 메시지를 전달하는 매개체이다. 입체파가 개척해서 초현실주의 막스 에른스트^{Max Ernst}에 의해 아름다운 화풍으로 자리를 잡은 콜라주^{Collage}는 현실 세계의 파편들을 구성으로 편입했다. 콜라주는 예술가의 환경을 직접적으로 말해준다. 신문지, 담뱃갑, 카페 가구의 모조 등나무 무늬 등은, 캔버스의 물감이 그저 흉내밖에 내지 못하는 도시 풍경과 현장성을 작품에 직접 그려내고 있다. 조르주 브라크는 모래와 톱밥을 사용해 그림의 고체성과 물질성을 강조했다. 마르셀 뒤샹^{Marcel Duchamp}의 〈레디 메이드(ready-mades)〉에서는 매개체가 곧 작품이었다. 예술가는 그저 선택만 했다. 중요한 점은 우리가 보는 것이 아니라, 그 정체성이 공장 제품인가, 아니면 갤러리에 전시되어 있는가에 의해 제기되는 문제이다. 무엇이 예술인가?

무엇이 예술인가? 우리는 예술의 경계선이 희매해지고 있는 역사상 첫 세기를 살아가고 있다. 19세기 비평가들은 좋은 작품과 나쁜 작품을 구별만 하면 그 임무가 끝났다. 그 시기의 예술품은 명확한 구성에 광택제를 입힌 후 검사를 위해 벽에 걸기만 하면 되는, 주목의 대상이었다. 오늘날 우리는 거리에서 만나는 광고판, 한 더미의 폐기물, 기이하게 행동하는 사람, 낙서를 지나며 이렇게 자문하곤 한다. 저것이 예술인가, 아니면 그냥 생활인가?

그 매개체가 스스로 많은 메시지를 전달하게 허락함으로써 재료들이 자신의 내재적 가치와 상징적 중요성을 소유하게 되었고 20세기 예술가들은 중세처럼 세속으로 복귀하고 있다. 예술의 물질은 그림으로 배열되어 작품이 되면 이미지 자체에 가려 보이지 않던 지난 수백 년 동안의 수동적인 도구에서 다시 잠을 깨기 시작했다. 재료의 선택이 곧 정치적·파괴적·정신적·충격적인 메시지를 전달하게 될 것이다. 예술은 동물의 시체, 인간의 분비물, 즉 똥으로 만들어지고 있다.

그러나 중세나 르네상스의 화가들처럼 재료를 제대로 이해하고 있는 현대의 화가는 눈 씻고 찾아봐도 찾기가 힘들다. 그리고 그들의 깡통(전후 물감을 담던 용기)에 도대체 무엇이 들어 있는지에 대해 관심을 두거나 호기심을 보이는 화가들은 거의 없다. 아무튼 새로운 합성 착색제의 개발로 재료가 지나치게 풍족해져서 어떤 예술가도 재료의 활기찬 행진을 따라갈 엄두도 못 내고 있다. 그 결과 화가들은 물감을 잡고 그저 최고려니 하고 믿을 수밖에 없다. 최고의 현대 채색화가 중 한 명이자 기술 지식에 드문 열성을 보이는 마크 로스코Mark Rothko조차 종종 시간의 심술을 버티지 못하는 안료를 사용한 탓에 그의 그림 몇 점은 그 신선한 충격을 잃어가고 있다.

20세기에 예술의 분열이 얼마나 심했던지, 그런 분열에 굳건히 버틴 전통 예술은 거의 없다. 물론 미켈란젤로는 화가이자 조각가였고 알베르티도 화가이자 건축가였다. 그러나 그들은 그 일을 한 번에 하나씩 했다. 피카소도 마찬가지였다. 그러나 20세기 말에 오면 경계선이 사라진다. 그림은 편평한 캔버스에 관한 것이 아니고 설치는 이미지와 공간, 빛과 촉감의 경험을 합병할 수 있다. 예술가의 매개체는 세상이다. 나무와 얼음, 도시와 그 종속물, 산과 하늘. 그래서 현대의 색도 다면적인 보석으로 더 이상 물감통으로 유일하게 정의되지 않으며, 또한 무지개 색이나 먼셀의 색채체계로만 정의되지도 않는다. 예술가가 색을 어떻게 얻는가 하는 문제는 그래서 색과 관련된 기술만큼이나 예술 철학에 대한 중요한 문제가 되었다. 색 자체가 재발견되고 있다.

:: 산업적인 색

마셜 매클루언Marshall McLuhan의 '미디어(매개체)는 곧 메시지이다'라는 성명을 예술사조로 삼은 예술운동은 1960년대의 팝아트이다. 이 팝아트는 매개체를 제외한 다른 메시지는 있을 수 없다고 주장했다. 클라스 올덴버그Claes Oldenburg의 햄버거 조형물에서 그 매개체는 화려하고 조악하며 끈적끈적했는데, 그 그림이 묘사한 것이 패스트푸드의 성질이었기 때문이다. 앤디 워홀의 작품이 반복적인 이유는, 그의 작품을 인용한 광고가 반복되었기 때문이다. 예술이 대량생산되고 처분도 가능해졌다. 예술을 포용하고 있는 문화가 그랬기 때문이었다. 어떤 면에서, 예술은 그 예술을 만든 문화를 비추는 것이었다. 그것은 지금까지 없었던 말은 한 마디도 말하지 않는다.

그러나 이것은 마티스와 칸딘스키는 물론이고 이브 클라인, 마크 로스코 혹은 잭슨 폴록Jackson Pollock의 세계와도 동떨어진 세계이다. 20세기 말의 주요 채색화가들의 핵심적인 사항은 색 자체였다. 예술가들에게 색은 확실히 팝아트의 그것만큼 극명하고 솔직하지는 않다. 그러나 그것은 십자가에 매달린 예수의 고뇌를 조심스럽게 묘사하거나 지친 노인의 물기 젖은 눈 혹은 여성 얼굴의 파편적이며 모순적인 평면에 대한 조심스런 묘사를 통해서가 아니라, 말하자면 소묘^{disegno}를 통해서 전달되었다. 컬러 Colore는 스스로 말한다. 즉 색은 오로지 그 자체를 표현한다는 것이다.

이런 사상의 뿌리를 적어도 괴테의 '색이론'처럼 과거에서 찾을 수는 있지만 이들의 사상은 너무 급진적이다. 그 사상의 현대적인 화신은 칸딘스키로 지목되기도 하는데 그가 다소 무익하기는 하지만 최초의 추상화가로 서술되고 있기 때문이다. 그 이야기는 칸딘스키의 자기 계시에 대해 말하고 있다. 그가 산책에서 돌아왔을 때, 얼핏 옆에 서 있던 자신의 구상 작품을 하나 보게 되었다. 모든 관련 대상들이 제거된 상태에서, 그는 색이 준 충격을 고스란히 받았다. 그는 대상(부호)은 색과의 이런 직접적인 교감을 방해만 할 뿐이라는 사실을 깨달았다. 그것은 사물의 물리적 형태 아래 존재하는 실존에 접근하는 것을 막고 있었다. "현대 예술은 표시(sign, 색)가 상징이 될 때 태어날 수 있다." 그의 주장이다.

그와 같은 결론이 칸딘스키보다 색이나 신경적으로 덜 민감한 화가에게도 나타날까? 이것은 심원한 통찰력이었을까, 아니면 순진한 신지학이었을까? 그것은 그리 중요하지 않다. 추상은 필연적이었다. 세잔과 고갱의 작품을 본 사람은 누구든지 그것을 볼 수 있다. 물론 모든 예술가들이 그들의 '뿌리'를 찾는다. 보르헤스는 카프카를 언급하지 않았던가? 그러나 20세기의 여명이 밝아올 때 서양의 예술세계가 미리 충분히 준비를 하지 않았다면 추상적인 예술이 어떻게 그리 급속히 퍼질 수 있었겠는가? 강렬한 색에 대한 새로운 몰입도 한 이유이다. 미국 예술가 도널드 주드^{Donald Judd}는 이렇게 평가한다. "의미를 갖는 색의 필요성이 앞서의 표현적인 그림을 파괴했다."

그러나 비구상적으로 그림을 그리고 싶던 예술가들에게, 색은 이율배반적인 동지이다. 실제 사물도 색이 있고, 우리는 그런 연관성을 쉽게 놓아줄 수는 없다. 미술사학자 필립 라이더^{Philip Leider}는 이렇게 말했다.

추상화를 그리려 한다면, 그 색이 비추상적인 사물, 예컨대 하늘이나 풀, 공기나 그림자(검은색을 시도해 보아라, 그렇지 않으면 그것은 너무 시적이거나 구리 혹은 알루미늄과도 같을 수 있다)와 같은 성질을 암시하거나 그런 성질을 띠지 않게 해야 한다.[1]

그래서 추상화는 색에 대한 새로운 수요를 창출했다. 20세기 후반기에 일부 예술가들은 라이더가 추천한 대로 실행했다. 그래서 엄밀히 말해 전혀 색이 아닌, 그리고 애초에 그림이란 목적에 맞지 않는 물감을 이용했다.

그중 한 명이 프랭크 스텔라Frank Stella였다. 그는 산업용 페인트를 '산업적으로' 사용했다고 한다. 페인트를 건물이나 가드레일에 칠하는 것처럼 그림에 적용한 것이다. 여기에서 색이란 매개체는 기성품 미학과 함께 등장하며, 그것은 현대 시대에 가장 적절한 것이다. 익명의, 공허한 대량생산된 미학인 것이다. 오늘날 모든 것은 색을 할당받는다. 그래서 사무실 복도도, 군함도, 컴퓨터 단말기도 색깔이 있다. 색은 더 이상 가치의 기호표현이 아니다. 울트라마린의 유사품을 갤런 단위로 살 수 있고, 보라색으로 염색된 천도 야드 단위로 살 수 있다.

미국의 추상표현주의 화가에서 팝 아티스트, 데이비드 호크니와 피터 블레이크Peter Blake를 포함한 영국화단에 이르는 20세기 후반의 많은 주요 화가들의 작품은 그들이 사용한 재료의 기술적 경제적 맥락을 알아야 이해될 수 있다. 이것은 중세와 르네상스에서 길드, 계약, 거래 양식으로 가해지던 구속을 다시 한 번 떠올리게 하는데, 화가의 관행뿐만 아니라 그 작품이 재료의 비용, 유용성, 성질에 관한 세속적인 고려의 흔적을 담고 있기 때문이다. 라파엘 전파는 과학이 절대 '오염'시키지 않은 세상을 묘사하기 위해 새로운 화학기술의 화려한 제품을 사용했다. 그러나 잭슨 폴록에게, 새로운 형태의 물감은 새로운 기술뿐만 아니라, 그 화가가 현재 직면했던 임무에도 필수적이었다. "내가 볼 때, 현대 화가는 이 시대, 비행기, 원자폭탄, 라디오를 르네상스나 다른 과거 문화의 낡은 형식에서는 표현할 수 없을 것 같다."[2] 그러나 폴락과 동시대의 많은 화가들에게, 그림 양식에서 혁신을 가능케했던 새로운 재료는 색이 아니라 그 안료에 대한 전색제였다. 색은 선이나 형식이 아니라 질감과 조화(일관성)에 종속하게 되었다.

새로운 전색제

20세기 초부터 합성 전색제가 전례 없는 품질로 물감을 창조하기 시작했다. "내가 사용하는 대부분의 물감은 액체로 흐르는 종류이다." 폴락은 이렇게 말했다. 그의 흩뿌리기(spattering, 스패터링) 기법은 그런 물감이 아니었다면 가능하지 않았을 것이다.[3] 그는 가정용과 산업용으로 대량 생산된 에나멜 광택물감을 사용했다. 이것은 매우 저렴해서 대형 캔버스를 덮을 수 있었고, 더 비싼 재료였더라면 엄두를 못 냈을 실험을 가능케 했다.

미국의 예술가 케네스 놀랜드Kenneth Noland와 동시대이 화가들은 재정적인 문제 때문에 대량 생산된 페인트를 선택했다고 고백하고 있다. 1940년대의 그의 말이다. "그림으로 들어오는 돈이 없기 때문에 우리는 좋은 화구를 구할 수 없었고, 가정용 페인트나 에나멜페인트를 구해야 했다."

그러나 비용이 유일한 요소는 아니었다. 1930년대 멕시코 벽화의 거장 다비드 알파로 시케이로스David Alfaro Siqueiros는 자신의 뉴욕 작업장을 폴락과 모리스 루이스가 상업 페인트로 실험을 시작할 장소로 내주었다. 그리고 그 거장은 이런 재료들의 견고성을 인정했다. 피터 브레이크가 1950년대에 광택 에나멜페인트를 사용하기 시작했을 때, 그 이유의 일부는 그가 큰 관심을 갖고 있던 전람회장 그림과의 관계였다. 영국 화가 패트릭 콜필드Patrick Caulfield도 또한 적극 추천하던 비인간적인 기호그림* 양식 때문에 가정용 페인트에 끌렸다. 이 페인트는 화면에 붓칠의 흔적을 남기지 않기 때문이다(〈삽화 14-1〉).

1950년대와 1960년대의 젊은 화가들은 유화와 관련된 아카데미적인 '회화성'에서 탈출하려던 욕구도 있었다. 미국 화가 헬렌 프랑켄탈러Helen Frankenthaler는 아크릴 에멀션을 사용했는데, '감정이 결여'되어 있기 때문이었다. 영국 화가 존 호일랜드John Hoyland는 당시 "유화는 다락방의 굶주린 화가와 같은 신세였다."라고 말했다. 반면 아크릴과 같은 새로운 물감 매개체는 "사람들이 플라스틱, 알루미늄 …… 기타 산업재료의 사용에 들뜬 것처럼 신이나 보였다." 이것은 19세기 말 프랑스의 진보적인 화가들이 그들의 작품에 광택제를 칠하는 관행을 포기하도록 이끌었던 충동과 흡사하다. 즉 학술적인 회화 관행의 법전화된 규범에 대한 거부였다. 20세기 초에 조차, 1950년대 그림을 그토록 특징지은 무광칠은 '더 강력한 표현'을 창조하기 때문에 에른스트 루트비히 키르히너와 같은 표현주의 화가들에 의해 높은 평가를 받았다.

계란 템페라에서 유화로의 전이가 보여주듯이 새로운 전색제는 색과 응용의 경계선을 허물며 색 혼합의 복잡성과 더불어 안료의 광학적 성질과 건조시간을 바꾸어주었다. 훨씬 더 극적이었던 사실은, 상업 페인트를 그통에서 직접 사용한 피터 블레이크와 같은 전후 화가들의 팔레트는 본질적으로 제조업자에 의해 결정되었다는 점이다. 그 제조업자들은 전혀 시장이 전혀 다른 용도로 페인트를 생산하고 있었고, 예술가들이 그 재료를 사용 중이라는 사실은 그 당시엔 알지도 못했다. 프랭크 스텔라도 그림에 입문하면서, 자신이 사용한 색의 범위는 유행과 반대로 갔다고 인정했다.

---

* 특수한 붓이나 물감 등으로 문자, 형태, 상징을 창조하는 예술 사조.

그 색이 유행이 지나 염가로 팔리는 페인트를 사서 이용했던 것이다. "나는 페인트 가게에서 버릴 수밖에 없었던 페인트를 주는 대로 받았다." 이와 유사하게, 그라피티 아트가 준 밝은 충격은 순전히 스프레이 캔으로 제조된 형광성 색조 때문이었다. 그러나 '팝아트의 아버지'로서 널리 회자되는 로버트 라우션버그만큼 페인트 산업 제품으로 팔레트를 채운 사람은 없을 것이다. 그는 한때 상표도 떨어진 싸구려 가정용 페인트를 사서, 그 안에 무슨 색이 들었건 그 색으로 그림을 그렸다.

이런 새로운 형태의 페인트는 분명 '플라스틱 시대'의 제품이었다. 하지만 그 시대가 19세기 전반에 시작되었다는 사실을 상기하면 정신이 번쩍 든다. 1832년, 독일 태생의 스위스 화학자 크리스티안 프리드리히 쇤바인Christian Friedrich Schönbein은 공장 섬유의 주요한 성분인 자연 중합체인 셀룰로오스가 질산과 함께 면직과 반응하여 반합성물질로 변할 수 있다는 사실을 발견했다. 주조하여 경화시킬 수 있는 쇤바인의 제품은 일반적으로 질산셀룰로오스cellulose nitrate/ nitrocellulos, 질산 섬유소라고 불린다. 1860년대 말 뉴어크의 존 하이엇John Hyatt과 아이자이어 하이엇Isaiah Hyatt 형제는 장뇌camper와 같은 가소제plasticizer는 질산셀룰로오스를 유연하게 만들 수 있다는 사실을 발견했다. 셀룰로오드라고 부린 이 새로운 물질로 그들은 부자가 되었다. 하지만, 가장 큰 관심을 끌었던 질산셀룰로오스는 폭발성을 갖고 있었고 그래서 면화약gun cotton이라고도 알려졌다. 제1차세계대전 동안, 그것은 대량으로 제조되었다.

전쟁이 끝나자 대량으로 생산되었던 그 물질에서 거대한 잉여가 발생했고 새로운 사용처를 찾아야 했다. 유기 용제에서 용해되어 수지로 보충하면, 질산셀룰로오스는 니스를 제공한다. 이것은 일종의 합성 래커(lacquer, 도료)이다. 안료로 색을 입히면, 그것은 거칠고 윤기 나며 빠르게 마르는 페인트로 에나멜로 알려지게 되었다.[4] 이런 에나멜페인트의 특징들은 빠르게 성장하던 자동차 산업에서 각광을 받게 되었다. 그리고 미국의 듀퐁 화학회사는 제너럴 모터에 에나멜을 공급하기 시작했다. 그 결과, 차에 도료를 칠하는 시간이 1900년대 초 7일~10일에서 1920년대에 약 30분으로 급격히 떨어졌다. 대량생산을 위한 대단한 촉발제였다.

시케이로스는 1930년대부터 듀코 영역Duco range이라 불리는 듀퐁의 에나멜들을 사용하기 시작했다. 1950년대엔, 영국의 화가 리처드 해밀턴Richard Hamilton은 특히 〈그녀의 상황은 호화스럽다(Hers Is a Lush Situation, 1958)〉에서 질산셀룰로오스 스프레이 물감을 사용했고, 그 주제는 자동차였다. 이런 산업용 페인트에 훨씬 더 많은 돈을 투자해 개발했기에 화가들의 물감보다 품질이 좋을 것이라고 근거 없는 확신 때문이기도 하지만 그 선택의 주요 이유는 상징성이었다.

나는 작품이 가능한 그 원천과의 관계가 밀접하길 원한다. 모든 것은 그 대상이 아니라 그 대상이 상징하는 바로 방향을 정했다. 그것은 차를 의미했고, 그래서 차 색깔을 사용하는 것이 적절하다고 생각했다.[5]

비슷한 고려가 〈$he(1958~1961)〉로 묘사된 가전제품처럼 기술제품과 관련된 다른 작품들에서 질산셀룰로오스 에나멜페인트를 사용한 해밀턴도 마찬가지였다. 해밀턴이 지도자였던 영국의 인디펜던트 그룹은 분명히 현대의 과학과 기술의 발전을 포용한 예술을 옹호했다.

예술가들 사이에서 가장 널리 알려졌던 에나멜페인트는 20세기 초 이래로 가정용으로 프랑스 회사가 제조한 리폴린Ripolin이었다. 처음에는 전색제로 아마유를 사용해 여기에 수지를 더하면 강력한 고광택 마무리가 되었다. 리폴린의 명성은 순전히 피카소 덕분이었다. 피카소는 내구성 때문에 물감을 적어도 1912년부터 광범위하게 사용했다. 리폴린 상품에 대한 피카소의 보증은 그것에 어떤 신비감을 주어 나중에 여러 화가들이 그 재료를 사용하게 만들었다(그러나 피카소가 '리폴린'을 상업용 페인트를 통칭해서 불렀을 것이다. 흔히 영국 사람들이 진공청소기를 그냥 후버*라고 하지 않던가. 따라서 그가 리폴린 브랜드만 배타적으로 사용하지는 않았을 것이다).

대부분의 산업용 및 가정용 페인트에서 전색제 질산셀룰로오스는 새로운 종류의 합성수지 알키드alkyd로 대체되고 있다. 이것은 폴리에스터 폴리머로 기름과 섞여 빠르게 건조하는 페인트 전색제가 된다. 최초의 알키드 수지는 1927년에 제조되었고 미국에선 1930년대에 유럽에선 1950년대부터 상업용 페인트에서 전색제로 사용되었다. 그것들은 질산셀룰로오스보다 더 많은 안료의 착색력을 수용할 수 있어 더 강력하고 불투명한 색을 낸다. 듀퐁는 1940년대부터 듀코 제품에서 질산셀룰로오스 대신 알키드 수지를 사용하기 시작했고 리폴린 또한 건성유에서 알키드로 교체했다. 그러나 예술가의 페인트, 즉 물감 제조업자들은 알키드에 조심스럽게 대응했다. 윈저&뉴턴 사는 예술가들에게 알키드를 제공한 몇 안 되는 회사 중 한 곳이었지만 1980년대에서야 그것들을 소개했다.

이런 합성수지 페인트의 불편함은 기름처럼 그것들도 휘발유와 같은 유기용제로 희석시켜야 한다는 것이다. 지저분하고 유독한 일이다. 조만간 누군가가 기름 같지만 물에서 희석되는 페인트 전색제를 고안할 것은 필연적이었다. 1953년 아크릴 유제가 탄생했다.

퍼스펙스와 같은 단단한 플라스틱(합성수지)을 포함한 아크릴 플라스틱은 상업적으로는 1930년 이래도 유용했다. 액체 아크릴 폴리머는 물에서는 용해되지 않는다. 하지만 아크릴 유제에선 작은 안료 입자를 담고 있는 폴리머 방울이 물에 퍼지면서 비누와 같은 유화제emulsifier와 융합되는 것을

---

* 진공청소기를 만든 회사.

막는다. 그 페인트 필름이 마르면서 물이 증발되고 아크릴은 단단하지만 유연한 코팅으로 변하게 된다. 그렇게 되면 그 페인트는 방수가 된다.

최초의 아크릴 유제는 가정용 페인트였지만 미국 페인트 회사 퍼머넌 트 피그먼트Permanent Pigments는 같은 공식을 이용해 예술가들의 물감제품 인 리퀴텍스Liquitex를 만들었다. 앤디 워홀이나 헬렌 프랑켄탈러와 같은 화 가들이 1950년대에 그 제품을 실험해봤지만 줄줄 흐르는 묽은 점도는 대 부분의 취향에 맞지 않았다. 리퀴텍스가 유화물감처럼 더 진한 농도로 1963년에 재공식화되어서야 예술가들은 그것에 순응하기 시작했다. 조지 로니 앤드 선스George Rowney&Sons는 1960년대 초에 영국판 리퀴텍스 크릴 라Cryla 제품을 선보였다.

아크릴 유제(에멀션)의 물에 희석되는 성질에 더해 또 하나의 매력은 빠 른 건조 시간이었다. 보통 한 시간 내에 새로운 칠이 가능했다. 이런 성질 은 데이비드 호크니가 1963년에 유화에서 아크릴로 바꾸게 되는 계기가 되었다.

내가 유화로 작업할 때, 나는 늘 적어도 서너 점의 작품을 동시에 진행해 야 했다. 그래야 하루 종일 작업에 매달릴 수 있기 때문이었다. 마를 때까지 기다려야 했던 것이다. 하지만 지금은 한 번에 하나씩 작업하는 것이 가능 하다.[6]

아크릴은 유화와는 아주 다른 화면 질감을 준다. 평평하고 불투명하며 붓 자국이 남지 않아 1960년대의 특징인 극명하고 비인간적인 양식을 위 해 고군분투하던 화가들에게 이상적인 마무리를 제공했다. 호크니의 말처 럼, 그 물감은 색에 충실히 이바지한다. "당신이 단순하고 과감한 색을 사 용한다면, 아크릴은 훌륭한 전색제이다. 그 색은 강렬하고 강력하게 유지된다. 그들은 거의 변하지 않는다."[7] 그러나 물에 희석되어 반투명이 된 아크릴은 기름처럼 광택을 낼 수 있다. 더욱이 그 광택이 몇 분 내에 마르는 장점까지 있었다. 호크니는 이 전통적인 기법을 〈클라크 부부와 고양이 퍼시(Mr and Mrs Clark and Percy, 1970~1971)〉에서 사용했다. 그러나 흥미롭게도 그는 나중에 좀 더 자연주의 양식으로 그림을 그리면서 유화로 복귀해야겠다는 압박을 느꼈다. 그 매개체는 그 메시지에 적합해야만 한다.

아크릴은 사실상 애초엔 물에 퍼지는 유제가 아니라 물과 혼합되지 않는 수지로써 페인트 전색제로 도입되었다. 그리고 이 수지에서 폴리머가 유기용제에서 녹는다. 1940년대 말 미국 페인트 제조업자 레오나르드 보쿠르Leonard Bocour와 샘 골든Sam Golden이 예술가들을 위한 아크릴 '용액' 물감 제품인 마그나Magna를 고안하기 위해 아크릴 수지 제조업자와 공조했다. 그들은 이 제품을 '500년 만에 최초로 탄생한 새로운 물감'이라고 선전했다. 마그나 물감들은 유화물감과 비슷한 농도로 튜브에 채워졌고 테레빈유로 희석될 수 있었다. 그것들은 심지어 유화물감과도 혼합될 수 있었다. 희석된 유화물감이 반투명해지는 반면, 그 물감은 안료와 착색력이 높아 색의 강도를 잃지 않으면서도 상당히 희석될 수도 있었다. 이런 성질들은 로이 릭턴스타인Roy Lichtenstein과 같은 팝아티스트뿐만 아니라 마크 로스코, 바넷 뉴먼, 케네스 놀란드와 같은 미국 색면추상화가들에게 매력적으로 작용했다. 보쿠르는 그 화가들과 직접 접촉할 수 있어 행복했다. 보쿠르는 화가 모리스 루이스와 공조하여, 그의 개인적인 양식에 적합한 맞춤형 마그나 페인트를 개발했다. 보쿠르는 종종 새로운 마그나 제품을 그의 충성스런 미국 화단에 무료로 제공하여 시험하곤 했다. 이것은 1963년 전까진 영국에선 아크릴에 접근할 수 없었던 존 호일랜드와 같은 영국화가들에겐 시샘의 대상이었다.

로이 릭턴스타인은 아크릴 용액 페인트를 제외하곤 다른 매개체는 사실상 사용해본 적이 없었다. 이 말은 오랜 세월 동안 그의 밝은 원색은 다소 협소한 마그나 제품군으로 한정되어 있었다는 의미이다. 1980년대에 마그나 제품이 중단되었을 때, 릭턴스타인은 구할 수 있는 모든 재고를 긁어모았다. 그러나 현재 골든 아티스트 컬러스Golden Artist Colours의 사장인, 샘 골든의 아들 마크 골든Mark Golden이 1980년대 말에 더 다양한 색을 갖춘 비슷한 제품의 아크릴 페인트를 만들어냈다. 그는 또한 릭턴스타인의 주문에 따라 맞춤형 제품을 제공할 뜻이 있었다. 릭턴스타인은 고마워하며 이렇게 말했다. "나는 이제 하나가 아니라 4가지 서로 다른 밝은 노란색을 갖게 된 것 같다."

하지만 아크릴 용제 물감은 마른 물감이 테레빈유에서 다시 녹을 수 있다는 단점이 있다. 그래서 각 층을 니스로 칠하지 않을 경우, 과도하게 물감을 칠하면 물감이 움직일 수 있다. 릭턴스타인은 기꺼이 그런 수고를 아끼지 않을 각오였다. "그렇게 수고를 하지 않으면, 그것은 매우 끈적거리게 된다." 그러나 그런 요구는 편평한 검은색조의 색면을 사용하지 않는 화가들에겐 씨도 먹히지 않았다.

그러나 아크릴은 비싼 재료이고 그렇기 때문에 대부분의 가정용 에멀션 페인트(즉 물에서 희석될 수 있는 페인트)는 현재 폴리비닐 아세테이트polyvinyl acetate, PVA에 기초하고 있다. 그 원리는 동일하다. PVA는 그 자체가 불수용성 폴리머로 단단한 플라스틱과 수지를 만드는 데 사용될 수 있다. 하지만 에멀션에선 물에서 액체 방물이 퍼지는 것처럼 퍼지게 된다. PVA 페인트는 1950년대에 처음으로 출시되었는데, 빠른 건조 시간이란 장점이 있었다. 그런 성질과 다루기 쉬운 점 때문에 1960년대에 영국 화가 브리짓 라일리가 그 물감을 사용하게 되었다. 1960년대 말 라일리가 옵 아트Op Art 작품을 검은색, 흰색, 회색에서 컬러로 그리기 시작하면서, 강렬한 색의 강도를 줄 수 있는 재료를 찾기 시작했다. 라일리는 로우니의 크릴라 아크릴

제품은 그다지 탐탁하지 않게 생각했다. 너무 '약하고, 희색 빛'이라 생각한 것이다. 그래서 아크릴에 첨가하기 위해 안료를 직접 갈아 자신의 색을 만들 수밖에 없었다. 그것은 수고스럽고 힘든 과정이었고, 화면이 고르게 되지 않을 수 있었다. 1970년대에 라일리는 결국 아크릴로 전환했고 나중에 그것을 기름으로 광택을 내어 훨씬 더 큰 색 농도를 얻기도 했다.

한편 케네스 놀란드에게 PVA의 매력은 재정적인 이유였다. "당신은 갤런으로 엘머의 아교(접착제, 미국 PBA 아교)를 살 수 있다. 나는 그 안에 마른 안료를 넣곤 했다." 그리고 확실히 크기와 공간이 우상이 된 문화의 철학과 더불어 '갤런당' 물감을 살 수 있던 시대에서나 미국 추상표현주의 화가들이 그린 광대한 규모의 작품을 만들 수 있었을 것이다.

:: 색면과 비전

마크 로스코에게 거대한 규모는 관람객을 그 그림에 몰입시키는 방법이었다. "그림이 더 커질수록 당신은 그 안에 있게 된다. 그것은 당신이 내려다볼 수 있는 그림이 아니다."

이는 전혀 교만한 의도가 아니다. 로스코는 초월적 효과를 보이는, 영적인 관심을 다루는 작품을 만들길 원했다. "그림은 기적과 같은 것이다." 바넷 뉴먼과 클리포드 스틸Clyfford Still과 함께 로스코는 예술 비평가 로버트 휴즈Robert Hughes의 말을 빌리자면, 추상표현주의의 '이론적 측면'이었다.

로스코와 뉴먼은 어떤 구상적인 기준틀 없이 연속된 색의 광대한 화면을 가지고 작업을 했다. 적어도 원칙적으로, 이 작품들에서 관람객이 그냥 그대로의 시각적 인상, 그림 자체의 색상과 광채를 제외하고는 응답할 것이 없다. 이것은 칸딘스키의 비전이 논리적 극단으로 간 작품이다. 그 대상은 완전히 사라지고 남은 것은 오로지 색이다. 그 효과의 강도는 그 이미지의 크기에 비례하는 것으로 생각되었기에 화가들은 그림을 거대하게 그릴 필요성이 있었다. 그렇게 색면 추상파Colour Field group가 탄생했다.

그러나 그 캔버스가 단순히 단색이 아니라면, 구상적인 무언가가 존재한다. 눈과 뇌가 그렇게 작용하는 것 같다. 라이더가 경고한 것처럼 눈과 귀가 마법을 부려 병치된 색면으로부터 익숙한 형태를 이끌어낸다. 로스코의 〈밤색 위의 검은색(Black on Maroon, 1958)〉은 어두운 방에 창문이 있고 창문으로 해질 녘의 포도주 색의 마지막 저녁놀을 보게 된다. 〈붉은색 위의 붉은색과 황토색(Ochre and Red on Red, 1954)〉(〈삽화 14-2〉)은 색면의 단순한 수평적인 구성으로 풍경을 투영한다. 저 밖에서 사막의 이글거리는 아지랑이 열기가 보이는 것이다.

그러나 로스코에 따르면, 이런 광휘로운 색의 직사각형은 무한한 하늘도 아니고 바다도 아니며 심지어는 어떤 추상도 아닌, 그냥 '그것things'이다. 일반적으로 그것은 창문틀처럼 캔버스를 다 채우질 않아 그 경계선이 모호하다. 이것이 정말 '색면'인가? 그런 의문이 들지 않을 수 없다. 뉴먼의 작품에서 색면은 더욱 명확하고 그가 '짚zip'이라 부른 수직선으로 분리된다. 그의 〈누가 빨강, 노랑, 파랑을 두려워하랴Ⅲ(Who's Afraid of Red, Yellow and Blue Ⅲ)〉에서 버밀리언으로 거의 채워진 캔버스에서 노란색과 청색의 좁은 띠의 구성은 어떤 깊이를 준다. 이것은 적색을 그 두 색과 같이 두었기 때문으로, 우리는 그냥 텅 빈 색의 공간만이 아니라 풍경을 보게 된다.[8]

도대체 무엇이 이 화가들에게 날것의 비구상적인 색의 고뇌라는 미니멀리즘 표현을 추구하게 만들었을까? 그 이론은 끝없는 펼칠 수 있을 것이다. 20세기 중반은 극단이 판치는 세계였다. 히로시마, 대학살, 핵전쟁의 위협, 특히 미국에서 전후 순응이란 반동적인 압력이 거세지고 있던 상황 등에 이들이 민감하게 반응했을 것이다. 폴락의 반응은 거칠고 남성적이며 자기 파괴적인 반항으로 1950년대 미국 영화에서 강력하게 드러내던 감정과 일치한다. 후에 바넷 뉴먼은 진지해 보이지만 분노에 찬 조롱을 받게 된다. 그의 그림은 잘 보면 세계적 자본주의의 종말을 주문하고 있다는 주장이었다.

강요된 사항은 아니지만 예술가들 자신의 선언이 그런 결연한 격언의 격을 가진다. 그런 점에서 더욱 생각할 점이 있다. 로스코는 그의 작품을 말로 해부하는 것을 꺼려했다. "그림은 그 그림이 무엇에 관한 것이라고 설명해줄 사람이 필요하지 않다. 작품이 좋으면 그것은 스스로 말하는 것이다." 어쩌면 그것이 옳은 말일 것이다. 그래서 로스코는 1940년대 중반에 구상적인 표현에서 떠나게 된다. "구상(표상)이 제거되었다는 것이 아니라, 구상에 대한 상징들이, 후의 캔버스들에서 나타난 그 형상들이 구상을 대체한 것이다."[9]

그러나 아마도 이것은 추상의 도전에 대한 칸딘스키의 성명과 크게 다르지 않다. 그러나 로스코의 해결책은 전혀 다르다. 칸딘스키가 색에서 시각적인 언어를 추구한 반면 색면화가들에게 색은 아주 기묘하지만 단순히 목적을 위한 수단이었다. 로스코 자신은 본질적으로 색에 대한 어떤 강력한 관심을 부인하고 있지만, 그것을 수단으로 삼을 수밖에 없다고 해명하고 있다. 색을 채색화가들처럼 미학적·이론적으로 만족스러운 방식으로 배열한다는 생각은 로스코를 공포로 몰아넣었고 이런 일이 일어났다고 생각한 그림은 가차 없이 폐기했다. "만약 오로지 색의 관계에 의해서만 감동을 받는다면 그땐 핵심을 놓치게 됩니다." 그가 분노에 차서 한 기자에게 한 말이다.

저는 색의 관계, 형태, 혹은 그 밖의 어떤 것에도 관심이 없습니다. 저는 인간의 기본적인 감정에만 관심이 있죠. 비극, 환희, 운명 등이요. 제 그림 앞

에서 우는 사람은 제가 그 그림들을 그릴 때 느꼈던 똑같은 종교적 감정을 느끼는 중이죠.[10]

바로 이런 이유 때문에, 로스코는 초창기 색면 추상화에서 밝은 팔레트를 부드럽게 처리했을 것이다. 그래서 장식적 성질로 이해되는 그림을 피하기 위해 검은색, 갈색, 회색 그리고 짙은 밤색으로 그림을 그리길 선호했다.

색면화가들의 목표는 색의 호화스런 전시와는 무관했고, 오히려 19세기 낭만파 화가들이 그렇게 소중하게 생각했던 숭고함에 대한 관념과 연관되어 있었다. 숭고함을 어떻게 표현한단 말인가? 광대함, 고독함, 침묵과 무한에 대한 감각으로써? 정확히 그런 이유로, 색면화가들은 그들의 작품을 외경심을 품을 정도의 비율로 확장시킬 필요가 있었다. 루스코는 거대한 규모가 '웅장함과 화려함'이 아니라 그 반대되는 효과를 노렸다고 강조한다. "나는 매우 친근하고 인간적이길 원한다." 그와 같은 극단을 통해서만 그림은 관람객에게 직접 작용을 한다. 밝은색조의 추상적인 색 구성을 했던 솔 르윗Sol LeWitte의 작품에서 그런 동기를 발견할 수 있다. 그는 갤러리 전체에 직접 그림을 그려 그 건축물과 더불어 그 안에 내포된 모든 경험을 통합하려했다.

그러나 색면추상그룹의 이런 거의 종교적인 감정은 실용적인 사람들에게는 도움이 되지 않았다. 로스코는 색의 조직에 대한 어떤 단서도 거의 명시하지 않았다. 그는 그 어떤 원칙을 갖고 작업하지 않았기 때문이다. 뉴먼과 스틸은 종종 원색에 대한 농담을 제외하곤 어떤 이론도 피력하지 않았다. 다행히도, 로스코는 색에 대한 본능적인 감수성을 가지고 있었지만, 스틸은 색면화가들의 대체적인 단점인 다소 부실한 채색화가로 비난받고 있다. 내 견해도 비슷하다. 존 게이지가 말했듯, 여기에 '이론 없는 색'의 예술이 있다. 그토록 섬뜩한 것이 있을까? 그러나 그것은 재료에서 거리를 두려는 어떤 전제조건은 아닐까? 로스코 자신도 고백하길, 자신은 "수천 년 그림의 관습에서 벗어났다." 그리고 적어도 한 가지 입장에서, 그 결과는 재앙이었다.

로스코의 재료를 대하는 태도는 모호한 면이 있다. 한편 그의 스튜디오 기법은 중세적인 면이 있다. 휴스턴에 소재한 로스코 예배당 작업을 의뢰받은 작품에서 그 예를 볼 수 있다. 여기서 그는 사다리 중간에 올라가 기념비적인 종교 작품에 붓칠을 도와줄 조수를 채용했다. 조수는 마른 안료로 몇 양동이의 물감을 혼합하고 토끼 가죽 사이즈와 계란을 끓였다. 재료에 대한 그의 실험은 막스 되너와 첸니니 첸니노의 실용서의 도움을 일부 받은 것으로 보인다. 그러나 그는 물감이라는 물질성의 구속에서 벗어나고픈 소망을 피력했다. 그는 그 물감을 너무 희석시켜, 밑칠이 되지 않은 캔버스들이 밑칠처럼 얼룩져 그려져 있었다. 가까운 친구인 도어 애슈턴 Dore Ashton에 따르면, "로스코는 그의 수단이 물질이었기 때문에 자신의 비전을 위해서는 늘 부족한 점이 있다고 느꼈다." 하버드 대학에 기증한 대형 벽화에 그런 비전이 생생히 드러난다.

그 하버드 벽화는 검증되지 않은 현대의 재료를 화가가 기술적 문제를 무시하고 사용했을 때 무슨 일이 일어나는지를 극명하게 보여주는 사례로 꼽힐 수 있다. 로스코는 그 벽화들을 1962년에 하버드 대학에 기증했다. 하지만 5년도 안 되어 그 벽화들은 빠르게 변질되었고 1979년엔 폐기되어 시야에서 사라지게 된다. 그 그림의 가치는 완성 당시에는 10만 달러로 추정되었다. 하지만 로스코도 그런 폐기를 인정했을 것이다. 이것은 대학 당국의 부실한 유지관리의 결과이기도 하지만 문화재 관리위원 머조리 콘 Marjorie Cohn의 말도 절대 무시할 수 없다. "로스코는 영구한 그림을 위한 가장 기초적인 조건에 완벽하게 무지했던지 아니면 무관심했다."

늘 그랬던 것처럼 로스코는 벽화에 적용할 색을 굉장히 고심하여 선택했다. 그는 그 그림들이 예수의 열정을 재연하고 있다고 말했다. 예수가 십자가에서 받는 고통은 검은색조로, 부활은 더 밝은색조로 처리했다. 압도적인 색은 검은 핑크색과 심홍색이었다. 그러나 지금은? 밝은색들은 흐릿한 청색으로 변해가고 있다.

로스코는 그 심홍색을 합성 울트라마린, 세룰리언 블루, 티타늄 화이트, 그리고 2가지 현대 유기 색인 나프톨 레드와 리톨 레드Lithol Red의 혼합으로 만들었다. 나프톨 레드는 아조 색으로 오래 지속된다. 리톨 레드는 빛에서 속절없이 변색되어 중세의 가장 질 나쁜 적색 착색염료처럼 퇴색된다. 그것은 현재는 예술가들의 재료로는 쓰이지 않지만 1960년대에 값싼 페인트로 널리 사용되었을 것이다. 아마 십중팔구 로스코는 적색에 어떤 착색제가 들어 있는지도 몰랐을 것이다. 재료에 대한 그의 무관심은 문화재 관리위원 엘리자베스 존스Elizabeth Jones의 그에 대한 논평에서도 드러난다. 그는 벽화를 그리면서, "물감이 부족하면, 시내의 울워스(슈퍼마켓 체인점)로 내려가 더 많은 페인트를 사왔는데, 그는 그게 무슨 종류인지도 몰랐다."[11] 로스코의 아들은 그 말을 순전히 짓궂은 농담이라고 말하고 있다. 그리고 그 물감들이 가정용 페인트라는 증거도 없다. 하지만 그 농담이 설령 농담이었을지라도 농담에는 더 깊은 진실이 숨어 있다.

그러나 이것은 빛으로 인한 퇴색의 위험에 로스코가 무지했다는 의미는 아니다. 그는 그 벽화가 배치될 하버드의 홀요크 센터Holyoke Center의 접객실이 어떻게 햇볕을 고스란히 받는지에 대해 우려를 표명했다. 그러나 일반적으로 작품 전시를 위해 완화된 빛을 원했던 것(런던의 테이트 현대 미술관에 있는 〈시그램(Seagram)〉 벽화를 위해 그런 것처럼)은 견해 때문이었다. 그는 과도하게 밝은 빛은 색의 강도를 씻겨내어 미묘한 생동감을 죽인다고 생각했던 것이다. 한편 하버드 당국은 그 벽화를 그 벽에 걸려 있던 역대 총장들의 유화와 다르지 않게 처리했다. 홀요크 방은 식사 및 사교 모임 장소로 사용되었고 그 덕분에 세월에 따른 퇴색에 음식 얼룩, 술잔치 흔적, 낙서까지 더하게 되었다.

묽은 디스템퍼 물감을 붓에 살짝 묻힌 기름, 날계란, 합성물감과 함께 작업한 그 실험적 기법은 로스코 예배당의 벽화(1965)에도 그 흔적을 남기고 있다. 그 벽화는 백색 줄과 균열로 손상되었다. 용해되지 않은 수지 결정이 부풀은 것으로 보인다. 그러나 적어도 이 검은 밤색의 단색화에서 사용된 그 합성 알리자린의 적색들은 그 강도를 유지하고 있다. 그 밖의 다른 곳에서 로스코는 카드뮴 레드와 산화철과 같은 믿을 만한 무기적색들을 사용하고 있다. 그리고 종이와 판에 아크릴로 그린 그의 작품들은 그 영광을 거의 잃지 않고 있다. 하지만 그것은 행운으로 보인다. 로스코가 적색을 볼 때 그는 성분이 아니라 색상을 보기 때문이다.

그가 로버트 머더웰Robert Motherwell의 충고에 귀 기울였더라면 좋았을 것이다. 어떤 면에서 추상표현주의의 지적 지도자였던 그는 1944년 이렇게 말했다. "추상화가가 말하는 그런 순수한 적색은 존재하지 않는다. 각 적색은 피, 유리, 와인, 사냥꾼의 모자, 수많은 다른 확실한 현상에 뿌리를 두고 있다." 그래서 머더웰은 초월주의자가 아니라 관능주의자를 위한 그 운동의 '더러운' 측면을 말하고 있다. 모든 추상화가가 직면해야 하는 '주제 찾기'란 그림이라는 물리적 과정을 통해 실행될 수 있으며 이것은 재료에 대한 평가를 수반한다는 것이다. 물감의 액체성과 고체성, 결정성과 투명성에 대한 평가가 있어야 한다. 그가 폴록의 한 전시회에 이렇게 논평했다. "그림 그리기는 그의 생각의 매개체이기 때문에, (진실한 주제에 대한 추구라는) 결정은 그림 그리기 그 자체의 과정에서 자라야 한다." 이것은 폴록의 신념이었다. '작품은 그 자신의 생명력'이 있어 재료의 처리에서 자신을 드러낼 것이다.

재료에 대한 화가의 감수성을 말하는 폴록의 그 확실한 물질성에 빌럼 데 쿠닝도 공감했다. 그는 상징적인 그림을 그릴 의도로 싸구려 에나멜이나 기름과 같은 다양한 페인트 전색제를 사용했고, 때론 소석고plaster of Paris나 분쇄한 유리를 첨가하여 그 질감을 높였다. 그의 몇 작품은 눈이 아플 정도로 밝다. 다른 작품은 목탄을 문질러 더러운 색이다. 그림 표면을 수정하고 재작업하는 것을 특히 좋아했던 그의 취향은 1950년대 동안 다른 화가들이 좋아했던 바로 그 특성 때문에 알키드 페인트를 포기하게 만들었다. 빠른 건조 시간이 문제였다.

:: 황금빛 장막

케네스 놀란드와 모리스 루이스는 1950년대에 '후기 색채 추상'이라는 거추장스런 이름하에 추상화가 폴록, 로스코, 머더웰의 후광을 물려받았다. 로스코처럼 놀란드와 루이스는 엷은 칠thin washes로 염색과 같은 효과를 성취함으로써 화려하고 신비한 색을 만드는 데 관심을 가졌다. 그들은 1953년에 함께 프랑켄탈러의 화실을 방문했고, 거기에서 41세의 루이스는 자기 계시를 받은 것으로 보인다. 프랑켄탈러의 〈산과 바다(Mountains and Sea, 1952)〉에서 고도로 희석된 유화물감의 극도로 얇은 층으로 수채화 물감 같은 마무리에서, 루이스는 자신의 예술에 충격적인 자극을 준 염색 효과를 인식했다. 하지만 그와 놀란드는 밑칠이 안 된 캔버스를 희석된 기름으로 흠뻑 적시는 데에 신중했다. 그 물감 전색제가 그 직물을 상하게 할 수도 있다는 우려 때문이었다. 그래서 그 둘은 1940년대에 보쿠르가 제공한 아크릴 용제 페인트에 환호했다. 마그나 페인트는 물에 희석되어 농도가 약해져도 색의 강도를 유지했기 때문이었다.

루이스는 1950년대 말 〈장막(Veil)〉이라는 연작 그림을 그렸는데 고도로 희석된 물감을 캔버스에 쏟아부은 작품이었다. 여러 가지 밝은색들을 반복 적용하자 반투명의 얇고 투명한 커튼의 모습이 나타났고, 여기서 그 모든 색의 혼합은 일종의 따뜻한 검은 황갈색golden-brown이 되었다(〈삽화 14-3〉). 이런 구성에서 루이스는 물감을 사용하고는 있지만 사실상 그림을 그린 것은 아니었다. 염색처럼 그 색이 천에 스며든 것이다.

　　1960년대 〈펼침(Unfurled)〉 연작에서 루이스는 쏟아붓기 기법을 유지하고는 있지만 훨씬 더 세심한 통제력으로 색의 중첩이나 혼합을 없앴다. 그는 쏟아붓기 기법을 스와빙 방법(swabbing method)과 결합하여 그 물감으로 대각선 띠들을 그리며 캔버스의 대부분은 공백으로 둔다. 이제 그 색들이 개별적으로 표현되기 때문에, 루이스는 그 색의 품질에 대해 걱정하게 되었다. 그가 사용한 20여 가지의 팔레트는 보쿠르에게 직접 공급받았는데, 루이스는 각각의 색을 만들 때마다 기계를 청소해서 그 색을 더럽히지 말아달라고 간청했다. 그러나 그 아크릴 전색제의 극단적인 희석은 평평하게 고른 화면을 얻기가 힘들 수 있었다. 그래서 그 일부 작품에서 안료입자의 덩이가 발견된다.

　　로스코와 뉴먼의 이미지와 루이스의 '장막'에서 어느 정도 신비감과 분위기를 풍기는 효과가 있는 반면 케네스 놀란드와 프랭크 스텔라는 이런 '부가적인' 효과가 배제된 더욱 직설적인 그림을 원했다. 기적은 없다. 그들은 '당신이 보는 것이 당신이 얻는 것이다'라고 주장한다. 그들의 작품은 놀란드의 엄격한 〈타깃(Target)〉에서 그 예시가 보이듯 하드 에지파라 불리게 된다(〈삽화 14-4〉).

　　1969년, 놀란드는 말했다. "나는 색을 갖는 것이 그 그림이 근원이 되길 바란다. 나는 배치, 형상, 구성을 중립화하려고 한다. 그래야 그 색을 얻기 때문이다. 나는 색을 기조력*으로 만들길 원했다."¹² 즉 소묘도 없고, '의미' 따위는 없다. 단순히 그림을 위한 그림인 것이다. 이것은 두드러진 북미의 사고이다(그로부터 문화적 결론을 도출할 수도 있다). 구세계 출신의 화가들은 그 것에 절대 동화할 수 없었고, 아마 그런 이유로, 존 호일랜드는 그가 존경 하던 미국인들이 잘못 수용하고 있는 하드 에지 양식을 자신에게 맞게 고 쳐보려 고심하게 되었을 것이다. 스텔라와 놀란드의 작품들에서 분명한 미니멀리즘은 1910년대부터의 카시미르 말레비치Kasimir Malevich의 흰색의 단색 '절대주의자Suprematist'나 1950년대 이브 클라인의 청색 단색화에서 그 선례를 찾아볼 수 있지만 말레비치와 클라인은 철학적 해석을 고집했 다. 사상이 포함된 그림이었다. 미국 미니멀리스트에게 그림은 그냥 그림 일 뿐이었다.

색채 실험주의자 조세프 알베르스에게 지도를 받은 놀란드에게 물감조 차 어느 정도는 필요악의 필수품이었다. 물감은 그림 표면에 색을 얻기 위 해 그가 알고 있는 유일한 방법을 나타내는 귀찮은 층이었다. "문제는 인 식할 수 있는 가장 얇은 표면으로 그 색을 내려놓는 것이다. 그 표면은 면 도날로 벤 듯한 얇은 조각들이 하늘로 날아간다. 그것은 색과 표면이 전부 이다. 그것이 전부이다." 그가 새로운 아크릴의 평평함과 녹는 피복력을 그렇게 높이 평가한 것도 당연했다.

그러나 구성의 제거를 주장했지만 놀란드는 어떤 디자인을 채택할 수밖 에 없었다. 그의 디자인은 단색이 아닌 색이 상호작용하는 미니멀리즘이 었고 그림에 2가지 이상의 색이 있었기에 경계선이 필요했다. 그의 해결책 은 정서적 내용이 빠진 혹은 그렇게 의도된 '중립적' 형태를 사용하는 것 이었다. 그 형태는 처음에 '타깃' 연작에서 동심원이었고 그다음은 포개진

---

* 조석작용을 일으키는 힘.

셔브론(꺽쇠 무늬 혹은 갈매기 무늬)과 평행한 줄무늬의 포개짐이었다. 이것은 새로운 것은 아니었다. 알베르스의 교재엔 포개진 사각형으로 이뤄진 이미지로 가득 차 있고 놀랜드에게 동기를 부여한 그 의도도 충분히 강조하고 있다. "내게 색은 내 표현양식의 수단이다. 그것은 자동적이다. 나는 사각형에 '경의를 표하는 것'은 아니다. 사각형은 색에 대한 내 미친 듯한 열정을 시중드는 유일한 접시이다."[13] 마스킹 테이프로 경계가 설정된 이 접시 안에서, 놀랜드는 조용히 절제된 채색 음식을 내놓는다. 그 색들은 채도가 완벽할 수는 있지만 그 관계는 말하자면, 오르피즘의 영광은 전혀 아니었다. 종종 관련된 색들만이 나란히 배치된다. 녹색에 청색을, 적색과 핑크색에 오렌지색을 두는 식이다. 불협화음은 갑작스런 대조는 여기저기서 강조를 위해서만 사용된다.

프랭크 스텔라의 1950년대 초기 작품들은 관심사가 전혀 다르다. 단색으로, 하나의 색이 선형적으로 반복된 구도로 배치되어 있다(《삽화 14-5》). 그는 재료에 특별히 강조점을 둔, 물질적 접근으로 유명하다. 그러나 그 이유란 게 화가란 재료에 연연할 필요가 없다는 고집스럽고 단순한 생각이 전부였다. 앞서 보았듯이 최소한 처음에는 스텔라에게 색은 경제적 문제였다. "나는 페인트 가게에서 버릴 수밖에 없었던 페인트를 주는 대로 받았다."

가게 주인들은 배의 선체에 따개비가 자라는 것을 막는 용도의 구리 물감을 주기도 했고, 어떤 때는 라디에이터용으로 사용되는 은빛 알루미늄 페인트를 주기도 했다. 이런 금속성 페인트는 색의 범위를 넘어선 것이다. 시각적 효과 때문이 아니라 그 속에 들어 있는 금속 입자가 전달하는 다른 성질들 때문이었다. 색을 포기함으로써 스텔라는 색을 새로운 세계로 이끌었다.

그러나 1970년대에 스텔라의 작품들은 급진적으로 바뀐다. 재료에 대해선 언제나처럼 여전히 무심했고 그가 '너무 정교한 것'으로 본 아크릴 에멀션 대신에 가정용이나 공업용 알키드 페인트를 사용하길 선호했다. 이런 알키드는 벤자민 무어 사에서 제조되었고 스텔라는 보통 원색과 2차 색은 그 통에서 직접 사용했다. "색을 조정하려고 하지 않았다. 그것은 색 의 기계적 사용일 뿐이다."

그러나 그는 반은 그림이고 반은 조각인 작품에서 이런 색을 결합하기 시작했다. 〈릴리프 페인팅(relief painting)〉은 낙서가 칠해진 채 발견된 사물 의 형태로 강한 핑크색, 적색 그리고 녹색으로 장식된 부조화(浮彫畵)이다 (〈삽화 14-6〉). 그는 그 형상을 종이에 디자인한 후 금속가공회사에 부탁해 그것들을 항공산업에서 사용되는 알루미늄 합금의 벌집 형태로 잘랐다. 그는 이 대상을 페인트뿐만 아니라 까치둥지를 짓는 까치처럼 시퀸sequin*, 반짝이, 분쇄한 유리와 같은 온갖 물질을 끌어모아 덮었다.

이러한 변화를 추동한 동기는 무엇일까? 우습게도 자신의 미니멀리즘 양식이 너무 '물질화'되었다는 점이 그의 재료에 대한 절충주의를 자극했 다. 그는 순수한 물감에 너무 노예화되었다고 생각했다. 이것은 물감을 공 간으로 바꾸는 데 완전 실패해 '그 풍경화를 안료로 채울 수밖에 없었던' 칸딘스키의 유산이라는 것이다. 스텔라는 이렇게 말했다.

> 피카소는 물질성의 위험을 알았다. 그 새로운 공개된 추상적 분위기의 공
> 간은 그것의 유일한 실제 요소, 즉 안료의 무게의 의해 막히거나 짓눌리게
> 될 위험을 감지한 것이다. 피카소의 우려는 추상이 순수한 그림이 아니라 단
> 순히 순수한 물감을 줄 것이라는 점을 강조했다. 미술관 벽만 아니라 상점
> 선반에서도 발견할 수 있는 게 물감이 아니던가.[14]

---

* 여성용 의복 등의 장식에 쓰는 작은 금속 조각.

칸딘스키의 문제는 (어쩌면 스텔라가 더 선호했을) 순수한 색이 아니라 화가의 의지에 따라 이해되고 조정될 필요가 있는 물리적 재료로 작업을 한다는 사실을 받아들이지 않은 결과이다. "그는 (피카소처럼) 물감을 최대한 밀어붙이지 못한 것 같다 그래서 그 표면을 성공적으로 꿰뚫지 못한 것이다." 스텔라는 그렇게 한탄했다. 칸딘스키가 머물렀던 1920년대 바우하우스의 그 신비적이며 반물질적인 분위기를 생각했을 때 이 말은 너무나도 그럴 듯한 지적이다. 한편 "피카소나 말레비치는 물질성의 수용에 있어 그 둘은 그림의 표면에 친숙해졌다. 그들은 생명력을 얻기 시작하는 표면에 안료를 더해 새로운 존재로 탄생시켜갔다."[15] 그렇다면 물감이란 스텔라가 극복해야 할 무엇이었다.

현대의 많은 채색화가들은 물감을 초월해 움직임으로써 그런 성취를 이루고 있다. 동시대의 화가들의 색을 철저히 조사하는 것도 그런 성취를 이루게 할 것이다. 도널드 주드와 아니쉬 카푸어의 작품들은 조각으로 간주해야 적절할 터이지만 주드는 자신을 화가로 생각한다. 그리고 그 뿌리를 들라크루아, 회화의 색 이론가인 슈브뢸과 루드, 그리고 특히 데 스틸 화가들에게서 찾고 있다. 그의 나무와 알루미늄의 미니멀리즘 구조의 일부를 에나멜페인트가 덮고 있지만, 그의 팔레트엔 유색 플라스틱, 금속, 유색 반사광이 포함되어 있다. 카푸르는 반사된 금속 빛을 색의 영역으로 가져온다. 미국 화가 제임스 터렐James Turrell의 작품은 유색광의 유희로 구성되어 있다. 그래서 대낮의 순수한 청색이 있는가하면, 설치작품에서 그 틈 사이로 비춰 들어오는 반짝이는 밤하늘의 색도 있다. 다른 화가들은 현란하게 빛나는 형광 빛으로 작업하거나 라이트박스의 반투명한 빛으로, 혹은 정밀한 빛을 방출하는 다이오드의 무지개 색으로 작업한다(여기에 화학자들은 1990년대에서야 청색 빛을 더했다). 그래서 그 장면들은 인상주의 화가들이 꿈도 꾸지 못할 정도로 휘황하게 빛나고 있다. 이 매개체 각각은 물론 그 자신의 역사와 사연 그리고 한계를 지닌 채 기술과 연관되어 있으며 각각은 과학적 혁신과 예술적 표현 사이에서 인과관계의 춤을 추고 있다.

:: 새로운 색

그러나 마침내 순수한 색으로 돌아갈 시간이다. 색의 혁신은 20세기에도 끊이지 않고 줄기차게 이어졌다. 그리고 개선의 여지도 충분했다.

19세기 중반 조지 필드는 실제 화가들이 사용하는 거의 모든 물감을 실험했다. 오늘날 산업적으로 제조되는 착색제의 명단은『국제 색 지수(Colour Index International)』라는 9권의 책 9,000쪽을 채우고 있다. 이 책은 현재 염료업자와 채색화가들의 성서이다. 여기에서 밝은 합성의 토성안료는 공상적인 이름이 아니라 색상, 사용, 화학구성을 표시하는 수치로 분류되어 CI Vat Red 13 CI No. 70320, CI FOOD Yellow 4 CI No. 19140처럼 표기된다. 과거의 모호한 용어는 추방되었고 그와 더불어 신비스런 마법도 사라졌다. 이런 재료 중 약 600가지는 안료인 반면 9,000종 이상은 염료인데 이것은 정밀한 목적을 위해 색을 제작하려는 유기화학의 힘을 증언하다.

그러나 사회학자라면 오늘날 가장 많은 양으로 생산되는 안료는 단연 흰색이라는 사실에서 흥미로운 결론을 도출할 수도 있다. 어떤 거라나 상업적 건물 실내를 슬쩍 보면 이 '색 아닌 색non-colour'이 오늘날 합성환경에서 가장 널리 선호되는 겉치레라는 사실을 알게 될 것이다. 물론 흰색은 다른 안료의 채도를 낮춰 눈에 부드럽게 보이는 색조를 만드는 데에도 광범위하게 사용되고 있다. 데이비드 배철러는 미니멀리즘으로 흰색으로 도배된 인테리어에 유행을 아주 재미있게 표현하고 있다.

그 주인은 미국인 예술 수집가였고 그 수집가의 집에서 파티가 열렸다. 집 안은 하나의 완전한 세계로 매우 특별한 세계인데 아주 깨끗하고 맑고 질서 잡힌 우주였다. 흰색보다 더 하얀 흰색이 있는데 이것은 그런 흰색이었다. 자신보다 열등한 모든 것을 쫓아내는, 그리고 그것이 거의 전부인 그런 흰색이 있다. 이 흰색은 공격적인 흰색이었다. 그 색은 주변 모든 것에 힘을 발휘했고 어떤 것도 거기서 벗어나지 못했다.[16]

이런 종류의 흰색은 오늘날의 안료에선 최고봉이지만 20세기 이전에는 존재하지 않았다. 연백은 산업화 이전의 주요한 제품이었고 19세기에 예술가들의 색으로 징크 화이트가 출현하기는 했지만 그 납 안료가 너무 저렴하고 기름에선 불투명하고 빠르게 건조되었기 때문에 산업용으로만 주로 사용되었다. 1900년에 흰색 안료시장은 여전히 징크 화이트가 거의 석권하고 있었다. 그러나 1916년과 1918년 사이에 노르웨이와 미국의 화학회사들이 불투명한 흰색의 산화 티타늄 금속을 제조하고 정화하는 방법을 발견했다. 이 금속은 독일 화학자 마르틴 클라프로트Martin Klaproth가 1796년에 확인한 원소였다.

이산화티탄titanium dioxide 혹은 티타니아는 연백보다 두 배의 피복력을 가지고 있으며 극도로 안정적이다. 제조 방법의 난제가 일단 해결되자 티타니아는 급속히 지배적인 흰색 안료가 되었다. 1945년에 그것은 시장의 80%를 차지하고 있었다. 그 결과 연백을 제조하면서 발생하는 치명적인 납중독 사건이 줄어들기 시작했다. 1910년 영국에서 38건이었던 납중독이 1950년에는 한 건도 없었다. 오늘날 흰색 페인트는 거의 티탄 화이트titanium white이다.

그러나 20세기의 색은 응용의 폭이 좁은 대신 다양성이 넘친다. 1950년대에 완전히 새로운 종류의 안료들이 도입되었다. 풍부한 색감과 고도로 안정된 유기 화합물인 퀴나크리돈quinacridone이 등장한 것이다. 이 안료들은 '진짜 유기 안료'이다. 분말 고체가 갈은 광물질처럼 보이지만 순전히 유기 분자들로 구성되었다.

아조염료 염salts of azo dyes으로 제조한 최초의 진짜 유기 안료들은 사실상 1880년대로 거슬러 올라간다. 이런 유색 유기화합물은 착색안료를 만들기 위해 무기입자에 고착될 필요가 없었다. 그래서 합성 염료산업에서 진화해서 점차 자리를 잡아가던 '색의 혼합'을 안료제조에 응용할 수 있게 되었다. 최초의 아조 안료인 타르트라진 옐로tartrazine yellow은 1884년에 특허가 신청되었다.

1896년에 발견된 퀴나크리돈은 안료로 등장하는 데 많은 시간이 걸렸다. 1935년 리베르만(H. Liebermann, 1914년에 사망한 알리자린 합성의 리베르만과는 다른 인물이다)이 안료 사용에 적합한 최초의 퀴나크리돈을 합성했다. 그러나 그로부터 20년 후에서야 미국 듀퐁사의 화학자들이 그것을 상업적으로 제조할 방법을 모색하기 시작했다. 퀴나크리돈 안료들은 1958년부터 시장에 출현해, 오렌지 적색부터 바이올렛까지 제공했다. 그 강렬한 색상에 매료된 뉴욕의 추상표현주의 화가들이 그 색을 뒤질세라 재빨리 사용하기 시작했다. 현재 많은 예술가들의 물감은 퀴나크리돈으로 착색된다.

이런 유기 안료가 없었더라면 적색의 미래는 상당히 암울했을 것이다. 카드뮴레드는 중세 시대부터 대표적인 짙은 주홍색이었고 피복력과 내광성에서 다른 어떤 착색안료와 견줄 수 없었다. 카드뮴은 독성이 있는 중금속이지만 그 독성이 매우 미미해서 카드뮴 물감은 화가들에게 커다란 위험 요소는 아니다. 그럼에도 납이나 수은 오염으로 인한 문제가 집중 조명을 받는 환경에서 이런 중금속에 대한 우려로, 이런 원소들을 포함하는 제품에 제한이 더욱 엄격하게 가해지고 있다. 페인트에서 카드뮴의 완전 금지가 광범위하게 논의되고 있다. 실제 그렇게 될지는 아직 미지수이지만 만약 그렇게 된다면 퀴나크리돈이 가장 유망한 대체물이 될 것이다. 카드뮴레드나 카드뮴오렌지와 같은 라벨이 붙은 페인트는 그런 유기분자로 착색되기도 한다. 그리고 수백 년 동안 다른 안료가 그랬듯이 성분표시가 색상이름으로 변하고 있다.

새로운 대체물이 앞으로도 계속해서 나타날 것이다.[17] 1983년 또 다른 종류의 안료인 '다이케토피롤로-피롤diketopyrrolo-pyrroles, DDPs'에 최초의 특허가 신청되었다. DPP의 이름이 유래한 빛을 흡수하는 유기분자가 1974년에 발견되었다. 애초에 아주 사소한 반응생성물이었던 그 물질은 바젤에 있는 시바-가이기 사의 화학자 압둘 익발Abdul Iqbal이 상업적으로 유용한 화합물로 개발했다. 적색에서 오렌지까지 있는 DPP 안료는 여전히 값비싸며, 시바-가이기는 주로 자동차 산업용으로 제조하고 있다. 과거의 전례에 따르면 이 더 넓은 시장의 관심은 예술가들의 시장으로 결국 오게 될 것이다. 화가들은 항상 그랬던 것처럼 같은 이유로 그들의 색을 얻게 될 것이다. 화학은 늘 많은 다른 소비자들을 곁에 두고 있지 않던가.

:: 혁명의 전통

그러나 10년, 20년이 흐른 뒤에도 누군가가 여전히 그림을 그릴까? 그림은 유행하는 예술이 아니다. 영국에서 젊은 예술가들에게 수여하는 과대 포장된 터너 상의 후보자들 중에서 화가들은 상대적으로 희귀한 존재가 되어가고 있다(1984년에 터너 상의 최초 수상자가 불모의 분야지만 완벽하게 포스트모던했던 포토리얼리즘의 화가였다는 점을 떠올리면, 그 상이 기존의 예술에 대한 리트머스 시험지는 아니라고 확신할 수 있다). 새로운 화가들의 이름이 모든 사람의 화제로 올라오지 않고 있다. 설령 그래봤자 몇 주가 고작이다. 우리는 여전히 우리의 프랭크 아우어바흐our Frank Auerbachs 우리의 호워드 호지킨our Howard Hodgkins, 우리의 루시안 프로이드our Lucian Freuds를 갖는 축복을 누리고 있다. 하지만 우리에게 우리의 클레, 우리의 고야, 우리의 라파엘이 있는가?

나는 아펠레스가 붓을 쥐었을 때 황금시대는 지나가고 있다고 한탄했던 플리니우스의 탄식처럼 들리지 않도록 조심해야 한다. 혹은 어쩌면 플리니우스와는 반대로 이 시대의 많은 캔버스를 장악하고 있는 렘브란트의 갈색보다 더 탁한 회색빛이 아니라 오히려 강렬하고 밝은색을 잘 사용하는 방법을 아는 화가들이 거의 없다고 슬퍼해야 할 판이다. 하지만 20세기 그림에도 넘치고도 남을 위대함이 있었지만, 마지막 몇 년 동안 그 빛을 잃은 것은 무슨 문제란 말인가? 베르메즈, 벨라스케스, 루벤스, 렘브란트가 지나가고 난 그 자리를 아무도 차지하지 않았던 17세기의 휴한기에 대해 지금 누가 불평을 하는가?

그래서 다음에 올 위대한 채색화가는 우리를 어디로 이끌 것이며 그들의 팔레트 위엔 무엇이 등장할까? 기존의 착색은 부차적인 수단으로 전락할 것이다. 스텔라와 팝아트의 금속파편과 형광성 눈부심이 새로운 가능성으로 부상하고 있지 않은가? 존 호일랜드가 이미 사용하고 있는 것처럼 이것들은 보는 시각에 따라 색상이 바뀌는 진주광택의 색이나 안료들이다. 이 두 색은 자동차 안료로 제조되었다. 화가들이 기온에 따라 색이 변하거나 갑자기 무지개 색을 제공하는 액정을 사용할 수도 있지 않을까?

아마 그럴 것이다. 분명 이 모든 매개체들이 사용될 것이라고 나는 생각한다. 기술이 수단을 제공하면 그 이용 방법을 찾아가는 것이 예술의 길이기 때문이다. 그것이 이 책이 전하고자 하는 한 가지 핵심 메시지이다. 기술은 예술가들에게 새로운 문을 열어준다. 기술자들은 그 예술가들이 어떤 문으로 들어갈지 혹은 그들이 그 문 안에서 무엇을 만들지를 처방할 수는 없다. 반 고흐는 이렇게 말했다.

"미래의 화가는 전에 보지 못했던 채색화가이다."

나도 그렇게 희망한다. 아주 즐거운 아이러니는 페인트 제조업자, 색 이론가들, 실용적인 취향의 물감 제조자들은 전통적으로 관습적인 사람들이지만, 반짝거리는 새로운 도구를 몽상가들의 손에 쥐여준다. 그러면 그 새로운 도구를 입수한 몽상가들은 그 도구로 미친 듯이 작업에 매달려 그 틀을 깨고 혁명을 일군다. 혁명이여, 영원하길!

:: 그림 목록

본문

컬러 삽화

삽화 8-9   폴 세뤼지에, 〈부적(talisman, 1888)〉, 오르세 미술관, 파리, Photo RMN/Jean Schormans

삽화 8-10   고흐, 〈아를의 밤의 카페(The Night Café in Arles, 1888)〉, 예일대 미술관

삽화 9-1   얀 반 에이크, 〈롤랭 대주교와 성모(The Virgin with Chancellor Rolin, 1437)〉, 루브르 미술관, 파리. Photo RMN/Herve Lewando-wski

삽화 9-2   아서 휴즈, 〈4월의 사랑(April Love, 1856)〉, 테이트 미술관, 런던

삽화 9-3   퍼킨의 모브로 염색된 1862년의 실크 드레스(과학사박물관/ 과학 및 사회 사진 도서관, 런던)

삽화 10-1   청금석, 런던 자연사박물관, 런던

삽화 10-2   두치오, 〈성모와 아기 예수 및 성인들(The Virgin and Child with Saints, 1315)〉, 국립미술관, 런던

삽화 10-3   티치아노, 〈사도 요한과 알렉산드리아 성당의 성모와 아기 예수(Modonna and Child with Saints John the Baptist and Catherine of Alexandria, 1530)〉, 국립미술관, 런던

삽화 10-4   아니쉬 카푸어, 〈사물의 마음에 달려 있는 날개(A Wing at the Heart of Things, 1990)〉, 국립미술관, 런던

삽화 10-5   이브 클라인, 'IKB 79,(1959) 테이트 미술관, 런던

삽화 10-6   이브 클라인, 〈성녀 리타의 성지를 위한 봉헌물(Ex Voto for the Shrine of St Rita, 1961)〉, 카스키아 수녀원; David Bordes. ADAGP, 파리 그리고 DACS, 런던

삽화 11-1   티치아노, 청소 전의 〈바쿠스와 아리아드네〉, 국립미술관, 런던

삽화 11-2   코시모 투라, 〈우화적 인물(Allegorical Figure, 1459~1463)〉, 국립미술관, 런던

삽화 11-3   헤라르트 다비트, 〈의전사제 베르나르데인 살비아티와 세 명의 성인(Canon Bernardijn Salviati and Three Saints, 1501)〉에서 화면의 층단면(국립 미술관,런던)

삽화 11-4   로베르 캉팽, 한 추종자가 그린 〈화열 가리개 앞의 성모와 아기 예수(The Virgin and Child before a Firescreen, 1440)〉, 국립미술관, 런던

삽화 11-5   안토니오 델 폴라이우올로, 〈아폴론과 다프네(Apollo and Daphne(1470~1480)〉, 국립미술관, 런던

삽화 11-6   얀 반 하위쉼, 〈테라코타 화병에 담긴 꽃(Flowers in a Terracotta Vase, 1736)〉, 국립미술관, 런던

삽화 12-1   르 블롱의 여자 머리의 컬러인쇄(1722), 빅토리아 앨버트 미술관, 런던

:: 미주

1. 보는 사람의 눈

바실리 칸딘스키『예술에 나타난 징신성에 관하여(Über das Geistige in der Kunst, 1912)』, 새들러 (M. T. H Sadler)의해 1914년 런던의 콘스터블 출판사에서『정신적 조화의 예술(The Art of Spiritual Harmony)』란 제목으로 번역되었고, 1977년 뉴욕의 도버 출판사에서『예술에 나타난 정신성에 관하여 (Concerning the Spiritual in Art)』로 재출간됨.

Brassaï, *Conversations avec Picasso*(Paris, 1964), transi. F. *Price as Picasso and Company*(Doubleday. Garden City NY, 1966).

1. E. H. Gombrich, *Art and Elusion*(phaidon Press, London, 1977), 5th edn, p.30.

2. A. Callen, *techniques of the Impressionists*(New Burlington Books, London, 1987), p.6.

3. 비렌은 아마 코발트를 포함한 스몰트를 언급하는 것으로, 그 열등한 청색을 인상주의 화가들의 팔레트에서 있는 전혀 다른 코발트블루와 구별하지 못하고 있다.

4. B. Riley, in T. Lamb and J. Bourriau(eds), *Colour: Art and Science* [Cambridge University Press, Cambridge, 1995, pp.31-2.(저자의 요구로 약간 수정)]

5. Quoted in A. Blunt, *Artistic theory in Italy 1450-1600*(0xford University Press, oxford, 1962), p.28.

6. L. B. Alberti, *On Painting,* transl. C. Grayson(Penguin, London, 1991), p.63.

7. 여기서 레오나르도는 르네상스 인문주의라는 취향에 맞는 일에 탐닉하게 된다. 그래서 예술에 따른 우위의 논쟁을 펼친다. 예를 들어 레오나르도의 동시대의 화가인 벨리니는 시보단 그림이 우위에 있다는 주장을 펼친다. 르네상스 학자들은 이탈리아어로 파라고네(paragone)라고 불린 논쟁을 고대 저서에서 찾았다. 그리고 고전적인 것은 모두 훌륭했기에 그것을 모방하려고 했다.

8. Alberti, *On Painting*, p.61.

9. L. M. Principe, *The Aspiring Adept. Robert Boyle and his Alchemical Quest*(Princeton University Press, Princeton, NJ, 1998), p.33.

10. Le Corbusier and Amédée Ozenfant, 'Purism'(1920), in R. L. Herbert(ed.), *Modern Artists on Art: Ten Unabridged Essays*(New Brunswick, NJ, 1964)

11. 다른 사람들도 이런 관계에 우아하게 기여했다. 특히 마틴 켐프의 탁월한 저서 『미술의 과학』은 주목할 만하다. 그러나 켐프는 자신이 채우길 바라는 그 격차를 정밀하게 남겨두었다는 사실을 공개적으로 인정하고 있다. 그는 '새로운 안료의 화학과 제조가 그림의 환각법적인 모방이란 변수에 영향을 미칠 방식에 대한 지속적인 토론'은 빼먹고 있다. 하지만 이런 고려에 대한 중요성은 집중조명하고 있다.

12. J. Kristeva, 'Giotto's Joy' in *Desire in Language*, transl. T. Gora, A. Jardine and L. S. Roudiez(Oxford University Press, Oxford, 1982).

13. Le Corbusier, 'The Decorative Art of Today' in *Essential Le Corbusier: L'Esprit Nouveau Articles*, transl. J. Dunnett(oxford University Press, Oxford, 1998), p.135.

14. C. Blanc, quoted in C. A. Riley, *Color Codes*(University Press of New England, Hanover, NH, 1995), p.6.

15. D. Batchelor, *Chromophobia*(Reaktion Books, London, 2000)

16. Y. Klein, quoted in S. Stich, *Yves Klein*, exhibition catalogue(Hayward Gallery, London, 1995).

17. O. Sacks, *Uncle Tungsten: Memories of a Chemical Boyhood*(Knopf, New York, 2001).

18. P. Levi and T. Regge, *Conversations*(1. B. Tauris & Co., London, 1989), p.59.

19. M. Platnauer, 'Greek colour perception', *Classical Quarterly, XV*(1921).

20. Alberti, *On Painting*, p.85 .

21. Ibid., p.84.

22. W. Kandinsky, *Reminiscences*(1913), in K. C. Lindsey and P. Vargo(eds), *Kandinsky: Complete Writings on Art*(G. K. Hall & Co., Boston, 1982), vol. 1, pp.369-70.

23. Kandinsky, *Concerning the Spiritual in Art*, p.25.

24. Ibid., pp.38-41.

25. Riley, in *Color : Art and Science*, p.63

2. 무지개를 풀며

J. Dubuffer(1973), 'L'Homme du commun à l'avrage'(The Common Man at work). Quoted in *Colour since Matisse*, an exhibition of French painting, Edinburgh International Festival(Trefoil Books, London, 1985).

C. Blanc, *Grammaire des arts du dessin*(1867), transl *Grammar of Painting and Engraving*.

P. Guston, quoted in B. Clearwater, *Mark Rothko: works on Paper*(Hudson Hills Press, New York, 1984), p.11.

1. Isaac Newton, *Dpticks*(London, 1706), reprinted by Dover(New York, 1952).

2. Ibid.

3. Wolfgang von Goethe, *Die Parbenlehre*(1810, transl. C. L. Eastlake as Theory of Colour(1840).

4. H. Maguire, *Earth and Ocean: The terrestrial world in Byzantine Art*(1987), p.30.

5. 속도의 변화가 방향의 변화를 일으키는 이유는 미묘하다. 근본적으로 빛은 A에서 B까지 가장 빠른 경로를 찾아간다. 속도 차이에 따른 굴절된 경로는 직선 경로보다 더 빨리 횡단한다.

6. Newton, *Opticks*.

7. Aristotle, *on Colours*, 793b, transl. Hett. See Chapter 3, note 14.

8. 색 원반 위의 안료들도 빛을 흡수한다. 그래서 맥스웰의 회전 원반이 감산혼합이 아닌 가산혼합을 하는 이유가 분명하지 않을 수도 있다. 그 해답은 원반의 유색 부분들이 동일한 시간과 장소에서 모든 빛을 흡수하는 것이 아니라, 특정 위치에선 단지 한 구획만이 각 순간에 빛을 흡수한다는 것이다. 빛이 이동한 백색광의 부분은 잠시 후 다른 유색 부분이 그 지역을 차지함으로써 대체된다. 전체 스펙

트럼은 그래서 눈에 순간순간 따로 보이는 것이 아니라 차이가 보이지 않는 빠른 연속으로 보이게 된다.

9. G. Field, *Chromatography*(Winsor and Newton, London, 1869).

10. Quoted in E Birren, History of *Color in Painting*(Van Nostrand Reinhold, New York, 1965).

11. 1685년에 수학자이자 화가인 필립 데 라 하이어(Phillippe de la Hire)는 "화가는 그 밝기가 한 낮의 빛보다 양초에 의해 훨씬 더 밝은 색상도 있고, 또한 햇빛에 의해 매우 밝아지지만 양초에서는 완전히 그 빛을 읽는 색상도 매우 많다는 것을 알고 있다."라고 논평했다. [출처: *Dissertation sur les differens accidens de la Vue*(1685)].

12. 그러나 이런 스펙트럼으로부터 그 반사광이 눈과 뇌에 어떤 반응을 유도할지는 항상 정확한 문제만은 아니다.

13. M. Sahlins, 'Colours and Cultures', *Semiotica 16*(1976), p.12.

3. 불카누스의 대장간

Plinius, Natural History; quoted in V. J. Bruno, Form and Colour in Greek Painting(Thames and Hudson, London, 1977), p.68.

R. Davies, *What's Bred in the Bone*(Penguin, London, 1986), p.292.

T. Bardwell *The Practice of Painting*(1756).

1. O. Jones, *Athenaeum*, 21 December 1850, p.1,348.

2. 그럼에도 불구하고 그 찬미자들이 있었다. 「일러스트레이티드 런던 뉴스」는 긍정적으로 이렇게 평가했다. "그 전체의 모습은 숲의 경치와 빈터가 자연의 경치를 드러내는 것과 같은 건축적인 효과를 보이고 있다."

3. 영국 생물학자이자 과학 대중 저술가인 루이스 월퍼트가 "기술은 과학이 아니다."라고 서술한 최초의 인물은 아니다. 이런 주장이 나오는 그의 저술『과학의 비자연적 본질(The Unnatural Nature of

Science)』은 유용한 개념을 포함하고 있다. 이것은 이러한 오류가 진실의 꼬리에 편승할 수 없어야한 다는 점에서 더욱더 중요하다. 월퍼트는 이렇게 말하고 있다. "과학의 최종 산물은 개념이지만…… 기술의 최종 산물은 인공물이다." 이 한 마디 말은 대부분의 화학(과거든 현재든)을 과학으로부터 배제하는 것이다. 그러나 월퍼트의 논쟁에서 본질적으로 화학에 대한 언급은 없다. 이것이 그의 무지 때문인지 아니면 시시한 이론 때문인지는 나도 모르겠다. (별로 유용성이 없었던) 그리스 철학자들의 잘못된 생각이 중세 연금술사의 '잘못된' 개념이 아니라 본질적으로 과학적으로 보인 이유는 설명되지 않고 있다. 사실 중세의 연금술사는 풍요롭고 효과적인 제조업자였지 않던가.

4. 현대의 네이플스 옐로는 다소 최근의 안료들의 혼합을 포함하기 쉽다. 특히 카드뮴 옐로가 많이 들어 간다.

5. 이에 대한 최근의 예로는 합성화합물 리오리우나이트(laurionite)와 포스지나이트(phosgenite, 각연 광)으로 서기전 2000년과 1200년 사이에 고대 이집트에서 화장품 가루로 사용되던 납과 염소의 복잡한 화합물들이다. 그것들은 아마도 염화나트륨(일반 소금)과 일산화납과의 반응으로 만들었을 것으로 추정된다. P. Walter *et al.*, 'Making make-up in Ancient Egypt', *Nature,* 397(1999), pp.483-4.

6. Plinius, *Natural History,* XXXVI, xvi, 191.

7. Quoted in W. S. Ellis, Glass(AvonBooks, NewYork, 1998), pp.4-5.

8. 16세기의 혁신으로 금을 이용해 최고급 적색 유리를 제조하게 된 것이다. 이것은 아마도 질산의 발견으로 가능해졌을 것이다. 염화암노늄(sal ammoniac)을 첨가해 만들어진 염화수소산(염산)과 질산의 혼합물은 금을 용해한다. 이것은 연금술사들의 강력한 왕수(aqua regia)이다. 이 금속은 용해성 염화염을 형성하지만, 그 액체를 증발시켜 잔여물을 가열하면 다시 나타난다. 유리 제조에서, 금은 염화금 용액에서 작은 입자로 침전되고, 이것은 빛을 강하게 산란시켜 반투명한 적색의 색상을 부여한다. 이런 화학 공정은 상당한 지식과 실용적인 기술을 요구했으며, 이런 지식과 기술은 둘 모두 금광의 제련 과정에서 금을 용해시키기 위한 '왕수'의 사용에서 도출된 것이다. 이런 제련과정으로 금의 원석에서 은을 분리해내었다. 금과 적색의 연금술적인 연관성을 생각해보면 이런 공정이 연금술사에게 상당히 중요했다는 점은 당연했다.

9. Plinius, *Natural History,* XXXV, 42.

10. 중세에 흰색의 매염제는 그 화학적 구성과는 상관없이 일반적으로 앨럼(alum 백반 혹은 명반, 칼륨) 이라 불렸다. 그리스와 로마 사람들은 흔히 화산지역에서 발견되는 칼륨(포타슘)을 포함한 앨럼을 사용했다.

11. Isaiah 1 :18.

12. 동물학자에게 케르메스과의 깍지벌레들은 전에는(그리고 일부의 경우엔 현재도) 코커스 속으로 명 칭되었다.

13. Theophrastus(transl. Hill), quoted in G. Agricola, *De re metallica,* transl. H. C. and L. H. Hoover(Dover, New York, 1950), p.440.

비투르비우스, 디오스코라이드(Dioscorides), 플리니우스도 그 공정을 서술하고 있다.

14. 이 책 『색에 관하여(De coloribus)』는 전통적으로 아리스토텔레스의 저서로 알려져 있지만 현재는 그의 제자 테오프라스토스(Theophrastus)가 저술했다는 게 대체적인 견해이다. 아무튼 그 책이 아 리스토텔레스의 견해를 충실히 보여주고 있음에는 틀림없다.

15. Quoted in D. Thompson, *The Materials and Techniques of Medieval Painting*(Dover, New York, 1956). p 125.

4. 색의 비법

The ophilus on Divers Arts, transl. J. G. Hawthorne and C. S. Smith(Dover, New York, 1979), pp.12-13.

G. Duthuit, *The Fauvist Painters*(Wittenborn, Schultz, Inc., New York, 1950).

1. 나중에 수정주의 과학 역사가들은 『회의적 화학자』를 반연금술적 저술로 서술하고 있다. 하지만 현재 그것은 그가 '좋은' 연금술과 '나쁜' 연금술을 구별하려는 시도였음이 분명하다.

2. Paracelsus, 'The Treasure of Treasures for Alchemists' 이 저술은 『현자의 숫돌(The Water-Stone of the Wise Men: Describing thematter of, and manner how to attain the universal Tincture)』에

서 보이고 있으며, 이 책은 옥슨(J. H. Oxon)이 1659년 런던에서 출간했다. 'to be sold at the Black Spred Eagle at the West end of St Pauls'.

3. Albertus Magnus, *Book of Minerals,transl.* D. Wyckoff(Clarendon Press, Oxford, 1967), IV; i, 2, pp.207-8.

4. D. V. Thompson, *The Materials and Techniques of Medieva Painting*(Dover, New York, 1956), p.106.

5. Theophilus, *On Divers Arts*, p.119.

6. 보일에 따르면, 자신은 그 공정을 네덜란드나 벨기에 제련공에 의해 알게 되었다고 한다. 그 발견은 분명 구리에서 은을 분리하려는 제련 과정에서 유래했을 것이 틀림없다.

7. C. S. Smith and J. G. Hawthorne(ed. and transl.), *Mappae clavicula : A Little Key to the World of Medieval Techniques.* In *Transactions of the American Philosophical Society*(American Philosophical Society, Philadelphia), new ser., 64(1974), pt. 4, p.28.

8. M. P. Merrifield(ed. and transl.), *De coloribus et artibus Romanorum.* In *Original Treatises on the Arts of Painting*(1849), reprinted by Dover(New York, 1967). 헤라클레우스의 저술은 발굴되어 1840년대에 메리 메리필드(Mary Merrifield)에 의해 영어로 번역되었다. 메리필드는 영국 정부의 위임을 받아 그림의 기술적 측면에서 보이는 초기 역사과 관련된 이탈리아의 저술들을 모았다. 메리필드는 그 시대의 압도적인 가부장적 사회에서 광적인 여성 편견을 극복한 빅토리아 시대의 보기 드문 여성이며, 그림의 기술사에 대한 그녀의 공헌은 심원하다. 예술가이자 탁월한 학자이자 적어도 세 아이의 어머니이자, 뛰어난 유머 감각을 소유하면서도 강력한 성격의 소유자로 명망 높던 그녀는 1844년에 최초로 첸니노의 책은 물론 기타 중요한 많은 비법서 편찬물을 폭넓은 대중을 위해 번역하였다.

9. Theophilus, *On Divers Arts,* pp.11-12.

10. Cennino Cennini, *IL Libro dell 'Arte(c.* 1390), transl. D. V. Thompson(*The craftsman's Handbook)*(Dover, New York, 1960), p.3.

11. G. B. Armenini, *De veri precetti della pittura*(1587). See W. G. Constable, the Painter's Workshop(Oxford University Press, London, 1954), p.66.

12. Kaspar Scheit, *Diej röhliche Heimfahrt*(The*J oyous Journey Home*)(1552). Quoted in A. Burmester and C. Krekel, 'The relationship between Albrecht Dürer's palette and fifteenth/ sixteenth-century pharmacy price lists: the use of azurite and ultrarnarine', in A. Roy and P. Smith(eds) , *Contributions to the IIC Dublin Congress, 7-11 September 1998: Painting Techniques: History, Materials and Studio Practice*(International Institute for Conservation of Historic and Artistic Works, London, 1998), p.101.

13. Cennino Cennini, the *Craftsman's Handbook,* pp.84-5.

14. Ibid, pp.101-2.

15. Heraclius, *De coloribus et artibus Romanorum.*

5. 빛과 그림자의 거장들

L. B. Alberti, *On Painting, transl.* C. Grayson(penguin, London, 1991), p.85 .

1. Alberti, *On Painting,* p.87.

2. Giorgio Vasari, *Lives of the Arts*(1568), transl. G. Bull(penguin, London, 1965), p.284.

3. Ibid., p.360.

4. Theophilus, *On Divers Arts,* transl. J. G. Hawthorne and C. S. Smith(Dover, New York, 1979), pp.27-8, 32.

5. Giorgio Vasari, introduction to *Lives of the Artists(1550),* transl. L. S. Maclehose as Vasarion Technique(Dover, NewYork, 196o), Pp.226, 230.

6. G. Birelli, *Oprea*(Florence, 1601), bk 2, pp.369-70.

7. C. Merret, *The Art of Glass*(1662), translation of Antonio Neri's L'Arte Vetraria(1612).

8. Johann Mathesius, *Sarepta oder Bergpostill*(1562), quoted in G. Agricola, *De re metallica*(1556), transl. H. C. and L. H. Hoover(Dover, New York, 1950), p.214.

9. Alberti, *On Painting,* p.85.

10. Quoted in M. Doerner, *The Materials of the Artist*(Harcourt Brace and Co., Orlando, FL, 1949), p.342.

11. 그러나 베니스와 플로렌스를 16세기의 숙적으로 설정하는 데에는 신중을 기해야 한다. 이것은 주로 당대의 인식을 반영하지 않은 19세기 소설에서 주로 나타난다. 그럼에도, 부분적으로 바사리도 그런 비난에서 자유롭지는 않다. 그에 대한 비난은 주로 바사리가 받고 있다. 그가 그림의 직관적인 접근이란 생각을 공유했던 베네치아의 티치아노와의 논쟁에서 플로렌스의 거장들, 특히 미켈란젤로의 이론적인 경향에 거의 관심을 기울이지 않았다는 사실은 아이러니하다. 바사리의 『예술가들의 삶(Lives of the Artists)』에서, 티치아노는 소묘를 제대로 배우지 못한 사람들의 모호한 비난에 파묻힌 채 마지못한 칭찬을 받는 반면, 바사리의 동료인 미켈란젤로는 그림에서 바람직한 모든 전형을 보이고 있다.

12. L. Lazzarini, 'Indagini preliminari dilaboratorio', in E. L. Ragni and G. Agosti(eds), *Rpolittico Averoldidi Tizianorestaurato*(Brescia, 1991), p.176.

13. 현대화가 프랭크 아우어바흐(Frank Auerbach)는 일반적으로 그의 캔버스를 토성 색깔의 두텁고 조각처럼 정돈된 임파스토(impastos 그림물감을 두껍게 칠하는 화법)로 덮고 있다. 그러나 티치아노의 그림에 대한 화답으로 1971년에 요청을 받은 그의 '바쿠스와 아리아드네'를 위해, 그는 특징없는 원색의 색상을 선택할 수밖에 없었다. 아우어바흐 판의 그 그림의 열망은 인물보단 주로 그 색상에서 인식된다. 티치아노의 계관석은 강한 현대적 오렌지로 복제되어 있다.

6. 낡은 금빛

Quoted in M. Doerner, *The Materials oj the Artist*(Harcourt Brace & Co., Orlando, FL, 1949) as 'after Descamps' who attributes the remark to Rubens. Ibid., p.371.

1. E. Zuccaro, *Idea de'Pittori, Scultori e Architetti*(1607), bk 2, ch. 6.

2. E. Norgate, *Miniatura or the Art oj Limning*(1627-8), quoted in R.D. Harley, *Artists' Pigments c.1600-1835*(Butterworths, London, 1982), 2nd edn.

3. Leonardo da Vinci, *Treatise on Painting*, ed. and transl. A. P. McMahon(Princeton University Press, Princeton, NJ, 1956).

4. Ibid.

5. C. S. Wood, *Albrecht Altdorfer and the Origins of Landscape*(Reaktion Books, London, 1993), p.63.

6. R. de Piles, *Dialogue sur le Coloris*(1699) . Quoted in E. H. Gombrich, *Art and illusion*(Phaidon, London, 1977), 5th edn, p.265.

7. Quoted in J. Kirby and D. Saunders, 'Sixteenth- to eighteenth century green colours in landscape and flower paintings: composition and deterioration' in A. Roy and P. Smith(eds), *Contributions to the Dublin Congress, 7-11 September 1998: Painting Techniques: History, Materials and Studio Practice*(International Institute for Conservation of Historic and Artistic Works, London, 1998), p.155.

8. H. Peacham, *The Compleat Gentleman*(London, 1622).

9. 이 그림의 색이 너무 화려해서 루벤스의 작품이 아닐 것이라는 주장이 최근에 제기되고 있다. 국립 미술관은 이런 주장을 단호히 거부하고 있다.

7. 무지개 색 금속

W. Cullen(c. 1766). See A. L. Donovan, *Philosophical Chemistry in the Scottish Enlightenment*(Edinburgh University Press, Edinburgh, 1975), p.98.

J. K. Huysmans, 'Turner et Goya', *Certains(1889).*

1. R. Boyle, *The Sceptical Chymist*(1661), quoted in W H. Brock, The *Fontana History of*

Chemistry(Fontana, London, 1992), p.57.

2. Ibid., p.61.

3. A. Wurtz, *Dictionnaire de chimie pure et appliquée(1869), quoted in Brock, The Fontana History of Chemistry*, p.87. The colour chemist Jocelyn Field Thorpe retaliated seven decades later with the claim that 'chemistry is an English science, its founder was Cavendish of immortal memory'

4. 라부아지에의 체계적인 화학이 프랑스에서 지배적이 되었지만 다른 곳에서의 그 수용은 헌신적인 옹호자에 힘입었다. 독일에서 가장 열렬했던 옹호자는 약제사 마트린 하인리히 클라프로트(Martin Heinrich Klaproth)였다. 이 사람은 그 시대의 가장 훌륭한 분석 화학자 중 한 명이었을 뿐만 아니라, 원소 발견자(an expert element-hunter)였다. 클라프로트는 열렬한 광물의 탐구자였고, 그의 새로운 금속 물질의 목록은 대단하다. 그의 발견 물질 중에는 세륨, 텔루르, 티타늄이 있고, 그의 역청 우라늄광에 대한 연구는 밝은 노란색 혼합물을 발견하게 이끌었고, 그는 이 새로운 중 금속에 윌리엄 허셸이 새로운 행성 유러너스(천왕성)를 기리기 위해 우라늄이라 명명했다. 우라늄 염은 주로 오렌지 세라믹 광택에서 잠시 안료로써 잠시 반짝한 후 무대에서 퇴장하였다. 그것은 적어도 1세기경 이후 이런 맥락에서 간헐적으로 사용되었다.

5. Sir Philiberto Vernatti, in *Philosophical Transactions of the Royal Society,* XII, p.137(1678)

6. 일부 저술은 이 발견이 아이오딘(요오드)의 발견자 버나드 쿠르트와라고 제안하고 있다(164쪽). 하지만 쿠르트와는 1777년에 태어났고, 그가 1781년에 징크 화이트를 발견했다는 생각은 지지하기가 어렵다.

7. 이 이상한 이름의 기원은 모호하다. 일부는 이상한 용어를 발명하는 취향이 있던 파라셀수스에게 돌려지고 있다.

8. 원석에 들어 있는 불순물 때문에, 그 제품은 프랑스 공정보다 덜 순수하다. 그래서 높은 등급의 징크 화이트는 미국으로 수입되어야 했다. 참고로, 19세기의 징크 화이트는 등급이 수없이 많았다. 최고 등급인 '징크 화이트 넘버 1(Zinc White No 1)'은 가장 훌륭한 흰색 안료였다. 한편 '스톤 그레이(stone grey)'나 '산화 그레이 아연(grey zinc oxide)'은 불량한 재료로 밑칠이나 산업용 페인트로 사용되었다.

9. E. Stromeyer, 'New details respecting cadmium', *Annals of Philosophy*, transl. from *Annalen der Physik*, 14(Leipzig, 1819), pp.269-74.

10. 이그나즈 미티스(Ignaz Mitis)라는 비엔나 화학자도 이 발견을 한 것으로 인정받고 있다. 그는 1798-1814년 사이에 아세트아비산구리를 만들어 그것을 새틀러보다 더 빠르지는 않게 나중에 미티스 청색 혹은 비엔나그린으로 제조한 것으로 보인다. 그러나 미티스와 새틀러의 발견은 거의 동시로 보인다.

11. Quoted in S. Garfield, *Mauve*(Faber and Faber, London, 2000), p.105.

12. 이런 놀라울 정도로 이른 시기는 뮌헨의 되너 연구서에서 시행한 분석에 의해 지지받고 있다. 참조 R. L. Feller(ed.), *Artists' Pigments*(National Gallery of Art, Washington, DC, 1986), vol. 1, p.213.

13. 산화카드뮴은 터너의 『서머힐(*Somer Hill*, 1812)』에서 시험적으로 사용되고 있다. 이것은 놀라울 정도로 이른 사용으로 새로운 안료를 실험하는 데 남다른 열정을 자랑하던 터너의 명성을 새삼스레 확인시켜준다. 참조 E. West Fitzhugh, *Artists' Pigments*(National Gallery of Art, Washington, DC, 1997), vol. 3, p.275.

14. 샤프탈 산업적 화학자로『예술의 화학적 응용(Chimie appliquée aux arts, 1807)』의 저자이다. 이 책은 페인트와 염료 산업에서 후 세대의 산업적 화학자들에게 지대한 영향을 미쳤다.

15. J.-E-L. Mérimée, *De la peinture à l'huile*(1830), p.ix.

16. G. D. Leslie, *Inner Life of the Royal Academy*, quoted in K. E. Sullivan, *Turner*(Brockhampton Press, London, 1996).

17. 여기엔 예외도 있다. 홀만 헌트에 따르면, 터너가 〈베니스로 가는 길(Approach to venice, 1844)〉에서 사용한 레몬옐로우는 피델의 물감이지만, 1857년 러스킨은 이렇게 한탄한다. "그 그림은 죽은 색들로 비참하게 파멸되었다." 참조 J. Gage, *George Field and His Circle*(Fitzwilliam Museum, Cambridge, 1989), p.42.

18. 사적인 대화에서 조이스 타운센드(Joyce Townsend)는 아이오딘 주홍색은 런던 국립 미술관의 터너의 〈전함(Téméraire)〉이란 작품에서 발견되고 있다고 주장했다. 니스가 적용되지 않았더라면, 그것은 승화작용을 통해 퇴색되었을 것이다.

19. G. Field, *Chromatics*(1845), 2nd edn.

8. 빛의 군림

L. C. Perry, 'Reminiscences of Claude Monet from 1889-1909', *American Magazine of Art*, XVIIII(1927).

E. Cardon, 'Avant le Salon - L'Exposition des Révoltés', *La Presse*, 29 April 1874.

1. Eugène Delacroix, quoted in F. Birren, *History of Color in Painting*.(Van Nostrand Reinhold, New York, 1965), p.13.

2. Ibid., p.57.

3. H. von Helrnholtz, 'Recent progress in the theory of vision', *Popular Lectures on Scientific Subjects*, II(1901), pp.121-2.

4. J. Ruskin, *The Art of England,.* in *The Works of John Ruskin*, E. Cook and A. Wedderburn(eds) (London, 1908), vol. 23, pp.272-3.

5. J. Laforgue, *L'Impressionnisme*(review of an exhibition at the Gurlitt Gallery, Berlin, 1883), first published in *Mélanges posthumes. œuvres complètes*(Paris, 1903), vol. 3; reprinted in *Les Ecrirvains devant l'Impressionnisme*(1989). For a translation, see also L. Nochlin, *Impressionism and Post-Impressionism 1874-1904: Sources and Documents.*(Englewood Cliffs, NJ, 1966), pp.14-20.

6. 『*Leçons de chimie appliqué à la teinture*(1829-30)』에서 슈브뢸은 염료 화학에 체계적인 접근을 요구한 최초의 과학자 중의 한 명이 되었다.

7. M.-E. Chevreul, *Les Lois du contraste simultané des couleurs(On the Laws of Simultaneous Contrast of Colours)*(Paris, 1839).

8. 그의 색에 대한 관심의 기원을 강조하기위해 그는 그 책을 친구이자 동료인 유명한 스웨덴 화학자 베

르셀리우스(Jons Jacob Berzelius)에게 헌정하였다.

9. H. von Helrnholtz, 'Über die Theorie der zusarnmengesetzten Farben', *Poggendorffs Annalen der Physik und Chemie*, LXXXVII(1852), pp.45-66; transl. as 'Sur la théorie des couleurs composées', *Cosmos*, II(1852-3), pp.112-20. Helrnholtz elaborated his findings in his *Treatise on Optics*(1867).

10. H. von Helrnholtz, 'On the relation of optics to painting' transl. E. Atkinson, in *Popular Lectures on Scientific Subjects*(Longmans, Green and Co., London, 1903), vol. 2, p.118-119)

11. 마찬가지로 토성안료는 1870년대부터 피사로의 그림에서도 나타나고 있다. 들라크루아 자신은 1857년에 이미 토성안료를 버렸다고 주장했다.

12. Quoted in H. A. Roberts, *Records of the Amicable Society of Blues*(Cambridge University Press, Cambridge, 1924), pp.53-4.

13. Auguste Renoir, from 때interview in 1910. Quoted in J. Rewald, *The History of Impressionism*(Secker & Warburg, London, 1973). 4th edn.

14. 이것을 그렇게 시험하는 것은 혼란스런 생각이다. 그러나 미국 화가 세리 레바인(Sherry Levine)은 아주 정밀하게 그렇게 하고 있다. 그녀의 〈멜트 다운(Melt-Down, 1990)〉 연작은 컴퓨터를 사용하여 유명한 그림들에 나오는 평균적인 색들로 얻은 단색화들이다 〈모네 I(Monet 1)〉을 본 뜬 〈멜트 다운〉은 어두운 은회색이다. 일종의 감산혼합으로, 이것은 흰색보단 검은색으로 흐르고 있다. 그러나 평균색상의 무색화는 모네 작품의 스펙트럼적인 포괄성을 증언해주고 있다.

15. 햇살은 물론 노란색이 아니라 흰색이지만, 인상주의 화가들은 그것을 금빛으로 인식한다.

16. J. Claretie, *La vie à Paris* 1881(Paris, 1881), p.266. 알프레드 디 로스탈로(Alfred de Lostalot)와 같은 주석가들은 모네가 사실상 자외선까지 인식할 수 있는 특별히 넓은 시각 영역을 가졌다고 제안하고 있다.

17. O. Rood, *Modern Chromatics*(1879), pp.279-80 and 139-40.

18. Ruskin, *Elements*, in *J.tórks*, p.152.

19. 쇠라가 루드의 책을 탐독했는지 여부는 참으로 불명확하다. 광학적 혼합에 대한 그의 지식은 주로

슈브뢸의 이론을 대중화시킨 샤를 블랑에 크게 의존한 것으로 보인다. 1999년 런던의 테임즈 앤 허

드슨 출판사에서 출간한 존 게이지(J. Gage)의 『색과 의미(Colour and Meaning)』 참조.

20. E. Fénéon, 'Les Impressionnistes', *LaVogue*, 13-20 June 1886.

21. Ibid.

22. P. Signac, quoted in R. L. Herbert, *Neo-Impressionism*(New York, 1968), p.108. See Gage, *Colour and Meaning*, p.217.

23. C. Pissarro, letter to Paul Durand-Ruel, 6 November 1886, in L. Venturi, *Les Archives de l' Impressionnisme*(Paris and New York, 1939), vol. 2, p.24.

24. Paul Gauguin, quoted in L. Bolton, The *History and Techniques of the Great Masters: Gauguin*(Tiger Books International, Richmond, VA, 1 98 8), p.13. 1902년 라 도미니크(La dominique)가 볼라르(Vollard)에게 쓴 같은 편지에서 고갱은 1950년대의 미국 예술가들은 '장식가들'의 색을 주문하는 것으로 묘사하고 있다. "그들은 더 훌륭한 재료를 3분의 1 가격으로 구입한다."

25. J.-P. Crespelle, *The Fauves*(Oldbourne Press, London, 1962).

26. V. van Gogh, letter to his brother Theo, June 1888, in *The Letters of Vincent van Gogh, ed. M. Roskill*(Flarningo, London, 20°이, p.268.

27. 이런 카민 착색안료는 아마도 새로운 합성 변종으로, 인공 알리자린에서 만들어졌을 것이다.

28. *The Letters of Vincent van Gogh*, p.252.

9. 보라색에 대한 열정

R. Browning, 'Popularity'(1855). *All the Year Round*(1859), quoted in S. Garfield, *Mauve*(Faber and Faber, London, 2000), p.66.

1. Plinius, *Natural History*, IX, xxxvi, 126.

2. Aristotle, *Historia Animalium*, bk V, transl. D'. W Thompson(Clarendon Press, Oxford, 1910).

3. Plinius, *Natural History*, IX, ⅹⅹⅷ, 134-5.

4. Ibid., XXXv, 46.

5. Julius Caesar, *De Bello Gallico*, bk V.

6. R. Hakluyt, *The Prindpall Navigations V(liages and Discoveries of the English Nation*(1589), reprinted in facsimile(Cambridge University Press, Cambridge, 1965), vol. 2, p.454.

7. Ibid.

8. W. Cullen(ι1766), quoted in A. L. Donovan, *Philosophical Chemistry in the Scottish Enlightenment*(Edinburgh University Press, Edinburgh, 1975), p.107.

9. 벤젠은 농축 질산으로 처리하면 질산염이 된다[질소와 산소를 포함하고 있는 니트로기(nitro group)라는 점에서이다]. 그런 후 그 제품(니트로벤젠)은 '환원'된다. 이것이 의미하는 바는, 니트로기에 있는 산소 원자들을 아미노기를 만들기 위해 수소로 교체한다는 것이다. 화학의 상징적 공식에 쉽게 겁먹지 않는 사람을 위해 이런 혼합물의 분자 구조를 밝히면 다음과 같다. 이런 시스템에 익숙해지면 말보다 이런 그림이 한결 더 쉽다. 문자는 탄소, 수소, 산소, 질소의 원자를 지칭하고 선은 그런 원자들의 결합을 말해준다.

벤젠　　질산 →　니트로벤젠　　환원 →　아닐린

10. Garfield, *Mauve*, p.67.

11. 동시대의 기록에서 날짜가 다소 유동적인 것도 어쩌면 당연하다. 베르갱이 라파드에 고용되었든, 그 후의 고용인 레이너드 형제에게 고용됐든, 혹은 그 어느 누구에게도 고용되지 않았든, 그가 그 발견을 했을 때 그에 따른 특허 분쟁의 중요성이 있기 때문이었다. 이렇게 점진적으로 경쟁이 치열해지는

업계에서 산업 스파이가 없지 않았다.

12. A. W Hofmann. 'On aniline-blue', *Proceedings of the Royal Society*, 13(1863), p.14.

13. 스코틀랜드 화학자 아치볼드 스캇 쿠퍼(Archibald Scott Couper)는 케쿨레의 탄소 사슬 구조를 독
    립적으로 그리고 더 명확하게 1858년에 제안했다. 그러나 그의 논문의 출간은 케쿨레의 논문이 출
    현할 때까지 미뤄졌기 때문에 우선권의 주장을 잃게 되었다. 그 뒤에 그 인정을 요구했던 투쟁은 그
    에게 너무나 심한 환멸을 주게 되어 그는 화학계를 영원히 떠나게 된다.

14. 기민한 독자라면 각 탄소원자에 네 개가 아니라 세 개의 다른 원자들이 연결되었다는 사실을 인식
    했을 것이다. 이런 결합은 같은 원자에 복수 결합을 형성할 수 있는 탄소의 능력에 의해 보충된다.
    이것은 위의 도표(노트 9)에서 예시되어 있다. 여기서 두 평행선은 이중결합을 지칭한다. 그것은 그
    렇게 보일지는 몰라도 손쉬운 임시방편이 아니다. 이중결합은 사실상 단일결합보다 더 강하고 짧다.
    그리고 그 두 결합 중 하나는 깨어져 열리게 되면 다른 결합을 해체하지 않으면서 추가적인 원자들
    이 그 탄소들에 자체적으로 붙도록 해준다. 좀 더 완벽을 기하기 위해 말을 덧붙여야겠다. 벤젠과 기
    타 방향성 탄화수소에서, 단일결합이나 이중결합은 사실상 고리 주위에서 교차하는 것이 아니다.
    그 대신 다중 결합이 모든 탄소-탄소 연결 사이에서 '배어나오게' 된다. 그래서 이 모든 연결은 동일
    하고 마치 하나 반의 결합으로 구성되어 있는 것처럼 간주될 수 있다.

15. M. Brusatin, *A Histoη cifColors*(Shambala, Boston, 1991), p.99.

16. 그 분자구조는 다음과 같다.

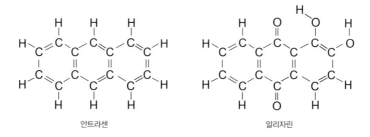

안트라센   알리자린

17. 바이엘 실험실에서 그 절차(modus operandi)는 유기분자를 분쇄해 파편이나 더 단순한 분자로 만
    드는 시약을 적용해 그 결과로 나오는 정보를 그 합성의 반대 공정을 유도하기 위해 사용하는 것이

었다. 복잡한 유기분자를 만들기 위해 현재 화학자들은 일상적으로 역합성 분석법(retrosynthetic analysis)이라고 부르는 유추적인 '사고 실험(thought experiment)'를 시행하고 있다.

18. Quoted in *Perkin Centenary London: 100 Years of Synthetic Dyestuffs*(Pergamon, London, 1958), p.23.

19. 인디고의 구조는 다음과 같다.

인디고

20. C. Rawson, 'The cultivation and manufacture of indigo in Bengal', *Journal of the Society of Dyers and Colourists,* (July 1899), p.174.

21. 매더(꼭두서니 풀)은 오랫동안 염료의 질을 결정하는 잣대 구실을 해왔다. 그래서 '보증하다 (guarantee)'란 단어는 매더에 대한 이탈리아어 *garanza*'에서 유래한 것이다.

22. M. Doerner, *The Materials of the Artist*(Harcourt Brace & CO., Orlando, FL, 1949), p.91.

10. 한밤중의 색

V. Nabokov, *Laughter in the Dark*(Random House, New York, 1989).

P. Cézanne, quoted in D. Jarrnan, *Chroma*(Vintage, London, 1994).

1. W. Kandinsky, *Über das Geistige in der Kunst*(1911), transl. M. T. H. Sadler as The *Art of Spiritual Harmony*(Constable and CO., London, 1914) and reprinted as *Concerning the Spiritual in Art*(Dover, New York, 1977), p.38.

2. R. Boyle, *Experiments & Considerations Touching Colours*(London, 1664) pp.219-21.

3. Marco Polo, *Il milione*, ed. D. Ponchiroli(Einaudi, Turin, 1954), ch. 35, p.40.

4. Cennino Cennini, *Il Libro dell'Arte(The Craftsman's Handbook)*, transl. D. V Thompson(Dover, New York, 1960), pp.37-8.

5. Ibid., p.38.

6. Ibid., p.36.

7. J. Itten, *The Elements of Colour*(Van Nostrand Reinhold, New York, 1970), p.88.

8. P. Hills, *Venetian Colour*(Yale University Press, New Haven, CT, 1999), p.136.

9. Y. Klein, 'Par la couleur...', in *Mon Livre*, unpublished and written in 1957(Yves Klein Archives). Quoted in N. Charlot, *Yves Klein*(Vilo International, 2000), p.60.

10. Ibid

11. 시간이라는 화가

G. Field, *Chromatography*(Winsor and Newton, London, 1869).

Cennino Cennini, Il Libro *dell'Arte*,(The *Craftsman's Handbook*), transl. D. V Thompson(Dover, New York, 1960), p.25.

M. Doerner, *The Materials of the Artist*(Harcourt Brace & Co., Orlando, FL, 1949), p.375.

1. 일부 전문 물감 제조업자들은 현재 '복원' 물감을 제조하고 있다. 복원화가들에게 이것은 색채적으로 는 안정적이고, 화학적으로는 복원 작품에서 사용된 물감과는 다른 것으로 유기 용제로 제거될 수 있는 것이다. 2000년에, 미국의 갬블린 물감 회사(Gamblin Artists Color Cmpany)는 새로운 범위 의 복원 물감을 선보였는데, 광학적으로도 훌륭하고 다루기도 쉬운 성질을 갖고 있으며, 바스프에서 제조한 비독성 우레아 알데히드 수지(urea-aldehyde resin)에서 결합된 것이다. 참조 L. R. Ember, *Chemical and Engineering News* 79(30 July 2001), pp.51-9.

2. E. H. Gombrich, *Art and fllusioti*(phaidon, London, 1977), 5th edn, P.49.

3. Cennino Cennini, The *Craftsman's Handbook,* p.26.

4. Ibid., p.24.

5. Doerner, *The Materials of the Artist,* p.83.

6. 나는 현대의 제조법은 그 안료를 비영구성으로부터 보호한다고 그 안료를 옹호하지만, 18세기 화가

   들에게는 이 말이 도움이 되지 않는다.

7. Field, *Chromatography,* p.412.

8. Ibid.

9. Quoted in J. Gage, *George Field and His Circle*(Fitzwilliam Museum, Cambridge, 1989), p.70.

10. Doerner, *The Materials of the Artist,* pp.v-vi.

12. 색을 포착하라

W Benjamin, 'The work of art in the age of mechanical reproduction'(1936), in E Frascina and J.

Harris(eds), *Art in Modern Culture*(phaidon Press, London, 1992), p.297.

Sir James Percival, quoted by E Birren in the introduction to J. C. Le Blon, *Coloritto*(1725), facsimile

reprint by Van Nostrand Reinhold(New York, 1980).

J. Berger, *Ways of Seeing*(penguin, London, 1972), p.32.

1. Benjamin, 'The work of art in the age of mechanical reproduction'

2. Berger, *Ways of Seeing,* p.21.

3. 내가 이렇게 쓰고는 있지만 런던의 외관은 티치아노의 크림슨 옷의 성모의 모조 포스터 이미지로 장

   식되어 있다. 그러나 실상, 그것이 광고하는 르네상스는 '고품격' 문화가 아니라 클럽 문화와 더 연관

   되어 있다.

4. 조나단 브라운(Jonathan Brown)과 카멘 가리도(Carmen Garrido)는 서양 진품 중에서 논란이 되

   고 있는 작품 중의 하나인 벨라스케스의 〈시녀들(IAS Meninas)〉은 주로 복제품으로 해석되고 있다

는 점을 지적하고 있다. 그들이 말하길, 아무도 그 작품의 물질성, 혹은 물리적 구조에 관심이 없는 듯 하며, 혹은 그것을 그림의 성과로서 평가하려는 것 같지도 않다. 그러나 1984년 그 그림의 청소는 그 작품을 서양사에서 가장 주목할 만한 예술적 대걸작(tours-de-force) 중 하나임을 보여주었다. ['당신을 프라도로 가게 하는 것(Get thee to the Prado)'은 별도로 하고] 그 메시지는 그 개념을 주장하고 물질을 무시함으로써, 우리는 이처럼 작품의 진정한 아름다움을 놓칠 수도 있다는 것이다. 참조 See J. Brownand C. Garrido, *Velàzquez: The Technique of Genius*(Yale University Press, New Haven, CT, 1998).

5. Le Blon, *Coloritto*, Episde xx.

6. Ibid., p.28.

7. Ibid., p.30.

8. 아마도 르 블롱은 그가 『컬러리토』를 월폴에게 증정했을 때 이 말을 알지 못했을 것이다.

9. R. M. Burch, *Colour Printing and Colour Printers*(Sir Isaac Pitman and Sons Ltd, London, 1910), p.112.

10. 슐체가 그의 발견을 출간했을 때 그는 그 제목을 『빛의 암순응 발명(Scotophorustm pro Phosphoro Inventus)』 이것은 인광체, 즉 인화성의 '빛의 전달자'를 만들려 했는데, 오히려 '어둠의 전달자'인 암순응을 일으켰다는 농담조의 제목이다.

11. S. E B. Morse in the *New York Observer*, quoted in J. Carey(ed.), *The Faber Book of Science*(Faber and Faber, London, 1996).

12. J. C. Maxwell, in *Transactions of the Royal Sodety of Edinburgh*, 21(1857), p.275.

13. 믿을 만한 소식통에 따르면 맥스웰의 강의 자체는 말을 너무 못해 형편없었다고 한다.

14. J. C. Maxwell, *BritishJournal of Photography*, 9(1861), p.270.

15. H. Collen, *British Journal of Photography*, 12(1865), p.547. 콜렌은 색의 분리는 맥스웰의 원색의 가산혼합보다는 적색, 청색, 노란색의 원색 감산혼합에 따라 발생한다고 제안했다.

16. E. J. Wall, *History of Three-Color Photography*(American Photographic Publishing Co., Boston, MA., 1925), p.9.

17. E. Wind, *Art and Anarchy*(London, 1963), p.165.

18. Georgia O'Keeffe, quoted in C. A. Riley, *Color Codes*(University Press of New England, Hanover, NH, 1995), p.169.

13. 물질에 대한 정신의 우위

S. Delaunay, quoted in *Colour since Matisse,* an exhibition of French painting, Edinburgh International Festival(Trefoil Books, London, 1985).

H. Matisse(1952), quoted in C. A. Riley, *Color Codes*(University Press New England, Hanover, NH, 1995).

1. H. von Helmholtz, 'Recent progress in the theory of colour vision' *Popular Lectures on Scientific Subjects,* II(1901), pp.121-2.

2. J. Flam(ed.), *Matisse: A Retrospective*(Hugh Lauter Levin, New York, 1988), p.153.

3. Quoted in A. H. Barr Jr, *Matisse: His Art and Ris Public*(New York, 1951), p.119.

4. Quoted in Riley, *Color Codes,* p.134.

5. Quoted in J. Leymarie, *Fauves and Fa'lVism*(Editions d'rt Albert Skira S.A., Geneva, 1995).

6. R. Delunay, *Du Cubisme à l'Art Abstrait,* ed. P. Francastel(1957), pp.182-3.

7. Quoted in H. Read, *A Concise History of Modern Painting*(Thames and Hudson, London, 1974), p.180.

8. E. Neumann(ed.), *Bauhaus and Bauhaus People*(Van Nostrand Reinhold, New York, 1970), p.45.

9. P. Cherchi, *Paul Klee teorico(Paul Klee, Theoretician)*(De Donato, Bari, 1978), pp.160-1

10. M. Doerner, *The Materials!! the Artist*(Harcourt Brace & Co., Orlando, FL, 1949), pp.169-70.

11. Cherchi, *Paul Klee teorico,* pp.160-1.

14. 예술을 위한 예술

R. Rauschenberg, quoted in R . Hughes, *The Shock of the New*(BBC Books, London, 1991).

D. Batchelor, *Chromophobia*(Reaktion Books, London, 2000), pp.98, 100.

1. P. Leider, 'Literalism and Abstraction: Frank Stella's Retrospective at the Modern'(1970), reprinted in E Frascina and J. Harris(eds), *Art in Modern Culture*(phaidon Press, London, 1992), p.319.

2. Interview with William Wright, reprinted in H. Namuth, *Pollock Painting*(New York, 1950).

3. 그러나 폴록의 비전통적인 재료에 너무 많은 탓을 돌리는 것도 위험하다. 그는 비록 튜브에서 직접 짜낸 게 분명하기는 하지만 그의 특징적인 '드립(drip)' 그림에서도 유화물감을 사용하기도 한다. 참조 S. Lake, 'The challenge of preserving modern art: a technical investigation of paints used in selected works by Willem de Kooning and Jackson Pollock', *MRS Bulletin*, 26(1)(2001), p.56.

4. 에나멜페인트는 반드시 니트로셀룰로오스로 전색되는 것은 아니다. 그 용어는 단순히 거친 고광택의 마무리를 지칭하는 것이다. 일부 초기 에나멜페인트는 주요 전색제로 아마유를 사용했고 수지로 강화되었다. 나중에 알키드 수지가 전색제로 사용되었다.

5. Quoted in J. Crook and T. Learner, *The Impact of Modern Paints*(Tate Gallery Publishing, London, 2000), p.71.

6. *David Hockney: Paintings, Prints and Drawings 1960-1970*, exhibition catalogue(Whitechapel Art Gallery, London, 1970), pp.11-12.

7. Quoted in Crook and Learner, *The Impact of Modern Paints*, p.97.

8. 나는 이 작품과 로스코의 몇 작품을 앞뒤가 뒤바뀐 복제품을 본다. 추상의 위험이다. 나는 하나의 가격으로 2가지 풍경을 주는 그림은 많지 않다고 생각한다. 그러나 로스코 자신이 그 작품이 완성될 때까지 그 작품이 어디로 갈지 늘 아는 것이 아니라는 점을 명심하면 일부 혼란에 대해 출판가들은 용서할 수 있다. 사실, 그림을 마무리하고 나서도 종종 로스코는 심경의 변화를 일으켰다.

9. Quoted in D. Anfam, *Abstract Expressionism*(Thames and Hudson, London, 1990), p.142.

10. S. Rodman, *Conversations with Artists*(New York, 1957), p.93.

11. E. Jones, memorandum to Agnes Morgan, acting director of the Fogg Museum, 3 November 1970. Quoted in M. B. Cohn(ed.), *Mark Rothko's Harvard Murals*(Harvard University Art Museums, Cambridge, MA, 1988), p.10.

12. Quoted in Hughes, *The Shock of the New.*

13. Quoted in N. Welliver, 'Albers on Albers, *Art News*, LXIV(1966), pp.68-9.

14. F. Stella, *Working Space*(Harvard University Press, Cambridge, MA, 1986), p.71.

15. Ibid., p.89.

16. Batchelor, *Chromophobia*, p.10.

17. 2000년에 새로운 종류의 독성이 없는 적색과 황색의 무기 물질인 중금속이 독일 화학자 잔젠(M. Jansen)과 레트쉐르트(H. P. Letschert)가 보고했다. 참조 Nature, 404(2000), pp.980-82. 이 중금속은 칼슘, 란탄, 탄탈룸, 산소, 질소를 포함한 복잡한 혼합물이다. 이 금속들이 상업화될지는 두고 볼 일이다.

:: 찾아보기

숫자, 기호

154, 189, 371, 403

패러데이, 마이클(Faraday, Michael) 27, 253

팩스턴, 조지프(Paxton, Joseph) 85

퍼머넌트 피그먼트(Permanent Pigments) 497

퍼머넌트 화이트(permanent white) 237

퍼킨, 윌리엄 헨리(Perkin, William Henry) 318, 326, 327, 328, 329, 330, 333, 334, 339, 340, 349

페네옹, 펠릭스(Feneon Felix) 293, 294, 295

페놀(phenol) 322, 323, 326, 335, 336, 337, 342

페니키아인(Phoenicians) 92, 309, 310

페랭, 장(Perrin, Jean) 217

페루지노, 피에트로(Perugino, Pietro) 170, 371, 431

페루치 성당(Peruzzi Chapel) 142

페르메이르, 얀(Vermeer, Jan) 221

페른바흐, 프란츠(Fernbach, Franz) 409

페리에 변환 적외 분광기(Fourier-transformrnt infrared (FTIR) spectroscopy) 398

펠리에(Pelletier) 183

포겔, 헤르만 빌헬름(Vogel, Hermann Wilhelm) 443, 444, 447, 448

포먼, 사이먼(Forman, Simon) 117

포파, 빈센초(Foppa, Vincenzo) 189

포프, 알렉산더(Pope, Alexander)
'머리카락을 훔친 자(The Rape of the Lock) 54

폰다코 데이 테데시(Fondaco dei Tedeschi) 186

폴라이우올로, 안토니오 델(Pollaiuolo, Antonio del) 169, 170

폴로, 마르코(Polo, Marco) 365

폴록, 잭슨(Pollock, Jackson) 489, 491, 506, 507

폴리그노토스(Polygnotos) 109

폴리비닐 아세테이트 페인트[PVA(polyvinyl acetate) paints] 499

폴리엄(folium) 147, 148, 149

폼페이(Pompeii) 31, 85, 110, 113, 403

표백제(bleaches) 26, 214, 321, 326, 328

표현주의(Expressionism) 301, 432, 471, 476, 491, 493, 500, 506, 515

푸르크루아, 앙투안 프랑수아(Fourcroy, Antoine François) 232, 233, 241

푸르키네(Purkinje, J. E) 75

푸르푸린(purpurine) 338, 399

푸생, 니콜라(Poussin, Nicolas) 157, 168, 202, 220, 407

푹신(fuchsine) 331, 332

풀러, 존(Pullar, John) 318, 328, 330

풍경화(landscape painting) 14, 79, 164, 209, 211, 218, 219, 220, 267, 269, 270, 271, 272, 283, 284, 299, 405, 407, 438, 511

프랑스아카데미(French Academy) 168, 264, 265, 266, 268, 271, 287, 412

프랑켄탈러, 헬렌(Frankenthaler, Helen) 493, 497, 507

프랭클랜드, 에드워드(Frankland, Edward) 335, 336

프러시안 블루(Prussian blue) 258, 278, 292, 302, 352, 361, 374, 375, 376, 378, 409, 425, 448

프레비아티, 가에타노(Previati, Gaetano) 472, 473

프레스코(fresco painting) 38, 62, 113, 114, 141, 142, 152, 173, 186, 190, 193, 204, 371, 372, 403, 404, 430

프렌치 퍼플(French purple) 325, 329, 330

프로망탱, 외젠(Fromentin, Eugène) 439

프로시온 염료(Procion dyes) 350

프리들랜더(Friedlander P) 312

프리스틀리, 조지프(Priestley, Joseph) 232, 239

프린시페, 로렌스(Principe, Lawrence) 23

브라이트 어스

펴낸날	초판 1쇄 2013년 3월 30일
	초판 3쇄 2016년 6월 20일
지은이	**필립 볼**
옮긴이	**서동춘**
펴낸이	**심만수**
펴낸곳	**(주)살림출판사**
출판등록	**1989년 11월 1일 제9-210호**
펴낸곳	**경기도 파주시 광인사길 30**
전화	**031-955-1350** 팩스 **031-624-1356**
홈페이지	**http://www.sallimbooks.com**
이메일	**book@sallimbooks.com**

ISBN 978-89-522-2296-1 03410
살림Friends는 (주)살림출판사의 청소년 브랜드입니다.

※ 값은 뒤표지에 있습니다.
※ 잘못 만들어진 책은 구입하신 서점에서 바꾸어 드립니다.

〈삽화 1-1〉 아니쉬 카푸어(Anish Kapoor)의 〈축복받은 듯이 온 산이 붉은 꽃으로 만발했다(As if to Celebrate, I Discovered a Mountain Blooming with Red Flowers, 1891)〉는 주변 바닥까지 잠식하는 원 안료(raw pigment)로 덮여 있다. 그래서 일반 물감으로는 조화시키기 어려운 색의 강도를 창조하고 있다.

〈삽화 1-2〉
바실리 칸딘스키(Wassily Kandinsky), 〈노란색 동반(Yellow Accompaniment, 1924)〉에서는 음악적 관계가 명확하다.

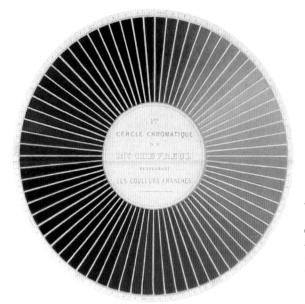

〈삽화 2-1〉
미쉘 외젠 슈브뢸(Michel-Eugene Chevreul)이 1864년에 개발한 색상환은 완만한 농염효과(gradation)가 있어, 컬러 인쇄 기술을 그 한계까지 끌어올렸다.

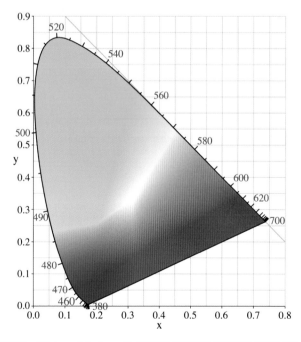

〈삽화 2-2〉 CIE 색도표(The CIE chromaticity diagram)는 현대적인 색상환으로, 과학적으로 정확한 색의 측정를 허용하도록 재형성되었다. 스펙트럼 색들은 혀 모양의 테두리에 나타난다. 그래서 직선의 하단 가장자리는 비스펙트럼 즉 비가시광선 색상인 바이올렛과 적색과 연결된다.

〈삽화 2-3〉 앨버트 먼셀(Albert Munsell)의 색지도(colour atlas)의 한 페이지로 개념적으로 동일한 단계로 분리한 조각으로 모든 색의 공간을 지도화하려는 시도를 보이고 있다.

〈삽화 3-1〉 스페인 알타미라 동굴 벽화, BC 1만 5,000년

〈삽화 3-2〉
이집트 파이앙스(egyptian faience)로 알려진 청색 광택의 돌을 만드는 고대 기술은 이집트의 청색 안료뿐만 아니라 유리를 제조하고 구리의 제련을 위해 촉발되었을 것이다. 이것은 세티 1세(BC 1290년)의 무덤에서 나온 샤브티(shabti, 사후 세계에 부릴 시종의 부장품—옮긴이)의 형상이다.

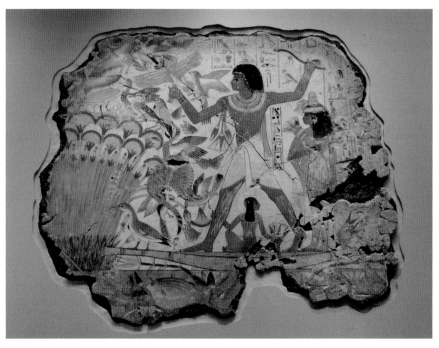

〈삽화 3-3〉 이집트 블루가 탁월하게 사용된 것은 물론이고 이집트 채색의 풍요로움이 이 벽화에서 분명하게 드러난다. 이 이집트 벽화는 네바문(nebamun/18왕조 서기전 1350년) 무덤에서 발굴된 것으로 추정된다.

〈삽화 3-4〉 폼페이의 파우니의 집(House of the Farm)에서 나온 '알렉산더 대왕의 이수스 전투' 모자이크(서기전 79년). 이 모자이크는 서기전 4세기(BC 333년) 그리스 화가 필로크세노스(Philoxenos)의 4색 그림이다.

〈삽화 3-5〉
폼페이의 〈수수께끼의 집(The Villa of Mystries)〉의 벽화(서기전 50년)는 로마 화가들이 밝은 색에 반감을 품지 않았다는 사실을 보여준다.

〈삽화 4-1〉
마사초와 마사리노의 제단 벽화 〈성 제롬과 요한(Saints Jerome and John the Baptist, 1423~1428)〉에서 성 제롬의 옷은 뚜렷하게 밝은 오렌지 적색의 버밀리언이다.

〈삽화 4-2〉
작업 중인 중세 화가. 여성화가 타마르(Thamar)가 뒤에서 색을 갈고 있는 조수의 도움을 받고 있다.

〈삽화 4-3〉
1305년경 지오토(Giotto)가 그린 벽화를 가진 파두아의 아레나 성당.

〈삽화 4-4〉
성 바르톨로메오 〈성 베드로와 도로시(Saint Peter and Dorothy, 1505~1510)〉. 제단 벽화에서 성 베드로의 옷은 두 가지 다른 색조의 아주라이트로 그려져 있다. 가장 섬세한 색은 짙은 청색 옷에 사용되었고, 입자가 더 작은, 더 밝고 더 짙은 청색의 색조는 소맷부리에 사용되고 있다.

〈삽화 4-5〉 지오반니 델 폰테((Giovanni del Ponte)의 〈사도 성 요한의 승천(The Ascension of St John the Evangelist, 1410~1420)〉과 같은 중세 말의 제단 벽화는 금박으로 영광스럽게 처리되어 있다. 인물들을 묘사한 금박 바탕칠은 종종 고광택으로 윤기를 내기도 했지만, 그들의 반사 빛 광택은 시간이 흐르면서 줄어들고 있다.

〈삽화 5-1〉 지오토의 〈예수를 배신함(The Betrayal of Christ, 1305)〉에서 일부 인물은 등을 돌리고 있다. 양식화된 중세 예술에서는 거의 상상할 수도 없는 풍경이다.

〈삽화 5-2〉
첸니노가 추천한 음영법(shading method)이 나르도
디 치오네(Nardo di Cione)의 〈사도 성 요한 그리고
성 야고보와 함께 있는 세례자 성 요한(St John the
Baptist with St John the Evangelist and St James,
1365)에서 채택되고 있다. 완전히 배어든 안료들이 옷
의 주름에 사용되고 있고 하이라이트로 가면서 흰색
으로 점점 더 밝아지고 있다.

〈삽화 5-3〉
레오나르도 다빈치의 〈암굴의 성모(The Virgin of
the Rocks, 1508)〉는 하이라이트로 직접 시선을
끄는 방법과 더불어 음영과 우울한 색의 스푸마
토 기법을 보이고 있다.

〈삽화 5-4〉 라파엘의 〈그란두카의 성모: 마리아와 아기 그리스도(The Modonna del Granduca, 1505)〉에서 마리아의 옷은 적색과 아쿠아 마린의 절묘한 조화가 어우러지고 있다.

〈삽화 5-5〉
얀 반 에이크(Jan van Eyck)의 〈조반니 아르놀
피니와 그의 아내 초상-아르놀피니의 결혼(The
Portrait of Giovanni Arnolfini and His Wife-The
Arnolfini Marriage, 1434)〉은 북부 르네상스 유
화의 특징적인 풍부하고 보석 같은 색을 보이고
있다.

〈삽화 5-6〉
카를로 크리벨리(Carlo Crivelli)의 〈성 에미디우스
가 있는 수태고지(Annunciation with St Emidius,
1486)〉는 전형적인 르네상스의 장면에서 특이하게
다른 세상을 상징하기 위해 부자연스러운 금빛을
사용하고 있다.

〈삽화 5-7〉 티치아노(Tiziano)의 〈바쿠스와 아리아드네(Bacchus and Ariadne, 1523)〉는 당시에 알려진 거의 모든 안료를 보여주는 도표이다.

〈삽화 5-8〉
티치아노의 〈한 남자의 초상화(Portrait of a Man, 1512)〉은 일명 〈푸른 소매의 남자(Man with a Blue Sleeve)〉로 알려져 있다. 하지만 이것은 중세 시대처럼 단색의 드레이퍼리가 아니라 끊임없이 변하는 푸른색이다. 이 남자의 신원은 밝혀지지 않았다.

〈삽화 6-1〉
반다이크의 〈찰스 1세의 기마 초상(Equestrian Portrait of Charles Ⅰ, 1637~1638)〉은 바로크 팔레트의 침울한 색조화의 전형을 보이고 있다.

〈삽화 6-2〉 파올로 베로네세(Paolo Veronese)가 좋아했던 밝은 녹색은 〈동방박사의 경배(Adoration of the kings, 1573)〉에서 명백하게 보인다.

〈삽화 6-3〉
틴토레토(Tintoretto)가 강한 색을 사용한 것은 확실히 베네치아풍의 영향이라고 볼 수 있지만 그 결과는 종종 〈성 게오르그와 악룡(St George and the Dragon, 1560)〉에서처럼 열정적인 멜로드라마처럼 보인다.

〈삽화 6-4〉
루벤스의 〈삼손과 델릴라(Samson and Delilah, 1609)〉에서 적색의 성적 연관성이 뚜렷하다.

〈삽화 6-5〉
안톤 반 다이크의 〈박애(Charity, 1627~1628)〉를 보면서 베네치아의 영향을 받은 것으로 혼동하지 말라. 자세히 살펴보면, 그는 안료의 강도를 조심스럽게 약화시키고 있다.

〈삽화 6-6〉 렘브란트의 〈헨드리키에 스토펠스의 초상화(Portrait of Hendrickje Stoffels, 1654~1656)〉는 그 색을 특징짓는 단어를 찾기가 힘들 정도로 복잡하게 혼합된 색을 포함하고 있다.

〈삽화 7-1〉 터너(J. M. W. Turner)의 〈폴리페무스를 조롱하는 율리시스(Ulysses Deriding Polyphemus, 1829)〉가 처음 나왔을 때는 조롱의 대상이었다. 한 비평가는 '색이 미친 듯이 흐른다'고 비꼬았다.

〈삽화 7-2〉 윌리엄 홀먼 헌트(William Holman Hunt)의 〈프로테우스에게서 실비아를 구하는 밸런타인(Valentine Rescuing Sylvia from Proteus)〉에 나오는 적색, 오렌지, 보라색, 녹색은 새로운 색 화학의 시대에 분명하게 말해주고 있다.

〈삽화 8-1〉 들라크루아의 〈알제리의 여인들(Algerian Women in Their Apartment, 1834)〉은 그의 생동하는 스타일의 전형을 보여준다. 동양에서나 발견되는 과감한 색의 사용에 대한 그의 사랑을 보여주는 한편 지배적인 프랑스 아카데미에 의해 '미완성'으로 혹평받았다.

〈삽화 8-2〉 윌리엄 홀만 헌트의 〈영국 해안에서(길 잃은 양들)(On English Coasts), 1852)〉는 햇살이 풍경에 내리비치는 장면을 진정으로 포착한 최초의 그림이라고 존 러스킨은 주장했다.

〈삽화 8-3〉 클로드 모네(Claude Monet)의 〈아르장퇴유에서의 보트 경주(Regatta at Argenteuil, 1872)〉는 보색 쌍에 대한 연구 작품이다. 그래서 오렌지에 청색, 녹색에 적색, 바이올렛에 노란색을 대비시키고 있다.

〈삽화 8-4〉 인상주의 화가들이 전형적으로 사용한 재료들. 왼쪽 위에서부터 오른쪽 하단 순으로 다음과 같다. 징크 화이트, 연백, 레몬 옐로(크롬산바륨), 크롬 옐로(크롬산 납), 카드뮴 옐로, 네이플스 옐로(안티몬산 납), 옐로 오커, 크롬 오렌지(크롬산염 납), 버밀리언, 레드 오커, 천연 매더 레이크, 크림슨(코치닐) 착색안료, 셀러의 녹색(아비산구리), 에메랄드 그린(비소 구리), 비리디언(수산화크롬), '크롬 그린(페르시안 블루/크롬 옐로), 세룰리언 블루(주석산염 코발트), 코발트 블루(알루민산염 코발트), 인공 울트라마린, 아이보리 블랙(골탄).

〈삽화 8-5〉 오귀스트 르누아르(Auguste Renoir)의 〈아스네르의 센 강(Boating on the Seine, 1879∼1880)〉에서 코발트 블루와 크롬 옐로가 보색의 현란한 표현에서 서로 대비되고 있다.

〈삽화 8-6〉 모네, 〈눈 덮인 라바쿠르(Lavacourt under Snow, 1879)〉는 코발트블루의 겨울풍경이다. 이 그림은 인상주의 화
가들의 '흰색은 자연에 존재하지 않는다'는 신조를 지지한다.

〈삽화 8-7〉 조르주 쇠라(George Seurat)의 〈그랑드 자트 섬의 일요일 오후(Sunday Afternoon on the Island of La Grande
Jatte, 1884~1885)〉는 특징적인 신인상주의의 작품이다. 그 색은 안료의 혼합이 아니라 밀접한 병치로 혼합된
것이다. 그래서 작은 보색의 점들이 나란히 배치된 것으로 관측자의 눈에 '진동'을 느끼게 할 의도이다.

〈삽화 8-8〉 폴 세잔(Paul Cezanne)의 〈프로방스의 산들(Hillside in Provence, 1885)〉은 색 조각(taches)으로 그림을 그리는 그의 기법과 비리디언에 대한 그의 사랑을 보여준다.

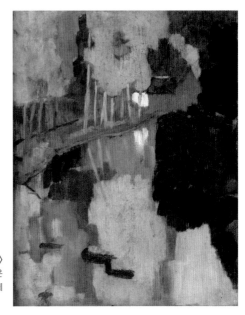

〈삽화 8-9〉
폴 세뤼지에(Paul Serusier)의 〈부적(talisman, 1888)〉은 나비파가 화려한 색을 사용하도록 영감을 넣어준 스케치이다.

〈삽화 8-10〉〈아를의 밤의 카페(The Night Café in Arles, 1888)〉에 대해 고흐(Vincent van Gogh)는 이렇게 말했다. '그 그림
은 내가 그린 그림 중에서 가장 추한 작품에 속한다.' 하지만 의도적으로 그렇게 그린 것이었다. 왜냐하면 '나는
적색과 녹색을 이용해 인간성의 광폭한 열정을 표현하려고 했다.'

〈삽화 9-1〉
얀 반 에이크의 〈롤랭 대주교와 성모(The Virgin with
Chancellor Rolin, 1437)〉에서 동정녀의 옷은 전통적인 울트라
마린의 청색이 아니라, 크림슨(심홍색)으로 처리되어 있다. 이
것은 이 색으로 염색된 천의 가치가 크다는 사실을 반영한다.

〈삽화 9-2〉
아서 휴즈(Arthur Hughes)의 〈4월의 사랑(April Love, 1856)〉은 〈자주색 세대(Mauve Decade)〉의 영향력을 보여준다.

〈삽화 9-3〉
퍼킨의 모브(담자색)로 염색된 1862년의 실크 드레스와 아닐린 염료 병.

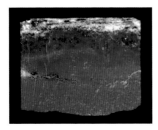

〈삽화 10-1〉
울트라 마린을 수고스럽게 추출했던 원석
인 청금석.

〈삽화 10-2〉
두치오(Duccio)의 〈성모와 아기 예수 및 성인들(The Virgin and
Child with Saints, 1315)〉는 동정녀의 옷에 울트라마린을 사용하
던 중세의 전형을 보여준다.

〈삽화 10-3〉 티치아노의 〈사도 요한과 알렉산드리아 성당의 성모와 아기 예수(Modonna and Child with Saints John the
Baptist and Catherine of Alexandria, 1530)〉에서, 그 옷은 중세 화가들이 적절한 것으로 생각했던 것과 비할
바 없이 훨씬 더 밝은 청색을 사용하고 있다. 이것은 그림이 유화로 바뀌면서 예술가들이 울트라 마린을 백납으
로 혼합할 수밖에 없었기 때문이었다.

〈삽화 10-4〉 아니쉬 카푸어의 〈사물의 마음에 달려 있는 날개(A Wing at the Heart of Things, 1990)〉는 프러시안 블루로 덮여 있다.

〈삽화 10-5〉
여기 〈IKB 79,(1959)〉에서 보이는 이브 클라인(Yves Klein)의 국제클라인청색 (International Klein Blue, IKB)은 근본적으로 합성 울트라 마린이다. 하지만 그 안료의 광택과 강도가 줄어들지 않는 전색제로 결합된 것이다.

〈삽화 10-6〉 예술로써의 안료. 이브 클라인, 〈성녀 리타의 성지를 위한 봉헌물(Ex Voto for the Shrine of St Rita, 1961)〉

〈삽화 11-1〉 티치아노, 〈바쿠스와 아리아드네〉(〈삽화 5-7〉 참조)가 청소되기 전에 그 그림은 르네상스의 베니스에서 보인 색의 사용에 대한 잘못된 견해를 주었다.

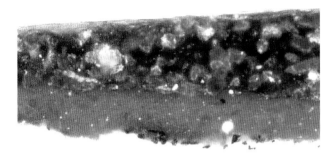

〈삽화 11-3〉 헤라르트 다비트(Gerard David)의 〈의전사제 베르나르데인 살비아티와 세 명의 성인(Canon Bernardijn Salviati and Three Saints, 1501)〉에서 성 도나티안의 보라색 망토 부분에서 취한 화면의 층단면은 그 색이 어떻게 적색 밑바탕 위에 적색 착색안료와 아주라이트로 혼합했는지를 보여준다. 그 검은색 입자는 그 밑그림에서 나온 목탄이다.

〈삽화 11-2〉
코시모 투라(Cosimo Tura)의 〈우화적 인물(Allegorical Figure, 1459~1463)〉은 기름으로 (부분적으로) 처리된 가장 초기의 작품 중 하나이다.

〈삽화 11-4〉
로베르 캉팽(Robert Campin)의 한 추종
자가 그린 〈화열 가리개 앞의 동정녀와
아기 예수(The Virgin and Child before
a Firescreen, 1440)〉에서 성모의 보라색
옷은 그 화가가 사용한 적색 착색안료가
바래면서 흐릿해지고 있다.

〈삽화 11-5〉
안토니오 델 폴라이우올로(Antonio del Pollaiuollo)의 〈아폴론
과 다프네(Apollo and Daphne(1470~1480)〉의 검은 잎과 갈
색의 풍경은 의도된 것이 아니라 '수지산 구리'의 녹색이 탈색
된 결과이다.

〈삽화 11-6〉
얀 반 하위쉼(Jan van Huysum)의 〈테라코타 화병에 담긴 꽃(Flowers in a Terracotta Vase, 1736)〉은 이상한 청색 잎사귀들을 표현하는 것처럼 보인다. 그것들은 한때 녹색이었지만 그 황색 착색안료가 바래가며 그렇게 보이고 있다.

〈삽화 12-1〉
자코브 르 블롱(Jacob Le Blon)의 1722년경에 여자 머리의 이런 이미지를 만들기 위해 사용된 삼색 컬러 인쇄 공정은 인상적이며 섬세한 색의 조정을 가능케 했다.

〈삽화 12-2〉
조지 백스터(George Baxter)의 밸런타인 바
설러뮤의 그림을 복제한 〈접시꽃(Hollyhocks,
1857)〉과 같은 컬러 인쇄는 잉크 대신 유화물
감을 사용해 만들어졌다. 그래서 특별한 생동
감과 내구성을 주었다.

〈삽화 12-3〉
얀 베르메르(Jan Vermeer)의 〈델프트 풍경(View of Delft)〉을 다른 '색상표'
를 이용해 디지털로 복제한 그림의 효과는 a) 잘 선택된 색상표, b) 원본을
다소 부실하게 포착한 색상표, c) 전혀 부적절한 선택의 색상표를 보여준다.

〈삽화 13-1〉 야수파의 밝은 색 사용은 앙드레 드랭(Andre Derain)의 〈런던 항(The Pool of London, 1906)〉 못지않게 과감하다.

〈삽화 14-1〉
가정용 페인트는 전통적인 유화물감의 특징인 화가의 붓 자국을 남기지 않고 강하고 밝은 색을 만들어낸다. 〈도자기(Pottery)〉와 같은 작품들에서 페트린 콜필드(Patrick Caulfield)는 크라운 앤 디럭스(Crown and Delux) 사가 만든 가정용 페인트를 사용했다. '나는 어떤 붓 자국도 남기지 않는다. 나는 렘브란트가 아니다.'

〈삽화 14-2〉
마크 로스코(Mark Rothko)의 색면 그림 〈붉은색 위의 붉은색과 황토색(Ochre and Red on Red, 1954)〉은 풍경에 대한 어떤 흔적도 남기지 않을까?

〈삽화 14-3〉 모리스 루이스(Morris Louis)의 〈VAV(1960)〉는 고도로 희석시킨 아크릴을 캔버스에 쏟아부어 완성된 작품이다.

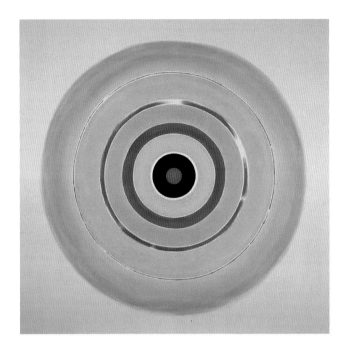

〈삽화 14-4〉 케네스 놀란드(Kenneth Noland)의 〈가뭄(Drought, 1962)〉과 〈타깃〉 연작은 아크릴과 PVA 유제를 사용해 날카로운 경계를 갖는 평면 그림을 성취하고 있다.

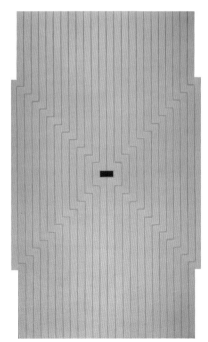

〈삽화 14-5〉
프랭크 스텔라(Frank Stella)의 〈기저 6마일(Six Mile Bottom, 1960)〉은 산업용 알루미늄 페인트를 사용해, 미국 하드에지파의 유물론적 미니멀리즘을 대표한다.

〈삽화 14-6〉 미니멀리즘을 초월하고 그림을 초월하다. 프랭크 스텔라의 〈과달루페 섬(Guadalupe Island, 1979)〉은 일부가 그림이고, 일부는 조각으로 항공공학을 이용해 알루미늄 합금의 벌집 형태를 이루고 있다. 그 화실에서는 그 밖의 다른 무엇을 그 그림에 넣었을까? '우리는 그런 시퀸 통들과 [안료] 분말이 있었고 곱게 간 유리를 사방에 온통 흩뿌렸다.'